生态环境监测管理工作手册
（2022 年版）

生态环境部生态环境监测司
中 国 环 境 监 测 总 站　编

中国环境出版集团 · 北京

图书在版编目（CIP）数据

生态环境监测管理工作手册：2022 年版 / 生态环境部生态环境监测司，中国环境监测总站编．—北京：中国环境出版集团，2022.6

ISBN 978-7-5111-5078-3

Ⅰ.①生…　Ⅱ.①生…　②中…　Ⅲ.①生态环境－环境监测－中国－手册　Ⅳ.① X835-62

中国版本图书馆 CIP 数据核字（2022）第 035269 号

出 版 人　武德凯
责任编辑　曲　婷
责任校对　任　丽
封面设计　彭　杉

出版发行　中国环境出版集团
（100062　北京市东城区广渠门内大街 16 号）
网　　址：http: //www.cesp.com.cn
电子邮箱：bjgl@cesp.com.cn
联系电话：010-67112765（编辑管理部）
发行热线：010-67125803，010-67113405（传真）

印　　刷　北京中科印刷有限公司
经　　销　各地新华书店
版　　次　2022 年 6 月第 1 版
印　　次　2022 年 6 月第 1 次印刷
开　　本　787 × 1092　1/16
印　　张　34.75
字　　数　781 千字
定　　价　140.00 元

编写指导委员会

主　任　柏仇勇　陈善荣　吴季友

副主任　刘舒生　蒋火华　吴怀民　王　力　邢　核　陈金融　刘廷良　景立新　肖建军　王锷一　李健军

委　员　郭从容　孔东星　汪志国　董明丽　楚宝临　陈传忠　赵　岑

编写委员会

主　编　陈远航　于　勇　戴欣晔

副主编　胡天洋　张　鹏　文小明

委　员　（以姓氏笔画为序）

王　东　王江飞　王步英　王湄西　吉袁媛　师耀龙　吕　欣　乔支卫　许鹏军　孙　媛　杜祯宇　李　飞　李　杰　李　鹏　李　曌　李大庆　李文君　李文攀　李梓湉　肖　盛　吴艳婷　何　劲　何　洋　何宇慧　张　娟　陈　岩　陈小琳　陈亚男　周志广　赵　乾　姚志鹏　柴文轩　倪　永　高锋亮　黄忠辉　黄柳韬　阎路宇　梁　彬　梁思远　嵇晓燕　解　鑫　滕　曼　魏成勇

序言

PREFACE

生态环境监测是生态环境保护的基础，是生态文明建设的重要支撑。习近平总书记高度重视生态环境监测工作，2016年8月，总书记在视察青海省生态环境监测中心时，强调“保护生态环境首先要摸清家底、掌握动态，要把建好用好生态环境监测网络这项基础工作做好”，并亲自谋划、亲自推动监测领域改革，指导党中央出台加强监测网络建设、省以下监测监察执法垂改、提高监测数据质量等三份改革文件，推动监测事业发生历史性变革，有力支撑污染防治攻坚战深入开展。

党的十九届六中全会提出要坚持人与自然和谐共生，协同推进人民富裕、国家强盛、中国美丽，“十四五”期间，我国生态文明建设进入以降碳为重点战略方向、推动减污降碳协同增效、促进经济社会发展全面绿色转型、实现生态环境质量改善由量变到质变的关键时期，这对生态环境监测的系统性、协同性、综合性、智慧化提出更高要求。

为推动监测系统工作人员更好地将思想和行动统一到党中央提出的决策部署上来，推动构建完善现代化生态环境监测体系，2021年10月，生态环境部启动编制生态环境监测领域管理工作手册工作。本书聚焦贯彻落实党中央赋予的统一监测评估职责，收录现行在用、比较重要、较为常用的法律法规、政策文件和相关标准规范，内容上包括党中央决策部署、监测改革要求、监测网络设置、评价排名办法、监测数据质量保障等主要方面，监测要素上覆盖水、气、土、海洋、生态、污染源等各类要素，是一本权威、方便、有用的工具用书。

相信本书的出版能帮助监测系统工作人员了解、信任、参与生态环境监测工作，较好提升监测系统工作人员思想认识和管理业务水平，有助于形成生态环境监测多元参与格局。

生态环境部副部长 叶民

目录

CONTENTS

第一部分　重要政策文件

第二部分　水生态环境监测

第三部分 环境空气监测

第四部分 土壤环境监测

第五部分 海洋环境监测

第六部分 生态质量监测

第七部分 污染源及应急监测

第八部分　碳监测及智慧监测

第九部分　监测质量管理

附录　法律法规（摘录）

第一部分

重要政策文件

中共中央　国务院关于深入打好污染防治攻坚战的意见

（2021年11月2日）

良好生态环境是实现中华民族永续发展的内在要求，是增进民生福祉的优先领域，是建设美丽中国的重要基础。党的十八大以来，以习近平同志为核心的党中央全面加强对生态文明建设和生态环境保护的领导，开展了一系列根本性、开创性、长远性工作，推动污染防治的措施之实、力度之大、成效之显著前所未有，污染防治攻坚战阶段性目标任务圆满完成，生态环境明显改善，人民群众获得感显著增强，厚植了全面建成小康社会的绿色底色和质量成色。同时应该看到，我国生态环境保护结构性、根源性、趋势性压力总体上尚未根本缓解，重点区域、重点行业污染问题仍然突出，实现碳达峰、碳中和任务艰巨，生态环境保护任重道远。为进一步加强生态环境保护，深入打好污染防治攻坚战，现提出如下意见。

一、总体要求

（一）指导思想。以习近平新时代中国特色社会主义思想为指导，全面贯彻党的十九大和十九届二中、三中、四中、五中全会精神，深入贯彻习近平生态文明思想，坚持以人民为中心的发展思想，立足新发展阶段，完整、准确、全面贯彻新发展理念，构建新发展格局，以实现减污降碳协同增效为总抓手，以改善生态环境质量为核心，以精准治污、科学治污、依法治污为工作方针，统筹污染治理、生态保护、应对气候变化，保持力度、延伸深度、拓宽广度，以更高标准打好蓝天、碧水、净土保卫战，以高水平保护推动高质量发展、创造高品质生活，努力建设人与自然和谐共生的美丽中国。

（二）工作原则

——坚持方向不变、力度不减。保持战略定力，坚定不移走生态优先、绿色发展之路，巩固拓展“十三五”时期污染防治攻坚成果，继续打好一批标志性战役，接续攻坚、久久为功。

——坚持问题导向、环保为民。把人民群众反映强烈的突出生态环境问题摆上重要议事日程，不断加以解决，增强广大人民群众的获得感、幸福感、安全感，以生态环境保护实际成效取信于民。

——坚持精准科学、依法治污。遵循客观规律，抓住主要矛盾和矛盾的主要方面，因地制宜、科学施策，落实最严格制度，加强全过程监管，提高污染治理的针对性、科学性、有效性。

——坚持系统观念、协同增效。推进山水林田湖草沙一体化保护和修复，强化多污染物协同控制和区域协同治理，注重综合治理、系统治理、源头治理，保障国家重大战略实施。

——坚持改革引领、创新驱动。深入推进生态文明体制改革，完善生态环境保护领导体制和工作机制，加大技术、政策、管理创新力度，加快构建现代环境治理体系。

（三）主要目标

到 2025 年，生态环境持续改善，主要污染物排放总量持续下降，单位国内生产总值二氧化碳排放比 2020 年下降 18%，地级及以上城市细颗粒物（$PM_{2.5}$）浓度下降 10%，空气质量优良天数比率达到 87.5%，地表水Ⅰ～Ⅲ类水体比例达到 85%，近岸海域水质优良（一、二类）比例达到 79% 左右，重污染天气、城市黑臭水体基本消除，土壤污染风险得到有效管控，固体废物和新污染物治理能力明显增强，生态系统质量和稳定性持续提升，生态环境治理体系更加完善，生态文明建设实现新进步。

到 2035 年，广泛形成绿色生产生活方式，碳排放达峰后稳中有降，生态环境根本好转，美丽中国建设目标基本实现。

二、加快推动绿色低碳发展

（四）深入推进碳达峰行动。处理好减污降碳和能源安全、产业链供应链安全、粮食安全、群众正常生活的关系，落实 2030 年应对气候变化国家自主贡献目标，以能源、工业、城乡建设、交通运输等领域和钢铁、有色金属、建材、石化化工等行业为重点，深入开展碳达峰行动。在国家统一规划的前提下，支持有条件的地方和重点行业、重点企业率先达峰。统筹建立二氧化碳排放总量控制制度。建设完善全国碳排放权交易市场，有序扩大覆盖范围，丰富交易品种和交易方式，并纳入全国统一公共资源交易平台。加强甲烷等非二氧化碳温室气体排放管控。制定国家适应气候变化战略 2035。大力推进低碳和适应气候变化试点工作。健全排放源统计调查、核算核查、监管制度，将温室气体管控纳入环评管理。

（五）聚焦国家重大战略　打造绿色发展高地。强化京津冀协同发展生态环境联建联防联治，打造雄安新区绿色高质量发展“样板之城”。积极推动长江经济带成为我国生态优先绿色发展主战场，深化长三角地区生态环境共保联治。扎实推动黄河流域生态保护和高质量发展。加快建设美丽粤港澳大湾区。加强海南自由贸易港生态环境保护和建设。

（六）推动能源清洁低碳转型。在保障能源安全的前提下，加快煤炭减量步伐，实施可再生能源替代行动。“十四五”时期，严控煤炭消费增长，非化石能源消费比重提高到 20% 左右，京津冀及周边地区、长三角地区煤炭消费量分别下降 10%、5% 左右，汾渭平原煤炭消费量实现负增长。原则上不再新增自备燃煤机组，支持自备燃煤机组实施清洁能源替代，鼓励自备电厂转为公用电厂。坚持“增气减煤”同步，新增天然气优先保障居民生活和清洁取暖需求。提高电能占终端能源消费比重。重点区域的平原地区散煤基本清零。有序扩大清洁取暖试点城市范围，稳步提升北方地区清洁取暖水平。

（七）坚决遏制高耗能高排放项目盲目发展。严把高耗能高排放项目准入关口，严格落实污染物排放区域削减要求，对不符合规定的项目坚决停批停建。依法依规淘汰落后产能和化解过剩产能。推动高炉－转炉长流程炼钢转型为电炉短流程炼钢。重点区域严禁新增钢铁、焦化、水泥熟料、平板玻璃、电解铝、氧化铝、煤化工产能，合理控制煤制油气产能规模，严控新增炼油产能。

（八）推进清洁生产和能源资源节约高效利用。引导重点行业深入实施清洁生产改造，依法开展自愿性清洁生产评价认证。大力推行绿色制造，构建资源循环利用体系。推动煤炭等化石能源清洁高效利用。加强重点领域节能，提高能源使用效率。实施国家节水行动，强化农业节水增效、工业节水减排、城镇节水降损。推进污水资源化利用和海水淡化规模化利用。

（九）加强生态环境分区管控。衔接国土空间规划分区和用途管制要求，将生态保护红线、环境质量底线、资源利用上线的硬约束落实到环境管控单元，建立差别化的生态环境准入清单，加强“三线一单”成果在政策制定、环境准入、园区管理、执法监管等方面的应用。健全以环评制度为主体的源头预防体系，严格规划环评审查和项目环评准入，开展重大经济技术政策的生态环境影响分析和重大生态环境政策的社会经济影响评估。

（十）加快形成绿色低碳生活方式。把生态文明教育纳入国民教育体系，增强全民节约意识、环保意识、生态意识。因地制宜推行垃圾分类制度，加快快递包装绿色转型，加强塑料污染全链条防治。深入开展绿色生活创建行动。建立绿色消费激励机制，推进绿色产品认证、标识体系建设，营造绿色低碳生活新时尚。

三、深入打好蓝天保卫战

（十一）着力打好重污染天气消除攻坚战。聚焦秋冬季细颗粒物污染，加大重点区域、重点行业结构调整和污染治理力度。京津冀及周边地区、汾渭平原持续开展秋冬季大气污染综合治理专项行动。东北地区加强秸秆禁烧管控和采暖燃煤污染治理。天山北坡城市群加强兵地协作，钢铁、有色金属、化工等行业参照重点区域执行重污染天气应急减排措施。科学调整大气污染防治重点区域范围，构建省市县三级重污染天气应急预案体系，实施重点行业企业绩效分级管理，依法严厉打击不落实应急减排措施行为。到 2025 年，全国重度及以上污染天数比率控制在 1% 以内。

（十二）着力打好臭氧污染防治攻坚战。聚焦夏秋季臭氧污染，大力推进挥发性有机物和氮氧化物协同减排。以石化、化工、涂装、医药、包装印刷、油品储运销等行业领域为重点，安全高效推进挥发性有机物综合治理，实施原辅材料和产品源头替代工程。完善挥发性有机物产品标准体系，建立低挥发性有机物含量产品标识制度。完善挥发性有机物监测技术和排放量计算方法，在相关条件成熟后，研究适时将挥发性有机物纳入环境保护税征收范围。推进钢铁、水泥、焦化行业企业超低排放改造，重点区域钢铁、燃煤机组、燃煤锅炉实现超低排放。开展涉气产业集群排查及分类治理，推进企业升级改造和区域环境综合整治。到 2025 年，挥发性有机物、氮氧化物排放总量比 2020 年分别下降 10% 以上，臭氧浓度增长趋势得到有效遏制，实现细颗粒物和臭氧协同控制。

（十三）持续打好柴油货车污染治理攻坚战。深入实施清洁柴油车（机）行动，全国基本淘汰国三及以下排放标准汽车，推动氢燃料电池汽车示范应用，有序推广清洁能源汽车。进一步推进大中城市公共交通、公务用车电动化进程。不断提高船舶靠港岸电使用率。实施更加严格的车用汽油质量标准。加快大宗货物和中长途货物运输“公转铁”、“公转水”，大力发展公铁、铁水等多式联运。“十四五”时期，铁路货运量占比提高 0.5 个百分点，水路货运量年均增速超过 2%。

（十四）加强大气面源和噪声污染治理。强化施工、道路、堆场、裸露地面等扬尘管控，加强城市保洁和清扫。加大餐饮油烟污染、恶臭异味治理力度。强化秸秆综合利用和禁烧管控。到 2025 年，京津冀及周边地区大型规模化养殖场氨排放总量比 2020 年下降 5%。深化消耗臭氧层物质和氢氟碳化物环境管理。实施噪声污染防治行动，加快解决群众关心的突出噪声问题。到 2025 年，地级及以上城市全面实现功能区声环境质量自动监测，全国声环境功能区夜间达标率达到 85%。

四、深入打好碧水保卫战

（十五）持续打好城市黑臭水体治理攻坚战。统筹好上下游、左右岸、干支流、城市和乡村，系统推进城市黑臭水体治理。加强农业农村和工业企业污染防治，有效控制入河污染物排放。强化溯源整治，杜绝污水直接排入雨水管网。推进城镇污水管网全覆盖，对进水情况出现明显异常的污水处理厂，开展片区管网系统化整治。因地制宜开展水体内源污染治理和生态修复，增强河湖自净功能。充分发挥河长制、湖长制作用，巩固城市黑臭水体治理成效，建立防止返黑返臭的长效机制。2022 年 6 月底前，县级城市政府完成建成区内黑臭水体排查并制定整治方案，统一公布黑臭水体清单及达标期限。到 2025 年，县级城市建成区基本消除黑臭水体，京津冀、长三角、珠三角等区域力争提前 1 年完成。

（十六）持续打好长江保护修复攻坚战。推动长江全流域按单元精细化分区管控。狠抓突出生态环境问题整改，扎实推进城镇污水垃圾处理和工业、农业面源、船舶、尾矿库等污染治理工程。加强渝湘黔交界武陵山区“锰三角”污染综合整治。持续开展工业园区污染治理、“三磷”行业整治等专项行动。推进长江岸线生态修复，巩固小水电清理整改成果。实施好长江流域重点水域十年禁渔，有效恢复长江水生生物多样性。建立健全长江流域水生态环境考核评价制度并抓好组织实施。加强太湖、巢湖、滇池等重要湖泊蓝藻水华防控，开展河湖水生植被恢复、氮磷通量监测等试点。到 2025 年，长江流域总体水质保持为优，干流水质稳定达到Ⅱ类，重要河湖生态用水得到有效保障，水生态质量明显提升。

（十七）着力打好黄河生态保护治理攻坚战。全面落实以水定城、以水定地、以水定人、以水定产要求，实施深度节水控水行动，严控高耗水行业发展。维护上游水源涵养功能，推动以草定畜、定牧。加强中游水土流失治理，开展汾渭平原、河套灌区等农业面源污染治理。实施黄河三角洲湿地保护修复，强化黄河河口综合治理。加强沿黄河城镇污水处理设施及配套管网建设，开展黄河流域“清废行动”，基本完成尾矿库污染治理。到

2025 年，黄河干流上中游（花园口以上）水质达到Ⅱ类，干流及主要支流生态流量得到有效保障。

（十八）巩固提升饮用水安全保障水平。加快推进城市水源地规范化建设，加强农村水源地保护。基本完成乡镇级水源保护区划定、立标并开展环境问题排查整治。保障南水北调等重大输水工程水质安全。到 2025 年，全国县级及以上城市集中式饮用水水源水质达到或优于Ⅲ类比例总体高于 93%。

（十九）着力打好重点海域综合治理攻坚战。巩固深化渤海综合治理成果，实施长江口—杭州湾、珠江口邻近海域污染防治行动，“一湾一策”实施重点海湾综合治理。深入推进入海河流断面水质改善、沿岸直排海污染源整治、海水养殖环境治理，加强船舶港口、海洋垃圾等污染防治。推进重点海域生态系统保护修复，加强海洋伏季休渔监管执法。推进海洋环境风险排查整治和应急能力建设。到 2025 年，重点海域水质优良比例比 2020 年提升 2 个百分点左右，省控及以上河流入海断面基本消除劣Ⅴ类，滨海湿地和岸线得到有效保护。

（二十）强化陆域海域污染协同治理。持续开展入河入海排污口“查、测、溯、治”，到 2025 年，基本完成长江、黄河、渤海及赤水河等长江重要支流排污口整治。完善水污染防治流域协同机制，深化海河、辽河、淮河、松花江、珠江等重点流域综合治理，推进重要湖泊污染防治和生态修复。沿海城市加强固定污染源总氮排放控制和面源污染治理，实施入海河流总氮削减工程。建成一批具有全国示范价值的美丽河湖、美丽海湾。

五、深入打好净土保卫战

（二十一）持续打好农业农村污染治理攻坚战。注重统筹规划、有效衔接，因地制宜推进农村厕所革命、生活污水治理、生活垃圾治理，基本消除较大面积的农村黑臭水体，改善农村人居环境。实施化肥、农药减量增效行动和农膜回收行动。加强种养结合，整县推进畜禽粪污资源化利用。规范工厂化水产养殖尾水排污口设置，在水产养殖主产区推进养殖尾水治理。到 2025 年，农村生活污水治理率达到 40%，化肥农药利用率达到 43%，全国畜禽粪污综合利用率达到 80% 以上。

（二十二）深入推进农用地土壤污染防治和安全利用。实施农用地土壤镉等重金属污染源头防治行动。依法推行农用地分类管理制度，强化受污染耕地安全利用和风险管控，受污染耕地集中的县级行政区开展污染溯源，因地制宜制定实施安全利用方案。在土壤污染面积较大的 100 个县级行政区推进农用地安全利用示范。严格落实粮食收购和销售出库质量安全检验制度和追溯制度。到 2025 年，受污染耕地安全利用率达到 93% 左右。

（二十三）有效管控建设用地土壤污染风险。严格建设用地土壤污染风险管控和修复名录内地块的准入管理。未依法完成土壤污染状况调查和风险评估的地块，不得开工建设与风险管控和修复无关的项目。从严管控农药、化工等行业的重度污染地块规划用途，确需开发利用的，鼓励用于拓展生态空间。完成重点地区危险化学品生产企业搬迁改造，推进腾退地块风险管控和修复。

（二十四）稳步推进“无废城市”建设。健全“无废城市”建设相关制度、技术、市场、监管体系，推进城市固体废物精细化管理。“十四五”时期，推进 100 个左右地级及以上城市开展“无废城市”建设，鼓励有条件的省份全域推进“无废城市”建设。

（二十五）加强新污染物治理。制定实施新污染物治理行动方案。针对持久性有机污染物、内分泌干扰物等新污染物，实施调查监测和环境风险评估，建立健全有毒有害化学物质环境风险管理制度，强化源头准入，动态发布重点管控新污染物清单及其禁止、限制、限排等环境风险管控措施。

（二十六）强化地下水污染协同防治。持续开展地下水环境状况调查评估，划定地下水型饮用水水源补给区并强化保护措施，开展地下水污染防治重点区划定及污染风险管控。健全分级分类的地下水环境监测评价体系。实施水土环境风险协同防控。在地表水、地下水交互密切的典型地区开展污染综合防治试点。

六、切实维护生态环境安全

（二十七）持续提升生态系统质量。实施重要生态系统保护和修复重大工程、山水林田湖草沙一体化保护和修复工程。科学推进荒漠化、石漠化、水土流失综合治理和历史遗留矿山生态修复，开展大规模国土绿化行动，实施河口、海湾、滨海湿地、典型海洋生态系统保护修复。推行草原森林河流湖泊休养生息，加强黑土地保护。有效应对气候变化对冰冻圈融化的影响。推进城市生态修复。加强生态保护修复监督评估。到 2025 年，森林覆盖率达到 24.1%，草原综合植被盖度稳定在 57% 左右，湿地保护率达到 55%。

（二十八）实施生物多样性保护重大工程。加快推进生物多样性保护优先区域和国家重大战略区域调查、观测、评估。完善以国家公园为主体的自然保护地体系，构筑生物多样性保护网络。加大珍稀濒危野生动植物保护拯救力度。加强生物遗传资源保护和管理，严格外来入侵物种防控。

（二十九）强化生态保护监管。用好第三次全国国土调查成果，构建完善生态监测网络，建立全国生态状况评估报告制度，加强重点区域流域海域、生态保护红线、自然保护地、县域重点生态功能区等生态状况监测评估。加强自然保护地和生态保护红线监管，依法加大生态破坏问题监督和查处力度，持续推进“绿盾”自然保护地强化监督专项行动。深入推动生态文明建设示范创建、“绿水青山就是金山银山”实践创新基地建设和美丽中国地方实践。

（三十）确保核与辐射安全。坚持安全第一、质量第一，实行最严格的安全标准和最严格的监管，持续强化在建和运行核电厂安全监管，加强核安全监管制度、队伍、能力建设，督促营运单位落实全面核安全责任。严格研究堆、核燃料循环设施、核技术利用等安全监管，积极稳妥推进放射性废物、伴生放射性废物处置，加强电磁辐射污染防治。强化风险预警监测和应急响应，不断提升核与辐射安全保障能力。

（三十一）严密防控环境风险。开展涉危险废物涉重金属企业、化工园区等重点领域环境风险调查评估，完成重点河流突发水污染事件“一河一策一图”全覆盖。开展涉铊企业排查整治行动。加强重金属污染防控，到 2025 年，全国重点行业重点重金属污染物排放量比 2020 年下降 5%。强化生态环境与健康管理。健全国家环境应急指挥平台，推进流域及地方环境应急物资库建设，完善环境应急管理体系。

七、提高生态环境治理现代化水平

（三十二）全面强化生态环境法治保障。完善生态环境保护法律法规和适用规则，在法治轨道上推进生态环境治理，依法对生态环境违法犯罪行为严惩重罚。推进重点区域协同立法，探索深化区域执法协作。完善生态环境标准体系，鼓励有条件的地方制定出台更加严格的标准。健全生态环境损害赔偿制度。深化环境信息依法披露制度改革。加强生态环境保护法律宣传普及。强化生态环境行政执法与刑事司法衔接，联合开展专项行动。

（三十三）健全生态环境经济政策。扩大环境保护、节能节水等企业所得税优惠目录范围，完善绿色电价政策。大力发展绿色信贷、绿色债券、绿色基金，加快发展气候投融资，在环境高风险领域依法推行环境污染强制责任保险，强化对金融机构的绿色金融业绩评价。加快推进排污权、用能权、碳排放权市场化交易。全面实施环保信用评价，发挥环境保护综合名录的引导作用。完善市场化多元化生态保护补偿，推动长江、黄河等重要流域建立全流域生态保护补偿机制，建立健全森林、草原、湿地、沙化土地、海洋、水流、耕地等领域生态保护补偿制度。

（三十四）完善生态环境资金投入机制。各级政府要把生态环境作为财政支出的重点领域，把生态环境资金投入作为基础性、战略性投入予以重点保障，确保与污染防治攻坚任务相匹配。加快生态环境领域省以下财政事权和支出责任划分改革。加强有关转移支付分配与生态环境质量改善相衔接。综合运用土地、规划、金融、税收、价格等政策，引导和鼓励更多社会资本投入生态环境领域。

（三十五）实施环境基础设施补短板行动。构建集污水、垃圾、固体废物、危险废物、医疗废物处理处置设施和监测监管能力于一体的环境基础设施体系，形成由城市向建制镇和乡村延伸覆盖的环境基础设施网络。开展污水处理厂差别化精准提标。优先推广运行费用低、管护简便的农村生活污水治理技术，加强农村生活污水处理设施长效化运行维护。推动省域内危险废物处置能力与产废情况总体匹配，加快完善医疗废物收集转运处置体系。

（三十六）提升生态环境监管执法效能。全面推行排污许可“一证式”管理，建立基于排污许可证的排污单位监管执法体系和自行监测监管机制。建立健全以污染源自动监控为主的非现场监管执法体系，强化关键工况参数和用水用电等控制参数自动监测。加强移动源监管能力建设。深入开展生活垃圾焚烧发电行业达标排放专项整治。全面禁止进口“洋垃圾”。依法严厉打击危险废物非法转移、倾倒、处置等环境违法犯罪，严肃查处环评、监测等领域弄虚作假行为。

（三十七）建立完善现代化生态环境监测体系。构建政府主导、部门协同、企业履责、社会参与、公众监督的生态环境监测格局，建立健全基于现代感知技术和大数据技术的生态环境监测网络，优化监测站网布局，实现环境质量、生态质量、污染源监测全覆盖。提升国家、区域流域海域和地方生态环境监测基础能力，补齐细颗粒物和臭氧协同控制、水生态环境、温室气体排放等监测短板。加强监测质量监督检查，确保数据真实、准确、全面。

（三十八）构建服务型科技创新体系。组织开展生态环境领域科技攻关和技术创新，规范布局建设各类创新平台。加快发展节能环保产业，推广生态环境整体解决方案、托管服务和第三方治理。构建智慧高效的生态环境管理信息化体系。加强生态环境科技成果转化服务，组织开展百城千县万名专家生态环境科技帮扶行动。

八、加强组织实施

（三十九）加强组织领导。全面加强党对生态环境保护工作的领导，进一步完善中央统筹、省负总责、市县抓落实的攻坚机制。强化地方各级生态环境保护议事协调机制作用，研究推动解决本地区生态环境保护重要问题，加强统筹协调，形成工作合力，确保日常工作机构有场所、有人员、有经费。加快构建减污降碳一体谋划、一体部署、一体推进、一体考核的制度机制。研究制定强化地方党政领导干部生态环境保护责任有关措施。

（四十）强化责任落实。地方各级党委和政府要坚决扛起生态文明建设政治责任，深入打好污染防治攻坚战，把解决群众身边的生态环境问题作为“我为群众办实事”实践活动的重要内容，列出清单、建立台账，长期坚持、确保实效。各有关部门要全面落实生态环境保护责任，细化实化污染防治攻坚政策措施，分工协作、共同发力。各级人大及其常委会加强生态环境保护立法和监督。各级政协加大生态环境保护专题协商和民主监督力度。各级法院和检察院加强环境司法。生态环境部要做好任务分解，加强调度评估，重大情况及时向党中央、国务院报告。

（四十一）强化监督考核。完善中央生态环境保护督察制度，健全中央和省级两级生态环境保护督察体制，将污染防治攻坚战任务落实情况作为重点，深化例行督察，强化专项督察。深入开展重点区域、重点领域、重点行业监督帮扶。继续开展污染防治攻坚战成效考核，完善相关考核措施，强化考核结果运用。

（四十二）强化宣传引导。创新生态环境宣传方式方法，广泛传播生态文明理念。构建生态环境治理全民行动体系，发展壮大生态环境志愿服务力量，深入推动环保设施向公众开放，完善生态环境信息公开和有奖举报机制。积极参与生态环境保护国际合作，讲好生态文明建设“中国故事”。

（四十三）强化队伍建设。完善省以下生态环境机构监测监察执法垂直管理制度，全面推进生态环境监测监察执法机构能力标准化建设。将生态环境保护综合执法机构列入政府行政执法机构序列，统一保障执法用车和装备。持续加强生态环境保护铁军建设，锤炼过硬作风，严格对监督者的监督管理。注重选拔在生态文明建设和生态环境保护工作中敢于负责、勇于担当、善于作为、实绩突出的干部。按照有关规定表彰在污染防治攻坚战中成绩显著、贡献突出的先进单位和个人。

中共中央　国务院关于完整准确全面贯彻新发展理念做好碳达峰碳中和工作的意见（摘录）

（2021 年 9 月 22 日）

……

（九）强化能源消费强度和总量双控。坚持节能优先的能源发展战略，严格控制能耗和二氧化碳排放强度，合理控制能源消费总量，统筹建立二氧化碳排放总量控制制度。做好产业布局、结构调整、节能审查与能耗双控的衔接，对能耗强度下降目标完成形势严峻的地区实行项目缓批限批、能耗等量或减量替代。强化节能监察和执法，加强能耗及二氧化碳排放控制目标分析预警，严格责任落实和评价考核。加强甲烷等非二氧化碳温室气体管控。

……

（二十）强化基础研究和前沿技术布局。制定科技支撑碳达峰、碳中和行动方案，编制碳中和技术发展路线图。采用“揭榜挂帅”机制，开展低碳零碳负碳和储能新材料、新技术、新装备攻关。加强气候变化成因及影响、生态系统碳汇等基础理论和方法研究。推进高效率太阳能电池、可再生能源制氢、可控核聚变、零碳工业流程再造等低碳前沿技术攻关。培育一批节能降碳和新能源技术产品研发国家重点实验室、国家技术创新中心、重大科技创新平台。建设碳达峰、碳中和人才体系，鼓励高等学校增设碳达峰、碳中和相关学科专业。

……

（二十六）加强国际交流与合作。积极参与应对气候变化国际谈判，坚持我国发展中国家定位，坚持共同但有区别的责任原则、公平原则和各自能力原则，维护我国发展权益。履行《联合国气候变化框架公约》及其《巴黎协定》，发布我国长期温室气体低排放发展战略，积极参与国际规则和标准制定，推动建立公平合理、合作共赢的全球气候治理体系。加强应对气候变化国际交流合作，统筹国内外工作，主动参与全球气候和环境治理。

……

（二十八）完善标准计量体系。建立健全碳达峰、碳中和标准计量体系。加快节能标准更新升级，抓紧修订一批能耗限额、产品设备能效强制性国家标准和工程建设标准，提升重点产品能耗限额要求，扩大能耗限额标准覆盖范围，完善能源核算、检测认证、评估、审计等配套标准。加快完善地区、行业、企业、产品等碳排放核查核算报告标准，建立统一规范的碳核算体系。制定重点行业和产品温室气体排放标准，完善低碳产品标准标识制度。积极参与相关国际标准制定，加强标准国际衔接。

（二十九）提升统计监测能力。健全电力、钢铁、建筑等行业领域能耗统计监测和计量体系，加强重点用能单位能耗在线监测系统建设。加强二氧化碳排放统计核算能力建设，提升信息化实测水平。依托和拓展自然资源调查监测体系，建立生态系统碳汇监测核算体系，开展森林、草原、湿地、海洋、土壤、冻土、岩溶等碳汇本底调查和碳储量评估，实施生态保护修复碳汇成效监测评估。

……

国务院关于印发 2030 年前碳达峰行动方案的通知（摘录）

（国发〔2021〕23 号）

……

三、重点任务

……

（二）节能降碳增效行动。

落实节约优先方针，完善能源消费强度和总量双控制度，严格控制能耗强度，合理控制能源消费总量，推动能源消费革命，建设能源节约型社会。

1. 全面提升节能管理能力。推行用能预算管理，强化固定资产投资项目节能审查，对项目用能和碳排放情况进行综合评价，从源头推进节能降碳。提高节能管理信息化水平，完善重点用能单位能耗在线监测系统，建立全国性、行业性节能技术推广服务平台，推动高耗能企业建立能源管理中心。完善能源计量体系，鼓励采用认证手段提升节能管理水平。加强节能监察能力建设，健全省、市、县三级节能监察体系，建立跨部门联动机制，综合运用行政处罚、信用监管、绿色电价等手段，增强节能监察约束力。

……

（七）绿色低碳科技创新行动。

发挥科技创新的支撑引领作用，完善科技创新体制机制，强化创新能力，加快绿色低碳科技革命。

1. 完善创新体制机制。制定科技支撑碳达峰碳中和行动方案，在国家重点研发计划中设立碳达峰碳中和关键技术研究与示范等重点专项，采取“揭榜挂帅”机制，开展低碳零碳负碳关键核心技术攻关。将绿色低碳技术创新成果纳入高等学校、科研单位、国有企业有关绩效考核。强化企业创新主体地位，支持企业承担国家绿色低碳重大科技项目，鼓励设施、数据等资源开放共享。推进国家绿色技术交易中心建设，加快创新成果转化。加强绿色低碳技术和产品知识产权保护。完善绿色低碳技术和产品检测、评估、认证体系。

2. 加强创新能力建设和人才培养。组建碳达峰碳中和相关国家实验室、国家重点实验室和国家技术创新中心，适度超前布局国家重大科技基础设施，引导企业、高等学校、科研单位共建一批国家绿色低碳产业创新中心。创新人才培养模式，鼓励高等学校加快新能源、储能、氢能、碳减排、碳汇、碳排放权交易等学科建设和人才培养，建设一批绿色低碳领域未来技术学院、现代产业学院和示范性能源学院。深化产教融合，鼓励校企联合开展产学合作协同育人项目，组建碳达峰碳中和产教融合发展联盟，建设一批国家储能技术产教融合创新平台。

……

（八）碳汇能力巩固提升行动。

坚持系统观念，推进山水林田湖草沙一体化保护和修复，提高生态系统质量和稳定性，提升生态系统碳汇增量。

……

3. 加强生态系统碳汇基础支撑。依托和拓展自然资源调查监测体系，利用好国家林草生态综合监测评价成果，建立生态系统碳汇监测核算体系，开展森林、草原、湿地、海洋、土壤、冻土、岩溶等碳汇本底调查、碳储量评估、潜力分析，实施生态保护修复碳汇成效监测评估。加强陆地和海洋生态系统碳汇基础理论、基础方法、前沿颠覆性技术研究。建立健全能够体现碳汇价值的生态保护补偿机制，研究制定碳汇项目参与全国碳排放权交易相关规则。

……

五、政策保障

（一）建立统一规范的碳排放统计核算体系。加强碳排放统计核算能力建设，深化核算方法研究，加快建立统一规范的碳排放统计核算体系。支持行业、企业依据自身特点开展碳排放核算方法学研究，建立健全碳排放计量体系。推进碳排放实测技术发展，加快遥感测量、大数据、云计算等新兴技术在碳排放实测技术领域的应用，提高统计核算水平。积极参与国际碳排放核算方法研究，推动建立更为公平合理的碳排放核算方法体系。

（二）健全法律法规标准。构建有利于绿色低碳发展的法律体系，推动能源法、节约能源法、电力法、煤炭法、可再生能源法、循环经济促进法、清洁生产促进法等制定修订。加快节能标准更新，修订一批能耗限额、产品设备能效强制性国家标准和工程建设标准，提高节能降碳要求。健全可再生能源标准体系，加快相关领域标准制定修订。建立健全氢制、储、输、用标准。完善工业绿色低碳标准体系。建立重点企业碳排放核算、报告、核查等标准，探索建立重点产品全生命周期碳足迹标准。积极参与国际能效、低碳等标准制定修订，加强国际标准协调。

……

国务院办公厅关于印发生态环境监测网络建设方案的通知

（国办发〔2015〕56号）

各省、自治区、直辖市人民政府，国务院各部委、各直属机构：

《生态环境监测网络建设方案》已经党中央、国务院同意，现印发给你们，请认真贯彻执行。

国务院办公厅

2015年7月26日

生态环境监测网络建设方案

生态环境监测是生态环境保护的基础，是生态文明建设的重要支撑。目前，我国生态环境监测网络存在范围和要素覆盖不全，建设规划、标准规范与信息发布不统一，信息化水平和共享程度不高，监测与监管结合不紧密，监测数据质量有待提高等突出问题，难以满足生态文明建设需要，影响了监测的科学性、权威性和政府公信力，必须加快推进生态环境监测网络建设。

一、总体要求

（一）指导思想。全面贯彻落实党的十八大和十八届二中、三中、四中全会精神，按照党中央、国务院决策部署，落实《中华人民共和国环境保护法》和《中共中央　国务院关于加快推进生态文明建设的意见》要求，坚持全面设点、全国联网、自动预警、依法追责，形成政府主导、部门协同、社会参与、公众监督的生态环境监测新格局，为加快推进生态文明建设提供有力保障。

（二）基本原则。

明晰事权、落实责任。依法明确各方生态环境监测事权，推进部门分工合作，强化监测质量监管，落实政府、企业、社会责任和权利。

健全制度、统筹规划。健全生态环境监测法律法规、标准和技术规范体系，统一规划布局监测网络。

科学监测、创新驱动。依靠科技创新与技术进步，加强监测科研和综合分析，强化卫星遥感等高新技术、先进装备与系统的应用，提高生态环境监测立体化、自动化、智能化水平。

综合集成、测管协同。推进全国生态环境监测数据联网和共享，开展监测大数据分析，实现生态环境监测与监管有效联动。

（三）主要目标。到 2020 年，全国生态环境监测网络基本实现环境质量、重点污染源、生态状况监测全覆盖，各级各类监测数据系统互联共享，监测预报预警、信息化能力和保障水平明显提升，监测与监管协同联动，初步建成陆海统筹、天地一体、上下协同、信息共享的生态环境监测网络，使生态环境监测能力与生态文明建设要求相适应。

二、全面设点，完善生态环境监测网络

（四）建立统一的环境质量监测网络。环境保护部会同有关部门统一规划、整合优化环境质量监测点位，建设涵盖大气、水、土壤、噪声、辐射等要素，布局合理、功能完善的全国环境质量监测网络，按照统一的标准规范开展监测和评价，客观、准确反映环境质量状况。

（五）健全重点污染源监测制度。各级环境保护部门确定的重点排污单位必须落实污染物排放自行监测及信息公开的法定责任，严格执行排放标准和相关法律法规的监测要求。国家重点监控排污单位要建设稳定运行的污染物排放在线监测系统。各级环境保护部门要依法开展监督性监测，组织开展面源、移动源等监测与统计工作。

（六）加强生态监测系统建设。建立天地一体化的生态遥感监测系统，研制、发射系列化的大气环境监测卫星和环境卫星后续星并组网运行；加强无人机遥感监测和地面生态监测，实现对重要生态功能区、自然保护区等大范围、全天候监测。

三、全国联网，实现生态环境监测信息集成共享

（七）建立生态环境监测数据集成共享机制。各级环境保护部门以及国土资源、住房城乡建设、交通运输、水利、农业、卫生、林业、气象、海洋等部门和单位获取的环境质量、污染源、生态状况监测数据要实现有效集成、互联共享。国家和地方建立重点污染源监测数据共享与发布机制，重点排污单位要按照环境保护部门要求将自行监测结果及时上传。

（八）构建生态环境监测大数据平台。加快生态环境监测信息传输网络与大数据平台建设，加强生态环境监测数据资源开发与应用，开展大数据关联分析，为生态环境保护决策、管理和执法提供数据支持。

（九）统一发布生态环境监测信息。依法建立统一的生态环境监测信息发布机制，规范发布内容、流程、权限、渠道等，及时准确发布全国环境质量、重点污染源及生态状况监测信息，提高政府环境信息发布的权威性和公信力，保障公众知情权。

四、自动预警，科学引导环境管理与风险防范

（十）加强环境质量监测预报预警。提高空气质量预报和污染预警水平，强化污染源

追踪与解析。加强重要水体、水源地、源头区、水源涵养区等水质监测与预报预警。加强土壤中持久性、生物富集性和对人体健康危害大的污染物监测。提高辐射自动监测预警能力。

（十一）严密监控企业污染排放。完善重点排污单位污染排放自动监测与异常报警机制，提高污染物超标排放、在线监测设备运行和重要核设施流出物异常等信息追踪、捕获与报警能力以及企业排污状况智能化监控水平。增强工业园区环境风险预警与处置能力。

（十二）提升生态环境风险监测评估与预警能力。定期开展全国生态状况调查与评估，建立生态保护红线监管平台，对重要生态功能区人类干扰、生态破坏等活动进行监测、评估与预警。开展化学品、持久性有机污染物、新型特征污染物及危险废物等环境健康危害因素监测，提高环境风险防控和突发事件应急监测能力。

五、依法追责，建立生态环境监测与监管联动机制

（十三）为考核问责提供技术支撑。完善生态环境质量监测与评估指标体系，利用监测与评价结果，为考核问责地方政府落实本行政区域环境质量改善、污染防治、主要污染物排放总量控制、生态保护、核与辐射安全监管等职责任务提供科学依据和技术支撑。

（十四）实现生态环境监测与执法同步。各级环境保护部门依法履行对排污单位的环境监管职责，依托污染源监测开展监管执法，建立监测与监管执法联动快速响应机制，根据污染物排放和自动报警信息，实施现场同步监测与执法。

（十五）加强生态环境监测机构监管。各级相关部门所属生态环境监测机构、环境监测设备运营维护机构、社会环境监测机构及其负责人要严格按照法律法规要求和技术规范开展监测，健全并落实监测数据质量控制与管理制度，对监测数据的真实性和准确性负责。环境保护部依法建立健全对不同类型生态环境监测机构及环境监测设备运营维护机构的监管制度，制定环境监测数据弄虚作假行为处理办法等规定。各级环境保护部门要加大监测质量核查巡查力度，严肃查处故意违反环境监测技术规范，篡改、伪造监测数据的行为。党政领导干部指使篡改、伪造监测数据的，按照《党政领导干部生态环境损害责任追究办法（试行）》等有关规定严肃处理。

六、健全生态环境监测制度与保障体系

（十六）健全生态环境监测法律法规及标准规范体系。研究制定环境监测条例、生态环境质量监测网络管理办法、生态环境监测信息发布管理规定等法规、规章。统一大气、地表水、地下水、土壤、海洋、生态、污染源、噪声、振动、辐射等监测布点、监测和评价技术标准规范，并根据工作需要及时修订完善。增强各部门生态环境监测数据的可比性，确保排污单位、各类监测机构的监测活动执行统一的技术标准规范。

（十七）明确生态环境监测事权。各级环境保护部门主要承担生态环境质量监测、重点污染源监督性监测、环境执法监测、环境应急监测与预报预警等职能。环境保护部适度上收生态环境质量监测事权，准确掌握、客观评价全国生态环境质量总体状况。重点污染

源监督性监测和监管重心下移，加强对地方重点污染源监督性监测的管理。地方各级环境保护部门相应上收生态环境质量监测事权，逐级承担重点污染源监督性监测及环境应急监测等职能。

（十八）积极培育生态环境监测市场。开放服务性监测市场，鼓励社会环境监测机构参与排污单位污染源自行监测、污染源自动监测设施运行维护、生态环境损害评估监测、环境影响评价现状监测、清洁生产审核、企事业单位自主调查等环境监测活动。在基础公益性监测领域积极推进政府购买服务，包括环境质量自动监测站运行维护等。环境保护部要制定相关政策和办法，有序推进环境监测服务社会化、制度化、规范化。

（十九）强化监测科技创新能力。推进环境监测新技术和新方法研究，健全生态环境监测技术体系，促进和鼓励高科技产品与技术手段在环境监测领域的推广应用。鼓励国内科研部门和相关企业研发具有自主知识产权的环境监测仪器设备，推进监测仪器设备国产化；在满足需求的条件下优先使用国产设备，促进国产监测仪器产业发展。积极开展国际合作，借鉴监测科技先进经验，提升我国技术创新能力。

（二十）提升生态环境监测综合能力。研究制定环境监测机构编制标准，加强环境监测队伍建设。加快实施生态环境保护人才发展相关规划，不断提高监测人员综合素质和能力水平。完善与生态环境监测网络发展需求相适应的财政保障机制，重点加强生态环境质量监测、监测数据质量控制、卫星和无人机遥感监测、环境应急监测、核与辐射监测等能力建设，提高样品采集、实验室测试分析及现场快速分析测试能力。完善环境保护监测岗位津贴政策。根据生态环境监测事权，将所需经费纳入各级财政预算重点保障。

地方各级人民政府要加强对生态环境监测网络建设的组织领导，制定具体工作方案，明确职责分工，落实各项任务。

中共中央办公厅　国务院办公厅印发《关于省以下环保机构监测监察执法垂直管理制度改革试点工作的指导意见》

（中办发〔2016〕63号）

各省、自治区、直辖市党委和人民政府，中央和国家机关各部委，解放军各大单位、中央军委机关各部门，各人民团体：

《关于省以下环保机构监测监察执法垂直管理制度改革试点工作的指导意见》已经中央领导同志同意，现印发给你们，请结合实际认真贯彻落实。

中共中央办公厅
国务院办公厅
2016年9月14日

关于省以下环保机构监测监察执法垂直管理制度改革试点工作的指导意见

为加快解决现行以块为主的地方环保管理体制存在的突出问题，现就省以下环保机构监测监察执法垂直管理制度改革试点工作提出如下意见。

一、总体要求

（一）指导思想。全面贯彻党的十八大和十八届三中、四中、五中全会精神，深入学习贯彻习近平总书记系列重要讲话精神，紧紧围绕统筹推进“五位一体”总体布局和协调推进“四个全面”战略布局，牢固树立新发展理念，认真落实党中央、国务院决策部署，改革环境治理基础制度，建立健全条块结合、各司其职、权责明确、保障有力、权威高效的地方环境保护管理体制，切实落实对地方政府及其相关部门的监督责任，增强环境监测监察执法的独立性、统一性、权威性和有效性，适应统筹解决跨区域、跨流域环境问题的新要求，规范和加强地方环保机构队伍建设，为建设天蓝、地绿、水净的美丽中国提供坚强体制保障。

（二）基本原则

——坚持问题导向。改革试点要有利于推动解决地方环境保护管理体制存在的突出问题，有利于环境保护责任目标任务的明确、分解及落实，有利于调动地方党委和政府及其相关部门的积极性，有利于新老环境保护管理体制平稳过渡。

——强化履职尽责。地方党委和政府对本地区生态环境负总责。建立健全职责明晰、分工合理的环境保护责任体系，加强监督检查，推动落实环境保护党政同责、一岗双责。对失职失责的，严肃追究责任。

——确保顺畅高效。改革完善体制机制，强化省级环保部门对市县两级环境监测监察的管理，协调处理好环保部门统一监督管理与属地主体责任、相关部门分工负责的关系，提升生态环境治理能力。

——搞好统筹协调。做好顶层设计，要与生态文明体制改革各项任务相协调，与生态环境保护制度完善相联动，与事业单位分类改革、行政审批制度改革、综合行政执法改革相衔接，提升改革综合效能。

二、强化地方党委和政府及其相关部门的环境保护责任

（三）落实地方党委和政府对生态环境负总责的要求。试点省份要进一步强化地方各级党委和政府环境保护主体责任、党委和政府主要领导成员主要责任，完善领导干部目标责任考核制度，把生态环境质量状况作为党政领导班子考核评价的重要内容。建立和实行领导干部违法违规干预环境监测执法活动、插手具体环境保护案件查处的责任追究制度，支持环保部门依法依规履职尽责。

（四）强化地方环保部门职责。省级环保部门对全省（自治区、直辖市）环境保护工作实施统一监督管理，在全省（自治区、直辖市）范围内统一规划建设环境监测网络，对省级环境保护许可事项等进行执法，对市县两级环境执法机构给予指导，对跨市相关纠纷及重大案件进行调查处理。市级环保部门对全市区域范围内环境保护工作实施统一监督管理，负责属地环境执法，强化综合统筹协调。县级环保部门强化现场环境执法，现有环境保护许可等职能上交市级环保部门，在市级环保部门授权范围内承担部分环境保护许可具体工作。

（五）明确相关部门环境保护责任。试点省份要制定负有生态环境监管职责相关部门的环境保护责任清单，明确各相关部门在工业污染防治、农业污染防治、城乡污水垃圾处理、国土资源开发环境保护、机动车船污染防治、自然生态保护等方面的环境保护责任，按职责开展监督管理。管发展必须管环保，管生产必须管环保，形成齐抓共管的工作格局，实现发展与环境保护的内在统一、相互促进。地方各级党委和政府将相关部门环境保护履职尽责情况纳入年度部门绩效考核。

三、调整地方环境保护管理体制

（六）调整市县环保机构管理体制。市级环保局实行以省级环保厅（局）为主的双重

管理，仍为市级政府工作部门。省级环保厅（局）党组负责提名市级环保局局长、副局长，会同市级党委组织部门进行考察，征求市级党委意见后，提交市级党委和政府按有关规定程序办理，其中局长提交市级人大任免；市级环保局党组书记、副书记、成员，征求市级党委意见后，由省级环保厅（局）党组审批任免。直辖市所属区县及省直辖县（市、区）环保局参照市级环保局实施改革。计划单列市、副省级城市环保局实行以省级环保厅（局）为主的双重管理；涉及厅级干部任免的，按照相应干部管理权限进行管理。

县级环保局调整为市级环保局的派出分局，由市级环保局直接管理，领导班子成员由市级环保局任免。开发区（高新区）等的环境保护管理体制改革方案由试点省份确定。

地方环境保护管理体制调整后，要注意统筹环保干部的交流使用。

（七）加强环境监察工作。试点省份将市县两级环保部门的环境监察职能上收，由省级环保部门统一行使，通过向市或跨市县区域派驻等形式实施环境监察。经省级政府授权，省级环保部门对本行政区域内各市县两级政府及相关部门环境保护法律法规、标准、政策、规划执行情况，一岗双责落实情况，以及环境质量责任落实情况进行监督检查，及时向省级党委和政府报告。

（八）调整环境监测管理体制。本省（自治区、直辖市）及所辖各市县生态环境质量监测、调查评价和考核工作由省级环保部门统一负责，实行生态环境质量省级监测、考核。现有市级环境监测机构调整为省级环保部门驻市环境监测机构，由省级环保部门直接管理，人员和工作经费由省级承担；领导班子成员由省级环保厅（局）任免；主要负责人任市级环保局党组成员，事先应征求市级环保局意见。省级和驻市环境监测机构主要负责生态环境质量监测工作。直辖市所属区县环境监测机构改革方案由直辖市环保局结合实际确定。

现有县级环境监测机构主要职能调整为执法监测，随县级环保局一并上收到市级，由市级承担人员和工作经费，具体工作接受县级环保分局领导，支持配合属地环境执法，形成环境监测与环境执法有效联动、快速响应，同时按要求做好生态环境质量监测相关工作。

（九）加强市县环境执法工作。环境执法重心向市县下移，加强基层执法队伍建设，强化属地环境执法。市级环保局统一管理、统一指挥本行政区域内县级环境执法力量，由市级承担人员和工作经费。依法赋予环境执法机构实施现场检查、行政处罚、行政强制的条件和手段。将环境执法机构列入政府行政执法部门序列，配备调查取证、移动执法等装备，统一环境执法人员着装，保障一线环境执法用车。

四、规范和加强地方环保机构和队伍建设

（十）加强环保机构规范化建设。试点省份要在不突破地方现有机构限额和编制总额的前提下，统筹解决好体制改革涉及的环保机构编制和人员身份问题，保障环保部门履职需要。目前仍为事业机构、使用事业编制的市县两级环保局，要结合体制改革和事业单位分类改革，逐步转为行政机构，使用行政编制。

强化环境监察职能，建立健全环境监察体系，加强对环境监察工作的组织领导。要配强省级环保厅（局）专职负责环境监察的领导，结合工作需要，加强环境监察内设机构建设，探索建立环境监察专员制度。

规范和加强环境监测机构建设，强化环保部门对社会监测机构和运营维护机构的管理。试点省份结合事业单位分类改革和综合行政执法改革，规范设置环境执法机构。健全执法责任制，严格规范和约束环境监管执法行为。市县两级环保机构精简的人员编制要重点充实一线环境执法力量。

乡镇（街道）要落实环境保护职责，明确承担环境保护责任的机构和人员，确保责有人负、事有人干；有关地方要建立健全农村环境治理体制机制，提高农村环境保护公共服务水平。

（十一）加强环保能力建设。尽快出台环保监测监察执法等方面的规范性文件，全面推进环保监测监察执法能力标准化建设，加强人员培训，提高队伍专业化水平。加强县级环境监测机构的能力建设，妥善解决监测机构改革中监测资质问题。实行行政执法人员持证上岗和资格管理制度。继续强化核与辐射安全监测执法能力建设。

（十二）加强党组织建设。认真落实党建工作责任制，把全面从严治党落到实处。应按照规定，在符合条件的市级环保局设立党组，接受批准其设立的市级党委领导，并向省级环保厅（局）党组请示报告党的工作。市级环保局党组报市级党委组织部门审批后，可在县级环保分局设立分党组。按照属地管理原则，建立健全党的基层组织，市县两级环保部门基层党组织接受所在地方党的机关工作委员会领导和本级环保局（分局）党组指导。省以下环保部门纪检机构的设置，由省级环保厅（局）商省级纪检机关同意后，按程序报批确定。

五、建立健全高效协调的运行机制

（十三）加强跨区域、跨流域环境管理。试点省份要积极探索按流域设置环境监管和行政执法机构、跨地区环保机构，有序整合不同领域、不同部门、不同层次的监管力量。省级环保厅（局）可选择综合能力较强的驻市环境监测机构，承担跨区域、跨流域生态环境质量监测职能。

试点省份环保厅（局）牵头建立健全区域协作机制，推行跨区域、跨流域环境污染联防联控，加强联合监测、联合执法、交叉执法。

鼓励市级党委和政府在全市域范围内按照生态环境系统完整性实施统筹管理，统一规划、统一标准、统一环评、统一监测、统一执法，整合设置跨市辖区的环境执法和环境监测机构。

（十四）建立健全环境保护议事协调机制。试点省份县级以上地方政府要建立健全环境保护议事协调机制，研究解决本地区环境保护重大问题，强化综合决策，形成工作合力。日常工作由同级环保部门承担。

（十五）强化环保部门与相关部门协作。地方各级环保部门应为属地党委和政府履行环境保护责任提供支持，为突发环境事件应急处置提供监测支持。市级环保部门要协助做好县级生态环境保护工作的统筹谋划和科学决策。省级环保部门驻市环境监测机构要主动加强与属地环保部门的协调联动，参加其相关会议，为市县环境管理和执法提供支持。目前未设置环境监测机构的县，其环境监测任务由市级环保部门整合现有县级环境监测机构承担，或由驻市环境监测机构协助承担。加强地方各级环保部门与有关部门和单位的联动执法、应急响应，协同推进环境保护工作。

（十六）实施环境监测执法信息共享。试点省份环保厅（局）要建立健全生态环境监测与环境执法信息共享机制，牵头建立、运行生态环境监测信息传输网络与大数据平台，实现与市级政府及其环保部门、县级政府及县级环保分局互联互通、实时共享、成果共用。环保部门应将环境监测监察执法等情况及时通报属地党委和政府及其相关部门。

六、落实改革相关政策措施

（十七）稳妥开展人员划转。试点省份依据有关规定，结合机构隶属关系调整，相应划转编制和人员，对本行政区域内环保部门的机构和编制进行优化配置，合理调整，实现人事相符。试点省份根据地方实际，研究确定人员划转的数量、条件、程序，公开公平公正开展划转工作。地方各级政府要研究出台政策措施，解决人员划转、转岗、安置等问题，确保环保队伍稳定。改革后，县级环保部门继续按国家规定执行公务员职务与职级并行制度。

（十八）妥善处理资产债务。依据有关规定开展资产清查，做好账务清理和清产核资，确保账实相符，严防国有资产流失。对清查中发现的国有资产损益，按照有关规定，经同级财政部门核实并报经同级政府同意后处理。按照资产随机构走原则，根据国有资产管理相关制度规定的程序和要求，做好资产划转和交接。按照债权债务随资产（机构）走原则，明确债权债务责任人，做好债权债务划转和交接。地方政府承诺需要通过后续年度财政资金或其他资金安排解决的债务问题，待其处理稳妥后再行划转。

（十九）调整经费保障渠道。试点期间，环保部门开展正常工作所需的基本支出和相应的工作经费原则上由原渠道解决，核定划转基数后随机构调整划转。地方财政要充分考虑人员转岗安置经费，做好改革经费保障工作。要按照事权和支出责任相匹配的原则，将环保部门纳入相应级次的财政预算体系给予保障。人员待遇按属地化原则处理。环保部门经费保障标准由各地依法在现有制度框架内结合实际确定。

七、加强组织实施

（二十）加强组织领导。试点省份党委和政府对环保垂直管理制度改革试点工作负总责，成立相关工作领导小组。试点省份党委要把握改革方向，研究解决改革中的重大问题。试点省份政府要制定改革实施方案，明确责任，积极稳妥实施改革试点。试点省份环保、机构编制、组织、发展改革、财政、人力资源社会保障、法制等部门要密切配合，协力推动。市县两级党委和政府要切实解决改革过程中出现的问题，确保改革工作顺利开展、环保工作有序推进。

环境保护部、中央编办要加强对试点工作的分类指导和跟踪分析，做好典型引导和交流培训，加强统筹协调和督促检查，研究出台有关政策措施，重大事项要及时向党中央、国务院请示报告。涉及需要修改法律法规的，按法定程序办理。

（二十一）严明工作纪律。试点期间，严肃政治纪律、组织纪律、财经纪律等各项纪律，扎实做好宣传舆论引导，认真做好干部职工思想稳定工作。

（二十二）有序推进改革。鼓励各省（自治区、直辖市）申请开展试点工作，并积极做好前期准备。环境保护部、中央编办根据不同区域经济社会发展特点和环境问题类型，结合地方改革基础，对申请试点的省份改革实施方案进行研究，统筹确定试点省份。试点省份改革实施方案须经环境保护部、中央编办备案同意后方可组织实施。

试点省份要按照本指导意见要求和改革实施方案，因地制宜创新方式方法，细化举措，落实政策，先行先试，力争在 2017 年 6 月底前完成试点工作，形成自评估报告。环境保护部、中央编办对试点工作进行总结评估，提出配套政策和工作安排建议，报党中央、国务院批准后全面推开改革工作。

未纳入试点的省份要积极做好调查摸底、政策研究等前期工作，组织制定改革实施方案，经环境保护部、中央编办备案同意后组织实施、有序开展，力争在 2018 年 6 月底前完成省以下环境保护管理体制调整工作。在此基础上，各省（自治区、直辖市）要进一步完善配套措施，健全机制，确保“十三五”时期全面完成环保机构监测监察执法垂直管理制度改革任务，到 2020 年全国省以下环保部门按照新制度高效运行。

中共中央办公厅　国务院办公厅印发《关于深化环境监测改革提高环境监测数据质量的意见》

各省、自治区、直辖市党委和人民政府，中央和国家机关各部委，解放军各大单位、中央军委机关各部门，各人民团体：

《关于深化环境监测改革提高环境监测数据质量的意见》已经中央领导同志同意，现印发给你们，请结合实际认真贯彻落实。

中共中央办公厅
国务院办公厅
2017 年 9 月 1 日

关于深化环境监测改革提高环境监测数据质量的意见

环境监测是保护环境的基础工作，是推进生态文明建设的重要支撑。环境监测数据是客观评价环境质量状况、反映污染治理成效、实施环境管理与决策的基本依据。当前，地方不当干预环境监测行为时有发生，相关部门环境监测数据不一致现象依然存在，排污单位监测数据弄虚作假屡禁不止，环境监测机构服务水平良莠不齐，导致环境监测数据质量问题突出，制约了环境管理水平提高。为切实提高环境监测数据质量，现提出如下意见。

一、总体要求

（一）指导思想。全面贯彻党的十八大和十八届三中、四中、五中、六中全会精神，深入贯彻习近平总书记系列重要讲话精神和治国理政新理念、新思想、新战略，紧紧围绕统筹推进“五位一体”总体布局和协调推进“四个全面”战略布局，牢固树立和贯彻落实新发展理念，认真落实党中央、国务院决策部署，立足我国生态环境保护需要，坚持依法监测、科学监测、诚信监测，深化环境监测改革，构建责任体系，创新管理制度，强化监管能力，依法依规严肃查处弄虚作假行为，切实保障环境监测数据质量，提高环境监测数据公信力和权威性，促进环境管理水平全面提升。

（二）基本原则

——创新机制，健全法规。改革环境监测质量保障机制，完善环境监测质量管理制度，健全环境监测法律法规和标准规范。

——多措并举，综合防范。综合运用法律、经济、技术和必要的行政手段，预防不当干预，规范监测行为，加强部门协作，推进信息公开，形成政策措施合力。

——明确责任，强化监管。明确地方党委和政府以及相关部门、排污单位和环境监测机构的责任，加大弄虚作假行为查处力度，严格问责，形成高压震慑态势。

（三）主要目标。到 2020 年，通过深化改革，全面建立环境监测数据质量保障责任体系，健全环境监测质量管理制度，建立环境监测数据弄虚作假防范和惩治机制，确保环境监测机构和人员独立公正开展工作，确保环境监测数据全面、准确、客观、真实。

二、坚决防范地方和部门不当干预

（四）明确领导责任和监管责任。地方各级党委和政府建立健全防范和惩治环境监测数据弄虚作假的责任体系和工作机制，并对防范和惩治环境监测数据弄虚作假负领导责任。对弄虚作假问题突出的市（地、州、盟），环境保护部或省级环境保护部门可公开约谈其政府负责人，责成当地政府查处和整改。被环境保护部约谈的市（地、州、盟），省级环境保护部门对相关责任人依照有关规定提出处分建议，交由所在地党委和政府依纪依法予以处理，并将处理结果书面报告环境保护部、省级党委和政府。

各级环境保护、质量技术监督部门依法对环境监测机构负监管责任，其他相关部门要加强对所属环境监测机构的数据质量管理。各相关部门发现对弄虚作假行为包庇纵容、监管不力，以及有其他未依法履职行为的，依照规定向有关部门移送直接负责的主管人员和其他责任人员的违规线索，依纪依法追究其责任。

（五）强化防范和惩治。研究制定防范和惩治领导干部干预环境监测活动的管理办法，明确情形认定，规范查处程序，细化处理规定，重点解决地方党政领导干部和相关部门工作人员利用职务影响，指使篡改、伪造环境监测数据，限制、阻挠环境监测数据质量监管执法，影响、干扰对环境监测数据弄虚作假行为查处和责任追究，以及给环境监测机构和人员下达环境质量改善考核目标任务等问题。

（六）实行干预留痕和记录。明确环境监测机构和人员的记录责任与义务，规范记录事项和方式，对党政领导干部与相关部门工作人员干预环境监测的批示、函文、口头意见或暗示等信息，做到全程留痕、依法提取、介质存储、归档备查。对不如实记录或隐瞒不报不当干预行为并造成严重后果的相关人员，应予以通报批评和警告。

三、大力推进部门环境监测协作

（七）依法统一监测标准规范与信息发布。环境保护部依法制定全国统一的环境监测规范，加快完善大气、水、土壤等要素的环境质量监测和排污单位自行监测标准规范，健全国家环境监测量值溯源体系。会同有关部门建设覆盖我国陆地、海洋、岛礁的国家环境质量监测网络。各级各类环境监测机构和排污单位要按照统一的环境监测标准规范开展监测活动，切实解决不同部门同类环境监测数据不一致、不可比的问题。

环境保护部门统一发布环境质量和其他重大环境信息。其他相关部门发布信息中涉及环境质量内容的，应与同级环境保护部门协商一致或采用环境保护部门依法公开发布的环境质量信息。

（八）健全行政执法与刑事司法衔接机制。环境保护部门查实的篡改伪造环境监测数据案件，尚不构成犯罪的，除依照有关法律法规进行处罚外，依法移送公安机关予以拘留；对涉嫌犯罪的，应当制作涉嫌犯罪案件移送书、调查报告、现场勘查笔录、涉案物品清单等证据材料，及时向同级公安机关移送，并将案件移送书抄送同级检察机关。公安机关应当依法接受，并在规定期限内书面通知环境保护部门是否立案。检察机关依法履行法律监督职责。环境保护部门与公安机关及检察机关对企业超标排放污染物情况通报、环境执法督察报告等信息资源实行共享。

四、严格规范排污单位监测行为

（九）落实自行监测数据质量主体责任。排污单位要按照法律法规和相关监测标准规范开展自行监测，制定监测方案，保存完整的原始记录、监测报告，对数据的真实性负责，并按规定公开相关监测信息。对通过篡改、伪造监测数据等逃避监管方式违法排放污染物的，环境保护部门依法实施按日连续处罚。

（十）明确污染源自动监测要求。建立重点排污单位自行监测与环境质量监测原始数据全面直传上报制度。重点排污单位应当依法安装使用污染源自动监测设备，定期检定或校准，保证正常运行，并公开自动监测结果。自动监测数据要逐步实现全国联网。逐步在污染治理设施、监测站房、排放口等位置安装视频监控设施，并与地方环境保护部门联网。取消环境保护部门负责的有效性审核。重点排污单位自行开展污染源自动监测的手工比对，及时处理异常情况，确保监测数据完整有效。自动监测数据可作为环境行政处罚等监管执法的依据。

五、准确界定环境监测机构数据质量责任

（十一）建立“谁出数谁负责、谁签字谁负责”的责任追溯制度。环境监测机构及其负责人对其监测数据的真实性和准确性负责。采样与分析人员、审核与授权签字人分别对原始监测数据、监测报告的真实性终身负责。对违法违规操作或直接篡改、伪造监测数据的，依纪依法追究相关人员责任。

（十二）落实环境监测质量管理制度。环境监测机构应当依法取得检验检测机构资质认定证书。建立覆盖布点、采样、现场测试、样品制备、分析测试、数据传输、评价和综合分析报告编制等全过程的质量管理体系。专门用于在线自动监测监控的仪器设备应当符合环境保护相关标准规范要求。使用的标准物质应当是有证标准物质或具有溯源性的标准物质。

六、严厉惩处环境监测数据弄虚作假行为

（十三）严肃查处监测机构和人员弄虚作假行为。环境保护、质量技术监督部门对环境监测机构开展“双随机”检查，强化事中事后监管。环境监测机构和人员弄虚作假或参与弄虚作假的，环境保护、质量技术监督部门及公安机关依法给予处罚；涉嫌犯罪的，移交司法机关依法追究相关责任人的刑事责任。从事环境监测设施维护、运营的人员有实施或参与篡改、伪造自动监测数据、干扰自动监测设施、破坏环境质量监测系统等行为的，依法从重处罚。

环境监测机构在提供环境服务中弄虚作假，对造成的环境污染和生态破坏负有责任的，除依法处罚外，检察机关、社会组织和其他法律规定的机关提起民事公益诉讼或者省级政府授权的行政机关依法提起生态环境损害赔偿诉讼时，可以要求环境监测机构与造成环境污染和生态破坏的其他责任者承担连带责任。

（十四）严厉打击排污单位弄虚作假行为。排污单位存在监测数据弄虚作假行为的，环境保护部门、公安机关依法予以处罚；涉嫌犯罪的，移交司法机关依法追究直接负责的主管人员和其他责任人的刑事责任，并对单位判处罚金；排污单位法定代表人强令、指使、授意、默许监测数据弄虚作假的，依纪依法追究其责任。

（十五）推进联合惩戒。各级环境保护部门应当将依法处罚的环境监测数据弄虚作假企业、机构和个人信息向社会公开，并依法纳入全国信用信息共享平台，同时将企业违法信息依法纳入国家企业信用信息公示系统，实现一处违法、处处受限。

（十六）加强社会监督。广泛开展宣传教育，鼓励公众参与，完善举报制度，将环境监测数据弄虚作假行为的监督举报纳入“12369”环境保护举报和“12365”质量技术监督举报受理范围。充分发挥环境监测行业协会的作用，推动行业自律。

七、加快提高环境监测质量监管能力

（十七）完善法规制度。研究制定环境监测条例，加大对环境监测数据弄虚作假行为的惩处力度。对侵占、损毁或擅自移动、改变环境质量监测设施和污染物排放自动监测设备的，依法处罚。制定环境监测与执法联动办法、环境监测机构监管办法等规章制度。探索建立环境监测人员数据弄虚作假从业禁止制度。研究建立排污单位环境监测数据真实性自我举证制度。推进监测数据采集、传输、存储的标准化建设。

（十八）健全质量管理体系。结合现有资源建设国家环境监测量值溯源与传递实验室、污染物计量与实物标准实验室、环境监测标准规范验证实验室、专用仪器设备适用性检测实验室，提高国家环境监测质量控制水平。提升区域环境监测质量控制和管理能力，在华北、东北、西北、华东、华南、西南等地区，委托有条件的省级环境监测机构承担区域环境监测质量控制任务，对区域内环境质量监测活动进行全过程监督。

（十九）强化高新技术应用。加强大数据、人工智能、卫星遥感等高新技术在环境监测和质量管理中的应用，通过对环境监测活动全程监控，实现对异常数据的智能识别、自

动报警。开展环境监测新技术、新方法和全过程质控技术研究，加快便携、快速、自动监测仪器设备的研发与推广应用，提升环境监测科技水平。

各地区各有关部门要按照党中央、国务院统一部署和要求，结合实际制定具体实施方案，明确任务分工、时间节点，扎实推进各项任务落实。地方各级党委和政府要结合环保机构监测监察执法垂直管理制度改革，加强对环境监测工作的组织领导，及时研究解决环境监测发展改革、机构队伍建设等问题，保障监测业务用房、业务用车和工作经费。环境保护部要把各地落实本意见情况作为中央环境保护督察的重要内容。中央组织部、国家发展改革委、财政部、监察部等有关部门要统筹落实责任追究、项目建设、经费保障、执纪问责等方面的事项。

国务院办公厅关于印发生态环境领域中央与地方财政事权和支出责任划分改革方案的通知

（国办发〔2020〕13 号）

各省、自治区、直辖市人民政府，国务院各部委、各直属机构：

《生态环境领域中央与地方财政事权和支出责任划分改革方案》已经党中央、国务院同意，现印发给你们，请结合实际认真贯彻落实。

国务院办公厅

2020 年 5 月 31 日

生态环境领域中央与地方财政事权和支出责任划分改革方案

按照党中央、国务院有关决策部署，现就生态环境领域中央与地方财政事权和支出责任划分改革制定如下方案。

一、总体要求

以习近平新时代中国特色社会主义思想为指导，全面贯彻党的十九大和十九届二中、三中、四中全会以及中央经济工作会议精神，贯彻落实习近平生态文明思想，坚持绿水青山就是金山银山，健全充分发挥中央和地方两个积极性体制机制，适当加强中央在跨区域生态环境保护等方面事权，优化政府间事权和财权划分，建立权责清晰、财力协调、区域均衡的中央和地方财政关系，形成稳定的各级政府事权、支出责任和财力相适应的制度，坚决打好污染防治攻坚战，加快构建生态文明体系，推进生态文明体制改革，为推进美丽中国建设、实现人与自然和谐共生的现代化提供有力支撑。

二、主要内容

（一）生态环境规划制度制定。

将国家生态环境规划、跨区域生态环境规划、重点流域海域生态环境规划、影响较大的重点区域生态环境规划和国家应对气候变化规划制定，确认为中央财政事权，由中央承担支出责任。

将其他生态环境规划制定确认为地方财政事权，由地方承担支出责任。

（二）生态环境监测执法。

将国家生态环境监测网的建设与运行维护，生态环境法律法规和相关政策执行情况及生态环境质量责任落实情况监督检查，全国性的生态环境执法检查和督察，确认为中央财政事权，由中央承担支出责任。

将地方性的生态环境监测、执法检查、督察确认为地方财政事权，由地方承担支出责任。

（三）生态环境管理事务与能力建设。

将国务院有关部门负责的规划和建设项目的环境影响评价管理及事中事后监管，全国性的重点污染物减排和环境质量改善等生态文明建设目标评价考核，全国入河入海排污口设置管理，全国控制污染物排放许可制、排污权有偿使用和交易、碳排放权交易的统一监督管理，全国性的生态环境普查、统计、专项调查评估和观测，具有全局性和战略性意义、生态受益范围广泛的生态保护修复的指导协调和监督，核与辐射安全监督管理，全国性的生态环境宣传教育，国家重大环境信息的统一发布，生态环境相关国际条约履约组织协调等事项，确认为中央财政事权，由中央承担支出责任。

将地方规划和建设项目的环境影响评价管理及事中事后监管，地方性的重点污染物减排和环境质量改善等生态文明建设目标评价考核，控制污染物排放许可制的地方监督管理，生态受益范围地域性较强的地方性生态保护修复的指导协调和监督，地方性辐射安全监督管理，地方性的生态环境宣传教育，地方环境信息发布，地方行政区域内控制温室气体排放等事项，确认为地方财政事权，由地方承担支出责任。

（四）环境污染防治。

将跨国界水体污染防治确认为中央财政事权，由中央承担支出责任。

将放射性污染防治，影响较大的重点区域大气污染防治，长江、黄河等重点流域以及重点海域、影响较大的重点区域水污染防治等事项，确认为中央与地方共同财政事权，由中央与地方共同承担支出责任。适当加强中央在长江、黄河等跨区域生态环境保护和治理方面的事权。

将土壤污染防治、农业农村污染防治、固体废物污染防治、化学品污染防治、地下水污染防治以及其他地方性大气和水污染防治，确认为地方财政事权，由地方承担支出责任，中央财政通过转移支付给予支持。将噪声、光、恶臭、电磁辐射污染防治等事项，确认为地方财政事权，由地方承担支出责任。

（五）生态环境领域其他事项。

将研究制定生态环境领域法律法规和国家政策、标准、技术规范等，确认为中央财政事权，由中央承担支出责任。

将研究制定生态环境领域地方性法规和地方政策、标准、技术规范等，确认为地方财政事权，由地方承担支出责任。

生态环境领域国际合作交流有关事项中央与地方财政事权和支出责任划分按照外交领

域改革方案执行。中央与新疆生产建设兵团财政事权和支出责任划分，参照中央与地方划分原则执行；财政支持政策原则上参照新疆维吾尔自治区有关政策执行，并适当考虑新疆生产建设兵团的特殊因素。

三、配套措施

（一）加强组织领导。各地区各有关部门要增强“四个意识”、坚定“四个自信”、做到“两个维护”，把思想和行动统一到党中央、国务院决策部署上来，加强组织领导，切实履行职责，密切协调配合，确保改革工作落实到位。

（二）落实支出责任。各级政府要始终坚持把生态环境作为财政支出的重点领域，根据本方案确定的中央与地方财政事权和支出责任划分，按规定做好预算安排，切实履行支出责任。要调整优化资金使用方向，提高资金使用绩效，支持打好污染防治攻坚战，不断满足人民日益增长的优美生态环境需要。

（三）推进省以下改革。各省级人民政府要参照本方案要求，结合省以下财政体制等实际，合理划分生态环境领域省以下财政事权和支出责任。要加强省级统筹，加大对区域内承担重要生态功能地区的转移支付力度。要将适宜由地方更高一级政府承担的生态环境领域基本公共服务支出责任上移，避免基层政府承担过多支出责任。

（四）协同推进改革。生态环境领域中央与地方财政事权和支出责任划分改革既是财税体制改革的有机组成，也是生态文明体制改革的重要内容，要与生态环境领域相关改革紧密结合、协同推进、良性互动、形成合力，适时修订完善相关法律法规和管理制度，加快推进依法行政、依法理财。

本方案自 2020 年 1 月 1 日起实施。

中共中央办公厅　国务院办公厅印发《关于深化生态保护补偿制度改革的意见》（摘录）

（2021 年 9 月 12 日）

……

五、完善相关领域配套措施，增强改革协同

加快相关领域制度建设和体制机制改革，为深化生态保护补偿制度改革提供更加可靠的法治保障、政策支持和技术支撑。

……

（二）完善生态环境监测体系。加快构建统一的自然资源调查监测体系，开展自然资源分等定级和全民所有自然资源资产清查。健全统一的生态环境监测网络，优化全国重要水体、重点区域、重点生态功能区和生态保护红线等国家生态环境监测点位布局，提升自动监测预警能力，加快完善生态保护补偿监测支撑体系，推动开展全国生态质量监测评估。建立生态保护补偿统计指标体系和信息发布制度。

……

（四）完善相关配套政策措施。建立占用补偿、损害赔偿与保护补偿协同推进的生态环境保护机制。建立健全依法建设占用各类自然生态空间的占用补偿制度。逐步建立统一的绿色产品评价标准、绿色产品认证及标识体系，健全地理标志保护制度。建立和完善绿色电力生产、消费证书制度。大力实施生物多样性保护重大工程。有效防控野生动物造成的危害，依法对因法律规定保护的野生动物造成的人员伤亡、农作物或其他财产损失开展野生动物致害补偿。积极推进生态保护、环境治理和气候变化等领域的国际交流与合作，开展生态保护补偿有关技术方法等联合研究。

六、树牢生态保护责任意识，强化激励约束

健全生态保护考评体系，加强考评结果运用，严格生态环境损害责任追究，推动各方落实主体责任，切实履行各自义务。

……

（二）健全考评机制。在健全生态环境质量监测与评价体系的基础上，对生态保护补偿责任落实情况、生态保护工作成效进行综合评价，完善评价结果与转移支付资金分配挂钩的激励约束机制。按规定开展有关创建评比，应将生态保护补偿责任落实情况、生态保护工作成效作为重要内容。推进生态保护补偿资金全面预算绩效管理。加大生态环境质量监测与评价结果公开力度。将生态环境和基本公共服务改善情况等纳入政绩考核体系。鼓励地方探索建立绿色绩效考核评价机制。

……

中共中央办公厅　国务院办公厅印发《关于进一步加强生物多样性保护的意见》

（2021 年 10 月 19 日）

生物多样性是人类赖以生存和发展的基础，是地球生命共同体的血脉和根基，为人类提供了丰富多样的生产生活必需品、健康安全的生态环境和独特别致的景观文化。中国是世界上生物多样性最丰富的国家之一，生物多样性保护已取得长足成效，但仍面临诸多挑战。为贯彻落实党中央、国务院有关决策部署，切实推进生物多样性保护工作，现提出如下意见。

一、总体要求

（一）指导思想。以习近平新时代中国特色社会主义思想为指导，全面贯彻党的十九大和十九届二中、三中、四中、五中全会精神，深入贯彻习近平生态文明思想，立足新发展阶段，完整、准确、全面贯彻新发展理念，构建新发展格局，坚持生态优先、绿色发展，以有效应对生物多样性面临的挑战、全面提升生物多样性保护水平为目标，扎实推进生物多样性保护重大工程，持续加大监督和执法力度，进一步提高保护能力和管理水平，确保重要生态系统、生物物种和生物遗传资源得到全面保护，将生物多样性保护理念融入生态文明建设全过程，积极参与全球生物多样性治理，共建万物和谐的美丽家园。

（二）工作原则

——尊重自然，保护优先。牢固树立尊重自然、顺应自然、保护自然的生态文明理念，坚持保护优先、自然恢复为主，遵循自然生态系统演替和地带性分布规律，充分发挥生态系统自我修复能力，避免人类对生态系统的过度干预，对重要生态系统、生物物种和生物遗传资源实施有效保护，保障生态安全。

——健全体制，统筹推进。在党中央、国务院领导下，发挥中国生物多样性保护国家委员会统筹协调作用，完善年度工作调度机制。各成员单位应着眼于提升生态系统服务功能，聚焦重点区域、领域和关键问题，各司其职，协调一致，密切配合，互通信息，有序推进生物多样性保护工作。

——分级落实，上下联动。明确中央和地方生物多样性保护和管理事权，分级压实责任。中央层面做好规划、立法等顶层设计，制定出台政策措施、规划和技术规范等，加强对地方工作的指导和支持。地方各级党委和政府落实生物多样性保护责任，上下联动、形成合力。

——政府主导，多方参与。发挥各级政府在生物多样性保护中的主导作用，加大管理、投入和监督力度，建立健全企事业单位、社会组织和公众参与生物多样性保护的长效机制，提高社会各界保护生物多样性的自觉性和参与度，营造全社会共同参与生物多样性保护的良好氛围。

（三）总体目标

到 2025 年，持续推进生物多样性保护优先区域和国家战略区域的本底调查与评估，构建国家生物多样性监测网络和相对稳定的生物多样性保护空间格局，以国家公园为主体的自然保护地占陆域国土面积的 18% 左右，森林覆盖率提高到 24.1%，草原综合植被盖度达到 57% 左右，湿地保护率达到 55%，自然海岸线保有率不低于 35%，国家重点保护野生动植物物种数保护率达到 77%，92% 的陆地生态系统类型得到有效保护，长江水生生物完整性指数有所改善，生物遗传资源收集保藏量保持在世界前列，初步形成生物多样性可持续利用机制，基本建立生物多样性保护相关政策、法规、制度、标准和监测体系。

到 2035 年，生物多样性保护政策、法规、制度、标准和监测体系全面完善，形成统一有序的全国生物多样性保护空间格局，全国森林、草原、荒漠、河湖、湿地、海洋等自然生态系统状况实现根本好转，森林覆盖率达到 26%，草原综合植被盖度达到 60%，湿地保护率提高到 60% 左右，以国家公园为主体的自然保护地占陆域国土面积的 18% 以上，典型生态系统、国家重点保护野生动植物物种、濒危野生动植物及其栖息地得到全面保护，长江水生生物完整性指数显著改善，生物遗传资源获取与惠益分享、可持续利用机制全面建立，保护生物多样性成为公民自觉行动，形成生物多样性保护推动绿色发展和人与自然和谐共生的良好局面，努力建设美丽中国。

二、加快完善生物多样性保护政策法规

（四）加快生物多样性保护法治建设。健全生物多样性保护和监管制度，研究推进野生动物保护、渔业、湿地保护、自然保护地、森林、野生植物保护、生物遗传资源获取与惠益分享等领域法律法规的制定修订工作。研究起草生物多样性相关传统知识保护条例，制定完善外来入侵物种名录和管理办法。各地可因地制宜出台相应的生物多样性保护地方性法规。

（五）将生物多样性保护纳入各地区、各有关领域中长期规划。制定新时期国家生物多样性保护战略与行动计划，编制生物多样性保护重大工程十年规划。各省、自治区、直辖市制定国民经济和社会发展五年规划时，应提出生物多样性保护目标和主要任务。相关部门将生物多样性保护纳入行业发展规划，加强可持续管理，减少对生态系统功能和生物多样性的负面影响。各地可结合实际制定修订本区域生物多样性保护行动计划及规划，明确省、市、县生物多样性保护的目标和职责分工。鼓励企业和社会组织自愿制定生物多样性保护行动计划。

（六）制定和完善生物多样性保护相关政策制度。健全自然保护地生态保护补偿制度，完善生态环境损害赔偿制度，健全生物多样性损害鉴定评估方法和工作机制，完善打击野生动植物非法贸易制度。推行草原森林河流湖泊海湾休养生息，实施长江十年禁渔，健全耕地休耕轮作制度。落实有关从事种源进口等的个人或企业财税政策。

三、持续优化生物多样性保护空间格局

（七）落实就地保护体系。在国土空间规划中统筹划定生态保护红线，优化调整自然保护地，加强对生物多样性保护优先区域的保护监管，明确重点生态功能区生物多样性保护和管控政策。因地制宜科学构建促进物种迁徙和基因交流的生态廊道，着力解决自然景观破碎化、保护区域孤岛化、生态连通性降低等突出问题。合理布局建设物种保护空间体系，重点加强珍稀濒危动植物、旗舰物种和指示物种保护管理，明确重点保护对象及其受威胁程度，对其栖息生境实施不同保护措施。选择重要珍稀濒危物种、极小种群和遗传资源破碎分布点建设保护点。持续推进各级各类自然保护地、城市绿地等保护空间标准化、规范化建设。

（八）推进重要生态系统保护和修复。统筹考虑生态系统完整性、自然地理单元连续性和经济社会发展可持续性，统筹推进山水林田湖草沙冰一体化保护和修复。实施《全国重要生态系统保护和修复重大工程总体规划（2021—2035 年）》，科学规范开展重点生态工程建设，加快恢复物种栖息地。加强重点生态功能区、重要自然生态系统、自然遗迹、自然景观及珍稀濒危物种种群、极小种群保护，提升生态系统的稳定性和复原力。

（九）完善生物多样性迁地保护体系。优化建设动植物园、濒危植物扩繁和迁地保护中心、野生动物收容救护中心和保育救助站、种质资源库（场、区、圃）、微生物菌种保藏中心等各级各类抢救性迁地保护设施，填补重要区域和重要物种保护空缺，完善生物资源迁地保存繁育体系。科学构建珍稀濒危动植物、旗舰物种和指示物种的迁地保护群落，对于栖息地环境遭到严重破坏的重点物种，加强其替代生境研究和示范建设，推进特殊物种人工繁育和野化放归工作。抓好迁地保护种群的档案建设与监测管理。

四、构建完备的生物多样性保护监测体系

（十）持续推进生物多样性调查监测。完善生物多样性调查监测技术标准体系，统筹衔接各类资源调查监测工作，全面推进生物多样性保护优先区域和黄河重点生态区、长江重点生态区、京津冀、近岸海域等重点区域生态系统、重点生物物种及重要生物遗传资源调查。充分依托现有各级各类监测站点和监测样地（线），构建生态定位站点等监测网络。建立反映生态环境质量的指示物种清单，开展长期监测，鼓励具备条件的地区开展周期性调查。持续推进农作物和畜禽、水产、林草植物、药用植物、菌种等生物遗传资源和种质资源调查、编目及数据库建设。每 5 年更新《中国生物多样性红色名录》。

（十一）完善生物多样性保护与监测信息云平台。加大生态系统和重点生物类群监测设备研制和设施建设力度，加快卫星遥感和无人机航空遥感技术应用，探索人工智能应用，推动生物多样性监测现代化。依托国家生态保护红线监管平台，有效衔接国土空间基础信息平台，应用云计算、物联网等信息化手段，充分整合利用各级各类生物物种、遗传资源数据库和信息系统，在保障生物遗传资源信息安全的前提下实现数据共享。研究开发生物多样性预测预警模型，建立预警技术体系和应急响应机制，实现长期动态监控。

（十二）完善生物多样性评估体系。建立健全生物多样性保护恢复成效、生态系统服务功能、物种资源经济价值等评估标准体系。结合全国生态状况调查评估，每5年发布一次生物多样性综合评估报告。开展大型工程建设、资源开发利用、外来物种入侵、生物技术应用、气候变化、环境污染、自然灾害等对生物多样性的影响评价，明确评价方式、内容、程序，提出应对策略。

五、着力提升生物安全管理水平

（十三）依法加强生物技术环境安全监测管理。严格落实生物安全法，建立健全生物技术环境安全评估与监管技术支撑体系，充分整合现有监测基础，合理布局监测站点，快速识别感知生物技术安全风险。完善监测信息报告系统，建立生物安全培训、跟踪检查、定期报告等工作制度，制定风险防控计划和生物安全事件应急预案，强化过程管理，保障生物安全。

（十四）建立健全生物遗传资源获取和惠益分享监管制度。实施生物遗传资源及其相关传统知识调查登记，制定完善生物遗传资源目录，建立生物遗传资源信息平台，促进生物遗传资源获取、开发利用、进出境、知识产权保护、惠益分享等监管信息跨部门联通共享。完善获取、利用、进出境审批责任制和责任追究制，强化生物遗传资源对外提供和合作研究利用的监督管理。

（十五）持续提升外来入侵物种防控管理水平。完善外来入侵物种防控部际协调机制，统筹协调解决外来入侵物种防控重大问题。开展外来入侵物种普查，加强农田、渔业水域、森林、草原、湿地、近岸海域、海岛等重点区域外来入侵物种的调查、监测、预警、控制、评估、清除、生态修复等工作。完善外来物种入侵防范体系，加强外来物种引入审批管理，强化入侵物种口岸防控，加强海洋运输压载水监管。推进野生动物外来疫病监测预警平台布局建设，构建外来物种风险评价和监管技术支撑体系，进一步加强早期预警狙击、应急控制、阻断扑灭、可持续综合防御控制等技术研究和示范应用。

六、创新生物多样性可持续利用机制

（十六）加强生物资源开发和可持续利用技术研究。开展新作物、新品种、新品系、新遗传材料和作物病虫害发展动态调查研究，加强野生动植物种质资源保护和可持续利用，保障粮食安全和生态安全。提高种质资源品种改良生物技术水平，推进酿造、燃料、环境、药品等方面替代资源研发，促进环保、农业、医疗、军事、工业等领域生物资源科技成果转化应用。

（十七）规范生物多样性友好型经营活动。引导规范利用生物资源，发展野生生物资源人工繁育培育利用、生物质转化利用、农作物和森林草原病虫害绿色防控等绿色产业。进一步扩大生物多样性保护与乡村振兴相协同的示范技术、创新机制等应用范围。制定自然保护地控制区经营性项目特许经营管理办法，鼓励原住居民参与特许经营活动，在适当区域开展自然教育、生态旅游和康养等活动，构建高品质、多样化生态产品体系。

七、加大执法和监督检查力度

（十八）全面开展执法监督检查。建立重要保护物种栖息地生态破坏定期遥感监测机制，将危害国家重点保护野生动植物及其栖息地行为和整治情况纳入中央生态环境保护督察、“绿盾”自然保护地强化监督等专项行动。定期组织开展海洋伏季休（禁）渔和内陆大江大河（湖）禁渔期专项执法行动，清理取缔各种非法利用和破坏水生生物资源及其生态、生境的行为。健全联合执法机制，严厉打击非法猎捕、采集、运输、交易野生动植物及其制品等违法犯罪行为，形成严打严防严管严控的高压态势。健全行政执法与刑事司法联动机制，建立健全案件分级管理、应急处置、挂牌督办等机制，对严重破坏重要生物物种、生物遗传资源等构成犯罪的依法追究刑事责任。结合生态保护红线生态破坏监管试点，严肃查处危害生物多样性行为。

（十九）严格落实责任追究制度。构建生物多样性保护成效考核指标体系，将生物多样性保护成效作为党政领导班子和领导干部综合考核评价及责任追究、离任审计的重要参考，对造成生态环境和资源严重破坏的实行终身追责。

八、深化国际合作与交流

（二十）积极参与全球生物多样性治理。秉持人类命运共同体理念，主动参与全球多边环境治理，加强关键议题交流磋商，推动制定“2020 年后全球生物多样性框架”，切实履行我国参加的生物多样性公约、湿地公约、濒危野生动植物种国际贸易公约等生物多样性相关的国际条约，积极参与生物多样性相关国际标准制定。

（二十一）加强多元化生物多样性保护伙伴关系。借助生物多样性公约和湿地公约等缔约方大会、“一带一路”绿色发展国际联盟等契机和平台，加强生物多样性保护与绿色发展领域的双多边对话合作，增强伙伴关系认同，推动知识、信息、科技交流和成果共享，提升国际影响力。继续积极参与打击跨境生物资源贸易犯罪国际专项联合执法行动。

九、全面推动生物多样性保护公众参与

（二十二）加强宣传教育。加强生物多样性保护相关法律法规、科学知识、典型案例、重大项目成果等宣传普及，推动新闻媒体和网络平台积极开展生物多样性保护公益宣传，推动生物多样性博物馆建设，推出一批具有鲜明教育警示意义和激励作用的陈列展览，面向地方各级党政干部加大教育培训力度，引导各级党委和政府、企事业单位、社会组织及公众自觉主动参与生物多样性保护。

（二十三）完善社会参与机制。通过政府购买服务等形式激励企事业单位、社会组织开展生物多样性保护宣传教育、咨询服务和法律援助等活动。完善违法活动举报机制，畅通举报渠道，鼓励公民和社会组织积极举报滥捕滥伐、非法交易、污染环境等导致生物多样性受损的违法行为，支持新闻媒体开展舆论监督。强化信息公开机制，及时回应公众关注的相关热点问题。建立健全生物多样性公益诉讼机制，强化公众参与生物多样性保护的

司法保障。

十、完善生物多样性保护保障措施

（二十四）加强组织领导。地方各级党委和政府要严格落实生态环境保护党政同责、一岗双责，进一步加强相关组织建设、队伍建设和制度建设，切实担负起生物多样性保护责任，推进环境污染防治和生物多样性保护协同增效。各有关部门要认真履行生物多样性保护相关职能，将生物多样性保护有关工作纳入绩效考核内容，实行目标责任制，加强协调配合，推动工作落实。

（二十五）完善资金保障制度。加强各级财政资源统筹，通过现有资金渠道继续支持生物多样性保护。研究建立市场化、社会化投融资机制，多渠道、多领域筹集保护资金。

（二十六）强化科技与人才支撑。加强生物多样性保护、恢复领域基础科学和应用技术研究，推动科技成果转化应用。发挥科研院所专业教育优势，加强生物多样性人才培养和学术交流。完善人才选拔机制和管理办法，建设高素质专业化人才队伍，增强生物多样性保护和履约、对话合作能力。

“十四五”生态环境监测规划（公开版）

生态环境监测是生态环境保护的基础，是生态文明建设的重要支撑。“十四五”时期是开启全面建设社会主义现代化国家新征程、谱写美丽中国建设新篇章的重要时期，为支撑深入打好污染防治攻坚战，推动减污降碳协同增效，持续改善生态环境质量，加快实现生态环境监测现代化，制定本规划。

一、规划背景

“十三五”期间，党中央、国务院对生态环境监测网络建设、管理体制改革、数据质量提升做出一系列重大部署，指导推动生态环境监测工作取得前所未有的显著成效，科学独立权威高效的生态环境监测体系建设全面加强，为打好污染防治攻坚战提供了强劲支撑。

（一）生态环境监测新进展

监测网络更加完善。深入落实《生态环境监测网络建设方案》，坚持全面设点、全国联网、自动预警、依法追责，建成符合我国国情的生态环境监测网络，基本实现环境质量、生态质量、重点污染源监测全覆盖，并与国际接轨。建成 1946 个国家地表水水质自动监测站，组建全国大气颗粒物组分和光化学监测网，布设 38880 个国家土壤环境监测点位并完成一轮监测。实施环境卫星和生态保护红线监管平台建设，遥感监测能力不断增强。推进国家和地方监测数据联网，陆海统筹、天地一体、上下协同、信息共享能力明显增强。

体制机制更加顺畅。基本完成省以下环保监测机构垂直管理改革，全面完成国家和省级环境质量监测事权上收，建立“谁考核、谁监测”的全新运行机制，环境质量监测独立性、权威性、有效性显著提升。健全统一监测评估制度，推进海洋、地下水、水功能区等监测业务转隶与融合，印发面向美丽中国的生态环境监测中长期规划纲要。建立排污单位污染源自行监测制度和执法监测制度，持续推进生态环境监测服务社会化，政府、企业、社会多元参与的监测格局基本形成。

数据质量更加可靠。贯彻落实《关于深化环境监测改革提高环境监测数据质量的意见》，以规范的科学方法“保真”，累计发布监测标准 1200 余项，联合市场监管部门出台生态环境监测机构资质认定评审补充要求，建立量值溯源体系，指导监测机构采取有效措施保证数据准确。以严格的质控手段监管，联合实施监测质量监督检查三年行动，通过“例行 + 双随机”等多种形式，检查国家和地方监测站点约 6.2 万个、监测机构 8000 余家，及时纠正不规范监测行为。以严厉的惩戒措施“打假”，建立健全监测数据质量保障责任体系，将环境监测弄虚作假列入刑法，会同公安机关严肃查处 120 余起典型案件，保持打击数据造假的高压态势。

作用发挥更加突出。深入开展空气、水、土壤、海洋、声、生态、污染源等监测工作，完善基于监测数据的生态环境质量评价排名制度，作为环境质量目标责任考核的直接依据和层层传导压力的重要抓手。建立环境质量预测预报、环境污染成因解析、环境风险预警评估等监测业务和技术体系，为环境治理提供支持引导。开展重点生态功能区县域生态环境质量监测与评价，支撑重点生态功能区转移支付，成为践行绿水青山就是金山银山理念的生动实践。多手段多渠道公开各类生态环境监测信息，公众满意度普遍上升。

（二）生态环境监测新挑战

“十四五”时期，生态环境质量改善进入了由量变到质变的关键时期，生态环境治理的复杂性、艰巨性更加凸显。面对“提气降碳强生态，增水固土防风险”的管理需求，生态环境监测面临新的挑战。

监测服务供给仍不充分。生态环境监测网络建设、业务范围、技术手段应用的深度广度与快速扩张的管理需求不匹配，对大气污染协同控制、水环境水资源水生态统筹治理、生态保护监管、应对气候变化、噪声污染防治、城市生态环境治理、新污染物治理等战略任务的精细化支撑不够。生态环境监测标准规范体系建设滞后，与业务发展要求不适应。

监测改革成效仍需巩固。覆盖问题发现、综合分析、追因溯源、预测预报、成效评估全链条的监测与评价制度有待健全提升，生态环境监测领域各项改革还需进一步落地生根、协同增效。跨部门合作、资源整合、信息共享不够顺畅，社会监测机构服务质量参差不齐，社会监测数据质量的防控风险依然较大，监管依据、手段和监管能力不足的局面尚未根本扭转。

基础能力发展不平衡。区域间、层级间、城乡间生态环境监测基础能力差异较大，部分中西部地区监测设备老化、实验条件简陋，区县监测能力难以满足执法监测和应急监测任务要求，农村环境监测刚刚起步。国家和重点区域流域海域监测技术实验能力不足、发展空间受限，遥感监测星地应用基础设施短缺，全国监测系统信息化建设缺乏统一规划，数据壁垒未实质性打通，海量监测数据有效归集和智能分析应用亟需加强。

二、总体要求

（一）指导思想

以习近平生态文明思想为指导，全面贯彻党的十九大和十九届二中、三中、四中、五中、六中全会精神，按照党中央、国务院决策部署，立足新发展阶段，完整准确全面贯彻新发展理念，构建新发展格局，面向美丽中国建设目标，落实深入打好污染防治攻坚战和减污降碳协同增效要求，坚持精准、科学、依法治污工作方针，以监测先行、监测灵敏、监测准确为导向，以更高标准保证监测数据“真、准、全、快、新”为根基，以健全科学独立权威高效的生态环境监测体系为主线，巩固环境质量监测、强化污染源监测、拓展生态质量监测，全面推进生态环境监测从数量规模型向质量效能型跨越，提高生态环境监测现代化水平，为生态环境持续改善和生态文明建设实现新进步奠定坚实基础。

（二）工作原则

面向发展，服务公众。围绕以生态环境高水平保护推动经济高质量发展，健全生态环境监测与评价制度。着眼统筹推进污染治理、生态保护、应对气候变化和集中攻克人民群众身边的生态环境问题，优化完善业务体系，充分发挥生态环境监测的支撑、引领、服务作用。

提质增效，协同融合。提升点位布设的科学性、代表性、综合性，推进生态环境监测网络陆海天空、地上地下、城市农村协同布局，注重规模、质量、效益协调发展。立足山水林田湖草沙整体性与系统性，实现环境质量、生态质量、污染源全覆盖监测、关联分析和综合评估。

精准智慧，科技赋能。加大生态环境监测科学研究与技术创新力度，加快构建产学研用创新链，推进大数据、人工智能等新技术深度应用，提升网络感知能力、技术实验能力、质量管理能力和智慧分析能力。

深化改革，凝聚合力。落实统一生态环境监测评估要求，完善统筹协调与合作共享机制。坚持“谁考核、谁监测”，厘清各级事权。深化监测领域“放管服”改革，压实排污单位自行监测责任，推进生态环境监测服务社会化，发挥公众监督力量。

（三）规划目标

到 2025 年，政府主导、部门协同、企业履责、社会参与、公众监督的“大监测”格局更加成熟定型，高质量监测网络更加完善，以排污许可制为核心的固定污染源监测监管体系基本形成，与生态环境保护相适应的监测评价制度不断健全，监测数据真实、准确、全面得到有效保证，新技术融合应用能力显著增强，生态环境监测现代化建设取得新成效。

——“一张网”智慧感知。环境质量监测站点总体覆盖全部区县和大型工业园区周边，生态质量监测网络建成运行，固定污染源监测覆盖全部纳入排污许可管理的行业和重点排污单位。技术手段多样化、关键技术自主化、主流装备国产化的局面加快形成，监测、监控、执法协同联动。

——“一套数”真实准确。覆盖全部监测活动的质量监督体系建立健全，监测标准体系更加协调统一，重点领域量值溯源能力切实加强。监测数据质量责任严格落实，诚信监测理念深入人心，生态环境监测公信力持续提升。

——“一体化”综合评估。生态环境监测智慧创新应用加快推进，全国生态环境监测数据集成联网、整合利用、深度挖掘和大数据应用水平大幅提升，生态环境质量监测评价、考核排名、预警监督一体推进。

——“一盘棋”顺畅高效。权责清晰、运转高效、多元参与的生态环境监测运行机制基本形成。中央与地方监测事权及支出责任划分明确、落实到位。生态环境监测领域突出短板加快补齐，国家智慧化、省市现代化、市县标准化的监测能力得到新提升。

展望 2035 年，科学独立权威高效的生态环境监测体系全面建成，统一生态环境监测评估制度健全完善，生态环境监测网络高质量综合布局，风险预警能力显著增强；与生态文明相适应的生态环境监测现代化基本实现，监测管理与业务技术水平迈入国际先进行列，为生态环境根本好转和美丽中国建设目标基本实现提供有力支撑。

三、支撑低碳发展，加快开展碳监测评估

着眼碳达峰碳中和目标落实和绿色低碳发展需要，按照核算为主、监测为辅、国际等效、适度超前的原则，系统谋划覆盖点源、城市、区域等不同尺度的碳监测评估业务，提升碳监测技术水平，逐步纳入常规监测体系统筹实施。

（一）推进碳监测评估试点。制定并落实《碳监测评估试点工作方案》，组织火电、钢铁、石油天然气开采、煤炭开采、废弃物处理等重点行业企业开展二氧化碳、甲烷等温室气体排放监测试点工作，推进碳排放实测技术发展和信息化水平提升，探索实测结果在温室气体排放清单编制、企业排放量核算、减排监管等方面的应用，辅助提高统计核算客观性、公正性。组建重点城市温室气体监测网络，在有代表性的省份开展试点并适时扩大范围。提标升级国家大气背景站温室气体监测功能，建立多尺度碳同化反演系统，研究碳源汇评估。逐步开展全国及重点区域温室气体立体遥感监测和重要陆海生态系统碳汇监测。加强国家碳监测评估体系顶层设计和部门合作，形成覆盖全国主要区域的碳监测网络，协同完善温室气体统计监测核算报告体系，做好前瞻性业务储备与技术支撑。

（二）补齐碳监测技术短板。加快推动大气碳监测相关卫星研制发射，统筹运用现有遥感监测资源，提高天空地海一体化碳监测水平。开展全球－区域－点源等多尺度甲烷浓度及排放量遥感估算方法研究，形成星地协同甲烷浓度监测、异常泄漏识别及应急响应监测能力。构建温室气体监测技术体系，加强主要温室气体及其同位素监测分析技术研究，建立涵盖排放源和环境空气温室气体的自动监测设备技术要求及检测方法。完善温室气体监测质量控制和量值传递 / 溯源体系，联合开展标准气体研制，保障监测数据等效可比。

（三）积极开展消耗臭氧层物质等其他履约监测。按照《关于持久性有机污染物的斯德哥尔摩公约》《关于汞的水俣公约》《关于消耗臭氧层物质的蒙特利尔议定书》及其基加利修正案等国际公约履约成效评估要求，开展持久性有机污染物（POPs）、汞、消耗臭氧层物质（ODS）和氢氟碳化物（HFCs）等背景区域定位监测。继续加大 ODS 和 HFCs 产品检测实验室建设和运行力度，提高大气汞监测能力。

四、聚焦协同控制，深化大气环境监测

推进大气环境立体综合监测体系建设，以细颗粒物（$PM_{2.5}$）和臭氧（O_3）协同控制为主线，拓展延伸空气质量监测，加快开展颗粒物组分和大气光化学监测，进一步提升空气质量预测预报准确率，支撑大气环境质量持续改善。

（一）巩固城市空气质量监测。在全国地级及以上城市设置 1 734 个国家城市空气质量

监测站点，实时监测 $PM_{2.5}$、O_3 等主要污染物，支撑全国空气质量评价、排名与考核。研究完善空气质量监测评价体系，推进国家空气质量监测监管向区县延伸，京津冀及周边区域重点区县加密设置 279 个监测站点。收严 $PM_{2.5}$ 自动监测仪器性能质量要求，拓展多区域多季节自动监测仪器适用性检测，加强颗粒物手工监测比对、O_3 逐级校准和挥发性有机物（VOCs）标气量值比对。持续完善国控站点运行监控监管制度，加强空气质量自动监测质量飞行检查，提高监测数据可比性。实施全国大气监测数据联网，开展国家和地方数据联合分析评估，适时研究优化常规监测站点设置。

各地结合实际完善空气质量监测网，综合标准站、微型站、单指标站、移动站等多种模式，实现县城和污染较重乡镇全覆盖。鼓励有条件的地方以保障公众健康为导向优化监测点位和监测项目设置，逐步开展铅、汞、苯并 [a] 芘等有毒有害污染物监测。

（二）加强 $PM_{2.5}$ 和 O_3 协同控制监测。完善大气颗粒物组分和光化学监测网络，注重指标、时空、城乡协同布局，提高 $PM_{2.5}$ 和 O_3 污染综合分析与来源解析水平，支撑大气污染分区分时分类精细化协同管控。地级及以上城市和雄安新区开展非甲烷总烃（NMHC）自动监测。省会城市、计划单列市、大气污染防治重点区域和其他 $PM_{2.5}$ 超标城市开展颗粒物组分监测，选择性开展氨、气溶胶垂直分布监测。O_3 超标和其他 VOCs 排放量较高城市开展 VOCs 组分、氮氧化物、紫外辐射强度等光化学监测。直辖市、省会城市和重点区域城市在主要干道设立路边空气质量监测站，开展 $PM_{2.5}$、NMHC、氮氧化物和交通流量一体化监测。推动工业园区建立监测预警体系，规范开展园区内部、边界和周边传输通道大气监测，大型石化基地、现代煤化工示范区等重点地区按要求加强环境质量监测。加快制定颗粒物组分、VOCs 监测技术规范，强化监测质量控制与仪器设备量值溯源，提高监测结果准确性。

（三）拓展大气污染监控监测。深化大气遥感监测业务化运行，充分运用大气环境监测卫星等新型卫星，开展大尺度 $PM_{2.5}$、O_3、二氧化氮、一氧化碳、甲醛、气溶胶和氨气天空地一体化监测，加强秸秆焚烧、沙尘遥感监测与跨境传输分析预警。建立涵盖机动车、非道路移动机械、船舶的移动源监测体系，重点区域城市加强机场、港口、铁路货场、物流园区等内部或周边大气污染监测监控和管理，推进交通环境监测数据跨部门互认共享与联合研究。扩大全国超级站联盟，构建覆盖背景地区、区域传输通道和重污染城市的多指标立体监测体系，加强区域大气复合污染机理和传输规律研究。鼓励京津冀及周边地区、汾渭平原、长三角地区、粤港澳大湾区、成渝、东北、天山北坡城市群等重点区域建立区域一体化监测网络，强化联合监测评价，为大气污染分区治理和联防联控提供有效支持。各地结合实际开展降尘监测和建筑工地扬尘监测。

（四）提升空气质量预测预报水平。健全国家、区域、省、市四级环境空气质量预测预报体系，重点提升臭氧预报和过程分析能力。省市层面开展未来 7-10 天空气质量预报，72 小时级别预报准确率达到 70% 以上，国家和区域层面开展未来 15 天以上中长期预报。推进基于统计方法的预报业务化应用。深化空气质量预报会商合作机制，开展城市空气质量预报能力评估。提升数值模型和背景驱动数据的国产化程度，开展全球尺度空气质量预报研究。

五、推动三水统筹，增强水生态环境监测

深化全国地表水环境质量监测评价，进一步提升重点区域流域水质监测预警与水污染溯源能力。建立水生态监测网络与评价体系，支撑水环境、水资源和水生态统筹管理。

（一）优化水环境质量监测。在全国重点流域和地级及以上城市设置 3 646 个国家地表水环境质量监测断面，开展自动为主、手工为辅的融合监测，支撑全国水环境质量评价、排名与考核。完善水质评价技术，研究受自然因素影响较大的特殊水体评价办法，开展汛期污染强度评估。推进重金属、有机物、生物毒性等自动监测试点，组织实施南水北调、黑臭水体、锰、大型火电厂和核电厂温排水等专项监测，适时开展国家关注的热点敏感地区水质动态监测。在抚仙湖等典型深水湖泊开展水质分层监测研究。

各地结合实际优化地表水监测网络，覆盖辖区内重要水体、主要城镇、大型工业园区和种养殖区下游、重点河流市县界。提升县级及以上集中式饮用水水源地及其上游自动监测能力，及时预警饮用水源安全风险。新三湖（白洋淀、洱海、丹江口）、老三湖（太湖、巢湖、滇池）、三峡水库及其他藻类水华易发多发的敏感湖库开展蓝藻水华监测预警。嘉陵江流域甘陕川交界、陕豫交界以及湘江、资江、丹江流域开展铊、锑等重金属自动监测预警，武陵山区“锰三角”区域开展锰自动监测预警。

（二）完善水生态监测评价。以促进水生态保护修复和水生生物多样性提升为导向，构建指标框架统一、流域特色鲜明的水生态监测评价体系，覆盖生物、理化、生境等监测内容。按照国家统筹、流域实施、部门合作的模式，组织开展全国重点流域及青藏高原地区水生态调查监测，推进河湖岸线、生态用水保障程度、水源涵养区和湿地等遥感监测，率先在长江流域开展水生态考核监测与评价。建立全国“三水统筹”监测管理平台，推动水环境、水生态、水资源监测数据共享。鼓励各地开展小流域水生态调查监测，太湖、辽河、海河等流域开展环境 DNA 监测试点。

（三）拓展水污染溯源监测。建立“断面—水体—污染源”全链条监测溯源技术体系，在重点污染河段开展入河排污口水质水量实时监测、上下游走航巡测和遥感监测，推动水污染溯源技术规范和水岸联动溯源预警研究应用。会同有关部门建立面源立体监测网络，开展农业面源污染监测，覆盖农业面源重点监管区和林草水土流失关键区，加强基础数据共享。在长三角区域、黄河流域中游、松花江流域、呼伦湖流域、丹江口水库和密云水库开展面源入河氮磷通量核算试点。研究建立区域与流域统筹的水环境预报预警系统，逐步开展业务化工作。

（四）加强长江、黄河等重点流域监测。规范长江经济带地表水生态环境监测专网运行，依托长江经济带水质监测质控和应急平台，统一组织开展 695 个跨界断面水质自动站监测质量监督检查与水质评价预警，厘清省市县三级水污染治理责任，支撑长江流域干支流协同治理，推动共抓大保护。构建黄河流域水生态环境监测网络和技术研究平台，围绕上中下游典型生态环境问题，统筹水域与陆域，提升黄河流域水环境、水生生物、农业面

源、生态质量等监测预警和实验能力。探索大气重金属沉降监测。长江、黄河流域内省份进一步完善地表水监测断面，推进规模以上入河排污口在线监测和县级及以上集中式饮用水水源地水质自动监测，全面有效反映流域干支流水环境状况。试点开展水环境和生态流量协同监测，为流域生态补偿提供客观依据。

六、着眼风险防范，完善土壤和地下水环境监测

以反映全国土壤环境质量长期变化趋势、支撑土壤污染风险管控为重点，优化调整土壤环境监测网络。构建地下水环境质量考核监测网络，加强水土风险协同监测。坚持城乡统筹，推进农村环境监测。

（一）优化土壤环境监测。分层次、分重点、分时段开展土壤环境例行监测，与土壤污染状况详查普查有序衔接。国家设置土壤环境背景点 2 364 个、基础点 20 063 个，每 5-10 年完成一轮监测，掌握全国土壤环境状况及变化趋势。筛选国家重点关注的土壤环境风险监控点 9 483 个，纳入省级监测网络，每 1-3 年完成一轮监测，及时跟踪土壤环境污染问题。持续开展约 40 000 个农产品产地土壤点位监测，每 4 年完成一轮，满足农产品质量安全保障需求。以土壤重金属污染问题突出区域为重点，兼顾粮食主产区，开展大气重金属沉降、化肥等农业投入品、农田灌溉用水、作物移除等影响土壤环境质量的输入输出因素长期观测，研究支撑土壤污染责任认定和损害赔偿。

各地以土壤污染风险防控为重点，完善土壤环境监测点位，对土壤污染重点监管单位周边土壤环境至少完成一轮监测。探索开展严格管控类耕地种植结构调整等措施实施情况卫星遥感监测。

（二）布局地下水环境监测。健全分级分类的地下水环境监测评价体系，支撑地上－地下协同监管。组建国家地下水环境质量考核监测网络，设置 1 912 个监测点位并根据需要适时增补完善，覆盖地级及以上城市、重点风险源和饮用水水源地，国家统一组织监测、质控和评价。联合有关部门组建资源与环境要素协同的地下水监测网，明确数据共享与发布机制。

各地以地下水污染风险防控为重点，加强对地下水型饮用水水源保护区及主要补给径流区、化工石化类工业聚集区周边、矿山地质影响区、农业污灌区等地下水污染风险区域的监测。督促化学品生产企业、矿山开采区、尾矿库、垃圾填埋场、危险废物处置场及工业集聚区依法落实地下水自行监测要求。运用卫星遥感、无人机和现场巡查等手段，对典型污染源（区域）及周边地下水污染开展执法监测。

（三）推动农村环境监测。组织开展 3 500 个特色村庄农村环境质量监测，指导各地实施灌溉规模 10 万亩及以上农田灌区用水、千吨万人及以上农村饮用水水源地、日处理能力 20 吨及以上农村生活污水处理设施出水、农村黑臭水体、非正规垃圾堆放点等专项监测，支撑生态环境保护从城市向乡村延伸覆盖。整合农村生态环境监测数据，增强农村环境质量分析评价能力。

七、强化陆海统筹，健全海洋生态环境监测

构建陆海统筹、河海联动的海洋生态环境监测体系，以近岸海域为重点，覆盖管辖海域，逐步向极地大洋拓展。

（一）完善海洋环境质量监测。国家布设 1 359 个海水水质监测点位和 552 个沉积物质量监测点位，覆盖全国—海区—海湾等不同层次，全面掌握我国管辖海域海洋环境质量状况及变化趋势。加强陆海统筹，研究实施入海河流—入海河口—海湾联动监测，为重点海湾（湾区）综合治理和美丽海湾建设评估提供支撑。以面积大于 100 平方千米、水质污染较重的海湾为重点，试点开展海水水质自动监测，兼顾赤潮、绿潮、溢油等海洋生态环境风险防控需求。

（二）加强海洋生态监测。建立海洋生态监测网络，加强河口、海湾、滩涂湿地、红树林、珊瑚礁、海草床等典型海洋生态系统和重要海洋生物栖息地监测，开展海洋领域环境 DNA 监测试点。利用卫星遥感、无人机和现场巡查等手段，开展我国海岸线、围填海开发活动等海岸带生态监管监测，对赤潮和绿潮高发区域开展遥感巡查监测，实施海洋自然保护地与滨海湿地试点监测。

（三）开展海洋专项监测。围绕国际热点环境问题和新兴海洋环境问题，在近岸、近海重点断面开展海洋垃圾和微塑料监测，在重点区域开展海水低氧、海洋酸化监测，探索开展温室气体“海—气”交换通量监测。依托沿海岸岛基站，推进海洋大气沉降监测。根据管理需求动态开展海洋倾倒区和海洋油气区监测。深入开展西太平洋环境质量综合调查。组织开展全国海水浴场水质监测。

八、注重人居健康，推进声、辐射和新污染物监测

围绕改善人居环境、保障公众健康，完善声环境监测和辐射环境监测，积极推动环境振动和光污染监测研究。关注潜在环境风险，启动新污染物监测试点。

（一）健全声环境监测。规范声环境质量监测网络设置，到 2025 年底前，地级及以上城市全面实现功能区声环境质量自动监测并与国家联网。研究优化声环境质量评价指标与方法并试点示范，鼓励各地绘制噪声地图。围绕噪声投诉热点，探索开展对重点噪声源及典型噪声敏感建筑物集中区域的调查监测，解析噪声污染主要来源，提升城市生态环境治理支撑能力。在超大、特大城市开展道路交通噪声影响调查，向社会公开结果。加严噪声监测仪器性能质量要求，严格监测过程质控，提高监测结果准确性。加强环境振动和光污染监测技术研究，在典型城市试点开展城市轨道交通和铁路沿线振动污染调查监测，探索开展光污染监测和光环境质量评价研究。

（二）加强辐射环境监测。完善国家、省、市三级辐射环境监测体系，分类推进地市级基本辐射监测能力全覆盖。优化辐射环境监测网络，推动水体辐射环境自动监测站建设，升级改造早期建设的国控辐射环境质量监测站，强化核设施周围环境及流出物监督性监测，加强核设施周围环境应急监测演练。提升地方核设施监督性监测和周围环境应急监

测能力水平。鼓励有条件的地区建设大气辐射环境监测背景站和辐射环境监测超级站，稳妥探索常规监测与辐射监测融合布局。

（三）重视新污染物监测。加强新污染物监测顶层设计，结合常规监测网络统筹设置新污染物监测点位，开展持久性有机污染物、环境内分泌干扰物、全氟化合物等重点管控新污染物调查监测试点。对新污染物检出种类多、暴露潜力大的重点流域区域进一步加密监测，动态开展其他潜在新污染物的筛查性监测，初步摸清新污染物环境赋存底数，支撑新污染物治理与管控。夯实新污染物监测基础能力，加快技术标准体系、实验能力和人才队伍建设。有条件的地方优先在集中式饮用水水源地开展新污染物监测。

（四）探索生态环境健康风险监测评估。开展生态环境健康风险监测业务与技术体系建设研究，为生态环境与健康管理提供支撑。基于生态环境与健康调查研究成果，选取有条件的典型行业和典型地区开展试点监测工作，探索国家、地方、企业多元参与的工作机制。

九、贯彻系统观念，拓展生态质量监测

遵循山水林田湖草沙冰系统治理要求，着眼提升生态系统质量和稳定性，构建生态质量监测与评价体系，支撑生态保护修复和生态监管执法。

（一）构建生态质量监测体系。建立天地一体的生态质量监测网络和指标体系，涵盖生态格局、生态功能、生物多样性、生态胁迫等内容，总体反映区域生态系统质量状况及变化。推进国产生态环境卫星与专题产品研制应用，加强生态遥感监测数据获取、解译分析和地面验证。大力推动生态质量监测部门合作与央地共建，统筹规划、联合组建生态质量地面监测网络，布设约 300 个生态质量监测站点和监测样地样带，覆盖全国典型生态系统和重要生态空间。加强生态科研观测、生态资源调查监测、生态质量监测数据共享，研究生态质量协同监测预警。

鼓励各地按照统一规范开展本区域生态质量监测，在长江和黄河重点生态区、东北森林带、北方防沙带、南方丘陵山地带、青藏高原生态屏障区、海岸带等重要生态系统和其他具有代表性的典型生态系统，加密建设生态质量综合监测站和监测样地，强化生态保护监管监督支撑。

（二）规范生态质量评价。以维护生态系统稳定性、保护生物多样性、推动生态功能持续向好为导向，建立并落实区域生态质量指数（EQI）评价与报告制度，每年开展全国、重点区域、重点生态功能区等不同尺度生态质量评价，自主或联合有关部门发布评价报告。修订完善县域生态环境质量监测评价指标体系，深化国家重点生态功能区生态质量变化与转移支付挂钩机制，探索生态产品价值实现示范应用，引导激励地方政府加大生态保护力度。加快完善生态保护补偿监测支撑体系，落实生态保护补偿制度改革要求。

（三）服务生态保护监管。建成并充分运用国家生态保护红线监管平台，开展全国、重点区域流域、生态保护红线、自然保护地生态状况调查评估，支撑生态监管与执法。全国生态状况调查评估每五年开展一次，长江经济带、黄河流域等重点区域流域、生态保护

红线、重点生态功能区生态状况调查评估原则上每年完成一次，国家级自然保护区人类活动遥感监测评估每半年完成一次。加强生态干扰高风险的重要生态空间、重要热点敏感地区人类活动遥感监测评估，研究建立重要保护物种栖息地生态破坏定期遥感监测机制。开展重要生态系统保护修复工程实施成效监测评估，逐步加强青藏高原等典型气候变化承受力脆弱区生态影响监测。

十、坚持测管联动，强化污染源和应急监测

压实排污单位自行监测主体责任，加强污染源执法监测，支撑以排污许可制为核心的固定污染源监管。完善环境应急监测体系，提升应急响应时效。

（一）规范排污单位自行监测。全面实行排污许可发证单位自行监测及信息公开制度，加强技术帮扶与监督管理，督促企业依证监测、依法公开。填平补齐并制修订排污单位自行监测技术指南，覆盖全部排污许可发证行业。重点强化石化、化工、工业涂装、包装印刷等行业 VOCs 在线监测和无组织排放监测，加强农药、化工、化学合成类制药、电子等行业和化工园区污水集中处理设施的特征有机物监测，优化电镀、有色金属冶炼等行业重金属排放监测，完善涉重、涉持久性有机污染物行业厂区和危险废物填埋处置场土壤、地下水监测。推动海水养殖污染试点监测。鼓励污水处理、垃圾处理、制药、橡胶等涉恶臭重点行业实施电子鼻监测，铅锌冶炼企业对排放口和周边环境进行定期监测。明确入河排污口责任主体自行监测要求，指导各地组织对已完成排查整治和规范化建设的入河排污口开展自行监测。

（二）加强污染源执法监测。坚持国家指导、省级统筹、市县承担，深入推进执法监测机制优化增效。完善监测与执法相互持证制度，按照“双随机”模式联合开展执法监测。加强排污许可单位自行监测专项检查，对涉 VOCs 排放企业和生活垃圾焚烧发电企业持续加大执法监测力度。创新监测技术，推动卫星遥感、热点网格、无人机 / 无人船、走航巡测等非现场手段应用，加强对工业园区、散乱污企业、固体废物、尾矿库、历史遗留矿渣的遥感排查监测，开展地下水污染和生态破坏执法监测。完善排污单位自动监控系统，扩展视频和用电用能联网，强化生产状况、污染治理设施运行情况和污染排放联合监控，利用大数据精准高效发现问题。

（三）健全环境应急监测体系。构建国家指导、省级统筹、平战结合、区域联动的环境应急监测体系。全国设立若干区域性应急监测基地，形成跨省区应急监测支援体系。建立应急监测“工具箱”，实现应急监测资源全域动态管理。各地根据《生态环境应急监测能力建设指南》要求，分级分区加强应急监测装备配置，力争形成陆域 2 小时应急监测响应圈。构建由国家 - 地方 - 涉海企事业单位构成的海洋应急监测响应体系。结合日常执法监测开展应急监测演练，探索应急监测物资储备和现场支援社会化机制，增强应急监测队伍实战能力。中俄界江等边境地区进一步完善应急监测网络能力，强化跨境应急监测保障体系建设，防范和化解突发性环境事件风险。

十一、筑牢质量根基，推动监测数据智慧应用

坚持质量管理与监督检查并重，严守数据质量“生命线”。强化监测数据集成共享、分析评价与决策支持，提升监测大数据应用水平。

（一）健全监测质量管理体系。指导各级各类生态环境监测运维机构质量管理体系持续完善和有效运行，研究构建环境质量自动监测运维机构质量管理体系并推动实施，保障统一的监测标准规范贯彻落实。指导各地建立统一管理、全国联网的生态环境监测实验室信息管理系统，运用区块链和物联网技术，实现监测全过程信息封闭式采集、存储和追溯。健全生态环境监测量值溯源体系，加强生态环境领域最高计量技术机构与最高计量标准器具建设运行，加快研究和制修订适用于生态环境监测专用仪器的计量技术规范，定期开展重点监测项目常用标准物质（样品）计量比对，强化计量保障能力。组织开展重点监测项目高精度量值溯源技术研究，提升痕量、超痕量污染物监测数据质量。

（二）加强监测质量监督检查。健全国家质控平台—区域 / 流域质控中心—监测 / 运维机构三级质控体系业务化运行机制，组织开展国家生态环境监测网和重点领域、重点行业监测质量监督检查，结合检查评估结果实施差异化管理。加大社会生态环境监测机构联合监管力度，坚持做好“双随机”联合检查、能力验证和实验室间比对，及时发现问题并督促整改，促进环境监测数据的准确性和可比性持续提升。充分发挥流域监测机构在质量监督管理及仲裁监测等方面的作用。优化完善国家网第三方服务质量评价，推动建立生态环境监测机构和人员信用评价制度，将评价结果向社会公开，促进形成守信激励、失信惩戒、行业自律的长效机制。完善监测数据弄虚作假等违法行为管理约束和调查处理机制，对数据造假行为严查严罚，确保监测数据真实、准确。

（三）提升大数据监测水平。按照统一架构、分级建设、规范安全、开放共享的原则，制定生态环境监测大数据和智慧创新应用技术指南，开展全国生态环境智慧监测试点，打造国家—省—市—县交互贯通的会商系统和智慧监测平台，“一张图”展示全国生态环境质量状况。组织各级各类监测数据全国联网，规范数据资源共享与服务，加快实现跨地域、跨部门互联互通，提升数据集成、共享交换和业务协同能力。研究推动监测、监管、许可数据联通与工作联动。

（四）强化数据挖掘与综合评价。整合唤醒各类生态环境监测及关联数据资源，推进算力提升及算法创新，开发环境质量预测预警与模拟、污染溯源追因、政策措施评估等场景，开展联合研究和应用示范，探索一批可推广可复制的成果经验，充分释放监测数据价值。健全生态环境监测评价、排名、预警和公开制度，改进空气、地表水等环境质量评价排名技术规定，激励和督促地方政府落实生态环境保护主体责任。研究构建适应我国国情、符合生态文明愿景、群众接受度高、反映获得感强的生态环境质量综合评价方法，使评价结果与实际情况和人民群众感受更加一致。

十二、加强科技攻关，塑造产学研用创新优势

（一）发挥标准引领作用。重点补充更新自动、遥感、现场监测标准规范，推进管理迫切需求的有毒有害物质、VOCs 等监测标准出台，强化温室气体、生态、应急和污染源监测等领域标准研究储备，支撑环境质量、污染物排放和风险管控标准实施。加快制定废水重金属在线监测相关技术规范。组织开展监测标准实施情况评估，推进监测标准的废止、整合与更新。优化监测标准管理与验证机制，加快形成覆盖到位、协调统一、先进适用的监测标准体系。

（二）加强监测科研与国际合作。完善实时感知、采样分析、溯源追因、应急预警、质量控制、综合评价全链条监测技术体系，重点开展多介质自动采样、复杂样品前处理、高频通量和微型光谱传感器监测、高精度检测、生态调查监测、同位素示踪等技术研究，保障监测结果准确灵敏。积极推进监测管理重要问题研究，力争在基础理论创新、多手段一体化网络设计、目标指标与监测评价协同等方面取得突破，推进监测网络应设尽设、宜密则密、宜疏则疏。深化中俄中哈跨国界河流水质联合监测、东亚酸沉降监测网、中日韩沙尘暴等国际合作，面向共同环境问题适时优化补充监测内容，推动新领域对外合作与技术交流项目。

（三）推进遥感监测技术应用。构建高低轨组网、多手段综合、能力完善、响应快速、有序衔接、自主可控的立体遥感监测网络，加快形成全方位、高精度、短周期遥感监测能力，提高遥感技术与遥感监测结果的业务化应用水平。推进生态环境监测相关卫星立项、研制、发射及应用，探索商业化运营服务。推动北斗卫星系统导航定位、通信数传等专线服务应用。加强高空平台遥感监测和遥感地面真实性检验技术研究，逐步建立示范站点，探索遥感与地面监测数据互验、关联分析和融合应用。提升全球遥感数据获取和影像处理能力，研发极地、全球陆地和海洋监测产品。面向“一带一路”和东北亚等重点区域，开展大尺度生态环境遥感监测评估和污染传输影响分析，为建设清洁美丽世界贡献中国智慧。

（四）支持监测装备自主研发。推进人工智能、5G 通信、生物科技、超级计算、精密制造等高新技术在生态环境监测领域的应用，加大集成化、自动化、智能化、小型化监测装备研发与推广力度，加强遥感遥测、便携式现场快速监测、全自动实验室等设备技术验证，促进监测技术与业务的革命性创新，实现更科学、更精准、更全面、更快速。推动开展颗粒物、VOCs、氨等直读式监测设备、重金属大气污染物排放监测设备、土壤监测设备的研发，推动便携式监测仪器应用于生态环境执法监管。强化生态环境监测首台（套）重大技术装备示范应用，加快形成一批拥有自主知识产权的高端精密监测装备和关键核心部件。

（五）激发产学研用创新活力。增强国家生态环境监测机构“一总多专”技术优势，建设一流研究型监测机构，提升中央本级创新引领实力。统筹区域流域海域监测资源和技术能力，在京津冀、长三角、粤港澳大湾区、成渝双城经济圈等重大战略区域建设布局一

批监测技术创新基地和生态环境综合监测研究示范站，推进新技术、新装备、新标准、新业态研发。探索建立政府部门、科研院所、高新企业等多元主体合作模式，打通产学研用一体化创新链条，运用国家生态环境科技成果转化综合服务等平台，加快监测领域科技成果转化和示范应用，带动监测产业高质量发展。

十三、坚持深化改革，推进生态环境监测现代化

深入落实省以下生态环境监测机构垂直管理改革和“放管服”改革等要求，持续推进生态环境监测制度政策、体制机制、基础能力和队伍建设改革创新，建立完善现代化生态环境监测体系。

（一）完善法规制度。推动出台《生态环境监测条例》，研究制定生态环境监测网络管理、质量管理、监督管理、数据共享等配套制度。鼓励各地制定生态环境监测地方性法规，强化依法监测。研究建立以惩治监测数据弄虚作假为重点的监测执法制度，纳入生态环境保护综合执法事项。完善监测服务社会化激励约束制度，推进开放市场、规范疏导与监督管理有机结合，更好发挥市场主体作用，促进形成一批专业化、优质化的社会监测机构，丰富高质量监测服务供给。

（二）细分监测事权。落实生态环境监测事权与支出责任改革要求，探索建立央地事权清单编制和动态调整机制。中央层面重点保障国家生态环境监测网的建设运行与监管、全国性或影响较大重点区域的专项调查评估监测、国家重大环境监测信息统一发布、国际履约监测等。各地因地制宜制定省以下生态环境监测事权清单，厘清各部门、各层级生态环境监测职责任务与支出责任，确保权责清晰、保障有力、覆盖全面。

（三）优化运行机制。推动省以下监测机构垂直管理改革落地见效。强化省级监测机构业务统筹与技术指导作用，鼓励各省结合实际加强遥感、海洋、辐射等专业监测能力建设，支持央地共建专业化监测示范创新基地。驻市监测机构在做好环境质量监测的基础上，结合实际承担市本级执法监测、应急监测和预警预报等任务，驻在地市强化相关财政保障。地市生态环境部门统筹优化行政区内所属监测机构设置与资源配置，加强区县生态环境监测机构能力，推进功能化、特色化建站和县级局队站融合管理。推动建立高效顺畅的部门合作与协调机制，加快实现生态环境监测网络统一规划、监测业务协同开展、监测数据互联共享。总结长三角一体化示范区统一监测经验，强化区域流域生态环境监测协作。

（四）增强地方监测能力。推进生态环境监测机构能力标准化建设，各地因地制宜制定省以下监测机构能力建设标准，确保机构资质、人员、实验场所、仪器装备、经费保障等满足监测业务需要。将监测能力建设纳入城乡环境基础设施体系一体推进，分级分类开展监测能力评估，鼓励将评估结果纳入地方高质量发展等综合考核评价体系。适时开展市县生态环境监测能力现代化试点，推广示范案例和建设经验。

（五）培育人才队伍。完善监测技术大比武等人才选拔制度，联合知名高等院校推进生态环境监测基础理论研究与学科建设，共同培养高层次研究型监测人才。拓宽生态环境

监测技术培训覆盖面，建设一批技能实训基地，依托云学院和相关机构面向社会开展技术培训。完善人才保障政策，激励优秀青年人才赴边远艰苦地区和基层监测机构挂职锻炼。坚持不懈加强生态环境监测系统思想政治建设和行风建设，大力弘扬“依法监测、科学监测、诚信监测”的职业道德和行业文化，全面提升监测队伍政治素质和业务本领，打造生态环境保护铁军先锋队。

十四、重大工程

“十四五”期间，围绕“补短板、强弱项、提效能”，实施国家生态环境监测网络建设与运行保障、中央本级生态环境监测提质增效两大工程，全面提升天地一体生态环境智慧感知监测预警能力。

（一）国家生态环境监测网络建设与运行保障工程

实施环境质量监测网络建设项目，以点位增补、指标拓展、功能升级为主要方向，有序开展空气、温室气体、ODS、地表水、海洋、辐射等环境质量监测站点建设改造和仪器设备更新，提升环境质量监测与预警能力。加强黄河流域水生态环境监测能力建设。建立国家监测站点仪器设备更新机制，据实测算、分期更新、规范管理，保障国家监测站点仪器设备的统一可比。实施生态质量监测网络建设项目，整合建设一批陆域及海洋生态质量综合监测站点和样地，配备必要仪器设备，增强生态系统监测和卫星遥感地面验证监测能力。实施生态环境监测网络运行保障项目，保障属于国家生态环境监测网络的 1 734 个城市空气质量监测站、92 个区域空气质量监测站、16 个大气背景监测站、京津冀及周边与汾渭平原大气颗粒物和光化学组分监测站点、3 646 个地表水监测断面、1 946 个地表水自动监测站、重点流域水生态监测断面、22 427 个土壤环境监测点位、1 912 个地下水考核监测点位、1 359 个海洋监测站点、辐射环境质量监测站点、生态质量监测站及监测样地等各类国家监测站点正常运行；保障污染源执法监测以及质量控制、预警应急、星地遥感、数据采集传输等各项监测业务正常运行。

（二）中央本级生态环境监测提质增效工程

实施国家生态环境监测质量管理及综合业务能力建设项目，新（改、扩）建国家生态环境监测量值溯源与传递、环境监测标准规范验证、污染物计量与实物标准、专用仪器设备适用性检测、新技术研究、碳监测评估、大气综合观测与研究、水生态监测质控与技术研究、生态环境监测数值模拟等实验平台，提升国家生态环境监测质量控制、应急预警、履约监测及技术研发能力。实施区域流域海域生态环境监测能力建设项目，提升流域海域监测机构实验能力，结合业务需要逐步补齐水、海洋、应急监测与质控仪器设备。推动海洋生态环境监测船舶建设。支持区域质控中心建设。实施生态环境遥感监测能力建设项目，推进生态环境监测相关卫星立项、研制和发射，加强卫星遥感数据处理、业务产品生产等应用能力和运行保障，完善国家生态保护红线监管平台和卫星环境应用系统，增补高空和地面遥感监测系统，提升立体遥感监测能力。实施辐射环境监测能力建设项目，研究建设辐射环境监测质量控制、海洋放射性监测等科技研发平台，建设锦屏极低本底辐射环境监测实验室、兴城辐射环境监测实验室和南海辐射环境监测实验室，中央和地方共同推动三个区域核与辐射事故应急监测物资储备库建设，提升国家和区域辐射环境监测能力。实施生态环境智慧监测能力建设项目，结合现有基础建设生态环境智慧监测平台，增强生态环境监测大数据汇聚、治理、融合、存储、展示能力，增加虚拟资源和存储空间，运用人工智能等新技术，构建系列算法模型，提升监测数据深度挖掘、融合应用和网络安全防护能力。

十五、保障措施

（一）加强组织领导。各级生态环境部门加强对辖区内生态环境监测工作的统筹协调和组织实施，会同有关部门将本规划的目标任务等纳入本地生态环境保护规划和相关专项规划，细化具体任务措施，明确各级责任分工，建立分解落实机制，加大规划实施力度，高质量完成各项目标任务。国家适时开展实施进展评估和监督检查，指导督促规划任务落实。

（二）拓展资金渠道。将生态环境监测能力建设与运行列入各级财政预算重点保障，优先支持长江经济带发展、黄河流域生态保护和高质量发展等国家重大战略区域生态环境监测创新基地相关项目建设。各地统筹中央财政有关转移支付和地方自有财力，鼓励探索多元投入机制，支持生态环境监测能力建设。

（三）强化信息公开。建立健全生态环境监测信息统一发布机制，拓展信息发布内容和渠道，丰富实时化、多样化、亲民化的展现方式，提升公众参与度、普惠度和体验感。建立监测活动监督检查结果通报和公开机制，曝光违规违法行为，督促企业落实环境保护责任。建立有奖举报机制，发挥公众监督作用。

（四）注重宣传引导。依托先进生态环境监测设施打造科普教育基地，组织公众开放活动。搭建生态环境监测公众交流互动平台，开展生态环境监测万里行主题活动，宣扬监测系统先进典型，引导公众走近监测、了解监测、信任监测，营造全社会关心、支持、参与生态环境监测的良好氛围。

关于印发《关于推进生态环境监测体系与监测能力现代化的若干意见》的通知

（环办监测〔2020〕9号）

各省、自治区、直辖市生态环境厅（局），新疆生产建设兵团生态环境局：

为深入贯彻党的十九届四中全会关于“健全生态环境监测和评价制度”的要求，加快完善生态环境监测体系，进一步提升生态环境监测“顶梁柱”支撑能力，更好支撑生态环境保护和生态文明建设，我部组织编制了《关于推进生态环境监测体系与监测能力现代化的若干意见》。现印发给你们，请参照执行。

生态环境部办公厅

2020年4月23日

关于推进生态环境监测体系与监测能力现代化的若干意见

为贯彻党的十九大、十九届四中全会精神，加快健全生态环境监测和评价制度，推进生态环境监测体系与监测能力现代化，现提出如下意见。

一、总体要求

（一）指导思想。以习近平新时代中国特色社会主义思想为指导，全面贯彻党的十九大和十九届二中、三中、四中全会精神，深入贯彻习近平生态文明思想，认真落实党中央、国务院决策部署，坚持“支撑、引领、服务”基本定位，明确“实现大监测、确保真准全、支撑大保护”发展思路，全面深化生态环境监测改革创新，推进环境质量、生态质量和污染源全覆盖监测，系统提升生态环境监测现代化能力，为构建现代生态环境治理体系奠定基础。

（二）主要目标。经过3～5年努力，陆海统筹、天地一体、上下协同、信息共享的生态环境监测网络基本建成，政府主导、部门协同、企业履责、社会参与、公众监督的监测格局建立健全，科学独立权威高效的监测体系基本形成，监测数据真、准、全得到有效保证，生态环境监测能力显著增强，对生态环境管理和生态文明建设的支撑服务水平明显提升。

二、构建生态环境监测“大格局”

（一）强化生态环境监测统一监督管理。各级生态环境部门按照统一组织领导、统一制度规范、统一网络规划、统一数据管理、统一信息发布的要求，加强对本行政区域内生态环境监测的统一监督管理。推动建立部门合作、资源共享工作机制，加大监测工作统筹与协同力度，监督指导有关行业部门按照统一的生态环境监测站（点）规划设置要求和生态环境监测标准规范组织实施各自职责范围内的监测工作。

合理划分中央和地方生态环境监测事权。按照“谁考核、谁监测”的原则，国家生态环境质量评价与考核监测等工作为国家事权，其他服务于地方环境管理和污染治理的监测事项为地方事权。

（二）压实排污单位自行监测主体责任。按照“谁排污、谁监测”的原则，纳入排污许可管理的排污单位应遵守排污许可证规定和有关标准规范，严格执行污染源自行监测和信息公开制度。土壤污染重点监管单位按要求开展土壤和地下水自行监测。建立入河（海）排污口自行监测制度，责任单位负责对排污口开展自行监测。自行监测单位要向社会主动公开自行监测数据，各地生态环境部门要加强对自行监测行为的监督检查。

（三）发挥市场机制和公众监督作用。深入推进生态环境监测服务社会化，研究制定生态环境监测备案管理、信用评价等措施，加强市场培育、推动行业自律，促进形成一批专业化、优质化的社会监测机构，树立和弘扬“依法监测、科学监测、诚信监测”的行业文化。坚持服务群众和依靠群众，加强新闻宣传、畅通投诉举报渠道，为公众监督创造便利条件。

三、优化生态环境监测“一张网”

（一）统一规划环境质量监测网络。完善涵盖大气、地表水（含水功能区和农田灌溉水）、地下水、饮用水源、海洋、土壤、温室气体、噪声、辐射等环境要素以及城市和乡村的环境质量监测网络。2021 年前，各省级生态环境部门按照《生态环境监测规划纲要（2020—2035 年）》要求，完成行政区域内监测网络调整并报生态环境部备案；围绕生态环境治理需要，增设颗粒物组分、挥发性有机物、有毒有害污染物、土壤和地下水风险地块等监测点位，在学校、医院、居民区等敏感区域优先增设与人体健康密切相关的监测指标，提升环境污染溯源解析与风险监控能力。

（二）完善生态质量监测网络。建立央地共建、部门共享的多元合作机制，2025 年底前，联合建立天地一体的国家生态质量监测网络，基本覆盖全国典型生态系统、自然保护地、重点生态功能区和生态保护红线重点区域，突出生态功能和生物多样性等指标。省级生态环境部门根据生态保护需要和主要地理单元，补充设置地方生态质量监测站点，组织开展本地区生态质量监测。

（三）统筹构建污染源监测网络。推动污染源监测与排污许可监管、监督执法联动，加强固定源（含尾矿库）、入河（海）排污口、移动源和面源监测。强化高架源、涉挥发性有机物（VOCs）排放、涉工业窑炉等重点污染源自动监测，推动重点工业园区、产业集群建立挥发性有机物、颗粒物监测体系，开展排污单位用能监控与污染排放监测一体化试点，拓展污染源排放遥感监测。完善测管协同工作机制，按照“双随机”原则开展生态环境执法监测，探索实行监测人员持有执法证、执法人员持有现场监测上岗证，将承担执法监测任务的监测人员逐步纳入生态环境综合行政执法体系，提升监测与执法工作效率。生态环境部门可委托有资质、能力强、信用好的社会监测机构配合开展执法监测。

（四）建设生态环境监测大数据平台。2021 年前，地方省、市、县环境质量监测站点与中国环境监测总站联网，并接入生态环境部信息资源中心。依法推进重点排污单位自行监测数据公开与共享。建立国家（区域）和地方生态环境监测大数据平台，加强监测数据标准化、规范化管理，实现全方位、全要素、全周期监测数据有效整合与互联互通。鼓励以安全可控为前提拓展数据汇交和使用范围，推进跨领域监测监控信息共享共用。

四、严守生态环境监测质量“生命线”

（一）明确数据质量责任。生态环境监测机构及其负责人对其监测数据的真实性和准确性负责。排污单位及其负责人对其自行监测数据质量负责。各级生态环境部门对用于环境管理和监督执法的监测数据质量负监管责任。地方生态环境部门应积极推动地方政府建立防范和惩治生态环境监测数据弄虚作假的工作机制，建立并实行干预留痕和记录制度。

（二）加强数据质量监督管理。强化对生态环境监测机构监管，建立健全内部质量控制为主、外部质量监督为辅的质量管理制度。完善生态环境监测机构和自动监测运维机构通用要求，指导监测机构规范内部质量体系建设与运行。推动建立分级管理、全国联网的实验室信息管理系统，实现监测活动全流程可追溯。制定生态环境监测机构监督管理办法，健全生态环境监测量值溯源体系，提高质量监管能力。

（三）严厉打击监测数据弄虚作假。组织开展监测质量监督检查专项行动，依法依规查处监测数据弄虚作假行为。加强生态环境监测机构和人员信用管理，探索建立监测数据弄虚作假市场和行业禁入措施。积极推动部门协同和信息互认，形成守信联合激励、失信联合惩戒的长效机制。发挥群众监督作用，形成“不敢假、不能假、不想假”的良好局面。

五、强化生态环境监测核心支撑

（一）健全监测评价制度。优化监测指标项目和评价方法，形成统一标准与因地制宜相结合、定量评价与定性评价相结合、现状评价与预测预报相结合的生态环境质量评价体系，建立生态质量指数、生态环境质量综合指数等复合型评价指标并试点应用，科学客观反映生态环境质量和污染治理成效。坚持和完善生态环境监测信息公开、通报、排名、预警、监督机制，提升生态环境质量与污染排放的大数据关联分析能力，为推动生态环境质量改善提供支撑。

（二）加强环境质量预测预报。巩固国家—区域—省—市四级空气质量预报体系，逐步开展所有地级及以上城市空气质量预报并发布信息。提升空气质量中长期预测、城市级精细化预测和气象因素影响定量分析能力。推进重点流域水环境预测预警业务和技术体系建设，逐步开展土壤风险评估和生态风险预警研究。

（三）推进科技创新与应用。完善生态环境监测技术体系，推动物联网、区块链、人工智能、5G 通信等新技术在监测监控业务中的应用，促进智慧监测发展。强化产学研用协同创新，推动建设国家监测技术研发基地；以长江流域监测质控和应急平台、深圳环境监测质控创新中心等项目为先导，支持重点区域省市建立生态环境监测创新示范基地，加大监测技术装备研发和应用力度，推动监测装备精准、快速、便携化发展。

六、夯实生态环境监测基础

（一）优化机构队伍。全面完成省以下生态环境监测机构垂直管理改革，理顺各级生态环境监测组织架构，鼓励各地因地制宜统筹设置或共建跨市县监测监控机构和省级海洋、辐射、遥感等专业监测机构。充分发挥现有监测力量优势，驻市监测机构上收后应与市级生态环境部门建立长效化业务支持机制，提供当地所需监测支撑与服务。推进生态环境监测机构编制标准研究，支持多元化、社会化、开放式人才培养与使用模式，完善生态环境监测“三五”人才（50 名尖端人才、500 名一流专家、5 000 名技术骨干）、技术大比武等人才遴选机制，不断提高监测队伍数量和质量。

（二）提升装备能力。围绕空气、水、海洋、生态、辐射、噪声、应急预警和履约监测等重点领域谋划一批重点工程，全面提升生态环境监测自动化、标准化、信息化水平。鼓励省级生态环境部门结合实际制定出台基层监测机构能力现代化评估标准，2025 年前，区县监测机构应具备有效开展行政区域内执法监测和应急监测的能力。统筹优化生态环境陆海观测卫星遥感影像获取与共享机制，开展全国多周期覆盖、多分辨率、多要素卫星数据的智能化处理和解译，逐步拓展全球数据获取汇集能力。

（三）健全法规标准。推动出台生态环境监测条例及配套制度，鼓励有条件的地方在生态环境监测领域先于国家立法。建立健全生态环境监测标准规范并严格执行，立足国情实际和生态环境状况，重点填平补齐现场快速监测、自动在线监测、应急监测、遥感监测、质量控制等领域标准规范，建立标准验证与后评估机制，推动标准优化更新。

（四）加强经费投入。修订生态环境监测网络建设和运行支出标准，分级制定生态环境监测事权与财政保障清单，力争将所需经费足额纳入各级财政预算重点保障。各地要拓展生态环境监测能力建设投资渠道，积极争取生态补偿、污染防治等专项经费支持，注重提高投资绩效。

七、加强组织实施

各级生态环境部门要切实把思想认识统一到中央关于生态环境监测的决策部署上来，将生态环境监测工作作为“一把手”工程，在人、财、物上加大支持和保障力度。各级生态环境监测部门要充分发挥对生态环境管理的“顶梁柱”作用，争做生态环境保护铁军先锋队。各地要按照本意见要求，结合实际细化具体任务措施并组织实施。生态环境部将加强监督检查与成效评估。

关于印发《生态环境监测规划纲要（2020—2035 年）》的通知

（环监测〔2019〕86 号）

各省、自治区、直辖市生态环境厅（局），新疆生产建设兵团生态环境局，机关各部门，各派出机构、直属单位：

为深入贯彻落实党中央、国务院关于生态环境监测的决策部署，全面履行统一监测评估职责，指导和推进全国生态环境监测事业发展，更好支撑生态环境保护和生态文明建设，我部组织编制了《生态环境监测规划纲要（2020—2035 年）》。现印发给你们，请参照执行。

生态环境部

2019 年 9 月 30 日

生态环境监测规划纲要（2020—2035 年）

生态环境监测是生态环境保护的基础，是生态文明建设的重要支撑。党的十八大以来，党中央、国务院高度重视生态环境监测工作，将生态环境监测纳入生态文明改革大局统筹推进，取得了前所未有的显著成效。为深入贯彻落实习近平生态文明思想，科学谋划生态环境监测事业发展，切实提高生态环境监测现代化能力水平，有力支撑生态文明和美丽中国建设，按照立足“十四五”、面向 2035 年的总体考虑，制定本纲要。

一、规划背景

（一）主要进展

2015—2017 年，中央全面深化改革领导小组连续三年分别审议通过了《生态环境监测网络建设方案》《关于省以下环保机构监测监察执法垂直管理制度改革试点工作的指导意见》《关于深化环境监测改革提高环境监测数据质量的意见》等文件，基本搭建形成了生态环境监测管理和制度体系的“四梁八柱”，生态环境监测的认识高度、推进力度前所未有，各项工作取得了明显进展。

基础能力明显提高。形成国家—省—市—县四级生态环境监测组织架构，共有监测管理与技术机构 3 500 余个、监测人员约 6 万人，另有各行业及社会机构监测人员约 24 万人，全社会监测力量累计达 30 万人左右。全力推进生态环境监测网络建设，国家和地方已建成城市空气质量自动监测站点 5 000 余个、地表水监测断面约 1.1 万个、土壤环境监测点位约 8 万个、辐射环境质量监测点位 1 500 余个，总体覆盖所有地级及以上城市和大部分区县。推动落实排污单位污染源自行监测主体责任，2.3 万家重点排污单位与国家平台联网。建成 63 个生态监测地面站，环境一号 A/B/C 卫星组网运行，高分五号卫星成功发射，初步形成天地一体的生态状况监测网络。

运转效能明显提高。深化生态环境监测改革，按照“谁考核、谁监测”的原则，全面上收国家空气和地表水环境质量监测事权，通过省以下垂直管理改革将地方生态环境质量监测事权上收至省级，从体制机制上有效预防不当干预，保证了环境监测与评价的独立、客观、公正。积极推进政府购买监测服务，鼓励社会监测机构参与自动监测站运行维护、手工监测采样测试、质量控制抽测抽查等工作，形成多元化监测服务供给格局。

数据质量明显提高。坚持“保真”与“打假”两手抓，已形成覆盖主要领域的监测类标准 1 141 项，构建了国家—区域—机构三级质控体系并有效运转，确保监测活动有章可循。配合最高人民法院、最高人民检察院出台“两高司法解释”，将环境监测数据弄虚作假行为入刑；与公安部建立了案件移送机制，从严从重打击环境监测违法行为。不断强化外部质量监督检查，及时发现并严肃查处了西安和临汾两起环境数据造假案，对地方不当干预和监测数据弄虚作假形成有力震慑，监测数据质量得到有效保证。

支撑能力明显提高。深入开展空气、水、土壤、生态状况、辐射、噪声等要素环境质量综合分析，及时编制各类监测报告和信息产品，不断深化对考核排名、污染解析、预警应急、监督执法、辐射安全监管的技术支撑。定期开展城市空气和地表水环境质量排名及达标情况分析，督促地方党委政府落实改善环境质量主体责任；组织开展重点地区颗粒物组分、挥发性有机物和降尘监测，逐步说清污染来源；初步建成国家—区域—省级—城市四级空气质量预报体系，区域和省级基本具备 7～10 天空气质量预报能力；完善污染源监测体系，组织开展重点行业自行监测质量专项检查及抽测，为环保督察和环境执法提供依据。

服务水平明显提高。每年发布《中国生态环境状况公报》，定期发布环境质量报告书，实时公开空气、地表水自动监测数据，支持网站、手机 APP、微博、微信等多种渠道便捷查询，为公众提供健康指引和出行参考。推进国家和地方监测数据联网与综合信息平台建设，支持管理部门、地方政府以及相关科研单位共享应用。全面放开服务性监测市场，满足公众和企事业单位对监测服务的个性化需求，带动监测装备制造业和监测技术服务业蓬勃发展。

（二）形势需求

需全面助力生态文明建设。新一轮党和国家机构改革明确了生态环境部统一行使生态和城乡各类污染排放监管与行政执法职责，要求重点强化生态环境监测评估职能，统筹实施地下水、水功能区、入河（海）排污口、海洋、农业面源和温室气体监测，建立与之相适应的生态环境监测体系。同时，生态文明建设体制机制的逐步健全、绿色发展政策的深入实施和科技创新实力的不断增强，为持续深化生态环境监测改革创新释放了法治红利、政策红利和技术红利。

需精准支撑污染防治攻坚。生态环境监测是客观评价生态环境质量状况、反映污染治理成效、实施生态环境管理与决策的基本依据。当前正处于污染防治“三期叠加”的重要阶段，要实现 2035 年生态环境质量根本好转的目标，需要加大力度破解重污染天气、黑臭水体、垃圾围城、生态破坏等突出生态环境问题，系统防范区域性、布局性、结构性环境风险，对加快推进生态环境监测业务拓展、技术研发、指标核算、标准规范制定、信息集成与数据分析，进一步提升监测与技术支撑的及时性、前瞻性、精准性提出了更高要求。

需不断满足人民群众新期待。公众对健康环境和优美生态的迫切需求与日俱增，对进一步扩大和丰富环境监测信息公开、宣传引导、公众监督的内容、渠道、形式等提出更高、更精细的要求；对进一步加强细颗粒物、超细颗粒物、有毒有害污染物、持久性有机污染物、环境激素、放射性物质等与人体健康密切相关指标的监测与评估提出更多诉求；对有效防范生态环境风险、提升突发环境事件应急监测响应时效提出更高期待。

需深度参与全球环境治理。履行温室气体、消耗臭氧层物质、生物多样性、持久性有机污染物、汞、危险废物和化学品等领域的国际环境公约，参与全球微塑料、海洋低氧、西北太平洋放射性污染、极地冰川大洋等新兴环境问题治理，是彰显我国负责任大国形象的重要途径，也是提升我国生态环境保护领域国际话语权的重要基础，需要加快形成相关领域监测支撑能力，补齐短板、跟踪发展并超前布局。

需紧跟国际发展趋势。生态环境监测管理与运行体系、网络体系和方法标准体系的发展与环境治理体系和治理能力紧密相关。发达国家普遍采用环境部门牵头、分级管理、政府监督、社会参与的模式，以完整且行之有效的法律法规为基础，以统一的行业监管为保障，以信息化平台为支撑，强化监测机构、人员及监测活动的全过程质量管理，确保监测数据质量。监测网络已普遍覆盖大气、水、海洋、土壤、声、辐射、生态等各类环境要素，点多面广但监测频次较低，根据环境质量达标情况动态调整。监测方法标准体系较为完善，监测指标涵盖物理、化学、生物、生态以及有关功能分类特征项目，与环境质量标准、污染物排放标准相配套。注重强化标准方法的法律地位和国家本级标准研发能力，实行研发储备、检验替代、适用评估等动态管理，保持标准体系先进性。物联网、大数据、人工智能等新技术应用不断深入，分析测试手段向自动化、智能化、信息化方向发展，监测精度向痕量、超痕量分析方向发展。

（三）问题挑战

当前，我国生态环境监测存在的问题集中表现在服务供给总体不足、支撑水平有待提高两大方面，具体原因主要有以下几点：

统一的生态环境监测体系尚未形成。海洋环境保护、编制水功能区划、排污口设置管理、流域水环境保护、监督防止地下水污染、监督指导农业面源污染治理、应对气候变化和减排等职责划转我部，但相关监测支撑能力较为薄弱。部门间沟通协商壁垒尚未完全打通，监测信息共享不充分。省以下生态环境监测垂直管理改革中，各地模式和进展差异较大，辐射环境监测工作有被削弱的倾向。

对污染防治攻坚战精细化支撑不足。现有监测网络的覆盖范围、指标项目等尚不能完全满足生态环境质量评估、考核、预警的需求。地表水、地下水、海洋等监测网络布局需整合优化，水资源、水环境、水生态协同监测能力不足，生态状况监测网络亟待加强，农业面源、农村水源地等监测工作刚刚起步，大数据平台建设和污染溯源解析等监测数据深度应用水平有待提升。

法规标准有待加快完善。现行法律法规对生态环境监测的性质、地位、作用及管理体制的规定有待完善，监测数据的法律效力不明确，尚无专门的生态环境监测行政法规。生态环境监测方法标准体系有待健全，海洋、地下水、饮用水水源和辐射自动监测等领域标准规范亟待整合统一，生态、固体废物、农业面源、核设施流出物及伴生矿等标准规范需要更新补充，自动监测、卫星遥感监测、应急监测等标准规范缺口较大。

数据质量需进一步提高。生态环境监测机构门槛低，人员素质参差不齐，相当一部分社会监测机构成立时间短、规模小、质量管理措施落实不到位，数据质量堪忧。生态环境部门尚无监管社会监测机构的法律依据和主体资格，缺乏相关调查取证程序和处罚标准。自动监测质控体系不完善，量值溯源业务体系与基础能力尚未形成，标准样品配套不足，物联网、遥感监测等高新技术在质量监管中应用不充分。

基础能力保障依然不足。国家本级监测机构的人员编制、业务用房严重短缺，质量控制和技术创新引领能力不足。各地监测机构能力水平的地区差异、层级差异较大，西部地区和县级监测机构能力滞后。生态环境监测任务安排、网络建设与运行保障有脱节现象。环境监测装备现代化、国产化水平不高。部分省份辐射环境监测能力偏弱，部分地市尚未建立专门的辐射环境监测队伍，核与辐射应急监测未形成海陆空多维保障能力，核设施监督性监测系统建设和运维、国控自动监测网升级改造经费未纳入财政预算安排。

二、总体要求

生态环境监测，是指按照山水林田湖草系统观的要求，以准确、及时、全面反映生态环境状况及其变化趋势为目的而开展的监测活动，包括环境质量、污染源和生态状况监测。其中，环境质量监测以掌握环境质量状况及其变化趋势为目的，涵盖大气、地表水、地下水、海洋、土壤、辐射、噪声、温室气体等全部环境要素；污染源监测以掌握污染排放状况及其变化趋势为目的，涵盖固定源、移动源、面源等全部排放源；生态状况监测以掌握生态系统数量、质量、结构和服务功能的时空格局及其变化趋势为目的，涵盖森林、草原、湿地、荒漠、水体、农田、城乡、海洋等全部典型生态系统。环境质量监测、污染源监测和生态状况监测三者之间相互关联、相互影响、相互作用。

（一）指导思想

深入贯彻习近平生态文明思想和全国生态环境保护大会精神，认真落实党中央、国务院决策部署，坚持山水林田湖草系统治理，坚持创新、协调、绿色、开放、共享发展理念，坚持“支撑、引领、服务”的定位，以确保生态环境监测数据“真、准、全”为根本，以支撑统一行使生态和城乡各类污染排放监管和行政执法职责为宗旨，以加快构建科学、独立、权威、高效的生态环境监测体系为主线，紧紧围绕生态文明建设和生态环境保护，全面深化生态环境监测改革创新，全面推进环境质量监测、污染源监测和生态状况监测，系统提升生态环境监测现代化能力，为生态环境治理能力与治理体系现代化奠定基础。

（二）基本原则

——长远设计，分步实施。面向 2035 年美丽中国建设目标，从整体和全局高度谋划生态环境监测事业发展，注重制度、网络、技术、装备、队伍等各方面统筹兼顾，分阶段协调推进。聚焦“十四五”时期，着眼支撑污染防治和推进生态文明建设需要，细化、实化主要任务。瞄准重点区域、前沿领域和关键问题，前瞻布局、以点带面、逐步推广。

——政府主导，社会参与。落实党和国家机构改革要求，加强对生态环境监测网络规划、制度规范、数据管理与信息发布的统一组织与部门协同，形成科学、独立、权威、高效的生态环境监测体系。引导社会力量广泛参与生态环境监测，充分发挥企事业单位、科研机构、社会组织作用，加强资源共享，形成监测合力。

——明晰事权，落实责任。坚持事权法定、量力定财、效率优先、因地制宜，依法明确各方生态环境监测事权。结合统筹推进放管服改革、垂直管理改革、地方机构改革和综合执法改革，理顺生态环境监测运行机制，激发监测队伍活力，确保各类监测活动有序开展，监测过程独立公正。

——科技引领，创新驱动。紧跟世界监测技术发展前沿，完善有利于生态环境监测技术创新的制度环境，激发政府、企业、科研机构等各类主体创新活力，推动跨领域跨行业协同创新与联合攻关，大力推进新技术新方法在生态环境监测领域的应用。加快关键技术自主创新与成果转化，提高环境监测装备国产化水平。

——立足国情，放眼世界。既充分借鉴吸收欧美等发达国家生态环境治理和环境监测的先进经验与相关研究成果，又从我国国情出发，区分我国和发达国家不同的社会制度、行政管理体制、生态环境质量发展阶段和治理模式，走出一条有中国特色的监测改革发展新路子，为推进全球环境治理贡献中国智慧和中国方案。

（三）发展目标

基于发达国家环境监测发展历程和经验，结合我国生态文明体制改革的总体形势、美丽中国建设的目标任务和生态环境管理的现实需要，生态环境监测发展的总体方向是：2020—2035 年，生态环境监测将在全面深化环境质量和污染源监测的基础上，逐步向生态状况监测和环境风险预警拓展，构建生态环境状况综合评估体系。监测指标从常规理化指标向有毒有害物质和生物、生态指标拓展，从浓度监测、通量监测向成因机理解析拓展；监测点位从均质化、规模化扩张向差异化、综合化布局转变；监测领域从陆地向海洋、从地上向地下、从水里向岸上、从城镇向农村、从全国向全球拓展；监测手段从传统手工监测向天地一体、自动智能、科学精细、集成联动的方向发展；监测业务从现状监测向预测预报和风险评估拓展、从环境质量评价向生态健康评价拓展。

具体分三个阶段实施：

到 2025 年，科学、独立、权威、高效的生态环境监测体系基本建成，统一的生态环境监测网络基本建成，统一监测评估的工作机制基本形成，政府主导、部门协同、社会参与、公众监督的监测新格局基本形成，为污染防治攻坚战纵深推进、实现环境质量显著改善提供支撑。

监测业务方面，以环境质量监测为核心，统筹推进污染源监测与生态状况监测。环境要素常规监测总体覆盖全部区县、重点工业园区和产业集群，针对突出环境问题或重点区域的污染溯源解析、热点监控网络加速形成；覆盖全行业全指标的污染源监测体系建立健全，污染源监测数据规范应用；覆盖典型生态系统的生态状况监测网络初步建成，生态状况评估体系基本确立；面向污染治理的调查性监测和研究性监测深入推进。综合保障方面，中央和地方监测事权与支出责任划分清晰，一总多专、分区布局的监测业务体系高效运行，协同合作、资源共享机制健全顺畅；生态环境监测法规制度体系完备严密，重点领域量值溯源能力切实加强，监测数据真实性、准确性、全面性有效保证，监测信息及时公开、统一发布；生态环境监测人员综合素质和能力水平大幅提升。

到 2030 年，生态环境监测组织管理体系进一步强化，监测、评估、调查能力进一步强化，监测自动化、智能化、立体化技术能力进一步强化并与国际接轨，监测综合保障能力进一步强化，为全面解决传统环境问题，保障环境安全与人体健康，实现生态环境质量全面改善提供支撑。

监测业务方面，环境质量监测与污染源监督监测并重，生态状况监测得到加强。新型污染物、有毒有害物质、生态毒理监测有序开展，污染源自行监测与监督监测的精细化水平全面提升，实现污染源智能识别、精准定位、实时监控；生态状况监测网络全面建成并稳定运行，综合评价指标体系成熟应用。综合保障方面，生态环境监测社会化服务质量全面提升，监测市场繁荣有序；大数据智慧管理与分析应用水平大幅提高，综合评估、精准预测、污染溯源、靶向追踪能力显著增强。

到 2035 年，科学、独立、权威、高效的生态环境监测体系全面建成，传统环境监测向现代生态环境监测的转变全面完成，全国生态环境监测的组织领导、规划布局、制度规范、数据管理和信息发布全面统一，生态环境监测现代化能力全面提升，为山水林田湖草生态系统服务功能稳定恢复，实现环境质量根本好转和美丽中国建设目标提供支撑。

监测业务方面，环境质量、污染源与生态状况监测有机融合，常规监测从大范围、高频次、全指标模式逐步向动态调整、差异布局、增减结合转变，与监督监测、调查监测和研究性监测有机衔接；监测站点向多要素、多功能、生态化综合设置转变，生态状况监测的覆盖范围系统拓展。综合保障方面，生态环境监测方法标准健全完备，覆盖影响生态系统与人体健康的主要指标；全天候、全方位、多维度的监测技术广泛应用，监测能力与生态环境治理体系与治理能力现代化相适应，总体发展水平跨入国际先进行列。

三、主要任务

（一）围绕巩固污染防治攻坚战，深化环境质量监测

1. 大气环境监测

根据复合型大气污染治理需求，构建以自动监测为主的大气环境立体综合监测体系，推动大气环境监测从质量浓度监测向机理成因监测深化，实现重点区域、重点行业、重点因子、重点时段监测全覆盖。

提升空气质量监测，实现精准评价。按照“科学延续、全面覆盖、均衡布设”的总体原则，优化调整扩展国控城市站点，覆盖全部地级及以上城市和国家级新区，并根据管理需求逐步向重点区域县级城市延伸。“十四五”期间，国控点位数量从 1 436 个增加至 2 000 个左右。改进空气质量评价与排名规则，排名范围扩大到全部地级及以上城市，研究开展主要污染物浓度三年滑动平均值评价，降低气象条件波动对评价排名结果的影响。进一步优化提升背景站和区域站监测功能，加强全国大气颗粒物、气态污染物、秸秆焚烧火点、沙尘等大气环境遥感监测，形成城乡全覆盖的监测网络。严格监测仪器适用性检测标准与要求，提高细颗粒物（$PM_{2.5}$）等监测仪器精度，加强日常质控管理，实现重点区域、重点城市和重点点位 $PM_{2.5}$ 手工监测全覆盖。指导地方加强区县空气质量监测，中部、东部地区监测站点覆盖到全部区县和空气污染较重乡镇，西部地区覆盖到污染较重的区县。

深化污染成因监测，支撑精细管控。完善全国大气颗粒物化学组分监测网和大气光化学评估监测网，以污染较重城市和污染物传输通道为重点，按照国家统一指导、地方建设运维、数据联网共享的模式监测运行，为不同尺度大气污染成因分析、重污染过程诊断、污染防治及政策措施成效评估提供科学支持。其中，颗粒物组分监测覆盖全部 $PM_{2.5}$ 超标城市，重点区域辅助增加地基雷达监测和移动监测。光化学评估监测覆盖全部地级及以上城市，统一开展非甲烷总烃监测，重点区域、臭氧超标城市及重点园区按要求开展 VOCs 组分监测。

拓展污染监控和履约监测，服务风险防范。推动全国城市路边交通空气质量监测站点建设，在直辖市、省会城市、重点区域城市主要干道和国家高速公路沿线设立路边站，开展 $PM_{2.5}$、NO_x、交通流量等指标监测。以京津冀及周边、长三角区域和汾渭平原为重点，指导地方开展工业园区监测、有毒有害污染物监测和降尘监测，并与国家联网，为解析空气污染生成机理和评价人群健康暴露提供支持。加强重点区域及全国工业园区 $PM_{2.5}$、NO_x、SO_2 等污染物的网格化遥感监测，提高对重点污染源及“散乱污”企业的监管水平。按照履约要求，分期、分步建立国家大气中《关于消耗臭氧层物质的蒙特利尔议定书》受

控物质监测网络，全面提升监测能力。增设持久性有机污染物、汞、温室气体等监测点位，开展背景、区域或城市尺度监测。

2. 地表水环境监测

根据水污染治理、水生态修复、水资源保护“三水共治”需求，统筹流域与区域、水域与陆域、生物与生境，逐步实现水质监测向水生态监测转变。

组建统一的地表水环境监测网络。按照“科学评价、厘清责任、三水统筹”的总体原则，统筹优化地表水国控断面，实现十大流域干流及重要支流、地级及以上城市、重要水体省市界、重要水功能区全覆盖，长江经济带、京津冀、粤港澳大湾区等重点区域延伸至重要水体县界，“十四五”期间，国控断面数量从 2 050 个整合增加至 4 000 个左右。科学优化常规监测指标，加强国考河流湖库及优先控制单元水环境遥感监测。按照统一网络、分级监测的模式，指导地方组织开展流域面积 100 km^2 以上的河流、市界和县界、中小型湖库、重点乡镇下游和大型工业园区下游，以及未纳入国家网的水功能区水质监测，结合各地污染特征，开展优先控制污染物监测。全国地表水监测断面总体覆盖七大流域干流及重要支流流经区县，浙闽片河流、西北诸河及西南诸河污染较重河流流经区县。按照饮用水水源地的供水区域行政级别，分级分类开展饮用水水源地水质监测。

深化自动监测与手工监测相融合的监测体系。研究建立以自动监测为主的地表水监测评价、考核与排名办法，与手工监测评价结果平稳衔接。根据水环境管理需要，进一步拓展自动监测指标和覆盖范围，国家层面逐步建立国控断面“9+N”自动监测能力（9 即水温、浊度、电导率、pH、溶解氧、高锰酸盐指数、氨氮、总磷、总氮；N 即化学需氧量、五日生化需氧量、阴阳离子、重金属、有机物、水生态综合毒性等特征指标）；地方层面，逐步实现城市集中式饮用水水源地水质自动监测能力全覆盖，新三湖（白洋淀、洱海、丹江口）、老三湖（太湖、巢湖、滇池）和三峡水库实现水华自动监测与预警。开展持久性有机污染物、抗生素和内分泌干扰物等新型污染物、水源涵养地、背景断面、质控比对等手工监测，对自动监测形成有益补充。

推动水质污染溯源监测。以长江经济带和京津冀为重点，组织开展主要污染因子、重点污染河段走航试点监测，掌握水质变化和污染扩散规律，开展水质与污染源的关联分析。按照“查、测、溯、治”要求，以长江经济带为突破口，逐步建立覆盖重点流域所有入河排污口主要指标的监测网络，开展排放口影响水域水质监测评价研究，逐步说清“岸上”对“水里”的影响。

拓展流域水生态监测。在松花江和长江水生生物试点监测的基础上，按照“有河有水、有水有鱼、有鱼有草”的要求，进一步深化并拓展重点流域水系、重要水体的水生生物调查和水生态试点监测（含底质）。“十四五”期间，国家建立统一的水生态监测技术体系，指导各流域按照物理、化学、生物完整性要求，研究建立符合流域特征的水生态监测方法、指标体系、评价办法，初步形成基于流域的全国水生态监测网络，逐步开展分类、分区、分级的水生态监测与评估。到 2035 年，形成科学、成熟的水生态监测体系并业务化运行，为水质目标管理向水生态目标管理转变奠定基础。探索开展生态流量、水位监测和河流生态水量遥感监测研究，加快建立完善水资源、水环境、水生态数据共享机制。

3. 土壤环境监测

以保护土壤环境、支撑风险管控为核心，健全分类监测、动态调整、轮次开展、部门协同的土壤环境监测体系。

优化土壤环境监测网络。以掌握全国土壤环境状况变化趋势为目的，优先考虑历史延续性，完善背景点和基础点布局，网格化覆盖我国陆域全部土地利用类型和土壤类型，积累国家土壤背景、土壤环境质量长时间序列监测数据。以支撑农用地分类管理和建设用地风险管控为目的，对有关农用地和建设用地地块开展重点监测，对监测表明存在土壤污染风险的地块，进一步开展土壤污染状况调查。注重例行监测与普查详查的有效衔接，形成污染状况普查10年一次、背景点和基础点监测5～10年一轮、风险监控重点监测1～2年一次（普查周期除外）的动态监测体系，“十四五”期间，国家土壤监测点位数量保持在8万个左右。

实行土壤环境分类监测。针对不同类型点位和监测目的，设置分类侧重的土壤监测指标体系。其中，背景点延续“七五”和“十一五”土壤调查的61项指标，侧重对土壤背景元素组成的监测；基础点采用《农用地土壤污染风险管控标准（试行）》全指标以及pH、阳离子交换量和有机质指标，侧重对土壤环境质量的监测；农用地和建设用地风险点侧重对特征污染指标的监测。

理顺土壤监测运行机制。国家层面，由生态环境部会同农业农村部、自然资源部等有关部门统一组织、统筹实施；地方层面，各地根据本地土壤污染特征和属地管控重点，在国家监测工作基础上，依法开展有关地块重点监测。企业层面，土壤污染重点监管单位依法履行自行监测主体责任，开展厂界环境自行监测。

完善土壤监测评价方法。加强例行监测成果应用和评价方法研究，支撑土壤环境质量状况、污染状况和变化趋势分析。研究探索物理—生物—化学多项目土壤环境质量综合评价方法。逐步衔接土壤和地下水环境监测，探索“地上地下”统筹评价方法。

4. 海洋环境监测

以改善海洋生态环境质量、保障海洋生态安全为核心，构建覆盖近岸、近海、极地和大洋的海洋生态环境监测体系。

优化常规监测。整合优化国家海洋生态环境质量监测网络，完善海水、沉积环境、生物质量、放射性监测指标体系，开展主要河流及入海排污口污染物入海、海洋大气污染物沉降监测，评估不同来源污染物贡献率，全面掌握管辖海域海洋环境质量状况。“十四五”期间，国控点位数量优化至1 400个左右。聚焦21世纪海上丝绸之路沿线、渤海、长江口、珠江口等重大国家战略海域，制定“一区一策”精细化监测方案，助推热点区域的高质量发展。深化海洋废弃物倾倒活动、海洋石油勘探等海洋工程和海水养殖等监督监测，为海域环境监管提供技术支撑。运用遥感等手段加强近岸海域溢油突发环境事件应急监测。提升国家和沿海省份海洋放射性采样、自动监测、实验室分析和应急监测能力，加强沿海和海上核设施流出物监测和环境影响评估。探索开展入海河流污染通量监测。

强化海洋生态监测。优化海洋生物多样性监测网络，提升监测覆盖面和代表性，监测指标从浮游生物和底栖生物为主，向标志物种和珍稀濒危物种扩展，较全面评估我国海洋生物多样性状况。依托国家海洋生态野外观测站，针对河口、海湾、滨海湿地、海岛、红树林、珊瑚礁、海草床等典型海洋生态系统，开展环境质量、生物群落结构、栖息地变化状况长期、连续监测，科学评估海洋生态系统的健康状况。推进海岸带典型生态系统格局、自然岸线变化、围填海开发等海岸带关键要素监督监测和赤潮、绿潮等海洋生态灾害监测，利用高分遥感技术，从大尺度评估全国海岸带生态监管和海洋生态灾害状况。

聚焦专题专项监测。围绕国际热点环境问题和新兴海洋环境问题，开展海洋温室气体、海洋微塑料监测、西太平洋放射性监测，监测范围覆盖我国管辖海域，并适当向极地大洋海域拓展，为履行《联合国气候变化框架公约》和《生物多样性公约》提供数据基础。加强与海上丝绸之路沿线国家合作，共同推进海洋生态环境监测。

5. 地下水环境监测

按照统一规划、分级分类的思路，构建重点区域质量监管和“双源”（地下水型饮用水水源地和重点地下水污染源）监控相结合的全国地下水环境监测体系。由生态环境部牵头，自然资源部、水利部、农业农村部、住房和城乡建设部等部门参与，地方和企业配合，共同开展全国地下水环境监测工作，构建全国统一的监测网络、技术体系和信息平台。

开展重点区域地下水环境监测。充分衔接国家地下水监测工程现有监测站点，同时以地下水含水系统为基本单元，增补部分监测点位，优先考虑重要地下水水源地、人口密集区、重要粮食产地、重点生态环境保护区和国家重点工程建设区，形成多层次地下水环境质量监测网络，覆盖全国主要水文地质单元、主要流域、主要平原盆地和 80% 以上地级城市，逐步掌握全国地下水水质总体状况和变化趋势。地方同步开展地下水监测站点调查，摸清现状、建立清单，根据管理需要补充建设部分监测点位。

加强“双源”地下水环境监测。全面梳理整合各类污染源地下水监测井和供水人口在 10 000 人或日供水 1 000 吨以上地下水型集中式饮用水水源监测井，构建以重点污染源和饮用水水源地为重点的“双源”地下水环境监控网。其中，重点地下水污染源监测为企业事权，化学品生产企业以及工业集聚区、矿山开采区、尾矿库、危险废物处置场、垃圾填埋场等重点行业企业的运营管理单位应依法开展自行监测，由地方监督、国家抽查；地下水型饮用水水源地监测为地方事权，地方负责开展监测工作，国家实施质量监督。

完善地下水环境监测技术体系。基于《地下水质量标准》监测指标和频次要求，兼顾污染防治监管需求和特征污染物，补充形成一套有效支撑地下水环境管理的监测指标体系，建立统一的监测和评价技术规范并开展试点监测，2025 年年底前统一组织开展全国地下水水质监测。构建全国统一的地下水环境监测信息平台，实现不同部门、不同层级间地下水监测数据的共享共用。加强地下水监测新指标、新方法的研究与应用，逐步与发达国家接轨。

6. 温室气体监测

遵循“核算为主、监测为辅”的原则，在不大规模增加资金投入的前提下，将温室气体（包括 CO_2、CH_4、SF_6、HCFCs、NF_3、N_2O 等）监测纳入常规监测体系统筹设计。

开展全国和区域浓度监测。统筹利用生态环境部和中国气象局、自然资源部、科技部、中科院等相关部门温室气体监测资源，结合连续自动监测和遥感监测手段，按照国际认可标准，系统开展温室气体浓度监测。将生态环境部国家大气背景站升级改造为大气和温室气体综合背景站，与中国气象局温室气体本底站和自然资源部温室气体监测站点融合组网。以直辖市和省会城市为重点，依托现有大气监测城市站点或区域站点，逐步增加 CO_2 等指标，探索开展城市和区域温室气体浓度监测。在渤海、北黄海、南黄海、东海、南海北部、南海南部以及北部湾开展近岸海域温室气体浓度监测。

探索开展排放源监测。结合现有污染源监测体系，对重点排放单位开展温室气体排放源监测工作，探索建立重点排放单位温室气体排放源监测的管理体系和技术体系。在火电行业率先开展 CO_2 排放在线监测试点，在氟化工行业开展 HCFCs 在线监测试点。

7. 农村环境监测

完善农业农村生态环境监测体系，按照全国农村环境监测总体部署，结合各地工作基础，进一步增加农村环境质量监测点位。其中，监测基础较好的省份应覆盖到全部县域，其他省份覆盖到全部地级城市，每个地级城市至少选择 3 个县域，已列入国家重点生态功能区的县域全部进行监测。每个县域选择 3～5 个村庄开展空气、饮用水、地表水、土壤和生态监测。加强农村环境敏感区和污染源监测，各地按要求开展“千吨万人”集中式农村饮用水水源地水质监测、日处理能力 20 吨及以上的农村生活污水处理设施出水水质监测，逐步开展农村黑臭水体监测，以及规模化畜禽养殖场自行监测。

（二）围绕生态环境监督执法，拓展污染源监测

按照源头控制、标本兼治的要求，坚持以固定污染源全面监测为基础，以长江经济带入河排污口、渤海入海排污口监测为突破口，逐步建立影响大气、水、土壤等各环境要素，统筹固定污染源、入河（湖、库、海）排污口、移动源、面源的污染源监测体系。

规范固定源监测。巩固和深化污染源监测改革成效，完善排污单位自行监测为主线、政府监督监测为抓手、鼓励社会公众广泛参与的污染源监测管理模式，构建“国家监督、省级统筹、市县承担、分级管理”格局，为许可证管理、环境税征管和环境执法提供支撑。落实自行监测制度，加强排污单位自行监测与排污许可制度的衔接，强化自行监测数据质量监督检查，督促排污单位规范监测、依证排放，实现自行监测数据真实可靠。规范污染源自动在线监测，推动挥发性有机物和总磷、总氮重点排污单位安装在线监控。推进测管协同，加强与环境执法协同联动，针对重点行业、重点区域分级开展排污单位达标排放监督监测，加强饮用水水源地风险源、区域大气热点网格、尾矿库、固体废弃物堆场等遥感监测排查。深化信息公开，推进污染源监测数据联网，加大排污单位自行监测数据和污染源监督监测数据公开力度，充分发挥社会监督作用，有效督促排污单位自觉守法、自

律监测。逐步开展排放清单和污染溯源研究，推进水排放综合毒性监测，掌握污染排放与环境质量的关系，为环境风险预警打好基础。

按照“谁排污、谁监测”原则，明确入河、入海排污口排污单位和排污口责任单位的自行监测主体责任，排污单位负责对本单位废水开展自行监测，排污口责任单位负责对入河、入海排污口开展自行监测，河长和地市级人民政府负责确定排污口责任单位。建立完善监督制约机制，各级生态环境部门依法开展监督监测和抽查抽测。

拓展移动源监测。建立涵盖机动车、非道路移动机械、船舶和油气回收系统的移动源监测体系，以及移动源周边环境空气质量、交通流量、噪声一体化监测网络，重点覆盖高速公路、主要港口、长江干线航道、主要机场等重要交通基础设施，监控移动源排放及其对沿线空气、水体及周边土壤环境质量的影响。

开展农业面源监测。按照“遥感监测为主、地面校验为辅”的原则，构建农业面源污染综合监测评估体系，加强部门间联动管理及基础信息共享，掌握重点流域农业面源污染类型、污染物种类和污染程度，说清农业面源对地表水和大气污染的贡献率，逐步开展对地下水污染贡献有关研究，为推进农业面源污染防治提供支持。指导农业面源污染较重区域或有条件的地方开展小流域单元地面监测试点，校验模型关键参数，稳步提高遥感监测精度。在重点区县开展土壤和地下水监测。

（三）围绕生态环境保护与修复，完善生态状况监测

按照天地融合、资源共享、全面覆盖、服务监管的思路，构建国家生态状况监测评估体系，针对国家—区域—省—市—县等不同尺度，开展生态系统质量与结构功能、生物多样性状况、生态保护监管等监测和评估。

构建国家生态状况监测网络。按照“一站多点（样地、样区）”的布局模式，采用更新改造、提升扩容、共建共享和新建相结合的方式，力争到 2025 年，联合建成 300 个左右生态综合监测站，覆盖我国森林、草原、湿地、荒漠、水体、农田、城乡、海洋等典型生态系统和生态保护红线重点区域，协同提升地面观测、遥感验证和生物多样性监测能力。结合多源遥感和地面监测数据，定期开展全国生态状况调查与评估。至 2035 年，逐步依托现有空气和地表水监测站点增加生态监测指标项目，推进环境质量监测站点向生态监测综合站点改造升级，系统提升生态地面监测覆盖范围。

加强生态监测。建成国家生态保护红线监管平台，全面提升遥感影像处理、智能解译和分析评价能力，实现全国生态保护红线区人类活动和重要生态系统每年一次遥感监测全覆盖，全国自然保护区、国家公园、自然公园等重点自然保护地人类活动每年两次遥感监测全覆盖。探索开展生态状况动态监管及生态风险评估，开展全球性生态环境遥感监测。

完善生态状况评价体系。着眼生态环境科学化、精细化监管需求，综合考虑不同类型生态系统结构、功能和不同区域生态环境突出问题的差异性，科学确定评价指标与计算权重，分类设置不同类型、不同区域的生态状况表征指标（EI 指数），在京津冀、长三角等重点区域开展试点应用，为全面推进生态环境综合评估考核与生态环境风险预警奠定基础。

（四）围绕为民服务和风险防范，推进辐射和应急预警监测

深化辐射环境监测。按照“融合共通、资源共享、补齐短板、维护安全”的思路，加快推进辐射环境质量监测体系建设。通过整体布局、共用站房、改造新建等方式，深入融合辐射监测和常规监测网络，依托现有常规大气监测自动站，搭载小型化电离辐射和电磁辐射监测设备，形成约 300 个大气环境综合监测站点。在人群密集区增设局部环境电离辐射和电磁辐射水平自动监测站。新建 50 个水体辐射自动监测站，提升重点区域（流域、海域）、饮用水水源地、重点地下水开采城市、岛礁区域等辐射环境自动监测能力。组织有条件的地方建设 5 个大气辐射环境监测背景站和 15 个辐射环境监测超级站，增加氡、电磁、惰性气体等群众关心的监测项目，形成综合性辐射环境监测网络。建设 6 套移动式区域核与辐射安全保障、预警监测系统。针对新建核设施配套建设监督性监测系统，加强气态、液态流出物在线监测；对国家重点监管核与辐射设施外围辐射环境监督性监测系统进行升级改造，强化对核设施、伴生矿、核技术利用等辐射监测。在全国范围内合理布局，以同时应对 1 起重大核事故和 1 起重大辐射事故为目标，建设 6 个应急监测装备库。

推进声环境监测。推动声环境质量自动监测站点建设，统筹城市区域、交通及功能区声环境监测，在噪声敏感建筑物集中的区域增设点位，形成普查监测与长期监测互补、面监测与点监测结合的监测网络。逐步开展对机场、高铁、工业园区等重点噪声源的监督监测，指导重点城市绘制噪声地图。以城市轨道交通沿线和铁路沿线为重点，深化振动污染试点监测。逐步开展光污染试点监测。

加强生态环境应急监测。按照“平战结合、分区分级、属地管理、区域联动”的思路，统筹利用常规和辐射、政府和社会应急监测资源，建立完善国家—区域（海域）—省—市四级应急监测网络。分级分区组建应急监测物资储备库和专家队伍，夯实车辆、船舶、卫星与无人机为主体的快速反应力量，完善区域联动的应急响应与调度支援机制，省级形成有效应对行政区域内多起突发环境事件的能力，全国范围内形成陆域 2 小时应急圈和海域 6 小时应急圈。

拓展环境质量预测预报。在巩固国家—区域—省—市四级预报体系、省级预报中心实现以城市为单位的 7 天预报能力的基础上，开展所有地级及以上城市空气质量预报并发布信息，省级逐步实现 10 天预报能力。提升空气质量中长期预报能力，推进国家和区域 10～15 天污染过程预报、30～45 天潜势预报的业务化运行，国家层面适时开展未来 3～6 个月大气污染形势预测，加强多情景污染管控效果模拟与预评估。探索开展全球范围空气质量预测预报，搭建全球—区域—东亚—国家四级预报框架。推进重点流域水环境预测预警业务和技术体系建设，形成“架构统一、业务协同、资源共享、上下游联动”的国家（流域）—省—市三级预测预警体系，实现水质预测预报、水质异常预警和水环境容量评估。逐步开展土壤风险评估和生态风险预警研究。

（五）围绕提升环境监测公信力，深化质量管理与信息公开

加强生态环境监测质量管理。落实数据质量责任，健全覆盖全要素、全主体的全国生态环境监测质量统一监管制度，完善国家—区域—机构三级质量管理业务运行体系，规范内部质量控制，加强外部质量监督，对环境监测活动全过程进行动态监控。建立完善生态环境监测机构和自动监测运维机构质量管理体系建设要求，按照“谁出数谁负责、谁签字谁负责”的原则，指导监测机构建立和运行内部质量管理体系，保证数据质量。依托国家质控平台和区域质控中心，实施有效的质量监督。强化质量监管能力，完善量值溯源体系，以环境质量和污染源自动在线监测为重点，构建适用于环境监测专用仪器的部门最高计量标准，分级开展量值溯源与传递，保障监测数据准确性和计量溯源性。推动监测机构按照统一要求建设实验室信息管理系统（LIMS），对“人、机、料、法、环、测”各要素进行监管，实现生态环境监测活动全流程可追溯，为统一联网、统一抽查、统一监管奠定基础。逐步扩大自动监测数据标记和超标异常“电子督办”范围。深化全国辐射环境监测质量考核，扩大考核覆盖面，逐步将民用核设施营运单位、社会化监测机构纳入考核范围，加强质量控制关键技术的研究、交流和推广。严惩监测数据造假，加强生态环境监测事中、事后监管，健全多部门联动的监督检查、联合惩戒、信息公开机制并常态化运行，强化对社会监测机构的监督检查，理顺环境监测弄虚作假案件移交处理程序，及时发现、严厉查处环境监测数据弄虚作假行为。丰富投诉举报渠道，发挥群众监督作用，增强诚信监测的自觉性，形成“不敢假、不能假、不愿假”的良好局面。

推进生态环境监测信息化建设。基于生态环境大数据平台总体框架，建立覆盖全国、统筹利用、开放共享的全国生态环境监测大数据平台。制定全国统一的生态环境监测基本数据集和相关标准规范，完善监测数据采集、审核与开发利用机制，推进各类监测数据的统一存储与统一管理。系统提升大数据综合应用能力，实现决策科学化、治理精准化、服务高效化。加快推进监测数据联网共享，基于统一开放的国家大数据监测平台，建立有效的监测数据汇集机制和国家、省、市三级数据传输机制，实现生态环境监测及相关数据跨地域、跨层级、跨系统、跨部门、跨业务的互联互通与协同共享，提升数据共享、信息交换和业务协同能力。建立监测数据及信息产品共享清单，在安全可控的基础上，鼓励政府、企事业单位、公民和其他组织提供和利用监测数据，积极推动环境监测数据开发技术创新。指导各地按照国家平台架构，整合地方层面监测信息化系统，并与国家平台联网。

完善生态环境监测综合评估。深化生态环境质量分析评价，完善空气、地表水、海洋等环境质量评价技术方法，充分发挥监测数据对环境管理的支撑作用，通过排名、通报等措施传导压力，督促地方落实生态环境保护责任。研究构建生态环境综合评价体系，综合社会经济发展、产业结构比重、污染排放总量、环境要素质量、资源环境容量、生态系统结构与功能、人群健康状况等因素，建立综合表征指数，反映不同层级行政单元的生态环境状况，为深化生态环境质量考核监督打好基础。进一步推进精准监管、智慧监管，探索实施量化评价和质化评价相结合的分级管理制度，在重点区域和生态敏感区域开展试点应用。建立健全辐射环境影响和个人剂量评价方法。

加大生态环境监测信息公开力度。建立统一的生态环境监测信息发布机制，明确由生态环境部门统一发布生态环境质量和其他重大环境信息。进一步拓展监测信息公开的深度和广度，按照“宜公开尽公开”的原则，规范信息发布的内容、流程、权限、渠道，提高信息发布的权威性和公信力。研究地图化、图表化、动态化、多层次表征方式，积极改进视觉呈现和交互效果。建立全媒体发布渠道，全天候服务公众、全方位接受监督，加强生态环境监测科普宣传，保障公众知情权、参与权、监督权。

四、改革创新

（一）完善管理体制

国家层面按照“一总多专、分区布局”模式，优化整合监测资源，逐步健全和理顺“总”（监测总站）与“专”（海洋、辐射专业监测机构、卫星遥感专业技术机构）之间的业务统筹、分工合作与协同发展机制。充分发挥流域（海域）生态环境监测机构作用，利用其专业技术和人员队伍优势，分区承担流域（海域）生态环境监测评价、预警应急、质量控制、网络建设等工作。结合各流域机构实际情况，逐步拓展大气、土壤、生态等方面监测能力，集中优势资源，形成综合性区域监测机构与创新基地，打造带动全国监测业务技术发展的新增长极。发挥地区核与辐射安全监督站作用，提升地区核与辐射安全监督站应急监测和监督监测能力。

地方层面通过协同推进省以下垂直管理改革、综合行政执法改革、地方机构改革，强化省—市—县三级生态环境监测体系，推动出台关于生态环境监测机构编制标准的指导意见，进一步明晰各级监测机构职责定位。修订省级及以下核与辐射监测机构建设标准，建立与核设施、核技术利用安全监管和辐射环境监测任务相适应的省级和市级辐射监测机构。省级监测机构充分发挥组织协调、质量管理与技术指导作用，受省级生态环境主管部门委托，协助管理驻市监测机构业务、人力资源、经费和资产等。驻市监测机构以承担生态环境质量监测为主，同时为当地政府提供生态环境管理需要的监测技术服务。指导地方出台相关政策，因地制宜探索通过业务委托的方式，由驻市监测机构或流域海域监测机构协助承担市级生态环境监测业务，确保改革任务不中断。县（市、区）监测机构以承担污染源监督监测（执法监测）为主，加强与环境执法协同联动，“十四五”期间，必须具备独立对行政区域内排污单位开展污染源监督监测的业务能力，同时按要求做好生态环境质量监测相关工作，过渡期可由驻市监测机构帮扶承担，或向有资质的社会环境监测机构购买服务。鼓励省、市两级立足现有基础，优化整合监测资源，统筹任务需求，形成各有侧重、优势互补、兼具特色的监测布局，全面提高监测效能。鼓励有条件省份建立区域辐射环境监测机构。

（二）优化运行机制

完善业务运行机制。扩大监测服务社会化范围，在全面开放服务性监测市场、有序放开公益性监测和监督监测领域的基础上，进一步加大对社会监测机构的扶持与监管力度，鼓励社会环境监测机构、科研院所、社会团体广泛参与到监测科研、标准制修订、大数据分析等业务领域，充分激发和调动市场活力，丰富监测产品与服务供给。划清央地事权与支出责任，对全国具有基础性、战略性作用的生态环境监测基础设施建设与运行、国家本级（含区域）监测机构基础能力建设等为中央事权，由中央财政全额保障。受益范围较广、信息共享共用的生态环境监测基础设施建设与运行为中央和地方共担事权。受益范围地域性强、主要服务于地方的生态环境监测基础设施建设与运行、地方监测机构基础能力建设等为地方事权，由地方财政全额保障。

理顺协调合作机制。部门层面，建立“统为主、分为辅”的工作机制，生态环境部门统一规划布局、统一制度规范、统一信息发布，其他部门依法依规组织开展相关监测工作。加强部门间协作共享，推动与自然资源部、水利部、农业农村部、科技部等部门分别签订合作协议，建立联席会议制度，定期会商交流，在网络建设、监测实施、数据共享、联合评估等方面加强合作。社会层面，健全多元参与的科技研发机制，与科研机构、高等院校、企业共同开展前沿监测技术研发，鼓励共建共用监测实验室和技术创新基地，加强研发、验证、转化、推广链条式管理，规范监测数据和科研成果应用。国际层面，积极履行国际环境公约，主动参与全球及周边重点区域或国家环境监测合作，与发达国家加强业务合作与技术交流。结合“一带一路”和“南南合作”，实施“走出去”战略，支持发展中国家环境监测先进技术和装备建设，树立中国生态环境监测品牌。

创新激励约束机制。按照“宽严相济、扶管并举”的原则，加强环境监测机构监管，定期组织开展全国监测技术比武、百强监测机构和优质监测实验室创建等活动，建立环境监测机构备案、能力评估、信用评价、红黑名单、从业禁止等制度，推进监测行业自律。

（三）健全法规标准

完善法规规章体系。加快推动生态环境监测条例出台，将改革文件中的相关要求通过法律条文固化，厘清监测与监管、国家与地方、各部门之间、行政资源与社会资源之间的关系，对生态环境监测的法律地位、职能任务、网络建设、质量监管、数据法律效力、信息公开共享等作出界定和规范，确保监测管理依法行政、监测工作依法开展。同时，完善配套制度，出台网络规划与管理办法、污染源监督监测管理办法、监测机构监督管理办法、辐射环境监测管理办法等相关制度文件。

健全标准规范体系。会同有关部门共同建立完善生态环境监测标准规范体系，覆盖生态环境监测全要素、全指标、全过程。抓紧确定标准制修订清单，加快填平补齐空气、水、土壤、固体废物、生态状况监测，以及生态环境遥感监测、应急监测、现场执法监测、质量控制等领域标准规范，加快抗生素等新型污染物和温室气体的监测方法标准研究制定与监测技术体系建设，强化有机类标准样品研发，加快核设施流出物监测、辐射环境自动监测和应急监测相关标准规范制修订工作，确保监测数据合法性和准确性。系统梳理不同部门现行监测标准并开展等效性评估，推动标准规范的整合统一，提高监测数据可比性。建立“宽进严出、动态评估”的标准管理机制，完善标准制修订技术导则，动员包括监测机构、高等院校、科研院所和企业在内的全社会力量参与标准制修订，积极关注和吸纳环境监测新技术新方法，保持标准体系科学适用、适度超前。

（四）强化创新引领

加强监测新技术新方法研究。以土壤和沉积物、固体废物、大气颗粒物等复杂基质中非常规污染物和环境健康、生态系统安全为重点，加强环境样品前处理技术、仪器分析技术和生态调查技术创新，建立自动、高效的环境友好型监测技术与方法体系。加强基于高分辨率质谱的非靶标化合物筛查技术和基于生物毒理学的监测技术研究，支撑特征污染指标和未知化合物识别。加快危险废物特征污染因子监测技术研究，推动构建危险废物监测技术体系。

加强专项调查和研究性监测。在典型区域开展生物多样性、持久性有机污染物、汞、放射性、海洋微塑料和酸化的专项调查监测，为国际履约谈判和全球新兴环境问题治理提供支撑。在雄安新区、长江经济带、粤港澳大湾区等国家重大战略区域，开展针对有毒有害物质、放射性、危险废物、典型大宗工业固体废物和新化学品等问题的研究性监测，筛查并识别区域特征污染物，及时发现和跟踪前沿问题，为环境治理提供支持与指引。

推进环境遥感技术应用。推动构建全天时、全天候、全尺度、全谱段、全要素的卫星遥感观测网络体系，形成高时间分辨率、高空间分辨率、高光谱分辨率、高辐射分辨率、高监测精度的生态环境遥感服务能力，强化遥感技术在全国生态状况、环境质量、污染源监测与评估中的应用，逐步开展全球生态环境遥感监测。

支持监测装备自主研发。推进人工智能、5G 通信、生物科技、纳米科技、超级计算、精密制造等新技术在环境监测领域的应用示范，加快推进生态环境监测技术进步。以环境监测装备的集成化、自动化、智能化为主攻方向，加大空气、水、土壤、应急等监测技术装备研发与应用力度，推动形成一批拥有自主知识产权的高端监测装备，强化生态环境监测核心竞争力。

五、保障措施

（一）加强组织领导

各省级生态环境部门要高度重视，加强对生态环境监测工作的组织领导和统筹规划，围绕规划纲要的总体目标、主要任务和有关部署要求，结合实际研究提出细化落实指标，以“十四五”时期为重点，明确具体任务举措和责任分工，认真组织实施。注重加强与生态环境治理体系建设、生态环境保护规划以及社会经济发展等有关规划的衔接，加大配套政策和投入保障支持力度。生态环境部将对规划纲要落实情况进行跟踪评估和监督检查，确保高质量完成各项目标任务。

（二）夯实人才队伍保障

拓宽人才培养渠道，在全社会范围内，推动建立以岗位需求为导向的环境监测职业教育体系和在职培训体系，加强生态环境监测学科建设，鼓励地方加强监测领域校企、校站合作，试点“产学研”“订单式”等多元化监测人才联合培养模式。打造尖端人才队伍，树立“不求所有、但为所用”的人才使用导向，与国内外知名高校建立生态环境监测科研及联合攻关机制，通过强强联合，催化高端人才培养。面向全社会遴选优秀生态环境监测人才、青年拔尖人才和领军人才，带动队伍素质整体提升。加强思想作风建设，牢固树立“四个意识”，坚定“四个自信”，做到“两个维护”，以党建工作推动业务发展，培育“依法监测、科学监测、诚信监测”的行业文化，营造风清气正的政治生态，打造生态环境保护铁军先锋队。

（三）强化基础能力保障

围绕重点任务谋划建设一批重大工程，带动生态环境监测能力提升，保障规划任务落实。

国家生态环境监测网络能力建设与运行保障工程。实施环境质量监测能力建设专项，以点位增补、指标拓展、功能升级为主要方向，以空气和地表水国控站点调整、长江经济带一体化监测、南海海洋生态环境监测等为重点，加强空气、地表水、海洋、土壤、温室气体、辐射等监测网络能力建设，构建现代国家生态环境监测网络体系。实施生态状况能力建设专项，整合建设国家生态监测站点和样地，补充生态监测仪器设备，建设国家生态保护红线监管平台和生态遥感监测平台。实施网络运行保障专项，保障国家网监测站点正常运行和国家监测任务有序开展。建立国家网仪器设备的建设与更新机制，据实测算、分期更新、规范管理，保证国家网仪器设备的统一可比。

中央本级生态环境监测基础能力建设工程。实施国家生态环境监测综合业务能力建设专项，推进国家生态环境监测计量平台（量值溯源与传递实验室）、国家生态环境监测方法标准研究平台（生态环境监测标准规范验证实验室），以及生态环境监测专用仪器设备适用性检测、生态环境监测新技术研究等实验室建设，提升国家环境监测质控溯源与技术研发能力。实施国家海洋生态环境监测能力建设专项，完善海洋监测实验室基础设施，组建海洋监测（调查）船队，提升海洋自动监测与应急保障能力。实施生态环境综合立体遥感监测专项，加强生态环境立体遥感监测业务体系、技术体系、产品体系、保障体系建设与运行。推动研制发射 11 颗生态环境监测卫星，加强卫星生态环境应用系统建设，新增 120 余套无人机监测系统。采用共享与新建相结合的方式，形成一批遥感地面真实性检验站点。实施国家辐射环境监测能力建设专项，建设国家环境保护辐射监测质量控制重点实验室、辐射监测装备工程技术基地、辐射监测技术标准推广验证平台、国家核与辐射应急监测技术实验室、电磁辐射安全独立校核计算验证实验室、海洋放射性监测实验室和核与辐射应急监测快速响应装备库。

实施流域（海域、区域）生态环境监测能力建设专项，根据流域（海域）监测机构职能定位，加强监测基础能力建设，强化流域水生态环境监测预警和海域生态环境监测业务能力。合理统筹现有监测资源和省、市监测力量，通过业务合作与共建方式，推进区域质量控制中心（平台）、区域空气质量预报中心（平台）、区域土壤样品制备中心（平台）、区域辐射环境监测基地、海区监测中心站（分站）的优化配置，弥补现有监测力量不足和能力短板。根据流域监测机构实际能力，逐步向其整合过渡。探索与上下游相关监测机构合作共建流域监测分站，提升监测业务能力。推进监测技术创新基地建设，按照一专多用、共享共管的模式，重点支持国家生态健康与安全监测评估、环境监测质控技术研究创新基地、长江经济带一体化监测质控和应急平台、新型污染物监测研究平台、监测技术人员实操培训基地、辐射航测校准与训练基地和航测保障基地建设。鼓励与高校、科研院所、企业共建生态环境监测重点实验室，全面提升监测技术研发与应用能力。

地方生态环境监测机构能力提升工程。按照“总体规划、固本强基、分区分级、突出特色”的原则，指导地方积极争取财政支持，依托污染防治和生态补偿等专项资金，加强省、市、县监测机构人员队伍建设和提升仪器装备等基础能力。

财政部关于印发《中央对地方重点生态功能区转移支付办法》的通知

（财预〔2022〕59 号）

各省、自治区、直辖市、计划单列市财政厅（局）：

为深化生态保护补偿制度改革，加强重点生态功能区转移支付分配、使用和管理，我们制定了《中央对地方重点生态功能区转移支付办法》，现予印发。

附件：中央对地方重点生态功能区转移支付办法

财政部

2022 年 4 月 13 日

附件：

中央对地方重点生态功能区转移支付办法

第一条 为深入贯彻习近平生态文明思想，加快生态文明制度体系建设，深化生态保护补偿制度改革，加强重点生态功能区转移支付管理，根据《中华人民共和国预算法》及其实施条例，制定本办法。

第二条 重点生态功能区转移支付列一般性转移支付，用于提高重点生态县域等地区基本公共服务保障能力，引导地方政府加强生态环境保护。

第三条 重点生态功能区转移支付包括重点补助、禁止开发区补助、引导性补助以及考核评价奖惩资金。

第四条 重点生态功能区转移支付不规定具体用途，中央财政分配下达到省、自治区、直辖市、计划单列市以及新疆生产建设兵团（以下统称省）省级财政部门，由相关省根据本地区实际情况统筹安排使用。

第五条 重点生态功能区转移支付支持范围。

（一）重点补助范围。

1. 重点生态县域，包括限制开发的国家重点生态功能区所属县（含县级市、市辖区、旗等，下同）以及新疆生产建设兵团相关团场。

2. 生态功能重要地区，包括未纳入限制开发区的京津冀有关县、海南省有关县、雄安新区和白洋淀周边县。

3. 长江经济带地区，包括长江经济带沿线 11 省。

4. 巩固拓展脱贫攻坚成果同乡村振兴衔接地区，包括国家乡村振兴重点帮扶县及原“三区三州”等深度贫困地区。

（二）禁止开发补助范围。

相关省所辖国家级禁止开发区域。

（三）引导性补助范围。

南水北调工程相关地区（东线水源地、工程沿线部分地区和汉江中下游地区）以及其他生态功能重要的县。

第六条　重点生态功能区转移支付资金按照以下原则进行分配：

（一）公平公正，公开透明。选取客观因素进行公式化分配，转移支付办法和分配结果公开。

（二）分类处理，突出重点。根据生态功能重要性、财力水平等因素对转移支付对象实施差异化补助，体现差别、突出重点。

（三）注重激励，强化约束。健全生态环境监测评价和奖惩机制，激励地方加大生态环境保护力度，提高资金使用效率。

第七条　重点生态功能区转移支付资金选取影响财政收支的客观因素测算。具体计算公式为：

某省转移支付应补助额 = 重点补助 + 禁止开发补助 + 引导性补助 ± 考核评价奖惩资金

测算的转移支付应补助额（不含考核评价奖惩资金）少于该省上一年转移支付预算执行数的，按照上一年转移支付预算执行数安排。

第八条　重点补助测算。

（一）重点生态县域和生态功能重要地区补助按照标准财政收支缺口并考虑补助系数测算。其中，标准财政收支缺口参照均衡性转移支付办法测算，结合中央与地方生态环境领域财政事权和支出责任划分，将各地生态环境保护方面的减收增支情况作为转移支付测算的重要因素；补助系数根据标准财政收支缺口、生态保护红线、产业发展受限对财力的影响情况等因素测算，并向西藏和四省涉藏州县、南水北调中线工程水源地倾斜。

重点生态县域和生态功能重要地区补助参照均衡性转移支付办法设置增幅控制机制。对倾斜支持地区、以前年度补助水平较低的地区，适当放宽增幅控制。

（二）长江经济带补助根据生态保护红线、森林面积、人口等因素测算。

（三）巩固拓展脱贫攻坚成果同乡村振兴衔接地区补助根据脱贫人口数、标准财政支出水平等因素测算，并结合脱贫人口占比、人均转移支付水平进行适当调节。

第九条　禁止开发补助根据各省禁止开发区域的面积和个数等因素测算，根据生态功能重要性适当提高国家自然保护区和国家森林公园权重，并向西藏和四省涉藏州县倾斜。

第十条　引导性补助中，南水北调工程相关地区（东线水源地、工程沿线部分地区和汉江中下游地区）按照相关规定予以补助；其他生态功能重要的县按照标准财政收支缺口并考虑补助系数测算。

第十一条 考核评价奖惩资金根据生态环境质量监测评价情况实施奖惩，对评价结果为明显变好和一般变好的地区予以适当奖励；对评价结果为明显变差和一般变差的地区，适当扣减转移支付资金。

第十二条 财政部于每年 10 月 31 日前，提前向省级财政部门下达下一年度重点生态功能区转移支付预计数。省级财政部门收到财政部提前下达重点生态功能区转移支付预计数 30 日内，提前向下级财政部门下达下一年度重点生态功能区转移支付预计数。

第十三条 省级财政部门应当根据本地实际情况，制定省对下重点生态功能区转移支付办法，规范资金分配，加强资金管理，将各项补助资金落实到位。各省应当加大重点生态功能区转移支付力度。省级财政部门分配重点生态功能区转移支付资金，应重点支持中央财政补助范围内的地区。

第十四条 享受重点生态功能区转移支付的地区应当切实增强生态环境保护意识，将转移支付用于保护生态环境和改善民生，不得用于楼堂馆所及形象工程建设和竞争性领域，同时加强对生态环境质量的考核和资金的绩效管理。

第十五条 财政部各地监管局根据工作职责和财政部要求，对重点生态功能区转移支付资金进行监管。

第十六条 各级财政部门及其工作人员在资金分配、下达和管理工作中存在违反本办法行为，以及其他滥用职权、玩忽职守、徇私舞弊等违法违规行为的，依法追究相应责任。

资金使用部门和个人存在弄虚作假或挤占、挪用、滞留资金等行为的，依照《中华人民共和国预算法》及其实施条例、《财政违法行为处罚处分条例》等国家有关规定追究相应责任。

第十七条 本办法自发布之日起施行。《中央对地方重点生态功能区转移支付办法》（财预〔2019〕94 号）同时废止。

第二部分

水生态环境监测

关于印发“十四五”国家空气、地表水环境质量监测网设置方案的通知

（环办监测〔2020〕3号）

各省、自治区、直辖市生态环境厅（局），新疆生产建设兵团生态环境局：

为贯彻习近平生态文明思想和全国生态环境保护大会精神，落实《生态环境监测网络建设方案》（国办发〔2015〕56号）和《生态环境监测规划纲要（2020—2035年）》（环监测〔2019〕86号）有关要求，全面客观反映全国空气和地表水环境质量状况及变化趋势，科学支撑生态环境保护工作，我部在“十三五”国家空气和地表水环境质量监测网基础上，依据有关标准规范，进一步优化监测点位和断面布局，制定了“十四五”国家空气和地表水环境质量监测网设置方案。现印发给你们，请配合做好相关工作。

生态环境部办公厅

2020年2月14日

附件1

“十四五”国家城市环境空气质量监测网点位设置方案

（不含点位清单）

为科学全面反映国家城市环境空气质量状况和变化趋势，按照“十四五”国家城市环境空气质量监测点位（以下简称国控城市点位）优化调整方案和相关技术要求，综合考虑城市建成区面积、人口数量、功能结构的发展变化，我部组织完成了“十四五”国家城市环境空气质量监测网点位优化调整工作，制定本方案。

一、点位优化调整原则

（一）完整性

国控城市点位覆盖地级及以上城市行政区域，全面客观反映全国城市环境空气质量状况。国控城市点位布设覆盖城市主要功能区。

（二）代表性

国控城市点位布局综合考虑自然地理、气象，以及工业布局、人口分布等特点，在城

市内均衡布设，客观反映整个城市环境空气质量水平和变化规律。

（三）可比性

各城市国控城市点位密度应均衡可比，同一城市点位调整前后污染物浓度应延续可比。

（四）稳定性

“十三五”国控城市点位原则上不作调整，保持稳定；国控城市点位一经确定，原则上“十四五”期间不再调整。

（五）前瞻性

国控城市点位调整结合城市建设规划，兼顾未来城市空间格局变化趋势。

二、点位设置技术要求

（一）现有国控城市点位原则保持稳定；

（二）地级及以上行政区划的建成区实现国控城市点位全覆盖；

（三）国控城市点位在城市建成区内均匀分布，点位数量达到《环境空气质量监测点位布设技术规范（试行）》（HJ 664—2013）基本要求；

（四）京津冀及周边地区加密布设县（市）点位；

（五）对存在确需拆迁、运维严重不便、覆盖面重复等情况的点位进行微调；

（六）对丧失对照功能的清洁对照点，或点位间直线距离小于 1.5 km 的点位予以撤销。

三、主要内容

经优化调整后，国家城市环境空气质量监测网点位数量由 1 436 个增加至 1 734 个。

（一）新增点位

地级及以上城市点位共新增 313 个。其中，地级及以上城市建成区及行政区域内新增国控城市点位 301 个，国家级新区新增国控城市点位 12 个。

京津冀及周边地区加密布设县（市）点位 279 个。由地方按照国家网统一要求开展运维工作，国家组织开展监测质量监督检查，监测数据与中国环境监测总站实时联网。

（二）微调点位

根据点位优化调整原则和技术要求，对原“十三五”国控城市点位中的 87 个点位在 1 km 范围内进行微调。具备并行监测条件的，原点位在 2020 年仍需稳定运行一年。

（三）撤销点位

根据点位优化调整原则和技术要求，对原“十三五”国控城市点位中的 15 个点位予以撤销。

附件 2

“十四五”国家地表水环境质量监测网断面设置方案

（不含点位清单）

为深入贯彻习近平生态文明思想，落实党和国家机构改革要求，科学、全面反映全国地表水环境质量状况及重要江河湖泊水体功能保障情况，构建统一的水生态环境监测体系，有力支撑国家地表水生态环境质量考核排名，切实推动水生态环境改善，我部组织完成了“十四五”国家地表水环境质量监测网优化调整工作，制定本方案。

一、断面（点位）优化调整原则

（一）科学性

充分考虑流域面积、河网密度、径流补给、水文特征等流域自然属性，在“十三五”国家网的基础上，重点增设流域面积大于 1 000 km^2 的三级以下支流，流域面积大于 500 km^2 的跨省、市界河流，以及占地级及以上城市来水年径流量 80% 以上的河流，实现十大流域主要河流全覆盖和地级及以上城市行政区域全覆盖。

（二）代表性

统筹流域与区域，厘清中央与地方监测事权，在“十三五”国家网的基础上，主要围绕国家级自然保护地、重大调水输水水源地、重要水体的源头区、河口区，以及跨省、市界水体等设置断面，在长江经济带（含长三角）、京津冀（含雄安新区）、粤港澳大湾区（含珠三角）等国家重大战略区域适当加密，客观、准确评价流域和区域主要水体水环境质量状况。

（三）延续性

在现有“十三五”国家地表水环境质量评价、考核、排名断面（以下简称“十三五”国考断面）、“十三五”国家地表水趋势科研断面、全国重要江河湖泊水功能区断面、长江经济带断面以及地方现有省控、市控和县控断面基础上进行筛选调整。原则上除常年断流和不满足考核要求的断面外，现有国控断面予以保留，增加断面优先考虑已建设和拟建设水质自动监测站的断面，保证我国水环境监测数据的历史延续性，满足水环境质量时空变化趋势分析需要。

（四）全面性

在全面反映流域水环境质量状况的前提下，整合水功能区监测职能，满足全国重要江河湖泊水功能区水质评价需求，保障水体使用功能。逐步增加水量、水生态监测指标，推动水环境质量监测向“三水”（水资源、水生态、水环境）统筹监测过渡。

二、断面（点位）设置技术要求

（一）河流

1. 基本覆盖全国七大流域（长江流域、黄河流域、淮河流域、海河流域、珠江流域、松花江流域、辽河流域）、三大片区（浙闽片河流、西南诸河、西北诸河）干流及主要支流（流域面积 1 000 km^2 以上），以及跨省和跨市的主要河流（流域面积 500 km^2 以上）；

2. 基本覆盖省界矛盾突出的河流；

3. 针对长江经济带、黄河流域、京津冀地区、粤港澳大湾区等国家重大战略区域，适当加密布设断面；

4. 覆盖新三湖（洱海、丹江口水库、白洋淀）和老三湖（太湖、巢湖、滇池）等的主要入湖、出湖、环湖河流；

5. 覆盖主要入海河流；

6. 覆盖三峡、南水北调等大型水利工程所在水体或对其水质影响较大的重要支流；

7. 覆盖年径流量超过地级及以上城市来水总径流量 80% 的主要河流；

8. 覆盖列入全国重要江河湖泊水功能区划的河流；

9. 覆盖流域面积 1 000 km^2 以上的跨国界河流。

（二）湖库

1. 覆盖水域面积 100 km^2 以上的大型湖泊、库容 10 亿 m^3 以上的大型水库；

2. 覆盖水域面积 10 km^2 以上、库容 1 亿 m^3 以上或矛盾突出的跨省和跨市湖库；

3. 覆盖列入全国重要江河湖泊水功能区划的湖库；

4. 覆盖水域面积 100 km^2 以上的跨国界湖泊。

三、主要内容

经优化调整，“十四五”期间国家地表水环境质量监测网断面（以下简称国控断面）由 2 050 个增加至 3 646 个，基本实现了对全国重要流域干流及主要支流、重要水体省市界、地级及以上城市和全国重要江河湖泊水功能区的全覆盖。其中，河流监测断面 3 292 个，湖库监测点位 354 个。共设置跨界断面 1 267 个，包括国界断面 84 个、省界断面 509 个、市界断面 674 个。

（一）新增断面

新增国控断面 1 642 个。其中，河流监测断面 1 519 个、湖库监测点位 123 个。新增国控断面中，共 975 个断面代表水功能区，国控断面中水功能区代表断面总数达到 2 205 个。

（二）调整断面

调整 71 个“十三五”国考断面位置。其中，32 个断面调整至省界、市界处，有利于进一步厘清水污染防治责任；39 个断面因考虑水功能区设置情况、支流汇入情况、城市污水处理厂新建情况、水利发电工程新建情况等调整位置，调整后更具代表性。

（三）删除断面

保留“十三五”国考断面 2 004 个，删除 46 个。删除断面中，8 个断面因常年断流或受客观因素影响不具备监测条件，2 个断面因河流改道，26 个断面因增设水功能区断面或支流断面后断面设置过密，10 个入海控制断面因所在河流长度过短且水量过小。

关于完善“十四五”国家地表水环境质量监测网断面桩埋设工作的通知

（环办监测函〔2020〕492 号）

各省、自治区、直辖市生态环境厅（局），新疆生产建设兵团生态环境局：

根据《国家地表水环境质量监测网采测分离管理办法》（环办监测〔2019〕2 号），为推进国家地表水环境质量监测断面（点位）设置标准化、规范化，做好国家地表水环境质量监测断面（点位）断面桩埋设工作，现将有关要求通知如下。

一、“十四五”新增和调整断面（点位）应在新位置埋设断面桩（原位置断面桩同步拆除），“十三五”保留断面（点位）应更新断面桩标识牌。断面桩有关信息在中国环境监测总站官网（www.cnemc.cn）下载。断面桩制式要求及示意图详见附件 1 和附件 2。

二、断面桩一般应埋设在水体易到达一侧的醒目位置。湖库点位断面桩应埋设在岸边水质自动站处，无水质自动站的，应埋设在采样船出发点附近易到达的位置。

三、埋设工作完成后，应及时在“国家水质手工监测业务应用系统数据库”填报断面桩八方位图、经纬度等信息，并将工作完成情况报送生态环境监测司。

请高度重视，加强组织领导，2020 年 10 月 15 日前完成行政区域内国家地表水环境质量监测断面（点位）断面桩埋设工作。为保证工作顺利实施，请确定一名联络员，2020 年 9 月 23 日前将联络员姓名、职务、联系方式发送至联系人邮箱。

附件：1. 国家地表水环境质量监测网断面桩制式要求（2020 年版）

2. 国家地表水环境质量监测网断面桩示意图（2020 年版）

生态环境部办公厅

2020 年 9 月 18 日

附件 1

国家地表水环境质量监测网断面桩制式要求（2020 年版）

项目	细项	参数要求
桩体	材质	花岗岩
	桩体尺寸	长度 200 mm，宽度 200 mm，高度不小于 1 500 mm
	地上桩体高度	不小于 800 mm
	地下桩体高度	500 mm
	桩体圆角	R=20 mm
	桩体倒角	10 mm × 10 mm
	底座尺寸	长度不小于 800 mm，宽度不小于 800 mm，高度不小于 200 mm
	底座圆角	R=20 mm
	底座倒角	10 mm × 10 mm
标识	正面	生态环境部徽标、信息标识牌、断面名称
	背面	生态环境部徽标、二维码标识牌、断面名称
	左面	“国家财产　不得损坏”、黑体、170 pt、红色喷涂
	右面	设置时间、黑体、80 pt、红色喷涂
	顶面	二维码标识牌
	徽标	直径 100 mm、绿色及白色喷涂
	断面名称	黑体、红色、字体大小根据字数适当缩放（超过 6 个字推荐字体大小为 120 pt）
标识牌	材质	304#（或更高标准级别）不锈钢、厚度 2 mm 以上
	表面处理	亚光拉丝工艺
	外形尺寸	正方形、140 mm × 140 mm
	信息标识牌	内容自上而下分别为二维码（30 mm × 30 mm）、“国家地表水环境监测”（黑体，24 pt）、断面基本信息表（宋体，14 pt）
	二维码标识牌	内容自上而下分别为“国家地表水环境监测”（黑体，24 pt）、二维码（80 mm × 80 mm）
	工艺	采用激光雕刻技术、黑色喷涂
	安装方式	四角预留直径 4 mm 孔位，通过结构胶居中粘贴，并在四角加装长度为 15 mm 的不锈钢螺丝加固

注：黑色（R=0，G=0，B=0）、白色（R=255，G=255，B=255）、红色（R=255，G=0，B=0）、绿色（R=0，G=154，B=68）。

附件 2　国家地表水环境质量监测网断面桩示意图（2020 年版）（略）

关于印发《“十四五”国家地表水监测及评价方案（试行）》的通知

（环办监测函〔2020〕714 号）

各省、自治区、直辖市生态环境厅（局），新疆生产建设兵团生态环境局，中国环境监测总站：

为进一步优化监测资源配置，充分发挥水质自动监测站实时、连续监测优势，完善“十四五”国家地表水监测评价体系，客观反映全国地表水环境质量状况和水污染防治成效，我部组织制定了《“十四五”国家地表水监测及评价方案（试行）》。现印发给你们，请做好相关工作。

生态环境部办公厅

2020 年 12 月 22 日

“十四五”国家地表水监测及评价方案（试行）

一、监测范围

按照《“十四五”国家地表水环境质量监测网断面设置方案》（环办监测〔2020〕3 号），开展水环境质量监测。

二、监测指标

监测指标为“9+*X*”，其中：

“9”为基本指标：水温、pH、溶解氧、电导率、浊度、高锰酸盐指数、氨氮、总磷、总氮（湖库增测叶绿素 a、透明度等指标）。

“*X*”为特征指标：《地表水环境质量标准》（GB 3838—2002）表 1 基本项目中，除 9 项基本指标外，上一年及当年出现过的超过Ⅲ类标准限值的指标；若断面考核目标为Ⅰ或Ⅱ类，则为超过Ⅰ或Ⅱ类标准限值的指标。特征指标结合水污染防治工作需求动态调整。

三、监测频次

9 项基本指标：建有水质自动监测站的断面，开展实时、自动监测；未建水质自动监测站的断面，按照采测分离方式开展人工监测（湖库增测叶绿素 a、透明度等指标），监测频次根据实际情况确定。

“X”特征指标：按照采测分离方式开展人工监测，监测频次根据实际情况确定。

每年组织对所有国控断面开展《地表水环境质量标准》（GB 3838—2002）表 1 全指标监测，监测频次根据实际情况确定，用于掌握和筛选国控断面特征指标，对全国地表水监测结果进行校验和总体评价。

四、评价方式

按照《地表水环境质量评价办法（试行）》（环办〔2011〕22 号）、《地表水环境质量监测数据统计技术规定（试行）》（环办监测函〔2020〕82 号）开展水质评价，评价指标为“5+X”，即 pH、溶解氧、高锰酸盐指数、氨氮、总磷 5 项基本指标及该断面的“X”特征指标。

水温、电导率、浊度因无相应标准限值，不参与水质评价，但作为参考指标用于判断水质是否受泥沙、盐度及对溶解氧影响情况等开展监测；总氮参与湖库营养状态评价。

五、质量保证和质量控制

国家地表水采测分离监测按照《地表水和污水监测技术规范》（HJ/T 91—2002）、《环境水质监测质量保证手册》（第二版）、《国家地表水环境质量监测网采测分离管理办法》（环办监测〔2019〕2 号）和《国家地表水环境质量监测网监测任务作业指导书（试行）》（环办监测函〔2017〕249 号）要求，开展质量保证和质量控制工作。

水质自动监测按《地表水自动监测技术规范（试行）》（HJ 915—2017）、《国家地表水水质自动监测站运行管理办法》（环办监测〔2019〕2 号）等要求，开展质量保证和质量控制工作。

六、实施时间

本方案自 2021 年 1 月 1 日起实施。

长江流域水生态监测方案（试行）

（环办监测函〔2022〕169 号）

为贯彻落实习近平生态文明思想，推进“长江大保护”，按照科学先进、客观准确、国际接轨的原则，对长江干流、主要支流、重点湖泊和水库开展水生态监测，客观评价长江流域水生态状况，支撑长江流域水生态考核，制定本方案。

一、主要依据

（一）《中华人民共和国长江保护法》

（二）《中共中央　国务院关于深入打好污染防治攻坚战的意见》

（三）《中共中央办公厅　国务院办公厅印发〈关于建立以国家公园为主体的自然保护地体系的指导意见〉的通知》

（四）《中共中央办公厅　国务院办公厅印发〈关于进一步加强生物多样性保护的意见〉的通知》

（五）《国务院关于印发水污染防治行动计划的通知》（国发〔2015〕17 号）

（六）《国务院办公厅关于印发生态环境监测网络建设方案的通知》（国办发〔2015〕56 号）

（七）《国务院办公厅关于加强长江水生生物保护工作的意见》（国办发〔2018〕95 号）

（八）长江流域水生态考核办法（经推动长江经济带发展领导小组全体会议审议并原则通过）

（九）《关于印发〈长江经济带生态环境保护规划〉的通知》（环规财〔2017〕88 号）

（十）《关于印发〈2022 年国家生态环境监测方案〉的通知》（环办监测函〔2022〕58 号）

（十一）《关于印发〈“十四五”生态环境监测规划〉的通知》（环监测〔2021〕117 号）

（十二）《关于印发〈生态环境监测规划纲要（2020—2035 年）〉的通知》（环监测〔2019〕86 号）

（十三）《关于印发〈自然保护地生态环境监管工作暂行办法〉的通知》（环生态〔2020〕72 号）

二、适用范围

本方案适用于长江流域 17 个省级行政区域，包括青海省、四川省、西藏自治区、云南省、重庆市、湖北省、湖南省、江西省、安徽省、江苏省、上海市、甘肃省、陕西省、河南省、贵州省、广西壮族自治区和浙江省。

三、监测指标

监测指标包括水生生物、水生境、水环境和水资源四大类，根据实际情况和管理需要可进行适当调整。

（一）水生生物

河流：鱼类、重点保护水生生物和大型底栖无脊椎动物。

湖泊：鱼类、重点保护水生生物、大型底栖无脊椎动物、浮游动物、水生植被和水华。

水库：鱼类、重点保护水生生物和水华。

表1　水生生物监测指标

序号	监测指标	监测内容	适用水体类型
1	鱼类	种类、数量	河流、湖泊、水库
2	重点保护水生生物	种类、数量	有重点保护水生生物分布的水体
3	大型底栖无脊椎动物	种类、密度	河流、浅水湖泊
4	浮游动物	种类、密度	湖泊
5	水生植被	水生植被面积、水体面积	中下游浅水湖泊、上游部分高原浅水湖泊
6	水华	水华面积、水体面积	湖泊、水库

（二）水生境

河流：自然岸线、水体连通性、水源涵养区和水生生物栖息地。

湖泊：自然岸线、水源涵养区和水生生物栖息地。

水库：水源涵养区和水生生物栖息地。

表2　水生境监测指标

序号	监测指标	监测内容	适用水体类型
1	自然岸线	类型、长度	河流、湖泊
2	水体连通性	水利工程数量	河流
3	水源涵养区	植被覆盖度、叶面积指数、总初级生产力	水源涵养区所在水体
4	水生生物栖息地	人类活动类型、面积	涉水自然保护地所在水体

（三）水环境

河流：高锰酸盐指数、氨氮和总磷，出入湖河流和沿海城市河流增测总氮。

湖泊和水库：高锰酸盐指数、总磷、总氮、透明度和叶绿素 a。

（四）水资源

河流：流量。

湖泊：水位。

其中，水生生物指标中鱼类、重点保护水生生物和水生境指标中水体连通性、水资源指标，分别由农业农村部和水利部按长江流域水生态考核办法确定的职责分工开展监测。

四、监测点位和范围

依据长江流域水生态考核办法确定的考核水体（见附件 1），按照科学性、代表性、延续性、差异性和可达性的工作原则，设置监测点位与范围。

（一）监测点位

水生生物指标中大型底栖无脊椎动物和浮游动物共设置监测点位 331 个：其中，长江干流及雅砻江、嘉陵江、沱江、岷江、汉江、沅江、湘江和赣江等主要支流设置 239 个监测点位；滇池、太湖、巢湖、洞庭湖和鄱阳湖等重点湖泊设置 92 个监测点位。

水环境指标共设置监测点位 323 个：其中，长江干流及雅砻江、嘉陵江、沱江、岷江、汉江、沅江、湘江和赣江等主要支流设置 232 个监测点位（建有水站 155 个）；滇池、太湖、巢湖、洞庭湖和鄱阳湖等重点湖泊设置 70 个监测点位（建有水站 39 个）；三峡水库和丹江口水库设置 21 个监测点位（建有水站 13 个）。

（二）监测范围

水生生物指标中水生植被监测范围为太湖、巢湖和滇池等 9 个考核水体（湖泊）；水华监测范围为太湖、巢湖、滇池、丹江口水库和三峡水库等 13 个考核水体（湖泊、水库），其中三峡水库监测范围根据地方提供的三峡水库历史水华发生频次较高的主要次级河流回水区范围确定。

水生境指标中自然岸线监测范围为 46 个考核水体（河流、湖泊）岸线全线；水源涵养区监测范围为 50 个考核水体（河流、湖泊、水库）的水源涵养区全域；水生生物栖息地监测范围为 185 个涉水自然保护地。

具体点位和范围见附件 2～5，根据实际情况和管理需要可进行适当调整。

表 3　监测点位和范围统计表

序号	监测指标	点位 / 范围数量
1	大型底栖无脊椎动物	331 个
2	浮游动物	92 个
3	水质	323 个
4	水生植被	9 个考核水体（湖泊）

续表

序号	监测指标	点位 / 范围数量
5	水华	13 个考核水体（湖泊、水库）
6	自然岸线	46 个考核水体（河流、湖泊）
7	水源涵养区	50 个考核水体的水源涵养区
8	水生生物栖息地	185 个涉水自然保护地

五、监测分析方法

监测分析方法依据生态环境部、中国环境监测总站和生态环境部卫星环境应用中心发布的相关标准规范和技术规定等，根据实际情况可进行调整更新。

表 4　监测分析方法表

序号	类型	监测指标	名称	文号 / 编号	发文 / 制定单位
1	水生生物	大型底栖无脊椎动物	《水生态监测技术要求　淡水大型底栖无脊椎动物（试行）》	总站水字〔2021〕629 号	中国环境监测总站
2		浮游动物	《水生态监测技术要求　淡水浮游动物（试行）》	总站水字〔2022〕47 号	中国环境监测总站
3		水生植被	《湖库水生植被遥感提取与野外核查技术规定（试行）》	卫星环字〔2022〕6 号	生态环境部卫星环境应用中心
4		水华	《水华遥感与地面监测评价技术规范（试行）》	HJ 1098—2020	生态环境部
5	水生境	自然岸线	《河湖岸线遥感提取与分类技术规定（试行）》	卫星环字〔2022〕6 号	生态环境部卫星环境应用中心
6		水源涵养区	《全国生态状况调查评估技术规范—生态系统质量评估》	HJ 1172—2021	生态环境部
7		水生生物栖息地	《自然保护地人类活动遥感监测技术规范》	HJ 1156—2021	生态环境部
8			《自然保护区人类活动遥感监测技术指南（试行）》	环办〔2014〕12 号	原环境保护部
9	水环境	水质	《国家地表水环境质量监测网监测任务作业指导书（试行）》	环办监测函〔2017〕249 号	原环境保护部

六、监测时间和频次

（一）水生生物

大型底栖无脊椎动物和浮游动物：监测频次为一年 2 次，时间一般为 4—5 月和 9—10 月，可结合实际情况进行调整。

水生植被：监测频次为一年 1 次，时间一般为 6—8 月，可结合实际情况进行调整。

水华：太湖和巢湖全年监测，利用 MODIS 数据（250 米），监测频次为每日 1 次；其他湖库 3—10 月监测，利用 16 米国产卫星数据，接收频次为每周 1 次（数据不足时可选择相近分辨率的卫星数据）。

（二）水生境

自然岸线和水生生物栖息地：监测频次为一年 1 次，时间一般为 3—6 月，可结合实际情况进行调整。

水源涵养区：监测频次为一年 1 次，时间一般为 6—8 月植被生长季，可结合实际情况进行调整。

（三）水环境

按照生态环境部每年印发的年度国家生态环境监测方案执行。

七、质量保证和质量控制

加强全程序的质量保证与质量控制，监测单位对监测全过程进行质控并对监测结果负责，严格按照统一规定的监测分析方法开展监测，确保监测数据准确、可比；生态环境监测司会同中国环境监测总站和卫星环境应用中心等单位组建质量检查专家组，对监测单位开展质量检查。

大型底栖无脊椎动物和浮游动物的监测，执行集中采样和统一分析，做到全过程可控、可追溯，实验室鉴定选取 10% 的实际样品进行一致性比对，同时保存全部样品以备检。

水华、水生植被、自然岸线和水生生物栖息地等遥感指标的监测，对遥感影像的数据获取、影像处理、解译和反演等各环节进行质控，并对监测结果进行 100% 自检；同时通过野外核查或利用无人机等更高分辨率影像对遥感监测结果进行精度验证，核查点应具有空间代表性和类型代表性，保存全部影像资料和关键参数设置以备检。

水质监测指标严格执行国家地表水环境质量监测网质量保证和质量控制要求，全面加强“人、机、料、法、环、测”质量体系管理，执行数据生产的三级审核制度。坚持内控为主、外控为辅，健全覆盖采测分离手工监测样品采集、现场监测、保存运输、实验分析的质控措施，全程序空白和外部平行设置比例达 15% 以上；持续加强国控水站运行维护内部质量控制，盲样考核和实验室比对等外部质控比例不低于 10%。

八、数据报送

大型底栖无脊椎动物和浮游动物监测数据应于次年 1 月底前，水华、水生植被、水生境中自然岸线、水生生物栖息地和水源涵养区监测数据应于当年 12 月底前，水环境监测数据应于监测次月的月底前，完成数据分析、整理和有效性审核，并将审核后的监测数据、质量保证和质量控制数据按格式报送至中国环境监测总站“全国环境监测数据平台系统”，填报格式按照相关监测技术规范要求执行。监测数据汇入生态环境信息资源中心，并与有关单位和省（市）共享。

九、组织保障

长江流域水生态监测工作由生态环境部统一组织，中国环境监测总站负责建立水生态监测外部质控体系，开展外部质量保证和质量控制管理，具体负责水环境指标监测。生态环境部卫星环境应用中心负责水生植被、水华、自然岸线和水源涵养区监测，协助开展水生生物栖息地监测，联系水利部做好水体连通性监测数据汇总工作，并报送中国环境监测总站。生态环境部南京环境科学研究所负责水生生物栖息地监测，协助开展自然岸线和水源涵养区监测。生态环境部长江流域生态环境监督管理局（以下简称长江流域局）负责统筹做好长江流域（管理范围内，不包括太湖流域）水生态考核试点有关监测工作组织实施，组织开展与相关部委有关流域派出机构协调工作，联系农业农村部做好鱼类和重点保护水生生物监测数据汇总工作，并报送中国环境监测总站；长江流域局生态环境监测与科学研究中心具体负责长江流域（管理范围内）大型底栖无脊椎动物和浮游动物等水生生物指标监测，协助开展水华和水生植被监测。生态环境部太湖流域东海海域生态环境监督管理局（以下简称太湖流域局）负责统筹做好太湖流域水生态考核试点有关监测工作组织实施，组织开展与相关部委有关流域派出机构协调工作；太湖流域局生态环境监测与科学研究中心具体负责太湖流域大型底栖无脊椎动物和浮游动物等水生生物指标监测，协助开展水华和水生植被监测。中国环境科学研究院协助开展大型底栖无脊椎动物和水源涵养区监测，联系水利部做好水资源指标监测数据汇总工作，并报送中国环境监测总站。生态环境部环境规划院协助开展水源涵养区监测，配合联系水利部做好水体连通性和水资源等指标监测数据收集工作。

长江流域各省级、市级生态环境部门发挥属地优势，配合做好水生态监测的协调保障工作，派员协助参加跨区域监测工作，并为派出人员提供工作保障。

附件：1. 长江流域考核水体清单（略）
　　　2. 长江流域水生生物监测点位清单（略）
　　　3. 长江流域水质监测点位清单（略）
　　　4. 长江流域考核水体（河段）监测起始点位清单（略）
　　　5. 长江流域水生生物栖息地监测清单（略）

关于印发《全国集中式生活饮用水水源地水质监测实施方案》的函

（环办函〔2012〕1266 号）

各省、自治区、直辖市环境保护厅（局），新疆生产建设兵团环境保护局，解放军环境保护局：

为全面、客观、准确反映我国集中式生活饮用水水源地水质状况及变化趋势，加强饮用水源保护，推动全面解决事关人民群众身体健康的饮用水安全问题，落实《国家环境保护“十二五”规划》和《国务院关于加强环境保护重点工作的意见》（国发〔2011〕35 号），我部组织制定了《全国集中式生活饮用水水源地水质监测实施方案》。现印发给你们，请遵照执行。

环境保护部办公厅

2012 年 11 月 5 日

全国集中式生活饮用水水源地水质监测实施方案

为深入贯彻落实科学发展观，加强饮用水水源地水质监测与监管，切实履行职责，推动全面解决事关人民群众身体健康的饮用水安全问题，落实《国家环境保护“十二五”规划》和《国务院关于加强环境保护重点工作的意见》（国发〔2011〕35 号），制定本方案。

一、总体目标

全面、客观、准确地掌握我国集中式生活饮用水水源地取水量、水质状况及变化趋势，为饮用水水源地保护及时提供技术支撑，保障饮用水安全。

二、监测范围

全国 31 个省（区、市）行政区域内 338 个地级以上城市、2 862 个县级行政单位所在城镇的所有在用集中式生活饮用水水源地及乡镇集中式生活饮用水水源地。

集中式生活饮用水水源地水质监测工作由各省（区、市）环境保护主管部门负责组织开展。

三、监测实施安排

（一）2012 年 12 月，对全国 338 个地级以上城市（约 861 个集中式饮用水水源地）所有在用集中式地表水饮用水水源地，按《地表水环境质量标准》（GB 3838—2002）表 1 的基本项目（23 项，化学需氧量除外）、表 2 的补充项目（5 项）和表 3 的优选特定项目（33 项，监测项目及推荐方法详见附表 1），共 61 项，进行 1 次试监测，并向中国环境监测总站（以下简称监测总站）报送数据。

（二）自 2013 年 1 月起，对全国地级以上城市（338 个地级以上城市约 861 个集中式生活饮用水水源地）、县级行政单位所在城镇的所有在用集中式生活饮用水水源地开展监测，并向监测总站报送数据。

县级行政单位所在城镇集中式生活饮用水水源地监测任务原则上由所在县级环境监测站承担，所在县级环境监测站不具备能力的监测指标，由所属地市级监测站承担或由所在县委托其他具有资质的环境监测站完成。

（三）已开展集中式饮用水水源地水质监测的地级以上城市、县级行政单位所在城镇，若监测频次多于本方案的，可按本地区要求进行，但监测项目应与本方案一致。鼓励有条件的地区提前开展监测，并向监测总站报送数据。

（四）地级以上城市、县级行政单位所在城镇备用水源以及乡镇集中式生活饮用水水源地水质监测方式、时间、频次等由各省环境保护主管部门自行确定，监测项目可参照本方案进行。

四、监测时间与频次要求

（一）地级以上城市

地级以上城市集中式生活饮用水水源地（包括地表水和地下水水源地）每月上旬采样监测 1 次，由所在地级以上城市环境监测站承担。如遇异常情况，则须加密监测。

（二）县级行政单位所在城镇

县级行政单位所在城镇的集中式地表水饮用水水源地每季度采样监测 1 次，地下水饮用水水源地每半年采样监测 1 次。如遇异常情况，则须加密监测。

（三）水质全分析

地级以上城市集中式生活饮用水水源地每年 6—7 月进行 1 次水质全分析监测；县级行政单位所在城镇集中式生活饮用水水源地每 2 年开展 1 次水质全分析监测。

对于不具备全分析能力的地区，可委托具备全分析能力并取得计量认证和上岗证的其他环境监测站，或委托所属省级环境监测站完成全分析工作。在地方环保主管部门许可条件下，可适当发挥相关检测机构的作用。

五、监测点位

（一）河流：在水厂取水口上游 100 米附近处设置监测断面；水厂在同一河流有多个

取水口，可在最上游 100 米处设置监测断面。

（二）湖、库：原则上按常规监测点位采样，在每个水源地取水口周边 100 米处设置 1 个监测点位进行采样。

（三）地下水：具备采样条件的，在抽水井采样。如不具备采样条件，在自来水厂的汇水区（加氯前）采样。

（四）河流及湖、库采样深度：水面下 0.5 米处。

六、监测项目

（一）地表水饮用水水源地

1. 每月（县级行政单位所在城镇为每季）监测项目：《地表水环境质量标准》（GB 3838—2002）表 1 的基本项目（23 项，化学需氧量除外）、表 2 的补充项目（5 项）和表 3 的优选特定项目（33 项，监测项目及推荐方法详见附表 1），共 61 项（特定项目优选过程详见附 4：《地表水集中式生活饮用水水源地特定项目监测指标优选方案》），并统计取水量。各地可根据当地污染实际情况，适当增加区域特征污染物。

2. 全分析项目：《地表水环境质量标准》（GB 3838—2002）中的 109 项。

（二）地下水饮用水水源地

1. 每月（县级行政单位所在城镇为每半年）监测项目：《地下水质量标准》（GB/T 14848—1993）中 23 项（见环函〔2005〕47 号），并统计取水量。各地可根据当地污染实际情况，适当增加区域特征污染物。

2. 全分析项目：《地下水质量标准》（GB/T 14848—1993）中的 39 项。

我部将对地表水集中式生活饮用水水源地水质监测特定项目实施动态调整机制，计划每 5 年规划期间优化调整 1 次。根据历年全分析结果，凡 5 年内有检出的有毒有害物质和存在潜在污染风险的指标，应作为特征污染物每月（每季或半年）开展监测。如连续 5 年未检出的指标，可不作为例行监测指标。

七、监测分析方法

优先选用国家或行业标准分析方法，或采用 EPA、ISO 分析方法，但应经过验证合格，其检出限、准确度和精密度应能达到质控要求。

地表水每月（每季）监测的 33 项优选特定项目可按附表 1 中方法进行。地下水可按《生活饮用水标准检验方法》（GB 5750）进行。

八、评价标准及方法

地表水水源地水质评价按《地表水环境质量标准》（GB 3838—2002）Ⅲ类标准或对应的标准限值进行，评价方法按《地表水环境质量评价方法（试行）》（环办〔2011〕22 号）进行。

地下水水源地水质评价执行《地下水质量标准》（GB/T 14848—93）Ⅲ类标准。水质评价以Ⅲ类标准限值为依据，采用单因子评价法。

九、质量保证和质量控制

监测数据实行三级审核制度，监测任务承担单位对监测结果负责。省级环境监测站负责对行政区域内任务承担单位进行质量监督与考核，对任务承担单位报送的监测结果进行审核，并对最后上报监测总站的数据质量负责。

质量保证和质量控制按照《地表水和污水监测技术规范》（HJ/T 91—2002）及《环境水质监测质量保证手册（第二版）》有关要求执行。

十、监测数据报送方式及格式

（一）地级以上城市

各地级以上城市环境监测站每月向省（区、市）环境监测中心（站）报送当月饮用水水源地监测数据，各省（区、市）环境监测中心（站）审核后，于当月25日前通过“饮用水水源地月报填报传输系统”软件将数据报送监测总站。

（二）县级行政单位所在城镇

各地级以上城市环境监测站负责汇总行政区域内所有县级行政单位所在城镇、乡镇的集中式生活饮用水水源地水质监测结果，并于4、7、10月15日及次年1月15日前向省（区、市）环境监测中心（站）报送上一季度地表水饮用水水源地水质监测数据，于7月15日及次年1月15日前向省（区、市）环境监测中心（站）报送上一半年地下水饮用水水源地水质监测数据。各省（区、市）环境监测中心（站）审核后，于4、7、10月25日及次年1月25日前通过“饮用水水源地月报填报传输系统”软件将数据报送监测总站。

（三）全分析监测数据

经各省（区、市）环境监测中心（站）审核后，于每年10月15日前通过“饮用水水源地月报填报传输系统”软件报送到监测总站。监测总站负责编写全国县级以上城市集中式生活饮用水水源地水质监测月报、年报。

（四）报送格式

报送监测数据时，若监测值低于检测限，在检测限后加“L”，表1的基本项目检测限应该满足地表水Ⅰ类标准值的1/4；表2和表3项目检测限须满足标准值的1/4；未监测项目填写“-1”，若水源地未统计取水量填写“0”；超标项目由相关环境监测站组织核查，并向监测总站报送超标原因分析。

（五）监测结果发布

鉴于本方案实施过程中，地方环保部门要开展监测能力建设、技术人员培训等一系列工作，需经历一个能力水平提高和业务熟练过程。因此，现阶段全国集中式生活饮用水水源地水质监测数据在环保系统内部报送，待条件成熟后再研究数据公开事宜。

各地区可根据实际情况，自行确定集中式生活饮用水水源地水质监测数据公开事宜。

十一、保障措施

为保证集中式生活饮用水水源地水质监测工作的顺利实施，各级环保主管部门要加强组织领导，确保任务落实。要多渠道筹措资金，积极争取地方政府支持，切实加强各级环境监测部门饮用水水质监测能力建设，强化环境监测基础能力，推进监测站标准化建设。进一步加大监测技术人员培训力度，加大监测运行经费补助，保障实施集中式生活饮用水水源地水质监测工作所必需的人员、设备和资金等条件。

附表 1：集中式生活饮用水水源地特定项目及分析方法（略）

附表 2：集中式地表水饮用水水源地常规监测数据报送表（略）

附表 3：集中式地下水饮用水水源地常规监测数据报送表（略）

附 4：地表水集中式生活饮用水水源地特定项目监测指标优选方案（略）

附表 5：全国 338 个地级以上城市集中式生活饮用水水源地基础信息汇总（略）

关于印发《地表水环境质量评价办法（试行）》的通知

（环办〔2011〕22号）

各省、自治区、直辖市环境保护厅（局），新疆生产建设兵团环境保护局，解放军环境保护局，各派出机构、直属单位：

为客观反映全国地表水环境质量状况及其变化趋势，规范全国地表水环境质量评价工作，依据《地表水环境质量标准》（GB 3838—2002）和有关技术规范，我部制定了《地表水环境质量评价办法（试行）》。现印发给你们，请遵照执行。

本办法主要用于评价全国地表水环境质量状况，地表水环境功能区达标评价按功能区划分的有关要求进行。

环境保护部办公厅

二〇一一年三月九日

地表水环境质量评价办法（试行）

为客观反映地表水环境质量状况及其变化趋势，依据《地表水环境质量标准》（GB 3838—2002）和有关技术规范，制定本办法。本办法主要用于评价全国地表水环境质量状况，地表水环境功能区达标评价按功能区划分的有关要求进行。

一、基本规定

（一）评价指标

1. 水质评价指标

地表水水质评价指标为：《地表水环境质量标准》（GB 3838—2002）表1中除水温、总氮、粪大肠菌群以外的21项指标。水温、总氮、粪大肠菌群作为参考指标单独评价（河流总氮除外）。

2. 营养状态评价指标

湖泊、水库营养状态评价指标为：叶绿素a（chla）、总磷（TP）、总氮（TN）、透明度（SD）和高锰酸盐指数（COD_{Mn}）共5项。

（二）数据统计

1. 周、旬、月评价

可采用一次监测数据评价；有多次监测数据时，应采用多次监测结果的算术平均值进行评价。

2. 季度评价

一般应采用2次以上（含2次）监测数据的算术平均值进行评价。

3. 年度评价

国控断面（点位）每月监测一次，全国地表水环境质量年度评价，以每年12次监测数据的算术平均值进行评价，对于少数因冰封期等原因无法监测的断面（点位），一般应保证每年至少有8次以上（含8次）的监测数据参与评价。全国地表水不按水期进行评价。

二、评价方法

（一）河流水质评价方法

1. 断面水质评价

河流断面水质类别评价采用单因子评价法，即根据评价时段内该断面参评的指标中类别最高的一项来确定。描述断面的水质类别时，使用“符合”或“劣于”等词语。断面水质类别与水质定性评价分级的对应关系见表1。

表1　断面水质定性评价

水质类别	水质状况	表征颜色	水质功能类别
Ⅰ～Ⅱ类水质	优	蓝色	饮用水水源地一级保护区、珍稀水生生物栖息地、鱼虾类产卵场、仔稚幼鱼的索饵场等
Ⅲ类水质	良好	绿色	饮用水水源地二级保护区、鱼虾类越冬场、洄游通道、水产养殖区、游泳区
Ⅳ类水质	轻度污染	黄色	一般工业用水和人体非直接接触的娱乐用水
Ⅴ类水质	中度污染	橙色	农业用水及一般景观用水
劣Ⅴ类水质	重度污染	红色	除调节局部气候外，使用功能较差

2. 河流、流域（水系）水质评价

河流、流域（水系）水质评价：当河流、流域（水系）的断面总数少于5个时，计算河流、流域（水系）所有断面各评价指标浓度算术平均值，然后按照“1. 断面水质评价”方法评价，并按表1指出每个断面的水质类别和水质状况。

当河流、流域（水系）的断面总数在5个（含5个）以上时，采用断面水质类别比例法，即根据评价河流、流域（水系）中各水质类别的断面数占河流、流域（水系）所有评价断面总数的百分比来评价其水质状况。河流、流域（水系）的断面总数在5个（含5个）以上时不作平均水质类别的评价。

河流、流域（水系）水质类别比例与水质定性评价分级的对应关系见表2。

表 2　河流、流域（水系）水质定性评价分级

水质类别比例	水质状况	表征颜色
Ⅰ～Ⅲ类水质比例≥90%	优	蓝色
75%≤Ⅰ～Ⅲ类水质比例＜90%	良好	绿色
Ⅰ～Ⅲ类水质比例＜75%，且劣Ⅴ类比例＜20%	轻度污染	黄色
Ⅰ～Ⅲ类水质比例＜75%，且 20%≤劣Ⅴ类比例＜40%	中度污染	橙色
Ⅰ～Ⅲ类水质比例＜60%，且劣Ⅴ类比例≥40%	重度污染	红色

3. 主要污染指标的确定

（1）断面主要污染指标的确定方法

评价时段内，断面水质为“优”或“良好”时，不评价主要污染指标。

断面水质超过Ⅲ类标准时，先按照不同指标对应水质类别的优劣，选择水质类别最差的前三项指标作为主要污染指标。当不同指标对应的水质类别相同时计算超标倍数，将超标指标按其超标倍数大小排列，取超标倍数最大的前三项为主要污染指标。当氰化物或铅、铬等重金属超标时，优先作为主要污染指标。

确定了主要污染指标的同时，应在指标后标注该指标浓度超过Ⅲ类水质标准的倍数，即超标倍数，如高锰酸盐指数（1.2）。对于水温、pH 值和溶解氧等项目不计算超标倍数。

$$超标倍数=\frac{某指标的浓度值-该指标的III类水质标准}{该指标的III类水质标准}$$

（2）河流、流域（水系）主要污染指标的确定方法

将水质超过Ⅲ类标准的指标按其断面超标率大小排列，一般取断面超标率最大的前三项为主要污染指标。对于断面数少于 5 个的河流、流域（水系），按“（1）断面主要污染指标的确定方法”确定每个断面的主要污染指标。

$$断面超标率=\frac{某评价指标超过III类标准的断面（点位）个数}{断面（点位）总数}\times 100\%$$

（二）湖泊、水库评价方法

1. 水质评价

（1）湖泊、水库单个点位的水质评价，按照“（一）1. 断面水质评价”方法进行。

（2）当一个湖泊、水库有多个监测点位时，计算湖泊、水库多个点位各评价指标浓度算术平均值，然后按照“（一）1. 断面水质评价”方法评价。

（3）湖泊、水库多次监测结果的水质评价，先按时间序列计算湖泊、水库各个点位各个评价指标浓度的算术平均值，再按空间序列计算湖泊、水库所有点位各个评价指标浓度的算术平均值，然后按照“（一）1. 断面水质评价”方法评价。

（4）对于大型湖泊、水库，亦可分不同的湖（库）区进行水质评价。

（5）河流型水库按照河流水质评价方法进行。

2. 营养状态评价

（1）评价方法

采用综合营养状态指数法［TLI（∑）］。

（2）湖泊营养状态分级

采用 0～100 的一系列连续数字对湖泊（水库）营养状态进行分级：

TLI（∑）＜30	贫营养
30≤TLI（∑）≤50	中营养
TLI（∑）＞50	富营养
50＜TLI（∑）≤60	轻度富营养
60＜TLI（∑）≤70	中度富营养
TLI（∑）＞70	重度富营养

（3）综合营养状态指数计算

综合营养状态指数计算公式如下：

$$\mathrm{TLI}(\Sigma)=\sum_{j=1}^{m}W_j\times\mathrm{TLI}(j)$$

式中：$\mathrm{TLI}(\Sigma)$——综合营养状态指数；

W_j——第 j 种参数的营养状态指数的相关权重；

TLI（j）——第 j 种参数的营养状态指数。

以 chla 作为基准参数，则第 j 种参数的归一化的相关权重计算公式为：

$$W_j=\frac{r_{ij}^2}{\sum_{j=1}^{m}r_{ij}^2}$$

式中：r_{ij}——第 j 种参数与基准参数 chla 的相关系数；

m——评价参数的个数。

中国湖泊（水库）的 chla 与其他参数之间的相关关系 r_{ij} 及 r_{ij}^2 见表 3。

表 3　中国湖泊（水库）部分参数与 chla 的相关关系 r_{ij} 及 r_{ij}^2 值

参数	chla	TP	TN	SD	COD_{Mn}
r_{ij}	1	0.84	0.82	−0.83	0.83
r_{ij}^2	1	0.705 6	0.672 4	0.688 9	0.688 9

（4）各项目营养状态指数计算

TLI（chla）=10（2.5+1.086lnchla）

TLI（TP）=10（9.436+1.624lnTP）

TLI（TN）=10（5.453+1.694lnTN）

$TLI(SD)=10(5.118-1.94\ln SD)$

$TLI(COD_{Mn})=10(0.109+2.661\ln COD_{Mn})$

式中，chla 单位为 mg/m^3，SD 单位为 m；其他指标单位均为 mg/L。

（三）全国及区域水质评价

全国地表水环境质量评价以国控地表水环境监测网全部监测断面（点位）作为评价对象，包括河流监测断面和湖（库）监测点位。

行政区域内地表水环境质量评价以行政区域内同级环境保护行政主管部门确定的所有监测断面（点位）作为评价对象，包括河流监测断面和湖（库）监测点位。评价方法参照本办法执行。

全国及行政区域整体水质状况评价方法采用断面水质类别比例法，水质定性评价分级的对应关系见表 2。

全国及行政区域内主要污染项目的确定方法按照“（一）3.（2）河流、流域（水系）主要污染指标的确定”方法进行。

三、水质变化趋势分析方法

（一）基本要求

河流（湖库）、流域（水系）、全国及行政区域内水质状况与前一时段、前一年度同期或进行多时段变化趋势分析时，必须满足下列三个条件，以保证数据的可比性：

（1）选择的监测指标必须相同；

（2）选择的断面（点位）基本相同；

（3）定性评价必须以定量评价为依据。

（二）不同时段定量比较

不同时段定量比较是指同一断面、河流（湖库）、流域（水系）、全国及行政区域内的水质状况与前一时段、前一年度同期或某两个时段进行比较。比较方法有单因子浓度比较和水质类别比例比较。

（1）断面（点位）单因子浓度比较

评价某一断面（点位）在不同时段的水质变化时，可直接比较评价指标的浓度值，并以折线图表征其比较结果。

（2）河流、流域（水系）、全国及行政区域内水质类别比例比较

对不同时段的某一河流、流域（水系）、全国及行政区域内水质的时间变化趋势进行评价，可直接进行各类水质类别比例变化的分析，并以图表表征。

（三）水质变化趋势分析

1. 不同时段水质变化趋势评价

对断面（点位）、河流、流域（水系）、全国及行政区域内不同时段的水质变化趋势分

析，以断面（点位）的水质类别或河流、流域（水系）、全国及行政区域内水质类别比例的变化为依据，对照表 1 或表 2 的规定，按下述方法评价。

按水质状况等级变化评价：

①当水质状况等级不变时，则评价为无明显变化；

②当水质状况等级发生一级变化时，则评价为有所变化（好转或变差、下降）；

③当水质状况等级发生两级（含两级）以上变化时，则评价为明显变化（好转或变差、下降、恶化）。

按组合类别比例法评价：

设 ΔG 为后时段与前时段Ⅰ～Ⅲ类水质百分点之差：$\Delta G=G_2-G_1$，ΔD 为后时段与前时段劣Ⅴ类水质百分点之差：$\Delta D=D_2-D_1$；

①当 $\Delta G-\Delta D>0$ 时，水质变好；当 $\Delta G-\Delta D<0$ 时，水质变差；

②当 $|\Delta G-\Delta D|\leqslant 10$ 时，则评价为无明显变化；

③当 $10<|\Delta G-\Delta D|\leqslant 20$ 时，则评价有所变化（好转或变差、下降）；

④当 $|\Delta G-\Delta D|>20$ 时，则评价为明显变化（好转或变差、下降、恶化）。

2. 多时段的变化趋势评价

分析断面（点位）、河流、流域（水系）、全国及行政区域内多时段的水质变化趋势及变化程度，应对评价指标值（如指标浓度、水质类别比例等）与时间序列进行相关性分析，可采用 Spearman 秩相关系数法，（具体内容详见附录一），检验相关系数和斜率的显著性意义，确定其是否有变化和变化程度。变化趋势可用折线图来表征。

附录一：

污染变化趋势的定量分析方法——秩相关系数法

衡量环境污染变化趋势在统计上有无显著性，最常用的是 Daniel 的趋势检验，它使用了 Spearman 的秩相关系数。使用这一方法，要求具备足够的数据，一般至少应采用 4 个期间的数据，即 5 个时间序列的数据。给出时间周期 $Y_1,\cdots,Y_N$ 和它们的相应值 X（即年均值 $C_1,\cdots,C_N$），从大到小排列好，统计检验用的秩相关系数按下式计算：

$$r_s=1-\left[6\sum_{i=1}^{n}d_i^2\right]/\left[N^3-N\right]$$

$$d_i=X_i-Y_i$$

式中：d_i——变量 X_i 与 Y_i 的差值；

X_i——周期 I 到周期 N 按浓度值从小到大排列的序号；

Y_i——按时间排列的序号。

将秩相关系数 r_s 的绝对值同 Spearman 秩相关系数统计表（见附表 1）中的临界值 W_p

进行比较。

当 $r_s>W_p$ 则表明变化趋势有显著意义：

如果 r_s 是负值，则表明在评价时段内有关统计量指标变化呈下降趋势或好转趋势；

如果 r_s 为正值，则表明在评价时段内有关统计量指标变化呈上升趋势或加重趋势；

当 $r_s \leq W_p$ 则表明变化趋势没有显著意义：说明在评价时段内水质变化稳定或平稳。

附表 1　秩相关系数 r_s 的临界值（W_p）

N	W_p	
	显著水平（单侧检验）0.05	显著水平（单侧检验）0.1
5	0.900	1.000
6	0.829	0.943
7	0.714	0.893
8	0.643	0.833
9	0.600	0.783
10	0.564	0.746
12	0.506	0.712
14	0.456	0.645
16	0.425	0.601
18	0.399	0.564
20	0.377	0.534
22	0.359	0.508
24	0.343	0.435
26	0.329	0.465
28	0.317	0.448
30	0.306	0.432

附录二：

术语和定义

1. 干流

在一个水系中，直接注入海洋或内陆湖泊的河流。

2. 支流

直接注入干流的支流叫作干流的一级支流，直接注入一级支流的则称为干流的二级支流，依次类推。支流的级别是相对的，而非绝对的。

3. 水系

河流的干流及全部支流构成脉络相通的系统，称为水系，又称河系或河网。与水系相通的湖泊也属于水系之内。

4. 流域

指江河湖库及其汇水来源各支流、干流和集水区域总称。

5. 劣Ⅴ类

对《地表水环境质量标准》（GB 3838—2002）基本项目的浓度值不能满足Ⅴ类标准的称为劣Ⅴ类。

地表水环境质量标准

（GB 3838—2002）

1　范围

1.1　本标准按照地表水环境功能分类和保护目标，规定了水环境质量应控制的项目及限值，以及水质评价、水质项目的分析方法和标准的实施与监督。

1.2　本标准适用于中华人民共和国领域内江河、湖泊、运河、渠道、水库等具有使用功能的地表水水域。具有特定功能的水域，执行相应的专业用水水质标准。

2　引用标准

《生活饮用水卫生规范》（卫生部，2001 年）和本标准表 4～表 6 所列分析方法标准及规范中所含条文在本标准中被引用即构成为本标准条文，与本标准同效。当上述标准和规范被修订时，应使用其最新版本。

3　水域功能和标准分类

依据地表水水域环境功能和保护目标，按功能高低依次划分为五类：

Ⅰ类　主要适用于源头水、国家自然保护区；

Ⅱ类　主要适用于集中式生活饮用水地表水源地一级保护区、珍稀水生生物栖息地、鱼虾类产卵场、仔稚幼鱼的索饵场等；

Ⅲ类　主要适用于集中式生活饮用水地表水源地二级保护区、鱼虾类越冬场、洄游通道、水产养殖区等渔业水域及游泳区；

Ⅳ类　主要适用于一般工业用水区及人体非直接接触的娱乐用水区；

Ⅴ类　主要适用于农业用水区及一般景观要求水域。

对应地表水上述五类水域功能，将地表水环境质量标准基本项目标准值分为五类，不同功能类别分别执行相应类别的标准值。水域功能类别高的标准值严于水域功能类别低的标准值。同一水域兼有多类使用功能的，执行最高功能类别对应的标准值。实现水域功能与达功能类别标准为同一含义。

4　标准值

4.1　地表水环境质量标准基本项目标准限值见表 1。

4.2　集中式生活饮用水地表水源地补充项目标准限值见表 2。

4.3　集中式生活饮用水地表水源地特定项目标准限值见表 3。

5 水质评价

5.1 地表水环境质量评价应根据要实现的水域功能类别，选取相应类别标准，进行单因子评价，评价结果应说明水质达标情况，超标的应说明超标项目和超标倍数。

5.2 丰、平、枯水期特征明显的水域，应分水期进行水质评价。

5.3 集中式生活饮用水地表水源地水质评价的项目应包括表 1 中的基本项目、表 2 中的补充项目以及由县级以上人民政府环境保护行政主管部门从表 3 中选择确定的特定项目。

表 1 地表水环境质量标准基本项目标准限值 单位：mg/L

序号	项目 \ 标准值 \ 分类		Ⅰ类	Ⅱ类	Ⅲ类	Ⅳ类	Ⅴ类
1	水温 /℃		人为造成的环境水温变化应限制在： 周平均最大温升≤1 周平均最大温降≤2				
2	pH（量纲一）		6 ~ 9				
3	溶解氧	≥	饱和率 90%（或 7.5）	6	5	3	2
4	高锰酸盐指数	≤	2	4	6	10	15
5	化学需氧量（COD）	≤	15	15	20	30	40
6	五日生化需氧量（BOD_5）	≤	3	3	4	6	10
7	氨氮（NH_3-N）	≤	0.15	0.5	1.0	1.5	2.0
8	总磷（以 P 计）	≤	0.02（湖、库 0.01）	0.1（湖、库 0.025）	0.2（湖、库 0.05）	0.3（湖、库 0.1）	0.4（湖、库 0.2）
9	总氮（湖、库，以 N 计）	≤	0.2	0.5	1.0	1.5	2.0
10	铜	≤	0.01	1.0	1.0	1.0	1.0
11	锌	≤	0.05	1.0	1.0	2.0	2.0
12	氟化物（以 F^- 计）	≤	1.0	1.0	1.0	1.5	1.5
13	硒	≤	0.01	0.01	0.01	0.02	0.02
14	砷	≤	0.05	0.05	0.05	0.1	0.1
15	汞	≤	0.000 05	0.000 05	0.000 1	0.001	0.001
16	镉	≤	0.001	0.005	0.005	0.005	0.01
17	铬（六价）	≤	0.01	0.05	0.05	0.05	0.1
18	铅	≤	0.01	0.01	0.05	0.05	0.1
19	氰化物	≤	0.005	0.05	0.2	0.2	0.2
20	挥发酚	≤	0.002	0.002	0.005	0.01	0.1
21	石油类	≤	0.05	0.05	0.05	0.5	1.0
22	阴离子表面活性剂	≤	0.2	0.2	0.2	0.3	0.3
23	硫化物	≤	0.05	0.1	0.2	0.5	1.0
24	粪大肠菌群 /（个 /L）	≤	200	2 000	10 000	20 000	40 000

表 2　集中式生活饮用水地表水源地补充项目标准限值

单位：mg/L

序号	项目	标准值
1	硫酸盐（以 SO_4^{2-} 计）	250
2	氯化物（以 Cl^- 计）	250
3	硝酸盐（以 N 计）	10
4	铁	0.3
5	锰	0.1

表 3　集中式生活饮用水地表水源地特定项目标准限值

单位：mg/L

序号	项目	标准值	序号	项目	标准值
1	三氯甲烷	0.06	41	丙烯酰胺	0.000 5
2	四氯化碳	0.002	42	丙烯腈	0.1
3	三溴甲烷	0.1	43	邻苯二甲酸二丁酯	0.003
4	二氯甲烷	0.02	44	邻苯二甲酸二（2- 乙基己基）酯	0.008
5	1,2- 二氯乙烷	0.03	45	水合肼	0.01
6	环氧氯丙烷	0.02	46	四乙基铅	0.000 1
7	氯乙烯	0.005	47	吡啶	0.2
8	1,1- 二氯乙烯	0.03	48	松节油	0.2
9	1,2- 二氯乙烯	0.05	49	苦味酸	0.5
10	三氯乙烯	0.07	50	丁基黄原酸	0.005
11	四氯乙烯	0.04	51	活性氯	0.01
12	氯丁二烯	0.002	52	滴滴涕	0.001
13	六氯丁二烯	0.000 6	53	林丹	0.002
14	苯乙烯	0.02	54	环氧七氯	0.000 2
15	甲醛	0.9	55	对硫磷	0.003
16	乙醛	0.05	56	甲基对硫磷	0.002
17	丙烯醛	0.1	57	马拉硫磷	0.05
18	三氯乙醛	0.01	58	乐果	0.08
19	苯	0.01	59	敌敌畏	0.05
20	甲苯	0.7	60	敌百虫	0.05
21	乙苯	0.3	61	内吸磷	0.03
22	二甲苯①	0.5	62	百菌清	0.01

续表

序号	项目	标准值	序号	项目	标准值
23	异丙苯	0.25	63	甲萘威	0.05
24	氯苯	0.3	64	溴氰菊酯	0.02
25	1,2- 二氯苯	1.0	65	阿特拉津	0.003
26	1,4- 二氯苯	0.3	66	苯并 [*a*] 芘	2.8×10^{-6}
27	三氯苯②	0.02	67	甲基汞	1.0×10^{-6}
28	四氯苯③	0.02	68	多氯联苯⑥	2.0×10^{-5}
29	六氯苯	0.05	69	微囊藻毒素 -LR	0.001
30	硝基苯	0.017	70	黄磷	0.003
31	二硝基苯④	0.5	71	钼	0.07
32	2,4- 二硝基甲苯	0.000 3	72	钴	1.0
33	2,4,6- 三硝基甲苯	0.5	73	铍	0.002
34	硝基氯苯⑤	0.05	74	硼	0.5
35	2,4- 二硝基氯苯	0.5	75	锑	0.005
36	2,4- 二氯苯酚	0.093	76	镍	0.02
37	2,4,6- 三氯苯酚	0.2	77	钡	0.7
38	五氯酚	0.009	78	钒	0.05
39	苯胺	0.1	79	钛	0.1
40	联苯胺	0.000 2	80	铊	0.000 1

注：① 二甲苯：指对 - 二甲苯、间 - 二甲苯、邻 - 二甲苯。
② 三氯苯：指 1,2,3- 三氯苯、1,2,4- 三氯苯、1,3,5- 三氯苯。
③ 四氯苯：指 1,2,3,4- 四氯苯、1,2,3,5- 四氯苯、1,2,4,5- 四氯苯。
④ 二硝基苯：指对 - 二硝基苯、间 - 二硝基苯、邻 - 二硝基苯。
⑤ 硝基氯苯：指对 - 硝基氯苯、间 - 硝基氯苯、邻 - 硝基氯苯。
⑥ 多氯联苯：指 PCB-1016、PCB-1221、PCB-1232、PCB-1242、PCB-1248、PCB-1254、PCB-1260。

6 水质监测

6.1 本标准规定的项目标准值，要求水样采集后自然沉降 30 min，取上层非沉降部分按规定方法进行分析。

6.2 地表水水质监测的采样布点、监测频率应符合国家地表水环境监测技术规范的要求。

6.3 本标准水质项目的分析方法应优先选用表 4～表 6 规定的方法，也可采用 ISO 方法体系等其他等效分析方法，但须进行适用性检验。

表 4　地表水环境质量标准基本项目分析方法

<table>
<tr><th>序号</th><th>项目</th><th>分析方法</th><th>最低检出限 /（mg/L）</th><th>方法来源</th></tr>
<tr><td>1</td><td>水温</td><td>温度计法</td><td></td><td>GB 13195—91</td></tr>
<tr><td>2</td><td>pH</td><td>玻璃电极法</td><td></td><td>GB 6920—86</td></tr>
<tr><td rowspan="2">3</td><td rowspan="2">溶解氧</td><td>碘量法</td><td>0.2</td><td>GB 7489—87</td></tr>
<tr><td>电化学探头法</td><td></td><td>GB 11913—89</td></tr>
<tr><td>4</td><td>高锰酸盐指数</td><td></td><td>0.5</td><td>GB 11892—89</td></tr>
<tr><td>5</td><td>化学需氧量</td><td>重铬酸盐法</td><td>10</td><td>GB 11914—89</td></tr>
<tr><td>6</td><td>五日生化需氧量</td><td>稀释与接种法</td><td>2</td><td>GB 7488—87</td></tr>
<tr><td rowspan="2">7</td><td rowspan="2">氨氮</td><td>纳氏试剂比色法</td><td>0.05</td><td>GB 7479—87</td></tr>
<tr><td>水杨酸分光光度法</td><td>0.01</td><td>GB 7481—87</td></tr>
<tr><td>8</td><td>总磷</td><td>钼酸铵分光光度法</td><td>0.01</td><td>GB 11893—89</td></tr>
<tr><td>9</td><td>总氮</td><td>碱性过硫酸钾消解紫外分光光度法</td><td>0.05</td><td>GB 11894—89</td></tr>
<tr><td rowspan="3">10</td><td rowspan="3">铜</td><td>2,9- 二甲基 -1,10- 菲啰啉分光光度法</td><td>0.06</td><td>GB 7473—87</td></tr>
<tr><td>二乙基二硫代氨基甲酸钠分光光度法</td><td>0.010</td><td>GB 7474—87</td></tr>
<tr><td>原子吸收分光光度法（螯合萃取法）</td><td>0.001</td><td>GB 7475—87</td></tr>
<tr><td>11</td><td>锌</td><td>原子吸收分光光度法</td><td>0.05</td><td>GB 7475—87</td></tr>
<tr><td rowspan="3">12</td><td rowspan="3">氟化物</td><td>氟试剂分光光度法</td><td>0.05</td><td>GB 7483—87</td></tr>
<tr><td>离子选择电极法</td><td>0.05</td><td>GB 7484—87</td></tr>
<tr><td>离子色谱法</td><td>0.02</td><td>HJ/T 84—2001</td></tr>
<tr><td rowspan="2">13</td><td rowspan="2">硒</td><td>2,3- 二氨基萘荧光法</td><td>0.000 25</td><td>GB 11902—89</td></tr>
<tr><td>石墨炉原子吸收分光光度法</td><td>0.003</td><td>GB/T 15505—1995</td></tr>
<tr><td rowspan="2">14</td><td rowspan="2">砷</td><td>二乙基二硫代氨基甲酸银分光光度法</td><td>0.007</td><td>GB 7485—87</td></tr>
<tr><td>冷原子荧光法</td><td>0.000 06</td><td>1）</td></tr>
<tr><td rowspan="2">15</td><td rowspan="2">汞</td><td>冷原子吸收分光光度法</td><td>0.000 05</td><td>GB 7468—87</td></tr>
<tr><td>冷原子荧光法</td><td>0.000 05</td><td>1）</td></tr>
<tr><td>16</td><td>镉</td><td>原子吸收分光光度法（螯合萃取法）</td><td>0.001</td><td>GB 7475—87</td></tr>
<tr><td>17</td><td>铬（六价）</td><td>二苯碳酰二肼分光光度法</td><td>0.004</td><td>GB 7467—87</td></tr>
<tr><td>18</td><td>铅</td><td>原子吸收分光光度法（螯合萃取法）</td><td>0.01</td><td>GB 7475—87</td></tr>
<tr><td rowspan="2">19</td><td rowspan="2">氰化物</td><td>异烟酸 - 吡唑啉酮比色法</td><td>0.004</td><td rowspan="2">GB 7487—87</td></tr>
<tr><td>吡啶 - 巴比妥酸比色法</td><td>0.002</td></tr>
</table>

续表

序号	项目	分析方法	最低检出限 /（mg/L）	方法来源
20	挥发酚	蒸馏后 4- 氨基安替比林分光光度法	0.002	GB 7490—87
21	石油类	红外分光光度法	0.01	GB/T 16488—1996
22	阴离子表面活性剂	亚甲蓝分光光度法	0.05	GB 7494—87
23	硫化物	亚甲基蓝分光光度法	0.005	GB/T 16489—1996
		直接显色分光光度法	0.004	GB/T 17133—1997
24	粪大肠菌群	多管发酵法、滤膜法		1）

注：暂采用下列分析方法，待国家方法标准公布后，执行国家标准。
1）《水和废水监测分析方法（第三版）》，中国环境科学出版社，1989 年。

表 5　集中式生活饮用水地表水源地补充项目分析方法

序号	项目	分析方法	最低检出限 /（mg/L）	方法来源
1	硫酸盐	重量法	10	GB 11899—89
		火焰原子吸收分光光度法	0.4	GB 13196—91
		铬酸钡光度法	8	1）
		离子色谱法	0.09	HJ/T 84—2001
2	氯化物	硝酸银滴定法	10	GB 11896—89
		硝酸汞滴定法	2.5	1）
		离子色谱法	0.02	HJ/T 84—2001
3	硝酸盐	酚二磺酸分光光度法	0.02	GB 7480—87
		紫外分光光度法	0.08	1）
		离子色谱法	0.08	HJ/T 84—2001
4	铁	火焰原子吸收分光光度法	0.03	GB 11911—89
		邻菲啰啉分光光度法	0.03	1）
5	锰	高碘酸钾分光光度法	0.02	GB 11906—89
		火焰原子吸收分光光度法	0.01	GB 11911—89
		甲醛肟光度法	0.01	1）

注：暂采用下列分析方法，待国家方法标准发布后，执行国家标准。
1）《水和废水监测分析方法（第三版）》，中国环境科学出版社，1989 年。

表 6　集中式生活饮用水地表水源地特定项目分析方法

序号	项目	分析方法	最低检出限 /（mg/L）	方法来源
1	三氯甲烷	顶空气相色谱法	0.000 3	GB/T 17130—1997
		气相色谱法	0.000 6	2）
2	四氯化碳	顶空气相色谱法	0.000 05	GB/T 17130—1997
		气相色谱法	0.000 3	2）
3	三溴甲烷	顶空气相色谱法	0.001	GB/T 17130—1997
		气相色谱法	0.006	2）
4	二氯甲烷	顶空气相色谱法	0.008 7	2）
5	1,2- 二氯乙烷	顶空气相色谱法	0.012 5	2）
6	环氧氯丙烷	气相色谱法	0.02	2）
7	氯乙烯	气相色谱法	0.001	2）
8	1,1- 二氯乙烯	吹出捕集气相色谱法	0.000 018	2）
9	1,2- 二氯乙烯	吹出捕集气相色谱法	0.000 012	2）
10	三氯乙烯	顶空气相色谱法	0.000 5	GB/T 17130—1997
		气相色谱法	0.003	2）
11	四氯乙烯	顶空气相色谱法	0.000 2	GB/T 17130—1997
		气相色谱法	0.001 2	2）
12	氯丁二烯	顶空气相色谱法	0.002	2）
13	六氯丁二烯	气相色谱法	0.000 02	2）
14	苯乙烯	气相色谱法	0.01	2）
15	甲醛	乙酰丙酮分光光度法	0.05	GB 13197—91
		4- 氨基 -3- 联氨 -5- 巯基 -1,2,4- 三氮杂茂（AHMT）分光光度法	0.05	2）
16	乙醛	气相色谱法	0.24	2）
17	丙烯醛	气相色谱法	0.019	2）
18	三氯乙醛	气相色谱法	0.001	2）
19	苯	液上气相色谱法	0.005	GB 11890—89
		顶空气相色谱法	0.000 42	2）
20	甲苯	液上气相色谱法	0.005	GB 11890—89
		二硫化碳萃取气相色谱法	0.05	
		气相色谱法	0.01	2）
21	乙苯	液上气相色谱法	0.005	GB 11890—89
		二硫化碳萃取气相色谱法	0.05	
		气相色谱法	0.01	2）

续表

序号	项目	分析方法	最低检出限 /（mg/L）	方法来源
22	二甲苯	液上气相色谱法	0.005	GB 11890—89
		二硫化碳萃取气相色谱法	0.05	
		气相色谱法	0.01	2）
23	异丙苯	顶空气相色谱法	0.003 2	2）
24	氯苯	气相色谱法	0.01	HJ/T 74—2001
25	1,2- 二氯苯	气相色谱法	0.002	GB/T 17131—1997
26	1,4- 二氯苯	气相色谱法	0.005	GB/T 17131—1997
27	三氯苯	气相色谱法	0.000 04	2）
28	四氯苯	气相色谱法	0.000 02	2）
29	六氯苯	气相色谱法	0.000 02	2）
30	硝基苯	气相色谱法	0.000 2	GB 13194—91
31	二硝基苯	气相色谱法	0.2	2）
32	2,4- 二硝基甲苯	气相色谱法	0.000 3	GB 13194—91
33	2,4,6- 三硝基甲苯	气相色谱法	0.1	2）
34	硝基氯苯	气相色谱法	0.000 2	GB 13194—91
35	2,4- 二硝基氯苯	气相色谱法	0.1	2）
36	2,4- 二氯苯酚	电子捕获 - 毛细色谱法	0.000 4	2）
37	2,4,6- 三氯苯酚	电子捕获 - 毛细色谱法	0.000 04	2）
38	五氯酚	气相色谱法	0.000 04	GB 8972—88
		电子捕获 - 毛细色谱法	0.000 024	2）
39	苯胺	气相色谱法	0.002	2）
40	联苯胺	气相色谱法	0.000 2	3）
41	丙烯酰胺	气相色谱法	0.000 15	2）
42	丙烯腈	气相色谱法	0.10	2）
43	邻苯二甲酸二丁酯	液相色谱法	0.000 1	HJ/T 72—2001
44	邻苯二甲酸二（2- 乙基己基）酯	气相色谱法	0.000 4	2）
45	水合肼	对二甲氨基苯甲醛直接分光光度法	0.005	2）
46	四乙基铅	双硫腙比色法	0.000 1	2）
47	吡啶	气相色谱法	0.031	GB/T 14672—93
		巴比土酸分光光度法	0.05	2）
48	松节油	气相色谱法	0.02	2）

续表

序号	项目	分析方法	最低检出限 /（mg/L）	方法来源
49	苦味酸	气相色谱法	0.001	2）
50	丁基黄原酸	铜试剂亚铜分光光度法	0.002	2）
51	活性氯	N,N- 二乙基对苯二胺（DPD）分光光度法	0.01	2）
		3,3′,5,5′- 四甲基联苯胺比色法	0.005	2）
52	滴滴涕	气相色谱法	0.000 2	GB 7492—87
53	林丹	气相色谱法	4×10^{-6}	GB 7492—87
54	环氧七氯	液液萃取气相色谱法	0.000 083	2）
55	对硫磷	气相色谱法	0.000 54	GB 13192—91
56	甲基对硫磷	气相色谱法	0.000 42	GB 13192—91
57	马拉硫磷	气相色谱法	0.000 64	GB 13192—91
58	乐果	气相色谱法	0.000 57	GB 13192—91
59	敌敌畏	气相色谱法	0.000 06	GB 13192—91
60	敌百虫	气相色谱法	0.000 051	GB 13192—91
61	内吸磷	气相色谱法	0.002 5	2）
62	百菌清	气相色谱法	0.000 4	2）
63	甲萘威	高效液相色谱法	0.01	2）
64	溴氰菊酯	气相色谱法	0.000 2	2）
		高效液相色谱法	0.002	2）
65	阿特拉津	气相色谱法		3）
66	苯并 [*a*] 芘	乙酰化滤纸层析荧光分光光度法	4×10^{-6}	GB 11895—89
		高效液相色谱法	1×10^{-6}	GB 13198—91
67	甲基汞	气相色谱法	1×10^{-8}	GB/T 17132—1997
68	多氯联苯	气相色谱法		3）
69	微囊藻毒素 -LR	高效液相色谱法	0.000 01	2）
70	黄磷	钼 - 锑 - 抗分光光度法	0.002 5	2）
71	钼	无火焰原子吸收分光光度法	0.002 31	2）
72	钴	无火焰原子吸收分光光度法	0.001 91	2）
73	铍	铬菁 R 分光光度法	0.000 2	HJ/T 58—2000
		石墨炉原子吸收分光光度法	0.000 02	HJ/T 59—2000
		桑色素荧光分光光度法	0.000 2	2）
74	硼	姜黄素分光光度法	0.02	HJ/T 49—1999
		甲亚胺 -H 分光光度法	0.2	2）

续表

序号	项目	分析方法	最低检出限 /（mg/L）	方法来源
75	锑	氢化原子吸收分光光度法	0.000 25	2）
76	镍	无火焰原子吸收分光光度法	0.002 48	2）
77	钡	无火焰原子吸收分光光度法	0.006 18	2）
78	钒	钽试剂（BPHA）萃取分光光度法	0.018	GB/T 15503—1995
		无火焰原子吸收分光光度法	0.006 98	2）
79	钛	催化示波极谱法	0.000 4	2）
		水杨基荧光酮分光光度法	0.02	2）
80	铊	无火焰原子吸收分光光度法	4×10^{-6}	2）

注：暂采用下列分析方法，待国家方法标准发布后，执行国家标准。
1）《水和废水监测分析方法（第三版）》，中国环境科学出版社，1989 年。
2）《生活饮用水卫生规范》，中华人民共和国卫生部，2001 年。
3）《水和废水标准检验法（第 15 版）》，中国建筑工业出版社，1985 年。

7 标准的实施与监督

7.1 本标准由县级以上人民政府环境保护行政主管部门及相关部门按职责分工监督实施。

7.2 集中式生活饮用水地表水源地水质超标项目经自来水厂净化处理后，必须达到《生活饮用水卫生规范》的要求。

7.3 省、自治区、直辖市人民政府可以对本标准中未作规定的项目，制定地方补充标准，并报国务院环境保护行政主管部门备案。

关于印发《地表水环境质量监测数据统计技术规定（试行）》的通知

（环办监测函〔2020〕82号）

各省、自治区、直辖市生态环境厅（局），新疆生产建设兵团生态环境局：

为充分发挥国家地表水自动监测站的作用，建立地表水手工、自动监测结果相结合的水质监测评价体系，客观反映全国地表水环境质量状况，我部组织制定了《地表水环境质量监测数据统计技术规定（试行）》，现印发给你们，请遵照执行。

生态环境部办公厅

2020年2月27日

地表水环境质量监测数据统计技术规定（试行）

一、目的意义

为进一步加强水环境质量监测管理、规范地表水环境质量评价工作，对地表水环境质量自动和手工监测数据应用于水环境质量评价时的数据统计方式进行规定，以保证评价结果的科学性、统一性和可比性，为水环境管理提供技术支撑。

二、适用范围

本规定主要提出了地表水（海水除外）监测数据用于环境质量评价时，在数据统计、整合、补遗和修约等方面的技术规则。主要适用于国家地表水环境质量监测网监测数据的统计与应用，地方可参照执行。

三、规范性引用文件

本规定引用了下列文件中的条款。凡是不注明日期的引用文件，其有效版本适用于本规定。

GB 3838　　地表水环境质量标准

GB/T 8170　　数值修约规则与极限数值的表示和判定

HJ 91　　地表水和污水监测技术规范

HJ 915　　　　　　　地表水自动监测技术规范（试行）
环办〔2011〕22 号　　关于印发《地表水环境质量评价办法（试行）》的通知

四、术语和定义

（一）地表水水质自动监测站

指地表水水质自动监测系统的现场部分，一般由站房、采配水、控制、检测、数据传输等全部单元或其中数个单元组成，简称水站。

（二）地表水手工监测有效数据

指水样经手工采样、分析、计算、汇总得出，并通过审核、确认有效的各项指标监测数据，简称手工数据。

（三）地表水自动监测有效实时数据

指水样经水站采样、分析、计算、上传、汇总得出，并通过审核、确认有效的各项指标实时监测数据，简称自动数据。

（四）代表值

指用于代表水体在某一时段内各监测指标整体浓度水平的统计结果，根据代表时段不同，主要分为日代表值、月代表值、季代表值、年代表值等。

（五）数据整合

指同一统计范围内的各单项指标获得多个不同类型、数量的监测结果时，将多个监测结果整合为一组数据用于代表值统计的过程。

五、数据统计

（一）日代表值

各单项指标（pH 除外）的日代表值为当日实际获得的全部自动数据的算术平均值。pH 的日代表值采用当日实际获得的全部 pH 对应氢离子浓度算术平均值的负对数表示，计算时先采用 pH 自动数据计算对应时段的氢离子浓度值，再计算当日全部氢离子浓度算术平均值，最终计算该算术平均值的负对数，如式（1）所示：

$$\overline{\mathrm{pH}} = -\lg \overline{C(\mathrm{H}^+)} \quad (1)$$

式中：$\overline{\mathrm{pH}}$——对应时段 pH 的日代表值；

$\overline{C(\mathrm{H}^+)}$——对应时段氢离子浓度算术平均值。

每个自然日所有有效自动监测数据均参与评价，且实际参与计算的自动数据量不得低于当日应获得全部数据量的 60%。日代表值仅针对自动数据，手工数据不参与日代表值统计。

（二）月代表值

根据监测方式不同，月代表值可分为手工月代表值和自动月代表值。手工月代表值为各单项指标的当月手工数据。如当月实际获得的日代表值不少于当月应获得全部日代表值的 60%，可进行自动月代表值统计，统计时所有有效自动监测数据均参与评价。自动月代表值（pH 除外）为各单项指标当月实际获得全部自动数据的算术平均值。pH 的自动月代表值采用当月全部 pH 自动数据对应氢离子浓度算术平均值的负对数表示，计算方法同日代表值。

当某一单项指标由于当月或连续数月未开展监测导致月代表值缺失时，采用该指标上一个临近月份的月代表值作为替代月代表值。

（三）季代表值

根据监测方式不同，季代表值可分为手工季代表值和自动季代表值。季代表值为各单项指标（包括 pH）当季全部月份月代表值的算术平均值。

（四）年代表值

根据监测方式不同，年代表值可分为手工年代表值和自动年代表值。年代表值为各单项指标（包括 pH）当年全部月份月代表值的算术平均值。

六、数据整合

（一）数据整合指标

1. 地表水水质评价指标

《地表水环境质量标准》（GB 3838—2002）表 1 中除水温、粪大肠菌群和总氮以外的 21 项指标，包括 pH、溶解氧、高锰酸盐指数、氨氮、总磷、五日生化需氧量、化学需氧量、石油类、挥发酚、汞、铜、锌、铅、镉、铬（六价）、砷、硒、氟化物、氰化物、硫化物和阴离子表面活性剂。

2. 营养状态评价指标

包括叶绿素 a、总磷、总氮、透明度和高锰酸盐指数等 5 项。

（二）断面（点位）数据整合

同一断面（点位）不同采样点的监测指标数据整合成该断面（点位）的指标数据，遵循以下规则：

1. pH 值采用断面所有采样点氢离子浓度算术平均值的负对数；
2. 溶解氧和石油类采用表层采样点的算术平均值；
3. 透明度采用湖库所有采样垂线实测值的算术平均值；
4. 其余项目采用断面所有采样点算术平均值；
5. 入海河流断面采用退平潮采样点数据参与断面数据整合。

（三）月代表值数据整合

同一断面（点位）单项指标的手工和自动月代表值整合为一组断面（点位）数据参与水质评价。

1. 地表水水质评价

pH、溶解氧、高锰酸盐指数、氨氮和总磷等 5 项指标优先采用自动月代表值，当月无自动月代表值时，采用手工月代表值；其他 16 项指标采用手工月代表值。

2. 营养状态评价

总磷、总氮和高锰酸盐指数等 3 项指标优先采用自动月代表值，当月无自动月代表值时采用手工月代表值；透明度和叶绿素 a 优先采用手工月代表值，其中叶绿素 a 当月无手工月代表值时采用自动月代表值。

当单项指标月代表值缺失时，采用替代月代表值参与数据整合。

单项指标月代表值的选择次序具体要求见表 1。

表 1　指标整合优先规则

序号	监测指标	第一优先级	第二优先级	第三优先级
1	pH、溶解氧、高锰酸盐指数、氨氮、总磷、总氮	自动月代表值	手工月代表值	替代月代表值
2	五日生化需氧量、化学需氧量、石油类、挥发酚、汞、铜、锌、铅、镉、铬（六价）、砷、硒、氟化物、氰化物、硫化物、阴离子表面活性剂、透明度	手工月代表值	替代月代表值	—
3	叶绿素 a	手工月代表值	自动月代表值	—

（四）数据补遗

当单项指标月代表值缺失时，采用该指标上一个临近月份的月代表值进行替代，参与该断面（点位）当月代表值的数据整合，用于当月水质评价。由于污染事故造成严重超标的指标不作为替代月代表值。

由于地方基础保障工作不到位，造成自动监测指标数据量不满足统计要求的，采用该指标当前时段向前一年最差实时数据替代统计时段代表值。

断面出现地方干扰监测、数据弄虚作假等行为，采用该断面当前时段向前一年最差月代表值替代统计时段代表值。

七、数据修约

所有监测指标的手工和自动数据均按照《数值修约规则与极限数值的表示和判定》（GB/T 8170）要求进行修约。

采用修约后的数据进行水质评价，保留的有效小数位数对照表 2 进行统一。在此基础上，监测数据一般保留不超过 3 位有效数字；当修约后结果为 0 时，保留一位有效数字。

当监测数据低于检出限时，以 1/2 检出限值参与计算和统计。

表 2 评价数据修约要求

序号	监测指标	单位	保留小数位数
1	水温	℃	1
2	pH	无量纲	0
3	溶解氧	mg/L	1
4	高锰酸盐指数	mg/L	1
5	化学需氧量	mg/L	1
6	五日生化需氧量	mg/L	1
7	氨氮	mg/L	2
8	总磷	mg/L	3
9	总氮	mg/L	2
10	铜	mg/L	3
11	锌	mg/L	3
12	氟化物	mg/L	3
13	硒	mg/L	4
14	砷	mg/L	4
15	汞	mg/L	5
16	镉	mg/L	5
17	铬（六价）	mg/L	3
18	铅	mg/L	3
19	氰化物	mg/L	3
20	挥发酚	mg/L	4
21	石油类	mg/L	2
22	阴离子表面活性剂	mg/L	2
23	硫化物	mg/L	3
24	电导率	μS/cm	1
25	浊度	NTU	1
26	透明度	cm	0
27	叶绿素 a	mg/L	3
28	藻密度	个 /L	0

关于印发《地级及以上城市国家地表水考核断面水环境质量排名方案（试行）》的函

（环办监测函〔2019〕452 号）

各省、自治区、直辖市生态环境厅（局），新疆生产建设兵团生态环境局：

为贯彻落实《水污染防治行动计划》，推进国家地表水考核断面水环境质量信息公开工作，根据《中华人民共和国环境保护法》和有关法律法规要求，我部组织制定了《地级及以上城市国家地表水考核断面水环境质量排名方案（试行）》，现印发给你们。

生态环境部办公厅

2019 年 5 月 5 日

地级及以上城市国家地表水考核断面水环境质量排名方案（试行）

为贯彻落实《水污染防治行动计划》关于公布城市水环境质量排名的要求，进一步加强地级及以上城市国家地表水考核断面水环境质量信息公开工作，推动有效改善水环境质量，制定本方案。

一、指导思想

深入贯彻党的十九大和十九届二中、三中全会精神，全面落实习近平生态文明思想、全国生态环境保护大会精神和中共中央、国务院《关于全面加强生态环境保护　坚决打好污染防治攻坚战的意见》，贯彻落实《中华人民共和国环境保护法》《中华人民共和国水污染防治法》，大力推进生态文明建设，贯彻绿水青山就是金山银山的绿色发展观，推动全民参与，为全力打好碧水保卫战提供有力保障。

二、工作目标

以改善水环境质量为核心，充分发挥城市国家地表水考核断面水环境质量排名的倒逼作用，加强舆论监督，加快推进全国水生态环境保护工作，落实地方水污染防治责任，持续提升饮用水安全保障水平，大幅度减少污染严重水体，推进《水污染防治行动计划》，以及长江保护修复、渤海环境综合治理、水源地保护等攻坚战行动计划全面实施，推动全国水环境质量稳步改善。

三、排名城市

设置有国家地表水考核断面的所有地级及以上城市。

国家地表水考核断面共 2 050 个，详见《“十三五”国家地表水环境质量监测网设置方案》（环监测〔2016〕30 号）。

四、排名方法

依据《城市地表水环境质量排名技术规定（试行）》（环办监测〔2017〕51 号），对地级及以上城市国家地表水考核断面水环境质量进行排名，具体如下：

（一）国家地表水考核断面水环境质量状况排名：计算各城市水质综合指数（CWQI），再将城市水质综合指数由小到大排序，得出各城市排名。

（二）国家地表水考核断面水环境质量变化情况排名：计算各城市水质综合指数变化程度（ΔCWQI，负值说明水质变好，正值说明水质变差），再将变化程度由小到大（由负至正）排列，得到各城市国家地表水考核断面水环境质量变化情况排名。排名时段内城市所有国家地表水考核断面均达到或优于Ⅲ类水质的城市，或国家地表水考核断面水环境质量由好到差排名在前 20% 的城市，不纳入水环境质量变化情况相对较差的后 30 个城市排名。

五、排名指标

按照《城市地表水环境质量排名技术规定（试行）》（环办监测〔2017〕51 号）要求，地级及以上城市国家地表水考核断面水环境质量状况排名和变化情况排名，均采用《地表水环境质量标准》（GB 3838—2002）表 1 中除水温、粪大肠菌群和总氮以外的 21 项指标进行计算。具体包括：pH、溶解氧、高锰酸盐指数、生化需氧量、氨氮、石油类、挥发酚、汞、铅、总磷、化学需氧量、铜、锌、氟化物、硒、砷、镉、铬（六价）、氰化物、阴离子表面活性剂和硫化物。

六、排名周期

每季度开展地级及以上城市国家地表水考核断面水环境质量状况及变化情况排名，发布国家地表水考核断面水环境质量相对较好的前 30 位城市和相对较差的后 30 位城市名单、与上年同期相比水环境质量改善幅度相对较好的前 30 位城市和相对较差的后 30 位城市名单，以及该城市相对应的国家地表水考核断面所在水体的名称。

关于印发《城市地表水环境质量排名技术规定（试行）》的通知

（环办监测〔2017〕51 号）

各省、自治区、直辖市环境保护厅（局），新疆生产建设兵团环境保护局：

为贯彻落实《水污染防治行动计划》要求，规范城市地表水环境质量排名和信息发布，强化公众监督，进一步推动水污染防治工作，按照全面、客观、公平、规范的原则，我部制定了《城市地表水环境质量排名技术规定（试行）》。现印发给你们，请遵照执行。

环境保护部办公厅

2017 年 6 月 12 日

城市地表水环境质量排名技术规定（试行）

一、目的意义

为贯彻落实《国务院关于印发〈水污染防治行动计划〉的通知》（国发〔2015〕17 号），进一步加强城市水污染防治工作、改善城市地表水环境质量、保障城市饮用水安全，将城市地表水环境质量作为检验水污染防治工作的标准之一，对城市地表水环境质量进行排名，为《水污染防治行动计划》实施提供技术支撑。

二、适用范围

本规定主要提出了针对不同城市的地表水环境质量进行比较排名的方法。

本规定适用于国家对各省（区、市）地级及以上城市地表水环境质量的排名，各省（区、市）对本行政区内城市地表水环境质量排名可参考执行。

三、规范性引用文件

《国务院关于印发〈水污染防治行动计划〉的通知》（国发〔2015〕17 号）

《关于印发〈“十三五”国家地表水环境质量监测网设置方案〉的通知》（环监测〔2016〕30 号）

《地表水环境质量标准》（GB 3838—2002）

《关于印发〈地表水环境质量评价办法（试行）〉的通知》（环办〔2011〕22 号）

《关于印发〈水污染防治行动计划实施情况考核规定（试行）〉的通知》（环水体〔2016〕179 号）

《数值修约规则与极限数值的表示和判定》（GB/T 8170）

四、排名方法

城市地表水环境质量排名包括城市地表水环境质量状况排名和城市地表水环境质量变化情况排名。排名方法基于城市水质指数，即 CWQI。

（一）排名断面

城市地表水环境质量排名范围包括全国 31 个省（区、市）338 个地级及以上城市，参与城市排名的断面（点位）是“十三五”国家地表水环境质量监测网中规定的 1 940 个城市排名断面（点位）。

（二）城市水质指数

1. 河流水质指数

河流水质指数计算采用《地表水环境质量标准》（GB 3838—2002）表 1 中除水温、粪大肠菌群和总氮以外的 21 项指标，包括：pH、溶解氧、高锰酸盐指数、生化需氧量、氨氮、石油类、挥发酚、汞、铅、总磷、化学需氧量、铜、锌、氟化物、硒、砷、镉、铬（六价）、氰化物、阴离子表面活性剂和硫化物。

先计算出所有河流监测断面各单项指标浓度的算术平均值，计算出单项指标的水质指数，再综合计算出河流的水质指数 $CWQI_{河流}$。低于检出限的项目，按照 1/2 检出限值参加计算各单项指标浓度的算术平均值。

（1）单项指标的水质指数

用各单项指标的浓度值除以该指标对应的地表水Ⅲ类标准限值，计算单项指标的水质指数，如式（1）所示：

$$\mathrm{CWQI}(i)=\frac{C(i)}{C_s(i)} \tag{1}$$

式中：$C(i)$ 为第 i 个水质指标的浓度值；

$C_s(i)$ 为第 i 个水质指标地表水Ⅲ类标准限值；

$\mathrm{CWQI}(i)$ 为第 i 个水质指标的水质指数。

此外：

① 溶解氧的计算方法

$$\mathrm{CWQI}(\mathrm{DO})=\frac{C_s(\mathrm{DO})}{C(\mathrm{DO})} \tag{2}$$

式中：$C(DO)$ 为溶解氧的浓度值；

$C_s(\mathrm{DO})$ 为溶解氧的地表水Ⅲ类标准限值；

CWQI(DO) 为溶解氧的水质指数。

② pH 的计算方法

如果 pH≤7 时，计算公式为：

$$CWQI(pH)=\frac{7.0-pH}{7.0-pH_{sd}} \tag{3}$$

如果 pH＞7 时，计算公式为：

$$CWQI(pH)=\frac{7.0-pH}{pH_{sd}-7.0} \tag{4}$$

式中：pH_{sd} 为 GB 3838—2002 中 pH 的下限值；

pH_{sd} 为 GB 3838—2002 中 pH 的上限值；

CWQI(pH) 为 pH 的水质指数。

（2）河流水质指数

根据各单项指标的 CWQI，取其加和值即为河流的 CWQI，计算如式（5）所示：

$$CWQI_{河流}=\sum_{i=1}^{n}CWQI(i) \tag{5}$$

式中：$CWQI_{河流}$为河流水质指数；

CWQI(i) 为第 i 个水质指标的水质指数；

n 为水质指标个数。

2. 湖库水质指数

湖库水质指数（$CWQI_{湖库}$）计算方法与河流一致，先计算出所有湖库监测点位各单项指标浓度的算术平均值，计算出单项指标的水质指数，再综合计算出湖库的 $CWQI_{湖库}$。低于检出限的项目，按照 1/2 检出限值参加计算各单项指标浓度的算术平均值。

另外，在计算单项指标的水质指数时，《地表水环境质量标准》（GB 3838—2002）表 1 中湖库总磷的Ⅲ类标准限值与河流的不同，为 0.05 mg/L。

3. 城市水质指数

根据城市行政区域内河流和湖库的 CWQI，取其加权均值即为该城市的 $CWQI_{城市}$，计算如式（6）所示：

$$CWQI_{城市}=\frac{CWQI_{河流}\times M+CWQI_{湖库}\times N}{(M+N)} \tag{6}$$

式中：$CWQI_{城市}$为城市水质指数；

$CWQI_{河流}$为河流水质指数；

$CWQI_{湖底}$为湖库水质指数；

M 为城市的河流断面数；

N 为城市的湖库点位数。

若排名城市仅有河流断面，无湖库点位，则取城市的河流水质指数为该城市的城市水质指数。即：

$$CWQI_{城市}=CWQI_{河流} \tag{7}$$

（三）城市地表水环境质量状况排名

城市地表水环境质量状况排名基于城市水质指数，即 $CWQI_{城市}$。按照城市水质指数从小到大的顺序进行排名，排名越靠前说明城市地表水环境质量状况越好。

（四）城市地表水环境质量变化情况排名

城市地表水环境质量变化情况排名基于城市水质指数的变化程度 $\Delta CWQI_{城市}$。$\Delta CWQI_{城市}$为负值，说明城市地表水环境质量变好；$\Delta CWQI_{城市}$为正值，说明城市地表水环境质量变差。按照 $\Delta CWQI_{城市}$从小到大的顺序进行排名，排名越靠前说明城市地表水环境质量改善程度越高。$\Delta CWQI_{城市}$计算如式（8）所示：

$$\Delta CWQI_{城市}=\frac{CWQI_{城市}-CWQI_{城市0}}{CWQI_{城市0}}\times 100\% \tag{8}$$

式中：$\Delta CWQI_{城市}$为城市水质指数的变化程度；

$CWQI_{城市}$为城市水质指数；

$CWQI_{城市0}$为城市前一时段的水质指数。

五、数据统计

（一）断面（点位）城市归属

本规定所指城市指城市管辖市域，包括下属区县和已改为省直管的县；涉及上、下游城市的出入境断面，均纳入上游城市排名；存在往返流的断面按照年度主流方向，确定上游城市进行排名；涉及两个或多个城市界河的断面，同时参与所有涉及城市的排名。

（二）数据统计和计算

按不同时段进行城市地表水环境质量排名时，采用各监测断面（点位）排名时段每个月监测数据的算术平均值计算排名；低于检出限的项目，按照 1/2 检出限值参与计算算术平均值。

1. 缺少监测数据的处理方式

（1）因特别重大、重大水旱、气象、地震、地质等自然灾害或常年自然季节性河流以及上游其他城市不合理开发利用等原因导致断面断流无监测数据的，以该断面实际有水月份的监测数据计算城市水质指数。以上情况需提供职能部门的相关证明材料（如图片、水文资料、气象数据等）。

（2）因断面汇水范围内实施治污清淤等引起所在水体断流的，省级环境保护主管部门应组织在工程上游确定临时替代监测点位并报环境保护部核准，以该断面实际有水月份和断流月份临时替代监测点位的监测数据计算城市水质指数。治污清淤实施前应向省级环境保护主管部门通报工程实施计划，并提供工程实施的证明文件、图片资料等（包括招标合同、开工证明、清淤位置、淤泥去向、土方量、上游汇水去向、施工时限等）；如不能提供上述资料，则以该城市水质最差断面（点位）最差月份数据计算城市水质指数。若最差月份水质好于劣Ⅴ类，则主要污染指标均以Ⅴ类水质标准浓度值计算城市水质指数。

（3）其他非上述原因，如渗坑、不合理开发利用（2015年12月前实施完成除外）引起河流断流等，导致城市任一断面（点位）部分月份（冰封期或监测规定允许情形的除外）无监测数据，则以该城市水质最差断面（点位）最差月份数据计算城市水质指数。若最差月份水质好于劣Ⅴ类，则主要污染指标均以Ⅴ类水质标准浓度值计算城市水质指数。

2. 上下游断面水质影响的处理方式

若城市上游入境断面水质不达标，参照《水污染防治行动计划实施情况考核规定（试行）》（环水体〔2016〕179号）中相关规定，扣除上游影响后计算该城市水质指数。

（三）数据修约

数据统计和计算结果按照《数值修约规则与极限数值的表示和判定》（GB/T 8170）的要求进行修约。

各项指标浓度值保留小数位数比《地表水环境质量标准》（GB 3838—2002）中的Ⅰ类标准限值多1位，若按此修约为0则至少保留1位有效位数。

城市水质指数$CWQI_{城市}$保留4位小数位数，城市水质指数的变化程度$\Delta CWQI_{城市}$保留百分数2位小数位数。

六、信息发布

（一）城市地表水环境质量状况排名信息

国家公布的城市地表水环境质量状况排名信息包括：

城市地表水环境质量较好的10个城市名单。即城市水质指数$CWQI_{城市}$从小到大排序前10个城市；相同的以并列计，断面（点位）数量多的城市排在前面。

城市地表水环境质量较差的10个城市名单。即城市水质指数$CWQI_{城市}$从大到小排序前10个城市；相同的以并列计，断面（点位）数量多的城市排在前面。

（二）城市地表水环境质量变化情况排名信息

国家在公布城市地表水环境质量状况排名的同时，可公布城市地表水环境质量变化情况排名，包括：

城市地表水环境质量改善较快的10个城市名单。即城市水质指数的变化程度$\Delta CWQI_{城市}$从小到大排序前10个城市；相同的以并列计，断面（点位）数量多的城市排在前面。

城市地表水环境质量改善较慢（或变差较快）的10个城市名单。即城市水质指数的变化程度$\Delta CWQI_{城市}$从大到小排序前10个城市；相同的以并列计，断面（点位）数量多的城市排在前面。

城市地表水环境质量变化情况排名充分考虑未达水质目标的断面水质变化情况；对于城市所有地表水断面（点位）基准年和现状均满足或优于《地表水环境质量标准》（GB 3838—2002）Ⅱ类水质且考核达标时，不参加城市地表水环境质量变化情况排名。

各省（区、市）公布本行政区域内城市地表水环境质量排名情况时，公布的城市个数由各省（区、市）酌情确定。

关于印发《国家地表水环境质量信息公开方案》的通知

（环办监测函〔2020〕545 号）

各省、自治区、直辖市生态环境厅（局），新疆生产建设兵团生态环境局，中国环境监测总站：

为贯彻落实《中华人民共和国环境保护法》《中华人民共和国政府信息公开条例》，进一步推进国家地表水环境质量信息公开工作，我部组织制定了《国家地表水环境质量信息公开方案》。现印发给你们。该方案自 2020 年 11 月 5 日起实施。

生态环境部办公厅

2020 年 10 月 23 日

国家地表水环境质量信息公开方案

为进一步推进国家地表水环境质量信息公开工作，落实地方政府水污染防治责任，强化舆论监督，制定本方案。各地方地表水环境质量信息公开工作可参照本方案执行。

一、国家地表水自动监测实时数据

（一）发布范围

已建成并正式投入运行的国家地表水水质自动监测站（以下简称水站）数据。因点位调整、断流、供电、设备更新等原因导致实际运行水站数量发生变化的，以实际运行水站为准。

（二）发布方式

建立国家地表水水质自动监测实时数据发布系统，在生态环境部官网、中国环境监测总站官网上发布水站实时数据。

（三）发布指标

水温、pH、溶解氧、电导率、浊度、高锰酸盐指数、氨氮、总磷、总氮共 9 项监测指标；湖库水站增加叶绿素 a 和藻密度。

（四）发布内容

经初步审核的实时数据、水质类别等。水站如出现异常情况，按以下规则处理：

1. 不具备运行条件

若水站因断流、采水故障、通讯故障、供电故障、供水故障、仪器离线等原因不具备运行条件时，则该水站所有数据以“—”表示，水站情况备注为“不具备运行条件”；若因上述原因导致个别指标无监测数据的，该指标以“—”表示，水站情况如实备注。

2. 数据异常

出现数据异常时，监测数据以“—”表示，水站情况备注为“维护”。

（五）发布频次

每 4 小时滚动发布一次，即发布每天 0：00、4：00、8：00、12：00、16：00、20：00 的实时数据。

二、国家地表水采测分离与自动监测融合数据

（一）发布范围

国家地表水环境质量监测网断面（“十三五”为 2 050 个，“十四五”为 3 646 个）。因断面调整、无法采样等原因导致实际监测断面数量发生变化的，以实际监测断面数量为准。

（二）发布方式

在生态环境部官网、中国环境监测总站官网上发布采测分离与自动监测融合数据。

（三）发布指标

“十三五”期间发布指标为：水温、pH、溶解氧、电导率、浊度、高锰酸盐指数、化学需氧量、五日生化需氧量、氨氮、总磷、总氮、铜、锌、氟化物、硒、砷、汞、镉、铬（六价）、铅、氰化物、挥发酚、石油类、阴离子表面活性剂和硫化物等 25 项指标。

“十四五”期间发布指标为：水温、pH、溶解氧、电导率、浊度、高锰酸盐指数、氨氮、总磷、总氮以及该断面其他特征污染指标。

根据断面属性要求，增加发布叶绿素 a、透明度、盐度、硝酸盐和亚硝酸盐等指标。

（四）发布内容

经审核后的采测分离与自动监测融合数据和水质类别。

对于采测分离与自动监测融合数据存在的特殊情况，按以下规则处理：

1. 因水体断流、不具备采样条件等原因，导致断面无监测数据的，以“—”表示，备注原因。

2. 因仪器故障、监测数据审核无效等原因导致个别指标无监测数据的，以“—”表示，备注原因。

3. 因采测分离与自动监测数据融合导致数据间逻辑关系不合理的，以“—”表示，备注原因。

（五）发布频次

每月 25 日前，在全国地表水环境质量状况报告公开后，发布上一个月国家地表水采测分离与自动监测融合数据。

国家地表水自动监测实时数据、国家地表水采测分离与自动监测融合数据发布后，如出现地方对断面数据提出申诉的特殊情况，经专家审核确认并按程序报批后，在年度评价和考核时予以修正。

关于印发《国家地表水环境质量监测网采测分离管理办法》和《国家地表水水质自动监测站运行管理办法》的通知

（环办监测〔2019〕2 号）

各省、自治区、直辖市生态环境厅（局）、中国环境监测总站：

为进一步规范国家地表水环境质量监测网采测分离和水质自动监测站运维管理，确保监测数据准确可靠，我部组织制定了《国家地表水环境质量监测网采测分离管理办法》和《国家地表水水质自动监测站运行管理办法》，现印发给你们，请认真贯彻落实。

生态环境部办公厅

2019 年 1 月 18 日

附件 1

国家地表水环境质量监测网采测分离管理办法

一、总　则

第一条　为规范国家地表水环境质量监测网采测分离管理，确保地表水环境质量监测数据真实准确，依据《中华人民共和国环境保护法》《中华人民共和国水污染防治法》，以及国务院印发的《生态环境监测网络建设方案》和中共中央办公厅、国务院办公厅印发的《关于深化环境监测改革提高环境监测数据质量的意见》等文件，制定本办法。

第二条　本办法所称采测分离，是指国家地表水环境质量监测中，按照国家考核、国家监测的原则，将样品采集和检测分析交由不同单位承担，实现样品采集与检测分析分离、水质监测与考核对象分离的监测模式。

水质自动监测站建成前，地表水采测分离监测数据是分析评价水环境质量状况及变化趋势、考核评估水污染防治成效、支撑环境执法的重要依据；水质自动监测站建成并正式运行后，以自动监测数据为主，地表水采测分离监测数据是自动监测数据的重要质控手段，也是自动监测数据的重要补充。

第三条　本办法适用于国家地表水环境质量监测网采测分离监测的管理。

各省（区、市）对本行政区域内省级地表水环境质量采测分离监测可参照执行。

二、职责分工

第四条 生态环境部负责国家地表水环境质量监测网采测分离的统一管理，制定采测分离管理制度，组织开展监督检查。中国环境监测总站受生态环境部委托，负责采测分离的组织实施，以标准化、规范化和信息化为重点，制定采测分离实施计划和质量保证、质量控制方案，对监测的全过程质量控制体系负责。

第五条 省级生态环境主管部门负责本行政区内国家地表水环境质量监测网采测分离的协调保障；按照统一规范要求，组织设立和维护国家地表水环境质量监测断面（点位）断面桩；负责组织水质变化原因分析，并及时处理水质异常情况。

第六条 承担样品采集任务的单位（以下简称采样单位）和承担样品检测分析的单位（以下简称检测单位）要通过检验检测机构资质（CMA）认定，相关人员应当持证上岗。

采样单位按照相关技术标准规范，负责样品采集、现场检测（包括水温、pH、溶解氧、电导率、透明度、盐度、流量等指标）、样品保存、样品运输、样品交付等工作。

检测单位按照相关技术标准规范，负责样品接收、样品保存、样品前处理、样品检测分析、数据传输等工作。

三、运行管理

第七条 中国环境监测总站负责制定采测分离监测计划并组织实施。

（一）组织采样单位和检测单位，按照相关技术标准规范开展样品采集和检测分析工作；

（二）对采样单位和检测单位上报的数据异常情况进行综合判断，必要时组织验证监测；确认水质异常的，及时报送生态环境部，并将有关情况同时通报省级生态环境主管部门；

（三）根据水环境管理要求，调整断面（点位）的样品采集时间，必要时组织开展加密复测；

（四）建立样品异地检测机制，优先安排下游城市的检测单位承担上游城市断面（点位）样品的检测分析任务；

（五）建立检测单位动态调整机制，必要时对检测单位进行轮换。

第八条 采样单位承担样品采集任务。

（一）根据中国环境监测总站的采测分离监测计划，制定配套的采样方案；

（二）每个断面至少安排 2～3 名人员参加采样，对于采样量大的断面应酌情增派采样人员；

（三）在现场检测过程中，发现数据异常情况，应当对仪器仪表状态和质控情况进行检查，确认仪器无误后，将水质异常情况及时报送中国环境监测总站；

（四）在完成采样后 18 小时内将样品送达检测单位，超期按退样处理，并重新申请采样；采样后 24 小时内将断面（点位）的现场照片和采样视频上传中国环境监测总站；样品送达后24小时内将样品交接和混样等影像材料、运输过程中冷藏车的温控记录上传中国环境监测总站；

（五）建立人员轮换机制，实行同一断面（点位）的采样人员的定期轮换，原则上每半年至少轮换一次；

（六）原则上每月10日前完成当月样品采集任务，加密复测的样品采集时限按照中国环境监测总站要求执行；

（七）加强人员的保密教育，对断面（点位）的采样时间、样品送测关系、采样频次等信息严格保密。

第九条　检测单位承担样品检测分析任务。

（一）根据中国环境监测总站的采测分离监测计划，制定配套的检测分析方案；

（二）建立采测分离期间值守制度，合理安排人员、仪器、耗材、物资等，确保在样品保存有效期内完成对监测项目的检测分析任务；

（三）在检测分析过程中，发现数据异常情况（如重金属、有毒有害物质浓度超过地表水Ⅲ类标准限值等），应立即对检测分析全过程开展排查，并对留样重新检测分析，确认样品异常的，及时报送中国环境监测总站；

（四）原则上在每月18日前完成当月检测分析和上月加密复测任务。

第十条　采样单位和检测单位应当定期开展人员安全教育和培训，采取必要安全措施保障样品采集和检测分析人员的人身安全。

第十一条　采测分离期间如遇法定节假日，地震、台风、洪水等自然灾害，或国家重大活动临时管制等情况，经中国环境监测总站确认后，样品采集和检测分析时限可适当顺延。

第十二条　断面（点位）汇水范围内实施水污染治理工程的，可选用临时替代断面（点位）开展监测，临时替代断面（点位）应当提前2个月申报，替代时间原则上不超过3个月，具体要求按照《水污染防治行动计划实施情况考核规定（试行）》（环水体〔2016〕179号）执行。

四、数据审核管理

第十三条　中国环境监测总站负责建立数据审核、反馈与共享机制。

（一）中国环境监测总站组织省级生态环境主管部门的数据审核人员，对本省份监测数据进行审核。每月19日前完成审核，审核结果同步反馈省级生态环境主管部门；

（二）省级生态环境主管部门统一组织本行政区内存疑数据的申报，原则上于当月22日前报中国环境监测总站，逾期未申报的不予受理；

（三）省级生态环境主管部门应当建立水质异常变化分析机制，对当月水质变化明显（含同比、复测等）的断面（点位），结合水污染治理工程、生态基流保障、水文气候条件变化、突发性事件影响等方面进行原因分析，并于当月22日前将分析报告报中国环境监测总站；

（四）中国环境监测总站负责组织专家，根据水质自动监测数据、历史数据、采测分离质控结果和地方水质变化原因分析报告，对存疑数据和断面（点位）水质变化原因的合理性进行论证；

（五）存疑数据符合以下要求的，予以剔除：

1. 样品采集、样品运输、样品保存、样品检测分析等全过程各环节操作不规范的；

2. 未严格按照《国家地表水环境质量监测网监测任务作业指导书（试行）》中规定分析方法进行检测分析的；

3. 检测单位质控样品检测分析结果不合格的；

4. 同一断面或同一采样点的相关项目之间监测数据逻辑关系不合理的；

5. 同一断面不同采样点间相同项目监测数据逻辑关系不合理的；

6. 当月监测数据与历史数据间逻辑关系不合理的。

（六）断面水质出现明显改善，无法提供合理原因的，采用上年同期监测数据或加密复测监测数据予以替代；

（七）中国环境监测总站将审定的监测数据与地方共享，并入库管理，监测数据一经入库，不得更改。

五、质量监督管理

第十四条　采测分离期间，样品实行加密管理。加密质控样品（包括平行样品、全程序空白样品）应当覆盖全指标项目，数量至少为样品总数量的 10%，且实现检测单位全覆盖。

第十五条　中国环境监测总站负责建立健全质量监督管理机制。

（一）建立跨省比对抽测机制，随机选择部分断面（点位），开展跨省检测单位间的同步比对工作，每季度至少开展一次；

（二）建立定期检查与不定期抽查相结合的质量监督机制，定期采用盲样考核、现场比对等方式对采样单位和检测单位进行质量检查，不定期采用飞行检查、异地质控等方式对采样单位和检测单位进行监督抽查；

（三）建立采测分离考核评级制度，定期对采样单位和检测单位进行量化考核，相关结果作为委托费用拨付的主要依据；

（四）根据质量检查情况，对出现严重影响数据质量行为的采样单位和检测单位进行公开约谈，并及时向社会公布处理结果。

第十六条　采样单位和检测单位应当建立健全质量控制和质量保证制度，对监测数据的真实性和准确性负责。

（一）严格执行《国家地表水环境质量监测网监测任务作业指导书（试行）》；

（二）建立采测分离业务管理制度，规范人员、仪器设备、试剂耗材、标准方法、监测设施和实验环境条件；

（三）建立“三级审核”制度，严格审核程序，数据一经上报不得随意修改或变更。

第十七条　采测分离实施期间存在以下情形的，一经查实，将依照《环境监测数据弄虚作假行为判定及处理办法》有关规定严肃处理。

（一）存在《环境监测数据弄虚作假行为判定及处理办法》中认定的篡改、伪造或者指使篡改、伪造监测数据行为的；

（二）故意向相关方泄露采样时间、样品送测关系、采样频次等重要信息的；

（三）在断面（点位）周边范围内，临时设置人工喷泉、曝气等增氧措施或投放生物、化学药剂等，强行改变断面（点位）周边局部水体理化性质，导致采集水样异常的；

（四）针对断面上、下游局部区域进行截污改道，或以筑坝、开沟、引渠等方式，故意改变河道走向，导致断面失去污染监控作用的；

（五）采样期间，对断面（点位）周边区域可能产生污染影响的工厂企业实施突击性停产限产，临时控制断面周边的污染排放，造成断面水质改善假象的；

（六）采样期间，临时加大生态基流补给，短期内增大断面局部水体生态容量，造成断面水质改善假象的。

六、附　则

第十八条　本办法由生态环境部负责解释。

第十九条　本办法自印发之日起实施。

附件 2

国家地表水水质自动监测站运行管理办法

一、总　则

第一条　为规范国家地表水水质自动监测站运行管理，确保地表水水质自动监测站稳定运行，监测数据真实、准确，制定本办法。

第二条　本办法所称地表水水质自动监测站是指对地表水进行样品自动采集、处理、分析及数据传输的集成系统。地表水水质自动监测站一般由监测站房、采水单元、配水及预处理单元、辅助单元、分析测试单元、控制单元和数据采集与传输单元等部分组成。

地表水水质自动监测站的监测数据是水环境风险预警的重要基础，是污染追踪溯源、支撑环境执法的重要手段，是分析评价水环境质量状况和变化趋势、考核评估水污染治理成效的重要依据。

第三条　本办法适用于国家地表水环境质量监测网水质自动监测站（以下简称国控水站）的运行管理。

各省（区、市）对本行政区域内的省控、市控水站的运行管理可参照执行。

二、职责分工

第四条　生态环境部负责国控水站的统一规划、站点设置和运行管理，制定水站运行管理制度，组织开展监督检查。中国环境监测总站受生态环境部委托，以标准化、规范化和信息化为重点，开展水站日常运行管理、质量控制和质量保证工作，组织审核并共享水站实时监测数据，对监测的全过程质量控制体系负责。

第五条　省级生态环境主管部门负责本行政区内国控水站运行基础条件的协调保障，建立水质异常情况预警响应和处置机制，建立预防人为干扰干预监测过程的工作机制；并将相关责任分解落实到国控水站所在地级及以上城市生态环境主管部门。

第六条　国控水站运维机构（以下简称运维机构）按照相关技术规范要求，负责水站的日常运行维护；承担水站实时监测数据和信息的采集、传输、审核；建立异常数据快速响应机制，及时处理数据中断、异常和仪器设备故障等情况。

三、运行管理

第七条　中国环境监测总站负责制定国控水站运维技术规程，规范运维程序、内容，明确运维要求。

（一）负责国控水站仪器设备的验收，组织国控水站仪器设备的关键技术参数的复检和核准，通过验收的仪器设备，原则上关键技术参数不得调整；

（二）建立运维机构绩效考核机制，组织对运维机构进行绩效考核，实行运维机构信用评级管理，加强和规范运维机构守信激励和失信惩戒；

（三）负责国家地表水自动监测数据管理和发布平台的建设维护，保障监测数据实时稳定传输，实现国控水站自动监测数据国家与地方实时共享；

（四）建立水质异常情况通报机制，经运维机构确认，非仪器设备故障导致的水质异常，视情向生态环境部报告，同时抄送省级生态环境主管部门；

（五）建立档案管理制度，组织做好国控水站档案管理工作；

（六）组织开展运维人员和数据审核人员的技术培训和上岗考核。

第八条　省级生态环境主管部门负责水质异常处理和国控水站运维保障。

（一）负责国控水站运行基础条件协调保障。组织做好国控水站站房主体、水电路、空调设备、网络通讯设备、防雷装置、消防设备、安全防盗设施、采水构筑物、采（配）水管路以及出入道路的维护，保证国控水站正常稳定运行；

（二）负责水质异常处理。应当密切跟踪国控水站监测数据，实现水质异常自动报警，建立预警响应和处置机制，一旦出现水质异常，及时将报警信息自动推送至相关职能部门和河（湖）长等有关责任人，并采取措施，妥善处置；

（三）建立监测数据互联共享机制。做好本行政区域国控水站监测数据与地级及以上城市的实时共享，按照国控水站数据联网技术规范和要求，实现本行政区域省控、市控水站监测数据与国家的互联共享；

（四）配合做好国控水站档案管理工作。

第九条　运维机构应当按照相关技术规范和运维合同要求，做好国控水站日常运行维护工作，保障水站正常稳定运行。

（一）实施运维人员备案制管理。运维人员必须经过中国环境监测总站组织的技术能力培训，通过考核后持证上岗，并在中国环境监测总站备案；

（二）编制国控水站运维作业指导书，明确细化运维内容、程序、责任人及其职责要求，报中国环境监测总站备案；

（三）规范备用仪器设备（以下简称备机）管理，国控水站每 10 台在用仪器设备至少配置 1 台备机，备机种类应当覆盖国控水站所有监测参数，备机的监测原理应当与在用仪器设备一致，性能满足相关标准规范要求；

（四）仪器设备性能测试、维护保养或故障停运期间，应当在显著位置放置统一标志标识，明确仪器设备运行状态，并严格按照相关技术规范进行操作；

（五）建立例行维护巡检制度，按照中国环境监测总站要求，定期进行仪器设备维护保养，检查试剂使用状况，站房主体、采水构筑物、采（配）水管路和消防、防雷、防盗、供电、供水、网络通讯、视频监控、空调、除湿机等配套设施，备品备件状态和废液收集处置，并做好维护巡检记录，汛期、冰封期应当加大维护巡检力度，发现异常情况及时报告中国环境监测总站；

（六）做好突发情况的应急应对工作。在发生突发性水污染事件时，应当立即启动应急运维预案，配合地方做好加密监测等相关工作，并报中国环境监测总站备案；在发生河流断流、冰封，或地震、台风、洪水等情况国控水站需要停运时，应当报请中国环境监测总站批准，并提供相关证明材料，停运期间，须做好仪器设备的维护保养，具备运行条件时要及时恢复运行；

（七）建立监控值守制度，实时监控监测数据并形成记录，对站点运行、参数设置、数据采集与传输情况进行远程监控，保障国控水站监测数据实时上传中国环境监测总站，每月对站点所有监测数据和信息进行备份；

（八）建立监测数据异常处理机制。出现监测数据异常时，应当在 4 小时内完成仪器设备故障排查，并做好相关记录。因仪器故障导致的数据异常，应当立即进行修复，无法修复的，应当在 48 小时内使用备机或移动监测车开展监测；非仪器故障导致的数据异常，应当立即向中国环境监测总站和所在地级及以上城市生态环境主管部门报告；

（九）实行人员出入登记备案制度，非运维人员未经允许，原则上不得进入水站站房和采水口所在区域。地方确因工作需要进出水站，无需审批，实行登记备案制，运维机构应安排专人积极配合，做好水站进出记录，并于当日报中国环境监测总站备案；

（十）按照国控水站档案管理要求，定期做好国控水站站点信息、仪器设备、运行维护、进出记录等各类档案整理和更新工作。

第十条 国控水站仪器设备的选型、安装、调试和验收应当符合相关标准规范要求，仪器设备的报废、更新由产权所有单位负责，具体按照相关国有资产处置管理规定执行。

四、数据审核管理

第十一条 国控水站自动监测数据实行在线审核，审核全过程各环节记录留痕。

（一）数据审核人员须通过中国环境监测总站组织的技术培训和考核，具备综合分析、数据传输、质量管理等相关资格；

（二）运维机构和省级环境监测机构分别于每日 12 时前完成各站点前日所有实时监测数据审核，报中国环境监测总站复核；复核不通过的数据，于第 2 日 8 时前再次审核后上报；再次审核报送的数据仍未通过复核的，以中国环境监测总站最终复核结果为准；

（三）运维机构和省级环境监测机构分别于每月 1 日 12 时前，完成上月所有实时监测数据的汇总确认，并报送中国环境监测总站，中国环境监测总站于每月 2 日前完成上月监测数据的最终确认；

（四）中国环境监测总站于每月 3 日前完成上月所有实时监测数据的审核工作，审核通过的数据直接入库。

五、质量监督管理

第十二条 中国环境监测总站负责建立健全质量监督管理机制。

（一）建立定期检查与不定期抽查相结合的质量监督机制，定期采用盲样考核、实际水样比对等方式对运维机构进行质量检查，不定期采用远程抽测、飞行检查等方式对运维机构进行监督抽查；

（二）建立经费支付与运行考核相结合的质量监督管理机制，定期对运维机构进行量化考核，相关考核结果作为委托费用支付的主要依据。

第十三条　省级生态环境主管部门配合中国环境监测总站，对运维机构开展质量监督工作。相关监督检查结果，作为中国环境监测总站对运维机构进行考核的依据。

第十四条　运维机构应当建立健全内部质量管理机制，细化运维规程，规范运维人员、仪器设备、备品备件、试剂耗材、监测设施和实验环境管理。按照相关技术标准规范，定期做好国控水站仪器设备的零点漂移、跨度漂移、标样核查、多点线性核查、实际水样比对、集成干预检查和加标回收等质控工作，保证监测数据质量。

第十五条　国控水站运行期间存在以下情形的，一经查实，将依照相关法律法规及有关要求，严肃处理。

（一）存在《环境监测数据弄虚作假行为判定及处理办法》中认定的篡改、伪造或者指使篡改、伪造监测数据行为的；

（二）实施或强令、指使、授意他人实施修改参数，或者干扰采样，致使监测数据严重失真的；

（三）实施或参与干扰采水设施和自动监测设施、破坏水质自动监测系统的；

（四）在河流或湖库站点的采水口周边范围内，采取设置人工喷泉、曝气等增氧措施或投放生物、化学药剂等措施，强行改变水体理化性质，导致采集水样异常的；

（五）针对水站采水环境实施人为干预，造成河流改道或断流，故意绕开站点采水口，导致站点失去污染监控作用的；

（六）其他破坏水质自动监测系统的情形。

六、附　则

第十六条　本办法由生态环境部负责解释。

第十七条　本办法自印发之日起实施，中国环境监测总站印发的《国家地表水自动监测站运行管理办法》（总站水字〔2007〕182号）同时废止。

关于印发《地表水和地下水环境本底判定技术规定（暂行）》的通知

（环办监测函〔2019〕895 号）

各省、自治区、直辖市生态环境厅（局），新疆生产建设兵团生态环境局：

为客观准确反映水环境质量状况和水污染防治工作成效，进一步满足全国地表水、地下水环境质量评价、考核和排名等工作需求，我部组织制定了《地表水和地下水环境本底判定技术规定（暂行）》，现印发给你们，请遵照执行。

生态环境部办公厅

2019 年 12 月 4 日

地表水和地下水环境本底判定技术规定（暂行）

1 适用范围

本规定明确了国家地表水和地下水（饮用水源）环境本底判定的原则、标准和程序等相关要求。

本规定适用于国家组织开展环境质量监测的地表水和地下水（饮用水源）环境本底判定，地方组织开展环境质量监测的湖库河流和地下水（饮用水源）可参照执行。

本规定不适用于其他形式地表水和地下水环境背景值等方面的监测、判定和研究。

2 规范性引用文件

本规定引用了下列文件中的条款。凡是不注明日期的引用文件，其最新版本适用于本规定。

地表水环境质量标准	GB 3838
地下水质量标准	GB/T 14848
水污染防治行动计划实施情况考核规定（试行）	环水体〔2016〕179 号
“十三五”国家地表水环境质量监测网设置方案	环监测〔2016〕30 号
国家地表水采测分离监测管理办法	环办〔2019〕2 号
国家地表水水质自动监测站运行管理办法	环办〔2019〕2 号

3　术语和定义

下列术语和定义适用于本规定。

3.1

环境本底　environmental background

一般是指自然环境在未受污染的情近岸海域环境监测技术规范况下，各种环境要素中化学元素或化学物质的基线含量。亦指人类在某个区域进行某种社会活动行为之前的自然环境状态。

3.2

环境本底值　environmental background value

对未受人类社会活动行为影响的环境区域按照规定的监测程序针对特定的监测项目所测定的数据。

4　环境本底的判定

4.1　环境本底判定要求

4.1.1　不受人类社会活动或受人类活动影响较小区域的河流（段）、湖泊和地下水。例如，河流（段）主要分布在各主要流域（水系）上游；湖泊主要分布在高原内陆地区，无出湖河流的内流湖；或其他形式的水体。

4.1.2　地表水环境本底判定主要针对受到自然地理和地质条件影响较大的水体。

4.1.3　地下水环境本底判定主要针对受到地质条件影响较大的水体。

4.1.4　水体周边无影响环境本底的人为污染源汇入。

4.2　判定监测项目

地表水：以《地表水环境质量标准》24 项常规监测项目为基础，确定不受人类活动影响而产生的监测项目。

饮用水源：以《地表水环境质量标准》109 项和《地下水质量标准》93 项为基础，确定不受人类活动影响而产生的监测项目。

环境本底判定时应考虑区域内特征污染项目，可参考的监测项目如下：

（1）地表水：pH、溶解氧、总磷、化学需氧量、高锰酸盐指数、氟化物等。

（2）饮用水源：pH、氟化物、总硬度、Fe、Mn、As、Sb、硫酸盐、溶解性总固体（TDS）、硼、钼、铊、总 α 放射性、碘化物等。

4.3　判定标准

4.3.1　地表水水质评价和考核情况

地表水以《地表水环境质量标准》常规监测项目Ⅲ类水质标准限值为判定标准。

地表水型饮用水源以《地表水环境质量标准》常规监测项目Ⅲ类水质标准限值和补充项目、特定项目标准限值为判定标准。

地下水型饮用水源以《地下水质量标准》常规和非常规监测项目Ⅲ类水质标准限值为

判定标准。

4.4 判定方法

（1）当受环境本底值影响水体经常超过判定标准限值时可开展环境本底判定。当环境本底值低于判定标准限值时可不进行环境本底判定。

（2）在环境本底判定时，如果拟确定为环境本底的水体、监测项目和时段，需要证明超过判定标准限值的监测项目仅受自然地理条件和地质条件影响而非受人类社会活动影响（或影响较小）。否则不予判定。

5 环境本底判定程序及应用

5.1 判定程序

由各地方生态环境部门以文件形式向中国环境监测总站报送行政区域内的水环境本底判定申请，并附相关证明材料。证明材料需包括水环境本底情况报告及相关材料，专家评审意见等。

由中国环境监测总站会同各流域生态环境监测与科学研究中心根据地方提供的材料组织现场踏勘和专家论证，并报生态环境部备案同意。

需建立环境本底动态更新调整机制，并组织环境本底评审。

5.2 环境本底值统计处理

地表水常规监测项目以《地表水环境质量标准》Ⅲ类标准限值替换为环境本底值进行统计计算（水质目标低于Ⅲ类时，以水质目标值替换）。

地表水补充项目和特定项目按标准限值替换为环境本底值进行统计计算。

地下水常规监测项目和非常规项目以《地下水质量标准》Ⅲ类标准限值替换为环境本底值进行统计计算。

5.3 环境本底应用

确定为环境本底的水体、监测断面（点位）及监测项目，按照确定的水体、断面（点位）、时段和监测项目，在城市地表水和饮用水源达标考核和城市排名等工作中根据实际情况可选择剔除自然本底的影响。但在全国地表水水质状况评价和饮用水源水质评价时直接参与评价，评价结果需要注明受环境本底的影响。

附录 A（资料性附录）

国家地表水和地下水环境本底判定工作需提交的相关材料

A.1 为了及时掌握国家地表水和地下水环境本底基础情况，做好环境本底的判定工作，各有关地方需提供国家地表水和地下水环境本底情况报告及相关材料。

A.2 地表水和地下水水体的基本情况，以及一定时间序列的环境本底浓度值及水质状况。

地表水可采用年度平均值及监测浓度范围（未开展监测和未检出的需注明），饮用水源需采用月度监测值。环境本底受季节影响时需采用月度监测值，以确定影响的时段。

对于咸水湖或半咸水湖、苦咸水河流等水体需提供盐度、矿化度以及相关阴阳离子浓度。

A.3　周边及上游污染源（包括点源和面源）分布及排污情况。

A.4　水体地理位置示意图。图中需标明城市、乡镇、村庄的分布情况，周边及上游污染源分布及排污情况，监测断面（点位）布置情况。

A.5　环境本底监测的相关信息

以表格的形式提交环境本底监测情况，地表水和饮用水源监测情况和分表填写，具体见表 A.1。

表 A.1　× × 省（区、市）地表水和地下水环境本底监测情况

水体名称	水体类型	断面名称	所在地区	监测时间	环境本底指标（超标倍数）					其他污染指标（超标倍数）				

注：1. 水体名称为地表水（河流和湖库）、饮用水源（地表水、地下水）名称；
2. 水体类型为河流、湖泊、水库、饮用水源（地表水）、饮用水源（地下水）；
3. 环境本底判定标准采用优于Ⅲ类水质的考核目标时，需在“环境本底指标”和“其他污染指标”中注明评价标准为“考核目标”。

地下水环境监测技术规范

（HJ 164—2020）

1 适用范围

本标准规定了地下水环境监测点布设、环境监测井建设与管理、样品采集与保存、监测项目和分析方法、监测数据处理、质量保证和质量控制以及资料整编等方面的要求。

本标准适用于区域层面、饮用水水源保护区和补给区、污染源及周边等区域的地下水环境的长期监测。其他形式的地下水环境监测可参照执行。

2 规范性引用文件

本标准引用了下列文件或其中的条款。凡是未注明日期的引用文件，其最新版本适用于本标准。

GB 16889 生活垃圾填埋场污染控制标准

GB 18598 危险废物填埋污染控制标准

GB 18599 一般工业固体废物贮存、处置场污染控制标准

GB/T 4883 数据的统计处理和解释 正态样本离群值的判断和处理

GB/T 8170 数值修约规则与极限数值的表示和判定

GB/T 14848 地下水质量标准

HJ 25.2 建设用地土壤污染风险管控和修复监测技术导则

HJ 168 环境监测 分析方法标准制修订技术导则

HJ 494 水质 采样技术指导

HJ 630 环境监测质量管理技术导则

HJ 1019 地块土壤和地下水中挥发性有机物采样技术导则

DZ/T 0270 地下水监测井建设规范

DZ/T 0308 区域地下水质监测网设计规范

SL 58 水文测量规范

RB/T 214 检验检测机构资质认定能力评价 检验检测机构通用要求

3 术语和定义

下列术语和定义适用于本标准。

3.1

地下水 groundwater

地表以下饱和含水层的重力水。

3.2

潜水　phreatic water

地表以下、第一个稳定隔水层以上具有自由水面的地下水。

3.3

承压水　confined water

充满于上下两个相对隔水层间的具有承压性质的水。

3.4

水文地质条件　hydrogeological condition

地下水埋藏和分布、含水介质和含水构成等条件的总称。

3.5

水文地质单元　hydrogeological unit

具有统一补给边界和补给、径流、排泄条件的地下水系统。

3.6

静水位　static water level

抽水前井孔中稳定的地下水水位。

3.7

地下水环境监测井　groundwater environmental monitoring well

为准确把握地下水环境质量状况和地下水体中污染物的动态分布变化情况而设立的监测井。

3.8

地下水补给区　groundwater recharge zone

含水层出露或接近地表接受大气降水和地表水等入渗补给的地区。

3.9

地下水径流区　groundwater runoff zone

含水层的地下水从补给区至排泄区的径流范围。

3.10

孔隙水　pore water

存在于岩土体孔隙中的重力水。

3.11

裂隙水　fissure water

贮存于岩体裂隙中的重力水。

3.12

风化裂隙水　weathering fissure water

基岩风化带中的裂隙水。

3.13

构造裂隙水　structure fissure water

存在于岩石构造裂隙中的地下水。

3.14

岩溶水　karst water

贮存于可溶性岩层溶隙（穴）中的重力水。

4　地下水环境监测点布设

4.1　监测点布设原则

4.1.1　监测点总体上能反映监测区域内的地下水环境质量状况。

4.1.2　监测点不宜变动，尽可能保持地下水监测数据的连续性。

4.1.3　综合考虑监测井成井方法、当前科技发展和监测技术水平等因素，考虑实际采样的可行性，使地下水监测点布设切实可行。

4.1.4　定期（如每 5 年）对地下水质监测网的运行状况进行一次调查评价，根据最新情况对地下水质监测网进行优化调整。

4.2　监测点布设要求

4.2.1　对于面积较大的监测区域，沿地下水流向为主与垂直地下水流向为辅相结合布设监测点；对同一个水文地质单元，可根据地下水的补给、径流、排泄条件布设控制性监测点。地下水存在多个含水层时，监测井应为层位明确的分层监测井。

4.2.2　地下水饮用水源地的监测点布设，以开采层为监测重点；存在多个含水层时，应在与目标含水层存在水力联系的含水层中布设监测点，并将与地下水存在水力联系的地表水纳入监测。

4.2.3　对地下水构成影响较大的区域，如化学品生产企业以及工业集聚区在地下水污染源的上游、中心、两侧及下游区分别布设监测点；尾矿库、危险废物处置场和垃圾填埋场等区域在地下水污染源的上游、两侧及下游分别布设监测点，以评估地下水的污染状况。污染源位于地下水水源补给区时，可根据实际情况加密地下水监测点。

4.2.4　污染源周边地下水监测以浅层地下水为主，如浅层地下水已被污染且下游存在地下水饮用水水源地，需增加主开采层地下水的监测点。

4.2.5　岩溶区监测点的布设重点在于追踪地下暗河出入口和主要含水层，按地下河系统径流网形状和规模布设监测点，在主管道与支管道间的补给、径流区适当布设监测点，在重大或潜在的污染源分布区适当加密地下水监测点。

4.2.6　裂隙发育区的监测点尽量布设在相互连通的裂隙网络上。

4.2.7　可以选用已有的民井和生产井或泉点作为地下水监测点，但须满足地下水监测设计的要求。

4.3　监测点布设方法

4.3.1　区域监测点布设方法

区域地下水监测点布设参照 DZ/T 0308 相关要求执行。

4.3.2　地下水饮用水水源保护区和补给区监测点布设方法

4.3.2.1　孔隙水和风化裂隙水

地下水饮用水水源保护区和补给区面积小于 50 km^2 时，水质监测点不少于 7 个；面积为 50～100 km^2 时，监测点不得少于 10 个；面积大于 100 km^2 时，每增加 25 km^2 监测点至少增加 1 个；监测点按网格法布设在饮用水水源保护区和补给区内。

4.3.2.2　岩溶水

地下水饮用水水源保护区和补给区岩溶主管道上水质监测点不少于 3 个，一级支流管道长度大于 2 km 布设 2 个监测点，一级支流管道长度小于 2 km 布设 1 个监测点。

4.3.2.3　构造裂隙水

构造裂隙水参见岩溶水的布点方法。

4.3.3　污染源地下水监测点布设方法

4.3.3.1　孔隙水和风化裂隙水

4.3.3.1.1　工业污染源

a）工业集聚区：

1）对照监测点布设 1 个，设置在工业集聚区地下水流向上游边界处；

2）污染扩散监测点至少布设 5 个，垂直于地下水流向呈扇形布设不少于 3 个，在集聚区两侧沿地下水流方向各布设 1 个监测点；

3）工业集聚区内部监测点要求 3～5 个 /10 km^2，若面积大于 100 km^2 时，每增加 15 km^2 监测点至少增加 1 个；监测点布设在主要污染源附近的地下水下游，同类型污染源布设 1 个监测点，工业集聚区内监测点布设总数不少于 3 个。

b）工业集聚区外工业企业：

1）对照监测点布设 1 个，设置在工业企业地下水流向上游边界处；

2）污染扩散监测点布设不少于 3 个，地下水下游及两侧的监测点均不得少于 1 个；

3）工业企业内部监测点要求 1～2 个 /10 km^2，若面积大于 100 km^2 时，每增加 15 km^2 监测点至少增加 1 个；监测点布设在存在地下水污染隐患区域。

4.3.3.1.2　矿山开采区

a）采矿区、分选区、冶炼区和尾矿库位于同一个水文地质单元：

1）对照监测点布设 1 个，设置在矿山影响区上游边界；

2）污染扩散监测点不少于 3 个，地下水下游及两侧的地下水监测点均不得少于 1 个；

3）尾矿库下游 30～50 m 处布设 1 个监测点，以评价尾矿库对地下水的影响。

b）采矿区、分选区、冶炼区和尾矿库位于不同水文地质单元：

1）对照监测点布设 2 个，设置在矿山影响区和尾矿库影响区上游边界 30～50 m 处；

2）污染扩散监测点不少于 3 个，地下水下游及两侧的地下水监测点均不得少于 1 个；

3）尾矿库下游30～50 m处设置1个监测点，以评价尾矿库对地下水的影响；

4）采矿区与分选区分别设置1个监测点以确定其是否对地下水产生影响，如果地下水已污染，应加密布设监测点，以确定地下水的污染范围。

4.3.3.1.3　加油站

a）地下水流向清楚时，污染扩散监测点至少1个，设置在地下水下游距离埋地油罐5～30 m处；

b）地下水流向不清楚时，布设3个监测点，呈三角形分布，设置在距离埋地油罐5～30 m处。

4.3.3.1.4　农业污染源

a）再生水农用区：

1）对照监测点布设1个，设置在再生水农用区地下水流向上游边界；

2）污染扩散监测点布设不少于6个，分别在再生水农用区两侧各1个，再生水农用区及其下游不少于4个；

3）面积大于100 km^2时，监测点不少于20个，且面积以100 km^2为起点每增加15 km^2，监测点数量增加1个。

b）畜禽养殖场和养殖小区：

1）对照监测点布设1个，设置在养殖场和养殖小区地下水流向上游边界；

2）污染扩散监测点不少于3个，地下水下游及两侧的地下水监测点均不得少于1个；

3）若养殖场和养殖小区面积大于1 km^2，在场区内监测点数量增加2个。

4.3.3.1.5　高尔夫球场

a）对照监测点布设1个，设置在高尔夫球场地下水流向上游边界处；

b）污染扩散监测点不少于3个，地下水下游及两侧的地下水监测点均不得少于1个；

c）高尔夫球场内部监测点不少于1个。

4.3.3.2　岩溶水

a）原则上主管道上不得少于3个监测点，根据地下河的分布及流向，在地下河的上、中、下游布设3个监测点，分别作为对照监测点、污染监测点及污染扩散监测点；

b）岩溶发育完善，地下河分布复杂的，根据现场情况增加2～4个监测点，一级支流管道长度大于2 km布设2个点，一级支流管道长度小于2 km布设1个点。

4.3.3.3　构造裂隙水

构造裂隙水参见岩溶水的布点方法。

4.3.3.4　危险废物处置场地下水监测点的布设参照GB 18598相关要求执行。

4.3.3.5　生活垃圾填埋场地下水监测点的布设参照GB 16889相关要求执行。

4.3.3.6　一般工业固体废物贮存、处置场地下水监测点的布设参照GB 18599相关要求执行。

4.3.3.7　其他类型污染源地下水监测点的布设可参照以上方法。

5　环境监测井建设与管理

5.1　环境监测井建设

5.1.1　环境监测井建设要求

5.1.1.1　环境监测井建设应遵循一井一设计，一井一编码，所有监测井统一编码的原则。在充分收集掌握拟建监测井地区有关资料和现场踏勘基础上，因地制宜，科学设计。

5.1.1.2　监测井建设深度应满足监测目标要求。监测目标层与其他含水层之间须做好止水，监测井滤水管不得越层，监测井不得穿透目标含水层下的隔水层的底板。

5.1.1.3　监测井的结构类型包括单管单层监测井、单管多层监测井、巢式监测井、丛式监测井、连续多通道监测井。

5.1.1.4　监测井建设包括监测井设计、施工、成井、抽水试验等内容，参照 DZ/T 0270 相关要求执行。

a）监测井所采用的构筑材料不应改变地下水的化学成分，即不能干扰监测过程中对地下水中化合物的分析。

b）施工中应采取安全保障措施，做到清洁生产文明施工。避免钻井过程污染地下水。

c）监测井取水位置一般在目标含水层的中部，但当水中含有重质非水相液体时，取水位置应在含水层底部和不透水层的顶部；水中含有轻质非水相液体时，取水位置应在含水层的顶部。

d）监测井滤水管要求，丰水期间需要有 1 m 的滤水管位于水面以上；枯水期需有 1 m 的滤水管位于地下水面以下。

e）井管的内径要求不小于 50 mm，以能够满足洗井和取水要求的口径为准。

f）井管各接头连接时不能用任何黏合剂或涂料，推荐采用螺纹式连接井管。

g）监测井建设完成后必须进行洗井，保证监测井出水水清沙净。常见的方法包括超量抽水、反冲、汲取及气洗等。

h）洗井后需进行至少 1 个落程的定流量抽水试验，抽水稳定时间达到 24 h 以上，待水位恢复后才能采集水样。

5.1.2　环境监测井井口保护装置要求

5.1.2.1　为保护监测井，应建设监测井井口保护装置，包括井口保护筒、井台或井盖等部分。监测井保护装置应坚固耐用、不易被破坏。

5.1.2.2　井口保护筒宜使用不锈钢材质，井盖中心部分应采用高密度树脂材料，避免数据无线传输信号被屏蔽；井盖需加异型安全锁；依据井管直径，可采用内径为 24～30 cm、高为 50 cm 的保护筒，保护筒下部应埋入水泥平台中 10 cm 固定；水泥平台为厚 15 cm，边长 50～100 cm 的正方形平台，水泥平台四角须磨圆。

5.1.2.3　无条件设置水泥平台的监测井可考虑使用与地面水平的井盖式保护装置。

5.1.3　环境监测井标识要求

环境监测井宜设置统一标识，包括图形标、监测井铭牌、警示标和警示柱、宣传牌等部分，相关要求参见附录 A。

5.1.4 环境监测井验收与资料归档要求

5.1.4.1 监测井竣工后，应填写环境监测井建设记录表（参见附录 B 表 B.1），并按设计规范进行验收。验收时，施工方应提供环境监测井施工验收记录表和设施验收记录表（参见附录 B 表 B.2、表 B.3），以及钻探班报表、物探测井、下管、填砾、止水、抽水试验等原始记录及代表性岩芯。

5.1.4.2 监测井归档资料包括监测井设计、原始记录、成果资料、竣工报告、验收书的纸质和电子文档。

5.2 现有地下水井的筛选

5.2.1 现有地下水井的筛选要求

地下水监测井的筛选应符合以下要求：

a）选择的监测井井位应在调查监测的区域内，井深特别是井的采水层位应满足监测设计要求。

b）选择井管材料为钢管、不锈钢管、PVC 材质的井为宜，监测井的井壁管、滤水管和沉淀管应完好，不得有断裂、错位、蚀洞等现象。选用经常使用的民井和生产井。

c）井的滤水管顶部位置位于多年平均最低水位面以下 1 m，井内淤积不得超过设计监测层位的滤水管 30% 以上，或通过洗井清淤后达到以上要求。

d）井的出水量宜大于 0.3 L/s。

e）对装有水泵的井，不能选用以油为泵润滑剂的水井。

f）应详细掌握井的结构和抽水设备情况，分析井的结构和抽水设备是否影响所关注的地下水成分。

5.2.2 现有地下水井的筛选方法

以调查、走访的方式，充分调研、收集监测区域的地质、水文地质资料；收集区域内监测井数量及类型、钻探、成井等资料；初步确定待筛选的监测井。

对初步确定的待筛选监测井进行现场踏勘，获取备选监测井的水位、井深、出水量以及现场的其他有关信息。

5.2.3 现有地下水井的筛选编录要求

对筛选出来的监测井应填写环境监测井基本情况表（参见附录 B 表 B.4）。

5.3 环境监测井管理

5.3.1 环境监测井维护和管理要求

5.3.1.1 对每个监测井建立环境监测井基本情况表，监测井的撤销、变更情况应记入原监测井的基本情况表内，新换监测井应重新建立环境监测井基本情况表。

5.3.1.2 每年应指派专人对监测井的设施进行维护，设施一经损坏，必须及时修复。

5.3.1.3 每年测量监测井井深一次，当监测井内淤积物淤没滤水管，应及时清淤。

5.3.1.4 每 2 年对监测井进行一次透水灵敏度试验。当向井内注入灌水段 1 m 井管容积的水量，水位复原时间超过 15 min 时，应进行洗井。

5.3.1.5　井口固定点标志和孔口保护帽等发生移位或损坏时，必须及时修复。

5.3.2　环境监测井报废要求

5.3.2.1　环境监测井报废条件

a）第一种情况：由于井的结构性变化，造成监测功能丧失的监测井。包括：井结构遭到自然（如洪水、地震等）或人为外力（如工程推倒、掩埋等）因素严重破坏，不可修复；井壁管/滤水管有严重歪斜、断裂、穿孔；井壁管/滤水管被异物堵塞，无法清除，并影响到采样器具采样；井壁管/滤水管中的污垢、泥沙淤积，导致井内外水力连通中断，井管内水体无法更新置换；其他无法恢复或修复的井结构性变化。

b）第二种情况：由于设置不当造成地下水交叉污染的监测井（如污染源贯穿隔水层造成含水层混合污染的监测井）。

c）第三种情况：经认定监测功能丧失的监测井（如监测对象不存在、监测任务取消等情况）。

d）对于第一、第二种情况的监测井，可直接认定需要进行报废，对于第三种情况的监测井，需要经过生态环境主管部门进行井功能评估不可继续使用后，方可报废。

5.3.2.2　环境监测井报废程序

a）基本资料收集

开始监测井报废操作前应收集一些基本资料，包括：监测井地址、管理单位和联系方式，监测井型式及材质，井径及孔径，井深及地下水水位，滤水管长度及开孔区间，监测井结构图，地层剖面图等。

b）现场踏勘

执行报废操作前应进行现场踏勘，填写环境监测井报废现场踏勘表（参见附录B表B.5）并存档。

c）井口保护装置移除

水泥平台式监测井：移除警示柱、水泥平台、井口保护筒及地面上的井管等相关井体外部的保护装置。

井盖式监测井：移除井顶盖及相关井体外部的保护装置。

d）报废灌浆回填

报废过程中应填写环境监测井报废监理记录表（参见附录B表B.6）。

对于第一种情况的报废井，可以采用直接灌浆法进行报废。

对于第二、第三种情况的报废井，必须先将井管及周围环状滤料封层完全去除，再以灌浆封填方式报废。

封填前应先计算井孔（含扩孔）体积，以估算相关水泥膨润土浆及混凝土砂浆等封填材料的用量。

灌浆期间应避免阻塞或架桥现象出现。

完成灌浆后，应于1周内再次检查封填情况，如发现塌陷应立即补填，直到符合要求为止。

e）报废完工

报废完成后应将现场复原，相关污水应妥善收集处理，并填写环境监测井报废完工表（参见附录 B 表 B.7）。

f）报废验收

报废完成后向生态环境主管部门提交报废相关材料，申请报废验收。

6 监测采样

6.1 采样准备

6.1.1 采样器具选择

常用地下水采样器具有气囊泵、小流量潜水泵、惯性泵、蠕动泵及贝勒管等，应当依据不同的监测目的、监测项目、实际井深和采样深度选取合适的采样器具，保证能取到有代表性的地下水样品。

地下水采样器具应能在监测井中准确定位，并能取到足够量的代表性水样。采样器具的材质和结构应符合 HJ 494 中的规定。常见采样器具及其适用的监测项目参见附录 C 表 C.1。

6.1.2 水样容器选择及清洗

水样容器不能受到玷污；容器壁不应吸收或吸附某些待测组分；容器不应与待测组分发生反应；能严密封口，且易于开启。

水样容器选择和洗涤方法参见附录 D。附录 D 中所列洗涤方法指对在用容器的一般洗涤方法。如新启用容器，则应作更充分的清洗，水样容器使用应做到定点、定项。

应定期对水样容器清洗质量进行抽查，每批抽查 3%，检测其待测项目（不包括细菌类指标）能否检出，待测项目水样容器空白值应低于分析方法的检出限。否则应立即对实验条件、水样容器来源及清洗状况进行核查，查出原因并纠正。

6.1.3 现场监测仪器准备

若需对水位、水温、pH 值、电导率、浑浊度、溶解氧、氧化还原电位、色、嗅和味等项目进行现场监测，应在实验室内准备好所需的仪器设备，并进行检查和校准，确保性能正常，符合使用要求。

6.2 采样频次和采样时间

6.2.1 确定原则

依据具体水文地质条件和地下水监测井使用功能，结合当地污染源、污染物排放实际情况，争取用最低的采样频次，取得最有时间代表性的样品，达到全面反映调查对象的地下水水质状况、污染原因和迁移规律的目的。

6.2.2 采样频次和采样时间的确定

不同监测对象的地下水采样频次见表 1，有条件的地方可按当地地下水水质变化情况，适当增加采样频次。

表 1　不同监测对象的地下水采样频次

监测对象	采样频次
地下水饮用水水源取水井	常规指标采样宜不少于每月 1 次，非常规指标采样宜不少于每年 1 次
地下水饮用水水源保护区和补给区	采样宜不少于每年 2 次（枯、丰水期各 1 次）
区域	区域采样频次参照 DZ/T 0308 的相关要求执行
污染源	危险废物处置场采样频次参照 GB 18598 的相关要求执行
	生活垃圾填埋场采样频次参照 GB 16889 的相关要求执行
	一般工业固体废物贮存、处置场地下水采样频次参照 GB 18599 相关要求执行
	其他污染源，对照监测点采样频次宜不少于每年 1 次，其他监测点采样频次宜不少于每年 2 次，发现有地下水污染现象时需增加采样频次

6.3　采样过程

6.3.1　基本流程

地下水样品采集的基本流程见图 1。

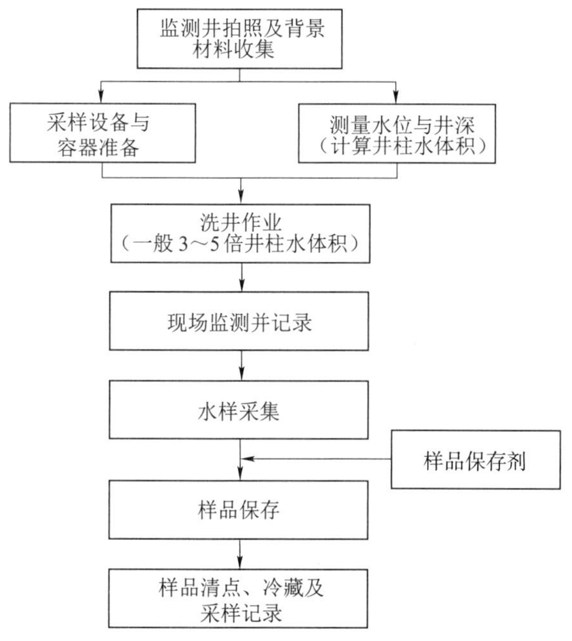

图 1　地下水采样基本流程图

6.3.2　地下水水位、井水深度测量

a）地下水水质监测通常在采样前应先测地下水水位（埋深水位）和井水深度。井水深度可按式（1）计算：

$$\text{井水深度（m）} = \text{井底至井口深度} - \text{水位面至井口深度} \tag{1}$$

b）地下水水位测量主要测量静水位埋藏深度和高程，高程测量参照 SL 58 相关要求执行；

c）手工法测水位时，用布卷尺、钢卷尺、测绳等测具测量井口固定点至地下水水面垂直距离，当连续两次静水位测量数值之差在 ±1 cm/10 m 以内时，测量合格，否则需要重新测量；

d）有条件的地区，可采用自记水位仪、电测水位仪或地下水多参数自动监测仪进行水位测量；

e）水位测量结果以 m 为单位，记至小数点后两位；

f）每次测量水位时，应记录监测井是否曾抽过水，以及是否受到附近井的抽水影响。

6.3.3 洗井

采样前需先洗井，洗井应满足 HJ 25.2、HJ 1019 的相关要求。在现场使用便携式水质测定仪对出水进行测定，浊度小于或等于 10 NTU 时或者当浊度连续三次测定的变化在 ±10% 以内、电导率连续三次测定的变化在 ±10% 以内、pH 连续三次测定的变化在 ±0.1 以内；或洗井抽出水量在井内水体积的 3～5 倍时，可结束洗井。

6.3.4 采样方法

地下水采样方法参见附录 C。已有管路监测井采样法适用于地面已连接了提水管路的监测井的采样，普通监测井采样法适用于常规监测井的采样，深层 / 大口径监测微洗井法适用于深层地下水的采样。若无同类型仪器设备，可采用经国家或国际标准认定的等效仪器设备。在采样过程中可根据实际情况选取推荐的采样方法，也可以根据实地情况采用其他能满足质量控制要求的采样方法。

6.3.5 样品采集

样品采集一般按照挥发性有机物（VOCs）、半挥发性有机物（SVOCs）、稳定有机物及微生物样品、重金属和普通无机物的顺序采集。采集 VOCs 水样时执行 HJ 1019 相关要求，采集 SVOCs 水样时出水口流速要控制在 0.2～0.5 L/min，其他监测项目样品采集时应控制出水口流速低于 1 L/min，如果样品在采集过程中水质易发生较大变化时，可适当加大采样流速。

a）地下水样品一般要采集清澈的水样。如水样浑浊时应进一步洗井，保证监测井出水水清沙净。

b）采样时，除有特殊要求的项目外，要先用采集的水样荡洗采样器与水样容器 2～3 次。采集 VOCs 水样时必须注满容器，上部不留空间，具体参照 HJ 1019 相关要求；测定硫化物、石油类、细菌类和放射性等项目的水样应分别单独采样。各监测项目所需水样采集量参见附录 D，附录 D 中采样量已考虑重复分析和质量控制的需要，并留有余地。

c）采集水样后，立即将水样容器瓶盖紧、密封，贴好标签，标签可根据具体情况进行设计，一般包括采样日期和时间、样品编号、监测项目等。

d）采样结束前，应核对采样计划、采样记录与水样，如有错误或漏采，应立即重采或补采。

6.3.6 采样设备清洗程序

常用的现场采样设备和取样装置清洗方法和程序如下：

a）用刷子刷洗、空气鼓风、湿鼓风、高压水或低压水冲洗等方法去除黏附较多的污物；

b）用肥皂水等不含磷洗涤剂洗掉可见颗粒物和残余的油类物质；

c）用水流或高压水冲洗去除残余的洗涤剂；

d）用蒸馏水或去离子水冲洗；

e）当采集的样品中含有金属类污染物时，应用10%硝酸冲洗，然后用蒸馏水或去离子水冲洗；

f）当采集含有有机污染物水样时，应用有机溶剂进行清洗，常用的有机溶剂有丙酮、己烷等；

g）用空气吹干后，用塑料薄膜或铝箔包好设备。

6.3.7　其他要求

6.3.7.1　采样过程中采样人员不应有影响采样质量的行为，如使用化妆品，在采样、样品分装及密封现场吸烟等。监测用车停放应尽量远离监测点，一般停放在监测点（井）下风向 50 m 以外。

6.3.7.2　地下水水样容器和污染源水样容器应分架存放，不得混用。地下水水样容器应按监测井号和测定项目，分类编号、固定专用。

6.3.7.3　注意防止采样过程中的交叉污染，在采集不同监测点（井）水样时需清洗采样设备。

6.3.7.4　同一监测点（井）应有两人以上进行采样，注意采样安全，采样过程要相互监护，防止意外事故的发生。

6.3.7.5　在加油站、石化储罐等安全防护等级较高的区域采集水样时，要注意现场安全防护。

6.3.7.6　对封闭的生产井可在抽水时从泵房出水管放水阀处采样，采样前应将抽水管中存水放净。

6.3.7.7　对于自喷的泉水，可在涌口处出水水流的中心采样；采集不自喷泉水时，将停滞在抽水管的水汲出，新水更替之后，再进行采样。

6.3.7.8　洗井及设备清洗废水应使用固定容器进行收集，不应任意排放。

6.4　地下水现场监测

6.4.1　现场监测项目包括水位、水温、pH 值、电导率、浑浊度、氧化还原电位、色、嗅和味、肉眼可见物等指标，同时还应测定气温、描述天气状况和收集近期降水情况。

6.4.2　所有现场监测仪器使用前应进行校准，并定期维护。

布卷尺、钢卷尺、测绳等水位测具（检定量具为 50 m 或 100 m 的钢卷尺），其精度必须符合国家计量检定规程允许的误差规定。

水温计、气温计最小分度值应不大于 0.2℃，最大误差在 ±0.2℃以内。

pH 计、电导率仪、浊度计和轻便式气象参数测定仪应满足测量允许的误差要求。

目视比浊法和目视比色法所用的比色管应成套。

6.5 采样记录要求

地下水采样记录包括采样现场描述和现场测定项目记录两部分，可按附录 E 中表 E.1 的格式设计统一的采样记录表。每个采样人员应认真填写地下水采样记录，字迹应端正、清晰，各栏内容填写齐全。

7 样品保存与运输、交接与贮存

7.1 样品保存与运输

7.1.1 样品采集后应尽快运送实验室分析，并根据监测目的、监测项目和监测方法的要求，按附录 D 的要求在样品中加入保存剂。

7.1.2 样品运输过程中应避免日光照射，并置于 4℃冷藏箱中保存，气温异常偏高或偏低时还应采取适当的保温措施。

7.1.3 水样装箱前应将水样容器内外盖盖紧，对装有水样的玻璃磨口瓶应用聚乙烯薄膜覆盖瓶口并用细绳将瓶塞与瓶颈系紧。

7.1.4 同一采样点的样品瓶尽量装在同一箱内，与采样记录或样品交接单逐件核对，检查所采水样是否已全部装箱。

7.1.5 装箱时应用泡沫塑料或波纹纸板垫底和间隔防震。

7.1.6 运输时应有押运人员，防止样品损坏或受玷污。

7.2 样品交接与贮存

7.2.1 样品送达实验室后，由样品管理员接收。

7.2.2 样品管理员对样品进行符合性检查，包括：样品包装、标识及外观是否完好；对照采样记录单检查样品名称、采样地点、样品数量、形态等是否一致；核对保存剂加入情况；样品是否冷藏，冷藏温度是否满足要求；样品是否有损坏或污染。

7.2.3 当样品有异常，或对样品是否适合测试有疑问时，样品管理员应及时向送样人员或采样人员询问，样品管理员应记录有关说明及处理意见，当明确样品有损坏或污染时须重新采样。

7.2.4 样品管理员确定样品符合样品交接条件后，进行样品登记，并由双方签字，样品交接登记表参见附录 E 表 E.2。

7.2.5 样品管理员负责保持样品贮存间清洁、通风、无腐蚀的环境，并对贮存环境条件加以维持和监控。

7.2.6 样品贮存间应有冷藏、防水、防盗和门禁措施，以保证样品的安全性。

7.2.7 样品流转过程中，除样品唯一性标识需转移和样品测试状态需标识外，任何人、任何时候都不得随意更改样品唯一性编号。分析原始记录应记录样品唯一性编号。

7.2.8 在实验室测试过程中由测试人员及时做好分样、移样的样品标识转移，并根据测试状态及时做好相应的标记。

7.2.9 地下水样品变化快、时效性强，监测后的样品均留样保存意义不大，但对于测试结果异常样品、应急监测和仲裁监测样品，应按样品保存条件要求保留适当时间。留样样品应有留样标识。

8 监测项目和分析方法

8.1 监测项目

8.1.1 地下水监测项目主要选择 GB/T 14848 的常规项目和非常规项目。监测项目以常规项目为主，不同地区可在此基础上，根据当地的实际情况选择非常规项目。同时，为便于水化学分析审核，还应补充钾、钙、镁、重碳酸根、碳酸根、游离二氧化碳等项目。

8.1.2 地下水饮用水水源保护区和补给区以 GB/T 14848 常规项目为主，可根据地下水饮用水水源环境状况和具体环境管理需求，增加其他非常规项目。

8.1.3 区域地下水监测项目参照 DZ/T 0308 相关要求确定。

8.1.4 污染源的地下水监测项目以污染源特征项目为主，同时根据污染源的特征项目的种类，适当增加或删减有关监测项目。不同行业的特征项目可根据附录 F 确定，但不仅限于附录 F 中表 F.1 所列监测项目。

8.1.5 矿区或地球化学高背景区和饮水型地方病流行区，应增加反映地下水特种化学组分天然背景含量的监测项目。

8.1.6 地下水环境监测时的气温、地下水水位、水温、pH 值、溶解氧、电导率、氧化还原电位、嗅和味、浑浊度、肉眼可见物等监测项目为每次监测的现场必测项目。

8.1.7 实际调查过程中的监测项目应根据地下水污染实际情况进行选择，尤其是特征项目以及背景项目的调查。

8.1.8 所选监测项目应有国家或行业标准分析方法、行业监测技术规范、行业统一分析方法。

8.2 分析方法

8.2.1 监测项目分析方法应优先选用国家或行业标准方法。

8.2.2 尚无国家或行业标准分析方法时，可选用行业统一分析方法或等效分析方法，但须按照 HJ 168 的要求进行方法确认和验证，方法检出限、测定下限、准确度和精密度应满足地下水环境监测要求。

8.2.3 所选用分析方法的测定下限应低于规定的地下水标准限值。

9 监测数据处理

9.1 原始记录

9.1.1 记录内容

9.1.1.1 现场记录

现场记录按 6.5 的相关要求执行。

9.1.1.2 交接记录

交接记录按 7.2 的相关要求执行。

9.1.1.3 实验室分析原始记录

实验室分析原始记录包括分析试剂配制记录、标准溶液配制及标定记录、校准曲线记录、各监测项目分析测试原始记录、内部质量控制记录等，可根据需要自行设计各类实验室分析原始记录表。

分析原始记录应包含足够的信息，以便查找影响不确定度的因素，并使实验室分析工作在最接近原条件下能够复现。记录信息包括样品名称、编号、性状，采样时间、地点，分析方法，使用仪器名称、型号、编号，测定项目，分析时间，环境条件，标准溶液名称、浓度、配制日期，校准曲线，取样体积，计量单位，仪器信号值，计算公式，测定结果，质控数据，测试分析人员和校对人员签名等。

9.1.2 记录要求

9.1.2.1 记录应使用墨水笔或签字笔填写，要求字迹端正、清晰。

9.1.2.2 应在测试分析过程中及时、真实填写原始记录，不得事后补填或抄填。

9.1.2.3 对于记录表格中无内容可填的空白栏，应用“/”标记。

9.1.2.4 原始记录不得涂改。当记录中出现错误时，应在错误的数据上画一横线（不得覆盖原有记录的可见程度），如需改正的记录内容较多，可用框线画出，在框边处添写“作废”两字，并将正确值填写在其上方。所有的改动处应有更改人签名或盖章。

9.1.2.5 对于测试分析过程中的特异情况和有必要说明的问题，应记录在备注栏内或记录表旁边。

9.1.2.6 记录测量数据时，根据计量器具的精度和仪器的刻度，只保留一位可疑数字，测试数据的有效位数和误差表达方式应符合有关误差理论的规定。

9.1.2.7 应采用法定计量单位，非法定计量单位的记录应转换成法定计量单位的表达，并记录换算公式。

9.1.2.8 测试人员应根据标准方法、规范要求对原始记录作必要的数据处理。在数据处理时，发现异常数据不可轻易剔除，应按数据统计规则进行判断和处理。

9.1.3 异常值的判断和处理

9.1.3.1 一组监测数据中，个别数据明显偏离其所属样本的其余测定值，即为异常值。对异常值的判断和处理，参照 GB/T 4883 相关要求。

9.1.3.2 地下水监测中不同的时空分布出现的异常值，应从监测点周围当时的具体情况（地质水文因素变化、气象、附近污染源情况等）进行分析，不能简单地用统计检验方法来决定舍取。

9.2 有效数字及近似计算

9.2.1 有效数字

9.2.1.1 由有效数字构成的数值，其倒数第二位以上的数字应是可靠的（确定的），只有末位数字是可疑的（不确定的）。对有效数字的位数不能任意增删。

9.2.1.2 一个分析结果的有效数字位数，主要取决于原始数据的正确记录和数值的正确计算。在记录测量值时，要同时考虑到计量器具的精密度和准确度，以及测量仪器本身的读数误差。对检定合格的计量器具，有效位数可以记录到最小分度值，最多保留一位不确定数字（估计值）。

9.2.1.3 在一系列操作中，使用多种计量仪器时，有效数字以最少的一种计量仪器的位数表示。

9.2.1.4 分析结果的有效数字所能达到的位数，不能超过方法检出限的有效位数。

9.2.2 数据修约规则

数据修约执行 GB/T 8170 相关要求。

9.2.3 近似计算规则

9.2.3.1 加法和减法

近似值相加减计算时，其和或差的有效数字位数，与各近似值中小数点后位数最少者相同。运算过程中，可以多保留一位小数，计算结果按数值修约规则处理。

9.2.3.2 乘法和除法

近似值相乘除计算时，所得积与商的有效数字位数，与各近似值中有效数字位数最少者相同。运算过程中，可先将各近似值修约至比有效数字位数最少者多保留一位，最后将计算结果按上述规则处理。

9.2.3.3 平均值

求四个或四个以上准确度接近的数值的平均值时，其有效位数可增加一位。

9.3 监测结果的表示方法

9.3.1 监测结果的计量单位采用中华人民共和国法定计量单位。

9.3.2 监测结果表示应按 8.2 分析方法的要求来确定。

9.3.3 平行双样测定结果在允许偏差范围之内时，则用其平均值表示测定结果。

9.3.4 当测定结果高于分析方法检出限时，报实际测定结果值；当测定结果低于分析方法检出限时，报所使用方法的检出限值，并在其后加标志位 L。

10 质量保证和质量控制

10.1 质量保证

从事地下水监测的组织机构、监测人员、现场监测仪器、实验室分析仪器与设备等按 RB/T 214 和 HJ 630 的有关内容执行。采样人员必须通过岗前培训，考核合格后上岗，切实掌握地下水采样技术，熟知采样器具的使用和样品固定、保存和运输条件等。

10.2 采样质量控制

采样前，采样器具和样品容器应按不少于 3% 的比例进行质量抽检，抽检合格后方可使用；保存剂应进行空白试验，其纯度和等级须达到分析的要求。

每批次水样，应选择部分监测项目根据分析方法的质控要求加采不少于 10% 的现场平行样和全程序空白样，样品数量较少时，每批次水样至少加采 1 次现场平行样和全程序空白样，与样品一起送实验室分析。

当现场平行样测定结果差异较大，或全程序空白样测定结果大于方法检出限时，应仔细检查原因，以消除现场平行样差异较大、空白值偏高的因素，必要时重新采样。

10.3 实验室分析质量控制

10.3.1 实验室空白样品

每批水样分析时，应同时测定实验室空白样品，当空白值明显偏高时，应仔细检查原因，以消除空白值偏高的因素，并重新分析。

10.3.2 校准曲线控制

10.3.2.1 用校准曲线定量时，必须检查校准曲线的相关系数、斜率和截距是否正常，必要时进行校准曲线斜率、截距的统计检验和校准曲线的精密度检验。控制指标按照分析方法中的要求确定。

10.3.2.2 校准曲线不得长期使用，不得相互借用。

10.3.2.3 原子吸收分光光度法、气相色谱法、离子色谱法、等离子子发射光谱法、原子荧光法、气相色谱 - 质谱法和等离子体质谱法等仪器分析方法校准曲线的制作必须与样品测定同时进行。

10.3.3 精密度控制

精密度可采用分析平行双样相对偏差和一组测量值的标准偏差或相对标准偏差等来控制。监测项目的精密度控制指标按照分析方法中的要求确定。

平行双样可以采用密码或明码编入。每批水样分析时均须做 10% 的平行双样，样品数较小时，每批样品应至少做一份样品的平行双样。

一组测量值的标准偏差和相对标准偏差的计算参照 HJ 168 相关要求。

10.3.4 准确度控制

采用标准物质和样品同步测试的方法作为准确度控制手段，每批样品带一个已知浓度的标准物质或质控样品。如果实验室自行配制质控样，要注意与国家标准物质比对，并且不得使用与绘制校准曲线相同的标准溶液配制，必须另行配制。

对于受污染的或样品性质复杂的地下水，也可采用测定加标回收率作为准确度控制手段。

相对误差和加标回收率的计算参照 HJ 168 相关要求。

10.3.5 原始记录和监测报告的审核

地下水监测原始记录和监测报告执行三级审核制。

10.4 实验室间质量控制

采用实验室能力验证、方法比对测试或质量控制考核等方式进行实验室间比对，证明各实验室间的监测数据的可比性。

11 资料整编

11.1 原始资料收集与整理

11.1.1 收集、核查和整理的内容包括：监测井布设，样品采集、保存、运输过程，采样时的气象、水文、环境条件，监测项目和分析方法，试剂、标准溶液的配制与标定，校准曲线的绘制，分析测试记录及结果计算，质量控制等各个环节形成的原始记录。核查人员对各类原始资料信息的合理性和完整性进行核查，一旦发现可疑之处，应及时查明原因，由原记录人员予以纠正。当原因不明时，应如实说明情况，但不得任意修改或舍弃可疑数据。

11.1.2　收集、核查、整理好的原始资料及时提交监测报表（或报告）编制人，作为编制监测报表（或报告）的唯一依据。

11.1.3　整理好的原始资料与相应的监测报表（或报告）一起装订成册，存档，妥善保管。

11.2　绘制监测点（井）位分布图

监测点（井）位分布图幅面为 A3 或 A4，正上方为正北指向。底图应含河流、湖泊、水库，城镇，省、市、县界，经纬线等，应标明比例尺和图例。每个监测点（井）旁应注明监测点（井）编号及监测点（井）名称。对某一监测点（井）如须详细表述周围地质构造、污染源分布等信息时可采用局部放大法。

11.3　监测报表格式

监测报表格式参见附录 E。

扫一扫，获取相关文件

地下水质量标准

（GB 14848—2017）

前 言

本标准按照 GB/T 1.1—2009 给出的规则起草。

本标准代替 GB/T 14848—1993《地下水质量标准》，与 GB/T 14848—1993 相比，除编辑性修改外，主要技术变化如下：

——水质指标由 GB/T 14848—1993 的 39 项增加至 93 项，增加了 54 项；

——参照 GB 5749—2006《生活饮用水卫生标准》，将地下水质量指标划分为常规指标和非常规指标；

——感官性状及一般化学指标由 17 项增至 20 项，增加了铝、硫化物和钠 3 项指标；用耗氧量替换了高锰酸盐指数。修订了总硬度、铁、锰、氨氮 4 项指标；

——毒理学指标中无机化合物指标由 16 项增加至 20 项，增加了硼、锑、银和铊 4 项指标；修订了亚硝酸盐、碘化物、汞、砷、镉、铅、铍、钡、镍、钴和钼 11 项指标；

——毒理学指标中有机化合物指标由 2 项增至 49 项，增加了三氯甲烷、四氯化碳、1,1,1- 三氯乙烷、三氯乙烯、四氯乙烯、二氯甲烷、1,2- 二氯乙烷、1,1,2- 三氯乙烷、1,2- 二氯丙烷、三溴甲烷、氯乙烯、1,1- 二氯乙烯、1,2- 二氯乙烯、氯苯、邻二氯苯、对二氯苯、三氯苯（总量）、苯、甲苯、乙苯、二甲苯、苯乙烯、2,4- 二硝基甲苯、2,6- 二硝基甲苯、萘、蒽、荧蒽、苯并（b）荧蒽、苯并（a）芘、多氯联苯（总量）、γ- 六六六（林丹）、六氯苯、七氯、莠去津、五氯酚、2,4,6- 三氯酚，邻苯二甲酸二（2- 乙基已基）酯、克百威、涕灭威、敌敌畏、甲基对硫磷、马拉硫磷、乐果、百菌清、2,4- 滴、毒死蜱和草甘膦；滴滴涕和六六六分别用滴滴涕（总量）和六六六（总量）代替，并进行了修订；

——放射性指标中修订了总 α 放射性；

——修订了地下水质量综合评价的有关规定。

本标准由中华人民共和国国土资源部和水利部共同提出。

本标准由全国国土资源标准化技术委员会（SAC/TC 93）归口。

本标准主要起草单位：中国地质调查局、水利部水文局、中国地质科学院水文地质环境地质研究所、中国地质大学（北京），国家地质实验测试中心、中国地质环境监测院、中国水利水电科学研究院、淮河流域水环境监测中心、海河流域水资源保护局、中国地质调查局水文地质环境地质调查中心、中国地质调查局沈阳地质调查中心、中国地质调查局南京地质调查中心、清华大学、中国农业大学。

本标准主要起草人：文冬光、孙继朝、何江涛、毛学文、林良俊、王苏明、刘菲、饶竹、荆继红、齐继祥、周怀东、吴培任、唐克旺、罗阳、袁浩、汪珊、陈鸿汉、李广贺、吴爱民、李重九、张二勇、王璜、蔡五田、刘景涛、徐慧珍、朱雪琴、叶念军、王晓光。

本标准所代替标准的历次版本发布情况为：

——GB/T 14848—1993。

引　言

随着我国工业化进程加快，人工合成的各种化合物投入施用，地下水中各种化学组分正在发生变化；分析技术不断进步，为适应调查评价需要，进一步与升级的 GB 5749—2006 相协调，促进交流，有必要对 GB/T 14848—1993 进行修订。

GB/T 14848—1993 是以地下水形成背景为基础，适应了当时的评价需要。新标准结合修订的 GB 5749—2006、国土资源部近 20 年地下水方面的科研成果和国际最新研究成果进行了修订，增加了指标数量，指标由 GB/T 14848—1993 的 39 项增加至 93 项，增加了 54 项；调整了 20 项指标分类限值，直接采用了 19 项指标分类限值；减少了综合评价规定，使标准具有更广泛的应用性。

1　范围

本标准规定了地下水质量分类、指标及限值，地下水质量调查与监测，地下水质量评价等内容。

本标准适用于地下水质量调查、监测、评价与管理。

2　规范性引用文件

下列文件对于本文件的应用是必不可少的。凡是注日期的引用文件，仅注日期的版本适用于本文件，凡是不注日期的引用文件，其最新版本（包括所有的修改单）适用于本文件。

GB 5749—2006　生活饮用水卫生标准

GB/T 27025—2008　检测和校准实验室能力的通用要求

3　术语和定义

下列术语和定义适用于本文件。

3.1

地下水质量　groundwater quality

地下水的物理、化学和生物性质的总称。

3.2

常规指标　regular indices

反映地下水质量基本状况的指标，包括感官性状及一般化学指标、微生物指标、常见毒理学指标和放射性指标。

3.3

非常规指标　non-regular indices

在常规指标上的拓展，根据地区和时间差异或特殊情况确定的地下水质量指标，反映地下水中所产生的主要质量问题，包括比较少见的无机和有机毒理学指标。

3.4

人体健康风险　human health risk

地下水中各种组分对人体健康产生危害的概率。

4　地下水质量分类及指标

4.1　地下水质量分类

依据我国地下水质量状况和人体健康风险，参照生活饮用水、工业、农业等用水质量要求，依据各组分含量高低（pH 除外），分为五类。

Ⅰ类：地下水化学组分含量低，适用于各种用途；

Ⅱ类：地下水化学组分含量较低，适用于各种用途；

Ⅲ类：地下水化学组分含量中等，以 GB 5749—2006 为依据，主要适用于集中式生活饮用水水源及工农业用水；

Ⅳ类：地下水化学组分含量较高，以农业和工业用水质量要求以及一定水平的人体健康风险为依据，适用于农业和部分工业用水，适当处理后可作生活饮用水；

Ⅴ类：地下水化学组分含量高，不宜作为生活饮用水水源，其他用水可根据使用目的选用。

4.2　地下水质量分类指标

地下水质量指标分为常规指标和非常规指标，其分类及限值分别见表 1 和表 2。

表 1　地下水质量常规指标及限值

序号	指标	Ⅰ类	Ⅱ类	Ⅲ类	Ⅳ类	Ⅴ类
感官性状及一般化学指标						
1	色（铂钴色度单位）	≤5	≤5	≤15	≤25	>25
2	嗅和味	无	无	无	无	有
3	浑浊度 /NTU[a]	≤3	≤3	≤3	≤10	>10
4	肉眼可见物	无	无	无	无	有
5	pH	6.5≤pH≤8.5			5.5≤pH<6.5 8.5<pH≤9.0	pH<5.5 或 pH>9.0
6	总硬度（以 $CaCO_3$ 计）/（mg/L）	≤150	≤300	≤450	≤650	>650
7	溶解性总固体 /（mg/L）	≤300	≤500	≤1 000	≤2 000	>2 000
8	硫酸盐 /（mg/L）	≤50	≤150	≤250	≤350	>350
9	氯化物 /（mg/L）	≤50	≤150	≤250	≤350	>350
10	铁 /（mg/L）	≤0.1	≤0. 2	≤0.3	≤2.0	>2.0

续表

序号	指标	Ⅰ类	Ⅱ类	Ⅲ类	Ⅳ类	Ⅴ类
11	锰 /（mg/L）	≤0.05	≤0.05	≤0.10	≤1.50	>1.50
12	铜 /（mg/L）	≤0.01	≤0.05	≤1.00	≤1.50	>1.50
13	锌 /（mg/L）	≤0.05	≤0.5	≤1.00	≤5.00	>5.00
14	铝 /（mg/L）	≤0.01	≤0.05	≤0.20	≤0.50	>0.50
15	挥发性酚类（以苯酚计）/（mg/L）	≤0.001	≤0.001	≤0.002	≤0.01	>0.01
16	阴离子表面活性剂 /（mg/L）	不得检出	≤0.1	≤0.3	≤0.3	>0.3
17	耗氧量（COD_{Mn} 法，以 O_2 计）/（mg/L）	≤1.0	≤2.0	≤3.0	≤10.0	>10.0
18	氨氮（以 N 计）/（mg/L）	≤0.02	≤.010	≤0.50	≤1.50	>1.50
19	硫化物 /（mg/L）	≤0.005	≤0.01	≤0.02	≤0.10	>0.10
20	钠 /（mg/L）	≤100	≤150	≤200	≤400	>400
微生物指标						
21	总大肠菌群 /（MPN[b]/100 mL 或 CFU[c]/100 mL）	≤3.0	≤3.0	≤3.0	≤100	>100
22	菌落总数 /（CFU/mL）	≤100	≤100	≤100	≤1 000	>1 000
毒理学指标						
23	亚硝酸盐（以 N 计）/（mg/L）	≤0.01	≤0.10	≤1.00	≤4.80	>4.80
24	硝酸盐（以 N 计）/（mg/L）	≤2.0	≤5.0	≤20.0	≤30.0	>30.0
25	氰化物 /（mg/L）	≤0.001	≤0. 01	≤0.05	≤0.1	>0.1
26	氟化物 /（mg/L）	≤1.0	≤1.0	≤1.0	≤2.0	>2.0
27	碘化物 /（mg/L）	≤0.04	≤0.04	≤0.08	≤0.50	>0.50
28	汞 /（mg/L）	≤0.000 1	≤0.000 1	≤0.001	≤0.002	>0.002
29	砷 /（mg/L）	≤0.001	≤0.001	≤0.01	≤0.05	>0.05
30	硒 /（mg/L）	≤0.01	≤0.01	≤0.01	≤0.1	>0.1
31	镉 /（mg/L）	≤0.000 1	≤0.001	≤0.005	≤0.01	>0.01
32	铬（六价）/（mg/L）	≤0.005	≤0.01	≤0.05	≤0.10	>0.10
33	铅 /（mg/L）	≤0.005	≤0.005	≤0.01	≤0.10	>0.10
34	三氯甲烷 /（μg/L）	≤0.5	≤6	≤60	≤300	>300
35	四氯化碳 /（μg/L）	≤0.5	≤0.5	≤2.0	≤50.0	>50.0
36	苯 /（μg/L）	≤0.5	≤1.0	≤10.0	≤120	>120
37	甲苯 /（μg/L）	≤0.5	≤140	≤700	≤1 400	>1 400
放射性指标[d]						
38	总 α 放射性 /（Bq/L）	≤0.1	≤0.1	≤0.5	>0.5	>0.5
39	总 β 放射性 /（Bq/L）	≤0.1	≤1.0	≤1.0	>1.0	>1.0

[a] NTU 为散射浊度单位。

[b] MPN 表示最可能数。

[c] CFU 表示菌落形成单位。

[d] 放射性指标超过指导值，应进行核素分析和评价。

表 2　地下水质量非常规指标及限值

序号	指标	Ⅰ类	Ⅱ类	Ⅲ类	Ⅳ类	Ⅴ类
毒理学指标						
1	铍 /（mg/L）	≤0.000 1	≤0.000 1	≤0.002	≤0.06	>0.06
2	硼 /（mg/L）	≤0.02	≤0.10	≤0.50	≤2.00	>2.00
3	锑 /（mg/L）	≤0.000 1	≤0.000 5	≤0.005	≤0.01	>0.01
4	钡 /（mg/L）	≤0.01	≤0.10	≤0.70	≤4.00	>4.00
5	镍 /（mg/L）	≤0.002	≤0.002	≤0.02	≤0.10	>0.10
6	钴 /（mg/L）	≤0.005	≤0.005	≤0.05	≤0.10	>0.10
7	钼 /（mg/L）	≤0.001	≤0.01	≤0.07	≤0.15	>0.15
8	银 /（mg/L）	≤0.001	≤0.01	≤0.05	≤0.10	>0.10
9	铊 /（mg/L）	≤0.000 1	≤0.000 1	≤0.000 1	≤0.001	>0.001
10	二氯甲烷 /（μg/L）	≤1	≤2	≤20	≤500	>500
11	1,2- 二氯乙烷 /（μg/L）	≤0.5	≤3.0	≤30.0	≤40.0	>40.0
12	1,1,1- 三氯乙烷 /（μg/L）	≤0.5	≤400	≤2 000	≤4 000	>4 000
13	1,1,2- 三氯乙烷 /（μg/L）	≤0.5	≤0.5	≤5.0	≤60.0	>60.0
14	1,2- 二氯丙烷 /（μg/L）	≤0.5	≤0.5	≤5.0	≤60.0	>60.0
15	三溴甲烷 /（μg/L）	≤0.5	≤10.0	≤100	≤800	>800
16	氯乙烯 /（μg/L）	≤0.5	≤0.5	≤5.0	≤90.0	>90.0
17	1,1- 二氯乙烯 /（μg/L）	≤0.5	≤3.0	≤30.0	≤60.0	>60.0
18	1,2- 二氯乙烯 /（μg/L）	≤0.5	≤5.0	≤50.0	≤60.0	>60.0
19	三氯乙烯 /（μg/L）	≤0.5	≤7.0	≤70.0	≤210	>210
20	四氯乙烯 /（μg/L）	≤0.5	≤4.0	≤40.0	≤300	>300
21	氯苯 /（μg/L）	≤0.5	≤60.0	≤300	≤600	>600
22	邻二氯苯 /（μg/L）	≤0.5	≤200	≤1 000	≤2 000	>2 000
23	对二氯苯 /（μg/L）	≤0.5	≤30.0	≤300	≤600	>600
24	三氯苯（总量）/（μg/L）[a]	≤0.5	≤4.0	≤20.0	≤180	>180
25	乙苯 /（μg/L）	≤0.5	≤30.0	≤300	≤600	>600
26	二甲苯（总量）/（μg/L）[b]	≤0.5	≤100	≤500	≤1 000	>1 000
27	苯乙烯 /（μg/L）	≤0.5	≤2.0	≤20.0	≤40.0	>40.0
28	2,4- 二硝基甲苯 /（μg/L）	≤0.1	≤0.5	≤5.0	≤60.0	>60.0
29	2,6- 二硝基甲苯 /（μg/L）	≤0.1	≤0.5	≤5.0	≤30.0	>30.0
30	萘 /（μg/L）	≤1	≤10	≤100	≤600	>600
31	蒽 /（μg/L）	≤1	≤360	≤1 800	≤3 600	>3 600
32	荧蒽 /（μg/L）	≤1	≤50	≤240	≤480	>480

续表

序号	指标	Ⅰ类	Ⅱ类	Ⅲ类	Ⅳ类	Ⅴ类
33	苯并（b）荧蒽 /（μg/L）	≤0.1	≤0.4	≤4.0	≤8.0	>8.0
34	苯并（a）芘 /（μg/L）	≤0.002	≤0.002	≤0.01	≤0.50	>0.50
35	多氯联苯（总量）/（μg/L）[c]	≤0.05	≤0.05	≤0.50	≤10.0	>10.0
36	邻苯二甲酸二（2- 乙基巳基）酯 /（μg/L）	≤3	≤3	≤8.0	≤300	>300
37	2,4,6- 三氯酚 /（μg/L）	≤0.05	≤20.0	≤200	≤300	>300
38	五氯酚 /（μg/L）	≤0.05	≤0.90	≤9.0	≤18.0	>18.0
39	六六六（总量）/（μg/L）[d]	≤0.01	≤0.50	≤5.00	≤300	>300
40	γ - 六六六（林丹）/（μg/L）	≤0.01	≤0.20	≤2.00	≤150	>150
41	滴滴涕（总量）/（μg/L）[e]	≤0.01	≤0.10	≤1.00	≤2.00	>2.00
42	六氯苯 /（μg/L）	≤0.01	≤0.10	≤1.00	≤2.00	>2.00
43	七氯 /（μg/L）	≤0.01	≤0.04	≤0.40	≤0.80	>0.80
44	2,4- 滴 /（μg/L）	≤0.1	≤6.0	≤30.0	≤150	>150
45	克百威 /（μg/L）	≤0.05	≤1.40	≤7.00	≤14.0	>14.0
46	涕灭威 /（μg/L）	≤0.05	≤0.60	≤3.00	≤30.0	>30.0
47	敌敌畏 /（μg/L）	≤0.05	≤0.10	≤1.00	≤2.00	>2.00
48	甲基对硫磷 /（μg/L）	≤0.05	≤4.00	≤20.0	≤40.0	>40.0
49	马拉硫磷 /（μg/L）	≤0.05	≤25.0	≤250	≤500	>500
50	乐果 /（μg/L）	≤0.05	≤16.0	≤80.0	≤160	>160
51	毒死蜱 /（μg/L）	≤0.05	≤6.00	≤30.0	≤60.0	>60.0
52	百菌清 /（μg/L）	≤0.05	≤1.00	≤10.0	≤150	>150
53	莠去津 /（μg/L）	≤0.05	≤0.40	≤2.00	≤600	>600
54	草甘膦 /（μg/L）	≤0.1	≤140	≤700	≤1 400	>1 400

[a] 三氯苯（总量）为 1,2,3- 三氯苯、1,2,4- 三氯苯、1,3,5- 三氯苯 3 种异构体加和。
[b] 二甲苯（总量）为邻二甲苯、间二甲苯、对二甲苯 3 种异构体加和。
[c] 多氯联苯（总量）为 PCB28、PCB52、PCB101、PCB118、PCB138、PCB153、PCB180、PCB194、PCB206 9 种多氯联苯单体加和。
[d] 六六六（总量）为 *α*- 六六六、*β*- 六六六、*γ*- 六六六、*δ*- 六六六 4 种异构体加和。
[e] 滴滴涕（总量）为 *o,p′*- 滴滴涕、*p,p′*- 滴滴伊、*p,p′*- 滴滴滴、*p,p′*- 滴滴涕 4 种异构体加和。

5　地下水质量调查与监测

5.1　地下水质量应定期监测。潜水监测频率应不少于每年两次（丰水期和枯水期各 1 次），承压水监测频率可以根据质量变化情况确定，宜每年 1 次。

5.2　依据地下水质量的动态变化，应定期开展区域性地下水质量调查评价。

5.3　地下水质量调查与监测指标以常规指标为主，为便于水化学分析结果的审核，应补充钾、钙、镁、重碳酸根、碳酸根、游离二氧化碳指标；不同地区可在常规指标的基础上，根据当地实际情况补充选定非常规指标进行调查与监测。

5.4 地下水样品的采集参照相关标准执行，地下水样品的保存和送检按附录 A 执行。

5.5 地下水质量检测方法的选择参见附录 B，使用前应按照 GB/T 27025—2008 中 5.4 的要求，进行有效确认和验证。

6 地下水质量评价

6.1 地下水质量评价应以地下水质检测资料为基础。

6.2 地下水质量单指标评价，按指标值所在的限值范围确定地下水质量类别，指标限值相同时，从优不从劣。

示例：挥发性酚类Ⅰ、Ⅱ类限值均为 0.001 mg/L，若质量分析结果为 0.001 mg/L 时，应定为Ⅰ类，不定为Ⅱ类

6.3 地下水质量综合评价，按单指标评价结果最差的类别确定，并指出最差类别的指标。

示例：某地下水样氯化物含量 400 mg/L，四氯乙烯含量 350 ug/L，这两个指标属Ⅴ类；其余指标均低于Ⅴ类。则该地下水质量综合类别定为Ⅴ类，Ⅴ类指标为氯离子和四氯乙烯。

扫一扫，获取相关文件

第三部分

环境空气监测

环境空气质量监测点位布设技术规范（试行）

（HJ 664—2013）

1　适用范围

本标准适用于国家和地方各级环境保护行政主管部门对环境空气质量监测点位的规划、设立、建设与维护等管理。

2　规范性引用文件

本标准引用下列文件或其中的条款。

GB 3095—2012 环境空气质量标准

HJ 633—2012 环境空气质量指数（AQI）技术规定（试行）

3　术语和定义

下列术语和定义适用于本标准。

3.1

环境空气质量评价城市点　urban assessing stations

以监测城市建成区的空气质量整体状况和变化趋势为目的而设置的监测点，参与城市环境空气质量评价。其设置的最少数量根据本标准由城市建成区面积和人口数量确定。每个环境空气质量评价城市点代表范围一般为半径 500 m 至 4 000 m，有时也可扩大到半径 4 000 m 至几十千米（如对于空气污染物浓度较低，其空间变化较小的地区）的范围。可简称城市点。

3.2

环境空气质量评价区域点　regional assessing stations

以监测区域范围空气质量状况和污染物区域传输及影响范围为目的而设置的监测点，参与区域环境空气质量评价。其代表范围一般为半径几十千米。可简称区域点。

3.3

环境空气质量背景点　background stations

以监测国家或大区域范围的环境空气质量本底水平为目的而设置的监测点。其代表性范围一般为半径 100 km 以上。可简称背景点。

3.4

污染监控点　source impact stations

为监测本地区主要固定污染源及工业园区等污染源聚集区对当地环境空气质量的影响

而设置的监测点，代表范围一般为半径 100～500 m，也可扩大到半径 500～4 000 m（如考虑较高的点源对地面浓度的影响时）。

3.5

路边交通点　traffic stations

为监测道路交通污染源对环境空气质量影响而设置的监测点，代表范围为人们日常生活和活动场所中受道路交通污染源排放影响的道路两旁及其附近区域。

4　环境空气质量监测点位布设原则

4.1　代表性

具有较好的代表性，能客观反映一定空间范围内的环境空气质量水平和变化规律，客观评价城市、区域环境空气状况，污染源对环境空气质量影响，满足为公众提供环境空气状况健康指引的需求。

4.2　可比性

同类型监测点设置条件尽可能一致，使各个监测点获取的数据具有可比性。

4.3　整体性

环境空气质量评价城市点应考虑城市自然地理、气象等综合环境因素，以及工业布局、人口分布等社会经济特点，在布局上应反映城市主要功能区和主要大气污染源的空气质量现状及变化趋势，从整体出发合理布局，监测点之间相互协调。

4.4　前瞻性

应结合城乡建设规划考虑监测点的布设，使确定的监测点能兼顾未来城乡空间格局变化趋势。

4.5　稳定性

监测点位置一经确定，原则上不应变更，以保证监测资料的连续性和可比性。

5　环境空气质量监测点位布设要求

5.1　环境空气质量评价城市点

5.1.1　位于各城市的建成区内，并相对均匀分布，覆盖全部建成区。

5.1.2　采用城市加密网格点实测或模式模拟计算的方法，估计所在城市建成区污染物浓度的总体平均值。全部城市点的污染物浓度的算术平均值应代表所在城市建成区污染物浓度的总体平均值。

5.1.3　城市加密网格点实测是指将城市建成区均匀划分为若干加密网格点，单个网格不大于 2 km×2 km（面积大于 200 km^2 的城市也可适当放宽网格密度），在每个网格中心或网格线的交点上设置监测点，了解所在城市建成区的污染物整体浓度水平和分布规律，监测项目包括 GB 3095—2012 中规定的 6 项基本项目（可根据监测目的增加监测项目），有效监测天数不少于 15 天。

5.1.4　模式模拟计算是通过污染物扩散、迁移及转化规律，预测污染分布状况进而寻找合理的监测点位的方法。

5.1.5 拟新建城市点的污染物浓度的平均值与同一时期用城市加密网格点实测或模式模拟计算的城市总体平均值估计值相对误差应在 10% 以内。

5.1.6 用城市加密网格点实测或模式模拟计算的城市总体平均值计算出 30、50、80 和 90 百分位数的估计值；拟新建城市点的污染物浓度平均值计算出的 30、50、80 和 90 百分位数与同一时期城市总体估计值计算的各百分位数的相对误差在 15% 以内。

5.1.7 监测点周围环境和采样口设置的具体要求见附录 A。

5.2 环境空气质量评价区域点、背景点

5.2.1 区域点和背景点应远离城市建成区和主要污染源，区域点原则上应离开城市建成区和主要污染源 20 km 以上，背景点原则上应离开城市建成区和主要污染源 50 km 以上。

5.2.2 区域点应根据我国的大气环流特征设置在区域大气环流路径上，反映区域大气本底状况，并反映区域间和区域内污染物输送的相互影响。

5.2.3 背景点设置在不受人为活动影响的清洁地区，反映国家尺度空气质量本底水平。

5.2.4 区域点和背景点的海拔高度应合适。在山区应位于局部高点，避免受到局地空气污染物的干扰和近地面逆温层等局地气象条件的影响；在平缓地区应保持在开阔地点的相对高地，避免空气沉积的凹地。

5.2.5 监测点周围环境和采样口设置的具体要求见附录 A。

5.3 污染监控点

5.3.1 污染监控点原则上应设在可能对人体健康造成影响的污染物高浓度区以及主要固定污染源对环境空气质量产生明显影响的地区。

5.3.2 污染监控点依据排放源的强度和主要污染项目布设，应设置在源的主导风向和第二主导风向（一般采用污染最重季节的主导风向）的下风向的最大落地浓度区内，以捕捉到最大污染特征为原则进行布设。

5.3.3 对于固定污染源较多且比较集中的工业园区等，污染监控点原则上应设置在主导风向和第二主导风向（一般采用污染最重季节的主导风向）的下风向的工业园区边界，兼顾排放强度最大的污染源及污染项目的最大落地浓度。

5.3.4 地方环境保护行政主管部门可根据监测目的确定点位布设原则增设污染监控点，并实时发布监测信息。

5.3.5 监测点周围环境和采样口设置的具体要求见附录 A。

5.4 路边交通点

5.4.1 对于路边交通点，一般应在行车道的下风侧，根据车流量的大小、车道两侧的地形、建筑物的分布情况等确定路边交通点的位置，采样口距道路边缘距离不得超过 20 m。

5.4.2 由地方环境保护行政主管部门根据监测目的确定点位布设原则设置路边交通点，并实时发布监测信息。

5.4.3 监测点周围环境和采样口设置的具体要求见附录 A。

6 环境空气质量监测点位布设数量要求

6.1 环境空气质量评价城市点

各城市环境空气质量评价城市点的最少监测点位数量应符合表 1 的要求。按建成区城市人口和建成区面积确定的最少监测点位数不同时，取两者中的较大值。

表 1 环境空气质量评价城市点设置数量要求

建成区城市人口 / 万人	建成区面积 /km^2	最少监测点数
＜25	＜20	1
25～50	20～50	2
50～100	50～100	4
100～200	100～200	6
200～300	200～400	8
＞300	＞400	按每 50～60 km^2 建成区面积设 1 个监测点，并且不少于 10 个点

6.2 环境空气质量评价区域点、背景点

6.2.1 区域点的数量由国家环境保护行政主管部门根据国家规划，兼顾区域面积和人口因素设置。各地方应可根据环境管理的需要，申请增加区域点数量。

6.2.2 背景点的数量由国家环境保护行政主管部门根据国家规划设置。

6.2.3 位于城市建成区之外的自然保护区、风景名胜区和其他需要特殊保护的区域，其区域点和背景点的设置优先考虑监测点位代表的面积。

6.3 污染监控点

污染监控点的数量由地方环境保护行政主管部门组织各地环境监测机构根据本地区环境管理的需要设置。

6.4 路边交通点

路边交通点的数量由地方环境保护行政主管部门组织各地环境监测机构根据本地区环境管理的需要设置。

7 监测项目

7.1 环境空气质量评价城市点的监测项目依据 GB 3095—2012 确定，分为基本项目和其他项目。

7.2 环境空气质量评价区域点、背景点的监测项目除 GB 3095—2012 中规定的基本项目外，由国务院环境保护行政主管部门根据国家环境管理需求和点位实际情况增加其他特征监测项目，包括湿沉降、有机物、温室气体、颗粒物组分和特殊组分等，具体见表 2。

表2　环境空气质量评价区域点、背景点监测项目

监测类型	监测项目
基本项目	二氧化硫（SO_2）、二氧化氮（NO_2）、一氧化碳（CO）、臭氧（O_3）、可吸入颗粒物（PM_{10}）、细颗粒物（$PM_{2.5}$）
湿沉降	降雨量、pH值、电导率、氯离子、硝酸根离子、硫酸根离子、钙离子、镁离子、钾离子、钠离子、铵离子等
有机物	挥发性有机物（VOCs）、持久性有机物（POPs）等
温室气体	二氧化碳（CO_2）、甲烷（CH_4）、氧化亚氮（N_2O）、六氟化硫（SF_6）、氢氟碳化物（HFCs）、全氟化碳（PFCs）
颗粒物主要物理化学特性	颗粒物数浓度谱分布、$PM_{2.5}$或PM_{10}中的有机碳、元素碳、硫酸盐、硝酸盐、氯盐、钾盐、钙盐、钠盐、镁盐、铵盐等

7.3　污染监控点和路边交通点可根据监测目的及所针对污染源的排放特征，由地方环境保护行政主管部门确定监测项目。

8　点位管理

8.1　环境空气质量监测点共分为国家、省、市、县四级，分别由同级环境主管部门负责管理。国务院环境保护行政主管部门负责国家环境空气质量监测点位的管理，各县级以上地方人民政府环境保护行政主管部门参照本标准对地方环境空气质量监测点位进行管理。

8.2　上级环境空气质量监测点位可根据环境管理需要从下级环境空气质量监测点位中选取。

8.3　根据地方环境管理工作的需要以及城市发展的实际情况可申请增加、变更和撤销环境空气质量评价城市点，并报点位的环境保护行政主管部门审批。具体要求见附录B。

8.4　环境空气质量评价区域点及背景点的增加、变更和撤销由点位的环境保护行政主管部门根据实际情况和管理需求确定。

附　录　A
（规范性附录）
监测点周围环境和采样口位置的具体要求

一、监测点周围环境应符合下列要求

（1）应采取措施保证监测点附近 1 000 m 内的土地使用状况相对稳定。

（2）点式监测仪器采样口周围，监测光束附近或开放光程监测仪器发射光源到监测光束接收端之间不能有阻碍环境空气流通的高大建筑物、树木或其他障碍物。从采样口或监测光束到附近最高障碍物之间的水平距离，应为该障碍物与采样口或监测光束高度差的两倍以上，或从采样口至障碍物顶部与地平线夹角应小于 30°。

（3）采样口周围水平面应保证 270° 以上的捕集空间，如果采样口一边靠近建筑物，采样口周围水平面应有 180° 以上的自由空间。

（4）监测点周围环境状况相对稳定，所在地质条件需长期稳定和足够坚实，所在地点应避免受山洪、雪崩、山林火灾和泥石流等局地灾害影响，安全和防火措施有保障。

（5）监测点附近无强大的电磁干扰，周围有稳定可靠的电力供应和避雷设备，通信线路容易安装和检修。

（6）区域点和背景点周边向外的大视野需 360° 开阔，1～10 km 方圆距离内应没有明显的视野阻断。

（7）应考虑监测点位设置在机关单位及其他公共场所时，保证通畅、便利的出入通道及条件，在出现突发状况时，可及时赶到现场进行处理。

二、采样口位置应符合下列要求

（1）对于手工采样，其采样口离地面的高度应在 1.5～15 m 范围内。

（2）对于自动监测，其采样口或监测光束离地面的高度应在 3～20 m 范围内。

（3）对于路边交通点，其采样口离地面的高度应在 2～5 m 范围内。

（4）在保证监测点具有空间代表性的前提下，若所选监测点位周围半径 300～500 m 范围内建筑物平均高度在 25 m 以上，无法按满足（1）、（2）条的高度要求设置时，其采样口高度可以在 20～30 m 范围内选取。

（5）在建筑物上安装监测仪器时，监测仪器的采样口离建筑物墙壁、屋顶等支撑物表面的距离应大于 1 m。

（6）使用开放光程监测仪器进行空气质量监测时，在监测光束能完全通过的情况下，允许监测光束从日平均机动车流量少于 10 000 辆的道路上空、对监测结果影响不大的小污染源和少量未达到间隔距离要求的树木或建筑物上空穿过，穿过的合计距离，不能超过监测光束总光程长度的 10%。

（7）当某监测点需设置多个采样口时，为防止其他采样口干扰颗粒物样品的采集，颗粒物采样口与其他采样口之间的直线距离应大于 1 m。若使用大流量总悬浮颗粒物（TSP）采样装置进行并行监测，其他采样口与颗粒物采样口的直线距离应大于 2 m。

（8）对于环境空气质量评价城市点，采样口周围至少 50 m 范围内无明显固定污染源，为避免车辆尾气等直接对监测结果产生干扰，采样口与道路之间最小间隔距离应按表 B.1 的要求确定。

表 B.1　仪器采样口与交通道路之间最小间隔距离

道路日平均机动车流量（日平均车辆数）	采样口与交通道路边缘之间最小距离 /m	
	PM_{10}、$PM_{2.5}$	SO_2、NO_2、CO 和 O_3
≤3 000	25	10
3 000～6 000	30	20
6 000～15 000	45	30
15 000～40 000	80	60
＞40 000	150	100

（9）开放光程监测仪器的监测光程长度的测绘误差应在 ±3 m 内（当监测光程长度小于 200 m 时，光程长度的测绘误差应小于实际光程的 ±1.5%）。

（10）开放光程监测仪器发射端到接收端之间的监测光束仰角不应超过 15°。

附　录　B
（规范性附录）
增加、变更和撤销环境空气质量评价城市点的具体要求

一、当存在下列情况时，可增加、变更和撤销环境空气质量评价城市点

（1）因城市建成区面积扩大或行政区划变动，导致现有城市点已不能全面反映城市建成区总体空气质量状况的，可增设点位。

（2）因城市建成区建筑发生较大变化，导致现有城市点采样空间缩小或采样高度提升而不符合本标准要求的，可变更点位。

（3）因城市建成区建筑发生较大变化，导致现有城市点采样空间缩小或采样高度提升而不符合本标准，可撤销点位，否则应按本条第二款的要求，变更点位。

二、增加环境空气质量评价城市点应遵守下列要求之一

（1）新建或扩展的城市建成区与原城区不相连，且面积大于 10 km^2 时，可在新建或扩展区独立布设城市点；面积小于 10 km^2 的新、扩建成区原则上不增设城市点。

（2）新建或扩展的城市建成区与原城区相连成片，且面积大于 25 km^2 或大于原城市点平均覆盖面积的，可在新建或扩展区增设城市点。

（3）按照现有城市点布设时的建成区面积计算，平均每个点位覆盖面积大于 25 km^2 的，可在原建成区及新、扩建成区增设监测点位。

三、变更环境空气质量评价城市点应遵守下列具体要求

（1）变更后的城市点与原城市点应位于同一类功能区。

（2）点位变更时应就近移动点位，点位移动的直线距离不应超过 1 000 m。

（3）变更后的城市点与原城市点位平均浓度偏差应小于 15%。

四、撤销环境空气质量评价城市点应遵守下列具体要求

（1）在最近连续 3 年城市建成区内用包括拟撤销点位在内的全部城市点计算的各监测项目的年平均值与剔除拟撤销点后计算出的年平均值的最大误差小于 5%。

（2）该城市建成区内的城市点数量在撤销点位后仍能满足本标准要求。

关于印发《“十四五”全国细颗粒物与臭氧协同控制监测网络能力建设方案》的通知

（环办监测函〔2021〕218 号）

各省、自治区、直辖市生态环境厅（局），新疆生产建设兵团生态环境局：

为进一步完善全国细颗粒物（$PM_{2.5}$）与臭氧（O_3）协同控制监测网络，切实提高“十四五”期间大气污染防治重点区域协同控制监测能力，着力增强监测服务、支撑、保障大气污染防治水平，大力推动大气环境质量持续改善，我部组织编制了《“十四五”全国细颗粒物与臭氧协同控制监测网络能力建设方案》。现印发给你们，请认真组织实施，按期完成建设任务。

生态环境部办公厅

2021 年 5 月 10 日

“十四五”全国细颗粒物与臭氧协同控制监测网络能力建设方案

一、建设目标

为深入打好污染防治攻坚战，强化多污染物协同控制和区域协同治理，基本消除重污染天气，“十四五”期间，将进一步加强细颗粒物（$PM_{2.5}$）和臭氧（O_3）协同控制监测能力建设。按照国家负责统一规范和联网、地方负责建设和运维的模式，在全国地级及以上城市和雄安新区开展非甲烷总烃（NMHC）自动监测，在大气污染防治重点城市开展细颗粒物（$PM_{2.5}$）与挥发性有机物（VOCs）组分协同监测，以交通、工业园区和排污单位为重点开展污染源专项监测，实现多污染物协同监测和污染源专项监测双轮驱动，组建和完善全国协同控制监测网络，全力发挥监测支撑保障作用。

二、编制依据

（一）《中华人民共和国环境保护法》（2014 年 4 月 24 日第十二届全国人民代表大会常务委员会第八次会议修订）

（二）《关于全面加强生态环境保护　坚决打好污染防治攻坚战的意见》（2018 年 6 月

16 日）

（三）《生态环境领域中央与地方财政事权和支出责任划分改革方案》（国办发〔2020〕13 号）

（四）《生态环境监测规划纲要（2020—2035 年）》（环监测〔2019〕86 号）

（五）《关于推进生态环境监测体系与监测能力现代化的若干意见》（环办监测〔2020〕9 号）

（六）《2021 年国家生态环境监测方案》（环办监测函〔2021〕88 号）

三、建设原则

（一）统一规划，分类施策。国家统一规划全国细颗粒物与臭氧协同控制监测网络，统一监测布点、建设和质控要求，地方在本方案基础上，制定细化的实施方案，分类开展 NMHC 自动监测、$PM_{2.5}$ 与 VOCs 组分协同监测、污染源专项监测的能力建设，逐步形成 $PM_{2.5}$ 和 O_3 协同控制支撑能力。

（二）突出重点，补齐短板。突出重点区域和城市，大气污染较重、VOCs 排放强度大的城市，在地方财政有保障的前提下，优先建设和完善 VOCs 监测网络，加快开展 $PM_{2.5}$ 与 VOCs 组分协同监测。同时，突出重点监测指标，O_3 超标城市加强 O_3 前体物的监测，污染源专项监测强化特征有毒有害污染物的监测。

（三）问题导向，支撑管理。加强与相关高校和科研院所合作，开展大气污染成因机制研究，摸清全国 $PM_{2.5}$ 与 O_3 复合污染机理的普遍性和区域差异性，为大气污染防治决策提供科学支撑。统一监测和质控标准规范，提高监测数据质量，推动地方协同控制监测数据与国家联网，逐步形成更为全面准确的国家大气环境质量监测评价体系。

（四）分清事权，统一质控。国家负责建立统一的技术、标准规范和质量管理体系，对网络运行情况进行监督检查，保证监测数据的有效性和可比性，组织开展全国 $PM_{2.5}$ 与 VOCs 组分监测数据联网，加强监测数据集成共享和深度挖掘，为 $PM_{2.5}$ 与 O_3 协同控制提供有力支撑。地方负责 $PM_{2.5}$ 与 VOCs 组分协同监测网的建设和运行。

四、建设内容

（一）非甲烷总烃自动监测

1. 建设范围

在全国 339 个地级及以上城市和雄安新区开展非甲烷总烃自动监测，每个城市在人口密集区内的臭氧高值区域至少建设一个非甲烷总烃自动监测站点。

2. 监测项目

监测项目为非甲烷总烃，自动监测仪器全年运行，每小时出具至少 1 组监测数据。

3. 建设方式

地方负责站点建设和运行，国家负责统一联网，并每年对各城市一个监测站点开展质控检查。

（二）细颗粒物与挥发性有机物组分协同监测

在现有地方已建设的细颗粒物与挥发性有机物组分监测网络的基础上，补充建设，开展 $PM_{2.5}$ 与 VOCs 组分协同监测。鼓励其他地区参照本方案开展监测。

1. 建设范围

京津冀及周边地区、汾渭平原（即北京、天津、河北、山西、山东、河南、陕西 7 省市）和其他 $PM_{2.5}$ 年平均浓度未达标的城市开展细颗粒物组分、氨气、气溶胶垂直分布等监测。“十四五”大气污染防治重点区域、VOCs 排放量较高的城市和其他臭氧超标城市须开展环境空气 VOCs 组分监测。

2. 监测项目

（1）细颗粒物组分监测项目

必测项目：$PM_{2.5}$ 质量浓度；$PM_{2.5}$ 中的元素碳、有机碳；$PM_{2.5}$ 中的水溶性离子（包括硫酸根离子、硝酸根离子、氟离子、氯离子、钠离子、铵根离子、钾离子、镁离子、钙离子等）；$PM_{2.5}$ 中的无机元素（硅、锑、砷、钡、钙、铬、钴、铜、铁、铅、锰、镍、硒、锡、钛、钒、锌、钾、铝等）等。

选测项目：温度、气压、湿度、风向、风速；在线来源解析（多种组分数浓度、实时污染来源解析结果）；大气颗粒物垂直分布；气溶胶垂直分布；氨气；温度廓线、风廓线、水汽廓线等。

（2）挥发性有机物组分监测项目

必测项目：57 种 PAMS 物质、13 种醛酮类物质、$NO-NO_2-NO_x$、O_3、CO、气象五参数、紫外辐射强度和边界层高度等；19 个省会城市及计划单列市（名单见环办监测函〔2021〕88 号文表 3）须同时开展 47 种 TO15 物质监测。

选测项目：甲醛、总氮氧化物（NO_y）、气态亚硝酸（HONO）、过氧酰基硝酸酯类物质（PANs）、光解速率等。

3. 监测布点

每个城市应在城市人口密集区内的臭氧高值区域，至少设置 1 个监测点位；并根据各地臭氧污染特征和防控需要，在城市上风向或者背景点、VOCs 高浓度点、O_3 高浓度点与地区影响边缘监测点（下风向点位）增设 VOCs 组分监测点位。原则上 $PM_{2.5}$ 与 VOCs 组分监测为同一点位。

各省级生态环境部门，根据区域细颗粒物、臭氧污染特征及传输通道情况，增设区域传输 / 农村监测点位，重点加强省界、市界的区域监测站点，特别是主要传输通道区域点建设，以分析臭氧传输路径和规律。后续根据协同控制监管需要进行适当调整。除定点监测外，各地根据实际情况，增加移动监测。

4. 建设方式

地方负责站点建设和运行，国家负责统一联网，并每年对各城市一个监测站点开展质控检查。

（三）交通、工业园区和排污单位污染源专项监测

1. 交通污染专项监测

开展交通污染来源监控，形成交通污染排放主要物质的实时监测能力。

（1）建设范围

在“十四五”大气污染防治重点区域和 VOCs 排放量较高的城市（名单见环办监测函〔2021〕88 号文表 3），建设公路、港口、机场和铁路货场等交通污染监测站。

（2）监测项目

监测项目包括一氧化氮、二氧化氮、非甲烷总烃、苯系物、黑炭和交通流量等，具体见表 1。

表 1　各类交通大气环境自动监测站点监测指标

类别	监测项目
公路点	NO-NO_2-NO_x、CO、PM_{10}、$PM_{2.5}$、NMHC、气象五参数、BC、VOCs（至少包含苯系物）、汽车流量等其他交通污染相关因子
港口点	NO-NO_2-NO_x、CO、SO_2、$PM_{2.5}$、NMHC、BC、气象五参数、VOCs（至少包含 PAMS 57 种组分）
机场点	NO-NO_2-NO_x、CO、O_3、SO_2、PM_{10}、$PM_{2.5}$、NMHC、气象五参数、BC、VOCs（至少包含 PAMS 57 种组分）
铁路货场点	NO-NO_2-NO_x、CO、O_3、SO_2、PM_{10}、$PM_{2.5}$、NMHC、气象五参数、BC、VOCs（至少包含 PAMS 57 种组分）

（3）监测布点

交通点分为公路点、港口点、机场点、铁路货场点四类，针对各类站点监测对象的污染排放、地理环境和管理需求分别进行点位布设。

①公路点

公路点监测的污染源为流动污染源，重点布设在直辖市、省会城市、重点区域城市的主要干道和国家高速公路沿线。在点位设置时，应考虑交通流的运行状态和时间上的不均衡性、气象条件、路旁建筑物形态和布局对污染扩散的影响。监测站点选址应综合考虑城市大小、人口密度、交通流量等因素。

②港口点

吞吐量大于 1000 万吨 / 年的港口（商港、渔港、工业港、避风港等）须设立港口点，点位设置在港口作业区内。

③机场点

机场点须设置于机场管理区内，且尽量靠近跑道的下风向，所有承担民用航班的机场均须设立机场点。

④铁路货场点

铁路货场点监测的污染源为货场内装载车辆产生的流动污染源，点位设置在主要铁路货运中转枢纽、公转铁货运枢纽、港口集疏港、物流园区、大型工矿企业铁路专用线货场等。监测站点选址应综合考虑货场形态、装载区域位置、装载频次等因素。

（4）建设方式

省级生态环境部门负责组织行政区域内地方政府建设交通污染监测点位。

2. 工业园区专项监测

（1）建设范围

以“十四五”大气污染防治重点区域为重点，在石化、化工、工业涂装、包装印刷等涉 VOCs 的产业集群和工业园区，以及氮氧化物排放量较大的产业集群和工业园区开展协同监测。

以内蒙古、江苏、浙江、福建、江西、山东、广东、广西、重庆、四川等 10 个省（区、市）为重点，在生产或大量使用消耗臭氧层物质（ODS）、氢氟碳化物（HFCs）的企业或园区周边开展 ODS 及 HFCs 试点监测。

（2）监测项目

①协同监测项目

必测项目：常规六项（NO_x、CO、O_3、SO_2、PM_{10}、$PM_{2.5}$）；涉及 VOCs 的园区增加挥发性有机物监测项目（至少包含 57 种 PAMS 物质）。

选测项目：特征有毒有害污染物（TO15）等。

②试点监测项目

监测指标：ODS、HCFC-22、HCFC-141b、HCFC-142b、HFC-23、HFC-134a、HFC-125、HFC-32 等。

（3）监测布点

基于园区的源排放对周边环境影响，设置园区站（园区内，可设置于区内重点企业厂界）、边界站（园区边界）和周边站（园区主导风向下风向有代表性的人口集中区）等三类代表性自动监测站。在点位布设时，根据园区类型、区域面积、污染特征、气象因素等条件，在重点工业园区的上下风向和（或）中心区域开展空气质量监测。10 km^2 以下每个工业园区设置 2 个站点、10～100 km^2 每个工业园区设置 3 个站点、超过 100 km^2 工业园区可增加设置站点。

（4）建设方式

园区管理单位负责建设园区内监测站点。

3. 排污单位自行监测

按照排污单位自行监测技术指南要求开展固定污染源监测，推动重点企业加快安装烟气排放自动监控设施，在生产一氯二氟甲烷（HCFC-22）的企业周边开展三氟甲烷（HFC-23）监测。

五、实施进度

（一）非甲烷总烃自动监测

2021 年 12 月 31 日前，开展非甲烷总烃自动监测，实施进度如表 2 所示。

表 2　非甲烷总烃自动监测实施进度表

阶段	时间	内容
监测点位选定	2021 年 5 月底前	各地根据点位选定要求并结合实际情况选定点位，并将点位信息报送中国环境监测总站
仪器选型和采购	2021 年 9 月底前	参照《环境空气非甲烷总烃连续自动监测技术规定（试行）》（总站气字〔2021〕61 号）和其他相关技术要求，结合本地实际情况确定采购仪器
安装、调试及验收	2021 年 11 月底前	完成监测站点建设或改造，包括设备采购、到货及安装等；按照相关技术规范要求进行监测系统调试、试运行和验收等
联网及运行	2021 年 12 月底前	实现自动监测数据与中国环境监测总站信息平台实时联网。按照《环境空气非甲烷总烃连续自动监测技术规定（试行）》（总站气字〔2021〕61 号）的要求开展监测，保障系统稳定运行，并做好数据审核工作

（二）细颗粒物与挥发性有机物组分协同监测

2022 年 12 月 31 日前，开展细颗粒物与挥发性有机物组分协同监测，实施进度如表 3 所示。

表 3　细颗粒物与挥发性有机物组分协同监测实施进度表

阶段	时间	内容
监测点位选定	2021 年 10 月底前	各地根据点位选定要求并结合实际情况选定点位，并将点位信息报送中国环境监测总站
仪器选型和采购	2022 年 6 月底前	根据监测目标，结合国家标准及中国环境监测总站印发的相关技术规范，考虑本地实际情况确定采购仪器
安装、调试及验收	2022 年 10 月底前	完成监测站点建设或改造，包括设备采购、到货及安装等；按照相关技术规范要求进行监测系统调试、试运行和验收等
联网、运行及管理体系建立	2022 年 12 月底前	实现自动监测数据与中国环境监测总站信息平台实时联网。按照相关监测标准开展质量保证与质量控制工作，保障系统稳定运行。完善站点运行管理体系、质量控制体系和数据应用体系，推进监测网络规范化管理

（三）交通污染专项监测

2022 年 12 月 31 日前，开展公路、港口、机场和铁路货场等交通污染专项监测，实施进度如表 4 所示。

表 4　交通污染专项监测实施进度表

阶段	时间	内容
监测点位选定	2021 年 10 月底前	各地根据点位选定要求并结合实际情况选定点位，并将点位信息报送中国环境监测总站
仪器选型和采购	2022 年 6 月底前	根据监测目标，结合国家及地方相关标准，考虑本地实际情况确定采购仪器
安装、调试及验收	2022 年 10 月底前	完成交通监测点建设，包括设备采购、到货及安装等；按照相关技术规范要求进行监测系统调试、试运行和验收等
联网、运行	2022 年 12 月底前	实现自动监测数据与中国环境监测总站信息平台实时联网。按照相关监测技术规范开展运行质控，保障系统稳定运行

（四）工业园区专项监测和排污单位自行监测

2021 年 12 月 31 日前，开展工业园区专项监测和排污单位自行监测，项目实施进度如表 5 所示。“十四五”期间，各地根据实际情况，完成消耗臭氧层物质（ODS）、氢氟碳化物（HFCs）试点监测。

表 5　工业园区专项监测和排污单位自行监测实施进度表

阶段	时间	内容
监测点位选定	2021 年 6 月底前	各地根据点位选定要求并结合实际情况选定点位，并将点位信息报送中国环境监测总站
完成监测点位建设和运行	2021 年 12 月底前	各园区或企业根据监测目标，结合国家及地方相关标准，完成监测站点建设或改造，包括设备采购、到货及安装等；开展运行质控，保障系统稳定运行
质控及抽查	2022 年起	各级生态环境部门应制定工作计划，按照“抽查时间随机，抽查对象随机”的原则开展排污单位 VOCs 排放抽查抽测工作；省级生态环境部门应于次年 1 月底前将抽查报告报送中国环境监测总站

六、实施要求

（一）加强组织领导。生态环境部负责全国 $PM_{2.5}$ 与 O_3 协同控制监测网络能力建设的总体部署和监督指导。各省级生态环境部门负责组织监测站点建设、运维保障、日常监测和数据审核等工作。中国环境监测总站负责组织制定统一技术规范和质控标准，组织开展站点联网和验收工作，会同各省级生态环境部门做好监测点位优选工作。

（二）加强质量控制和质量保证。建立国家—区域—地方三级质控体系，严格落实监测质量保证与质量控制要求。中国环境监测总站开展 O_3 逐级标准和 VOCs 标气量值比对。充分发挥六大区域质控中心作用，开展监测质量监督检查。各省级生态环境部门每年对行政区域内开展 $PM_{2.5}$ 与 VOCs 组分协同监测的城市进行不少于 2 次质控检查，及时向监测单位反馈检查结果并督促整改。

（三）加强监测数据联网。按照“建成一个、联网一个”的原则，推进监测数据与中国环境监测总站相应数据平台联网，实现所有站点数据的准确、稳定上传。中国环境监测总站组织各省（区、市）级生态环境监测单位，做好监测数据联网上传工作。

（四）加强监测数据分析和应用。各省级生态环境监测机构组织行政区域内监测单位，开展细颗粒物与挥发性有机物组分监测数据的综合分析和深度挖掘，深化重点城市 VOCs 来源解析与研究，为 $PM_{2.5}$ 与 O_3 成因机理研究提供坚实数据支撑。中国环境监测总站强化对各省级生态环境监测机构上报分析结果的再次研判，组织科研单位开展全国和重点区域的监测结果分析。

（五）加强人员培训。中国环境监测总站组织开展细颗粒物与挥发性有机物组分协同监测人员培训，提升监测业务能力，为 $PM_{2.5}$ 与 O_3 协同控制监测工作提供技术保障。

（六）加强资金保障。将地方相关监测能力建设纳入大气污染防治专项资金支持范围，落实能力建设与运行经费，支持地方开展 $PM_{2.5}$ 与 O_3 协同控制监测能力建设。

环境空气质量评价技术规范（试行）

（HJ 663—2013）

1　适用范围

本标准规定了环境空气质量评价的范围、评价时段、评价项目、评价方法及数据统计方法等内容。

本标准适用于全国范围内的环境空气质量评价与管理。

2　规范性引用文件

本标准引用下列文件或其中的条款。凡是未注明日期的引用文件，其最新版本适用于本标准。

GB 3095—2012　环境空气质量标准

HJ 664—2013　环境空气质量监测点位布设技术规范

GB/T 8170　数值修约规则与极限数值的表示和判定

3　术语和定义

下列术语和定义适用于本标准。

3.1

环境空气质量评价　ambient air quality assessment

以 GB 3095—2012 为依据，对某空间范围内的环境空气质量进行定性或定量评价的过程，包括环境空气质量的达标情况判断、变化趋势分析和空气质量优劣相互比较。

3.2

单点环境空气质量评价　ambient air quality assessment for single station

指针对某监测点位所代表空间范围的环境空气质量评价。监测点位包括城市点、区域点、背景点、污染监控点和路边交通点。

3.3

城市环境空气质量评价　ambient air quality assessment for urban

指针对城市建成区范围的环境空气质量评价。对地级及以上城市，评价采用国家环境空气质量监测网中的环境空气质量评价城市点（简称“国控城市点”）。对县级城市，评价采用地方监测网络中的空气质量评价城市点。城市不同功能区的环境空气质量评价可参照执行。

3.4

区域环境空气质量评价　ambient air quality assessment for regions

指针对由多个城市组成的连续空间区域范围的环境空气质量评价，包括城市建成区环境空气质量状况评价和非城市建成区（农村地区及 GB 3095—2012 中的一类区）环境空气质量状况评价。其中城市建成区评价采用环境空气质量评价城市点进行评价，非城市建成区评价采用环境空气质量评价区域点进行评价。

3.5

环境空气质量达标　attainment of the ambient air quality standards

污染物浓度评价结果符合 GB 3095—2012 和本标准规定，即为达标。所有污染物浓度均达标，即为环境空气质量达标。

3.6

超标倍数　exceeded multiples

污染物浓度超过 GB 3095—2012 中对应平均时间的浓度限值的倍数。

3.7

达标率　non-exceedence probability

指在一定时段内，污染物短期评价（小时评价、日评价）结果为达标的百分比。

4　评价范围和评价项目

4.1　评价范围

评价范围包括点位、城市以及区域，根据评价范围不同，环境空气质量评价分为单点环境空气质量评价、城市环境空气质量评价和区域环境空气质量评价。

4.2　评价项目

4.2.1　评价项目分为基本评价项目和其他评价项目两类。

4.2.2　基本评价项目包括二氧化硫（SO_2）、二氧化氮（NO_2）、一氧化碳（CO）、臭氧（O_3）、可吸入颗粒物（PM_{10}）、细颗粒物（$PM_{2.5}$）共 6 项。各项目的评价指标见表 1。

表 1　基本评价项目及平均时间

评价时段	评价项目及平均时间
小时评价	SO_2、NO_2、CO、O_3 的 1 小时平均
日评价	SO_2、NO_2、PM_{10}、$PM_{2.5}$、CO 的 24 小时平均，O_3 的日最大 8 小时平均
年评价	SO_2 年平均、SO_2 24 小时平均第 98 百分位数 NO_2 年平均、NO_2 24 小时平均第 98 百分位数 PM_{10} 年平均、PM_{10} 24 小时平均第 95 百分位数 $PM_{2.5}$ 年平均、$PM_{2.5}$ 24 小时平均第 95 百分位数 CO 24 小时平均第 95 百分位数 O_3 日最大 8 小时滑动平均值的第 90 百分位数

4.2.3　其他评价项目包括总悬浮颗粒物（TSP）、氮氧化物（NO_x）、铅（Pb）和苯并[*a*]芘（BaP）共 4 项。各项目的评价指标见表 2。

表 2　其他评价项目及平均时间

评价时段	评价项目及平均时间
日评价	TSP、BaP、NO_x 的 24 小时平均
季评价	Pb 的季平均
年评价	TSP 年平均、TSP 24 小时平均第 95 百分位数 Pb 年平均 BaP 年平均 NO_x 年平均、NO_x 24 小时平均第 98 百分位数

5　评价方法

5.1　现状评价

5.1.1　单项目评价

5.1.1.1　单项目评价适用于对单点、城市和区域内不同评价时段各基本评价项目和其他评价项目的达标情况进行评价。

5.1.1.2　单点环境空气质量评价：以 GB 3095—2012 中污染物的浓度限值为依据，对表 1 和表 2 中各评价项目的评价指标进行达标情况判断，超标的评价项目计算其超标倍数。污染物年评价达标是指该污染物年平均浓度（CO 和 O_3 除外）和特定的百分位数浓度同时达标。进行年评价时，同时统计日评价达标率。数据统计方法见附录 A。

5.1.1.3　城市环境空气质量评价是针对城市建成区范围的评价，评价方法同 5.1.1.2，但需使用城市尺度的污染物浓度数据进行评价，数据统计方法见附录 A。

5.1.1.4　区域环境空气质量评价包括对城市建成区和非城市建成区范围内的环境空气质量状况评价。区域环境空气质量达标指区域范围内所有城市建成区达标且非城市建成区中每个空气质量评价区域点均达标，任一个城市建成区或区域点超标，即认为区域超标。统计方法见附录 A。

5.1.2　多项目综合评价

5.1.2.1　多项目综合评价适用于对单点、城市和区域内不同评价时段全部基本评价项目达标情况的综合分析。

5.1.2.2　多项目综合评价达标是指评价时段内所有基本评价项目均达标。多项目综合评价的结果包括：空气质量达标情况、超标污染物及超标倍数（按照大小顺序排列）。进行年度评价时，同时统计日综合评价达标天数和达标率，以及各项污染物的日评价达标天数和达标率。

5.2　变化趋势评价

5.2.1　变化趋势评价适用于评价污染物浓度或环境空气质量综合状况在多个连续时间周期内的变化趋势，采用 Spearman 秩相关系数法评价。国家变化趋势评价以国家环境空气质量监测网点位监测数据为基础，评价时间周期一般为 5 年，趋势评价结果为上升趋势、下降趋势或基本无变化，同时评价 5 年内的环境空气质量变化率。省级及以下和其他时间周期内的变化趋势评价可参照执行。

5.2.2　Spearman 秩相关系数计算及判定方法见附录 B。

6 数据统计要求

6.1 数据统计的有效性规定

6.1.1 各评价项目的数据统计有效性要求按照 GB 3095—2012 中的有关规定执行。

6.1.2 自然日内 O_3 日最大 8 小时平均的有效性规定为当日 8 时至 24 时至少有 14 个有效 8 小时平均浓度值。当不满足 14 个有效数据时，若日最大 8 小时平均浓度超过浓度限值标准时，统计结果仍有效。

6.1.3 日历年内 O_3 日最大 8 小时平均的特定百分位数的有效性规定为日历年内至少有 324 个 O_3 日最大 8 小时平均值，每月至少有 27 个 O_3 日最大 8 小时平均值（2 月至少 25 个 O_3 日最大 8 小时平均值）。

6.1.4 日历年内 SO2、NO2、PM10、PM2.5、CO 日均值的特定百分位数统计的有效性规定为日历年内至少有 324 个日平均值，每月至少有 27 个日平均值（2 月至少 25 个日平均值）。

6.1.5 统计评价项目的城市尺度浓度时，所有有效监测的城市点必须全部参加统计和评价，且有效监测点位的数量不得低于城市点总数量的 75%（总数量小于 4 个时，不低于 50%）。

6.1.6 当上述有效性规定不满足时，该统计指标的统计结果无效。

6.2 数据统计的完整性要求

多项目综合评价时，所有基本评价项目必须全部参与评价。当已测评价项目全部达标但存在缺测或不满足数据统计有效性要求项目时，综合评价按不达标处理并注明该项目。当已测评价项目存在不达标情况时，无论是否存在缺测项目，综合评价按不达标处理。

6.3 数据修约要求

进行现状评价和变化趋势评价前，各污染物项目的数据统计结果按照 GB/T 8170 中规则进行修约，浓度单位及保留小数位数要求见表 3。污染物的小时浓度值作为基础数据单元，使用前也应进行修约。

表 3 污染物的浓度单位和保留小数位数要求

污染物	单位	保留小数位数
SO_2、NO_2、PM_{10}、$PM_{2.5}$、O_3、TSP 和 NO_x	μg/m^3	0
CO	mg/m^3	1
Pb	μg/m^3	2
BaP	μg/m^3	4
超标倍数	—	2
达标率	%	1

扫一扫，获取相关文件

环境空气质量标准

（GB 3095—2012）

1　适用范围

本标准规定了环境空气功能区分类、标准分级、污染物项目、平均时间及浓度限值、监测方法、数据统计的有效性规定及实施与监督等内容。

本标准适用于环境空气质量评价与管理。

2　规范性引用文件

本标准引用下列文件或其中的条款。凡是未注明日期的引用文件，其最新版本适用于本标准。

GB 8971　空气质量　飘尘中苯并 [a] 芘的测定 乙酰化滤纸层析荧光分光光度法

GB 9801　空气质量　一氧化碳的测定　非分散红外法

GB/T 15264　环境空气　铅的测定　火焰原子吸收分光光度法

GB/T 15432　环境空气　总悬浮颗粒物的测定　重量法

GB/T 15439　环境空气　苯并 [a] 芘的测定　高效液相色谱法

HJ 479　环境空气　氮氧化物（一氧化氮和二氧化氮）的测定　盐酸萘乙二胺分光光度法

HJ 482　环境空气　二氧化硫的测定　甲醛吸收 - 副玫瑰苯胺分光光度法

HJ 483　环境空气　二氧化硫的测定　四氯汞盐吸收 - 副玫瑰苯胺分光光度法

HJ 504　环境空气　臭氧的测定　靛蓝二磺酸钠分光光度法

HJ 539　环境空气 铅的测定　石墨炉原子吸收分光光度法（暂行）

HJ 590　环境空气　臭氧的测定　紫外光度法

HJ 618　环境空气　PM_{10} 和 $PM_{2.5}$ 的测定　重量法

HJ 630　环境监测质量管理技术导则

HJ/T 193　环境空气质量自动监测技术规范

HJ/T 194　环境空气质量手工监测技术规范

《环境空气质量监测规范（试行）》（国家环境保护总局公告 2007 年第 4 号）

《关于推进大气污染联防联控工作改善区域空气质量的指导意见》（国办发〔2010〕33 号）

3　术语和定义

下列术语和定义适用于本标准。

3.1

环境空气　ambient air

指人群、植物、动物和建筑物所暴露的室外空气。

3.2

总悬浮颗粒物　total suspended particle（TSP）

指环境空气中空气动力学当量直径小于等于 100 mm 的颗粒物。

3.3

颗粒物（粒径小于等于 10 mm）particulate matter（PM_{10}）

指环境空气中空气动力学当量直径小于等于 10 mm 的颗粒物，也称可吸入颗粒物。

3.4

颗粒物（粒径小于等于 2.5 mm）particulate matter（$PM_{2.5}$）

指环境空气中空气动力学当量直径小于等于 2.5 mm 的颗粒物，也称细颗粒物。

3.5

铅　lead

指存在于总悬浮颗粒物中的铅及其化合物。

3.6

苯并 [*a*] 芘　benzo[a]pyrene（BaP）

指存在于颗粒物（粒径小于等于 10 mm）中的苯并 [*a*] 芘。

3.7

氟化物　fluoride

指以气态和颗粒态形式存在的无机氟化物。

3.8

1 小时平均　1-hour average

指任何 1 小时污染物浓度的算术平均值。

3.9

8 小时平均　8-hour average

指连续 8 个小时平均浓度的算术平均值，也称 8 小时滑动平均。

3.10

24 小时平均　24-hour average

指一个自然日 24 个小时平均浓度的算术平均值，也称为日平均。

3.11

月平均　monthly average

指一个日历月内各日平均浓度的算术平均值。

3.12

季平均　quarterly average

指一个日历季内各日平均浓度的算术平均值。

3.13

年平均　annual mean

指一个日历年内各日平均浓度的算术平均值。

3.14

参比状态　reference state

指大气温度为 298.15 K，大气压力为 1 013.25 hPa 时的状态。本标准中的二氧化硫、二氧化氮、一氧化碳、臭氧、氮氧化物等气态污染物浓度为参比状态下的浓度。颗粒物（粒径小于等于 10 mm）、颗粒物（粒径小于等于 2.5 mm）、总悬浮颗粒物及其组分铅、苯并 [*a*] 芘等浓度为监测时大气温度和压力下的浓度。

4　环境空气功能区分类和质量要求

4.1　环境空气功能区分类

环境空气功能区分为二类：一类区为自然保护区、风景名胜区和其他需要特殊保护的区域；二类区为居住区、商业交通居民混合区、文化区、工业区和农村地区。

4.2　环境空气功能区质量要求

一类区适用一级浓度限值，二类区适用二级浓度限值。一、二类环境空气功能区质量要求见表 1 和表 2。

表 1　环境空气污染物基本项目浓度限值

序号	污染物项目	平均时间	浓度限值		单位
			一级	二级	
1	二氧化硫（SO_2）	年平均	20	60	mg/m^3
		24 小时平均	50	150	
		1 小时平均	150	500	
2	二氧化氮（NO_2）	年平均	40	40	
		24 小时平均	80	80	
		1 小时平均	200	200	
3	一氧化碳（CO）	24 小时平均	4	4	mg/m^3
		1 小时平均	10	10	
4	臭氧（O_3）	日最大 8 小时平均	100	160	mg/m^3
		1 小时平均	160	200	
5	颗粒物（粒径小于等于 10 mm）	年平均	40	70	
		24 小时平均	50	150	
6	颗粒物（粒径小于等于 2.5 mm）	年平均	15	35	
		24 小时平均	35	75	

表 2　环境空气污染物其他项目浓度限值

序号	污染物项目	平均时间	浓度限值		单位
			一级	二级	
1	总悬浮颗粒物（TSP）	年平均	80	200	mg/m^3
		24 小时平均	120	300	
2	氮氧化物（NO_x）（以 NO_2 计）	年平均	50	50	
		24 小时平均	100	100	
		1 小时平均	250	250	
3	铅（Pb）	年平均	0.5	0.5	
		季平均	1.0	1.0	
4	苯并 [*a*] 芘（BaP）	年平均	0.001	0.001	
		24 小时平均	0.002 5	0.002 5	

4.3　本标准自 2016 年 1 月 1 日起在全国实施。基本项目（表 1）在全国范围内实施；其他项目（表 2）由国务院环境保护行政主管部门或者省级人民政府根据实际情况，确定具体实施方式。

4.4　在全国实施本标准之前，国务院环境保护行政主管部门可根据《关于推进大气污染联防联控工作改善区域空气质量的指导意见》等文件要求指定部分地区提前实施本标准，具体实施方案（包括地域范围、时间等）另行公告，各省级人民政府也可根据实际情况和当地环境保护的需要提前实施本标准。

5　监测

环境空气质量监测工作应按照《环境空气质量监测规范（试行）》等规范性文件的要求进行。

5.1　监测点位布设

表 1 和表 2 中环境空气污染物监测点位的设置，应按照《环境空气质量监测规范（试行）》中的要求执行。

5.2　样品采集

环境空气质量监测中的采样环境、采样高度及采样频率等要求，按 HJ/T 193 或 HJ/T 194 的要求执行。

5.3　污染物分析

应按表 3 的要求，采用相应的方法分析各项污染物的浓度。

表 3　各项污染物分析方法

<table>
<tr><th rowspan="2">序号</th><th rowspan="2">污染物项目</th><th colspan="2">手工分析方法</th><th rowspan="2">自动分析方法</th></tr>
<tr><th>分析方法</th><th>标准编号</th></tr>
<tr><td rowspan="2">1</td><td rowspan="2">二氧化硫（SO_2）</td><td>环境空气　二氧化硫的测定　甲醛吸收 - 副玫瑰苯胺分光光度法</td><td>HJ 482</td><td rowspan="2">紫外荧光法、差分吸收光谱分析法</td></tr>
<tr><td>环境空气　二氧化硫的测定　四氯汞盐吸收 - 副玫瑰苯胺分光光度法</td><td>HJ 483</td></tr>
<tr><td>2</td><td>二氧化氮（NO_2）</td><td>环境空气　氮氧化物（一氧化氮和二氧化氮）的测定　盐酸萘乙二胺分光光度法</td><td>HJ 479</td><td>化学发光法、差分吸收光谱分析法</td></tr>
<tr><td>3</td><td>一氧化碳（CO）</td><td>空气质量　一氧化碳的测定　非分散红外法</td><td>GB 9801</td><td>气体滤波相关红外吸收法、非分散红外吸收法</td></tr>
<tr><td rowspan="2">4</td><td rowspan="2">臭氧（O_3）</td><td>环境空气　臭氧的测定　靛蓝二磺酸钠分光光度法</td><td>HJ 504</td><td rowspan="2">紫外荧光法、差分吸收光谱分析法</td></tr>
<tr><td>环境空气　臭氧的测定　紫外光度法</td><td>HJ 590</td></tr>
<tr><td>5</td><td>颗粒物（粒径小于等于 10 mm）</td><td>环境空气　PM_{10} 和 $PM_{2.5}$ 的测定　重量法</td><td>HJ 618</td><td>微量振荡天平法、β 射线法</td></tr>
<tr><td>6</td><td>颗粒物（粒径小于等于 2.5 mm）</td><td>环境空气　PM_{10} 和 $PM_{2.5}$ 的测定　重量法</td><td>HJ 618</td><td>微量振荡天平法、β 射线法</td></tr>
<tr><td>7</td><td>总悬浮颗粒物（TSP）</td><td>环境空气　总悬浮颗粒物的测定　重量法</td><td>GB/T 15432</td><td>—</td></tr>
<tr><td>8</td><td>氮氧化物（NO_x）</td><td>环境空气　氮氧化物（一氧化氮和二氧化氮）的测定　盐酸萘乙二胺分光光度法</td><td>HJ 479</td><td>化学发光法、差分吸收光谱分析法</td></tr>
<tr><td rowspan="2">9</td><td rowspan="2">铅（Pb）</td><td>环境空气　铅的测定　石墨炉原子吸收分光光度法（暂行）</td><td>HJ 539</td><td>—</td></tr>
<tr><td>环境空气　铅的测定　火焰原子吸收分光光度法</td><td>GB/T 15264</td><td>—</td></tr>
<tr><td rowspan="2">10</td><td rowspan="2">苯并 [a] 芘（BaP）</td><td>空气质量　飘尘中苯并 [a] 芘的测定　乙酰化滤纸层析荧光分光光度法</td><td>GB 8971</td><td>—</td></tr>
<tr><td>环境空气　苯并 [a] 芘的测定　高效液相色谱法</td><td>GB/T 15439</td><td>—</td></tr>
</table>

6　数据统计的有效性规定

6.1　应采取措施保证监测数据的准确性、连续性和完整性，确保全面、客观地反映监测结果。所有有效数据均应参加统计和评价，不得选择性地舍弃不利数据以及人为干预监测和评价结果。

6.2 采用自动监测设备监测时，监测仪器应全年 365 天（闰年 366 天）连续运行。在监测仪器校准、停电和设备故障，以及其他不可抗拒的因素导致不能获得连续监测数据时，应采取有效措施及时恢复。

6.3 异常值的判断和处理应符合 HJ 630 的规定。对于监测过程中缺失和删除的数据均应说明原因，并保留详细的原始数据记录，以备数据审核。

6.4 任何情况下，有效的污染物浓度数据均应符合表 4 中的最低要求，否则应视为无效数据。

表 4 污染物浓度数据有效性的最低要求

污染物项目	平均时间	数据有效性规定
二氧化硫（SO_2）、二氧化氮（NO_2）、颗粒物（粒径小于等于 10 mm）、颗粒物（粒径小于等于 2.5 mm）、氮氧化物（NO_x）	年平均	每年至少有 324 个日平均浓度值； 每月至少有 27 个日平均浓度值（二月至少有 25 个日平均浓度值）
二氧化硫（SO_2）、二氧化氮（NO_2）、一氧化碳（CO）、颗粒物（粒径小于等于 10 mm）、颗粒物（粒径小于等于 2.5 mm）、氮氧化物（NO_x）	24 小时平均	每日至少有 20 个小时平均浓度值或采样时间
臭氧（O_3）	8 小时平均	每 8 小时至少有 6 个小时平均浓度值
二氧化硫（SO_2）、二氧化氮（NO_2）、一氧化碳（CO）、臭氧（O_3）、氮氧化物（NO_x）	1 小时平均	每小时至少有 45 分钟的采样时间
总悬浮颗粒物（TSP）、苯并 [*a*] 芘（BaP）、铅（Pb）	年平均	每年至少有分布均匀的 60 个日平均浓度值； 每月至少有分布均匀的 5 个日平均浓度值
铅（Pb）	季平均	每季至少有分布均匀的 15 个日平均浓度值； 每月至少有分布均匀的 5 个日平均浓度值
总悬浮颗粒物（TSP）、苯并 [*a*] 芘（BaP）、铅（Pb）	24 小时平均	每日应有 24 小时的采样时间

7 实施与监督

7.1 本标准由各级环境保护行政主管部门负责监督实施。

7.2 各类环境空气功能区的范围由县级以上（含县级）人民政府环境保护行政主管部门划分，报本级人民政府批准实施。

7.3 按照《中华人民共和国大气污染防治法》的规定，未达到本标准的大气污染防治重点城市，应当按照国务院或者国务院环境保护行政主管部门规定的期限，达到本标准。该城市人民政府应当制定限期达标规划，并可以根据国务院的授权或者规定，采取更严格的措施，按期实现达标规划。

附　录　A
（资料性附录）
环境空气中镉、汞、砷、六价铬和氟化物参考浓度限值

各省级人民政府可根据当地环境保护的需要，针对环境污染的特点，对本标准中未规定的污染物项目制定并实施地方环境空气质量标准。以下为环境空气中部分污染物参考浓度限值。

表 A.1　环境空气中镉、汞、砷、六价铬和氟化物参考浓度限值

序号	污染物项目	平均时间	浓度（通量）限值		单位
			一级	二级	
1	镉（Cd）	年平均	0.005	0.005	mg/m^3
2	汞（Hg）	年平均	0.05	0.05	
3	砷（As）	年平均	0.006	0.006	
4	六价铬（Cr（Ⅵ））	年平均	0.000 025	0.000 025	
5	氟化物（F）	1 小时平均	20 ①	20 ①	
		24 小时平均	7 ①	7 ①	
		月平均	1.8 ②	3.0 ③	mg/（dm^2·d）
		植物生长季平均	1.2 ②	2.0 ③	

注：①适用于城市地区；②适用于牧业区和以牧业为主的半农半牧区，蚕桑区；③适用于农业和林业区。

关于加强挥发性有机物监测工作的通知

（环办监测函〔2020〕335号）

各省、自治区、直辖市环境保护厅（局），新疆生产建设兵团环境保护局：

根据《打赢蓝天保卫战三年行动计划》（国发〔2018〕22号）、《2020年国家生态环境监测方案》（环办监测函〔2020〕69号，以下简称《监测方案》）和《关于加强固定污染源废气挥发性有机物监测工作的通知》（环办监测函〔2018〕123号，以下简称《通知》）要求，全国337个地级及以上城市开展环境空气挥发性有机物（VOCs）监测，重点地区开展117种VOCs组分和非甲烷总烃（NMHC）监测，重点排污单位及工业园区加强固定污染源废气VOCs监测，为精准治污、科学治污、依法治污提供数据支撑。现将进一步强化全国VOCs监测有关要求通知如下。

一、加强环境空气VOCs监测

各地要加快完善环境空气VOCs监测网，加强VOCs组分观测和光化学监测网建设。尚未开展VOCs监测的城市，要尽快开展能力建设并实施监测。

（一）加强自动监测能力建设

1. 监测范围及监测项目

根据臭氧污染防治、VOCs监管需求，149个城市（见附件1）于2020年12月31日前开展非甲烷总烃类（PAMS）物质自动监测，有条件的城市逐步开展NMHC自动监测试点工作。

2. 监测点位

每个城市应至少在城市人口密集区内的臭氧高值区域，设置1个监测点位，优先选择在国控站点附近。臭氧超标城市逐步在城市主导上风向或者背景地区、VOCs高浓度、臭氧高浓度与城市主导下风向等区域增设点位，形成本地区光化学监测网。

开展PAMS物质自动监测的城市，至少选择一个站点同时开展臭氧、一氧化氮、二氧化氮、一氧化碳、气象五参数等的监测；有条件的城市，可开展甲醛、总氮氧化物、气态亚硝酸、过氧酰基硝酸酯、紫外辐射强度、光解速率等项目监测。

3. 仪器条件

PAMS物质自动监测仪应符合《环境空气挥发性有机物气相色谱连续监测系统技术要求及检测方法》（HJ 1010—2018）的要求。

（二）加强质量保证与质量控制

1. 严格执行监测质量保证与质量控制要求

采用手工监测方式开展VOCs监测时，样品采集、储存、运输及分析测试环节，应严格按照相关监测标准及《环境空气臭氧前体有机物手工监测技术要求（试行）》（环办监测函〔2018〕240号）开展质量保证与质量控制工作。采用自动监测方式开展VOCs监测时，应严格按照《国家环境空气监测网环境空气挥发性有机物连续自动监测质量控制技术规定（试行）》（总站气函〔2019〕785号）开展质量保证与质量控制工作。重点加强臭氧污染过程期间VOCs监测的质量保证与质量控制，保障监测数据的准确性和有效性。

2. 开展省内监测质控检查

各省级生态环境主管部门每年至少对本行政区域内开展VOCs监测的城市进行2次质控检查，检查时间应涵盖臭氧污染季和非污染季，及时向监测单位反馈检查结果并督促整改，检查结果可视情况在本行政区域内通报。手工监测质控检查按照《环境空气挥发性有机物手工监测质量控制与监督检查要点（试行）》（见附件2）执行，自动监测质控检查按照《环境空气挥发性有机物自动监测质控检查方案（试行）》（见附件3）执行。

3. 开展全国监测质控抽查

我部将组织中国环境监测总站开展在用VOCs标气量值比对，并委托中国环境监测总站组织六大区域质控中心、有关专家和第三方机构开展VOCs手工监测与自动监测质控抽查，通报抽查结果。

（三）强化监测数据联网与审核

1. 自动监测数据联网

VOCs自动监测站点的VOCs组分、NMHC、臭氧、一氧化氮、二氧化氮、一氧化碳、气象五参数监测数据应与中国环境监测总站实时联网。开展甲醛，总氮氧化物、气态亚硝酸、过氧酰基硝酸酯、紫外辐射强度、光解速率等项目监测的，应同时联网。

2. 数据审核与报送要求

各省级生态环境监测机构负责本行政区域内自动监测与手工监测数据审核工作，按《监测方案》要求及时将审核后的数据报送中国环境监测总站。

在5—9月臭氧污染高发季节，应加快自动监测数据审核进度，于每周三前完成上一周的自动监测数据审核，并报送中国环境监测总站数据业务平台；同时段的一氧化氮、二氧化氮、一氧化碳、臭氧、紫外辐射强度和气象五参数等监测数据也应一并审核报送。

（四）深化数据分析与评估

各级生态环境监测机构按照《监测方案》要求，每月组织开展本行政区域VOCs监测结果评估分析，编制分析报告。结合当地监测项目，报告内容可包括各类VOCs浓度水平、时间变化、化学组成、臭氧生成潜势分析、臭氧敏感性分析和VOCs来源解析等，于每月15日前向省级生态环境主管部门报送上月的分析报告。

发生区域性臭氧连续超标污染时，应及时开展污染过程光化学分析评估，对污染过程进行总结回顾，编制分析报告。

二、加强固定污染源废气VOCs监测

各级生态环境部门要落实环境质量属地管理的要求，履行监管职责，统筹规划，按照

“谁污染、谁监测、谁治理”的原则，推进污染源废气 VOCs 监测工作的开展。

（一）督促排污单位落实自行监测责任

各级生态环境部门对本行政区域内排污单位 VOCs 自行监测情况开展日常抽查，按照已出台的 VOCs 排放标准开展抽测，督促排污单位按照《中华人民共和国环境保护法》的要求，落实主体责任。

（二）加强重点区域 VOCs 监测

各级生态环境部门应加强对工业园区 VOCs 监测的指导，督促园区管理部门对园区周界及内部 VOCs 开展监测，重点区域（见附件的工业园区还应采用走航监测、苏玛罐采样监测等手段动态监控园区周界及内部 VOCs 排放情况。鼓励有条件的工业园区和重点企业建立 VOCs 泄漏在线监测溯源系统，为精准治污提供技术支撑。

（三）加强监测数据报送

各级生态环境部门应制定工作计划，按照“抽查时间随机、抽查对象随机”的原则开展排污单位 VOCs 排放抽查抽测工作，并于每季度第 1 个月 20 日前将抽查抽测报告报送中国环境监测总站。

三、其他要求

（一）加强组织领导，将任务分解落实至责任部门和单位，加强监督指导，为 VOCs 监测工作提供组织保障。

（二）通过申请大气污染防治专项资金等方式，落实能力建设与运行经费，为 VOCs 监测工作提供资金保障。

（三）加强 VOCs 监测能力建设和人员培训，提升监测业务能力，为 VOCs 监测工作提供技术保障。

我部将持续调度通报各地开展 VOCs 监测情况，并适时对工作进展缓慢地区开展督导。

附件：1. 开展非甲烷总烃类物质自动监测能力建设城市名单（略）
2. 环境空气挥发性有机物手工监测质量控制与监督检查要点（试行）
3. 环境空气挥发性有机物自动监测质控检查方案（试行）
4. 重点区域范围

生态环境部办公厅

2020 年 6 月 22 日

扫一扫，获取相关文件

关于印发《城市环境空气质量排名技术规定》的通知

（环办监测〔2018〕19号）

各省、自治区、直辖市环境保护厅（局），新疆生产建设兵团环境保护局：

为贯彻落实《打赢蓝天保卫战三年行动计划》相关要求，进一步规范城市环境空气质量及变化程度排名工作，结合大气污染管理的新要求，我部制定了《城市环境空气质量排名技术规定》（见附件）。现印发给你们，请遵照执行。自本规定印发之日起，《关于印发〈城市环境空气质量排名技术规定〉的通知》（环办〔2014〕64号）和《关于印发〈城市环境空气质量变化程度排名方案〉的通知》（环办监测函〔2017〕197号）废止。

生态环境部办公厅

2018年7月20日

附件：

城市环境空气质量排名技术规定

一、适用范围

本规定适用于国家城市环境空气质量和变化程度的排名，以及各省（区、市）对本行政区域内地级及以上城市环境空气质量和变化程度的排名。

各省（区、市）对本行政区域内县级城市环境空气质量和变化程度的排名可参照执行。

二、规范性引用文件

（一）《环境空气质量标准》（GB 3095—2012）；

（二）《环境空气质量指数（AQI）技术规定（试行）》（HJ 633—2012）；

（三）《环境空气质量评价技术规范（试行）》（HJ 663—2013）；

（四）《数值修约规则与极限数值的表示和判定》（GB/T 8170—2008）；

（五）《环境空气质量自动监测技术规范》（HJ/T 193—2005）。

三、排名方法

城市环境空气质量排名依据环境空气质量综合指数进行排序，若不同城市综合指数相同以并列计；城市环境空气质量变化程度排名依据环境空气质量综合指数变化率进行排序，若不同城市综合指数变化率相同以并列计，其中，评价时段内空气质量达到二级标准的城市以及空气质量由好到差排序在前 20% 的城市，不纳入空气质量改善幅度相对较差城市的排名。

（一）评价点位

城市纳入国家环境空气质量监测网的所有城市评价点位。

（二）评价项目

《环境空气质量标准》（GB 3095—2012）中规定的 6 个基本项目：二氧化硫（SO_2）、二氧化氮（NO_2）、可吸入颗粒物（PM_{10}）、臭氧（O_3）、一氧化碳（CO）、细颗粒物（$PM_{2.5}$）。

（三）评价浓度

SO_2、NO_2、PM_{10}、$PM_{2.5}$ 的评价浓度为评价时段内日均浓度的平均值，O_3 的评价浓度为评价时段内日最大 8 小时平均值的第 90 百分位数，CO 的评价浓度为评价时段内日均浓度的第 95 百分位数。

（四）空气质量综合指数计算

空气质量综合指数是指评价时段内，参与评价的各项污染物的单项质量指数之和，综合指数越大表明城市空气污染程度越重。具体计算方法如下：

1. 单项质量指数

指标 i 的单项质量指数 I_i 按（式 1）计算：

$$I_i = \frac{C_i}{S_i} \qquad \text{（式 1）}$$

式中：C_i——指标 i 的评价浓度值；

S_i——指标 i 的标准值。当 i 为 SO_2、NO_2、PM_{10} 及 $PM_{2.5}$ 时，S_i 为污染物 i 的年均浓度二级标准限值；当 i 为 O_3 时，S_i 为日最大 8 小时平均的二级标准限值；当 i 为 CO 时，S_i 为日均浓度二级标准限值。

2. 综合指数

综合指数计算方法按（式 2）计算：

$$I_{\text{sum}} = \sum_{i=1}^{6} I_i \qquad \text{（式 2）}$$

式中：I_{sum}——综合指数；

I_i——指标 i 的单项指数，i 包括全部六项指标，即 SO_2、NO_2、PM_{10}、$PM_{2.5}$、CO 和 O_3。

3. 首要污染物

最大指数对应的污染物为首要污染物，最大指数计算方法按（式 3）计算：

$$I_{\max} = \max(I_i) \qquad \text{（式 3）}$$

式中：I_{max}——最大指数；

I_i——指标 i 的单项指数，i 包括全部六项指标，即 SO_2、NO_2、PM_{10}、$PM_{2.5}$、CO 和 O_3。

（五）空气质量综合指数同比变化率计算

空气质量综合指数同比变化率，以百分数计，保留 1 位小数。计算公式如下：

$$R=\frac{I_{排名时段}-I_{上年同期}}{I_{上年同期}}\times 100\% \quad（式 4）$$

式中：R——综合指数变化率，以百分数计，保留 1 位小数；R 大于 0 代表空气质量变差，R 小于 0 代表空气质量改善，R 等于 0 代表持平；

$I_{排名时段}$——排名时段综合指数；

$I_{上年同期}$——上年同期综合指数。

四、排名周期

城市空气质量排名周期为月、季度、半年、年；空气质量变化程度排名周期为半年。

五、数据统计要求

（一）数据统计规定

1. 计算统计时段内城市 SO_2、NO_2、PM_{10}、$PM_{2.5}$ 和 CO 均值或特定百分位数时，先计算各点位的日均浓度，由各点位的日均浓度算术平均得到城市日均浓度，再由此计算统计时段内城市均值或特定百分位数。

2. 计算统计时段内城市 O_3 日最大 8 小时平均浓度或特定百分位数时，先计算各点位的 O_3 日最大 8 小时平均浓度，由各点位的日最大 8 小时平均浓度算术平均得到城市日最大 8 小时平均浓度，再由此计算统计时段内城市特定百分位数。

（二）数据统计有效性规定

1. 各评价项目的数据统计有效性要求按照《环境空气质量标准》（GB 3095—2012）和《环境空气质量评价技术规范（试行）》（HJ 663—2013）中的有关规定执行。

2. 统计评价项目的城市尺度浓度时，城市所有国控评价监测点位必须全部参加统计。

3. 计算城市月均浓度、季均浓度、半年浓度和年均浓度时（对于 O_3 需要计算评价时段内日最大 8 小时平均值的特定百分位数，对于 CO 需要计算评价时段内日均值的特定百分位数），该城市所有有效监测数据必须全部参与统计，每月参与统计的有效城市日均浓度（对于 O_3 为日最大 8 小时平均浓度）最低不少于 27 天（2 月份不少于 25 天），全年参与统计的有效城市日均浓度（对于 O_3 为日最大 8 小时平均浓度）最低不少于 324 天。

4. O_3 日最大 8 小时值的有效性规定为当日 8 时至 24 时所有滑动的 8 小时浓度值，每天至少有 14 个 8 小时浓度值，当 O_3 不满足 14 个有效数据时，若日最大 8 小时平均浓度超过浓度限值标准时，统计结果仍有效。

5. 当任何一项污染物不满足上述有效性规定且任何一项污染物浓度超过二级标准限值时，以城市当日污染物浓度最高点位的数据，统计该城市当日污染物浓度并进行排名，对非不可抗因素导致数据缺失的城市，将在媒体上公开通报批评，并在大气污染防治行动计划考核中以未通过考核统计。

六、数据修约要求

数据统计结果按照《数值修约规则与极限数值的表示和判定》（GB/T 8170—2008）的要求进行修约，浓度单位及保留小数位数要求见表 1。各项指标的小时浓度作为基础数据单元，使用前也应进行修约。

表 1　指标的浓度单位和保留小数位数要求

指标项目	单位	保留小数位数
SO_2、NO_2、PM_{10}、$PM_{2.5}$、O_3	微克 / 立方米	0
CO	毫克 / 立方米	1
综合指数、单项指数、最大指数	/	2
变化率	%	1

七、信息发布内容

（一）国家公布的城市环境空气质量排名情况内容包括：

环境空气质量相对较好的 20 个城市名单（即空气质量综合指数从小到大排序前 20 个城市，按照修约规则，空气质量综合指数相同的以并列计）。

环境空气质量相对较差的 20 个城市名单（即空气质量综合指数从小到大排序后 20 个城市，按照修约规则，空气质量综合指数相同的以并列计）。

公布城市名单同时公布各城市空气质量综合指数、最大单项指数、首要污染物名称。

（二）国家公布的城市环境空气质量变化程度排名情况内容包括：

环境空气质量变化程度相对较好的前 20 个城市名单和相对较差的后 20 个城市名单。

对于数据量不满足数据统计有效性规定的城市，公布其数据缺失情况。

各省（区、市）公布本行政区域内城市环境空气质量及变化程度排名情况时，公布的城市数量由各省（区、市）酌情确定。

附录

百分位数计算方法

污染物浓度序列的第 p 百分位数计算方法如下：

1. 将污染物浓度序列按数值从小到大排序，排序后的浓度序列为 $\{X_{(i)}, i=1,2,\cdots,n\}$。

2. 计算第 p 百分位数（m_p）的序数（k），序数（k）按式（1）计算：

$$k=1+(n-1)\cdot p\% \quad (1)$$

式中：k——$p\%$ 位置对应的序数。

n——污染物浓度序列中的浓度值数量。

3. 第 p 百分位数（m_p）按式（2）计算：

$$m_p = X_{(s)} + \left[X_{(s+1)} - X_{(s)}\right] \times (k-s) \quad (2)$$

式中：s——k 的整数部分，当 k 为整数时 s 与 k 相等。

第四部分

土壤环境监测

土壤环境监测技术规范

（HJ 166—2004）

前　言

根据《中华人民共和国环境保护法》第十一条“国务院环境保护行政主管部门建立监测制度、制定监测规范”的要求，制定本技术规范。

《土壤环境监测技术规范》主要由布点、样品采集、样品处理、样品测定、环境质量评价、质量保证及附录等部分构成。

在每个部分规范了土壤监测的步骤和技术要求，附录均为资料性附录。

本规范由国家环境保护总局科技标准司提出。

本规范由中国环境监测总站、南京市环境监测中心站起草。

本规范由中国环境监测总站负责解释。

本规范为首次发布。

土壤环境监测技术规范

1　范围

本规范规定了土壤环境监测的布点采样、样品制备、分析方法、结果表征、资料统计和质量评价等技术内容。

本规范适用于全国区域土壤背景、农田土壤环境、建设项目土壤环境评价、土壤污染事故等类型的监测。

2　引用标准

下列标准所包含的条文，通过本规范中引用而构成本规范的条文。本规范出版时，所示版本均为有效。所有标准都会被修订，使用本标准的各方应探讨使用下列标准最新版本的可能性。

GB 6266　土壤中氧化稀土总量的测定 对马尿酸偶氮氯膦分光光度法

GB 7859　森林土壤 pH 测定

GB 8170　数值修约规则

GB 10111　利用随机数骰子进行随机抽样的办法

GB 13198　六种特定多环芳烃测定 高效液相色谱法

GB 15618　土壤环境质量标准

GB/T 1.1　标准化工作导则　第一部分：标准的结构和编写规则

GB/T 14550　土壤质量　六六六和滴滴涕的测定　气相色谱法

GB/T 17134　土壤质量　总砷的测定　二乙基二硫代氨基甲酸银分光光度法

GB/T 17135　土壤质量　总砷的测定　硼氢化钾－硝酸银分光光度法

GB/T 17136　土壤质量　总汞的测定　冷原子吸收分光光度法

GB/T 17137　土壤质量　总铬的测定　火焰原子吸收分光光度法

GB/T 17138　土壤质量　铜、锌的测定　火焰原子吸收分光光度法

GB/T 17140　土壤质量　铅、镉的测定　KI-MIBK 萃取火焰原子吸收分光光度法

GB/T 17141　土壤质量　铅、镉的测定　石墨炉原子吸收分光光度法

JJF 1059　测量不确定度评定和表示

NY/T 395　农田土壤环境质量监测技术规范

GHZB XX　土壤环境质量调查采样方法导则（报批稿）

GHZB XX　土壤环境质量调查制样方法（报批稿）

3　术语和定义

本规范采用下列术语和定义：

3.1　土壤　soil

连续覆被于地球陆地表面具有肥力的疏松物质，是随着气候、生物、母质、地形和时间因素变化而变化的历史自然体。

3.2　土壤环境　soil environment

地球环境由岩石圈、水圈、土壤圈、生物圈和大气圈构成，土壤位于该系统的中心，既是各圈层相互作用的产物，又是各圈层物质循环与能量交换的枢纽。受自然和人为作用，内在或外显的土壤状况称之为土壤环境。

3.3　土壤背景　soil background

区域内很少受人类活动影响和不受或未明显受现代工业污染与破坏的情况下，土壤原来固有的化学组成和元素含量水平。但实际上目前已经很难找到不受人类活动和污染影响的土壤，只能去找影响尽可能少的土壤。不同自然条件下发育的不同土类或同一种土类发育于不同的母质母岩区，其土壤环境背景值也有明显差异；就是同一地点采集的样品，分析结果也不可能完全相同，因此土壤环境背景值是统计性的。

3.4　农田土壤　soil in farmland

用于种植各种粮食作物、蔬菜、水果、纤维和糖料作物、油料作物及农区森林、花卉、药材、草料等作物的农业用地土壤。

3.5　监测单元　monitoring unit

按地形—成土母质—土壤类型—环境影响划分的监测区域范围。

3.6　土壤采样点　soil sampling point

监测单元内实施监测采样的地点。

3.7　土壤剖面　soil profile

按土壤特征，将表土竖直向下的土壤平面划分成的不同层面的取样区域，在各层中部位多点取样，等量混匀。或根据研究的目的采取不同层的土壤样品。

3.8　土壤混合样　soil mixture sample

在农田耕作层采集若干点的等量耕作层土壤并经混合均匀后的土壤样品，组成混合样的分点数要在 5～20 个。

3.9　监测类型　monitoring type

根据土壤监测目的，土壤环境监测有 4 种主要类型：区域土壤环境背景监测、农田土壤环境质量监测、建设项目土壤环境评价监测和土壤污染事故监测。

4　采样准备

4.1　组织准备

由具有野外调查经验且掌握土壤采样技术规程的专业技术人员组成采样组，采样前组织学习有关技术文件，了解监测技术规范。

4.2　资料收集

收集包括监测区域的交通图、土壤图、地质图、大比例尺地形图等资料，供制作采样工作图和标注采样点位用。

收集包括监测区域土类、成土母质等土壤信息资料。

收集工程建设或生产过程对土壤造成影响的环境研究资料。

收集造成土壤污染事故的主要污染物的毒性、稳定性以及如何消除等资料。

收集土壤历史资料和相应的法律（法规）。

收集监测区域工农业生产及排污、污灌、化肥农药施用情况资料。

收集监测区域气候资料（温度、降水量和蒸发量）、水文资料。

收集监测区域遥感与土壤利用及其演变过程方面的资料等。

4.3　现场调查

现场踏勘，将调查得到的信息进行整理和利用，丰富采样工作图的内容。

4.4　采样器具准备

4.4.1　工具类：铁锹、铁铲、圆状取土钻、螺旋取土钻、竹片以及适合特殊采样要求的工具等。

4.4.2　器材类：GPS、罗盘、照相机、胶卷、卷尺、铝盒、样品袋、样品箱等。

4.4.3　文具类：样品标签、采样记录表、铅笔、资料夹等。

4.4.4　安全防护用品：工作服、工作鞋、安全帽、药品箱等。

4.4.5　采样用车辆

4.5　监测项目与频次

监测项目分常规项目、特定项目和选测项目；监测频次与其相应。

常规项目：原则上为 GB 15618《土壤环境质量标准》中所要求控制的污染物。

特定项目：GB 15618《土壤环境质量标准》中未要求控制的污染物，但根据当地环境污染状况，确认在土壤中积累较多、对环境危害较大、影响范围广、毒性较强的污染物，或者污染事故对土壤环境造成严重不良影响的物质，具体项目由各地自行确定。

选测项目：一般包括新纳入的在土壤中积累较少的污染物、由于环境污染导致土壤性状发生改变的土壤性状指标以及生态环境指标等，由各地自行选择测定。

土壤监测项目与监测频次见表 4-1。监测频次原则上按表 4-1 执行，常规项目可按当地实际适当降低监测频次，但不可低于 5 年一次，选测项目可按当地实际适当提高监测频次。

表 4-1　土壤监测项目与监测频次

项目类别		监测项目	监测频次
常规项目	基本项目	pH、阳离子交换量	每 3 年一次 农田在夏收或秋收后采样
	重点项目	镉、铬、汞、砷、铅、铜、锌、镍、六六六、滴滴涕	
特定项目（污染事故）		特征项目	及时采样，根据污染物变化趋势决定监测频次
选测项目	影响产量项目	全盐量、硼、氟、氮、磷、钾等	每 3 年监测一次 农田在夏收或秋收后采样
	污水灌溉项目	氰化物、六价铬、挥发酚、烷基汞、苯并 [a] 芘、有机质、硫化物、石油类等	
	POPs 与高毒类农药	苯、挥发性卤代烃、有机磷农药、PCB、PAH 等	
	其他项目	结合态铝（酸雨区）、硒、钒、氧化稀土总量、钼、铁、锰、镁、钙、钠、铝、硅、放射性比活度等	

5　布点与样品数容量

5.1　“随机”和“等量”原则

样品是由总体中随机采集的一些个体所组成，个体之间存在变异，因此样品与总体之间，既存在同质的“亲缘”关系，样品可作为总体的代表，但同时也存在着一定程度的异质性的，差异愈小，样品的代表性愈好；反之亦然。为了达到采集的监测样品具有好的代表性，必须避免一切主观因素，使组成总体的个体有同样的机会被选入样品，即组成样品的个体应当是随机地取自总体。另一方面，在一组需要相互之间进行比较的样品应当有同样的个体组成，否则样本大的个体所组成的样品，其代表性会大于样本少的个体组成的样品。所以“随机”和“等量”是决定样品具有同等代表性的重要条件。

5.2　布点方法

5.2.1　简单随机

将监测单元分成网格，每个网格编上号码，决定采样点样品数后，随机抽取规定的样品数的样品，其样本号码对应的网格号，即为采样点。随机数的获得可以利用掷骰子、抽签、查随机数表的方法。关于随机数骰子的使用方法可见 GB 10111《利用随机数骰子进行随机抽样的办法》。简单随机布点是一种完全不带主观限制条件的布点方法。

5.2.2　分块随机

根据收集的资料，如果监测区域内的土壤有明显的几种类型，则可将区域分成几块，每块内污染物较均匀，块间的差异较明显。将每块作为一个监测单元，在每个监测单元内再随机布点。在正确分块的前提下，分块布点的代表性比简单随机布点好，如果分块不正确，分块布点的效果可能会适得其反。

5.2.3　系统随机

将监测区域分成面积相等的几部分（网格划分），每网格内布设一采样点，这种布点称为系统随机布点。如果区域内土壤污染物含量变化较大，系统随机布点比简单随机布点所采样品的代表性要好。

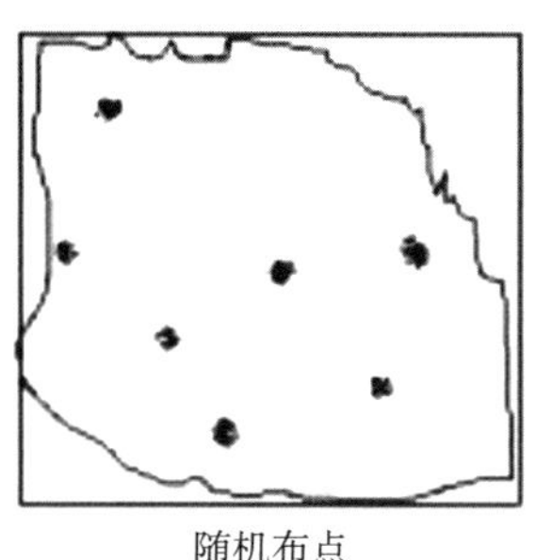
随机布点

分块随机布点

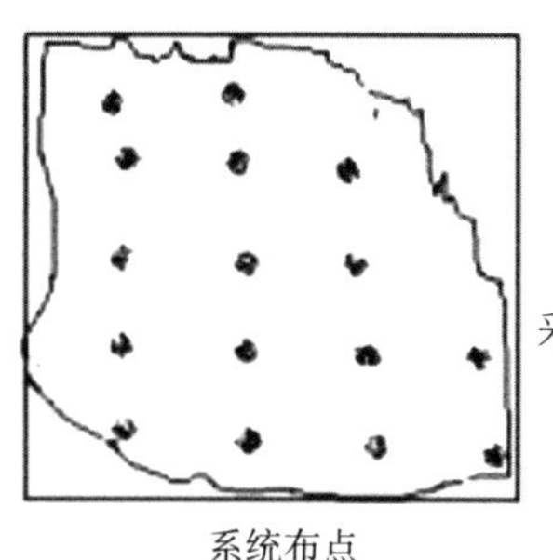

系统布点

图 5-1　布点方式示意图

5.3　基础样品数量

5.3.1　由均方差和绝对偏差计算样品数

用下列公式可计算所需的样品数：

$$N=t^2s^2/D^2$$

式中：N——样品数；

t——选定置信水平（土壤环境监测一般选定为 95%）一定自由度下的 t 值（附录 A）；

s^2——为均方差，可从先前的其它研究或者从极差 R（$s^2=(R/4)^2$）估计；

D——可接受的绝对偏差。

示例：

某地土壤多氯联苯（PCB）的浓度范围 0～13 mg/kg，若 95% 置信度时平均值与真值的绝对偏差为 1.5 mg/kg，s 为 3. 25 mg/kg，初选自由度为 10，则

$$N=(2.23)^2(3.25)^2/(1.5)^2=23$$

因为 23 比初选的 10 大得多，重新选择自由度查 t 值计算得：

$$N=(2.069)^2(3.25)^2/(1.5)^2=20$$

20 个土壤样品数较大，原因是其土壤 PCB 含量分布不均匀（0～13 mg/kg），要降低采样的样品数，就得牺牲监测结果的置信度（如从 95% 降低到 90%），或放宽监测结果的置

信距（如从 1.5 mg/kg 增加到 2.0 mg/kg）。

5.3.2 由变异系数和相对偏差计算样品数

$$N=t^2s^2/D^2 \text{ 可变为 } N=t^2Cv^2/m^2$$

式中：N——样品数；

t——选定置信水平（土壤环境监测一般选定为 95%）一定自由度下的 t 值（附录 A）；

C_V——变异系数（%），可从先前的其它研究资料中估计；

m——可接受的相对偏差（%），土壤环境监测一般限定为 20%～30%。

没有历史资料的地区、土壤变异程度不太大的地区，一般 C_V 可用 10%～30% 粗略估计，有效磷和有效钾变异系数 C_V 可取 50%。

5.4 布点数量

土壤监测的布点数量要满足样本容量的基本要求，即上述由均方差和绝对偏差、变异系数和相对偏差计算样品数是样品数的下限数值，实际工作中土壤布点数量还要根据调查目的、调查精度和调查区域环境状况等因素确定。

一般要求每个监测单元最少设 3 个点。

区域土壤环境调查按调查的精度不同可从 2.5 km、5 km、10 km、20 km、40 km 中选择网距网格布点，区域内的网格结点数即为土壤采样点数量。

农田采集混合样的样点数量见“6.2.2.2 混合样采集”。

建设项目采样点数量见“6.3 建设项目土壤环境评价监测采样”。

城市土壤采样点数量见“6.4 城市土壤采样”。

土壤污染事故采样点数量见“6.5 污染事故监测土壤采样”。

6 样品采集

样品采集一般按三个阶段进行：

前期采样：根据背景资料与现场考察结果，采集一定数量的样品分析测定，用于初步验证污染物空间分异性和判断土壤污染程度，为制定监测方案（选择布点方式和确定监测项目及样品数量）提供依据，前期采样可与现场调查同时进行。

正式采样：按照监测方案，实施现场采样。

补充采样：正式采样测试后，发现布设的样点没有满足总体设计需要，则要进行增设采样点补充采样。

面积较小的土壤污染调查和突发性土壤污染事故调查可直接采样。

6.1 区域环境背景土壤采样

6.1.1 采样单元

采样单元的划分，全国土壤环境背景值监测一般以土类为主，省、自治区、直辖市级的土壤环境背景值监测以土类和成土母质母岩类型为主，省级以下或条件许可或特别工作需要的土壤环境背景值监测可划分到亚类或土属。

6.1.2　样品数量

各采样单元中的样品数量应符合“5. 3 基础样品数量”要求。

6.1.3　网格布点

网格间距 L 按下式计算：

$$L=(A/N)^{1/2}$$

式中：L——网格间距；

A——采样单元面积；

N——采样点数（同“5. 3 样品数量”）。

A 和 L 的量纲要相匹配，如 A 的单位是 km^2 则 L 的单位就为 km。根据实际情况可适当减小网格间距，适当调整网格的起始经纬度，避开过多网格落在道路或河流上，使样品更具代表性。

6.1.4　野外选点

首先采样点的自然景观应符合土壤环境背景值研究的要求。采样点选在被采土壤类型特征明显的地方，地形相对平坦、稳定、植被良好的地点；坡脚、洼地等具有从属景观特征的地点不设采样点；城镇、住宅、道路、沟渠、粪坑、坟墓附近等处人为干扰大，失去土壤的代表性，不宜设采样点，采样点离铁路、公路至少 300m 以上；采样点以剖面发育完整、层次较清楚、无侵入体为准，不在水土流失严重或表土被破坏处设采样点；选择不施或少施化肥、农药的地块作为采样点，以使样品点尽可能少受人为活动的影响；不在多种土类、多种母质母岩交错分布、面积较小的边缘地区布设采样点。

6.1.5　采样

采样点可采表层样或土壤剖面。一般监测采集表层土，采样深度 0～20 cm，特殊要求的监测（土壤背景、环评、污染事故等）必要时选择部分采样点采集剖面样品。剖面的规格一般为长 1.5 m，宽 0.8 m，深 1.2 m。挖掘土壤剖面要使观察面向阳，表土和底土分两侧放置。

一般每个剖面采集 A、B、C 三层土样。地下水位较高时，剖面挖至地下水出露时为止；山地丘陵土层较薄时，剖面挖至风化层。

对 B 层发育不完整（不发育）的山地土壤，只采 A、C 两层；

干旱地区剖面发育不完善的土壤，在表层 5～20 cm、心土层 50 cm、底土层 100 cm 左右采样。

水稻土按照 A 耕作层、P 犁底层、C 母质层（或 G 潜育层、W 潴育层）分层采样（图 6-1），对 P 层太薄的剖面，只采 A、C 两层（或 A、G 层或 A、W 层）。

对 A 层特别深厚，沉积层不甚发育，一米内见不到母质的土类剖面，按 A 层 5～20 cm、A/B 层 60～90 cm、B 层 100～200 cm 采集土壤。草甸土和潮土一般在 A 层 5～20 cm、C_1 层（或 B 层）50 cm、C_2 层 100～120 cm 处采样。

耕作层（A 层）

犁底层（P 层）

潴育层（W 层）

潜育层（G 层）

母质层（C 层）

图 6-1　水稻土剖面示意图

采样次序自下而上，先采剖面的底层样品，再采中层样品，最后采上层样品。测量重金属的样品尽量用竹片或竹刀去除与金属采样器接触的部分土壤，再用其取样。

剖面每层样品采集 1 kg 左右，装入样品袋，样品袋一般由棉布缝制而成，如潮湿样品可内衬塑料袋（供无机化合物测定）或将样品置于玻璃瓶内（供有机化合物测定）。采样的同时，由专人填写样品标签、采样记录；标签一式两份，一份放入袋中，一份系在袋口，标签上标注采样时间、地点、样品编号、监测项目、采样深度和经纬度。采样结束，需逐项检查采样记录、样袋标签和土壤样品，如有缺项和错误，及时补齐更正。将底土和表土按原层回填到采样坑中，方可离开现场，并在采样示意图上标出采样地点，避免下次在相同处采集剖面样。

标签和采样记录格式见表 6-1、表 6-2 和图 6-2。

表 6-1　土壤样品标签样式

土壤样品标签
样品编号：
采用地点： 东经　　　　北纬
采样层次：
特征描述：
采样深度：
监测项目：
采样日期：
采样人员：

表 6-2 土壤现场记录表

<table>
<tr><td colspan="2">采用地点</td><td></td><td>东经</td><td></td><td>北纬</td><td></td></tr>
<tr><td colspan="2">样品编号</td><td></td><td colspan="2">采样日期</td><td colspan="2"></td></tr>
<tr><td colspan="2">样品类别</td><td></td><td colspan="2">采样人员</td><td colspan="2"></td></tr>
<tr><td colspan="2">采样层次</td><td></td><td colspan="2">采样深度（cm）</td><td colspan="2"></td></tr>
<tr><td rowspan="3">样品描述</td><td>土壤颜色</td><td></td><td colspan="2">植物根系</td><td colspan="2" rowspan="3"></td></tr>
<tr><td>土壤质地</td><td></td><td colspan="2">砂砾含量</td></tr>
<tr><td>土壤湿度</td><td></td><td colspan="2">其它异物</td></tr>
<tr><td colspan="2">采样点示意图</td><td></td><td colspan="2">自下而上
植被描述</td><td colspan="2"></td></tr>
</table>

注 1：土壤颜色可采用门塞尔比色卡比色，也可按土壤颜色三角表进行描述。颜色描述可采用双名法，主色在后，副色在前，如黄棕、灰棕等。颜色深浅还可以冠以暗、淡等形容词，如浅棕、暗灰等。

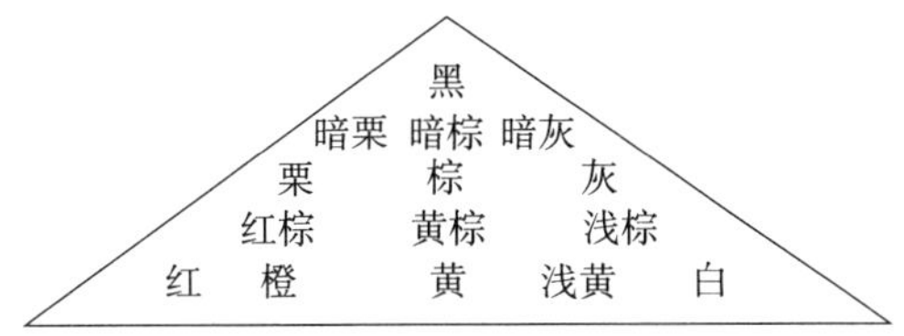

图 6-2 土壤颜色三角表

注 2：土壤质地分为砂土、壤土（砂壤土、轻壤土、中壤土、重壤土）和粘土，野外估测方法为取小块土壤，加水潮润，然后揉搓，搓成细条并弯成直径为 2.5～3 cm 的土环，据土环表现的性状确定质地。

砂土：不能搓成条；

砂壤土：只能搓成短条；

轻壤土：能搓直径为 3 mm 直径的条，但易断裂；

中壤土：能搓成完整的细条，弯曲时容易断裂；

重壤土：能搓成完整的细条，弯曲成圆圈时容易断裂；

粘土：能搓成完整的细条，能弯曲成圆圈。

注 3：土壤湿度的野外估测，一般可分为五级：

干：土块放在手中，无潮润感觉；

潮：土块放在手中，有潮润感觉；

湿：手捏土块，在土团上塑有手印；

重潮：手捏土块时，在手指上留有湿印；

极潮：手捏土块时，有水流出。

注 4：植物根系含量的估计可分为五级：

无根系：在该土层中无任何根系；

少量：在该土层每 50cm^2 内少于 5 根；

中量：在该土层每 50 cm^2 内有 5～15 根；

多量：该土层每 50 cm^2 内多于 15 根；

根密集：在该土层中根系密集交织。

注 5：石砾含量以石砾量占该土层的体积百分数估计。

6.2 农田土壤采样

6.2.1 监测单元

土壤环境监测单元按土壤主要接纳污染物途径可划分为：

（1）大气污染型土壤监测单元；

（2）灌溉水污染监测单元；

（3）固体废物堆污染型土壤监测单元；

（4）农用固体废物污染型土壤监测单元；

（5）农用化学物质污染型土壤监测单元；

（6）综合污染型土壤监测单元（污染物主要来自上述两种以上途径）。

监测单元划分要参考土壤类型、农作物种类、耕作制度、商品生产基地、保护区类型、行政区划等要素的差异，同一单元的差别应尽可能地缩小。

6.2.2 布点

根据调查目的、调查精度和调查区域环境状况等因素确定监测单元。部门专项农业产品生产土壤环境监测布点按其专项监测要求进行。

大气污染型土壤监测单元和固体废物堆污染型土壤监测单元以污染源为中心放射状布点，在主导风向和地表水的径流方向适当增加采样点（离污染源的距离远于其它点）；灌溉水污染监测单元、农用固体废物污染型土壤监测单元和农用化学物质污染型土壤监测单元采用均匀布点；灌溉水污染监测单元采用按水流方向带状布点，采样点自纳污口起由密渐疏；综合污染型土壤监测单元布点采用综合放射状、均匀、带状布点法。

6.2.3 样品采集

6.2.3.1 剖面样

特定的调查研究监测需了解污染物在土壤中的垂直分布时采集土壤剖面样，采样方法同 6.1.5。

6.2.3.2 混合样

一般农田土壤环境监测采集耕作层土样，种植一般农作物采 0～20 cm，种植果林类农作物采 0～60 cm。为了保证样品的代表性，减低监测费用，采取采集混合样的方案。每个土壤单元设 3～7 个采样区，单个采样区可以是自然分割的一个田块，也可以由多个田块所构成，其范围以 200 m×200 m 左右为宜。每个采样区的样品为农田土壤混合样。混合样的采集主要有四种方法：

（1）对角线法：适用于污灌农田土壤，对角线分 5 等份，以等分点为采样分点；

（2）梅花点法：适用于面积较小，地势平坦，土壤组成和受污染程度相对比较均匀的地块，设分点 5 个左右；

（3）棋盘式法：适宜中等面积、地势平坦、土壤不够均匀的地块，设分点 10 个左右；受污泥、垃圾等固体废物污染的土壤，分点应在 20 个以上；

（4）蛇形法：适宜于面积较大、土壤不够均匀且地势不平坦的地块，设分点 15 个左右，多用于农业污染型土壤。各分点混匀后用四分法取 1 kg 土样装入样品袋，多余部分弃去。样品标签和采样记录等要求同 6.1.5。

梅花　对角线　蛇行　棋盘

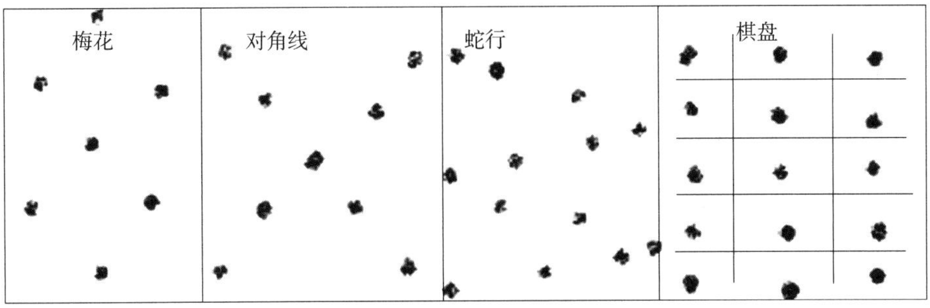

图 6-2　混合土壤采样点布设示意图

6.3　建设项目土壤环境评价监测采样

每 100 公顷占地不少于 5 个且总数不少于 5 个采样点，其中小型建设项目设 1 个柱状样采样点，大中型建设项目不少于 3 个柱状样采样点，特大性建设项目或对土壤环境影响敏感的建设项目不少于 5 个柱状样采样点。

6.3.1　非机械干扰土

如果建设工程或生产没有翻动土层，表层土受污染的可能性最大，但不排除对中下层土壤的影响。生产或者将要生产导致的污染物，以工艺烟雾（尘）、污水、固体废物等形式污染周围土壤环境，采样点以污染源为中心放射状布设为主，在主导风向和地表水的径流方向适当增加采样点（离污染源的距离远于其它点）；以水污染型为主的土壤按水流方向带状布点，采样点自纳污口起由密渐疏；综合污染型土壤监测布点采用综合放射状、均匀、带状布点法。此类监测不采混合样，混合样虽然能降低监测费用，但损失了污染物空间分布的信息，不利于掌握工程及生产对土壤影响状况。

表层土样采集深度 0～20 cm；每个柱状样取样深度都为 100 cm，分取三个土样：表层样（0～20 cm），中层样（20～60 cm），深层样（60～100 cm）。

6.3.2　机械干扰土

由于建设工程或生产中，土层受到翻动影响，污染物在土壤纵向分布不同于非机械干扰土。采样点布设同 6.3.1。各点取 1 kg 装入样品袋，样品标签和采样记录等要求同 6.1.5。采样总深度由实际情况而定，一般同剖面样的采样深度，确定采样深度有 3 种方法可供参考。

6.3.2.1　随机深度采样

本方法适合土壤污染物水平方向变化不大的土壤监测单元，采样深度由下列公式计算：

$$深度 = 剖面土壤总深 \times RN$$

式中 RN=0～1 之间的随机数。RN 由随机数骰子法产生，GB 10111 推荐的随机数骰子是由均匀材料制成的正 20 面体，在 20 个面上，0～9 各数字都出现两次，使用时根据需产生的随机数的位数选取相应的骰子数，并规定好每种颜色的骰子各代表的位数。对于本规范用一个骰子，其出现的数字除以 10 即为 RN，当骰子出现的数为 0 时规定此时的 RN 为 1。

示例：

土壤剖面深度（H）1.2 m，用一个骰子决定随机数。

若第一次掷骰子得随机数（n1）6，则

$$RN_1=(n1)/10=0.6$$

采样深度（H_1）$=H*RN_1=1.2\times0.6=0.72$（m）

即第一个点的采样深度离地面 0.72 m；

若第二次掷骰子得随机数（n2）3，则

$$RN_2=(n2)/10=0.3$$

采样深度（H_2）$=H*RN_2=1.2\times0.3=0.36$（m）

即第二个点的采样深度离地面 0.36 m；

若第三次掷骰子得随机数（n3）8，同理可得第三个点的采样深度离地面 0.96 m；

若第四次掷骰子得随机数（n4）0，则

$RN_4=1$（规定当随机数为 0 时 RN 取 1）

采样深度（H_4）$=H*RN_4=1.2\times1=1.2$（m）

即第四个点的采样深度离地面 1.2 m；

以此类推，直至决定所有点采样深度为止。

6.3.2.2　分层随机深度采样

本采样方法适合绝大多数的土壤采样，土壤纵向（深度）分成三层，每层采一样品，每层的采样深度由下列公式计算：

$$深度=每层土壤深\times RN$$

式中 RN=0～1 之间的随机数，取值方法同 6.3.2.1 中的 RN 取值。

6.3.2.3　规定深度采样

本采样适合预采样（为初步了解土壤污染随深度的变化，制定土壤采样方案）和挥发性有机物的监测采样，表层多采，中下层等间距采样。

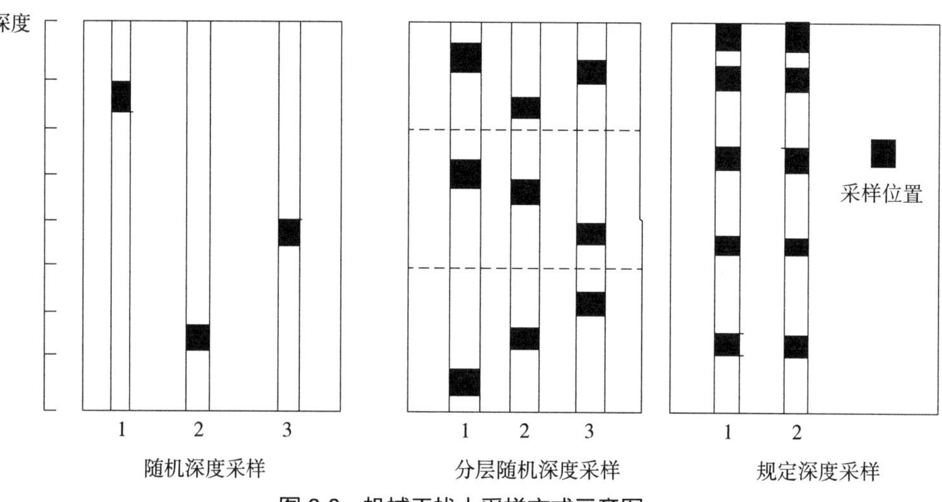

图 6-3　机械干扰土采样方式示意图

6.4 城市土壤采样

城市土壤是城市生态的重要组成部分，虽然城市土壤不用于农业生产，但其环境质量对城市生态系统影响极大。城区内大部分土壤被道路和建筑物覆盖，只有小部分土壤栽植草木，本规范中城市土壤主要是指后者，由于其复杂性分两层采样，上层（0～30 cm）可能是回填土或受人为影响大的部分，另一层（30～60 cm）为人为影响相对较小部分。两层分别取样监测。

城市土壤监测点以网距 2 000 m 的网格布设为主，功能区布点为辅，每个网格设一个采样点。对于专项研究和调查的采样点可适当加密。

6.5 污染事故监测土壤采样

污染事故不可预料，接到举报后立即组织采样。现场调查和观察，取证土壤被污染时间，根据污染物及其对土壤的影响确定监测项目，尤其是污染事故的特征污染物是监测的重点。据污染物的颜色、印渍和气味以及结合考虑地势、风向等因素初步界定污染事故对土壤的污染范围。

如果是固体污染物抛洒污染型，等打扫后采集表层 5 cm 土样，采样点数不少于 3 个。

如果是液体倾翻污染型，污染物向低洼处流动的同时向深度方向渗透并向两侧横向方向扩散，每个点分层采样，事故发生点样品点较密，采样深度较深，离事故发生点相对远处样品点较疏，采样深度较浅。采样点不少于 5 个。

如果是爆炸污染型，以放射性同心圆方式布点，采样点不少于 5 个，爆炸中心采分层样，周围采表层土（0～20 cm）。

事故土壤监测要设定 2～3 个背景对照点，各点（层）取 1 kg 土样装入样品袋，有腐蚀性或要测定挥发性化合物，改用广口瓶装样。含易分解有机物的待测定样品，采集后置于低温（冰箱）中，直至运送、移交到分析室。

7 样品流转

7.1 装运前核对

在采样现场样品必须逐件与样品登记表、样品标签和采样记录进行核对，核对无误后分类装箱。

7.2 运输中防损

运输过程中严防样品的损失、混淆和沾污。对光敏感的样品应有避光外包装。

7.3 样品交接

由专人将土壤样品送到实验室，送样者和接样者双方同时清点核实样品，并在样品交接单上签字确认，样品交接单由双方各存一份备查。

8 样品制备

8.1 制样工作室要求

分设风干室和磨样室。风干室朝南（严防阳光直射土样），通风良好，整洁，无尘，无易挥发性化学物质。

8.2 制样工具及容器

风干用白色搪瓷盘及木盘；

粗粉碎用木锤、木滚、木棒、有机玻璃棒、有机玻璃板、硬质木板、无色聚乙烯薄膜；

磨样用玛瑙研磨机（球磨机）或玛瑙研钵、白色瓷研钵；

过筛用尼龙筛，规格为 2～100 目；

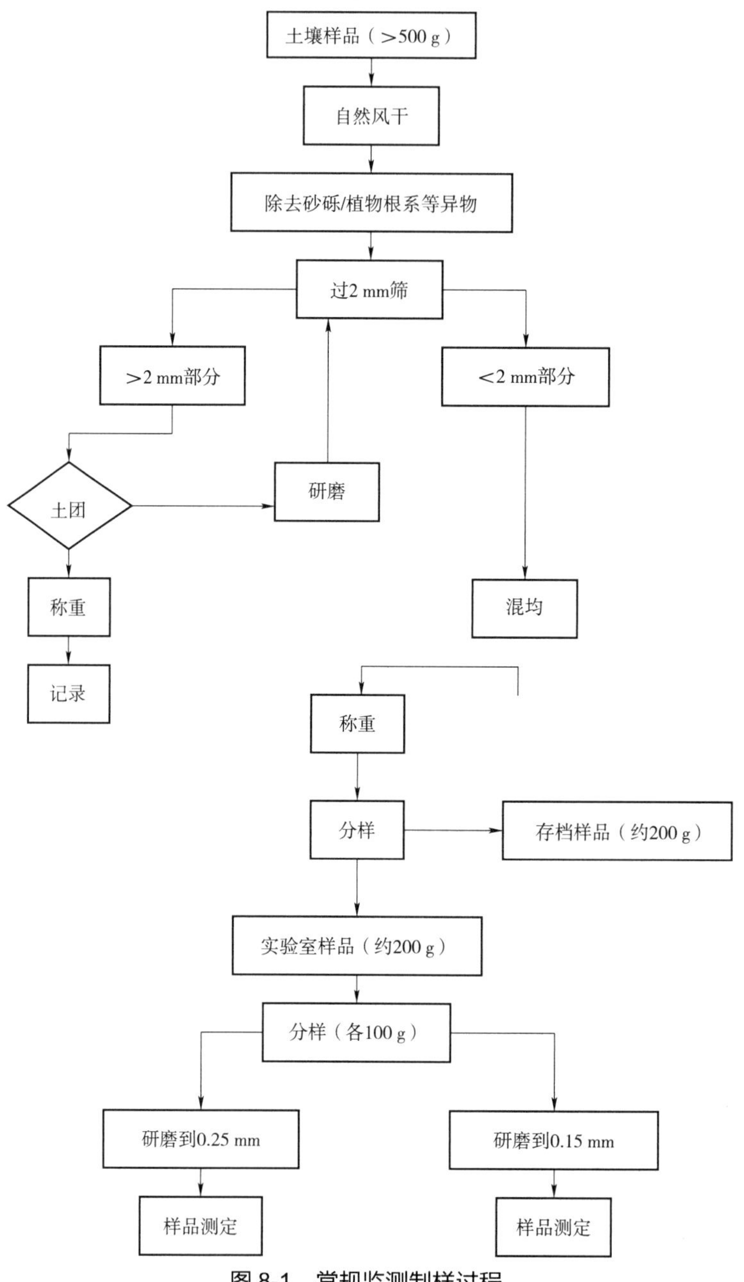

图 8-1 常规监测制样过程

装样用具塞磨口玻璃瓶，具塞无色聚乙烯塑料瓶或特制牛皮纸袋，规格视量而定。

8.3　制样程序

制样者与样品管理员同时核实清点，交接样品，在样品交接单上双方签字确认。

8.3.1　风干

在风干室将土样放置于风干盘中，摊成2～3 cm的薄层，适时地压碎、翻动，拣出碎石、砂砾、植物残体。

8.3.2　样品粗磨

在磨样室将风干的样品倒在有机玻璃板上，用木锤敲打，用木滚、木棒、有机玻璃棒再次压碎，拣出杂质，混匀，并用四分法取压碎样，过孔径0.25 mm（20目）尼龙筛。过筛后的样品全部置无色聚乙烯薄膜上，并充分搅拌混匀，再采用四分法取其两份，一份交样品库存放，另一份作样品的细磨用。粗磨样可直接用于土壤pH、阳离子交换量、元素有效态含量等项目的分析。

8.3.3　细磨样品

用于细磨的样品再用四分法分成两份，一份研磨到全部过孔径0.25 mm（60目）筛，用于农药或土壤有机质、土壤全氮量等项目分析；另一份研磨到全部过孔径0.15 mm（100目）筛，用于土壤元素全量分析。制样过程见图8-1。

8.3.4　样品分装

研磨混匀后的样品，分别装于样品袋或样品瓶，填写土壤标签一式两份，瓶内或袋内一份，瓶外或袋外贴一份。

8.3.5　注意事项

制样过程中采样时的土壤标签与土壤始终放在一起，严禁混错，样品名称和编码始终不变；

制样工具每处理一份样后擦抹（洗）干净，严防交叉污染；

分析挥发性、半挥发性有机物或可萃取有机物无需上述制样，用新鲜样按特定的方法进行样品前处理。

9　样品保存

按样品名称、编号和粒径分类保存。

9.1　新鲜样品的保存

对于易分解或易挥发等不稳定组分的样品要采取低温保存的运输方法，并尽快送到实验室分析测试。测试项目需要新鲜样品的土样，采集后用可密封的聚乙烯或玻璃容器在4℃以下避光保存，样品要充满容器。避免用含有待测组分或对测试有干扰的材料制成的容器盛装保存样品，测定有机污染物用的土壤样品要选用玻璃容器保存。具体保存条件见表9-1。

表 9-1　新鲜样品的保存条件和保存时间

测试项目	容器材质	温度（℃）	可保存时间（d）	备注
金属（汞和六价铬除外）	聚乙烯、玻璃	＜4	180	
汞	玻璃	＜4	28	
砷	聚乙烯、玻璃	＜4	180	
六价铬	聚乙烯、玻璃	＜4	1	
氰化物	聚乙烯、玻璃	＜4	2	
挥发性有机物	玻璃（棕色）	＜4	7	采样瓶装满装实并密封
半挥发性有机物	玻璃（棕色）	＜4	10	采样瓶装满装实并密封
难挥发性有机物	玻璃（棕色）	＜4	14	

9.2　预留样品

预留样品在样品库造册保存。

9.3　分析取用后的剩余样品

分析取用后的剩余样品，待测定全部完成数据报出后，也移交样品库保存。

9.4　保存时间

分析取用后的剩余样品一般保留半年，预留样品一般保留 2 年。特殊、珍稀、仲裁、有争议样品一般要永久保存。

新鲜土样保存时间见“9.5 新鲜样品的保存”。

9.5　样品库要求

保持干燥、通风、无阳光直射、无污染；要定期清理样品，防止霉变、鼠害及标签脱落。样品入库、领用和清理均需记录。

10　土壤分析测定

10.1　测定项目

分常规项目、特定项目和选测项目，见“4.5 监测项目与监测频次”。

10.2　样品处理

土壤与污染物种类繁多，不同的污染物在不同土壤中的样品处理方法及测定方法各异。同时要根据不同的监测要求和监测目的，选定样品处理方法。

仲裁监测必须选定《土壤环境质量标准》中选配的分析方法中规定的样品处理方法，其他类型的监测优先使用国家土壤测定标准，如果《土壤环境质量标准》中没有的项目或国家土壤测定方法标准暂缺项目则可使用等效测定方法中的样品处理方法。样品处理方法见“10.3 分析方法”，按选用的分析方法中规定进行样品处理。

由于土壤组成的复杂性和土壤物理化学性状（pH、Eh 等）差异，造成重金属及其他污染物在土壤环境中形态的复杂和多样性。金属不同形态，其生理活性和毒性均有差异，其中以有效态和交换态的活性、毒性最大，残留态的活性、毒性最小，而其他结合态的活性、毒性居中。部分形态分析的样品处理方法见附录 D。

一般区域背景值调查和《土壤环境质量标准》中重金属测定的是土壤中的重金属全量（除特殊说明，如六价铬），其测定土壤中金属全量的方法见相应的分析方法，其等效方法也可参见附录 D。测定土壤中有机物的样品处理方法见相应分析方法，原则性的处理方法参见附录 D。

10.3　分析方法

10.3.1　第一方法：标准方法（即仲裁方法），按土壤环境质量标准中选配的分析方法（表 10-1）。

10.3.2　第二方法：由权威部门规定或推荐的方法。

10.3.3　第三方法：根据各地实情，自选等效方法，但应作标准样品验证或比对实验，其检出限、准确度、精密度不低于相应的通用方法要求水平或待测物准确定量的要求。

土壤监测项目与分析第一方法、第二方法和第三方法汇总见表 10-2。

表 10-1　土壤常规监测项目及分析方法

监测项目	监测仪器	监测方法	方法来源
镉	原子吸收光谱仪	石墨炉原子吸收分光光度法	GB/T 17141—1997
	原子吸收光谱仪	KI-MIBK 萃取原子吸收分光光度法	GB/T 17140—1997
汞	测汞仪	冷原子吸收法	GB/T 17136—1997
砷	分光光度计	二乙基二硫代氨基甲酸银分光光度法	GB/T 17134—1997
	分光光度计	硼氢化钾 - 硝酸银分光光度法	GB/T 17135—1997
铜	原子吸收光谱仪	火焰原子吸收分光光度法	GB/T 17138—1997
铅	原子吸收光谱仪	石墨炉原子吸收分光光度法	GB/T 17141—1997
	原子吸收光谱仪	KI-MIBK 萃取原子吸收分光光度法	GB/T 17140—1997
铬	原子吸收光谱仪	火焰原子吸收分光光度法	GB/T 17137—1997
锌	原子吸收光谱仪	火焰原子吸收分光光度法	GB/T 17138—1997
镍	原子吸收光谱仪	火焰原子吸收分光光度法	GB/T 17139—1997
六六六和滴滴涕	气相色谱仪	电子捕获气相色谱法	GB/T 14550—1993
六种多环芳烃	液相色谱仪	高效液相色谱法	GB 13198—91
稀土总量	分光光度计	对马尿酸偶氮氯膦分光光度法	GB 6262
pH	pH 计	森林土壤 pH 测定	GB 7859—87
阳离子交换量	滴定仪	乙酸铵法	①

注：①《土壤理化分析》，1978，中国科学院南京土壤研究所编，上海科技出版社。

表 10-2　土壤监测项目与分析方法

监测项目	推荐方法	等效方法
砷	COL	HG-AAS、HG-AFS、XRF
镉	GF-AAS	POL、ICP-MS
钴	AAS	GF-AAS、ICP-AES、ICP-MS
铬	AAS	GF-AAS、ICP-AES、XRF、ICP-MS
铜	AAS	GF-AAS、ICP-AES、XRF、ICP-MS
氟	ISE	
汞	HG-AAS	HG-AFS
锰	AAS	ICP-AES、INAA、ICP-MS
镍	AAS	GF-AAS、XRF、ICP-AES、ICP-MS
铅	GF-AAS	ICP-MS、XRF
硒	HG-AAS	HG-AFS、DAN 荧光、GC
钒	COL	ICP-AES、XRF、INAA、ICP-MS
锌	AAS	ICP-AES、XRF、INAA、ICP-MS
硫	COL	ICP-AES、ICP-MS
pH	ISE	
有机质	VOL	
PCBs、PAHs	LG、GC	
阳离子交换量	VOL	
VOC	GC、GC-MS	
SVOC	GC、GC-MS	
除草剂和杀虫剂	GC、GC-MS、LC	
POPs	GC、GC-MS、LC、LC-MS	

注：ICP-AES：等离子发射光谱；XRF：X- 荧光光谱分析；AAS：火焰原子吸收；GF-AAS：石墨炉原子吸收；HG-AAS：氢化物发生原子吸收法；HG-AFS：氢化物发生原子荧光法；POL：催化极谱法；ISE：选择性离子电极；VOL：容量法；POT：电位法；INAA：中子活化分析法；GC：气相色谱法；LC：液相色谱法；GC-MS：气相色谱 - 质谱联用法；COL：分光比色法；LC-MS：液相色谱 - 质谱联用法；ICP-MS：等离子体质谱联用法。

11　分析记录与监测报告

11.1　分析记录

分析记录一般要设计成记录本格式，页码、内容齐全，用碳素墨水笔填写详实，字迹要清楚，需要更正时，应在错误数据（文字）上划一横线，在其上方写上正确内容，并在所划横线上加盖修改者名章或者签字以示负责。

分析记录也可以设计成活页，随分析报告流转和保存，便于复核审查。

分析记录也可以是电子版本式的输出物（打印件）或存有其信息的磁盘、光盘等。

记录测量数据，要采用法定计量单位，只保留一位可疑数字，有效数字的位数应根据计量器具的精度及分析仪器的示值确定，不得随意增添或删除。

11.2　数据运算

有效数字的计算修约规则按 GB 8170 执行。采样、运输、储存、分析失误造成的离群数据应剔除。

11.3　结果表示

平行样的测定结果用平均数表示，一组测定数据用 Di xon 法、Grubbs 法检验剔除离群值后以平均值报出；低于分析方法检出限的测定结果以“未检出”报出，参加统计时按二分之一最低检出限计算。

土壤样品测定一般保留三位有效数字，含量较低的镉和汞保留两位有效数字，并注明检出限数值。分析结果的精密度数据，一般只取一位有效数字，当测定数据很多时，可取两位有效数字。表示分析结果的有效数字的位数不可超过方法检出限的最低位数。

11.4　监测报告

报告名称，实验室名称，报告编号，报告每页和总页数标识，采样地点名称，采样时间、分析时间，检测方法，监测依据，评价标准，监测数据，单项评价，总体结论，监测仪器编号，检出限（未检出时需列出），采样点示意图，采样（委托）者，分析者，报告编制、复核、审核和签发者及时间等内容。

12　土壤环境质量评价

土壤环境质量评价涉及评价因子、评价标准和评价模式。评价因子数量与项目类型取决于监测的目的和现实的经济和技术条件。评价标准常采用国家土壤环境质量标准、区域土壤背景值或部门（专业）土壤质量标准。评价模式常用污染指数法或者与其有关的评价方法。

12.1　污染指数、超标率（倍数）评价

土壤环境质量评价一般以单项污染指数为主，指数小污染轻，指数大污染则重。当区域内土壤环境质量作为一个整体与外区域进行比较或与历史资料进行比较时除用单项污染指数外，还常用综合污染指数。土壤由于地区背景差异较大，用土壤污染累积指数更能反映土壤的人为污染程度。土壤污染物分担率可评价确定土壤的主要污染项目，污染物分担率由大到小排序，污染物主次也同此序。除此之外，土壤污染超标倍数、样本超标率等统计量也能反映土壤的环境状况。污染指数和超标率等计算公式如下：

土壤单项污染指数 = 土壤污染物实测值 / 土壤污染物质量标准

土壤污染累积指数 = 土壤污染物实测值 / 污染物背景值

土壤污染物分担率（%）=（土壤某项污染指数 / 各项污染指数之和）×100%

土壤污染超标倍数 =（土壤某污染物实测值—某污染物质量标准）/ 某污染物质量标准

土壤污染样本超标率（%）=（土壤样本超标总数 / 监测样本总数）×100%

12.2 内梅罗污染指数评价

$$内梅罗污染指数（P_N）=\{[PI_{均}{}^2+（PI_{最大}{}^2）/2]\}^{1/2}$$

式中 $PI_{均}$和 $PI_{最大}$分别是平均单项污染指数和最大单项污染指数。

内梅罗指数反映了各污染物对土壤的作用，同时突出了高浓度污染物对土壤环境质量的影响，可按内梅罗污染指数，划定污染等级。内梅罗指数土壤污染评价标准见表 12-1。

表 12-1 土壤内梅罗污染指数评价标准

等级	内梅罗污染指数	污染等级
Ⅰ	$P_N \leqslant 0.7$	清洁（安全）
Ⅱ	$0.7 < P_N \leqslant 1.0$	尚清洁（警戒限）
Ⅲ	$1.0 < P_N \leqslant 2.0$	轻度污染
Ⅳ	$2.0 < P_N \leqslant 3.0$	中度污染
Ⅳ	$P_N > 3.0$	重污染

12.3 背景值及标准偏差评价

用区域土壤环境背景值（x）95% 置信度的范围（x ± 2s）来评价：

若土壤某元素监测值 $x_1 < x-2s$，则该元素缺乏或属于低背景土壤。

若土壤某元素监测值在 x ± 2s，则该元素含量正常。

若土壤某元素监测值 $x_1 > x+2s$，则土壤已受该元素污染，或属于高背景土壤。

12.4 综合污染指数法

综合污染指数（CPI）包含了土壤元素背景值、土壤元素标准（附录 B）尺度因素和价态效应综合影响。其表达式：

$$CPI=X\cdot(1+RPE)+Y\cdot DDMB/(Z\bullet DDSB)$$

式中 CPI 为综合污染指数，X、Y 分别为测量值超过标准值和背景值的数目，RPE 为相对污染当量，DDMB 为元素测定浓度偏离背景值的程度，DDSB 为土壤标准偏离背景值的程度，Z 为用作标准元素的数目。主要有下列计算过程：

（1）计算相对污染当量（RPE）

$$RPE=[\sum_{i=1}^{N}\left(C_i / C_{is}\right)^{1/n}]/N$$

式中 N 是测定元素的数目，C_i 是测定元素 i 的浓度，C_{is} 是测定元素 $_i$ 的土壤标准值，n 为测定元素 i 的氧化数。对于变价元素，应考虑价态与毒性的关系，在不同价态共存并同时用于评价时，应在计算中注意高低毒性价态的相互转换，以体现由价态不同所构成的风险差异性。

（2）计算元素测定浓度偏离背景值的程度（DDMB）

$$DDMB=[\sum_{i=1}^{N}C_i / C_{iB}]^{1/n}/N$$

式中 C_{iB} 是元素 i 的背景值，其余符号同上。

（3）计算土壤标准偏离背景值的程度（DDSB）

$$DDMB = [\sum_{i=1}^{Z} C_{iS} / C_{iB}]^{1/n} / Z$$

式中，Z 为用于评价元素的个数，其余符号的意义同上。

（4）综合污染指数计算（CPI）

（5）评价

用 CPI 评价土壤环境质量指标体系见表 12-2。

表 12-2　综合污染指数（CPI）评价表

X	Y	CPI	评价
0	0	0	背景状态
0	≥1	0＜CPI＜1	未污染状态，数值大小表示偏离背景值相对程度
≥1	≥1	≥1	污染状态，数值越大表示污染程度相对越严重

（6）污染表征

$${}_{N}T^{X}_{CPI(a,b,c\cdots)}$$

式中，X 是超过土壤标准的元素数目，a、b、c 等是超标污染元素的名称，N 是测定元素的数目，CPI 为综合污染指数。

13　质量保证和质量控制

质量保证和质量控制的目的是为了保证所产生的土壤环境质量监测资料具有代表性、准确性、精密性、可比性和完整性。质量控制涉及监测的全部过程。

13.1　采样、制样质量控制

布点方法及样品数量见“5 布点与样品容量”。

样品采集及注意事项见“6 样品采集”。

样品流转见“7 样品流转”。

样品制备见“8 样品制备”。

样品保存见“9 样品保存”。

13.2　实验室质量控制

13.2.1　精密度控制

13.2.1.1　测定率

每批样品每个项目分析时均须做 20% 平行样品；当 5 个样品以下时，平行样不少于 1 个。

13.2.1.2　测定方式

由分析者自行编入的明码平行样，或由质控员在采样现场或实验室编入的密码平行样。

13.2.1.3 合格要求

平行双样测定结果的误差在允许误差范围之内者为合格。允许误差范围见表 13-1。对未列出允许误差的方法，当样品的均匀性和稳定性较好时，参考表 13-2 的规定。当平行双样测定合格率低于 95% 时，除对当批样品重新测定外再增加样品数 10%～20% 的平行样，直至平行双样测定合格率大于 95%。

表 13-1 土壤监测平行双样测定值的精密度和准确度允许误差

监测项目	样品含量范围（mg/kg）	精密度		准确度			适用的分析方法
		室内相对标准偏差（%）	室间相对标准偏差（%）	加标回收率（%）	室内相对误差（%）	室间相对误差（%）	适用的分析方法
镉	＜0.1 0.1～0.4 ＞0.4	± 35 ± 30 ± 25	± 40 ± 35 ± 30	75～110 85～110 90～105	± 35 ± 30 ± 25	± 40 ± 35 ± 30	原子吸收光谱法
汞	＜0.1 0.1～0.4 ＞0.4	± 35 ± 30 ± 25	± 40 ± 35 ± 30	75～110 85～110 90～105	± 35 ± 30 ± 25	± 40 ± 35 ± 30	冷原子吸收法 原子荧光法
砷	＜10 10～20 ＞20	± 20 ± 15 ± 15	± 30 ± 25 ± 20	85～105 90～105 90～105	± 20 ± 15 ± 15	± 30 ± 25 ± 20	原子荧光法 分光光度法
铜	＜20 20～30 ＞30	± 20 ± 15 ± 15	± 30 ± 25 ± 20	85～105 90～105 90～105	± 20 ± 15 ± 15	± 30 ± 25 ± 20	原子吸收光谱法
铅	＜20 20～40 ＞40	± 30 ± 25 ± 20	± 35 ± 30 ± 25	80～110 85～110 90～105	± 30 ± 25 ± 20	± 35 ± 30 ± 25	原子吸收光谱法
铬	＜50 50～90 ＞90	± 25 ± 20 ± 15	± 30 ± 30 ± 25	85～110 85～110 90～105	± 25 ± 20 ± 15	± 30 ± 30 ± 25	原子吸收光谱法
锌	＜50 50～90 ＞90	± 25 ± 20 ± 15	± 30 ± 30 ± 25	85～110 85～110 90～105	± 25 ± 20 ± 15	± 30 ± 30 ± 25	原子吸收光谱法
镍	＜20 20～40 ＞40	± 30 ± 25 ± 20	± 35 ± 30 ± 25	80～110 85～110 90～105	± 30 ± 25 ± 20	± 35 ± 30 ± 25	原子吸收光谱法

表 13-2 土壤监测平行双样最大允许相对偏差

含量范围（mg/kg）	最大允许相对偏差（%）
＞100	± 5
10～100	± 10
1.0～10	± 20
0.1～1.0	± 25
＜0.1	± 30

13.2.2　准确度控制

13.2.2.1　使用标准物质或质控样品

例行分析中，每批要带测质控平行双样，在测定的精密度合格的前提下，质控样测定值必须落在质控样保证值（在 95% 的置信水平）范围之内，否则本批结果无效，需重新分析测定。

13.2.2.2　加标回收率的测定

当选测的项目无标准物质或质控样品时，可用加标回收实验来检查测定准确度。

加标率：在一批试样中，随机抽取 10%～20% 试样进行加标回收测定。样品数不足 10 个时，适当增加加标比率。每批同类型试样中，加标试样不应小于 1 个。

加标量：加标量视被测组分含量而定，含量高的加入被测组分含量的 0.5～1.0 倍，含量低的加 2～3 倍，但加标后被测组分的总量不得超出方法的测定上限。加标浓度宜高，体积应小，不应超过原试样体积的 1%，否则需进行体积校正。

合格要求：加标回收率应在加标回收率允许范围之内。加标回收率允许范围见表 13-2。当加标回收合格率小于 70% 时，对不合格者重新进行回收率的测定，并另增加 10%～20% 的试样作加标回收率测定，直至总合格率大于或等于 70% 以上。

13.2.3　质量控制图

必测项目应作准确度质控图，用质控样的保证值 X 与标准偏差 S，在 95% 的置信水平，以 X 作为中心线、X ± 2S 作为上下警告线、X ± 3S 作为上下控制线的基本数据，绘制准确度质控图，用于分析质量的自控。

每批所带质控样的测定值落在中心附近、上下警告线之内，则表示分析正常，此批样品测定结果可靠；如果测定值落在上下控制线之外，表示分析失控，测定结果不可信，检查原因，纠正后重新测定；如果测定值落在上下警告线和上下控制线之间，虽分析结果可接受，但有失控倾向，应予以注意。

13.2.4　土壤标准样品

土壤标准样品是直接用土壤样品或模拟土壤样品制得的一种固体物质。土壤标准样品具有良好的均匀性、稳定性和长期的可保存性。土壤标准物质可用于分析方法的验证和标准化，校正并标定分析测定仪器，评价测定方法的准确度和测试人员的技术水平，进行质量保证工作，实现各实验室内及实验室间，行业之间，国家之间数据可比性和一致性。

我国已经拥有多种类的土壤标准样品，如 ESS 系列和 GSS 系列等。使用土壤标准样品时，选择合适的标样，使标样的背景结构、组分、含量水平应尽可能与待测样品一致或近似。如果与标样在化学性质和基本组成差异很大，由于基体干扰，用土壤标样作为标定或校正仪器的标准，有可能产生一定的系统误差。

13.2.5　监测过程中受到干扰时的处理

检测过程中受到干扰时，按有关处理制度执行。一般要求如下：

停水、停电、停气等，凡影响到检测质量时，全部样品重新测定。

仪器发生故障时，可用相同等级并能满足检测要求的备用仪器重新测定。无备用仪器时，将仪器修复，重新检定合格后重测。

13.3 实验室间质量控制

参加实验室间比对和能力验证活动，确保实验室检测能力和水平，保证出具数据的可靠性和有效性。

13.4 土壤环境监测误差源剖析

土壤环境监测的误差由采样误差、制样误差和分析误差三部分组成。

13.4.1 采样误差（SE）

13.4.1.1 基础误差（FE）

由于土壤组成的不均匀性造成土壤监测的基础误差，该误差不能消除，但可通过研磨成小颗粒和混合均匀而减小。

13.4.1.2 分组和分割误差（GE）

分组和分割误差来自土壤分布不均匀性，它与土壤组成、分组（监测单元）因素和分割（减少样品量）因素有关。

13.4.1.3 短距不均匀波动误差（CE1）

此误差产生在采样时，由组成和分布不均匀复合而成，其误差呈随机和不连续性。

13.4.1.4 长距不均匀波动误差（CE2）

此误差有区域趋势（倾向），呈连续和非随机特性。

13.4.1.5 期间不均匀波动误差（CE3）

此误差呈循环和非随机性质，其绝大部分的影响来自季节性的降水。

13.4.1.6 连续选择误差（CE）

连续选择误差由短距不均匀波动误差、长距不均匀波动误差和循环误差组成。

CE=CE1+CE2+CE3

或表示为 CE=（FE+GE）+CE2+CE3

13.4.1.7 增加分界误差（DE）

来自不正确地规定样品体积的边界形状。分界基于土壤沉积或影响土壤质量的污染物的维数，零维为影响土壤的污染物样品全部取样分析（分界误差为零）；一维分界定义为表层样品或减少体积后的表层样品；二维分界定义为上下分层，上下层间有显著差别；三维定义为纵向和横向均有差别。土壤环境采样以一维和二维采集方式为主，即采集土壤的表层样和柱状（剖面）样。三维采集在方法学上是一个难题，划分监测单元使三维问题转化成二维问题。增加分界误差是理念上的。

13.4.1.8 增加抽样误差（EE）

由于理念上的增加分界误差的存在，同时实际采样时不能正确地抽样，便产生了增加抽样误差，该误差不是理念上的而是实际的。

13.4.2 制样误差（PE）

来自研磨、筛分和贮存等制样过程中的误差，如样品间的交叉污染、待测组分的挥发损失、组分价态的变化、贮存样品容器对待测组分的吸附等。

13.4.3　分析误差（AE）

此误差来自样品的再处理和实验室的测定误差。在规范管理的实验室内该误差主要是随机误差。

13.4.3　总误差（TE）

综上所述，土壤监测误差可分为采样误差（SE）、制样误差（PE）和分析误差（AE）三类，通常情况下 SE ＞ PE ＞ AE，总误差（TE）可表达为：

TE=SE+PE+AE

或 TE=（CE+DE+EE）+PE+AE

即 TE=[（FE+GE+EC2+EC3）+DE+EE]+PE+AE

13.5　测定不确定度

一般土壤监测对测定不确定度不作要求，但如有必要仍需计算。土壤测定不确定度来源于称样、样品消化（或其他方式前处理）、样品稀释定容、稀释标准及由标准与测定仪器响应的拟合直线。对各个不确定度分量的计算合成得出被测土壤样品中测定组分的标准不确定度和扩展不确定度。测定不确定度的具体过程和方法见国家计量技术规范《测量不确定度评定和表示》（JJF 1059）。

14　主要参考文献

[1] 熊毅，1987,《中国土壤》，科学出版社，2-19

[2] 魏复盛，1992,《土壤元素的近代分析》中国环境科学出版社，64-73

[3] EPA，1992，Preparation of soil sampling protocols：sampling techniques and strategies，section 2，1-12

[4] M.R. Carter，1993，Soil sampling and methods of analysis，Canadian Society of Soil Science. Lewis Publishers，1-24

[5] 夏家淇，1996,《土壤环境质量标准详解》，中国环境科学出版社，66-69

[6] 陈怀满，2002,《土壤中化学物质的行为与环境质量》，科学出版社，1-45

[7] 日本環境省，平成 14 年，土壤汚染対策法施行規則，1-25

扫一扫，获取相关文件

土壤环境质量　农用地土壤污染风险管控标准（试行）

（GB 15618—2018）

1　适用范围

本标准规定了农用地土壤污染风险筛选值和管制值，以及监测、实施和监督要求。

本标准适用于耕地土壤污染风险筛查和分类。园地和牧草地可参照执行。

2　规范性引用文件

本标准引用了下列文件或其中的条款。凡是未注明日期的引用文件，其最新版本适用于本标准。

GB/T 14550　土壤质量　六六六和滴滴涕的测定　气相色谱法

GB/T 17136　土壤质量　总汞的测定　冷原子吸收分光光度法

GB/T 17138　土壤质量　铜、锌的测定　火焰原子吸收分光光度法

GB/T 17139　土壤质量　镍的测定　火焰原子吸收分光光度法

GB/T 17141　土壤质量　铅、镉的测定　石墨炉原子吸收分光光度法

GB/T 21010　土地利用现状分类

GB/T 22105　土壤质量　总汞、总砷、总铅的测定　原子荧光法

HJ/T 166　土壤环境监测技术规范

HJ 491　土壤　总铬的测定　火焰原子吸收分光光度法

HJ 680　土壤和沉积物　汞、砷、硒、铋、锑的测定　微波消解 / 原子荧光法

HJ 780　土壤和沉积物　无机元素的测定　波长色散 X 射线荧光光谱法

HJ 784　土壤和沉积物　多环芳烃的测定　高效液相色谱法

HJ 803　土壤和沉积物　12 种金属元素的测定　王水提取 - 电感耦合等离子体质谱法

HJ 805　土壤和沉积物　多环芳烃的测定　气相色谱 - 质谱法

HJ 834　土壤和沉积物　半挥发性有机物的测定　气相色谱 - 质谱法

HJ 835　土壤和沉积物　有机氯农药的测定　气相色谱 - 质谱法

HJ 921　土壤和沉积物　有机氯农药的测定　气相色谱法

HJ 923　土壤和沉积物　总汞的测定　催化热解 - 冷原子吸收分光光度法

3　术语和定义

下列术语和定义适用于本标准。

3.1

土壤　soil

指位于陆地表层能够生长植物的疏松多孔物质层及其相关自然地理要素的综合体。

3.2

农用地　agricultural land

指 GB/T 21010 中的 01 耕地（0101 水田、0102 水浇地、0103 旱地）、02 园地（0201 果园、0202 茶园）和 04 草地（0401 天然牧草地、0403 人工牧草地）。

3.3

农用地土壤污染风险　soil contamination risk of agricultural land

指因土壤污染导致食用农产品质量安全、农作物生长或土壤生态环境受到不利影响。

3.4

农用地土壤污染风险筛选值　risk screening values for soil contamination of agricultural land

指农用地土壤中污染物含量等于或者低于该值的，对农产品质量安全、农作物生长或土壤生态环境的风险低，一般情况下可以忽略；超过该值的，对农产品质量安全、农作物生长或土壤生态环境可能存在风险，应当加强土壤环境监测和农产品协同监测，原则上应当采取安全利用措施。

3.5

农用地土壤污染风险管制值 risk intervention values for soil contamination of agricultural land

指农用地土壤中污染物含量超过该值的，食用农产品不符合质量安全标准等农用地土壤污染风险高，原则上应当采取严格管控措施。

4　农用地土壤污染风险筛选值

4.1 基本项目

农用地土壤污染风险筛选值的基本项目为必测项目，包括镉、汞、砷、铅、铬、铜、镍、锌，风险筛选值见表 1。

表 1　农用地土壤污染风险筛选值（基本项目）　　单位：mg/kg

序号	污染物项目[a、b]		风险筛选值			
			pH≤5.5	5.5<pH≤6.5	6.5<pH≤7.5	pH>7.5
1	镉	水田	0.3	0.4	0.6	0.8
		其他	0.3	0.3	0.3	0.6
2	汞	水田	0.5	0.5	0.6	1.0
		其他	1.3	1.8	2.4	3.4

续表

序号	污染物项目[a、b]		风险筛选值			
			pH≤5.5	5.5＜pH≤6.5	6.5＜pH≤7.5	pH＞7.5
3	砷	水田	30	30	25	20
		其他	40	40	30	25
4	铅	水田	80	100	140	240
		其他	70	90	120	170
5	铬	水田	250	250	300	350
		其他	150	150	200	250
6	铜	果园	150	150	200	200
		其他	50	50	100	100
7	镍		60	70	100	190
8	锌		200	200	250	300

[a] 重金属和类金属砷均按元素总量计。
[b] 对于水旱轮作地，采用其中较严格的风险筛选值。

4.2 其他项目

4.2.1 农用地土壤污染风险筛选值的其他项目为选测项目，包括六六六、滴滴涕和苯并[*a*]芘，风险筛选值见表 2。

表 2 农用地土壤污染风险筛选值（其他项目） 单位：mg/kg

序号	污染物项目	风险筛选值
1	六六六总量[a]	0.10
2	滴滴涕总量[b]	0.10
3	苯并 [*a*] 芘	0.55

[a] 六六六总量为 *α*- 六六六、*β*- 六六六、*γ*- 六六六、*δ*- 六六六四种异构体的含量总和。
[b] 滴滴涕总量为 *p,p′*- 滴滴伊、p,p′- 滴滴滴、o,p′- 滴滴涕、p,p′- 滴滴涕四种衍生物的含量总和。

4.2.2 其他项目由地方环境保护主管部门根据本地区土壤污染特点和环境管理需求进行选择。

5 农用地土壤污染风险管制值

农用地土壤污染风险管制值项目包括镉、汞、砷、铅、铬，风险管制值见表 3。

表 3　农用地土壤污染风险管制值　　单位：mg/kg

序号	污染物项目	风险管制值			
		pH≤5.5	5.5＜pH≤6.5	6.5＜pH≤7.5	pH＞7.5
1	镉	1.5	2.0	3.0	4.0
2	汞	2.0	2.5	4.0	6.0
3	砷	200	150	120	100
4	铅	400	500	700	1 000
5	铬	800	850	1 000	1 300

6　农用地土壤污染风险筛选值和管制值的使用

6.1　当土壤中污染物含量等于或者低于表 1 和表 2 规定的风险筛选值时，农用地土壤污染风险低，一般情况下可以忽略；高于表 1 和表 2 规定的风险筛选值时，可能存在农用地土壤污染风险，应加强土壤环境监测和农产品协同监测。

6.2　当土壤中镉、汞、砷、铅、铬的含量高于表 1 规定的风险筛选值、等于或者低于表 3 规定的风险管制值时，可能存在食用农产品不符合质量安全标准等土壤污染风险，原则上应当采取农艺调控、替代种植等安全利用措施。

6.3　当土壤中镉、汞、砷、铅、铬的含量高于表 3 规定的风险管制值时，食用农产品不符合质量安全标准等农用地土壤污染风险高，且难以通过安全利用措施降低食用农产品不符合质量安全标准等农用地土壤污染风险，原则上应当采取禁止种植食用农产品、退耕还林等严格管控措施。

6.4　土壤环境质量类别划分应以本标准为基础，结合食用农产品协同监测结果，依据相关技术规定进行划定。

7　监测要求

7.1　监测点位和样品采集

农用地土壤污染调查监测点位布设和样品采集执行 HJ/T 166 等相关技术规定要求。

7.2　土壤污染物分析

土壤污染物分析方法按表 4 执行。

表 4　土壤污染物分析方法

序号	污染物项目	分析方法	标准编号
1	镉	土壤质量　铅、镉的测定　石墨炉原子吸收分光光度法	GB/T 17141
2	汞	土壤和沉积物　汞、砷、硒、铋、锑的测定　微波消解 / 原子荧光法	HJ 680
		土壤质量　总汞、总砷、总铅的测定　原子荧光法　第 1 部分：土壤中总汞的测定	GB/T 22105.1
		土壤质量　总汞的测定　冷原子吸收分光光度法	GB/T 17136
		土壤和沉积物　总汞的测定　催化热解 - 冷原子吸收分光光度法	HJ 923
3	砷	土壤和沉积物　12 种金属元素的测定　王水提取 - 电感耦合等离子体质谱法	HJ 803
		土壤和沉积物　汞、砷、硒、铋、锑的测定　微波消解 / 原子荧光法	HJ 680
		土壤质量　总汞、总砷、总铅的测定　原子荧光法　第 2 部分：土壤中总砷的测定	GB/T 22105.2
4	铅	土壤质量　铅、镉的测定　石墨炉原子吸收分光光度法	GB/T 17141
		土壤和沉积物　无机元素的测定　波长色散 X 射线荧光光谱法	HJ 780
5	铬	土壤　总铬的测定　火焰原子吸收分光光度法	HJ 491
		土壤和沉积物　无机元素的测定　波长色散 X 射线荧光光谱法	HJ 780
6	铜	土壤质量　铜、锌的测定　火焰原子吸收分光光度法	GB/T 17138
		土壤和沉积物　无机元素的测定　波长色散 X 射线荧光光谱法	HJ 780
7	镍	土壤质量　镍的测定　火焰原子吸收分光光度法	GB/T 17139
		土壤和沉积物　无机元素的测定　波长色散 X 射线荧光光谱法	HJ 780
8	锌	土壤质量　铜、锌的测定　火焰原子吸收分光光度法	GB/T 17138
		土壤和沉积物　无机元素的测定　波长色散 X 射线荧光光谱法	HJ 780
9	六六六总量	土壤和沉积物　有机氯农药的测定　气相色谱 - 质谱法	HJ 835
		土壤和沉积物　有机氯农药的测定　气相色谱法	HJ 921
		土壤质量　六六六和滴滴涕的测定　气相色谱法	GB/T 14550
10	滴滴涕总量	土壤和沉积物　有机氯农药的测定　气相色谱 - 质谱法	HJ 835
		土壤和沉积物　有机氯农药的测定　气相色谱法	HJ 921
		土壤质量　六六六和滴滴涕的测定　气相色谱法	GB/T 14550
11	苯并 [a] 芘	土壤和沉积物　多环芳烃的测定　气相色谱 - 质谱法	HJ 805
		土壤和沉积物　多环芳烃的测定　高效液相色谱法	HJ 784
		土壤和沉积物　半挥发性有机物的测定　气相色谱 - 质谱法	HJ 834
12	pH	土壤　pH 值的测定　电位法	HJ 962

8　实施与监督

本标准由各级生态环境主管部门会同农业农村等相关主管部门监督实施。

土壤环境质量　建设用地土壤污染风险管控标准（试行）

（GB 36600—2018）

1　适用范围

本标准规定了保护人体健康的建设用地土壤污染风险筛选值和管制值，以及监测、实施与监督要求。

本标准适用于建设用地土壤污染风险筛查和风险管制。

2　规范性引用文件

本标准引用了下列文件或其中的条款。凡是未注明日期的引用文件，其最新版本适用于本标准。

GB/T 14550　土壤质量　六六六和滴滴涕的测定　气相色谱法

GB/T 17136　土壤质量　总汞的测定　冷原子吸收分光光度法

GB/T 17138　土壤质量　铜、锌的测定　火焰原子吸收分光光度法

GB/T 17139　土壤质量　镍的测定　火焰原子吸收分光光度法

GB/T 17141　土壤质量　铅、镉的测定　石墨炉原子吸收分光光度法

GB/T 22105　土壤质量　总汞、总砷、总铅的测定　原子荧光法

GB 50137　城市用地分类与规划建设用地标准

HJ 25.1　场地环境调查技术导则

HJ 25.2　场地环境监测技术导则

HJ 25.3　污染场地风险评估技术导则

HJ 25.4　污染场地土壤修复技术导则

HJ 77.4　土壤和沉积物　二噁英类的测定　同位素稀释高分辨气相色谱－高分辨质谱法

HJ 605　土壤和沉积物　挥发性有机物的测定　吹扫捕集/气相色谱－质谱法

HJ 642　土壤和沉积物　挥发性有机物的测定　顶空/气相色谱－质谱法

HJ 680　土壤和沉积物　汞、砷、硒、铋、锑的测定　微波消解/原子荧光法

HJ 703　土壤和沉积物　酚类化合物的测定　气相色谱法

HJ 735　土壤和沉积物　挥发性卤代烃的测定　吹扫捕集/气相色谱－质谱法

HJ 736　土壤和沉积物　挥发性卤代烃的测定　顶空/气相色谱－质谱法

HJ 737　土壤和沉积物　铍的测定　石墨炉原子吸收分光光度法

HJ 741　土壤和沉积物　挥发性有机物的测定　顶空/气相色谱法

HJ 742　土壤和沉积物　挥发性芳香烃的测定　顶空 / 气相色谱法
HJ 743　土壤和沉积物　多氯联苯的测定　气相色谱 - 质谱法
HJ 745　土壤　氰化物和总氰化物的测定　分光光度法
HJ 780　土壤和沉积物　无机元素的测定　波长色散 X 射线荧光光谱法
HJ 784　土壤和沉积物　多环芳烃的测定　高效液相色谱法
HJ 803　土壤和沉积物　12 种金属元素的测定　王水提取 - 电感耦合等离子体质谱法
HJ 805　土壤和沉积物　多环芳烃的测定　气相色谱 - 质谱法
HJ 834　土壤和沉积物　半挥发性有机物的测定　气相色谱 - 质谱法
HJ 835　土壤和沉积物　有机氯农药的测定　气相色谱 - 质谱法
HJ 921　土壤和沉积物　有机氯农药的测定　气相色谱法
HJ 922　土壤和沉积物　多氯联苯的测定　气相色谱法
HJ 923　土壤和沉积物　总汞的测定　催化热解 - 冷原子吸收分光光度法
CJJ/T 85　城市绿地分类标准

3　术语和定义

下列术语和定义适用于本标准。

3.1

建设用地　development land

指建造建筑物、构筑物的土地，包括城乡住宅和公共设施用地、工矿用地、交通水利设施用地、旅游用地、军事设施用地等。

3.2

建设用地土壤污染风险　soil contamination risk of development land

指建设用地上居住、工作人群长期暴露于土壤中污染物，因慢性毒性效应或致癌效应而对健康产生的不利影响。

3.3

暴露途径　exposure pathway

指建设用地土壤中污染物迁移到达和暴露于人体的方式。主要包括：（1）经口摄入土壤；（2）皮肤接触土壤；（3）吸入土壤颗粒物；（4）吸入室外空气中来自表层土壤的气态污染物；（5）吸入室外空气中来自下层土壤的气态污染物；（6）吸入室内空气中来自下层土壤的气态污染物。

3.4

建设用地土壤污染风险筛选值　risk screening values for soil conta-mination of development land

指在特定土地利用方式下，建设用地土壤中污染物含量等于或者低于该值的，对人体健康的风险可以忽略；超过该值的，对人体健康可能存在风险，应当开展进一步的详细调查和风险评估，确定具体污染范围和风险水平。

3.5

建设用地土壤污染风险管制值　risk intervention values for soil conta-mination of development land

指在特定土地利用方式下，建设用地土壤中污染物含量超过该值的，对人体健康通常存在不可接受风险，应当采取风险管控或修复措施。

3.6

土壤环境背景值　environmental background values of soil

指基于土壤环境背景含量的统计值。通常以土壤环境背景含量的某一分位值表示。其中土壤环境背景含量是指在一定时间条件下，仅受地球化学过程和非点源输入影响的土壤中元素或化合物的含量。

4　建设用地分类

4.1　建设用地中，城市建设用地根据保护对象暴露情况的不同，可划分为以下两类。

4.1.1　第一类用地：包括 GB 50137 规定的城市建设用地中的居住用地（R），公共管理与公共服务用地中的中小学用地（A33）、医疗卫生用地（A5）和社会福利设施用地（A6），以及公园绿地（G1）中的社区公园或儿童公园用地等。

4.1.2　第二类用地：包括 GB 50137 规定的城市建设用地中的工业用地（M），物流仓储用地（W），商业服务业设施用地（B），道路与交通设施用地（S），公用设施用地（U），公共管理与公共服务用地（A）（A33、A5、A6 除外），以及绿地与广场用地（G）（G1 中的社区公园或儿童公园用地除外）等。

4.2　建设用地中，其他建设用地可参照 4.1 划分类别。

5　建设用地土壤污染风险筛选值和管制值

5.1　保护人体健康的建设用地土壤污染风险筛选值和管制值见表 1 和表 2，其中表 1 为基本项目，表 2 为其他项目。本标准考虑的暴露途径见 3.3。

表 1　建设用地土壤污染风险筛选值和管制值（基本项目）　　单位：mg/kg

序号	污染物项目	CAS 编号	筛选值		管制值	
			第一类用地	第二类用地	第一类用地	第二类用地
重金属和无机物						
1	砷	7440-38-2	20a	60a	120	140
2	镉	7440-43-9	20	65	47	172
3	铬（六价）	18540-29-9	3.0	5.7	30	78
4	铜	7440-50-8	2 000	18 000	8 000	36 000
5	铅	7439-92-1	400	800	800	2 500
6	汞	7439-97-6	8	38	33	82
7	镍	7440-02-0	150	900	600	2 000

续表

序号	污染物项目	CAS 编号	筛选值		管制值	
			第一类用地	第二类用地	第一类用地	第二类用地
挥发性有机物						
8	四氯化碳	56-23-5	0.9	2.8	9	36
9	氯仿	67-66-3	0.3	0.9	5	10
10	氯甲烷	74-87-3	12	37	21	120
11	1,1- 二氯乙烷	75-34-3	3	9	20	100
12	1,2- 二氯乙烷	107-06-2	0.52	5	6	21
13	1,1- 二氯乙烯	75-35-4	12	66	40	200
14	顺 -1,2- 二氯乙烯	156-59-2	66	596	200	2 000
15	反 -1,2- 二氯乙烯	156-60-5	10	54	31	163
16	二氯甲烷	75-09-2	94	616	300	2 000
17	1,2- 二氯丙烷	78-87-5	1	5	5	47
18	1,1,1,2- 四氯乙烷	630-20-6	2.6	10	26	100
19	1,1,2,2- 四氯乙烷	79-34-5	1.6	6.8	14	50
20	四氯乙烯	127-18-4	11	53	34	183
21	1,1,1- 三氯乙烷	71-55-6	701	840	840	840
22	1,1,2- 三氯乙烷	79-00-5	0.6	2.8	5	15
23	三氯乙烯	79-01-6	0.7	2.8	7	20
24	1,2,3- 三氯丙烷	96-18-4	0.05	0.5	0.5	5
25	氯乙烯	75-01-4	0.12	0.43	1.2	4.3
26	苯	71-43-2	1	4	10	40
27	氯苯	108-90-7	68	270	200	1 000
28	1,2- 二氯苯	95-50-1	560	560	560	560
29	1,4- 二氯苯	106-46-7	5.6	20	56	200
30	乙苯	100-41-4	7.2	28	72	280
31	苯乙烯	100-42-5	1 290	1 290	1 290	1 290
32	甲苯	108-88-3	1 200	1 200	1 200	1 200
33	间 - 二甲苯 + 对 - 二甲苯	108-38-3, 106-42-3	163	570	500	570
34	邻 - 二甲苯	95-47-6	222	640	640	640

续表

序号	污染物项目	CAS 编号	筛选值		管制值	
			第一类用地	第二类用地	第一类用地	第二类用地
半挥发性有机物						
35	硝基苯	98-95-3	34	76	190	760
36	苯胺	62-53-3	92	260	211	663
37	2- 氯酚	95-57-8	250	2 256	500	4 500
38	苯并 [*a*] 蒽	56-55-3	5.5	15	55	151
39	苯并 [*a*] 芘	50-32-8	0.55	1.5	5.5	15
40	苯并 [*b*] 荧蒽	205-99-2	5.5	15	55	151
41	苯并 [*k*] 荧蒽	207-08-9	55	151	550	1 500
42	䓛	218-01-9	490	1 293	4 900	12 900
43	二苯并 [*a,h*] 蒽	53-70-3	0.55	1.5	5.5	15
44	茚并 [1,2,3-*cd*] 芘	193-39-5	5.5	15	55	151
45	萘	91-20-3	25	70	255	700
[a] 具体地块土壤中污染物检测含量超过筛选值，但等于或者低于土壤环境背景值（见 3.6）水平的，不纳入污染地块管理。土壤环境背景值可参见附录 A。						

表 2　建设用地土壤污染风险筛选值和管制值（其他项目）　单位：mg/kg

序号	污染物项目	CAS 编号	筛选值		管制值	
			第一类用地	第二类用地	第一类用地	第二类用地
重金属和无机物						
1	锑	7440-36-0	20	180	40	360
2	铍	7440-41-7	15	29	98	290
3	钴	7440-48-4	20a	70a	190	350
4	甲基汞	22967-92-6	5.0	45	10	120
5	钒	7440-62-2	165a	752	330	1 500
6	氰化物	57-12-5	22	135	44	270
挥发性有机物						
7	一溴二氯甲烷	75-27-4	0.29	1.2	2.9	12
8	溴仿	75-25-2	32	103	320	1 030
9	二溴氯甲烷	124-48-1	9.3	33	93	330
10	1,2- 二溴乙烷	106-93-4	0.07	0.24	0.7	2.4

续表

序号	污染物项目	CAS 编号	筛选值		管制值	
			第一类用地	第二类用地	第一类用地	第二类用地
半挥发性有机物						
11	六氯环戊二烯	77-47-4	1.1	5.2	2.3	10
12	2,4- 二硝基甲苯	121-14-2	1.8	5.2	18	52
13	2,4- 二氯酚	120-83-2	117	843	234	1 690
14	2,4,6- 三氯酚	88-06-2	39	137	78	560
15	2,4- 二硝基酚	51-28-5	78	562	156	1 130
16	五氯酚	87-86-5	1.1	2.7	12	27
17	邻苯二甲酸二（2- 乙基己基）酯	117-81-7	42	121	420	1 210
18	邻苯二甲酸丁基苄酯	85-68-7	312	900	3 120	9 000
19	邻苯二甲酸二正辛酯	117-84-0	390	2812	800	5 700
20	3,3′- 二氯联苯胺	91-94-1	1.3	3.6	13	36
有机农药类						
21	阿特拉津	1912-24-9	2.6	7.4	26	74
22	氯丹[b]	12789-03-6	2.0	6.2	20	62
23	p,p′- 滴滴滴	72-54-8	2.5	7.1	25	71
24	p,p′- 滴滴伊	72-55-9	2.0	7.0	20	70
25	滴滴涕[c]	50-29-3	2.0	6.7	21	67
26	敌敌畏	62-73-7	1.8	5.0	18	50
27	乐果	60-51-5	86	619	170	1 240
28	硫丹[d]	115-29-7	234	1 687	470	3 400
29	七氯	76-44-8	0.13	0.37	1.3	3.7
30	α- 六六六	319-84-6	0.09	0.3	0.9	3
31	β- 六六六	319-85-7	0.32	0.92	3.2	9.2
32	γ- 六六六	58-89-9	0.62	1.9	6.2	19
33	六氯苯	118-74-1	0.33	1	3.3	10
34	灭蚁灵	2385-85-5	0.03	0.09	0.3	0.9

续表

序号	污染物项目	CAS 编号	筛选值		管制值	
			第一类用地	第二类用地	第一类用地	第二类用地
多氯联苯、多溴联苯和二噁英类						
35	多氯联苯（总量）e	—	0.14	0.38	1.4	3.8
36	3,3′,4,4′,5- 五氯联苯（PCB 126）	57465-28-8	4×10^{-5}	1×10^{-4}	4×10^{-4}	1×10^{-3}
37	3,3′,4,4′,5,5′- 六氯联苯（PCB 169）	32774-16-6	1×10^{-4}	4×10^{-4}	1×10^{-3}	4×10^{-3}
38	二噁英类（总毒性当量）	—	1×10^{-5}	4×10^{-5}	1×10^{-4}	4×10^{-4}
39	多溴联苯（总量）	—	0.02	0.06	0.2	0.6
石油烃类						
40	石油烃（C_{10}～C_{40}）	—	826	4 500	5 000	9 000

[a] 具体地块土壤中污染物检测含量超过筛选值，但等于或者低于土壤环境背景值（见 3.6）水平的，不纳入污染地块管理。土壤环境背景值可参见附录 A。
[b] 氯丹为 α- 氯丹、γ- 氯丹两种物质含量总和。
[c] 滴滴涕为 o,p'- 滴滴涕、p,p'- 滴滴涕两种物质含量总和。
[d] 硫丹为 α- 硫丹、β- 硫丹两种物质含量总和。
[e] 多氯联苯（总量）为 PCB 77、PCB 81、PCB105、PCB114、PCB118、PCB123、PCB 126、PCB156、PCB157、PCB167、PCB169、PCB189 十二种物质含量总和。

5.2 建设用地土壤污染风险筛选污染物项目的确定

5.2.1 表 1 中所列项目为初步调查阶段建设用地土壤污染风险筛选的必测项目。

5.2.2 初步调查阶段建设用地土壤污染风险筛选的选测项目依据 HJ 25.1、HJ 25.2 及相关技术规定确定，可以包括但不限于表 2 中所列项目。

5.3 建设用地土壤污染风险筛选值和管制值的使用

5.3.1 建设用地规划用途为第一类用地的，适用表 1 和表 2 中第一类用地的筛选值和管制值；规划用途为第二类用地的，适用表 1 和表 2 中第二类用地的筛选值和管制值。规划用途不明确的，适用表 1 和表 2 中第一类用地的筛选值和管制值。

5.3.2 建设用地土壤中污染物含量等于或者低于风险筛选值的，建设用地土壤污染风险一般情况下可以忽略。

5.3.3 通过初步调查确定建设用地土壤中污染物含量高于风险筛选值，应当依据 HJ 25.1、HJ 25.2 等标准及相关技术要求，开展详细调查。

5.3.4 通过详细调查确定建设用地土壤中污染物含量等于或者低于风险管制值，应当依据 HJ 25.3 等标准及相关技术要求，开展风险评估，确定风险水平，判断是否需要采取风险管控或修复措施。

5.3.5 通过详细调查确定建设用地土壤中污染物含量高于风险管制值，对人体健康通常存在不可接受风险，应当采取风险管控或修复措施。

5.3.6 建设用地若需采取修复措施，其修复目标应当依据 HJ 25.3、HJ 25.4 等标准及相关技术要求确定，且应当低于风险管制值。

5.3.7 表 1 和表 2 中未列入的污染物项目，可依据 HJ 25.3 等标准及相关技术要求开展风险评估，推导特定污染物的土壤污染风险筛选值。

6 监测要求

6.1 建设用地土壤环境调查与监测按 HJ 25.1、HJ 25.2 及相关技术规定要求执行。

6.2 土壤污染物分析方法按表 3 执行。暂未制定分析方法标准的污染物项目，待相应分析方法标准发布后实施。

表 3 土壤污染物分析方法

序号	污染物项目	分析方法	标准编号
1	砷	土壤和沉积物 汞、砷、硒、铋、锑的测定 微波消解 / 原子荧光法	HJ 680
		土壤和沉积物 12 种金属元素的测定 王水提取 - 电感耦合等离子体质谱法	HJ 803
		土壤质量 总汞、总砷、总铅的测定 原子荧光法 第 2 部分：土壤中总砷的测定	GB/T 22105.2
2	镉	土壤质量 铅、镉的测定 石墨炉原子吸收分光光度法	GB/T 17141
3	铜	土壤质量 铜、锌的测定 火焰原子吸收分光光度法	GB/T 17138
		土壤和沉积物 无机元素的测定 波长色散 X 射线荧光光谱法	HJ 780
4	铅	土壤质量 铅、镉的测定 石墨炉原子吸收分光光度法	GB/T 17141
		土壤和沉积物 无机元素的测定 波长色散 X 射线荧光光谱法	HJ 780
5	汞	土壤和沉积物 汞、砷、硒、铋、锑的测定 微波消解 / 原子荧光法	HJ 680
		土壤质量 总汞、总砷、总铅的测定 原子荧光法 第 1 部分：土壤中总汞的测定	GB/T 22105.1
		土壤质量 总汞的测定 冷原子吸收分光光度法	GB/T 17136
		土壤和沉积物 总汞的测定 催化热解 - 冷原子吸收分光光度法	HJ 923
6	镍	土壤质量 镍的测定 火焰原子吸收分光光度法	GB/T 17139
		土壤和沉积物 无机元素的测定 波长色散 X 射线荧光光谱法	HJ 780
7	四氯化碳	土壤和沉积物 挥发性有机物的测定 顶空 / 气相色谱 - 质谱法	HJ 642
		土壤和沉积物 挥发性卤代烃的测定 顶空 / 气相色谱 - 质谱法	HJ 736
		土壤和沉积物 挥发性有机物的测定 吹扫捕集 / 气相色谱 - 质谱法	HJ 605
		土壤和沉积物 挥发性卤代烃的测定 吹扫捕集 / 气相色谱 - 质谱法	HJ 735
		土壤和沉积物 挥发性有机物的测定 顶空 / 气相色谱法	HJ 741

续表

序号	污染物项目	分析方法	标准编号
8	氯仿	土壤和沉积物　挥发性有机物的测定　顶空 / 气相色谱 - 质谱法	HJ 642
		土壤和沉积物　挥发性卤代烃的测定　顶空 / 气相色谱 - 质谱法	HJ 736
		土壤和沉积物　挥发性有机物的测定　吹扫捕集 / 气相色谱 - 质谱法	HJ 605
		土壤和沉积物　挥发性卤代烃的测定　吹扫捕集 / 气相色谱 - 质谱法	HJ 735
		土壤和沉积物　挥发性有机物的测定　顶空 / 气相色谱法	HJ 741
9	氯甲烷	土壤和沉积物　挥发性卤代烃的测定　顶空 / 气相色谱 - 质谱法	HJ 736
		土壤和沉积物　挥发性有机物的测定　吹扫捕集 / 气相色谱 - 质谱法	HJ 605
		土壤和沉积物　挥发性卤代烃的测定　吹扫捕集 / 气相色谱 - 质谱法	HJ 735
10	1,1- 二氯乙烷	土壤和沉积物　挥发性有机物的测定　顶空 / 气相色谱 - 质谱法	HJ 642
		土壤和沉积物　挥发性卤代烃的测定　顶空 / 气相色谱 - 质谱法	HJ 736
		土壤和沉积物　挥发性有机物的测定　吹扫捕集 / 气相色谱 - 质谱法	HJ 605
		土壤和沉积物　挥发性卤代烃的测定　吹扫捕集 / 气相色谱 - 质谱法	HJ 735
		土壤和沉积物　挥发性有机物的测定　顶空 / 气相色谱法	HJ 741
11	1,2- 二氯乙烷	土壤和沉积物　挥发性有机物的测定　顶空 / 气相色谱 - 质谱法	HJ 642
		土壤和沉积物　挥发性卤代烃的测定　顶空 / 气相色谱 - 质谱法	HJ 736
		土壤和沉积物　挥发性有机物的测定　吹扫捕集 / 气相色谱 - 质谱法	HJ 605
		土壤和沉积物　挥发性卤代烃的测定　吹扫捕集 / 气相色谱 - 质谱法	HJ 735
		土壤和沉积物　挥发性有机物的测定　顶空 / 气相色谱法	HJ 741
12	1,1- 二氯乙烯	土壤和沉积物　挥发性有机物的测定　顶空 / 气相色谱 - 质谱法	HJ 642
		土壤和沉积物　挥发性卤代烃的测定　顶空 / 气相色谱 - 质谱法	HJ 736
		土壤和沉积物　挥发性有机物的测定　吹扫捕集 / 气相色谱 - 质谱法	HJ 605
		土壤和沉积物　挥发性卤代烃的测定　吹扫捕集 / 气相色谱 - 质谱法	HJ 735
		土壤和沉积物　挥发性有机物的测定　顶空 / 气相色谱法	HJ 741
13	顺 -1,2- 二氯乙烯	土壤和沉积物　挥发性有机物的测定　顶空 / 气相色谱 - 质谱法	HJ 642
		土壤和沉积物　挥发性卤代烃的测定　顶空 / 气相色谱 - 质谱法	HJ 736
		土壤和沉积物　挥发性有机物的测定　吹扫捕集 / 气相色谱 - 质谱法	HJ 605
		土壤和沉积物　挥发性卤代烃的测定　吹扫捕集 / 气相色谱 - 质谱法	HJ 735
		土壤和沉积物　挥发性有机物的测定　顶空 / 气相色谱法	HJ 741
14	反 -1,2 - 二氯乙烯	土壤和沉积物　挥发性有机物的测定　顶空 / 气相色谱 - 质谱法	HJ 642
		土壤和沉积物　挥发性卤代烃的测定　顶空 / 气相色谱 - 质谱法	HJ 736
		土壤和沉积物　挥发性有机物的测定　吹扫捕集 / 气相色谱 - 质谱法	HJ 605
		土壤和沉积物　挥发性卤代烃的测定　吹扫捕集 / 气相色谱 - 质谱法	HJ 735
		土壤和沉积物　挥发性有机物的测定　顶空 / 气相色谱法	HJ 741

续表

序号	污染物项目	分析方法	标准编号
15	二氯甲烷	土壤和沉积物　挥发性有机物的测定　顶空 / 气相色谱 - 质谱法	HJ 642
		土壤和沉积物　挥发性卤代烃的测定　顶空 / 气相色谱 - 质谱法	HJ 736
		土壤和沉积物　挥发性有机物的测定　吹扫捕集 / 气相色谱 - 质谱法	HJ 605
		土壤和沉积物　挥发性卤代烃的测定　吹扫捕集 / 气相色谱 - 质谱法	HJ 735
		土壤和沉积物　挥发性有机物的测定　顶空 / 气相色谱法	HJ 741
16	1,2- 二氯丙烷	土壤和沉积物　挥发性有机物的测定　顶空 / 气相色谱 - 质谱法	HJ 642
		土壤和沉积物　挥发性卤代烃的测定　顶空 / 气相色谱 - 质谱法	HJ 736
		土壤和沉积物　挥发性有机物的测定　吹扫捕集 / 气相色谱 - 质谱法	HJ 605
		土壤和沉积物　挥发性卤代烃的测定　吹扫捕集 / 气相色谱 - 质谱法	HJ 735
		土壤和沉积物　挥发性有机物的测定　顶空 / 气相色谱法	HJ 741
17	1,1,1,2- 四氯乙烷	土壤和沉积物　挥发性有机物的测定　顶空 / 气相色谱 - 质谱法	HJ 642
		土壤和沉积物　挥发性卤代烃的测定　顶空 / 气相色谱 - 质谱法	HJ 736
		土壤和沉积物　挥发性有机物的测定　吹扫捕集 / 气相色谱 - 质谱法	HJ 605
		土壤和沉积物　挥发性卤代烃的测定　吹扫捕集 / 气相色谱 - 质谱法	HJ 735
		土壤和沉积物　挥发性有机物的测定　顶空 / 气相色谱法	HJ 741
18	1,1,2,2- 四氯乙烷	土壤和沉积物　挥发性有机物的测定　顶空 / 气相色谱 - 质谱法	HJ 642
		土壤和沉积物　挥发性卤代烃的测定　顶空 / 气相色谱 - 质谱法	HJ 736
		土壤和沉积物　挥发性有机物的测定　吹扫捕集 / 气相色谱 - 质谱法	HJ 605
		土壤和沉积物　挥发性卤代烃的测定　吹扫捕集 / 气相色谱 - 质谱法	HJ 735
		土壤和沉积物　挥发性有机物的测定　顶空 / 气相色谱法	HJ 741
19	四氯乙烯	土壤和沉积物　挥发性有机物的测定　顶空 / 气相色谱 - 质谱法	HJ 642
		土壤和沉积物　挥发性卤代烃的测定　顶空 / 气相色谱 - 质谱法	HJ 736
		土壤和沉积物　挥发性有机物的测定　吹扫捕集 / 气相色谱 - 质谱法	HJ 605
		土壤和沉积物　挥发性卤代烃的测定　吹扫捕集 / 气相色谱 - 质谱法	HJ 735
		土壤和沉积物　挥发性有机物的测定　顶空 / 气相色谱法	HJ 741
20	1,1,1- 三氯乙烷	土壤和沉积物　挥发性有机物的测定　顶空 / 气相色谱 - 质谱法	HJ 642
		土壤和沉积物　挥发性卤代烃的测定　顶空 / 气相色谱 - 质谱法	HJ 736
		土壤和沉积物　挥发性有机物的测定　吹扫捕集 / 气相色谱 - 质谱法	HJ 605
		土壤和沉积物　挥发性卤代烃的测定　吹扫捕集 / 气相色谱 - 质谱法	HJ 735
		土壤和沉积物　挥发性有机物的测定　顶空 / 气相色谱法	HJ 741

续表

序号	污染物项目	分析方法	标准编号
21	1,1,2- 三氯乙烷	土壤和沉积物　挥发性有机物的测定　顶空 / 气相色谱 - 质谱法	HJ 642
		土壤和沉积物　挥发性卤代烃的测定　顶空 / 气相色谱 - 质谱法	HJ 736
		土壤和沉积物　挥发性有机物的测定　吹扫捕集 / 气相色谱 - 质谱法	HJ 605
		土壤和沉积物　挥发性卤代烃的测定　吹扫捕集 / 气相色谱 - 质谱法	HJ 735
		土壤和沉积物　挥发性有机物的测定　顶空 / 气相色谱法	HJ 741
22	三氯乙烯	土壤和沉积物　挥发性有机物的测定　顶空 / 气相色谱 - 质谱法	HJ 642
		土壤和沉积物　挥发性卤代烃的测定　顶空 / 气相色谱 - 质谱法	HJ 736
		土壤和沉积物　挥发性有机物的测定　吹扫捕集 / 气相色谱 - 质谱法	HJ 605
		土壤和沉积物　挥发性卤代烃的测定　吹扫捕集 / 气相色谱 - 质谱法	HJ 735
		土壤和沉积物　挥发性有机物的测定　顶空 / 气相色谱法	HJ 741
23	1,2,3- 三氯丙烷	土壤和沉积物　挥发性有机物的测定　顶空 / 气相色谱 - 质谱法	HJ 642
		土壤和沉积物　挥发性卤代烃的测定　顶空 / 气相色谱 - 质谱法	HJ 736
		土壤和沉积物　挥发性有机物的测定　吹扫捕集 / 气相色谱 - 质谱法	HJ 605
		土壤和沉积物　挥发性卤代烃的测定　吹扫捕集 / 气相色谱 - 质谱法	HJ 735
		土壤和沉积物　挥发性有机物的测定　顶空 / 气相色谱法	HJ 741
24	氯乙烯	土壤和沉积物　挥发性有机物的测定　顶空 / 气相色谱 - 质谱法	HJ 642
		土壤和沉积物　挥发性卤代烃的测定　顶空 / 气相色谱 - 质谱法	HJ 736
		土壤和沉积物　挥发性有机物的测定　吹扫捕集 / 气相色谱 - 质谱法	HJ 605
		土壤和沉积物　挥发性卤代烃的测定　吹扫捕集 / 气相色谱 - 质谱法	HJ 735
		土壤和沉积物　挥发性有机物的测定　顶空 / 气相色谱法	HJ 741
25	苯	土壤和沉积物　挥发性有机物的测定　顶空 / 气相色谱 - 质谱法	HJ 642
		土壤和沉积物　挥发性有机物的测定　吹扫捕集 / 气相色谱 - 质谱法	HJ 605
		土壤和沉积物　挥发性有机物的测定　顶空 / 气相色谱法	HJ 741
		土壤和沉积物　挥发性芳香烃的测定　顶空 / 气相色谱法	HJ 742
26	氯苯	土壤和沉积物　挥发性有机物的测定　顶空 / 气相色谱 - 质谱法	HJ 642
		土壤和沉积物　挥发性有机物的测定　吹扫捕集 / 气相色谱 - 质谱法	HJ 605
		土壤和沉积物　挥发性有机物的测定　顶空 / 气相色谱法	HJ 741
		土壤和沉积物　挥发性芳香烃的测定　顶空 / 气相色谱法	HJ 742
27	1,2- 二氯苯	土壤和沉积物　挥发性有机物的测定　顶空 / 气相色谱 - 质谱法	HJ 642
		土壤和沉积物　挥发性有机物的测定　吹扫捕集 / 气相色谱 - 质谱法	HJ 605
		土壤和沉积物　半挥发性有机物的测定　气相色谱 - 质谱法	HJ 834
		土壤和沉积物　挥发性有机物的测定　顶空 / 气相色谱法	HJ 741
		土壤和沉积物　挥发性芳香烃的测定　顶空 / 气相色谱法	HJ 742

续表

序号	污染物项目	分析方法	标准编号
28	1,4- 二氯苯	土壤和沉积物　挥发性有机物的测定　顶空 / 气相色谱 - 质谱法	HJ 642
		土壤和沉积物　挥发性有机物的测定　吹扫捕集 / 气相色谱 - 质谱法	HJ 605
		土壤和沉积物　半挥发性有机物的测定　气相色谱 - 质谱法	HJ 834
		土壤和沉积物　挥发性有机物的测定　顶空 / 气相色谱法	HJ 741
		土壤和沉积物　挥发性芳香烃的测定　顶空 / 气相色谱法	HJ 742
29	乙苯	土壤和沉积物　挥发性有机物的测定　顶空 / 气相色谱 - 质谱法	HJ 642
		土壤和沉积物　挥发性有机物的测定　吹扫捕集 / 气相色谱 - 质谱法	HJ 605
		土壤和沉积物　挥发性有机物的测定　顶空 / 气相色谱法	HJ 741
		土壤和沉积物　挥发性芳香烃的测定　顶空 / 气相色谱法	HJ 742
30	苯乙烯	土壤和沉积物　挥发性有机物的测定　顶空 / 气相色谱 - 质谱法	HJ 642
		土壤和沉积物　挥发性有机物的测定　吹扫捕集 / 气相色谱 - 质谱法	HJ 605
		土壤和沉积物　挥发性有机物的测定　顶空 / 气相色谱法	HJ 741
		土壤和沉积物　挥发性芳香烃的测定　顶空 / 气相色谱法	HJ 742
31	甲苯	土壤和沉积物　挥发性有机物的测定　顶空 / 气相色谱 - 质谱法	HJ 642
		土壤和沉积物　挥发性有机物的测定　吹扫捕集 / 气相色谱 - 质谱法	HJ 605
		土壤和沉积物　挥发性有机物的测定　顶空 / 气相色谱法	HJ 741
		土壤和沉积物　挥发性芳香烃的测定　顶空 / 气相色谱法	HJ 742
32	间 - 二甲苯 + 对 - 二甲苯	土壤和沉积物　挥发性有机物的测定　顶空 / 气相色谱 - 质谱法	HJ 642
		土壤和沉积物　挥发性有机物的测定　吹扫捕集 / 气相色谱 - 质谱法	HJ 605
		土壤和沉积物　挥发性有机物的测定　顶空 / 气相色谱法	HJ 741
		土壤和沉积物　挥发性芳香烃的测定　顶空 / 气相色谱法	HJ 742
33	邻 - 二甲苯	土壤和沉积物　挥发性有机物的测定　顶空 / 气相色谱 - 质谱法	HJ 642
		土壤和沉积物　挥发性有机物的测定　吹扫捕集 / 气相色谱 - 质谱法	HJ 605
		土壤和沉积物　挥发性有机物的测定　顶空 / 气相色谱法	HJ 741
		土壤和沉积物　挥发性芳香烃的测定　顶空 / 气相色谱法	HJ 742
34	硝基苯	土壤和沉积物　半挥发性有机物的测定　气相色谱 - 质谱法	HJ 834
35	苯胺	土壤和沉积物　半挥发性有机物的测定　气相色谱 - 质谱法	HJ 834
36	2- 氯酚	土壤和沉积物　半挥发性有机物的测定　气相色谱 - 质谱法	HJ 834
		土壤和沉积物　酚类化合物的测定　气相色谱法	HJ 703
37	苯并 [*a*] 蒽	土壤和沉积物　多环芳烃的测定　高效液相色谱法	HJ 784
		土壤和沉积物　多环芳烃的测定　气相色谱 - 质谱法	HJ 805
		土壤和沉积物　半挥发性有机物的测定　气相色谱 - 质谱法	HJ 834

续表

序号	污染物项目	分析方法	标准编号
38	苯并 [*a*] 芘	土壤和沉积物　多环芳烃的测定　气相色谱 - 质谱法	HJ 805
		土壤和沉积物　多环芳烃的测定　高效液相色谱法	HJ 784
		土壤和沉积物　半挥发性有机物的测定　气相色谱 - 质谱法	HJ 834
39	苯并 [*b*] 荧蒽	土壤和沉积物　多环芳烃的测定　气相色谱 - 质谱法	HJ 805
		土壤和沉积物　多环芳烃的测定　高效液相色谱法	HJ 784
		土壤和沉积物　半挥发性有机物的测定　气相色谱 - 质谱法	HJ 834
40	苯并 [*k*] 荧蒽	土壤和沉积物　多环芳烃的测定　气相色谱 - 质谱法	HJ 805
		土壤和沉积物　多环芳烃的测定　高效液相色谱法	HJ 784
		土壤和沉积物　半挥发性有机物的测定　气相色谱 - 质谱法	HJ 834
41	䓛	土壤和沉积物　多环芳烃的测定　气相色谱 - 质谱法	HJ 805
		土壤和沉积物　多环芳烃的测定　高效液相色谱法	HJ 784
		土壤和沉积物　半挥发性有机物的测定　气相色谱 - 质谱法	HJ 834
42	二苯并 [*a,h*] 蒽	土壤和沉积物　多环芳烃的测定　气相色谱 - 质谱法	HJ 805
		土壤和沉积物　多环芳烃的测定　高效液相色谱法	HJ 784
		土壤和沉积物　半挥发性有机物的测定　气相色谱 - 质谱法	HJ 834
43	茚并 [1,2,3-*cd*] 芘	土壤和沉积物　多环芳烃的测定　气相色谱 - 质谱法	HJ 805
		土壤和沉积物　多环芳烃的测定　高效液相色谱法	HJ 784
		土壤和沉积物　半挥发性有机物的测定　气相色谱 - 质谱法	HJ 834
44	萘	土壤和沉积物　多环芳烃的测定　气相色谱 - 质谱法	HJ 805
		土壤和沉积物　挥发性有机物的测定　吹扫捕集 / 气相色谱 - 质谱法	HJ 605
		土壤和沉积物　挥发性有机物的测定　顶空 / 气相色谱法	HJ 741
		土壤和沉积物　半挥发性有机物的测定　气相色谱 - 质谱法	HJ 834
45	锑	土壤和沉积物　汞、砷、硒、铋、锑的测定　微波消解 / 原子荧光法	HJ 680
		土壤和沉积物　12 种金属元素的测定　王水提取 - 电感耦合等离子体质谱法	HJ 803
46	铍	土壤和沉积物　铍的测定　石墨炉原子吸收分光光度法	HJ 737
47	钴	土壤和沉积物　12 种金属元素的测定　王水提取 - 电感耦合等离子体质谱法	HJ 803
		土壤和沉积物　无机元素的测定　波长色散 X 射线荧光光谱法	HJ 780
48	钒	土壤和沉积物　12 种金属元素的测定　王水提取 - 电感耦合等离子体质谱法	HJ 803
		土壤和沉积物　无机元素的测定　波长色散 X 射线荧光光谱法	HJ 780
49	氰化物	土壤　氰化物和总氰化物的测定　分光光度法	HJ 745

续表

序号	污染物项目	分析方法	标准编号
50	一溴二氯甲烷	土壤和沉积物　挥发性有机物的测定　顶空 / 气相色谱 - 质谱法	HJ 642
		土壤和沉积物　挥发性卤代烃的测定　顶空 / 气相色谱 - 质谱法	HJ 736
		土壤和沉积物　挥发性有机物的测定　吹扫捕集 / 气相色谱 - 质谱法	HJ 605
		土壤和沉积物　挥发性卤代烃的测定　吹扫捕集 / 气相色谱 - 质谱法	HJ 735
		土壤和沉积物　挥发性有机物的测定　顶空 / 气相色谱法	HJ 741
51	溴仿	土壤和沉积物　挥发性有机物的测定　顶空 / 气相色谱 - 质谱法	HJ 642
		土壤和沉积物　挥发性卤代烃的测定　顶空 / 气相色谱 - 质谱法	HJ 736
		土壤和沉积物　挥发性有机物的测定　吹扫捕集 / 气相色谱 - 质谱法	HJ 605
		土壤和沉积物　挥发性卤代烃的测定　吹扫捕集 / 气相色谱 - 质谱法	HJ 735
		土壤和沉积物　挥发性有机物的测定　顶空 / 气相色谱法	HJ 741
52	二溴氯甲烷	土壤和沉积物　挥发性有机物的测定　顶空 / 气相色谱 - 质谱法	HJ 642
		土壤和沉积物　挥发性卤代烃的测定　顶空 / 气相色谱 - 质谱法	HJ 736
		土壤和沉积物　挥发性有机物的测定　吹扫捕集 / 气相色谱 - 质谱法	HJ 605
		土壤和沉积物　挥发性卤代烃的测定　吹扫捕集 / 气相色谱 - 质谱法	HJ 735
		土壤和沉积物　挥发性有机物的测定　顶空 / 气相色谱法	HJ 741
53	1,2- 二溴乙烷	土壤和沉积物　挥发性有机物的测定　顶空 / 气相色谱 - 质谱法	HJ 642
		土壤和沉积物　挥发性卤代烃的测定　顶空 / 气相色谱 - 质谱法	HJ 736
		土壤和沉积物　挥发性有机物的测定　吹扫捕集 / 气相色谱 - 质谱法	HJ 605
		土壤和沉积物　挥发性卤代烃的测定　吹扫捕集 / 气相色谱 - 质谱法	HJ 735
		土壤和沉积物　挥发性有机物的测定　顶空 / 气相色谱法	HJ 741
54	六氯环戊二烯	土壤和沉积物　半挥发性有机物的测定　气相色谱 - 质谱法	HJ 834
55	2,4- 二硝基甲苯	土壤和沉积物　半挥发性有机物的测定　气相色谱 - 质谱法	HJ 834
56	2,4- 二氯酚	土壤和沉积物　半挥发性有机物的测定　气相色谱 - 质谱法	HJ 834
		土壤和沉积物　酚类化合物的测定　气相色谱法	HJ 703
57	2,4,6- 三氯酚	土壤和沉积物　半挥发性有机物的测定　气相色谱 - 质谱法	HJ 834
		土壤和沉积物　酚类化合物的测定　气相色谱法	HJ 703
58	2,4- 二硝基酚	土壤和沉积物　半挥发性有机物的测定　气相色谱 - 质谱法	HJ 834
		土壤和沉积物　酚类化合物的测定　气相色谱法	HJ 703
59	五氯酚	土壤和沉积物　半挥发性有机物的测定　气相色谱 - 质谱法	HJ 834
		土壤和沉积物　酚类化合物的测定　气相色谱法	HJ 703

续表

序号	污染物项目	分析方法	标准编号
60	邻苯二甲酸二（2-乙基己基）酯	土壤和沉积物　半挥发性有机物的测定　气相色谱－质谱法	HJ 834
61	邻苯二甲酸丁基苄酯	土壤和沉积物　半挥发性有机物的测定　气相色谱－质谱法	HJ 834
62	邻苯二甲酸二正辛酯	土壤和沉积物　半挥发性有机物的测定　气相色谱－质谱法	HJ 834
63	3,3′-二氯联苯胺	土壤和沉积物　半挥发性有机物的测定　气相色谱－质谱法	HJ 834
64	氯丹	土壤和沉积物　有机氯农药的测定　气相色谱－质谱法	HJ 835
		土壤和沉积物　有机氯农药的测定　气相色谱法	HJ 921
65	*p,p*′-滴滴滴	土壤和沉积物　有机氯农药的测定　气相色谱－质谱法	HJ 835
		土壤和沉积物　有机氯农药的测定　气相色谱法	HJ 921
		土壤质量　六六六和滴滴涕的测定　气相色谱法	GB/T 14550
66	*p,p*′-滴滴伊	土壤和沉积物　有机氯农药的测定　气相色谱－质谱法	HJ 835
		土壤和沉积物　有机氯农药的测定　气相色谱法	HJ 921
		土壤质量　六六六和滴滴涕的测定　气相色谱法	GB/T 14550
67	滴滴涕	土壤和沉积物　有机氯农药的测定　气相色谱－质谱法	HJ 835
		土壤和沉积物　有机氯农药的测定　气相色谱法	HJ 921
		土壤质量　六六六和滴滴涕的测定　气相色谱法	GB/T 14550
68	硫丹	土壤和沉积物　有机氯农药的测定　气相色谱－质谱法	HJ 835
		土壤和沉积物　有机氯农药的测定　气相色谱法	HJ 921
69	七氯	土壤和沉积物　有机氯农药的测定　气相色谱－质谱法	HJ 835
70	α-六六六	土壤和沉积物　有机氯农药的测定　气相色谱－质谱法	HJ 835
		土壤和沉积物　有机氯农药的测定　气相色谱法	HJ 921
		土壤质量　六六六和滴滴涕的测定　气相色谱法	GB/T 14550
71	β-六六六	土壤和沉积物　有机氯农药的测定　气相色谱－质谱法	HJ 835
		土壤和沉积物　有机氯农药的测定　气相色谱法	HJ 921
		土壤质量　六六六和滴滴涕的测定　气相色谱法	GB/T 14550
72	γ-六六六	土壤和沉积物　有机氯农药的测定　气相色谱－质谱法	HJ 835
		土壤和沉积物　有机氯农药的测定　气相色谱法	HJ 921
		土壤质量　六六六和滴滴涕的测定　气相色谱法	GB/T 14550
73	六氯苯	土壤和沉积物　有机氯农药的测定　气相色谱－质谱法	HJ 835
		土壤和沉积物　有机氯农药的测定　气相色谱法	HJ 921

续表

序号	污染物项目	分析方法	标准编号
74	灭蚁灵	土壤和沉积物　有机氯农药的测定　气相色谱－质谱法	HJ 835
		土壤和沉积物　有机氯农药的测定　气相色谱法	HJ 921
75	多氯联苯（总量）	土壤和沉积物　多氯联苯的测定　气相色谱－质谱法	HJ 743
		土壤和沉积物　多氯联苯的测定　气相色谱法	HJ 922
76	3,3′,4,4′,5- 五氯联苯（PCB 126）	土壤和沉积物　多氯联苯的测定　气相色谱－质谱法	HJ 743
		土壤和沉积物　多氯联苯的测定　气相色谱法	HJ 922
77	3,3′,4,4′,5,5′- 六氯联苯（PCB 169）	土壤和沉积物　多氯联苯的测定　气相色谱－质谱法	HJ 743
		土壤和沉积物　多氯联苯的测定　气相色谱法	HJ 922
78	二噁英（总毒性当量）	土壤和沉积物　二噁英类的测定　同位素稀释高分辨气相色谱－高分辨质谱法	HJ 77.4

7　实施与监督

本标准由各级生态环境主管部门及其他相关主管部门监督实施。

附　录　A
（资料性附录）
砷、钴和钒的土壤环境背景值

表 A.1　各主要类型土壤中砷的背景值

土壤类型	砷背景值 /（mg/kg）
绵土、篓土、黑垆土、黑土、白浆土、黑钙土、潮土、绿洲土、砖红壤、褐土、灰褐土、暗棕壤、棕色针叶林土、灰色森林土、棕钙土、灰钙土、灰漠土、灰棕漠土、棕漠土、草甸土、磷质石灰土、紫色土、风沙土、碱土	20
水稻土、红壤、黄壤、黄棕壤、棕壤、栗钙土、沼泽土、盐土、黑毡土、草毡土、巴嘎土、莎嘎土、高山漠土、寒漠土	40
赤红壤、燥红土、石灰（岩）土	60

表 A.2　各主要类型土壤中钴的背景值

土壤类型	钴背景值 /（mg/kg）
白浆土、潮土、赤红壤、风沙土、高山漠土、寒漠土、黑垆土、黑土、灰钙土、灰色森林土、碱土、栗钙土、磷质石灰土、篓土、绵土、莎嘎土、盐土、棕钙土	20
暗棕壤、巴嘎土、草甸土、草毡土、褐土、黑钙土、黑毡土、红壤、黄壤、黄棕壤、灰褐土、灰漠土、灰棕漠土、绿洲土、水稻土、燥红土、沼泽土、紫色土、棕漠土、棕壤、棕色针叶林土	40
石灰（岩）土、砖红壤	70

表 A.3　各主要类型土壤中钒的背景值

土壤类型	钒背景值 /（mg/kg）
磷质石灰土	10
风沙土、灰钙土、灰漠土、棕漠土、篓土、黑垆土、灰色森林土、高山漠土、棕钙土、灰棕漠土、绿洲土、棕色针叶林土、栗钙土、灰褐土、沼泽土	100
莎嘎土、黑土、绵土、黑钙土、草甸土、草毡土、盐土、潮土、暗棕壤、褐土、巴嘎土、黑毡土、白浆土、水稻土、紫色土、棕壤、寒漠土、黄棕壤、碱土、燥红土、赤红壤	200
红壤、黄壤、砖红壤、石灰（岩）土	300

第五部分

海洋环境监测

近岸海域环境监测技术规范

近岸海域环境监测技术规范
第一部分　总则

（HJ 442.1—2020）

前　言

为贯彻《中华人民共和国环境保护法》《中华人民共和国海洋环境保护法》《中华人民共和国防治陆源污染物污染损害海洋环境管理条例》《中华人民共和国防治海岸工程建设项目污染损害海洋环境管理条例》《近岸海域环境功能区管理办法》，规范近岸海域生态环境质量监测，保护生态环境，保证全国近岸海域环境监测的科学性、准确性、系统性、可比性和代表性，制定本标准。

本标准首次发布于 2008 年，原标准起草单位为中国环境监测总站和浙江省舟山海洋生态环境监测站。本次为第一次修订。修订后标准由下列十个部分组成。

第一部分　总则

第二部分　数据处理与信息管理

第三部分　近岸海域水质监测

第四部分　近岸海域沉积物监测

第五部分　近岸海域生物质量监测

第六部分　近岸海域生物监测

第七部分　入海河流监测

第八部分　直排海污染源及对近岸海域水环境影响监测

第九部分　近岸海域应急与专题监测

第十部分　评价及报告

本标准作为修订后标准的第一部分，针对监测实施方案编制、监测用船及安全和质量保证和质量控制基本要求，主要修订以下几方面内容：

——修订了监测实施方案编制，包括监测内容和频次、分析方法选择、质量管理等；

——增加了采用小船进行浅水区域采样及人员安全相关内容；

——增加了样品编码、样品交接、分析测试自控等内容。

自本标准实施之日起，《近岸海域环境监测规范》（HJ 442-2008）废止。

本标准由生态环境部生态环境监测司、法规与标准司组织制订。

本标准起草单位：中国环境监测总站、浙江省舟山海洋生态环境监测站、天津市生态环境监测中心、大连市环境监测中心。

本标准生态环境部 2020 年 12 月 16 日批准。

本标准自 2021 年 03 月 01 日起实施。

本标准由生态环境部解释。

1 适用范围

本标准规定了近岸海域环境监测的实施方案编制、海上监测用船及安全、质量保证和质量控制的基本要求。近岸海域环境监测包括近岸海域环境质量（水质、沉积物、生物质量、生物）、入海河流入海断面、直排海污染源及对近岸海域水环境影响、突发性应急事故和专题监测。

本标准适用于近岸海域环境质量（水质、沉积物、生物质量、生物）、入海河流、直排海污染源及对近岸海域水环境影响、突发性应急事故和专题监测方案制定、工作准备、监测用船及安全、质量保证和质量控制等工作。

2 规范性引用文件

本标准内容引用了下列文件中的条款。凡未注明日期的引用文件，其有效版本适用于本标准。

GB 3097　海水水质标准

GB 3838　地表水环境质量标准

GB 8978　污水综合排放标准

GB 17378.3　海洋监测规范　第 3 部分：样品采集、贮存与运输

GB 17378.4　海洋监测规范　第 4 部分：海水分析

GB 17378.5　海洋监测规范　第 5 部分：沉积物分析

GB 17378.6　海洋监测规范　第 6 部分：生物体分析

GB 17378.7　海洋监测规范　第 7 部分：近海污染生态调查和生物监测

GB 18421　海洋生物质量标准

GB 18668　海洋沉积物质量

HJ 91.1　污水监测技术规范

HJ 168　环境监测分析方法标准制修订技术导则

HJ 442.2　近岸海域环境监测技术规范　第二部分　数据处理与信息管理

HJ 442.3　近岸海域环境监测技术规范　第三部分　近岸海域水质监测

HJ 442.4　近岸海域环境监测技术规范　第四部分　近岸海域沉积物监测

HJ 442.5　近岸海域环境监测技术规范　第五部分　近岸海域生物质量监测

HJ 442.6　近岸海域环境监测技术规范　第六部分　近岸海域生物监测

HJ 442.7　近岸海域环境监测技术规范　第七部分　入海河流监测

HJ 442.8　近岸海域环境监测技术规范　第八部分　直排海污染源及对近岸海域水环

境影响监测

HJ 442.9　近岸海域环境监测技术规范　第九部分　近岸海域应急与专题监测

HJ 442.10　近岸海域环境监测技术规范　第十部分　评价及报告

HJ 589　突发环境事件应急监测技术规范

HJ 630　环境监测质量管理技术导则

HJ 730　近岸海域环境监测点位布设技术规范

HJ/T 91　地表水和污水监测技术规范

HJ/T 92　水污染物排放总量监测技术规范

3　术语和定义

下列术语和定义适用于本标准。

3.1

近岸海域　offshore area or near-shore area

与大陆、岛屿、群岛等海岸相毗连,《中华人民共和国领海及毗连区法》规定的领海外部界限向陆一侧的海域，渤海近岸海域为沿岸低潮线向海 12 海里以内的海域。

3.2

入海河流　sea-going rivers

执行 GB 3838 或地方地表水环境质量标准入海的河流、沟、渠。

3.3

直排海污染源　pollution sources directly discharged into sea

通过管道、沟、渠等排污设施向海洋直接排放污染物的陆域或海上污染源，包括工业源、畜牧业源、生活源和集中式污水治理设施、市政污水处理厂等。其中，陆域直排海污染源指由大陆或岛屿直接排入海域或入海河流入海监测断面下游的直排海污染源。

3.4

特征参数　characteristic parameter

影响海域环境质量的污染物、明显改变海岸线和海底地形的水文动力要素（如海流、水深）和生态敏感目标生物等。

3.5

例行监测　routine monitoring

确定环境质量状况及其变化发展趋势的一种监测类别。具有较长的监测周期性，在一定监测能力条件和评价近岸海域环境质量及状况需求下，监测项目、频次、时间相对一致的监测工作，由负责生态环境监测与评价的行政主管部门下达。

3.6

专题监测　special subject monitoring

反映特殊区域、对象的环境状况和环境管理需求所开展的监测类别。包括近岸海域环境功能区环境质量监测、海滨浴场水质监测、海岸工程环境影响监测和赤潮多发区环境监测等。

3.7

应急监测　emergency monitoring

突发性环境污染损害事件发生后，立即实施对事发海域的污染物性质、强度、侵害影响范围、持续影响时间和资源损害程度等的短周期性监测。及时、准确掌握和通报突发性环境污染损害事件发生后的污染动态和影响，为其善后处理和环境恢复提供科学依据的监测。

3.8

实验室内部质量控制　laboratory internal quality control

由实验室分析人员和专职质量控制人员以保证监测数据质量为目标，按制度开展的质量控制。包括按照规范、标准和制度，通过质控样、平行样、空白样、加标样、复测和比对、检查设备校准等方式，对分析过程进行质量控制的过程。

3.9

实验室外部质量控制　laboratory external quality control

由监测网络业务牵头单位或技术负责单位组织实施的实验室质量控制。包括实验室能力验证、质量控制程序和操作检查、外部加密码样检查、比对和抽测等方式。

3.10

空白　blank

对不含待测物（或不含目标分析物）用与实际样品同样的操作步骤进行的实验所对应的样品。

3.11

全程序空白　whole program blank

水质分析时，置于样品容器中并按照与实际样品一致的程序进行测定的实验室用纯水样品，简称全程序空白。所谓一致的程序包括装入样品瓶中、运至采样现场、暴露于现场环境、贮藏、保存以及所有的分析步骤等。

3.12

实验室空白　laboratory blank

按与实际样品同样的分析操作步骤进行测定的实验室用纯水等样品。

4　监测实施方案编制

4.1　编制要求

4.1.1　承担近岸海域环境监测的单位，在每年制定工作计划时，应当根据管理部门的监测要求（计划或方案）、涉及的环境质量和排放标准，编制例行监测实施方案。

4.1.2　开展专题监测，应在监测实施前按照专题监测目的和要求编制专题监测实施方案。

4.1.3　应急监测应当根据应急事故风险源情况和参考 HJ 589，编制监测预案；在应急事故发生后，制定应急监测方案；根据事故发展或处置进程，修订应急监测方案。

4.2　编制原则

4.2.1　满足国家或地方监测任务所规定的要求。

4.2.2　符合相关国家监测技术标准要求。

4.2.3　充分利用现有资料和成果。

4.2.4　立足现有监测设备和人员条件。

4.2.5　实用性和操作性强。

4.2.6　方便查询和检查。

4.3　资料准备

4.3.1　国家（地方）近岸海域环境质量监测相关年度方案或计划。当年的方案或计划下达晚于上年 12 月时，应在下达后补充作为编制的依据，对方案进行修订，并加以说明。

4.3.2　监测海域的地形、地貌和水文气象资料。

4.3.3　监测海域的污染源资料，包括陆域污染源和海上污染源。

4.3.4　监测海域的海洋功能区划、环境功能区划。

4.3.5　沿海地区经济、社会发展规划资料。

4.3.6　监测海域的海洋资源开发利用现状及存在的主要环境问题。

4.3.7　监测海域环境监测历史资料。

4.3.8　监测方法、规范、作业指导书或操作技术规程、标准物质或标准样品使用说明。

4.3.9　使用监测船的基本情况。

4.4　实施方案编制

4.4.1　方案编制基本内容

监测实施方案是监测内容和各工作环节的详细说明和安排，应包括但不限于以下内容：

a）目的与适用范围，包括监测任务来源、性质、目标；

b）组织形式，包括负责人、参加人员与备用人员安排；

c）监测的近岸海域环境质量点位经纬度、潮间带或生物质量采样点位或区域、入海河流断面位置、直排海污染源排放口位置；

d）监测频次与采样时间、监测项目、采集方法、样品保存和运输要求；

e）监测用采样船只、船期安排、联系人；

f）采样及设备，包括样品编码、保存、运输、校验和检查；

g）样品容器，包括清洗、检查、加固定剂的时间与安排；

h）适用标准，样品采集运输有效性的判断；

i）样品预处理程序，例如干燥、混合和保管；

j）分样程序；

k）分析方法选择；

l）样品记录的保存，例如标签、记录、辅加材料；

m）监测涉及项目的质量控制措施和方法，包括自控与他控；

n）复测判定和复测要求；

o）数据审核和上报要求与时限；

p）监测报告和质量控制报告编写要求与上报时限等。

4.4.2 监测范围、点位（断面）、监测内容和监测频次

监测范围、点位（断面）、监测内容和监测频次根据工作要求确定，包括：

a）例行监测工作的监测范围按照辖区或负责区域及 HJ 730 确定；

b）例行监测点位（断面）按照 HJ 730、HJ/T 91、HJ 91.1 和 HJ/T 92 确定；在出现不适应监测要求时，应按 HJ 730、HJ/T 91、HJ 91.1 和 HJ/T 92 开展点位调整技术准备工作；

c）例行监测内容包括近岸海域水质、入海河流和直排海污染源；对敏感区域和受污染严重区域，应开展海洋沉积物、海洋生物和海洋生物质量监测，如重要河口海湾区域；

d）开展近岸海域生态评价，需开展近岸海域水质、海洋沉积物、海洋生物和海洋生物质量监测；

e）例行监测频次的确定方法，海域水质、沉积物、海洋生物质量、海洋生物、入海河流、直排海污染源监测按照 HJ 442.3～8 相关要求执行；

f）应急监测和专题监测的相关监测范围、点位布设按照 HJ 730 确定，监测项目和监测频次等根据监测目的、评价要求、监测能力、时限要求和 HJ 442.9 相关规定确定。

4.4.3 监测项目

监测项目包括执行标准规定的项目和相关参数：

a）根据监测目的和监测条件，环境质量监测项目按照 GB 3097、GB 18668、GB 18421 和 GB 3838 等相关环境质量标准确定，涉及直排海污染源的监测项目，按 GB 8978 等排放标准确定；监测区域的环境污染特征参数应作为主要监测的项目，同时还包括简易水文气象参数等，具体参见 HJ 442.3～9 的相关要求；

b）例行监测的监测项目为执行标准规定的项目；在此基础上，可以开展其他相关项目或污染因子监测，并作为评价内容；

c）应急监测的监测项目为突发性应急事故主要特征污染因子或事故造成环境污染影响的主要因子；

d）专题监测根据其监测的目的，选择监测项目。

4.4.4 采样和分析方法选择

方法选择按 6.5.1 要求和实际条件确定，需要验证和确认的方法按 6.5.2 规定执行并明确责任到人。

4.4.5 仪器设备和样品保存容器

仪器和保存容器应符合相关监测要求，包括：

a）按照采样分析方法，明确仪器设备（含玻璃量器等）、样品容器及其清洗等计划；

b）按照实施的监测内容、质量保证和质量控制基本要求，明确使用的仪器设备及其检定安排，容器及其数量需求；

c）明确相关仪器设备和保存容器的维护、维修、检定或补充等。

4.4.6　进度安排

根据监测任务的需要，明确监测过程中准备工作、外业采样、实验室分析、数据汇总整理、报告编写、成果鉴定或验收等各阶段的时间进度安排。

4.4.7　组织分工

根据监测内容和项目，明确监测任务各承担单位或岗位的职责和任务，包括单位间的组织分工和单位内各工作岗位的组织分工。确定监测总负责人、采样负责人、各工作岗位负责人及其职责和任务。明确各个环节的工作流程、注意事项与安全保障要求。对跨区域协作开展采样和分析的，还应明确工作的总协调人及职责。

4.4.8　采样安全保障要求

将 5.2.1 和 5.2.2 要求作为实施近岸海域环境质量监测实施方案的采样安全保障要求，将安全责任明确到人。对涉及直排海污染源和入海河流相关安全的要求，应参照或执行所监测企业安全制度、河流监测采样安全要求、采样环境及条件明确要求，将责任明确到人。

4.4.9　采样和现场测试要求

a）应在监测实施方案中，明确采样和现场测试要求，包括：

1）按照区域、采样点位（断面）和监测要求，制定近岸海域或宽阔水面的行船航和其他监测的行车路线、各点位（断面）现场测试和样品采集安排，如遇特殊情况需要调整的，应做好相关记录；

2）按照 HJ 442.3～7、HJ/T 91、HJ 91.1、HJ/T 92 等相关规定，确定现场采样方法、现场测试方法、标准、规程、现场质量控制要求；

3）使用的采样器、测试设备、容器和相关物品的安排。

b）对于海域点位（断面）或在宽阔的入海河流入海断面，使用监测船或租用船只开展采样和现场测试时，还应注意：

1）甲板上堆存的装备和物品必须用绳索捆绑固定，必要时加盖防雨布；

2）实验室仪器、试剂等均应预先固定，防止翻倒，玻璃器皿等要防止滑落、打翻；

3）防火、防爆、设备保护及事故救护等应遵守船舶的各项安全管理规定；

4）船舶到监测点位前 5 min，各采样岗位有关人员应进入准备状态；

5）采样时，必须防范风浪袭击。

4.4.10　数据管理与报送

根据监测报告制度、主管部门的规定或签订的合同等要求，明确近岸海域环境监测数据、质量控制数据和相关信息的汇总、审核、上报、管理要求，以及监测资料（数据和相关信息）归档要求等。

4.4.11　质量控制

按照 HJ 630 建立质量控制相关管理规定的基础上，明确监测工作全过程质量控制要求和负责人，包括采样准备、监测船使用、试剂与用水、样品采集和防玷污质量控制措施、样品保存和运输、样品前处理和实验室分析及质量控制、数据处理、数据审核、数据上报、归档等各个环节。其中，具体采样、保存和运输、前处理和实验室分析的质量控制要求，按照 HJ 442.3～9 相关规定执行。数据处理、数据审核、数据上报和报告按照 HJ 442.2 和 HJ 442.10 相关规定执行。

4.4.12 经费预算

根据监测内容、项目、监测频次和预计样品数量，估算监测所需经费。国家下达经费后，应按照实际费用和监测要求安排经费支出。经费预算包括但不限于以下内容：

a）监测用船（含油料消耗）或租用船只；

b）工作人员海上或陆域作业的各类补贴、伙食、保险等；

c）人员不足时所聘用人员的劳务费用等；

d）样品采集、前处理、分析测试、数据处理费用，包括水电、试剂、纯水、标准样品（标准物质）、质量控制样品、报表、易损易耗品、设备维修与检定等；

e）数据审核、核对、复测、上报、办公等相关费用；

f）人员技术培训；

g）监测方案、质量控制方案、监测报告、质量控制报告编制与印刷；

h）基于海上作业影响因素复杂性的不可预计费用等。

4.4.13 评价方法和报告

按照监测的要求和 HJ 442.10，明确评价方法和报告基本内容。

5 监测用船及安全

5.1 监测用船

5.1.1 监测用船要求

a）具备充分的安全性能，对于非专业监测船，要求在适航的条件下使用。

b）要求船体结构牢固，抗风浪性强，续航力符合采样周期的要求，航速和性能满足采样要求，开展生物监测的应装有可变螺距和减摇装置，具有稳定的 2～3 节慢速航行性能。

c）有合适的样品采集用甲板及机械设备，具备水质深层采样设备或可以加装水质深层采样设备。

d）准确可靠的导航定位系统和通讯系统。

e）设可控排污装置，减少船舶自身对采集样品的影响。

f）专用监测船实验室设置符合实验基本的要求和样品保存条件，配备为可实现样品分装、现场项目测试和生物样品种类初步鉴别的干式、湿式和生物实验，以及样品冷藏与冷冻的基本条件要求。

g）租用小船开展浅水区域监测时，应当选择有安全保证，同时具备手摇绞车或可以安装手摇绞车的船只，并能保证采集的样品在保存期内可以送达实验室分析。

5.1.2 监测船管理要求

a）对于配备的监测船，应按海事、船级社对船舶管理的要求管理，也应符合监测需求，管理要求包括但不限于以下内容：

1）应通过船舶和有关检验机构的检查，符合适航标准和安全检查条例；

2）船长及船员应具有相应职位的资质证书，熟悉本职业务，明确调查任务对船舶的作业要求，并能积极主动地配合完成调查任务；

3）应保证调查人员的必要工作条件和生活条件；

4）应按计划完成备航、安全检查和教育工作，能按时出海作业；在不影响安全的前提下，船舶的行动应尊重监测总负责人或采样负责人的意见；

5）应按调查任务的需要准确地操纵船舶，保证航行安全；

6）凡属船上固定的调查设备，均需经常维护和保持良好状态。

b）对租用监测船开展监测的，监测船管理者应按上述要求管理，监测船应满足上述要求和 5.1.1、5.1.3、5.2 的要求。监测单位制定相应的管理要求，在监测期间按照要求进行船只及人员管理。

5.1.3 采样设施要求

a）设水文、水样采集、沉积物采样和浮游生物采样绞车 2～4 部，生物采样用吊杆 1 部；

b）绞车缆绳长度根据航行区域情况和样品采集要求确定；采集水样的绞车、缆绳及导轮应无油和暴露金属；

c）生物采样场所设在船艉部。要求宽广平坦，避开通风筒、天窗等突出物并设收放式栏杆；

d）采样绞车应装有保护栏杆的突出活动操作平台，或安全和方便的样品采集空间；

e）采样和现场分析应有足够空间，如分样和过滤空间、现场测试及现场测试设备摆放空间、样品及保存容器摆放位置、供水和排水、电源、照明和通风、冷藏装置、高压气瓶装置等。

5.2 船上采样安全保障要求

5.2.1 监测人员上船安全要求

a）乘船监测人员应熟悉所用船舶的“船舶应变部署系统”，掌握应变部署和自救办法，掌握消防知识及消防器材的使用方法；

b）采样作业须待到船舶稳定后方可进行；

c）采样作业期间，在船舷操作人员必须穿戴工作救生衣，并戴好安全帽，任何人员禁止穿拖鞋上甲板；

d）作业时，甲板上每个岗位至少二人，禁止单独上甲板操作；

e）在每个作业区各设安全监督员一名，其职责为监督和督促工作人员按安全要求进行操作；

f）出航监测期间，船舶靠泊港口、码头后，所有人员不准随意上岸，需上岸的人员应征得船上有关采样工作负责人的同意后方可上岸，并须 3 人以上结伴同行，并在规定时间内及时回船；

g）采用小船进行浅水区域采样时，应有防止人员落水和落水救援的设施和制度；

h）对租用小船实施专业监测不能到达的点位进行监测时，应参照上述要求，明确相关安全规定，包括出海前与船长沟通安全保障事宜、出海必须着救生衣等。

5.2.2 特别注意事项

a）在海况不允许或用船船长声明没有安全保证的情况下，监测人员应服从船长及船上安全监督员的安排；

b）在没有安全保证的情况下，任何人不得以任何理由强行要求出海采样。

6 质量保证和质量控制基本要求

6.1 组织机构与监测人员

6.1.1 组织机构

从事近岸海域环境监测的机构须按照 HJ 630 要求，建立质量管理体系，通过检验检测机构资质认定，具备全程质量保证和质量控制的运行机制，执行监测质量保证与质量控制相关标准规范的规定和要求，对监测的全过程进行质量控制。

6.1.2 人员要求

监测人员应参加岗前培训及考核，并持证上岗。新进人员或者工作岗位变动人员在未取得合格证前不得单独上岗，只能在持证人员的指导和监督下开展工作，其监测工作质量由持证指导人员负责。

从事船上作业及分析的人员必须经过船上安全培训。

6.2 监测仪器与设备

6.2.1 仪器与设备的检定和校准

在监测过程中，使用的所有仪器设备和辅助测量设备，只要对检测或抽样的结果准确性、有效性有影响或计量溯源性有要求的，均需实施检定或校准，且在有效期内使用。

6.2.2 仪器与设备的运行和维护

监测仪器与设备应定期维护保养，必要时应制定仪器与设备操作作业指导书，使用或维护时做好仪器与设备使用记录维护记录，保证仪器与设备处于完好状态。每台仪器与设备均应有责任人负责日常管理。同时做好以下工作：

在出航前必须进行全面检查和调试，确认合格后方可使用；

采样设备必须采取防玷污措施；

配备足够的备用仪器设备。

6.3 样品采集、保存和运输的质量控制

采样应至少两人，明确分工，按照 HJ 442.3～8 的要求和程序，开展水质、沉积物、生物、生物质量、入海河流和直排海污染源相关监测的采样，记录现场、样品保存方法和条件、运输的时间与方式等情况。其中记录的现场情况应包含全部采集样品的位置、环境、采集过程和样品性质描述等方面的信息。

6.4 样品编码与交接

6.4.1 样品编码

所有样品均应有唯一性编码，并清晰记录。

样品编码制定原则：每个样品必须确定唯一编码；质量控制人员现场或在实验室接收时，可以根据质量控制要求另行编码并与唯一编码对应；分析人员应了解样品基本性质，除现场测试情况外，不应获知具体来源；分析出结果后解码，唯一性编码对应的样品信息完整。

具体编码规则由各实施监测的单位制定。

6.4.2 样品交接

样品移交实验室时，应有样品交接记录，样品管理员在认真清点样品状态、数目及检查标签正确无误后，样品管理员接收样品并按实验室内样品管理规定管理样品。交接过程中，如发现项目批次的编号错乱、容器种类不符合要求、采样不符合要求、样品出现泄漏或破损，应立即查明原因，可以安排样品补采的应进行补充采样，记录中应对问题和后续处理加以说明。

质量控制人员安排的质量控制样品与实际样品同时交接，需办理交接手续和记录。

分析人员接到样品后，应查看样品是否符合样品保存运输要求，若不符合，应及时向相关人员说明情况，若仍需要进行分析，应在分析记录和报告中做出明确说明。

6.5 分析测试质量控制

6.5.1 分析方法选择

a）分析方法选择原则为首选国家、环境保护行业监测分析方法标准。可选择环境质量标准、污染物排放标准、GB 17378.3～7、HJ 442.3～8、HJ/T 91、HJ 91.1 等所列方法，也可选择环境质量标准和污染物排放标准发布时未规定，但此后新发布的国家环境监测方法标准；对没有国家标准或行业标准的，可采用国际标准和国外标准方法，或者公认权威的监测分析方法，所选用的方法应通过验证或确认，满足方法检出限、精密度和准确度等质量控制要求，并形成相关记录；

b）分析方法选择根据所测对象确定，环境质量监测选择检出限适用于环境质量浓度水平或实际样品监测因子浓度水平的方法，污水分析方法应选择适于排放标准浓度限值的方法；

c）当样品浓度差异大，一种方法不能涵盖全部样品浓度时，可以采用稀释方式处理；若不能采用稀释方式处理，则应选择两种或两种以上的分析方法；

d）应急监测应尽量选择快速分析标准方法和现场测试标准方法；也可以采用快速非标方法，但需要进行验证和确认方法的适用范围，同时采用 a）和 b）选择确定实验室分析方法进行抽测比对；在事故处理后期，特别是判断污染是否恢复或达标时，采用 a）和 b）选择确定实验室的分析方法；

e）应急监测采用按 a）和 b）选择的标准方法分析时，按照例行监测质量控制要求开展质量控制。当采用标准方法达不到及时性要求时，可以采用尚未标准化的成熟快速的分析方法，但须与标准方法比对并证明采用方法可行后，通过抽取 10% 样品采用标准方法进行比对测试进行快速分析测试的质量控制。

6.5.2 分析方法验证

a）首次使用分析方法时，应进行监测方法的验证与确认；在实验室条件发生变化（包括分析测试仪器和试剂更换、实验室改造等）时，分析方法也应在方法验证符合相关要求后，再用于样品测定；

b）分析方法的实验室验证，参考 HJ 168 方法特性指标确定方法进行。

6.5.3 实验室内部质量控制

a）实验分析人员自我质量控制

分析人员在首次使用分析方法时，应进行监测方法的验证；在更换不同批次的试剂、实验室条件等分析条件发生变化时，应检查并确认监测方法在变化条件后符合监测分析的要求。在分析过程中，分析人员应按分析方法要求进行设备校准、标准样品 / 标准物质或质控样、平行样、实验室空白或加标样等分析，对分析过程进行自我质量控制。

当分析人员发现自我质量控制未达到要求时，应查找原因；对实验差错造成的失控样品（不包括计算错误），应进行复测。

b）实验室质量控制人员质量控制

监测单位的质量控制人员应按照 HJ 630 相关制度要求，开展监测前准备、采样、分析直至数据上报全过程的各项质量控制活动。包括制定和执行相关规定、针对使用的每个分析方法制定操作规程或使用国家或行业颁布的操作规程、通过质量控制手段（包括分析标准样品 / 标准物质或质控样、平行样、空白或全程序空白、加标样等）检查和审核分析过程结果，及时发现和解决问题，适时组织监测培训和提出相应建议等。

在实验室内部质量控制中，当质量控制人员发现未达到要求时，应与采样和分析人员共同查找原因，属于实验错误造成的分析问题，应让分析人员进行复测；属于采样环节问题，应根据可行性提请对失控样品（项目）重新监测。

6.5.4 实验室外部质量控制

承担近岸海域环境监测的单位或机构，应按业务或技术要求，参加实验室能力验证、质量控制程序和操作检查、外部密码样检查、比对和抽测等活动。

6.6 记录要求

6.6.1 基本要求

a）现场监测采样、样品保存、样品运输、样品交接、样品处理和实验室分析的原始记录是监测工作的重要技术资料，应在记录表格或记录本上按规定格式对各栏目认真填写。记录表（本）应统一编号，个人不得擅自销毁，用毕按其保存价值分类归档保存；

b）原始记录除现场采样记录外，应采用签字笔或钢笔填写；

c）应字迹端正，不得涂抹、不得撕页，修改按 6.6.5 要求执行；

d）原始记录必须有测试人、校核人和审核人签名；

e）监测结果报出应有汇总或制表人、审核人及审定人签名；

f）测试结果未检出的，按 HJ 442.2 中 4.1 规定，用方法检出限（数值）加 L 表示；

g）采集、交接与实验记录应在现场采样、交接和实验时填写。填写字迹应整齐清楚，项目完整，不应有空项；对表格中未涉及的项目应填写“--”或“/”；

h）对于自动化或由计算机（专用记录设备）打出的分析记录纸质结果，应与记录表一同作为原始记录存档。

6.6.2　采样记录

记录由采样人填写，两名采样人员签字，并由审核人审核。现场其他未尽事宜应在原始记录中加以备注。

原则上采样原始工作记录应使用签字笔或钢笔填写，不得使用圆珠笔；海上采样原始工作记录应使用硬质铅笔书写，采样结束后应使用签字笔或钢笔将原始记录誊写或复印，与原始采样记录一并存档；乘船在可能受波浪影响记录的入海河流断面现场采样时，可参照海上采样原始工作记录要求记录和存档。

6.6.3　样品交接记录

样品交接记录应记录样品（包括实际样品和密码质量控制样品）交接时的样品状态、数量以及异常情况。

样品交接记录应由送样人与接收人共同填写并签字确认。

6.6.4　样品分析记录

样品分析记录应包括分析过程的所有信息并能够在事后反映样品分析的所有信息。

实验记录由分析人填写并签字，在完成实验当天由负责校核人员检查并签字，再由审核人员审定并签字。

6.6.5　记录的修改

记录如需修改应划线杠改，在错的数字上画一横线，将正确数字补写在其上方，并在其右下方盖章或签名。

6.7　数据与信息的报出和档案

相关记录按照要求，纸质汇总表及其电子文档，应由录入人员录入后检查并签字（填表人），由复核人（或审核人）复核检查后签字，再由审定人审定签字后报出和存档。

扫一扫，获取相关文件

国家海洋局生态环境保护司关于印发《海水质量状况评价技术规程》（试行）的通知

（海环字〔2015〕25 号）

沿海各省、自治区、直辖市及计划单列市海洋厅（局），国家海洋局各分局、信息中心、监测中心、技术中心、海洋一所、海洋三所、减灾中心：

为进一步规范海水质量状况评价工作，现将《海水质量状况评价技术规程》（试行）印发你们。请结合实际工作，参照执行。

国家海洋局生态环境保护司

2015 年 10 月 22 日

海水质量状况评价技术规程（试行）

1 范围

本规程规定了海水质量状况评价的主要内容、技术要求和方法。

本规程适用于中华人民共和国管辖海域海水质量状况的评价。

2 规范性引用文件

下列文件对于本文件的应用是必不可少的。凡是注日期的引用文件，仅所注日期的版本适用于本文件。凡是不注日期的引用文件，其最新版本（包括所有的修改单）适用于本文件。

GB 3097 海水水质标准

GB 17378.2 海洋监测规范 第 2 部分：数据处理与分析质量控制

GB 11607—1989 渔业水质标准

3 术语和定义

下列术语和定义适用于本规程。

3.1 富营养化 eutrophication

海水中氮、磷等营养元素的浓度超过正常水平的状态。

3.2　空间插值　spatial interpolation

空间插值是一种通过已知点的数据推求未知点数据的计算方法，常用于将离散点的测量数据转换为连续的数据曲面。

4　总则

4.1　评价指标

海水质量状况评价指标可选择 pH、无机氮、活性磷酸盐、化学需氧量、石油类等 GB 3097 中所列指标。

4.2　数据使用

用于海水质量状况评价的监测站位应覆盖评价海域；监测数据质量应符合 GB 17378.2 的质量控制要求，并通过数据的完整性、代表性、准确性、精密性和可比性质量评估后方可使用。

进行海水质量状况评价时，需分航次单独使用数据进行评价。在分层采样的情况下，石油类采用表层数据进行评价；其它要素在采样点水深小于或者等于 50 米时采用多层数据的平均值进行评价，在采样点水深大于 50 米时采用表层数据进行评价。

4.3　评价网格

根据不同的评价尺度，选择不同精度的网格数据集进行海水质量状况评价。全海域评价网格分辨率不低于 1′× 1′；海区评价网格分辨率不低于 0.5′× 0.5′；省级评价网格分辨率不低于 0.05′× 0.05′；地市级及重点河口、海湾评价网格分辨率不低于 0.01′× 0.01′。

5　海水综合质量评价

5.1　单要素评价

依据 4.3 中的要求确定评价网格，使用插值方法对网格进行赋值。

插值方法采用改进的距离反比例法，见公式（1）：

$$Z^n(B)=\sum_{i=1}^{n} Z(X_i)\lambda_i \tag{1}$$

式中：$Z^n(B)$——待赋值网格的浓度值，B为待赋值网格中心点；

$Z(X_i)$——实测点的浓度值，X_i为实测点；

λ_i——实测点的权重，依据区域化变量的相关性，得到权重λ_i的确定方法，见公式（2）：

$$\lambda_i=\frac{1}{d_i^4}\Big/\sum_{i=1}^{n}\frac{1}{d_i^4} \tag{2}$$

式中：d_i——待赋值网格中心点与实测点间的距离。

X_i 的选取应尽可能满足以下条件：

1）能够形成凸包，且每一个点均为凸包的顶点；

2）B 点在该凸包内，且该凸包内部不包含其他实测点；

3）与 B 点空间通视；

4）数量不大于 4。

依据 GB 3097，对网格单要素质量等级进行判定，质量等级分为一类、二类、三类、四类、劣四类共 5 个等级。

5.2 综合质量评价

对各单要素质量等级的网格进行叠加比较，依据所有单要素中质量最差的等级，确定该网格的综合质量等级。

综合质量等级划分如下：

清洁海域：应符合 GB 3097 第一类海水水质的海域；

较清洁海域：应符合 GB 3097 第二类海水水质的海域；

轻度污染海域：应符合 GB 3097 第三类海水水质的海域；

中度污染海域：应符合 GB 3097 第四类海水水质的海域；

严重污染海域：劣于 GB 3097 第四类海水水质的海域。

对综合评价的网格数据集进行等值面提取，获取代表综合水质各等级的等值面分布图，并计算各等级的水质面积（推荐采用地理信息系统进行计算）。

区域主要影响指标的确定采用影响贡献率分类筛选法，见公式（3）：

$$C_k^i = \frac{S_k^i}{S_k} + f(S_k^i) \tag{3}$$

式中：C_k^i——第 i 种要素的第 k 类质量等级海域的影响贡献率，k 为该要素确定的各类水质等级；

S_k——第 k 类海水综合质量等级总面积；

S_k^i——第 i 种要素的第 k 类质量等级面积；

$f(S_k^i)$——标准化函数，取值方法见公式（4）：

$$f(S_k^i) = \begin{cases} 0 & \left(S_k^i = 0\right) \\ k & \left(S_k^i > 0\right) \end{cases} \tag{4}$$

在计算完各参评环境指标的影响贡献率后，按照影响贡献率从大到小进行排序，确定主要影响指标。

5.3 图件制作

全海域海水质量等级分布图比例尺不大于 1∶400 万；海区海水质量等级分布图比例尺常用 1∶50 万 ~1∶100 万；省级海水质量等级分布图比例尺常用 1∶25 万 ~1∶50 万；地市级及重点河口、海湾海水质量等级分布图比例尺常用 1∶5 万 ~1∶25 万。

海水质量等级分布图应包括下列要素：

——地理底图要素：境界、岸线、水系、重要地名注记等主要基础背景信息；

——海水质量要素：海水质量空间分布状况；

——图例：质量等级、颜色式样要求见表 1。

表 1　海水质量空间分布评价图图例要求

质量等级	颜色	式样	图例说明
一类	蓝色		RGB 值（115，178，255）
二类	浅蓝色		RGB 值（178，221，247）
三类	浅灰色		RGB 值（190，177，161）
四类	灰色		RGB 值（155，133，110）
劣四类	深灰色		RGB 值（122，98，74）

6　海水富营养化评价

海水中富营养化状况评价采用富营养化指数法，见公式（5）：

$$E=(C_{COD}\times C_{DIN}\times C_{DIP}\times 10^6)/4500 \qquad (5)$$

式中：E——富营养化指数；

C_{COD}——化学需氧量浓度，单位为 mg/L；

C_{DIN}——无机氮浓度，即亚硝酸盐－氮（NO_2-N）、硝酸盐－氮（NO_3-N）、氨－氮（NH_4-N）的总和，单位均为 mg/L；

C_{DIP}——活性磷酸盐浓度，单位为 mg/L。

依据 4.3 中的要求确定评价网格。使用 5.1 的插值方法，对网格的富营养指数进行赋值。当 E≥1 时为富营养化状态，依据表 2 确定海水富营养化等级。

表 2　富营养化等级判定标准

富营养化等级	富营养化指数（E）
轻度富营养化	1≤E≤3
中度富营养化	3＜E≤9
重度富营养化	E＞9

对富营养化等级评价的网格数据集进行等值面提取，获取代表富营养化各等级的等值面分布图，并计算富营养化各等级的面积（推荐采用地理信息系统进行计算）。

评价图件要求参照 5.3，图例要求见表 3。

表 3　富营养化等级空间分布评价图图例要求

质量等级	颜色	式样	图例说明
轻度富营养化	黄色		RGB 值 (255，255，0)
中度富营养化	橙色		RGB 值 (255，153，0)
重度富营养化	红色		RGB 值 (255，0，0)

海洋监测规范

海洋监测规范
第1部分：总则

（GB 17378.1—2007）

前　言

本部分的全部技术内容为强制性。

GB 17378《海洋监测规范》分为七个部分：

——第 1 部分：总则；

——第 2 部分：数据处理与分析质量控制；

——第 3 部分：样品采集、贮存与运输；

——第 4 部分：海水分析；

——第 5 部分：沉积物分析；

——第 6 部分：生物体分析；

——第 7 部分：近海污染生态调查和生物监测。

本部分为 GB 17378 的第 1 部分，代替 GB 17378.1—1998《海洋监测规范　第 1 部分：总则》。

本部分与 GB 17378.1—1998 相比主要变化如下：

——取消了定义（1998 年版的第 2 章）；

——增加了通则（见第 3 章）；

——在海上监测一般规定中，对定位、监测用标准物质使用，船上实验室条件等作了相应的补充规定（1998 年版的第 9 章；本版的 7.3.7.4 和 7.5）；

在海洋监测质量保证中，对监测人员质量控制，监测质量控制工作体系，采样质量保证、实验室质量保证，监测网络质量保证等作了相应的补充规定（1998 年版的第 7 章；本版的 8.1、8.2、8.3、8.4 和 8.5）；

——在监测船及其设施要求中，对监测船性能要求作了相应的补充规定，增加了监测船管理要求（1998 年版的 10.1；本版的 9.1 和 9.2）；

——将监测仪器设备的要求合并于监测船及其设施要求，并作了相应的补充规定（1998 年版的第 11 章；本版的 9.3）；

——对海上作业作了相应的补充规定（1998 年版的 6.3；本版的 11.3.5、11.3.6，11.3.7，11.3.8，11.3.9、11.3.10，11.3.11、11.3.12、11.3.13）；

——对样品和原始资料的验收要求作了相应的补充规定（1998 年版的 12.3；本版的

12.2）；

——增加了样品室内分析与测试（见第 13 章）；

——在海洋监测资料的整理中，增加了现场作业与室内测试资料汇总，数据处理和计算机处理资料的要求等相应要求（1998 年版的 13 章；本版的 14.1、14.2 和 14.3）；

——对监测资料和成果归档的归档时间要求作了补充规定，增加了档案质量要求的相应规定（1998 年版的 15 章；本版的 16.3 和 16.4）。

本部分由国家海洋局提出。

本部分由全国海洋标准化技术委员会（SAC/TC 283）归口。

本部分起草单位：国家海洋环境监测中心。

本部分主要起草人：徐恒振、马永安、于涛、韩庚辰、关道明、王健国、徐春林，徐维龙、张春明、许昆灿、陈维岳。

本部分所代替标准的历次版本发布情况为：

——GB 17378.1—1998。

1　范围

GB 17378 的本部分规定了海洋环境质量基本要素调查监测的展开程序，包括计划编制、海上调查实施、质量控制、调查装备、资料整理和成果报告编写等的基本方法。

本部分适用于海洋监测的组织管理。

2　规范性引用文件

下列文件中的条款通过 GB 17378 的本部分的引用而成为本部分的条款。凡是注日期的引用文件，其随后所有的修改单（不包括勘误的内容）或修订版均不适用于本部分，然而，鼓励根据本部分达成协议的各方研究是否可使用这些文件的最新版本。凡是不注日期的引用文件，其最新版本适用于本部分。

GB 17378.2　海洋监测规范　第 2 部分：数据处理与分析质量控制

GB 17378.3　海洋监测规范　第 3 部分：样品采集、贮存与运输

GB 17378.4　海洋监测规范　第 4 部分：海水分析

GB 17378.5　海洋监测规范　第 5 部分：沉积物分析

GB 17378.6　海洋监测规范　第 6 部分：生物体分析

GB 17378.7　海洋监测规范　第 7 部分：近海污染生态调查和生物监测

HY/T 058　海洋调查观测监测档案业务规范

《中华人民共和国国家科学技术委员会科学技术成果鉴定办法》

3　通则

3.1　海洋监测的任务

3.1.1　掌握主要污染物的入海量和海域质量状况及中长期变化趋势，判断海洋环境质量是

否符合国家标准。

3.1.2　检验海洋环境保护政策与防治措施的区域性效果，反馈宏观管理信息，评价防治措施的效果。

3.1.3　监控可能发生的主要环境与生态问题，为早期警报提供依据。

3.1.4　研究、验证污染物输移、扩散模式，预测新增污染源和二次污染对海洋环境的影响，为制定环境管理和规划提供科学依据。

3.1.5　有针对性地进行海洋权益监测，为边界划分、保护海洋资源、维护海洋健康提供资料。

3.1.6　开展海洋资源监测，为保护人类健康、维护生态平衡和合理开发利用海洋资源，实现永续利用服务。

3.2　海洋监测的分类

3.2.1　研究性监测

研究性监测是旨在弄清楚目标污染物的监测。通过监测弄清污染物从排放源排出至受体的迁移变化趋势和规律。当监测资料表明存在环境问题时，应确定污染物对人体、生物和景观生态的危害程度和性质。

3.2.2　监视性监测

监视性监测又称例行监测，包括污染源控制排放监测和污染趋势监测。在排污口和预定海域，进行定期定点测定污染物含量，为评定控制排放，评价环境状况、变化趋势以及环境改善所取得的进展情况提供科学依据。

3.2.3　海洋资源监测

海洋资源包括可再生和不可再生资源。海洋资源监测包括生物、矿产、旅游、港口交通、动力能源、盐业和化学等的监测与调查。

3.2.4　海洋权益监测

海洋权益监测是指，为维护国家或地区的海洋权益，在多国或多方共同拥有的海域进行的以保护海洋生态健康和海洋生物资源再生产为目的的海洋监测。

3.2.5　海洋监测

在设计好的时间和空间内，使用统一的，可比的采样和监测手段，获取海洋环境质量要素和陆源性入海物质资料。

海洋监测依介质分类，可分成水质监测，生物监测，沉积物监测和大气监测；从监测要素来分，可分成常规项目监测，有机和无机污染物监测；从海区的地理区位来分，可分成近岸海域监测、近海海域监测和远海海域监测等。

海洋监测包括海洋污染监测和海洋环境要素监测，海洋污染监测包括近岸海域污染监测、污染源监测、海洋倾废区监测、海洋油污染监测、海洋其他监测等，海洋环境要素监测包括海洋水文气象要素、生物要素、化学要素和地质要素的监测。

3.2.6　基线调查

对某设定海区的环境质量基本要素状况的初始调查和为掌握其以后间隔较长时间的趋

势变化的重复调查。

3.2.7　常规监测

在基线调查基础上，经优化选择若干代表性测站和项目，进行以求得空间分布为主要目的，长期逐年相对固定时期的监测。

3.2.8　定点监测

在固定站点进行常年更短周期的观测。其中包括在（岛）边设一固定采样点，或在固定站附近小范围海区布设若干采样点两种形式监测。

3.2.9　应急监测

在海上发生有毒有害物质泄放或赤潮等灾害紧急事件时，组织反应快速的现场观测，或在其附近固定站临时增加的针对性监测。

3.2.10　专项调查

为某一专门需要的调查。如废弃物倾倒区，资源开发，海岸工程环境评价等进行的调查。

3.3　海洋监测的原则

3.3.1　监测迫切性原则

无论是环境监测、资源监测，还是权益监测，都应遵照轻重缓急，因地制宜、整体设计、分步实施、滚动发展的原则。根据情况变化和海洋管理反馈的信息，随时进行调整、修改和补充。把海洋管理、海洋开发利用和公益服务放在第一位，把兼顾海洋研究和资料积累需求放在第二位。

3.3.2　突出重点，控制一般原则

近岸和有争议的海区是我国海洋监测的重点。在近岸区，应突出河口、重点海湾、大中城市和工业近岸海域，以及重要的海洋功能区和开发区的监测。在近海区，监测的重点是石油开发区、重要渔场、海洋倾废区和主要的海上运输线附近。在权益监测上，重点以海域划界有争议的海域为主。

3.3.3　多介质、多功能一体化原则

建立以水质监测为主体的控制性监测机制，以底质监测为主要内容的趋势性监测机制，以生物监测为骨架的效应监测机制，和以危害国家海洋权益为主要对象的权益监测机制，从而形成兼顾多种需求多功能一体化的监测体系。

3.3.4　优先污染物监测原则

探明海洋污染物的分布，出现频率及含量，确定新污染物名单，研究和发展优先监测污染物的监测方法，待方法成熟和条件许可时列为优先监测污染物。通常，监测因子具有广泛代表性的项目，可考虑优先监测。

3.4　监测计划与效益分析

3.4.1　监测计划的报批与执行

海洋监测计划由任务技术负责人按计划任务、上级指定或合同内容设计监测范围、站位、项目、频率、层次主持编制。计划编制必须立足现实人员技术条件和物质保证，并应

考虑下述内容：任务及依据；站位图、表及参考水深；时间安排、航线顺序和补给地点；监测和采样项目、层次、数量、人员组织及分工、安全预防措施；经费预算、出海携带物品明细表等。

由任务执行单位，在监测前 20 d，呈文报监测主管部门，待计划批准后，应遵照执行，如需变动时，应经主管部门批准。有关作业中的航行安全，在制定计划时应充分考虑。计划执行中，不应任意弃站，对遇恶劣天气而未能作业的测站应补测。在应急监测中，技术负责人在现场有权根据实际情况对计划进行修改和补充。在常规监测中，发现重要海洋现象或海损事件，技术负责人有权决定跟踪探索，但应同时上报主管部门。

3.4.2 采样和分析方法的选择

应按照采样规定的方法，切实采取防污染措施，按照规范的操作，结合当地当时的情况，通过实地调查，确定合适的采样方法。

在海洋环境中，待测物处于微量或痕量水平，海水中含盐量之高、组分之多、化合物形式复杂，势必给海洋环境监测带来困难。某些经典的分析方法因灵敏度而受到限制，海洋监测应使用高灵敏度的、统一的测定方法，使各海区获得准确可比的监测数据。

3.4.3 效益分析

监测计划制定中，监测人员应根据所需测项，预算完成监测任务所需的费用。在不影响监测目的的情况下，应选择更为专一、准确度和精密度好的分析方法。

3.5 海洋监测的质量保证和质量控制（QA/QC）

3.5.1 质量保证

海洋监测的质量保证是整个海洋监测过程的全面质量管理，它包含了为保证环境监测数据准确可靠的全部活动和措施，包括从现场调查、站位布设、样品采集、贮存与运输、实验室样品分析、数据处理、综合评价全过程的质量保证。

3.5.2 质量控制

质量控制是为达到监测质量要求所采取的一切技术活动，是监测过程的控制方法，是质量保证的一部分。

3.5.3 准确度与精密度

准确度是指测量结果与客观环境的接近程度；精密度是指测量结果具有良好的平行性、重复性和再现性。

3.5.4 完整性

完整性是指预期按计划取得有系统的、周期性的或连续的（包括时间和空间）环境数据的特性。

3.5.5 代表性

代表性是指在有代表性的时间，地点，并根据确定的目的获得的典型环境数据的特性。

3.5.6 可比性

可比性是指除采样、监测等全过程可比外，还应包括通过标准物质和标准方法的准确度传递系统和追溯系统，来实现不同时间和不同地点（如国际间、区域间、行业间、实验室间）数据的可比性和一致性。

3.5.7　实验室内质量控制

实验室内质量控制又称内部质量控制，是指分析人员对分析质量进行自我控制和内部质控人员实施质量控制技术管理的过程。内部质量控制包括方法空白试验、现杨空白试验、校准曲线核查、仪器设备定期校验、平行样分析、加标样分析、密码样分析、利用质控图校核等。内部质量控制是按照一定的质量控制程序进行分析工作，以控制测试误差，发现异常现象，针对问题查找原因，并作出相应的校正和改进。

3.5.8　实验室间质量控制

实验室间质量控制也叫外部质量控制，是指由外部有工作经验和技术水平的第三方或技术组织，对各实验室及分析人员进行定期和不定期的分析质量考查的过程。对分析测试系统的评价，一般由评价单位发密码标准样品，考核各实验室的分析测试能力，检查实验室间数据的可比性。也可在现场对某一待测项目，从采样方法到报出数据进行全过程考核。

4　监测内客

4.1　海洋环境质量监测要素

海洋环境质量监测要素主要包括以下内容：

——海洋水文气象基本参数；

——水中重要理化参数、营养盐类，有害有毒物质；

——沉积物中有关理化参数和有害有毒物质；

——生物体中有关生物学参数和生物残留物及生态学参数；

——大气理化参数：

——放射性核素。

4.2　项目选定原则

除水文气象项目必测外，其他项目的选定原则包括：

——基线调查应是多介质且项目要尽量取全；

——常规监测应选基线调查中得出的对监测海域环境质量敏感的项目；

——定点监测项目为海水的 pH、浑浊度、溶解氧，化学需氧量、营养盐类等；沉积物的粒度、有机质、氧化还原电位等；浮游生物的体长、重量、年龄、性腺成熟度等；

——应急监测和专项调查酌情自定。

5　监测站位布设原则

5.1　站位布设基本要求

5.1.1　依据任务目的确定监测范围，以最少数量测站，所获取的数据能满足监测目的需要。

5.1.2　基线调查站位密，常规监测站位疏；近岸密，远岸疏；发达地区密，原始海岸疏。

5.1.3　尽可能沿用历史测站，适当利用海洋断面调查测站，照顾测站分布的均匀性和与岸边固定站衔接。

5.2　各类水域测站布设原则

5.2.1　海域：在海洋水团、水系锋面，重要渔场、养殖场，主要航线，重点风景旅游区、自然保护区、废弃物倾倒区以及环境敏感区设立测站或增加测站密度。

5.2.2　海湾：在河流入汇处，海湾中部及湾海交汇处，同时参照湾内环境特征及受地形影响的局部环流状况设立测站。

5.2.3　河口：在河流左右侧地理端点连线以上，河口城镇主要排污口以下，并减少潮流影响处。如建有闸坝，应设在闸上游；河口处有支流入汇应设在入汇处下游。

6　监测频率及周期

6.1　基线调查频率

基线调查初始一次，趋势性调查每五年一次。

6.2　常规监测频率

6.2.1　水质监测每年二次。在丰水期、枯水期进行。

6.2.2　沉积物监测每年或每两年一次。

6.2.3　生物质量监测每年一次或二次（在生物成熟期进行）。

6.2.4　气象除到站观测外，航行时每日 02、08、14、20 时进行定时观测。

6.3　定点监测

6.3.1　按单点观测方式，每 1 h～3 h 采样 1 次，连续采样 25 h。

6.3.2　按大面观测方式，每月不少于一次。

6.3.3　海上发生海损、赤潮等事件时，有关联的定点站应酌情或按上级指令要求增加观测次数。

6.4　应急监测和专项调查

根据监测和调查目的，由项目负责人设计。

7　海上监测一般规定

7.1　规章制度

应建立值班、交接班、岗位责任、安全保密、仪器设备检查保养、资料校核保管等各项制度。

7.2　时间标准

近海监测一律用北京标准时间，全年不变。每天校对时间一次，记时误差不应超过设计允许范围。远祥监测或国际联合监测，必要时应采用世界标准时，但需在资料载体上注明。注意校对计时器，计时误差不应超过设计允许范围。

7.3　定位要求

海洋监测的定位应满足以下要求：

——海洋环境基本要素监测的导航定位设备一般为全球定位系统（GPS）或差分全球定位系统（DGPS）；

——定位设备应按规定定期进行校准和性能测试，标定其系统参数；

——GPS 或 DGPS 的安装、操作应按其使用说明书进行；

——在海上调查开始前，由导航定位人员将设计好的监测线和测点画在导航定位图上或输入导航定位系统；

——航海部门人员应在航海日志中准确记录与海洋监测有关的时间、站号、站位、航向、航速、水深等信息，并及时向监测人员提供航行参数和测线、测点的编号；

——在河口及有陆标的近岸海城，水、沉积物及生物监测的站点的定位误差不应超过 50 m；其他海域站点定位误差不应超过 100 m；

——河口区断面位置，用地名、河（江）名及当地明显目标特征距离表示；

——潮间带生物生态监测，断面间距误差不应超过两断面距离的 1%；断面上各测点间距不应超过断面长度 0.5%；

——专项监测调查，定位精度按特定要求自行规定；

——实际站位应尽量与标定站位相符，两者相差，近岸不应超过 100 m，近海不应超过 200 m。

7.4　监测用标准物质

监测用标准物质应满足以下要求：

——使用具有定级证书的有证标准物质；

——标准物质应标明批号，并在有效期内使用；

——没有标准物质产品的项目，应经专门人员、以专用仪器、实验室、用具有出厂检验合格证且在使用有效期内的化学基准试剂配置，并进行互校或比对。

7.5　船上实验室

船上实验室应满足如下要求：

——实验室应安排在方便工作、安全操作的地方；

——应配有满足监测要求的水、电、照明、排风、消防没施和设备；

——实验室内的温度、湿度、空间大小、采光等环境应符合有关规定；

——实验室应避免受外界或内部的污染以及机械、噪声、热、光及电磁等干扰；

——样品、试剂按规定包装、存放，分类摆放有序，标识清楚、安放牢固，防止混淆、丢失、遗漏、变质及交叉污染；

——剧毒、贵重、易燃、易爆物品应以特定程序管理、特殊设施存放；

——建立仪器设备管理制度，严格对仪器设备交接班检查和定期通电检查、维护；

——进出实验室或交接班应认真检查水、电、热供应设施是否处于正常开关状态；

——建立三废处理制度，正确收集、处理、排放废物、废水、废气和过期试剂；

——保持实验室（观测场及作业场）洁净、整齐、有序。

7.6 样品和资料保管

样品取得后，应立即进行预处理和分装，样品登记表和资料载体以及初步计算的结果，均应标注清楚。样品和资料应随时包装、整理，专人负责保管，发生危急事故时，须全力抢救。

8 海洋监测质量保证

8.1 监测人员质量控制

8.1.1 监测人员应专门培训，经考核取得合格证书持证书上岗。

8.1.2 对监测人员进行质量意识教育，明确质量责任。

8.2 监测质量控制工作体系

8.2.1 监测项目承担单位应接受项目委托单位和技术监督机构的监督。

8.2.2 监测项目承担单位应将监测过程的质量控制纳入本单位的质量运行体系，并根据本单位的质量体系和监测项目要求制定质量计划。

8.2.3 监测项目负责人应指定质量负责人，建立监测过程的质量监督管理工作体系。

8.3 采样质量保证

8.3.1 制定采样操作程序，防止采样沾污。

8.3.2 防止样品沾污，应做到：

——严格防止船舶自身以及采样设备的沾污影响；

——根据监测项目，选用合适材料的采样器样品瓶。绞车、缆索，导向轮应采取相应的防沾污措施；

——减少界面富集影响，深层采样建议用闭 - 开 - 闭方式采样器：

——沉积物采样，被采样品应不受扰动。待测样品应冷冻贮存；

——予处理的样品（过滤、萃取等）应在采样后在现场即时完成。然后再加入稳定剂，并低温保存。受生物活动影响，随时间变化明显的项目应在规定时间内测定。

8.4 实验室质量保证

8.4.1 实验室应进行计量认证，取得计量认证合格证书方能承担检测任务。

8.4.2 固定级实验室应具有 100 级超净实验室；海区级应有 10 万级简易洁净实验室；一般实验室应具备重金属水样前处理用超净工作台。

8.4.3 选定检测方法，主要依据方法的精密度、准确度和检出限，适当考虑分析成本，设备条件和检测时间长短及人员水平等因素。

8.5 监测网络质量保证

8.5.1 凡有两个及以上实验室参加的统一监测任务或网络。由监测业务主管单位负责质量监督和管理。

8.5.2 监测前应进行实验室间互校。经监测业务主管单位评判合格后，方可参加监测任务。

8.5.3　采用统一的标准参比物质，中途若有更换应对先后使用的标准参比物质进行对比检验。求得相互关系，必要时对数据进行订正。

8.5.4　实验室间应使用相同的检测方法和仪器。

8.5.5　文件资料和成果归档，应符合质量标准。

9　监测船及其设施要求

9.1　监测船性能要求

监测船应满足以下要求：

——具有适应海洋监测用的甲板及机械设备；

——有观测、采样和样品存贮的充足空间和样品处理、测试、分析与资料整理所需的实验室；

——电源应满足照明、绞车、拖网采样、实验室检测设施以及各种仪器的需要。

——有周密、可靠、有效的安全、消防措施及设备；

——有准确可靠的测深、导航定位系统和通讯系统；

——远洋监测船应有较大续航力和自持力，能在广泛的洋区监测作业，配备全球导航定位系统；海洋生物监测船有满足需要的拖网绞车，船尾适于拖网作业：

——河口及近岸浅水监测船，要求排水量 100 t～150 t，吃水 0.5 m，航速 12 kn 左右，并具有抗搁浅性能；

——近海本域监测船，要求排水量 600 t～2 000 t，吃水 2 m～5 m，航速 14 kn～16 kn，船体结构牢固，抗浪性强，受风压面小，续航力不少于二个月船上，应装有侧推可变螺距及减摇装置；

——具有稳定的 2 kn～3 kn 慢速性能；专用监测船应设可控排污装置，兼用监测船需改装排污系统，以减少船舶自身对采集样品的沾污。

9.2　监测船管理要求

监测船的管理应满足以下要求：

——应通过船舶和有关检验机构的检查，认定符合适航标准和安全检查条例；

——船长及船员具有相应职位的资质证书，熟悉业务，明确调查任务对船舶的作业要求，并积极主动地配合完成监测任务；

——保证监测人员必要的工作条件和生活条件；

——按计划完成备航和安全检查、教育工作，按时出海作业，在不影响安全的前提下，船舶的行动应尊重监测项目负责人（或首席科学家）的意见；

——按监测任务的需要准确地操纵船舶，保证航行安全；

——凡属船上固定的监测设备，均需经常保持良好状态。

9.3　监测仪器设备的要求

监测仪器设备应满足以下要求：

——出航前应对仪器设备进行全面检查和调试，并将检查情况填入“海上仪器设备检查记录表”；

——监测仪器设备生产单位应取得《制造计量器具许可证》或型式批准证书。研制、开发的科研样机应经授权的国家法定计量检定机构鉴定合格；

——进口的仪器设备应经过国务院计量行政部门型式批准；

——仪器设备应送授权的法定计量检定机构检定或校准。没有授权机构的由持有单位按合法化了的自校或互校方法进行自校或互校；

——仪器设备应在检定、校准证书有效期内使用，并至少在调查前后各进行一次校验。校验可采用室内或现场自校、互校、比对及校准等方式；

——无法在室内检定、校准的仪器设备，应与传统仪器进行现场比对，考察其有效性；

——对测量中需定标的仪器，应按规定定标，并列入操作程序；

——调查仪器设备的运输、安装、布放、操作、维护，应按其使用说明书的规定进行；

——不允许使用超过检定周期的仪器设备。

9.4　采样设施要求

采样设施应满足如下要求：

——水文观测、水样采取、沉积物采样和浮游生物采样绞车至少四部和生物采样用吊杆一部：

——浅海绞车缆绳长 200 m，近海绞车缆绳长 600 m。采取水样的绞车、缆绳及导轮应无油和暴露金属；

——生物采样场所设船艉部，要求宽广平坦，避开通风筒、天窗等突出物并设收放式栏杆；

——采样绞车处应装有保护栏杆的突出活动操作平台；

——采样场所应有安置样品的足够空间。

9.5　专用监测船实验室要求

实验室应满足以下要求：

——设在位置适中，遥摆度较小处。并靠近采样操作场所；

——有良好的通风装置、空调设备、超净工作台、通风橱、水槽等专用设备，有足够的白色照明灯；

——独立的淡水供水系统，排水槽及管道需耐酸碱腐蚀；

——电源：交流 220 V、380 V；直流 6 V、12 V、24 V；

——实验桌面耐酸碱，并设有固定各种仪器的支架、栏杆、夹套等装置；

——配有样品冷藏装置、防火器材及急救药品等；

——附近应有装置高压气瓶的安全隔离小间。

10 海洋监测实施计划的编制

10.1 目的

按计划任务，上级指定或合同内容设计监测范围，站位、项目、频率、层次。在上述基础上，各专业组进行采样及检测方法的技术设计。编制监测实施计划。

10.2 监测计划编制原则

监测计划编制应遵循下述原则：

——任务技术负责人主持编制；

——符合任务书、合同和 GB 17378.2～17378.7 的技术要求；

——规定相应的资源配置；

——充分利用已有的具有溯源性的文献和资料；

——提高效益、减少损耗，充分利用资源，进行综合调查；

——立足现有人员的技术状况和物质保证条件。

10.3 主要内容

监测计划内容主要包括：

——任务及其依据；

——站位图、表及参考水深；

——时间安排、航线顺序和补给地点；

——观测和采样项目、层次、数量；

——人员组织及分工；

——安全措施；

——经费预算，根据需要决定是否列入；

——出海携带物品明细表。

10.4 计划的报批

10.4.1 监测计划应由任务执行单位呈文报任务下达单位批准。

10.4.2 航行计划应经主管部门批准下达。

10.5 计划的执行

10.5.1 计划经批准后，应严格执行。若需变动时，应经主管部门批准。

10.5.2 作业中有关航行安全，在制定计划时应予充分考虑。一般在执行任务中，不应以航行安全为由而任意弃站。遇恶劣天气未能作业的测站应尽可能补齐。

10.5.3 应急监测计划不宜过细，项目负责人或首席科学家在现场有权根据实际情况对计划进行修改和补充。

10.5.4 常规监测中，发现重要海洋现象或海损事件，技术负责人有权决定跟踪探索，但应同时上报主管部门。

11 海洋监测的组织实施

11.1 组织准备

11.1.1 按年度计划任务书、上级指令或合同内容确定总体任务。

11.1.2 选定项目负责人或首席科学家。

11.1.3 收集分析监测海区与监测任务有关的文献资料。

11.1.4 由项目负责人编制监测实施计划，报主管部门审批。

11.2 出海准备

11.2.1 组织监测队伍，设立专业组，明确人员分工和岗位职责，列出值班顺序。

11.2.2 选定监测用船，与航海部门商定并申报航行计划，做好航行与监测业务的协调。

11.2.3 配制海上作业用的试剂，对样品盛器和玻璃器皿按规定要求进行洗涤。

11.2.4 按计划监测项目列出装备、仪器、用具、记录用表等数量和规格清单，并逐项进行检查。特别要注意检查消耗品和易损物品的备份是否充足。

11.2.5 对装船仪器进行安装、固定、调试和校准。

11.3 海上作业

11.3.1 项目负责人或首席科学家负责与船长作好海上作业与船舶航行的协调工作。在保证安全的前提下，航行应满足监测作业的需要。

11.3.2 按计划和 GB 17378.2～17878.7 的要求，获取样品和资料。

11.3.3 船到站前 20 min 停止排污和冲洗甲板，关闭厕所通海管路。直至监测作业结束。值班专业组长应负责检查，发现排污或可疑排污，纠正后重新采取样品。

11.3.4 严格禁止用手沾污采样品，防止样品瓶塞（盖）沾污。

11.3.5 样品应按规范要求采集、分割、包装、保存，及时进行必要的预处理和现场描述，并准确地记录其状态并标识，填写有关记录表或记录本。

11.3.6 现场描述项目和内容应简明并表格化，主要包括要素名称、监测海区、监测时间、测线和站位（观测点）层次、编号及样品状态描述等。

11.3.7 值班人员应遵守值班和交接班制度，坚守岗位，认真负责。交接班时应将有关情况交接清楚。

11.3.8 以学科为单位建立值班日志，值班日志应统一、规范，有确保填写记录内容真实的保障制度以及确保记录数据准确可靠的技术规范或规定。值班日志由值班人填写，交接班时由接班人核验，学科负责人定期检查，确保内容完整可靠。

11.3.9 值班日志主要包括以下内容：

——仪器安装调试及运行情况；

——作业情况（时间、站位、人员、观测要素、作业深度、获取数据载体编号登记、采样登记、质量偏离记录和处理措施），并及时将这些信息标注到样品和资料载体的标识上；

——仪器设备故障、维修、更换记录；

——值班人员姓名；

——质量计划现场执行结果；

——事故与处理过程；

——调查中遇到的特殊海洋现象及处理情况等。

11.3.10　观测和样品登记标签一律用黑色铅笔填写应经第二人校核。各项原始记录不准涂擦，有误时可在错误记录上划一横线，在其上方填写纠正的数字。

11.3.11　按规定的期限记录、保存原始观测数据，以及监测现场状况、突发事件、异常现象、作业概况等信息。原始记录应以“共　页　第　页”的形式标注页码，以空白表示无观测数据，以添划横杠表示漏测、缺测数据，以终结线表示其后无记录。观测、采样、测试的执行人员以及结果校核人员应签名。

11.3.12　应考虑原始自动记录格式与人工记录间的一致性。

11.3.13　某项要素无法监测或因为仪器故障等影响监测结果质量时，应在相关的记录表的记录栏中注明，并在值班日志中详细说明。某项因故提前或延迟监测时，除注明原因外，应记录实际监测时间。

11.3.14　在规定时间内完成现场样品的检测，同时做好非现场检测样品的预处理。

11.3.15　观测和观场检测项目的记录，应当班完成检查、订正、统计等全部整理程序，并由下一班校核完毕。

11.3.16　观测和采样结束后，应及时仔细检查有无遗漏，然后通知船方启航。

11.3.17　将海上观测、采样、检测等作业有关事项以及监测中遇到的特殊海洋现象及处理情况，填入值班日志。监测结束后还应编写航次报告。

11.3.18　遇有赤潮、排污、倾废和溢油等情况，应立即停车，按应急监测规定进行观测和采样。

11.4　监测结束

11.4.1　验收观测原始记录，采样记录和海上测定记录表。

11.4.2　将待测样品移入实验室，并在样品保存期限内完成检测。

11.4.3　整理计算测定数据，编制报表，绘制成果图件，编写成果报告。

11.4.4　监测资料和成果报告归档。

11.4.5　监测成果报告鉴定或验收。

12　样品和原始资料的验收

按任务书、上级有关规定、合同、监测实施计划以及 GB 17378.2～17378.7 的技术要求验收。

12.1　验收内容

验收内容主要包括：

——海上监测仪器设备检查记录；

——测站定位表，值班日志，航次报告；

——记录在不同载体上的数据资料；

——样品及采样记录，现场描述。

12.2 验收要求

验收应满足以下要求：

——在航次结束后 10 d 内，由调查项目承担单位组织三名以上同行专家，根据监测计划以及 GB 17378.2～17378.7 的要求组织对原始资料和样品的验收；

——数量不够、已变质、被污染、结构破坏、标识不清、站号和位置混乱不清、取自非规定层位的样品应作废；

——由不符合要求的监测人员、以不合格的仪器设备或标准物质、违反《海洋监测规范》或操作规程获取的资料，记录不清、观测不完整、数据丢失严重、载体破坏严重的资料及不具备溯源性的数据应视为不合格资料；离散严重或达不到准确度的数据应为不合格数据；

——未经验收的样品或资料。不能进行实验室检测、鉴定或整理计算；

——验收不合格的样品或资料，不应作为有效工作量计算，不再进行检测、鉴定或计算整理；

——仪器发生故障时观测的资料，观测不完整，不能表示该要素在该站点分析状况和变化规律的资料，经涂改记录不清或精密度明显低于任务书要求的资料，按废品处理。

12.3 验收时间

海上作业结束后，样品检测和资料整理之前。

13 样品室内分析与测试

13.1 样品交接与描述

实验室在接收检验样品时，应记录其状态，包括是否异常或是否与相应的检验方法中所描述的标准状态有所偏离。如果对样品是否适用于检验有任何疑问，或者样品与提供的说明不符，或者对要求的检验规定得不完全，实验室应在工作开始之前询问送样者，要求进一步予以说明。样品交接时应办理正式交接手续。

13.2 样品的惟一性标识

实验室建立对送检样品的惟一识别系统。

13.3 样品的预处理与分析测试

实验室应按 GB 17378.3～17378.7 中相应条款规定的方法和技术要求在规定的时间内完成样品预处理、分析、测试和鉴定工作。

13.4 分析测试的质量检查

应在规定的时间内对样品分析、测试与鉴定结果按质量计划规定的要求进行质量检查。如发现误差超出规定范围，应重新分析、测试与鉴定。

质量检查措施为由质量保证人员制定的内控样、平行双样、盲样及实验室间互校等。

13.5 分析测试结果的报出

分析测试结果应以规范的格式和内容，由分析测试者签字，经核验人核验、实验室负责人批准后报出。

13.6 剩余样品和标样的处置

现场分析测试剩余样品不保存；实验室分析测试剩余的生物样品、底质样品和所用标样保留4个月以上，有条件的实验室可以长期保存；特殊生物、底质样品应制成标本，永久保存。

14 海洋监测资料的整理

14.1 现场作业与室内测试资料汇总

项目负责人负责按船、航次将监测的现场作业与室内测试资料汇总，并组织数据处理。

14.2 数据处理

数据处理应满足以下要求：

——按GB 17378.3～17378.7中相应条款规定的方法和要求处理数据，发现并剔除坏值，修正系统误差，进行针对影响量的订正，整理、计算出各测量要素观测结果。数据分析、计算应有责任制度，分析（计算）者、校核者应签字；

——数据处理及计算应使用法定计量单位。

14.3 计算机处理资料的要求

计算机处理资料应满足以下要求：

——应由同行科技人员认真检查输入数据和软件系统。使用其他计算工具分步计算时，应经第二人对计算公式、方法、步骤进行严格审查和进行复算；

——环境、配套设施、硬件配置和相应工作软件应满足工作要求，建立必要的规章制度；

——计算机工作软件应是正版合法产品；

——委托或自行开发的工作软件应经过评审、测试，鉴定为合格；

——全部工作软件应由监测项目承担单位批准，实现合法化；

——输入计算机或录入报表上的数据，应经第二人校核，应保证误码率低于1×10^{-4}；

——记录监测资料的电子媒体原件应存档，用其复制品进行资料的整理；

——以磁带、磁盘、光盘等载体记录的监测资料原件存档，另用复制件进行整理。

14.4 报表填写和图件绘制

报表填写和图件绘制应满足以下要求：

——环境质量要素报表，应采用规定的标准格式；

——监测资料汇编、图件及声像资料上的数字、线条、符号应准确、清楚、端正、规格统一、注记完整、颜色鲜明。在图件和报表的规定位置上，有关人员应签名；

——成果图件的图幅、图式、图例等应符合GB 17378.2～17378.7的规定；

——使用计算机和自动绘图仪绘制的图件、表格，应由相应水平的科技人员进行检查。对手工编制的图件、报表。应由不低于编制者技术水平的他人进行复核；

——在图件和报表的规定位置上，有关人员应签名。

14.5 监测资料的报送

外业工作结束后，应将计算所得的环境基本质量要素资料，以标准格式，在规定的时间内报送上级主管部门规定的部门。

15 监测成果报告的编写

15.1 编写内容

15.1.1 前言部分

前言部分主要内容包括：

——监测概况

——任务及其来源；

——监测范围及地理坐标；

——监测船及监测时间；

——站位及项目；

——采样和检测方法；

——数据质量评述。

15.1.2 监测区基本环境状况

基本环境状况主要内容包括：

——自然地理状况及水文气象状况；

——陆源性污染源状况。

15.1.3 环境质量状况及其分析

环境质量状况及其分析主要内容包括：

——各介质环境质量要素的特征值分析和空间分布；

——各环境质量要素与有关标准对照分析；

——各介质反映的环境质量状况评述；

——综合环境质量评价及其成因探讨。

15.1.4 环境对策建议

根据海域环境质量评估，结合区域社会经济特点，提出针对性的环境管理和改善环境质量状况的建议。

15.2 报表及成果图件

成果报告文字分析及其所引用的数据统计表、图件应附入成果报告。

15.3 编写要求

成果报告的编写应满足以下要求：

——由项目负责人主持编写；

——符合任务书、上级指令文件、合同和监测实施计划要求；

——内容应重点突出，论据充分，文字简练。

15.4　完成时间

在任务书、合同和上级指令规定时间内完成。

16　监测资料和成果归档

16.1　归档资料的内容

归档资料主要内容包括：

——任务书，合同，监测实施计划；

——海上观测及采样记录，实验室检测记录，工作曲线及验收结论；

——站位实测表，值班日志和航次报告；

——监测资料成果表；

——成果报告最终原稿及印刷件；

——成果报告鉴定书和验收结论。

16.2　归档要求

归档应满足以下要求：

——按照国家档案法和本单位档案管理规定，将档案材料系统整理编目，经项目负责人审查签字，由档案室主管人验收后保存。

——未完成归档的监测成果报告，不能鉴定或验收。

——按资料保密规定，划分密级妥善保管。

——磁盘、磁带等不能长期保存的载体归档资料，应按载体保存限期及时转录，并在防磁、防潮条件下保管。

16.3　归档时间要求

持续时间为两年以内的监测项目，于验收或鉴定前、后两次完成归档。持续时间为两年以上的监测项目，还应在每个航次结束后两个月内归档一次。监测成果报告半年内归档。

16.4　档案质量要求

海洋监测档案质量应符合 HY/T 058 的有关规定。归档不符合要求的项目，不应进行成果验收。

17　监测成果报告的鉴定和验收

17.1　成果报告的鉴定

17.1.1　鉴定内容

鉴定主要内容包括：

——文字报告；

——成果图件；

——资料统计表。

17.1.2 鉴定依据

任务书、上级有关文件、合同书、监测实施计划以及 GB 17378.2～17378.7 规定的技术指标。

17.1.3 鉴定办法

鉴定办法按《中华人民共和国国家科学技术委员会科学技术成果鉴定办法》进行鉴定。通过后应填写科技成果鉴定证书，鉴定未获通过则应限期补充修改，再次报请重新鉴定。

17.1.4 鉴定时间

监测成果报告完成后及时进行。

17.2 成果报告的验收

17.2.1 凡不需进行鉴定的成果。应进行成果验收。

17.2.2 验收办法

由监测任务下达单位或委托单位的主管部门派人组织验收。形成由验收人签字和验收单位盖章的书面验收结论。与验收依据有明显差距的成果报告不予验收，并限期修改，重新验收。如成果报告质量低劣而又无法修改时，应做出“不予验收，只供参考”的结论。

扫一扫，获取相关文件

海水水质标准

（GB 3097—1997）

1　主题内容与标准适用范围

本标准规定了海域各类使用功能的水质要求。

本标准适用于中华人民共和国管辖的海域。

2　引用标准

下列标准所含条文，在本标准中被引用即构成本标准的条文，与本标准同效。

GB 12763.4—91　海洋调查规范　海水化学要素观测

HY 003—91　海洋监测规范

GB 12763.2—91　海洋调查规范　海洋水文观测

GB 7467—87　水质　六价铬的测定　二苯碳酰二肼分光光度法

GB 7485—87　水质　总砷的测定　二乙基二硫代氨基甲酸银分光光度法

GB 11910—89　水质　镍的测定　丁二酮肟分光光度法

GB 11912—89　水质　镍的测定　火焰原子吸收分光光度法

GB 13192—91　水质　有机磷农药的测定　气相色谱法

GB 11895—89　水质　苯并（a）芘的测定　乙酰化滤纸层析荧光分光光度法

当上述标准被修订时，应使用其最新版本。

3　海水水质分类与标准

3.1　海水水质分类

按照海域的不同使用功能和保护目标，海水水质分为四类：

第一类　适用于海洋渔业水域，海上自然保护区和珍稀濒危海洋生物保护区。

第二类　适用于水产养殖区，海水浴场，人体直接接触海水的海上运动或娱乐区，以及与人类食用直接有关的工业用水区。

第三类　适用于一般工业用水区，滨海风景旅游区。

第四类　适用于海洋港口水域，海洋开发作业区。

3.2　海水水质标准

各类海水水质标准列于表 1

4　海水水质监测

4.1　海水水质监测样品的采集、贮存、运输和预处理按 GB 12763.4—91 和 HY 003—91 的有关规定执行。

4.2　本标准各项目的监测，按表 2 的分析方法进行。

表 1　海水水质标准

序号	项目	第一类	第二类	第三类	第四类
1	漂浮物质	海面不得出现油膜，浮沫和其他漂浮物质			海面无明显油膜、浮沫和其他漂浮物质
2	色、臭、味	海水不得有异色、异臭、异味			海水不得有令人厌恶和感到不快的色、臭、味
3	悬浮物质	人为增加的量≤10		人为增加的量≤100	人为增加的量≤150
4	大肠菌群≤（个 /L）	10 000 供人生食的贝类增养殖水质≤700			—
5	粪大肠菌群≤（个 /L）	20 000 供人生食的贝类增养殖水质≤140			—
6	病原体	供人生食的贝类养殖水质不得含有病原体			
7	水温（℃）	人为造成的海水温升夏季不超过当时当地 1℃，其它季节不超过 2℃	人为造成的海水温升不超过当时当地 4℃		
8	pH	7.8～8.5 同时不超出该海域正常变动范围的 0.2pH 单位	6.8～8.8 同时不超出该海域正常变动范围的 0.5pH 单位		
9	溶解氧＞	6	5	4	3
10	化学需氧量≤（COD）	2	3	4	5
11	生化需氧量≤（BOD_5）	1	3	4	5
12	无机氮≤（以 N 计）	0.20	0.30	0.40	0.50
13	非离子氨≤（以 N 计）	0.020			
14	活性磷酸盐≤（以 P 计）	0.015	0.030		0.045
15	汞≤	0.000 05	0.000 2		0.000 5
16	镉≤	0.001	0.005	0.010	
17	铅≤	0.001	0.005	0.010	0.050
18	六价铬≤	0.005	0.010	0.020	0.050
19	总铬≤	0.05	0.10	0.20	0.50
20	砷≤	0.020	0.030	0.050	
21	铜≤	0.005	0.010	0.050	
22	锌≤	0.020	0.050	0.10	0.50

续表

序号	项目	第一类	第二类	第三类	第四类
23	硒≤	0.010	0.020		0.050
24	镍≤	0.005	0.010	0.020	0.050
25	氰化物≤	0.005		0.10	0.20
26	硫化物≤（以S计）	0.02	0.05	0.10	0.25
27	挥发性酚≤	0.005		0.010	0.050
28	石油类≤	0.05		0.30	0.50
29	六六六≤	0.001	0.002	0.003	0.005
30	滴滴涕≤	0.000 05	0.000 1		
31	马拉硫磷≤	0.000 5	0.001		
32	甲基对硫磷≤	0.000 5	0.001		
33	苯并（a）芘≤（μg/L）	0.002 5			
34	阴离子表面活性剂（以LAS计）	0.03	0.10		
35	放射性核素（Bq/L）	^{60}Co	0.03		
		^{90}Sr	4		
		^{106}Rn	0.2		
		^{134}Cs	0.6		
		^{137}Cs	0.7		

表2　海水水质分析方法

序号	项目	分析方法	检出限，mg/L	引用标准
1	漂浮物质	目测法		
2	色、臭、味	比色法 感官法		GB 12763.2—91 HY 003.4—91
3	悬浮物质	重量法	2	HY 003.4—91
4	大肠菌群	（1）发酵法（2）滤膜法		HY 003.9—91
5	粪大肠菌群	（1）发酵法（2）滤膜法		HY 003.9—91
6	病原体	（1）微孔滤膜吸附法[1,a] （2）沉淀病毒浓聚法[1,a] （3）透析法[1,a]		
7	水温	（1）水温的铅直连续观测 （2）标准层水温观测		GB 12763.2—91 GB 12763.2—91

续表

序号	项目	分析方法	检出限，mg/L	引用标准
8	pH	（1）pH 计电测法 （2）pH 比色法		GB 12763.4—91 HY 003.4—91
9	溶解氧	碘量滴定法	0.042	GB 12763.4—91
10	化学需氧量（COD）	碱性高锰酸钾法	0.15	HY 003.4—91
11	生化需氧量（BOD_5）	五日培养法		HY 003.4—91
12	无机氮[2]（以 N 计）	氮：（1）靛酚蓝法 （2）次溴酸钠氧化法 亚硝酸盐：重氮－偶氮法 硝酸盐：（1）锌－镉还原法 （2）铜镉柱还原法	0.7×10^{-3} 0.4×10^{-3} 0.3×10^{-3} 0.7×10^{-3} 0.6×10^{-3}	GB 12763.4—91 GB 12763.4—91 GB 12763.4—91 GB 12763.4—91 GB 12763.4—91
13	非离子氨[3]（以 N 计）	按附录 B 进行换算		
14	活性磷酸盐（以 P 计）	（1）抗坏血酸还原的磷钼兰法 （2）磷钼兰萃取分光光度法	0.62×10^{-3} 1.4×10^{-3}	GB 12763.4—91 HY 003.4—91
15	汞	（1）冷原子吸收分光光度法 （2）金捕集冷原子吸收光度法	0.008 6×10^{-3} 0.002×10^{-3}	HY 003.4—91 HY 003.4—91
16	镉	（1）无火焰原子吸收分光光度法 （2）火焰原子吸收分光光度法 （3）阳极溶出伏安法 （4）双硫腙分光光度法	0.014×10^{-3} 0.34×10^{-3} 0.7×10^{-3} 1.1×10^{-3}	HY 003.4—91 HY 003.4—91 HY 003.4—91 HY 003.4—91
17	铅	（1）无火焰原子吸收分光光度法 （2）阳极溶出伏安法 （3）双硫腙分光光度法	0.19×10^{-3} 4.0×10^{-3} 2.6×10^{-3}	HY 003.4—91 HY 003.4—91 HY 003.4—91
18	六价铬	二苯碳酰二肼分光光度法	4.0×10^{-3}	GB 7467—87
19	总铬	（1）二苯碳酰二肼分光光度法 （2）无火焰原子吸收分光光度法	1.2×10^{-3} 0.91×10^{-3}	HY 003.4—91 HY 003.4—91
20	砷	（1）砷化氢－硝酸银分光光度法 （2）氢化物发生原子吸收分光光度法 （3）二乙基二硫代氨基甲酸银分光光度法	1.3×10^{-3} 1.2×10^{-3} 7.0×10^{-3}	HY 003.4—91 HY 003.4—91 GB 7485—87
21	铜	（1）无火焰原子吸收分光光度法 （2）二乙氨基二硫代甲酸钠分光光度法 （3）阳极溶出伏安法	1.4×10^{-3} 4.9×10^{-3} 3.7×10^{-3}	HY 003.4—91 HY 003.4—91 HY 003.4—91
22	锌	（1）火焰原子吸收分光光度法 （2）阳极溶出伏安法 （3）双硫腙分光光度法	16×10^{-3} 6.4×10^{-3} 9.2×10^{-3}	HY 003.4—91 HY 003.4—91 HY 003.4—91

续表

序号	项目	分析方法	检出限，mg/L	引用标准
23	硒	（1）荧光分光光度法 （2）二氨基联苯胺分光光度法 （3）催化极谱法	0.73×10^{-3} 1.5×10^{-3} 0.44×10^{-3}	HY 003.4—91 HY 003.4—91 HY 003.4—91
24	镍	（1）丁二酮肟分光光度法 （2）无火焰原子吸收分光光度法[1,b] （3）火焰原子吸收分光光度法	0.25 0.03×10^{-3} 0.05	GB 11910—89 GB 11912—89
25	氰化物	（1）异烟酸－吡唑啉酮分光光度法 （2）吡啶－巴比土酸分光光度法	2.1×10^{-3} 1.0×10^{-3}	HY 003.4—91 HY 003.4—91
26	硫化物（以 S 计）	（1）亚甲基蓝分光光度法 （2）离子选择电极法	1.7×10^{-3} 8.1×10^{-3}	HY 003.4—91 HY 003.4—91
27	挥发性酚	4- 氨基安替比林分光光度法	4.8×10^{-3}	HY 003.4—91
28	石油类	（1）环已烷萃取荧光分光光度法 （2）紫外分光光度法 （3）重量法	92×10^{-3} 60.5×10^{-3} 0.2	HY 003.4—91 HY 003.4—91 HY 003.4—91
29	六六六[4]	气相色谱法	1.1×10^{-6}	HY 003.4—91
30	滴滴涕[4]	气相色谱法	3.8×10^{-6}	HY 003.4—91
31	马拉硫磷	气相色谱法	0.64×10^{-3}	GB 13192—91
32	甲基对硫磷	气相色谱法	0.42×10^{-3}	GB 13192—91
33	苯并（a）芘	乙酰化滤纸层析－荧光分光光度法	2.5×10^{-6}	GB 11895—89
34	阴离子表面活性剂（以 LAS 计）	亚甲基兰分光光度法	0.023	HY 003.4—91
35	放射性核素 Bq/L　^{60}Co	离子交换－萃取－电沉积法	2.2×10^{-3}	HY/T 003.8—91
	^{90}Sr	（1）HDEHP 萃取 $-\beta$ 计数法 （2）离子交换 $-\beta$ 计数法	1.8×10^{-3} 2.2×10^{-3}	HY/T 003.8—91 HY/T 003.8—91
	^{106}Ru	（1）四氯化碳萃取－镁粉还原 $-\beta$ 计数法 （2）γ 能谱法[1,c]	3.0×10^{-3} 4.4×10^{-3}	HY/T 003.8—91
	^{134}Cs	γ 能谱法，参见 ^{137}Cs 分析法		
	^{137}Cs	（1）亚铁氰化铜－硅胶现场富集 $-\gamma$ 能谱法 （2）磷钼酸铵－碘铋酸铯 $-\beta$ 计数法	1.0×10^{-3} 3.7×10^{-3}	HY/T 003.8—91 HY/T 003.8—91

注：1. 暂时采用下列分析方法，待国家标准发布后执行国家标准

a.《水和废水标准检验法》，第 15 版，中国建筑工业出版社，805～827，1985。

b. 环境科学，7（6）：75～79，1986。

c.《辐射防护手册》，原子能出版社，2：259，1988。

2. 见附录 A

3. 见附录 B

4. 六六六和 DDT 的检出限系指其四种异物体检出限之和。

5 混合区的规定

污水集中排放形成的混合区，不得影响邻近功能区的水质和鱼类回游通道。

无机氮的计算

无机氮是硝酸盐氮、亚硝酸盐氮和氨氮的总和，无机氮也称“活性氮”，或简称“三氮”。

在现行监测中，水样中的硝酸盐、亚硝酸盐和氮的浓度是以 μmol/L 表示总和。而本标准规定无机氮是以氮（N）计，单位采用 mg/L，因此，按下式计算无机氮：

$$c(\mathrm{N}) = 14\times10^{-3}[c(\mathrm{NO_3}-\mathrm{N})+c(\mathrm{NO_2}-\mathrm{N})+c(\mathrm{NH_3})-\mathrm{N}]$$

式中：$c(\mathrm{N})$——无机氮浓度，以 N 计，mg/L；

$c(\mathrm{NO_3{-}N})$——用监测方法测出的水样中硝酸盐的浓度，μmol/L；

$c(\mathrm{NO_2{-}N})$——用监测方法测出的水样中亚硝酸盐的浓度，μmol/L；

$c(\mathrm{NH_3{-}N})$——用监测方法测出的水样中氨的浓度，μmol/L。

非离子氨换算方法

按靛酚蓝法，次溴酸钠氧化法（GB 12763.4—91）测定得到的氨浓度（$\mathrm{NH_3{-}N}$）看作是非离子氨与离子氨浓度的总和，非离子氨在氨的水溶液中的比例与水温、pH 值以及盐度有关。可按下述公式换算出非离子氨的浓度：

$$c(\mathrm{NH_3}) = 14\times10^{-5}c\left(\mathrm{NH_3}-N\right)\cdot f$$

$$f = 100/\left(10\mathrm{p}K_{\mathrm{a}}^{S\cdot T-\mathrm{pH}}+1\right)$$

$$\mathrm{p}K_{\mathrm{a}}^{S\cdot T} = 9.245+0.002\,949\,\mathrm{S}+0.032\,4\left(298-\mathrm{T}\right)$$

式中：f——氨的水溶液中非离子氨的摩尔百分比；

$c(\mathrm{NH_3})$——现场温度、pH、盐度下，水样中非离子氨的浓度（以 N 计），mg/L；

$c(\mathrm{NH_3{-}N})$——用监测方法测得的水样中氨的浓度，μmol/L；

T——海水温度，K；

S——海水盐度；

pH——海水的 pH；

$\mathrm{p}K_{\mathrm{a}}^{S\cdot T}$——温度为 T（T=273+t），盐度为 S 的海水中的 $\mathrm{NH_4^+}$ 的解离平衡常数 $K_{\mathrm{a}}^{S\cdot T}$ 的负对数。

附加说明：

本标准由国家海洋局第三海洋研究所和青岛海洋大学负责起草。

本标准主要起草人：黄自强、张克、许昆灿、隋永年、孙淑媛、陆贤昆、林庆礼。

第六部分

生态质量监测

关于印发《区域生态质量评价办法（试行）》的通知

（环监测〔2021〕99号）

各省、自治区、直辖市生态环境厅（局），新疆生产建设兵团生态环境局：

为深入贯彻习近平生态文明思想，落实党和国家机构改革关于生态环境部“统一负责生态环境监测”的职责，推进山水林田湖草沙冰一体化保护和系统修复，加强生态建设和生物多样性保护，按照党的十九届五中全会关于“提升生态系统质量和稳定性”和“开展生态系统保护成效监测评估”的精神，落实中办、国办《关于深化生态保护补偿制度改革的意见》中“推动开展全国生态质量监测评估”的要求，我部组织编制了《区域生态质量评价办法（试行）》，现印发给你们，请遵照执行。

生态环境部

2021年10月17日

区域生态质量评价办法（试行）

一、目的意义

为深入贯彻习近平生态文明思想，落实党和国家机构改革关于生态环境部“统一负责生态环境监测”的职责，推进山水林田湖草沙冰一体化保护和系统修复，加强生态建设和生物多样性保护，按照党的十九届五中全会关于“提升生态系统质量和稳定性”和“开展生态系统保护成效监测评估”的精神，落实中办、国办《关于深化生态保护补偿制度改革的意见》中“推动开展全国生态质量监测评估”的要求，特制定《区域生态质量评价办法（试行）》。

二、适用范围

本办法规定了区域生态质量评价的指标体系、数据要求和评价方法。

本办法适用于县级及以上区域生态质量现状和趋势的综合评价。

三、主要依据

（一）《关于印发〈生态环境监测规划纲要（2020—2035 年）〉的通知》（环监测〔2019〕86 号）

（二）《生态环境状况评价技术规范》（HJ 192）

（三）《草地气象监测评价方法》（GB/T 34814）

（四）《陆地植被气象与生态质量监测评价等级》（QX/T 494）

（五）《遥感影像解译样本数据技术规定》（GDPJ 06）

（六）《多光谱遥感数据处理技术规程》（DD 2013-12）

（七）《海域使用分类》（HY/T 123）

（八）《生物多样性观测技术导则》（HJ 710.1～HJ 710.11）

（九）《自然灾害分类与代码》（GB/T 28921）

（十）《国家海洋局关于印发海域卫星遥感动态监测相关技术规范的通知》（国海管字〔2014〕500 号）

四、指标体系与数据来源

（一）指标体系

包括生态格局、生态功能、生物多样性和生态胁迫 4 个一级指标，下设 11 个二级指标、18 个三级指标，具体见表 1。

表 1　区域生态质量评价指标体系

一级指标	二级指标	三级指标	备注
生态格局	生态组分	生态用地面积比指数	
		海洋自然岸线保有指数	沿海县域
	生态结构	生态保护红线面积比指数	
		生境质量指数	
		重要生态空间连通度指数	
生态功能	水土保持	水土保持指数	水土保持类型国家重点生态功能区县域
	水源涵养	水源涵养指数	水源涵养类型国家重点生态功能区县域
	防风固沙	防风固沙指数	防风固沙类型国家重点生态功能区县域
	生态宜居	建成区绿地率指数	地级及以上城市建成区
		建成区公园绿地可达指数	
	生态活力	植被覆盖指数	其他县域
		水网密度指数	

续表

一级指标	二级指标	三级指标	备注
生物多样性	生物保护	重点保护生物指数	
	重要生物功能群	指示生物类群生命力指数	
		原生功能群种占比指数	
生态胁迫	人为胁迫	陆域开发干扰指数	
		海域开发强度指数	沿海县域
	自然胁迫	自然灾害受灾指数	

（二）数据来源

1. 生态类型数据：2 m 分辨率卫星影像解译数据。

2. 植被质量与植被覆盖数据：250 m 分辨率 NDVI 数据和 500 m 分辨率 NPP 数据。

3. 生物物种数据：野生高等植物、哺乳类、鸟类、爬行类、两栖类和蝶类等野外观测数据。

4. 陆域开发数据：2 m 分辨率卫星影像解译的建设用地数据。

5. 海岸及海域开发数据：2 m 分辨率卫星影像解译的海岸及海域开发类型和范围数据。

五、指标计算方法

（一）生态格局

1. 生态用地面积比指数

指评价区林地、草地、湿地、农田、沙地、近海等具有生态属性的用地面积占比情况。

$$\text{El}=A_{el}\times[\text{有林地面积}+\text{灌木林地面积}+\text{疏林地面积}+\text{草地面积}+\text{河流面积}+\text{湖泊(近海)面积}+\text{滩涂面积}+\text{永久性冰川雪地面积}+\text{沼泽面积}+\text{沙地面积}+\text{其他林地面积}\times 0.7+\text{水库面积}\times 0.7+\text{水田面积}\times 0.7+\text{旱地面积}\times 0.5]/\text{LA}$$

式中：EL——生态用地面积比指数；

A_{el}——生态用地面积比指数的归一化系数，参考值为 100.502 2。

LA——区域国土面积，km^2。

2. 海洋自然岸线保有指数

指评价区海岸线中自然岸线长度的占比情况（不包括海岛岸线）。

$$\text{NONC}_{rr}=\text{A}_{\text{NONC}}\times \text{NC}_l/\text{CL}_t$$

式中：NONC_{rr}——海洋自然岸线保有指数；

A_{NONC}——海洋自然岸线保有指数的归一化系数，参考值为 100；

NC_l——自然岸线长度，km；

CL_t——海岸线总长度，km。

3. 生态保护红线面积比指数

指评价区生态保护红线面积占比情况。其中沿海地区的生态保护红线面积比指数包括陆域生态保护红线面积比例、海洋生态保护红线面积比例和陆海统筹生态保护红线面积比例。

$$ECRR=[A_{ecrr}\times(ECRA/LA)]/5+50$$

式中：ECRR——生态保护红线面积比指数；

A_{ecrr}——生态保护红线面积比指数的归一化系数，参考值为 102.880 6；

ECRA——生态保护红线面积，km^2；

LA——区域国土面积，km^2。

4. 生境质量指数

指评价区由于生态系统类型不同而体现的生物栖息地质量差异。

$$HQI=A_{bio}\times(0.35\times SF+0.21\times SG+0.28\times SW+0.11\times SC+0.04\times SB+0.01\times SU)/LA$$

式中：HQI——生境质量指数；

A_{bio}——生境质量指数的归一化系数，参考值为 494.812 2；

SF——林地指数；

SG——草地指数；

SW——水域湿地指数；

SC——耕地指数；

SB——建设用地指数；

SU——未利用地指数；

LA——区域国土面积，km^2。

表 2　生境质量指数各类型分权重

	林地指数			草地指数			水域湿地指数				耕地指数		建设用地指数			未利用地指数				
土地利用类型	有林地	灌木林地	疏林地和其他林地	高覆盖度草地	中覆盖度草地	低覆盖度草地	河流（渠）	湖泊（库）	滩涂湿地和沼泽地	永久性冰川雪地	水田	旱地	城镇建设用地	农村居民点	其他建设用地	沙地	盐碱地	裸土地	裸岩石砾	其他未利用地
分权重	0.60	0.25	0.15	0.60	0.30	0.10	0.10	0.30	0.50	0.10	0.60	0.40	0.30	0.40	0.30	0.20	0.30	0.20	0.20	0.10

注：林地指数（SF）、草地指数（SG）、水域湿地指数（SW）、耕地指数（SC）、建设用地指数（SB）和未利用地指数（SU）由表中相应类型的面积乘以权重计算获得。

5. **重要生态空间连通度指数**

指评价区重要生态空间斑块之间的整体连通程度。

$$\mathrm{PC}=A_{\mathrm{PC}}\times\frac{\sum_{i=1}^{n}\sum_{j=1}^{n}a_i\times a_j\times P_{ij}^{*}}{\mathrm{LA}^2}$$

式中：PC——重要生态空间连通度指数；重要生态空间指将林地、草地、水域和沼泽地进行合并后，面积大于 0.1 km^2 的斑块。

A_{PC}——重要生态空间连通度指数的归一化系数，参考值为 103.7000；

n——重要生态空间斑块的总数量，个；

a_i——斑块 i 的面积，km^2；

a_j——斑块 j 的面积，km^2；

LA——区域国土面积，km^2；

P_{ij}^{*}——斑块 i 和斑块 j 之间所有路径最终连通性的最大值，即斑块 i 和 j 之间所有可能路径 P_{ij} 的最大乘积概率；

P_{ij}——斑块 i 与 j 之间的直接扩散概率；

d_{ij}——斑块 i 与 j 之间的最低成本距离，在此指最短距离，km；

k——常数项，通过物种平均扩散距离和设置的概率值确定，推荐平均距离为 5 km，概率设置为 0.5。

6. **生态格局综合评价**

（1）沿海地区

$$\text{生态格局}=0.32\times(0.70\times \mathrm{EL}+0.30\times \mathrm{NONC}_{\mathrm{rr}})+0.68\times(0.10\times \mathrm{ECRR}+0.80\times \mathrm{HQI}+0.10\times \mathrm{PC})$$

式中：EL——生态用地面积比指数；

$\mathrm{NONC}_{\mathrm{rr}}$——海洋自然岸线保有指数；

ECRR——生态保护红线面积比指数；

HQI——生境质量指数；

PC——重要生态空间连通度指数。

（2）内陆地区

$$\text{生态格局}=0.32\times \mathrm{EL}+0.68\times(0.10\times \mathrm{ECRR}+0.80\times \mathrm{HQI}+0.10\times \mathrm{PC})$$

式中：EL——生态用地面积比指数；

ECRR——生态保护红线面积比指数；

HQI——生境质量指数；

PC——重要生态空间连通度指数。

（二）生态功能

将全国县域分为 5 类进行评价：按照《全国主体功能区规划》中的主导生态功能，防风固沙类型国家重点生态功能区县域采用防风固沙指数，水土保持类型国家重点生态功能区县域采用水土保持指数，水源涵养类型国家重点生态功能区县域采用水源涵养指数；非主导生态功能区的地级及以上城市建成区采用生态宜居指数，其他县域采用生态活力指数。

1. 防风固沙指数

指评价区植被抵抗风力侵蚀的能力。

$$Q_{风}=\frac{\sum_{i=1}^{n}Q_{风i}}{n}$$

$$Q_{风i}=100\times\left(0.5\times\frac{\text{NDVI}_i-0.05}{0.70}+0.5\times\frac{\text{NPP}_i}{\text{NPP}_{max}}\right)$$

式中：$Q_{风}$——防风固沙指数；

$Q_{风i}$——像元的防风固沙指数；

n——评价区内像元数，个；

NDVI_i——评价年全年像元归一化差值植被指数最大值；

NPP_i——评价年全年像元植被净初级生产力累积值；

NPP_{max}——评价区内最好气象条件下的植被净初级生产力，选取近五年 NPP 累积值最大值。

2. 水土保持指数

指评价区植被保持土壤的能力。

$$Q_{水土}=\frac{\sum_{i=1}^{n}Q_{水土i}}{n}$$

$$Q_{水土i}=100\times\left(0.5\times\frac{\text{NDVI}_i-0.05}{0.90}+0.5\times\frac{\text{NPP}_i}{\text{NPP}_{max}}\right)$$

式中：$Q_{水土}$——水土保持指数；

$Q_{水土i}$——像元的水土保持指数；

n——评价区内像元数，个；

NDVI_i——评价年 5—9 月像元归一化差值植被指数最大值；

NPP_i——评价年 5—9 月像元植被净初级生产力累积值；

NPP_{max}——评价区内最好气象条件下的植被净初级生产力，选取近五年 NPP 累积值最大值。

3. 水源涵养指数

指评价区各生态类型的水源涵养综合功能情况。

WRC=A_{con} × {0.45 × [0.1 × 河流面积 +0.3 × 湖库面积 +0.6 ×（滩涂面积 + 沼泽面积）]+0.35 × [0.6 × 有林地面积 +0.25 × 灌木林面积 +0.15 × 其他林地面积]+0.20 × [0.6 ×

高覆盖度草地面积 +0.3 × 中覆盖度草地面积 +0.1 × 低覆盖度草地面积]}/LA

式中：WRC——水源涵养指数；

A_{con}——水源涵养指数的归一化系数，参考值为 526.792 6。

LA——区域国土面积，km^2。

4. 建成区绿地率指数

指地级及以上城市建成区林地、草地等各类绿地总面积占比情况。

$$\mathrm{UGR}=A_{\mathrm{UGR}}\times\mathrm{UGRA/UA}$$

式中：UGR——建成区绿地率指数；

A_{UGR}——建成区绿地率指数的归一化系数，参考值为 182.400 0；

UGRA——建成区各类绿地总面积，km^2；

UA——建成区总面积，km^2。

5. 建成区公园绿地可达指数

指地级及以上城市建成区公园绿地周边步行 10 分钟可达范围覆盖的面积占比情况。

$$\mathrm{UPR}=A_{\mathrm{UPR}}\times\mathrm{UGA/UA}$$

式中：UPR——建成区公园绿地可达指数；

A_{UPR}——建成区公园绿地可达指数的归一化系数，参考值为 111.111 1；

UGA——人均步行 10 分钟（按 800 m 算）可达范围覆盖的面积，km^2；

UA——建成区总面积，km^2。

6. 生态宜居

$$\text{生态宜居}=0.54\times\mathrm{UGR}+0.46\times\mathrm{UPR}$$

式中：UGR——建成区绿地率指数；

UPR——建成区公园绿地可达指数。

7. 植被覆盖指数

指评价区内的植被覆盖状况。

$$C=A_{\mathrm{veg}}\times\frac{\sum_{i=1}^{n}P_j}{10\ 000\times n}$$

式中：C——植被覆盖指数；

A_{veg}——植被覆盖指数的归一化系数，参考值为 121.165 1；

P_j——评价年 5—9 月像元 NDVI 月最大值的均值；

n——区域像元数，个。

8. 水网密度指数

指评价区内河流、湖泊、水库、永久性冰川雪地、近海等面积占比情况，用于表征水的丰富程度。

$$DW=A_{\mathrm{DW}}\times\frac{S_{\mathrm{river}}+S_{\mathrm{lake}}+S_{\mathrm{reseroir}}+S_{\mathrm{glacier}}+S_{\text{近海}}}{\mathrm{LA}}$$

式中：DW——水网密度指数，大于 100 的区域按 100 算；

A_{DW}——水网密度指数的归一化系数，参考值为 1 005.478 8；

S_{river}——有水河流面积，km^2；

S_{lake}——湖泊面积，km^2；

$S_{reservoir}$——水库面积，km^2；

$S_{glacier}$——永久性冰川雪地面积，km^2；

$S_{近海}$——沿海岸线向外扩 2 km 海域面积，km^2；

LA——区域国土面积，km^2。

9. 生态活力

$$生态活力 =0.6\times C+0.4\times \mathrm{DW}$$

式中：C——植被覆盖指数；

DW——水网密度指数。

（三）生物多样性

1. 重点保护生物指数

指评价区内已记录的符合《国家重点保护野生动物名录》和《国家重点保护野生植物名录》的高等植物、哺乳类、鸟类、爬行类和两栖类的物种数，用于表征评价区生物物种被保护情况。

$$\mathrm{KS_r}=A_{\mathrm{KS}}\times \mathrm{AKS}+13.214\ 2$$

式中：KS_r——重点保护生物指数；

A_{KS}——重点保护生物指数的归一化系数，参考值为 0.151 0；

AKS——评价区内列入《国家重点保护野生动物名录》和《国家重点保护野生植物名录》的高等植物、哺乳类、鸟类、爬行类和两栖类的物种数，种。

2. 指示生物类群生命力指数

指评价区内已记录的野生哺乳类、鸟类、两栖类和蝶类等生态环境指示生物类群的物种多样性的变化状况。

$$Q_{\mathrm{t}}=A_{\mathrm{Q}}\times\frac{10^{-\sum_{i=1}^{S}P_{it}\ln P_{it}+\frac{1}{S}\sum_{i=1}^{S}\log N_{it}}}{10^{\frac{1}{S}\sum_{i=1}^{S}\log Pi_0+\log N_0}}$$

式中：Q_t——指示生物类群生命力指数；

A_Q——指示生物类群生命力指数的归一化系数，参考值为 13.528 8；

N_{it}——第 i 个物种第 t 年的个体数量，个；

N_0——初始年特定类群所有物种的个体数量总和，个；

S——第 t 年的物种数，种；

P_{it}——第 t 年特定物种的个体数量占所评价区域内实际监测到的指示生物总个体数的比例，%；

P_{i0}——初始年特定物种的个体数量占所评价区域内实际监测到的指示生物个体总数的比例，%。

3. 原生功能群种占比指数

指评价区内监测样地地带性原生生态系统群落建群种生物量或生物个数占样地生物量或个数的比例情况。

$$B_{ps}=A_{ps}\times S_{is}/S_{ts}$$

式中：B_{ps}——原生功能群种占比指数；

A_{ps}——原生功能群种占比指数的归一化系数；

S_{is}——评价区监测样方内的地带性原生生态系统群落建群种个体数（生物量），个（g/m^2）；

S_{ts}——评价区监测样方内的生物总个体数（总生物量），个（g/m^2）。

4. 生物多样性综合评价

$$生物多样性=0.30\times KS_r+0.70\times(0.62\times Q_t+0.38\times B_{ps})$$

式中：KS_r——重点保护生物指数；

Q_t——指示生物类群生命力指数；

B_{ps}——原生功能群种占比指数。

（四）生态胁迫

1. 陆域开发干扰指数

指评价区开发建设用地面积占比情况，表征人类活动对陆域生态系统的胁迫程度。

$$LDI=A_{LDI}\times\frac{S_1+W\times S_2}{LA}$$

式中：LDI——陆域开发干扰指数，大于 100 的区域按 100 算；

A_{LDI}——陆域开发干扰指数的归一化系数，参考值为 333.333 3；

S_1——生态保护红线外的开发建设用地面积，km^2；

S_2——生态保护红线内的开发建设用地面积，km^2；

W——生态保护红线内的开发建设用地权重，推荐值为 2；

LA——区域国土面积，km^2。

2. 海域开发强度指数

指评价区海岸线向海一侧，填海造地、围海、构筑物用海面积之和占管辖海域面积比例情况，表征人类活动对海域的胁迫程度。

$$SDI=A_{SDI}\times\frac{S_{LR}+S_L+S_{LS}}{S_{sea}}$$

式中：SDI——海域开发强度指数；

A_{SDI}——海域开发强度指数的归一化系数，参考值为 100；

S_{LR}——填海造地面积，含建设填海造地和农业填海造地，km^2；

S_L——围海面积，含围海养殖、盐业和港池等，km^2；

S_{LS}——构筑物用海面积，含非透水构筑物和透水构筑物，km^2；

S_{sea}——管辖海域总面积，指评价区域海岸线（海岸线依据省级人民政府批复数据）向海洋方向延伸 2 km 的面积，km^2。

3. 自然灾害受灾指数

指评价区气象、地质、生物、生态环境、海洋等自然灾害受灾面积占比情况，表征自然灾害对生态系统造成的扰动。

$$\mathrm{NDI} = A_{\mathrm{NDI}} \times \frac{\sum_{i=1}^{n} S_{\mathrm{NDI}}}{\mathrm{LA}}$$

式中：NDI——自然灾害受灾指数；

A_{NDI}——自然灾害受灾指数的归一化系数；

S_{NDI}——气象、地质、生物、生态环境、海洋等重大自然灾害受灾面积，km^2；

n——重大自然灾害种类数，种；

LA——区域国土面积，km^2。

4. 生态胁迫综合评价

（1）沿海地区

$$生态胁迫 = 0.74 \times (0.60 \times \mathrm{LDI} + 0.40 \times \mathrm{SDI}) + 0.26 \times \mathrm{NDI}$$

式中：LDI——陆域开发干扰指数；

SDI——海域开发强度指数；

NDI——自然灾害受灾指数。

（2）内陆地区

$$生态胁迫 = 0.74 \times \mathrm{LDI} + 0.26 \times \mathrm{NDI}$$

式中：LDI——陆域开发干扰指数；

NDI——自然灾害受灾指数。

六、综合评价与分类方法

（一）综合评价

生态质量指数 (EQI)=0.36× 生态格局 +0.35× 生态功能 +0.19× 生物多样性 +0.10×(100- 生态胁迫)

（二）生态质量分类

根据生态质量指数值，将生态质量类型分为五类，即一类、二类、三类、四类和五类，具体见表 3。

表3　生态质量分类

类别	一类	二类	三类	四类	五类
指数	EQI≥70	55≤EQI＜70	40≤EQI＜55	30≤EQI＜40	EQI＜30
描述	自然生态系统覆盖比例高、人类干扰强度低、生物多样性丰富、生态结构完整、系统稳定、生态功能完善	自然生态系统覆盖比例较高、人类干扰强度较低、生物多样性较丰富、生态结构较完整、系统较稳定、生态功能较完善	自然生态系统覆盖比例一般、受到一定程度的人类活动干扰、生物多样性丰富度一般、生态结构完整性和稳定性一般、生态功能基本完善	自然生态本底条件较差或人类干扰强度较大，自然生态系统较脆弱，生态功能较低	自然生态本底条件差或人类干扰强度大，自然生态系统脆弱，生态功能低

（三）生态质量变化分级

根据生态质量指数与基准值的变化情况，将生态质量变化幅度分为三级七类。三级为“变好”“基本稳定”和“变差”；其中“变好”包括“轻微变好”“一般变好”和“明显变好”，“变差”包括“轻微变差”“一般变差”和“明显变差”，具体见表4。

表4　生态质量变化幅度分级

变化等级	变好			基本稳定	变差		
	轻微变好	一般变好	明显变好		轻微变差	一般变差	明显变差
ΔEQI阈值	1≤ΔEQI＜2	2≤ΔEQI＜4	ΔEQI≥4	-1＜ΔEQI＜1	-2＜ΔEQI≤-1	-4＜ΔEQI≤-2	ΔEQI≤-4

七、质量保证与质量控制

区域生态质量评价中相关监测数据按照《生态遥感监测数据质量保证与质量控制技术要求》《生物多样性观测技术导则》（HJ 710.1～HJ 710.11）、年度国家生态环境监测方案和相关技术规定等要求开展质量保证与质量控制工作。

第七部分

污染源及应急监测

排污单位自行监测技术指南　总则

（HJ 819—2017）

1　适用范围

本标准提出了排污单位自行监测的一般要求、监测方案制定、监测质量保证和质量控制、信息记录和报告的基本内容和要求。

排污单位可参照本标准在生产运行阶段对其排放的水、气污染物，噪声以及对其周边环境质量影响开展监测。

本标准适用于无行业自行监测技术指南的排污单位；行业自行监测技术指南中未规定的内容按本标准执行。

2　规范性引用文件

本标准内容引用了下列文件或其中的条款。凡是不注明日期的引用文件，其有效版本适用于本标准。

GB 12348　工业企业厂界环境噪声排放标准

GB/T 16157　固定污染源排气中颗粒物测定与气态污染物采样方法

HJ 2.1　环境影响评价技术导则　总纲

HJ 2.2　环境影响评价技术导则　大气环境

HJ/T 2.3　环境影响评价技术导则　地面水环境

HJ 2.4　环境影响评价技术导则　声环境

HJ/T 55　大气污染物无组织排放监测技术导则

HJ/T 75　固定污染源烟气排放连续监测技术规范（试行）

HJ/T 76　固定污染源烟气排放连续监测系统技术要求及检测方法（试行）

HJ/T 91　地表水和污水监测技术规范

HJ/T 92　水污染物排放总量监测技术规范

HJ/T 164　地下水环境监测技术规范

HJ/T 166　土壤环境监测技术规范

HJ/T 194　环境空气质量手工监测技术规范

HJ/T 353　水污染源在线监测系统安装技术规范（试行）

HJ/T 354　水污染源在线监测系统验收技术规范（试行）

HJ/T 355　水污染源在线监测系统运行与考核技术规范（试行）

HJ/T 356　水污染源在线监测系统数据有效性判别技术规范（试行）

HJ/T 397　固定源废气监测技术规范

HJ 442　近岸海域环境监测规范

HJ 493　水质　样品的保存和管理技术规定

HJ 494　水质　采样技术指导

HJ 495　水质　采样方案设计技术规定

HJ 610　环境影响评价技术导则　地下水环境

HJ 733　泄漏和敞开液面排放的挥发性有机物检测技术导则

《企业事业单位环境信息公开办法》（环境保护部令　第 31 号）

《国家重点监控企业自行监测及信息公开办法（试行）》（环发〔2013〕81 号）

3　术语和定义

下列术语和定义适用于本标准。

3.1　自行监测 self-monitoring

指排污单位为掌握本单位的污染物排放状况及其对周边环境质量的影响等情况，按照相关法律法规和技术规范，组织开展的环境监测活动。

3.2　重点排污单位 key pollutant discharging entity

指由设区的市级及以上地方人民政府环境保护主管部门商有关部门确定的本行政区域内的重点排污单位。

3.3　外排口监测点位 emission site

指用于监测排污单位通过排放口向环境排放废气、废水（包括向公共污水处理系统排放废水）污染物状况的监测点位。

3.4　内部监测点位 internal monitoring site

指用于监测污染治理设施进口、污水处理厂进水等污染物状况的监测点位，或监测工艺过程中影响特定污染物产生排放的特征工艺参数的监测点位。

4　自行监测的一般要求

4.1　制定监测方案

排污单位应查清所有污染源，确定主要污染源及主要监测指标，制定监测方案。监测方案内容包括：单位基本情况、监测点位及示意图、监测指标、执行标准及其限值、监测频次、采样和样品保存方法、监测分析方法和仪器、质量保证与质量控制等。

新建排污单位应当在投入生产或使用并产生实际排污行为之前完成自行监测方案的编制及相关准备工作。

4.2　设置和维护监测设施

排污单位应按照规定设置满足开展监测所需要的监测设施。废水排放口，废气（采样）监测平台、监测断面和监测孔的设置应符合监测规范要求。监测平台应便于开展监测活动，应能保证监测人员的安全。

废水排放量大于 100 吨 / 天的，应安装自动测流设施并开展流量自动监测。

4.3 开展自行监测

排污单位应按照最新的监测方案开展监测活动，可根据自身条件和能力，利用自有人员、场所和设备自行监测；也可委托其他有资质的检（监）测机构代其开展自行监测。持有排污许可证的企业自行监测年度报告内容可以在排污许可证年度执行报告中体现。

4.4 做好监测质量保证与质量控制

排污单位应建立自行监测质量管理制度，按照相关技术规范要求做好监测质量保证与质量控制。

4.5 记录和保存监测数据

排污单位应做好与监测相关的数据记录，按照规定进行保存，并依据相关法规向社会公开监测结果。

5 监测方案制定

5.1 监测内容

5.1.1 污染物排放监测

包括废气污染物（以有组织或无组织形式排入环境）、废水污染物（直接排入环境或排入公共污水处理系统）及噪声污染等。

5.1.2 周边环境质量影响监测

污染物排放标准、环境影响评价文件及其批复或其他环境管理有明确要求的，排污单位应按照要求对其周边相应的空气、地表水、地下水、土壤等环境质量开展监测；其他排污单位根据实际情况确定是否开展周边环境质量影响监测。

5.1.3 关键工艺参数监测

在某些情况下，可以通过对与污染物产生和排放密切相关的关键工艺参数进行测试以补充污染物排放监测。

5.1.4 污染治理设施处理效果监测

若污染物排放标准等环境管理文件对污染治理设施有特别要求的，或排污单位认为有必要的，应对污染治理设施处理效果进行监测。

5.2 废气排放监测

5.2.1 有组织排放监测

5.2.1.1　确定主要污染源和主要排放口

符合以下条件的废气污染源为主要污染源：

a）单台出力 14 MW 或 20 t/h 及以上的各种燃料的锅炉和燃气轮机组；

b）重点行业的工业炉窑（水泥窑、炼焦炉、熔炼炉、焚烧炉、熔化炉、铁矿烧结炉、加热炉、热处理炉、石灰窑等）；

c）化工类生产工序的反应设备（化学反应器 / 塔、蒸馏 / 蒸发 / 萃取设备等）；

d）其他与上述所列相当的污染源。

符合以下条件的废气排放口为主要排放口：

a）主要污染源的废气排放口；

b）《排污许可证申请与核发技术规范》确定的主要排放口；

c）对于多个污染源共用一个排放口的，凡涉主要污染源的排放口均为主要排放口。

5.2.1.2　监测点位

a）外排口监测点位：点位设置应满足 GB/T 16157、HJ 75 等技术规范的要求。净烟气与原烟气混合排放的，应在排气筒，或烟气汇合后的混合烟道上设置监测点位；净烟气直接排放的，应在净烟气烟道上设置监测点位，有旁路的旁路烟道也应设置监测点位。

b）内部监测点位设置：当污染物排放标准中有污染物处理效果要求时，应在进入相应污染物处理设施单元的进出口设置监测点位。当环境管理文件有要求，或排污单位认为有必要的，可设置开展相应监测内容的内部监测点位。

5.2.1.3　监测指标

各外排口监测点位的监测指标应至少包括所执行的国家或地方污染物排放（控制）标准、环境影响评价文件及其批复、排污许可证等相关管理规定明确要求的污染物指标。排污单位还应根据生产过程的原辅用料、生产工艺、中间及最终产品，确定是否排放纳入相关有毒有害或优先控制污染物名录中的污染物指标，或其他有毒污染物指标，这些指标也应纳入监测指标。

对于主要排放口监测点位的监测指标，符合以下条件的为主要监测指标：

a）二氧化硫、氮氧化物、颗粒物（或烟尘 / 粉尘）、挥发性有机物中排放量较大的污染物指标；

b）能在环境或动植物体内积蓄对人类产生长远不良影响的有毒污染物指标（存在有毒有害或优先控制污染物相关名录的，以名录中的污染物指标为准）；

c）排污单位所在区域环境质量超标的污染物指标。

内部监测点位的监测指标根据点位设置的主要目的确定。

5.2.1.4　监测频次

a）确定监测频次的基本原则

排污单位应在满足本标准要求的基础上，遵循以下原则确定各监测点位不同监测指标的监测频次：

1）不应低于国家或地方发布的标准、规范性文件、规划、环境影响评价文件及其批复等明确规定的监测频次；

2）主要排放口的监测频次高于非主要排放口；

3）主要监测指标的监测频次高于其他监测指标；

4）排向敏感地区的应适当增加监测频次；

5）排放状况波动大的，应适当增加监测频次；

6）历史稳定达标状况较差的需增加监测频次，达标状况良好的可以适当降低监测频次；

7）监测成本应与排污企业自身能力相一致，尽量避免重复监测。

b）原则上，外排口监测点位最低监测频次按照表 1 执行。废气烟气参数和污染物浓度应同步监测。

表 1 废气监测指标的最低监测频次

排污单位级别	主要排放口		其他排放口的监测指标
	主要监测指标	其他监测指标	
重点排污单位	月—季度	半年—年	半年—年
非重点排污单位	半年—年	年	年
注：为最低监测频次的范围，分行业排污单位自行监测指南中依据此原则确定各监测指标的最低监测频次。			

c）内部监测点位的监测频次根据该监测点位设置目的、结果评价的需要、补充监测结果的需要等进行确定。

5.2.1.5 监测技术

监测技术包括手工监测、自动监测两种，排污单位可根据监测成本、监测指标以及监测频次等内容，合理选择适当的监测技术。

对于相关管理规定要求采用自动监测的指标，应采用自动监测技术；对于监测频次高、自动监测技术成熟的监测指标，应优先选用自动监测技术；其他监测指标，可选用手工监测技术。

5.2.1.6 采样方法

废气手工采样方法的选择参照相关污染物排放标准及 GB/T 16157、HJ/T 397 等执行。废气自动监测参照 HJ/T 75、HJ/T 76 执行。

5.2.1.7 监测分析方法

监测分析方法的选用应充分考虑相关排放标准的规定、排污单位的排放特点、污染物排放浓度的高低、所采用监测分析方法的检出限和干扰等因素。

监测分析方法应优先选用所执行的排放标准中规定的方法。选用其他国家、行业标准方法的，方法的主要特性参数（包括检出下限、精密度、准确度、干扰消除等）需符合标准要求。尚无国家和行业标准分析方法的，或采用国家和行业标准方法不能得到合格测定数据的，可选用其他方法，但必须做方法验证和对比实验，证明该方法主要特性参数的可靠性。

5.2.2 无组织排放监测

5.2.2.1 监测点位

存在废气无组织排放源的，应设置无组织排放监测点位，具体要求按相关污染物排放标准及 HJ/T 55、HJ 733 等执行。

5.2.2.2 监测指标

按本标准 5.2.1.3 执行。

5.2.2.3　监测频次

钢铁、水泥、焦化、石油加工、有色金属冶炼、采矿业等无组织废气排放较重的污染源，无组织废气每季度至少开展一次监测；其他涉无组织废气排放的污染源每年至少开展一次监测。

5.2.2.4　监测技术

按本标准 5.2.1.5 执行。

5.2.2.5　采样方法

参照相关污染物排放标准及 HJ/T 55、HJ 733 执行。

5.2.2.6　监测分析方法

按本标准 5.2.1.7 执行。

5.3　废水排放监测

5.3.1　监测点位

5.3.1.1　外排口监测点位

在污染物排放标准规定的监控位置设置监测点位。

5.3.1.2　内部监测点位

按本标准 5.2.1.2　2）执行。

5.3.2　监测指标

符合以下条件的为各废水外排口监测点位的主要监测指标：

a）化学需氧量、五日生化需氧量、氨氮、总磷、总氮、悬浮物、石油类中排放量较大的污染物指标；

b）污染物排放标准中规定的监控位置为车间或生产设施废水排放口的污染物指标，以及有毒有害或优先控制污染物相关名录中的污染物指标；

c）排污单位所在流域环境质量超标的污染物指标。其他要求按本标准 5.2.1.3 执行。

5.3.3　监测频次

5.3.3.1　监测频次确定的基本原则按本标准 5.2.1.4　1）执行。

5.3.3.2　原则上，外排口监测点位最低监测频次按照表 2 执行。各排放口废水流量和污染物浓度同步监测。

表 2　废水监测指标的最低监测频次

排污单位级别	主要监测指标	其他监测指标
重点排污单位	日～月	季度～半年
非重点排污单位	季度	年
注：为最低监测频次的范围，在行业排污单位自行监测技术指南中依据此原则确定各监测指标的最低监测频次。		

5.3.3.3　内部监测点位监测频次按本标准 5.2.1.4　3）执行。

5.3.4　监测技术

按本标准 5.2.1.5 执行。

5.3.5　采样方法

废水手工采样方法的选择参照相关污染物排放标准及 HJ/T 91、HJ/T 92、HJ 493、HJ 494、HJ 495 等执行，根据监测指标的特点确定采样方法为混合采样方法或瞬时采样的方法，单次监测采样频次按相关污染物排放标准和 HJ/T 91 执行。污水自动监测采样方法参照 HJ/T 353、HJ/T 354、HJ/T 355、HJ/T 356 执行。

5.3.6　监测分析方法

按本标准 5.2.1.7 执行。

5.4　厂界环境噪声监测

5.4.1　监测点位

5.4.1.1　厂界环境噪声的监测点位置具体要求按 GB 12348 执行。

5.4.1.2　噪声布点应遵循以下原则：

a）根据厂内主要噪声源距厂界位置布点；

b）根据厂界周围敏感目标布点；

c）“厂中厂”是否需要监测根据内部和外围排污单位协商确定；

d）面临海洋、大江、大河的厂界原则上不布点；

e）厂界紧邻交通干线不布点；

f）厂界紧邻另一排污单位的，在临近另一排污单位侧是否布点由排污单位协商确定。

5.4.2　监测频次

厂界环境噪声每季度至少开展一次监测，夜间生产的要监测夜间噪声。

5.5　周边环境质量影响监测

5.5.1　监测点位

排污单位厂界周边的土壤、地表水、地下水、大气等环境质量影响监测点位参照排污单位环境影响评价文件及其批复及其他环境管理要求设置。

如环境影响评价文件及其批复及其他文件中均未作出要求，排污单位需要开展周边环境质量影响监测的，环境质量影响监测点位设置的原则和方法参照 HJ 2.1、HJ 2.2、HJ/T 2.3、HJ 2.4、HJ 610 等规定。各类环境影响监测点位设置按照 HJ/T 91、HJ/T 164、HJ 442、HJ/T 194、HJ/T 166 等执行。

5.5.2　监测指标

周边环境质量影响监测点位监测指标参照排污单位环境影响评价文件及其批复等管理文件的要求执行，或根据排放的污染物对环境的影响确定。

5.5.3　监测频次

若环境影响评价文件及其批复等管理文件有明确要求的，排污单位周边环境质量监测频次按照要求执行。

否则，涉水重点排污单位地表水每年丰、平、枯水期至少各监测一次，涉气重点排污单位空气质量每半年至少监测一次，涉重金属、难降解类有机污染物等重点排污单位土壤、地下水每年至少监测一次。发生突发环境事故对周边环境质量造成明显影响的，或周边环境质量相关污染物超标的，应适当增加监测频次。

5.5.4 监测技术

按本标准 5.2.1.5 执行。

5.5.5 采样方法

周边水环境质量监测点采样方法参照 HJ/T 91、HJ/T 164、HJ 442 等执行。周边大气环境质量监测点采样方法参照 HJ/T 194 等执行。

周边土壤环境质量监测点采样方法参照 HJ/T 166 等执行。

5.5.6 监测分析方法

按本标准 5.2.1.7 执行。

5.6 监测方案的描述

5.6.1 监测点位的描述

所有监测点位均应在监测方案中通过语言描述、图形示意等形式明确体现。描述内容包括监测点位的平面位置及污染物的排放去向等。废水监测点需明确其所在废水排放口、对应的废水处理工艺，废气排放监测点位需明确其在排放烟道的位置分布、对应的污染源及处理设施。

5.6.2 监测指标的描述

所有监测指标采用表格、语言描述等形式明确体现。监测指标应与监测点位相对应，监测指标内容包括每个监测点位应监测的指标名称、排放限值、排放限值的来源（如标准名称、编号）等。

国家或地方污染物排放（控制）标准、环境影响评价文件及其批复、排污许可证中的污染物，如排污单位确认未排放，监测方案中应明确注明。

5.6.3 监测频次的描述

监测频次应与监测点位、监测指标相对应，每个监测点位的每项监测指标的监测频次都应详细注明。

5.6.4 采样方法的描述

对每项监测指标都应注明其选用的采样方法。废水采集混合样品的，应注明混合样采样个数。废气非连续采样的，应注明每次采集的样品个数。废气颗粒物采样，应注明每个监测点位设置的采样孔和采样点个数。

5.6.5 监测分析方法的描述

对每项监测指标都应注明其选用的监测分析方法名称、来源依据、检出限等内容。

5.7 监测方案的变更

当有以下情况发生时，应变更监测方案：

a）执行的排放标准发生变化；

b）排放口位置、监测点位、监测指标、监测频次、监测技术任一项内容发生变化；

c）污染源、生产工艺或处理设施发生变化。

6　监测质量保证与质量控制

排污单位应建立并实施质量保证与控制措施方案，以自证自行监测数据的质量。

6.1　建立质量体系

排污单位应根据本单位自行监测的工作需求，设置监测机构，梳理监测方案制定、样品采集、样品分析、监测结果报出、样品留存、相关记录的保存等监测的各个环节中，为保证监测工作质量应制定的工作流程、管理措施与监督措施，建立自行监测质量体系。

质量体系应包括对以下内容的具体描述：监测机构，人员，出具监测数据所需仪器设备，监测辅助设施和实验室环境，监测方法技术能力验证，监测活动质量控制与质量保证等。

委托其他有资质的检（监）测机构代其开展自行监测的，排污单位不用建立监测质量体系，但应对检（监）测机构的资质进行确认。

6.2　监测机构

监测机构应具有与监测任务相适应的技术人员、仪器设备和实验室环境，明确监测人员和管理人员的职责、权限和相互关系，有适当的措施和程序保证监测结果准确可靠。

6.3　监测人员

应配备数量充足、技术水平满足工作要求的技术人员，规范监测人员录用、培训教育和能力确认 / 考核等活动，建立人员档案，并对监测人员实施监督和管理，规避人员因素对监测数据正确性和可靠性的影响。

6.4　监测设施和环境

根据仪器使用说明书、监测方法和规范等的要求，配备必要的如除湿机、空调、干湿度温度计等辅助设施，以使监测工作场所条件得到有效控制。

6.5　监测仪器设备和实验试剂

应配备数量充足、技术指标符合相关监测方法要求的各类监测仪器设备、标准物质和实验试剂。

监测仪器性能应符合相应方法标准或技术规范要求，根据仪器性能实施自校准或者检定 / 校准、运行和维护、定期检查。

标准物质、试剂、耗材的购买和使用情况应建立台账予以记录。

6.6　监测方法技术能力验证

应组织监测人员按照其所承担监测指标的方法步骤开展实验活动，测试方法的检出浓度、校准（工作）曲线的相关性、精密度和准确度等指标，实验结果满足方法相应的规定以后，方可确认该人员实际操作技能满足工作需求，能够承担测试工作。

6.7　监测质量控制

编制监测工作质量控制计划，选择与监测活动类型和工作量相适应的质控方法，包括使用标准物质、采用空白试验、平行样测定、加标回收率测定等，定期进行质控数据分析。

6.8 监测质量保证

按照监测方法和技术规范的要求开展监测活动，若存在相关标准规定不明确但又影响监测数据质量的活动，可编写《作业指导书》予以明确。

编制工作流程等相关技术规定，规定任务下达和实施，分析用仪器设备购买、验收、维护和维修，监测结果的审核签发、监测结果录入发布等工作的责任人和完成时限，确保监测各环节无缝衔接。

设计记录表格，对监测过程的关键信息予以记录并存档。

定期对自行监测工作开展的时效性、自行监测数据的代表性和准确性、管理部门检查结论和公众对自行监测数据的反馈等情况进行评估，识别自行监测存在的问题，及时采取纠正措施。管理部门执法监测与排污单位自行监测数据不一致的，以管理部门执法监测结果为准，作为判断污染物排放是否达标、自动监测设施是否正常运行的依据。

7 信息记录和报告

7.1 信息记录

7.1.1 手工监测的记录

7.1.1.1 采样记录：采样日期、采样时间、采样点位、混合取样的样品数量、采样器名称、采样人姓名等。

7.1.1.2 样品保存和交接：样品保存方式、样品传输交接记录。

7.1.1.3 样品分析记录：分析日期、样品处理方式、分析方法、质控措施、分析结果、分析人姓名等。

7.1.1.4 质控记录：质控结果报告单。

7.1.2 自动监测运维记录

包括自动监测系统运行状况、系统辅助设备运行状况、系统校准、校验工作等；仪器说明书及相关标准规范中规定的其他检查项目；校准、维护保养、维修记录等。

7.1.3 生产和污染治理设施运行状况

记录监测期间企业及各主要生产设施（至少涵盖废气主要污染源相关生产设施）运行状况（包括停机、启动情况）、产品产量、主要原辅料使用量、取水量、主要燃料消耗量、燃料主要成分、污染治理设施主要运行状态参数、污染治理主要药剂消耗情况等。日常生产中上述信息也需整理成台账保存备查。

7.1.4 固体废物（危险废物）产生与处理状况

记录监测期间各类固体废物和危险废物的产生量、综合利用量、处置量、贮存量、倾倒丢弃量，危险废物还应详细记录其具体去向。

7.2 信息报告

排污单位应编写自行监测年度报告，年度报告至少应包含以下内容：

a）监测方案的调整变化情况及变更原因；

b）企业及各主要生产设施（至少涵盖废气主要污染源相关生产设施）全年运行天数，

各监测点、各监测指标全年监测次数、超标情况、浓度分布情况；

c）按要求开展的周边环境质量影响状况监测结果；

d）自行监测开展的其他情况说明；

e）排污单位实现达标排放所采取的主要措施。

7.3 应急报告

监测结果出现超标的，排污单位应加密监测，并检查超标原因。短期内无法实现稳定达标排放的，应向环境保护主管部门提交事故分析报告，说明事故发生的原因，采取减轻或防止污染的措施，以及今后的预防及改进措施等；若因发生事故或者其他突发事件，排放的污水可能危及城镇排水与污水处理设施安全运行的，应当立即采取措施消除危害，并及时向城镇排水主管部门和环境保护主管部门等有关部门报告。

7.4 信息公开

排污单位自行监测信息公开内容及方式按照《企业事业单位环境信息公开办法》（环境保护部令　第31号）及《国家重点监控企业自行监测及信息公开办法（试行）》（环发〔2013〕81号）执行。非重点排污单位的信息公开要求由地方环境保护主管部门确定。

8 监测管理

排污单位对其自行监测结果及信息公开内容的真实性、准确性、完整性负责。排污单位应积极配合并接受环境保护行政主管部门的日常监督管理。

关于加强固定污染源废气挥发性有机物监测工作的通知

（环办监测函〔2018〕123 号）

各省、自治区、直辖市环境保护厅（局），新疆生产建设兵团环境保护局：

为落实《“十三五”生态环境保护规划》《“十三五”节能减排综合工作方案》《“十三五”挥发性有机物污染防治工作方案》相关要求，全面加强固定污染源废气挥发性有机物（VOCs）污染防治工作，强化挥发性有机物排放控制与治理，促进环境空气质量持续改善，现将加强固定污染源废气挥发性有机物监测工作有关事项通知如下：

一、充分认识 VOCs 监测工作的重要性

《大气污染防治行动计划》实施以来，全国二氧化硫、氮氧化物、烟粉尘排放控制取得明显进展，但重点区域臭氧（O_3）浓度呈明显上升趋势，尤其是在夏秋季已成为部分城市的首要污染物。VOCs 是导致臭氧污染的重要前体物，对二次 $PM_{2.5}$ 生成具有重要影响。控制 VOCs 排放对降低大气环境中 $PM_{2.5}$ 和 O_3 浓度具有十分重要的作用。VOCs 监测是掌握 VOCs 排放及治理情况，全面加强 VOCs 污染防治工作的基础，地方各级环境保护部门要高度重视，组织精干力量，积极开展以排查筛选、日常检查、随机抽测为主要内容的 VOCs 监测工作，为实现 2020 年建立健全以改善环境空气质量为核心的 VOCs 污染防治管理体系夯实基础。

二、加强组织领导，全面推进 VOCs 监测

地方各级环境保护部门要落实环境质量属地管理的要求，履行监管职责，统筹规划，按照“谁污染、谁监测、谁治理”的原则，推进 VOCs 监测工作的开展。

（一）强化排污单位自行监测。排污单位要按照环境保护法的要求，落实主体责任，将 VOCs 指标纳入自行监测方案，对污染物排放口及周边环境质量状况开展自行监测，并主动公开污染物排放、治污设施建设及运行情况等环境信息。

（二）加强工业园区监测监控。园区管理部门要对园区周界及内部 VOCs 开展监测，具备条件的园区要建设 VOCs 环境风险预警体系，及时了解园区周边的 VOCs 污染情况，建立环境风险预警和应急响应机制，建成“早发现、早报告、早预警”的预警体系。

（三）建立 VOCs 排污单位名录库。地方各级环境保护部门要根据本行政区域内 VOCs 排放源的种类、分布、产排污特点，筛查确定 VOCs 排污单位，作为日常监管和监测的重要依据。

VOCs 排污单位应覆盖石化、化工、工业涂装、包装印刷、电子信息、合成材料、纺织印染等行业。

（四）加强 VOCs 监测管理能力建设。地方各级环境保护部门要保障 VOCs 监测所需人员、工作经费和工作条件，省级监测部门要组织开展对市、县级 VOCs 监测人员的培训工作，强化人才队伍培养，切实提高 VOCs 监测管理水平。

三、开展 VOCs 专项检查监测

地方各级环境保护部门要按照抽查时间随机、抽查对象随机的原则，对 VOCs 排污单位污染物排放情况开展日常抽查，对照已出台的污染物排放标准开展检查监测。

（一）检查监测要求。重点检查排污单位自行监测开展情况、监测信息公开情况 VOCs 达标排放情况。按照《固定污染源废气挥发性有机物检查监测要点》（详见附件 1）开展。监测技术要求可参照《固定污染源废气挥发性有机物监测技术规定（试行）》（详见附件 2）执行。

（二）时间要求。

1. 京津冀及周边地区、长三角地区、珠三角地区 2018 年 5 月 30 日前，完成 VOCs 排污单位筛查工作，形成 VOCs 排污单位名录，完成所有行业 VOCs 排污单位检查监测工作，并将检查监测情况报告报我部。

2018 年下半年起，将 VOCs 排污单位污染物排放检查监测工作纳入监测计划，按照抽查时间随机、抽查对象随机的原则开展检查监测，并于每季度第 1 个月 20 日前将检查监测报告报送中国环境监测总站。

2. 其他地区

2018 年 5 月 30 日前，完成 VOCs 排污单位筛查工作，形成 VOCs 排污单位名录，完成对石化、化工行业的 VOCs 检查监测工作，并将检查监测情况报告报我部。

2018 年 11 月 30 日前，完成所有行业 VOCs 检查监测工作，并将检查监测情况报告报我部。

2019 年起，将 VOCs 排污单位污染物排放检查监测工作纳入监测计划，按照抽查时间随机、抽查对象随机的原则开展检查监测，并于每季度第 1 个月 20 日前将检查监测报告报送中国环境监测总站。

（三）数据管理要求。环境监测机构工作人员应当按照国家环境监测技术规范、方法和环境监测质量管理规定，采集、保存、运输、分析监测样品。现场采样时，环境监测机构工作人员应认真填写采样记录表、污染源和监测点位示意图等原始监测记录，并由被监测单位签字确认。环境监测机构应严格按照环境监测质量管理有关规范对监测数据执行三级审核制度，并对监测数据的真实性、准确性负责。

附件：1. 固定污染源废气挥发性有机物检查监测要点
2. 固定污染源废气挥发性有机物监测技术规定（试行）

环境保护部办公厅
2018 年 1 月 23 日

附件 1

固定污染源废气挥发性有机物检查监测要点

为掌握固定污染源废气挥发性有机物排放情况，指导地方做好对挥发性有机物重点排污单位的 VOCs 专项监测工作制定本要点。企业开展自行监测和自查可参照本要点。

一、检查要点

（一）企业自行监测开展情况

检查监测人员可通过查阅企业自行监测方案，污染防治设施运行台账，自行监测数据结果报告，实验室质控管理制度等，检查企业自行监测执行情况。重点检查企业自行监测方案是否完整，自行监测指标是否与方案一致。

（二）企业监测信息公开情况

检查监测人员可询问企业信息公开途径，并通过现场检查证实。重点检查公开信息是否完整，公开监测数据是否与实际数据一致。

（三）VOCs 污染因子达标情况

检查监测人员可在企业现场，选取多个主要 VOCs 污染源开展现场监测，监测因子主要包括非甲烷总烃、苯、甲苯、二甲苯、臭气浓度等 VOCs 特征污染物。重点检查企业主要 VOCs 污染源的达标排放情况。

二、监测要点

环保部门开展的 VOCs 专项检查监测，按照“双随机”原则，可随机抽取企业监测点位和监测项目开展监测。各行业不同点位的监测项目和监测依据等见附表。

附表　固定污染源废气挥发性有机物监测要点

序号	大行业	小行业 / 源	点位	监测项目	依据	属性	备注
1	火电及锅炉		储油罐周边及厂界	非甲烷总烃	HJ 820—2017	无组织排放	
2	钢铁	轧钢	涂层机组排气筒	苯、甲苯、二甲苯、非甲烷总烃	HJ 846—2017	有组织排放	
	钢铁	轧钢	涂层机组车间	苯、甲苯、二甲苯、非甲烷总烃	HJ 846—2017	无组织排放	
3	焦化		苯贮槽	苯、非甲烷总烃	GB 16171—2012	有组织排放	
	焦化		冷鼓、库区焦油各类贮槽排气筒	酚类、非甲烷总烃	GB 16171—2012	有组织排放	
	焦化		焦炉炉顶	苯可溶物	GB 16171—2012	无组织排放	
	焦化		厂界	苯、酚类	GB 16171—2012	无组织排放	
4	水泥	协同处置固体废物	水泥窑及窑尾余热利用系统排气筒	TOC	HJ 847—2017	有组织排放	国家标准监测方法发布前，以 HJ/T 38 进行监测
	水泥	协同处置固体废物	水泥窑（协同处置危险废物）旁路放风排气筒	TOC	HJ 847—2017	有组织排放	国家标准监测方法发布前，以 HJ/T 38 进行监测

续表

序号	大行业	小行业 / 源	点位	监测项目	依据	属性	备注
4	水泥	协同处置固体废物	固体废物贮存、预处理设施排气筒（协同处置非危险废物）	臭气浓度	HJ 847—2017	有组织排放	
	水泥	协同处置固体废物	固体废物贮存、预处理设施排气筒（协同处置危险废物）	臭气浓度、非甲烷总烃	HJ 847—2017	有组织排放	
	水泥	协同处置固体废物	厂界	臭气浓度	HJ 847—2017	无组织排放	协同处置非危险废物的水泥（熟料）制造排污单位
	水泥	协同处置固体废物	厂界	臭气浓度、非甲烷总烃	HJ 847—2017	无组织排放	协同处置危险废物的水泥（熟料）制造排污单位
5	石化	石油炼制	重整催化剂再生烟气排气筒	非甲烷总烃	HJ 853—2017	有组织排放	
	石化	石油炼制	离子液法烷基化装置催化剂再生烟气排气筒	非甲烷总烃	HJ 853—2017	有组织排放	
	石化	石油炼制	废水处理有机废气收集处理装置排气筒	苯、甲苯、二甲苯、非甲烷总烃	HJ 853—2017	有组织排放	
	石化	石油炼制	有机废气回收处理装置入口及其排放口	非甲烷总烃	HJ 853—2017	有组织排放	

续表

序号	大行业	小行业 / 源	点位	监测项目	依据	属性	备注
5	石化	石油炼制	氧化沥青装置排气筒	沥青烟	HJ 853—2017	有组织排放	
	石化	石油炼制	厂界	苯、甲苯、二甲苯、非甲烷总烃、臭气浓度	HJ 853—2017	无组织排放	
	石化	石油炼制	泵、压缩机、阀门、开口阀或开口管线、气体 / 蒸气泄压设备、取样连接系统	挥发性有机物	HJ 853—2017	无组织排放	
	石化	石油炼制	法兰及其他连接件、其他密封设备	挥发性有机物	HJ 853—2017	无组织排放	
	石化	石油化工	废水处理有机废气收集处理装置排气筒	非甲烷总烃、废气有机特征污染物		有组织排放	废气有机特征污染物从 GB 31571 表 6 中选择
	石化	石油化工	含卤代烃有机废气排气筒	非甲烷总烃、废气有机特征污染物		有组织排放	废气有机特征污染物从 GB 31571 表 6 中选择
	石化	石油化工	其他有机废气排气筒	非甲烷总烃、废气有机特征污染物		有组织排放	废气有机特征污染物从 GB 31571 表 6 中选择
	石化		厂界	苯、甲苯、二甲苯、非甲烷总烃、臭气浓度	HJ 853—2017	无组织排放	

续表

序号	大行业	小行业 / 源	点位	监测项目	依据	属性	备注
	石化	石油化工	泵、压缩机、阀门、开口阀或开口管线、气体 / 蒸气泄压设备、取样连接系统	挥发性有机物	HJ 853—2017	无组织排放	
	石化	石油化工	法兰及其他连接件、其他密封设备	挥发性有机物	HJ 853—2017	无组织排放	
	石化	合成树脂	生产设施车间排气筒	非甲烷总烃、废气挥发性有机物	GB 31572—2015	有组织排放	废气挥发性有机物按 GB 31572 表 4 执行
	石化	合成树脂	废水、废气焚烧设施排气筒	非甲烷总烃、废气挥发性有机物	GB 31572—2015	有组织排放	废气挥发性有机物按 GB 31572 表 4 执行
	石化	合成树脂	厂界	苯、甲苯、二甲苯、非甲烷总烃、臭气浓度	HJ 853—2017	无组织排放	
	石化	合成树脂	泵、压缩机、阀门、开口阀或开口管线、气体 / 蒸气泄压设备、取样连接系统	挥发性有机物	HJ 853—2017	无组织排放	
	石化	合成树脂	法兰及其他连接件、其他密封设备	挥发性有机物	HJ 853—2017	无组织排放	
	石化	聚氯乙烯	氯乙烯合成	氯乙烯、二氯乙烷、非甲烷总烃	GB 15581—2016	有组织排放	

续表

序号	大行业	小行业 / 源	点位	监测项目	依据	属性	备注
	石化	聚氯乙烯	聚氯乙烯制备和干燥	氯乙烯、非甲烷总烃	GB 15581—2016	有组织排放	
	石化	聚氯乙烯	厂界	氯乙烯、二氯乙烷	GB 15581—2016	无组织排放	
6	电池	锂离子 / 锂电池	车间或生产设施排气筒	非甲烷总烃	GB 30484—2013	有组织排放	
	电池	锌锰 / 锌银 / 锌空气电池	车间或生产设施排气筒	沥青烟	GB 30484—2013	有组织排放	
	电池		厂界	沥青烟、非甲烷总烃	GB 30484—2013	无组织排放	
7	橡胶制品	轮胎企业及其他制品企业	胶浆制备、浸浆、胶浆喷涂和涂胶装置的车间或生产设施排气筒	甲苯及二甲苯合计、非甲烷总烃	GB 27632—2011	有组织排放	
	橡胶制品	轮胎企业及其他制品企业	炼胶、硫化装置的车间或生产设施排气筒	非甲烷总烃	GB 27632—2011	有组织排放	
	橡胶制品		厂界	甲苯、二甲苯、非甲烷总烃	GB 27632—2011	无组织排放	
8	铝工业	铝用碳素厂	阳极焙烧炉车间或生产设施排气筒	沥青烟	GB 25465—2010	有组织排放	
	铝工业	铝用碳素厂	阴极焙烧炉车间或生产设施排气筒	沥青烟	GB 25465—2010	有组织排放	

续表

序号	大行业	小行业 / 源	点位	监测项目	依据	属性	备注
8	铝工业	铝用碳素厂	沥青熔化车间或生产设施排气筒	沥青烟	GB 25465—2010	有组织排放	
	铝工业	铝用碳素厂	生阳极制造（混捏成型系统）车间或生产设施排气筒	沥青烟	GB 25465—2010	有组织排放	
9	合成革与人造革	聚氯乙烯工艺	车间或生产设施排气筒	苯、甲苯、二甲苯、VOCs	GB 21902—2008	有组织排放	VOCs 监测执行 GB 21902—2008 附录 C
	合成革与人造革	聚氨酯湿法工艺	车间或生产设施排气筒	DMF	GB 21902—2008	有组织排放	VOCs 监测执行 GB 21902—2008 附录 C
	合成革与人造革	聚氨酯干法工艺	车间或生产设施排气筒	DMF、苯、甲苯、二甲苯、VOCs	GB 21902—2008	有组织排放	VOCs 监测执行 GB 21902—2008 附录 C
	合成革与人造革	后处理工艺	车间或生产设施排气筒	苯、甲苯、二甲苯、VOCs	GB 21902—2008	有组织排放	VOCs 监测执行 GB 21902—2008 附录 C
	合成革与人造革	其他	车间或生产设施排气筒	苯、甲苯、二甲苯、VOCs	GB 21902—2008	有组织排放	VOCs 监测执行 GB 21902—2008 附录 C
	合成革与人造革		厂界	DMF、苯、甲苯、二甲苯、VOCs	GB 21902—2008	无组织排放	VOCs 监测执行 GB 21902—2008 附录 C
10	工业炉窑		沥青加热炉排气筒	沥青烟	GB 9078—1996	有组织排放	

续表

序号	大行业	小行业 / 源	点位	监测项目	依据	属性	备注
11	排放恶臭气体单位及垃圾堆场		车间或生产设施排气筒	臭气浓度、三甲胺、甲硫醇、甲硫醚、二甲二硫醚、二硫化碳、苯乙烯	GB 14554—1993	有组织排放	除臭气浓度外，其他项目均控制排放速率，无排放浓度控制
	排放恶臭气体单位及垃圾堆场		厂界	臭气浓度、三甲胺、甲硫醇、甲硫醚、二甲二硫、二硫化碳、苯乙烯	GB 14554—1993	无组织排放	
12	执行GB 16297—1996的排污企业		车间或生产设施排气筒	苯、甲苯、二甲苯、酚类、甲醛、乙醛、丙烯腈、丙烯醛、甲醇、苯胺类、氯苯类、硝基苯类、氯乙烯、沥青烟、非甲烷总烃	GB 16297—1996	有组织排放	吹制沥青、熔炼、浸涂、建筑搅拌企业需监测沥青烟；使用溶剂汽油或其他混合烃类物质的企业需监测非甲烷总烃
	执行GB 16297—1996的排污企业		周界外	苯、甲苯、二甲苯、酚类、甲醛、乙醛、丙烯腈、丙烯醛、甲醇、苯胺类、氯苯类、硝基苯类、氯乙烯、沥青烟、非甲烷总烃	GB 16297—1996	无组织排放	吹制沥青、熔炼、浸涂、建筑搅拌企业需监测沥青烟；使用溶剂汽油或其他混合烃类物质的企业需监测非甲烷总烃
13	制糖	装卸料、转运、破碎、蔗渣堆场、滤泥堆场	厂界	臭气浓度	HJ 860.1—2017	无组织排放	
	制糖	有生化污水处理工序	厂界	臭气浓度	HJ 860.1—2017	无组织排放	
14	纺织印染	印花机	印花机排气筒或车间废气处理设施排放口	甲苯、二甲苯、非甲烷总烃	HJ 861—2017	有组织排放	
	纺织印染	定型机	定型机排气筒或车间废气处理设施排放口	非甲烷总烃	HJ 861—2017	有组织排放	

续表

序号	大行业	小行业 / 源	点位	监测项目	依据	属性	备注
14	纺织印染	涂层机	涂层机排气筒或车间废气处理设施排放口	甲苯、二甲苯、非甲烷总烃	HJ 861—2017	有组织排放	
	纺织印染	印染工业排污单位	厂界	非甲烷总烃、臭气浓度[a]	HJ 861—2017	无组织排放	a 含污水处理设施的排污单位监测该污染物项目
	纺织印染	毛纺、麻纺、缫丝排污单位	厂界	臭气浓度	HJ 861—2017	无组织排放	
	纺织印染	织造、成衣水洗排污单位	厂界	臭气浓度[a]	HJ 861—2017	无组织排放	a 含污水处理设施的排污单位监测该污染物项目
15	氮肥	固定床常压煤气化工艺 - 原料气制备	造气废水沉淀池废气收集处理设施排气筒	臭气浓度、酚类、非甲烷总烃	HJ 864.1—2017	有组织排放	
	氮肥	固定床常压煤气化工艺 - 原料气制备	造气炉放空管	非甲烷总烃	HJ 864.1—2017	有组织排放	
	氮肥	固定床常压煤气化工艺 - 原料气净化	脱硫再生槽废气排放口	臭气浓度、非甲烷总烃	HJ 864.1—2017	有组织排放	
	氮肥	固定床常压煤气化工艺 - 原料气净化	脱碳气提塔排气筒	臭气浓度、非甲烷总烃	HJ 864.1—2017	有组织排放	
	氮肥	固定床常压煤气化工艺 - 原料气净化	硫回收熔硫釜废气排放口	臭气浓度	HJ 864.1—2017	有组织排放	
	氮肥	干煤粉气流床气化工艺 - 原料气制备	煤粉输送及加压进料系统粉煤仓排气筒	甲醇	HJ 864.1—2017	有组织排放	干煤粉气流床气化工艺煤粉输送载气采用来自低温甲醇洗工段的二氧化碳气时，应监测甲醇

续表

序号	大行业	小行业 / 源	点位	监测项目	依据	属性	备注
15	氮肥	干煤粉气流床气化工艺 - 原料气净化	煤粉输送及加压进料系统粉煤仓排气筒	甲醇	HJ 864.1—2017	有组织排放	
	氮肥	水煤浆气流床气化工艺 - 原料气净化	低温甲醇洗尾气洗涤塔排气筒	甲醇	HJ 864.1—2017	有组织排放	
	氮肥	碎煤固定床加压气化工艺 - 原料气净化	低温甲醇洗尾气处理设施排气筒	甲醇、非甲烷总烃	HJ 864.1—2017	有组织排放	
	氮肥	以焦炉气为原料 - 部分转化法 - 原料气制备	脱硫再生槽废气排放口	臭气浓度	HJ 864.1—2017	有组织排放	
	氮肥	以油为原料 - 重油部分氧化法 - 原料气净化	低温甲醇洗尾气洗涤塔排气筒	甲醇	HJ 864.1—2017	有组织排放	
	氮肥	尿素	造粒塔或造粒机排气筒	臭气浓度、甲醛	HJ 864.1—2017	有组织排放	
	氮肥	硝酸铵	造粒塔排气筒	臭气浓度	HJ 864.1—2017	有组织排放	
	氮肥	公用工程	污水处理场废气收集处理设施排气筒（以煤或油为原料）	臭气浓度、酚类、非甲烷总烃	HJ 864.1—2017	有组织排放	采用固定床煤气化工艺时，污水处理场废气收集处理设施排放气应监测酚类、非甲烷总烃

续表

序号	大行业	小行业 / 源	点位	监测项目	依据	属性	备注
16	氮肥		厂界	臭气浓度、酚类、非甲烷总烃、甲醇	HJ 864.1—2017	无组织排放	副产甲醇或采用低温甲醇洗工艺的排污单位应监测甲醇；采用固定床煤气化工艺的排污单位应监测酚类
	氮肥	固定床常压煤气化工艺气	造气工段余热回收后煤气、变换工段前半水煤气	酚类、非甲烷总烃	HJ 864.1—2017	有组织排放	
	农药	工艺废气排气筒	燃烧法废气处理设施排气筒	挥发性有机物	HJ 862—2017	有组织排放	
	农药	工艺废气排气筒	燃烧法和非燃烧法废气处理设施排气筒	苯、甲苯、二甲苯、酚类、甲醛、乙醛、丙烯腈、丙烯醛、甲醇、苯胺类、氯苯类、硝基苯类、氯乙烯、三甲胺、二硫化碳、苯乙烯、甲硫醇、甲硫醚、二甲二硫醚	HJ 862—2017	有组织排放	根据许可的污染物种类确定具体监测指标
	农药	发酵废气排气筒	燃烧法废气处理设施排气筒	臭气浓度、挥发性有机物	HJ 862—2017	有组织排放	
	农药	发酵废气排气筒	非燃烧法废气处理设施排气筒	臭气浓度	HJ 862—2017	有组织排放	
	农药	发酵废气排气筒	燃烧法和非燃烧法废气处理设施排气筒	苯、甲苯、二甲苯、酚类、甲醛、乙醛、丙烯腈、丙烯醛、甲醇、苯胺类、氯苯类、硝基苯类、氯乙烯、三甲胺、二硫化碳、苯乙烯、甲硫醇、甲硫醚、二甲二硫醚	HJ 862—2017	有组织排放	根据许可的污染物种类确定具体监测指标

续表

序号	大行业	小行业 / 源	点位	监测项目	依据	属性	备注
16	农药		制剂加工废气排气筒	挥发性有机物	HJ 862—2017	有组织排放	
	农药		罐区废气排气筒	挥发性有机物、苯、甲苯、二甲苯、酚类、甲醛、乙醛、丙烯腈、丙烯醛、甲醇、苯胺类、氯苯类、硝基苯类、氯乙烯、三甲胺、二硫化碳、苯乙烯、甲硫醇、甲硫醚、二甲二硫醚	HJ 862—2017	有组织排放	根据许可的污染物种类确定具体监测指标
	农药		废水处理站废气排气筒	臭气浓度、挥发性有机物、苯、甲苯、二甲苯、酚类、甲醛、乙醛、丙烯腈、丙烯醛、甲醇、苯胺类、氯苯类、硝基苯类、氯乙烯、三甲胺、二硫化碳、苯乙烯、甲硫醇、甲硫醚、二甲二硫醚	HJ 862—2017	有组织排放	根据许可的污染物种类确定具体监测指标
	农药		危废暂存废气排气筒	臭气浓度、挥发性有机物、苯、甲苯、二甲苯、酚类、甲醛、乙醛、丙烯腈、丙烯醛、甲醇、苯胺类、氯苯类、硝基苯类、氯乙烯、三甲胺、二硫化碳、苯乙烯、甲硫醇、甲硫醚、二甲二硫醚	HJ 862—2017	有组织排放	根据许可的污染物种类确定具体监测指标
	农药		厂界	臭气浓度、挥发性有机物、苯、甲苯、二甲苯、酚类、甲醛、乙醛、丙烯腈、丙烯醛、甲醇、苯胺类、氯苯类、硝基苯类、氯乙烯、三甲胺、二硫化碳、苯乙烯、甲硫醇、甲硫醚、二甲二硫醚	HJ 862—2017	无组织排放	根据许可的污染物种类确定具体监测指标

续表

序号	大行业	小行业 / 源	点位	监测项目	依据	属性	备注
17	制药	原料药制造	发酵废气排气筒	臭气浓度、挥发性有机物、特征污染物（属挥发性有机物的具体污染物）	HJ 858.1—2017	有组织排放	特征污染物见 GB 16297 所列污染物，属 GB 14554 所列恶臭项目执行许可排放速率
	制药	原料药制造	工艺有机废气排气筒	挥发性有机物、特征污染物（属挥发性有机物的具体污染物）	HJ 858.1—2017	有组织排放	特征污染物见 GB 16297 所列污染物，属 GB 14554 所列恶臭项目执行许可排放速率
	制药	原料药制造	废水处理站废气排气筒	臭气浓度、挥发性有机物、特征污染物（属挥发性有机物的具体污染物）	HJ 858.1—2017	有组织排放	特征污染物见 GB 16297 所列污染物，属 GB 14554 所列恶臭项目执行许可排放速率
	制药	原料药制造	罐区废气排气筒	挥发性有机物、特征污染物（属挥发性有机物的具体污染物）	HJ 858.1—2017	有组织排放	特征污染物见 GB 16297 所列污染物，属 GB 14554 所列恶臭项目执行许可排放速率
	制药	原料药制造	工艺酸碱废气排气筒	特征污染物（属挥发性有机物的具体污染物）	HJ 858.1—2017	有组织排放	特征污染物见 GB 16297 所列污染物，属 GB 14554 所列恶臭项目执行许可排放速率
	制药	原料药制造	危废暂存废气排气筒	臭气浓度、挥发性有机物、特征污染物（属挥发性有机物的具体污染物）	HJ 858.1—2017	有组织排放	特征污染物见 GB 16297 所列污染物，属 GB 14554 所列恶臭项目执行许可排放速率
	制药	原料药制造	厂界	臭气浓度、挥发性有机物、特征污染物（属挥发性有机物的具体污染物）	HJ 858.1—2017	无组织排放	使用非甲烷总烃作为企业边界挥发性有机物排放的综合控制指标，待 TOC 或NMOC监测方法颁布后从其规定。特征污染物见 GB 16297、GB 14554 所列污染物，根据环境影响评价文件及其批复等相关环境管理规定，确定具体污染物项目，待《制药工业大气污染物排放标准》发布后，从其规定。地方排放标准中有要求的，从严规定

附件 2

固定污染源废气挥发性有机物监测技术规定（试行）

1　适用范围

本规定规范了固定污染源废气中挥发性有机物监测过程中的项目分析方法选择、安全防护、样品运输与保存、结果计算与表示、质量保证和质量控制要求等技术内容。

本规定适用于各级环境监测站及其他环境监测机构对固定污染源有组织或无组织排放挥发性有机物的监督监测。

本规定不适用于泄漏和敞开液面排放挥发性有机物的监测。

待固定污染源废气挥发性有机物监测技术国家标准出台后，本规定废止，按照标准执行。

2　规范性引用文件

下列文件对于本文件的应用是必不可少的。凡是注日期的引用文件，仅所注日期的版本适用于本文件。凡是不注日期的引用文件，其最新版本（包括所有的修改单）适用于本文件。

GB 3836.1　爆炸性气体环境用电气设备系列标准

GB/T 8170　数值修约规则与极限数值的表示和判定

GB/T 14676　空气质量　三甲胺的测定　气相色谱法

GB/T 14678　空气质量　硫化氢、甲硫醇、甲硫醚和二甲二硫的测定气相色谱法

GB/T 15516　空气质量　甲醛的测定　乙酰丙酮分光光度法

GB/T 16157　固定污染源排气中颗粒物测定与气态污染物采样方法

HJ 583　环境空气　苯系物的测定　固体吸附 / 热脱附 - 气相色谱法

HJ 584　环境空气　苯系物的测定　活性炭吸附 / 二硫化碳解析 - 气相色谱法

HJ 604　环境空气　总烃的测定　气相色谱法

HJ 638　环境空气　酚类化合物的测定　高效液相色谱法

HJ 644　环境空气　挥发性有机物的测定　吸附管采样 - 热脱附 / 气相色谱 - 质谱法

HJ 645　环境空气　挥发性卤代烃的测定　活性炭吸附 - 二硫化碳解吸 / 气相色谱法

HJ 683　空气　醛、酮类化合物的测定　高效液相色谱法

HJ 732　固定污染源废气　挥发性有机物的采样　气袋法

HJ 734　固定污染源废气　挥发性有机物的测定　固定相吸附 - 热脱附 / 气相色谱 - 质谱法

HJ 759　环境空气　挥发性有机物的测定　罐采样　气相色谱－质谱法
HJ/T 32　固定污染源排气中酚类化合物的测定　4- 氨基安替比林分光光度法
HJ/T 33　固定污染源排气中甲醇的测定　气相色谱法
HJ/T 34　固定污染源排气中氯乙烯的测定　气相色谱法
HJ/T 35　固定污染源排气中乙醛的测定　气相色谱法
HJ/T 36　固定污染源排气中丙烯醛的测定　气相色谱法
HJ/T 37　固定污染源排气中丙烯腈的测定　气相色谱法
HJ/T 38　固定污染源排气中非甲烷总烃的测定　气相色谱法
HJ/T 39　固定污染源排气中氯苯类的测定　气相色谱法
HJ/T 55　大气污染物无组织排放监测技术导则
HJ/T 373　固定污染源监测质量保证与质量控制技术规范（试行）
HJ/T 397　固定源废气监测技术规范

3　术语和定义

下列术语和定义适用于本文件。

3.1　非甲烷总烃 Non-methane Hydrocarbons

在选用检测方法规定的条件下，对氢火焰离子化检测器有明显响应的除甲烷外的碳氢化合物及其衍生物的总和（以碳计）。

3.2　标准状态 Standard state

指温度为 273 K，压力为 101 325 Pa 时的状态，简称“标态”，本标准规定的大气污染物排放浓度均指标准状态下干烟气中的浓度。

4　分析方法选择

挥发性有机物测定项目的分析方法选择次序及原则如下：

——标准方法：按环境质量标准或污染物排放标准中选配的分析方法、新发布的国家标准、行业标准或地方标准方法。国家或地方再行发布的分析方法同等选用。

——其他方法：经证实或确认后，检测机构等同采用由国际标准化组织（简称 ISO）或其他国家环保行业规定或推荐的标准方法。

挥发性有机物测定方法可参见附录 1，监测流程可参见附录 2。

5　采样技术要求

5.1　有组织排放

5.1.1　采样点位布设

5.1.1.1　有组织废气排放源的采样点位布设，符合 GB/T 16157 和 HJ/T 397 的规定。应取靠近排气筒中心作为采样点，采样管线应为不锈钢、石英玻璃、聚四氟乙烯等低吸附材料，并尽可能短。

5.1.1.2　当对固定污染源挥发性有机物废气排放进行监督性监测时，应优先选择排放浓度高、废气排放量大的排放口及其排放时段进行监测。

5.1.2　采样口及采样平台

有组织废气排气筒的采样口（监测孔）和采样平台设置应符合 GB/T 16157、HJ 397 的规定要求。

5.1.3　采样频次及时段

5.1.3.1　连续有组织排放源，其排放时间大于 1 小时的，应在生产工况、排放状况比较稳定的情况下进行采样，连续采样时间不少于 20 分钟，气袋采气量应不小于 10 升；或 1 小时内以等时间间隔采集 3～4 个样品，其测试平均值作为小时浓度。

5.1.3.2　间歇有组织排放源，其排放时间小于 1 小时的，应在排放时间段内恒流采样；当排放时间不足 20 分钟时，采样时间与间歇生产启停时间相同，可增加采样流量或连续采集 2～4 个排放过程，采气量不小于 10 升；或在排放时段内采集 3～4 个样品，计算其平均值作为小时浓度。

5.1.3.3　采样时应核查并记录工况。对于储罐类排放采样，应在其加注、输送操作时段内采样；在测试挥发性有机物处理效率时，应避免在装置或设备启动等不稳定工况条件下采样。

5.1.3.4　当对污染事故排放进行监测时，应按需要设置采样频次及时段，不受上述要求限制。

5.1.4　采样器具

5.1.4.1　使用气袋采样应按照 HJ 732 中的技术规定执行。

5.1.4.2　使用吸附管采样应按照测定方法标准规定的采样方法执行，并符合 HJ/T 397 中的质量控制要求。

5.1.4.3　使用采样罐、真空瓶或注射器采样时，应按照测定方法规定的采样方法执行，并符合 HJ/T 397 中对真空瓶或注射器采样的质量控制要求。

5.1.4.4　采样枪、过滤器、采样管、气袋、采样罐和注射器等可重复利用器材，在使用后应尽快充分净化，先用空气吹扫 2～3 次，再用高纯氮气吹扫 2～3 次，经净化后的采样管、气袋、采样罐和注射器等器具应保存在密封袋或箱内避免污染。在使用前抽检 10% 的气袋、采样罐等可重复利用器材，其待测组分含量应不大于分析方法测定下限，抽检合格方可使用。

5.1.5　样气采集

5.1.5.1　若排放废气温度与车间或环境温度差不超过 10℃，为常温排放，采样枪可不用加热；否则为非常温排放，为防止高沸点有机物在采样枪内凝结，采样枪需加热（有防爆安全要求除外），采样枪前端的颗粒物过滤器应为陶瓷或不锈钢材质等低挥发性有机物吸附材料，过滤器、采样枪、采样管线加热温度应比废气温度高 10℃，但最高不超过 120℃。

5.1.5.2　使用气袋法采样操作应按照 HJ 732 中的规定执行，采集样气量应不大于气袋容量的 80%。使用气袋在高温、高湿、高浓度排放口采集样品时，为减少挥发性有机物在气袋内凝结、吸附对测试结果的影响，分析测试前应将样品气袋避光加热并保持 5 分钟，待样品混合均匀后再快速取样分析，气袋加热温度应比废气排放温度或露点温度高 10℃，但最高不超过 120℃。分析方法或标准中另有规定的按相关要求执行。

5.1.5.3　当废气中湿度较大时，应按 GB/T 16157 中要求执行，在采样枪后增加一个脱水装置，然后再连接采样袋，脱水装置中的冷凝水应与样品气同步分析，冷凝水中的有机物含量可作为修正值计入样品中，以减少水气对测定值干扰所产生的误差。

5.1.5.4　排气筒中挥发性有机物质量浓度较高时，应优先用仪器在现场直接测试，使用吸附管采样时可适当减少吸附管的采样流量和采样时间，控制好采样体积，第二级吸附管吸附率应小于总吸附率的 10%，否则应重新采样。

5.1.5.5　特征有机污染物的采样方法、采气量应按照其标准方法的规定执行，方法中未明确规定的，验证后可用气袋、吸附管等采样后分析，验证方法按 HJ 732 中的规定执行。

5.2　无组织排放

5.2.1　采样点位布设

5.2.1.1　厂界无组织排放监控点的数目和设置，按 HJ/T 55 执行。相关排放标准中有规定的，按标准中规定执行。

5.2.1.2　排放挥发性有机物的生产工序或设施在带有集气系统的密闭工作间内完成，无组织排放监控点设置在密闭工作间（厂界）外 1 米，不低于 1.5 米高度处，监控点的数量不少于 3 个，并选取浓度最大值。

5.2.1.3　排放挥发性有机物的生产工序或设施未在密闭工作间内完成，无组织排放监控点设置在生产设备外 1 米，不低于 1.5 米高度处，监控点的数量不少于 3 个，并选取浓度最大值。

5.2.1.4　如有防爆等安全要求的，可参照以上原则选点，与生产设备的距离不受以上限制。

5.2.2　采样频次及时段

5.2.2.1　对无组织排放的采样，应优先使用内壁经惰性化处理的采样罐，采样罐的清洗和采样、真空度检查、流量控制器安装与气密性检查应按照 HJ 759 中的规定执行。

5.2.2.2　连续无组织排放源，其排放时间大于 1 小时的，应在生产工况、排放状况比较稳定的情况下，使用采样罐或气袋采样时，应恒流采样 20 分钟以上，气袋采气量应不小于 10 升；或者在 1 小时内以等时间间隔采集 3～4 个样品，其平均值作为小时平均浓度。

5.2.2.3　间歇无组织排放源，应在排放时间段内恒流采样，连续采集 2～4 个间歇生产过程，恒流采样，累积样品采气量不小于 10 升；或在排放时段内采集 3～4 个样品，计算其平均值作为小时浓度。

5.2.2.4　使用吸附管采集低浓度挥发性有机物时，采样体积应不低于相关标准中方法检出限的采样体积。

6　安全防护要求

6.1　在挥发性有机物监测点位周边环境中可能存在爆炸性或有毒有害有机气体，现场监测或采样方法及设备的选用，应以安全为第一原则。

6.1.1　采样或监测现场区域为非危险场所，宜优先选择现场监测方法。

6.1.2　采样或监测现场区域为有防爆保护安全要求的危险场所，根据危险场所分类选择现场采样、监测用电气设备的类型，选用防爆电气设备的级别和组别应按照 GB 3836.1 中的规定执行；若不具备现场测试条件的，现场采样后送回实验室分析。

6.1.3　采样或监测现场区域的危险分类或防爆保护要求未明确的，应按照 GB 3836.1 中的规定尽量使用本质安全型（ia 或 ib 类）监测设备开展采样或监测工作。

6.2　污染源单位应向现场监测或采样人员详细说明处理设施及采样点位附近所有可能的安全生产问题，必要时应进行现场安全生产培训。

6.3　现场监测或采样时应严格执行现场作业的有关安全生产规定，若监测点位区域为有防爆要求的危险场所，污染源企业应为监测人员提供相关报警仪，并安排安全员负责现场指导安全工作，确保采样操作和仪器使用符合相关安全要求。

6.4　采样或监测人员应正确使用各类个人劳动保护用品，做好安全防护工作。尽量在监测点位或采样口的上风向进行采样或监测。

7　样品运输和保存

7.1　现场采样样品必须逐件与样品登记表、样品标签和采样记录进行核对，核对无误后分类装箱。运输过程中严防样品的损失、受热、混淆和沾污。

7.2　用气袋法采集好的样品，应低温或常温避光保存。样品应尽快送到实验室，样品分析应在采样后 8 个小时内完成。

7.3　用吸附管采样后，立即用密封帽将采样管两端密封，4℃避光保存，7 日内分析。

7.4　用采样罐采集的样品，在常温下保存，采样后尽快分析，20 天内分析完毕。

7.5　用注射器采集的样品，立即用内衬聚四氟乙烯的橡皮帽密封，避光保存，应在当天完成分析测试。

7.6　冷链运输的样品应在实验室内恢复至常温或加热后再进行测定。

8　结果计算与表示

8.1　挥发性有机物污染物的排放浓度应折算为干基标准状态，有关计算按照相关标准的规定执行。

8.2　结果的计算与报出数据的有效数字按 GB/T 8170 及相关标准的规定执行。

8.3　挥发性有机物污染物排放浓度应按照污染物排放标准中的浓度限值计算基准进行换算。

8.4　非甲烷总烃或总烃的浓度计算基准有以碳计、以甲烷计或以丙烷计等，以甲烷计浓度换算为以碳计的计算示例及公式如下：

$$\rho_{c} = \gamma_{CH_4} \rho_{CH_4} \qquad (1)$$

$$\rho_c = \gamma_{C_3H_8}\rho_{C_3H_8} \tag{2}$$

式中：ρ_c 为以碳计的污染物浓度（mg/m^3）；

γ_{CH_4}为以甲烷计转换为以碳计的换算系数；

$\gamma_{C_3H_8}$为以丙烷计转换为以碳计的换算系数；

ρ_{CH_4}为以甲烷计的污染物浓度（mg/m^3）；

$\rho_{C_3H_8}$为以丙烷计的污染物浓度（mg/m^3）。

$$\gamma_{CH_4} = \frac{M_c}{M_{CH_4}} \tag{3}$$

$$\gamma_{C_3H_8} = \frac{M_c}{M_{C_3H_8}} \tag{4}$$

式中：M_c 为碳的分子量；

M_{CH_4}为甲烷的分子量；

$M_{C_3H_8}$为丙烷的分子量。

以甲烷计或以丙烷计浓度换算为以碳计浓度的换算系数表见表 1。换算系数保留 3 位有效数字。

表 1　换算系数表

名称	以碳计	以甲烷计	以丙烷计
分子量	12.01	16.043	44.096
换算系数（γ）	1.00	0.749	0.272

9　质量保证与质量控制

9.1　固定污染源挥发性有机物的采样、监测流程见附录 2。挥发性有机物监测的质量保证与质量控制应按照 HJ/T 373、HJ/T 397 及其他相关标准规定执行。

9.2　采样前应严格检查采样系统的密封性，泄漏检查方法和标准按照 HJ 732 要求执行，或者系统漏气量不大于 600 mL/2 min，则视为采样系统不漏气。

9.3　现场监测时，应对仪器校准情况进行记录。

9.4　采样前应对采样流量计进行校验，其相对误差应不大于 5%；采样流量波动应不大于 10%。

9.5　使用吸附管采样时，可用快速检测仪等方法预估样品浓度，估算并控制好采样体积，第二级吸附管目标化合物的吸附率应小于总吸附率的 10%，否则应重新采样。方法标准中另有规定的按相关要求执行。

9.6　每批样品均需建立标准或工作曲线，标准或工作曲线的相关系数应大于 0.995，校准曲线应选择 3～5 个点（不包括空白）。每 24 h 分析一次校准曲线中间浓度点或者次高点，其测定结果与初始浓度值相对偏差应小于等于 30%，否则应查找原因或重新绘制标准曲线。

9.7　测定挥发性有机物的特征污染物时，每 10 个样品或每批次（少于 10 个样品）至少分析一个平行样品，平行样品的相对偏差应小于 30%，分析方法另有规定的按相关要求执行。

9.8　每批样品至少有一个全程序空白样品，其平均浓度应小于样品浓度的 10%，否则应重新采样；每批样品分析前至少分析一次实验室空白，空白分析结果应小于方法检出限。分析方法另有规定的按相关要求执行。

9.9　送实验室的样品应及时分析，应在规定的期限内完成；留样样品应按测定项目标准监测方法规定的要求保存。

附录 1

固定污染源废气　挥发性污染物的分析方法

排放类型	污染物	标准名称	标准号
有组织	非甲烷总烃或总烃	固定污染源废气　挥发性有机物的采样　气袋法	HJ 732
		固定污染源排气中非甲烷总烃的测定　气相色谱法	HJ/T 38
	苯	固定污染源废气　挥发性有机物的测定　固相吸附－热脱附/气相色谱－质谱法	HJ 734
		固定污染源废气　挥发性有机物的采样　气袋法	HJ 732
	甲苯	固定污染源废气　挥发性有机物的测定　固相吸附－热脱附/气相色谱－质谱法	HJ 734
		固定污染源废气　挥发性有机物的采样　气袋法	HJ 732
	二甲苯	固定污染源废气　挥发性有机物的测定　固相吸附－热脱附/气相色谱－质谱法（验证后使用）	HJ 734
		固定污染源废气　挥发性有机物的采样　气袋法	HJ 732
	酚类	固定污染源排气中酚类化合物的测定　4-氨基安替比林分光光度法	HJ/T 32
	TOC	固定污染源排气中非甲烷总烃的测定　气相色谱法	参照 HJ/T 38，待 TOC 监测标准发布后执行
	臭气浓度	空气质量　恶臭的测定　三点比较式　臭袋法	GB/T 14675，参照（GB 14554）
	三甲胺	空气质量　三甲胺的测定　气相色谱法	GB/T 14676，参照（GB 14554）
	甲硫醇	空气质量　硫化氢、甲硫醇、甲硫醚、二甲二硫的测定　气相色谱法	GB/T 14678，参照（GB 14554）
	甲硫醚	空气质量　硫化氢、甲硫醇、甲硫醚、二甲二硫的测定　气相色谱法	GB/T 14678，参照（GB 14554）
	二甲二硫醚	空气质量　硫化氢、甲硫醇、甲硫醚、二甲二硫的测定　气相色谱法	GB/T 14678，参照（GB 14554）
	二硫化碳	空气质量　二硫化碳的测定　二乙胺分光光度法	GB/T 14680，参照（GB 14554）
	苯乙烯	空气质量　甲苯、二甲苯、苯乙烯的测定　气相色谱法	GB/T 14677，参照（GB 14554）
	氯乙烯	固定污染源排气中氯乙烯的测定　气相色谱法	HJ/T 34
	二甲基甲酰胺（DMF）	环境空气和废气　酰胺类化合物的测定　液相色谱法	HJ 801—2016

续表

排放类型	污染物	标准名称	标准号
有组织	乙醛	固定污染源排气中乙醛的测定 气相色谱法	HJ/T 35
	丙烯腈	固定污染源排气中丙烯腈的测定 气相色谱法	HJ/T 37
	丙烯醛	固定污染源排气中丙烯醛的测定 气相色谱法	HJ/T 36
	甲醇	固定污染源排气中甲醇的测定 气相色谱法	HJ/T 33
	氯苯类	固定污染源排气中氯苯类的测定 气相色谱法	HJ/T 39
	其他	实验室内方法验证后使用	—
无组织	非甲烷总烃或总烃	固定污染源废气 挥发性有机物的采样 气袋法	HJ 732
		固定污染源排气中非甲烷总烃的测定 气相色谱法	HJ/T 38
		环境空气 总烃的测定 气相色谱法	HJ 604
	苯系物（苯、甲苯、二甲苯等）	环境空气 苯系物的测定 活性炭吸附 / 二硫化碳解吸 - 气相色谱法	HJ 584
		环境空气 苯系物的测定 固体吸附 / 热脱附 - 气相色谱法	HJ 583
		环境空气 挥发性有机物的测定 吸附管采样 - 热脱附 / 气相色谱 - 质谱法	HJ 644
	酚类化合物	环境空气 酚类化合物的测定 高效液相色谱法	HJ 638
	臭气浓度	空气质量 恶臭的测定 三点比较式 臭袋法	GB/T 14675
	氯乙烯	环境空气 挥发性有机物的测定罐采样 / 气相色谱 - 质谱法	HJ 759
		环境空气 挥发性卤代烃的测定 活性炭吸附 - 二硫化碳解吸 / 气相色谱法	HJ 645
		环境空气 挥发性有机物的测定 吸附管采样 - 热脱附 / 气相色谱 - 质谱法	HJ 644
	二氯乙烷	环境空气 挥发性有机物的测定 罐采样 / 气相色谱 - 质谱法	HJ 759
		环境空气 挥发性卤代烃的测定 活性炭吸附 - 二硫化碳解吸 / 气相色谱法	HJ 645
		环境空气 挥发性有机物的测定 吸附管采样 - 热脱附 / 气相色谱 - 质谱法	HJ 644
	二甲基甲酰胺（DMF）	环境空气和废气 酰胺类化合物的测定 液相色谱法	HJ 801—2016
	二硫化碳	环境空气 挥发性有机物的测定 罐采样 / 气相色谱 - 质谱法	HJ 759

续表

排放类型	污染物	标准名称	标准号
无组织	苯乙烯	环境空气　挥发性有机物的测定　罐采样 / 气相色谱 – 质谱法	HJ 759
		环境空气　挥发性有机物的测定　吸附管采样 – 热脱附 / 气相色谱 – 质谱法	HJ 644
	甲醛	环境空气　醛、酮类化合物的测定　高效液相色谱法	HJ 683
	乙醛	环境空气　醛、酮类化合物的测定　高效液相色谱法	HJ 683
	丙烯醛	环境空气　挥发性有机物的测定　罐采样 / 气相色谱 – 质谱法	HJ 759
		环境空气　醛、酮类化合物的测定　高效液相色谱法	HJ 683
	氯苯类	环境空气　挥发性有机物的测定　罐采样 / 气相色谱 – 质谱法	HJ 759
		环境空气　挥发性卤代烃的测定　活性炭吸附 – 二硫化碳解吸 / 气相色谱法	HJ 645
		环境空气　挥发性有机物的测定　吸附管采样 – 热脱附 / 气相色谱 – 质谱法	HJ 644
	硝基苯类	环境空气　硝基苯类化合物的测定　气相色谱法	HJ 738
		环境空气　硝基苯类化合物的测定　气相色谱 – 质谱法	HJ 739
	苯胺类	空气质量　苯胺类的测定　盐酸萘乙二胺分光光度法	GB/T 15502—1995
	醛、酮类化合物	空气　醛、酮类化合物的测定　高效液相色谱法	HJ 683
	甲硫醇、甲硫醚和二甲二硫醚	空气质量　硫化氢、甲硫醇、甲硫醚和二甲二硫的测定　气相色谱法	GB/T 14678
	三甲胺	空气质量　三甲胺的测定　气相色谱法	GB/T 14676
	其他	实验室内方法验证后使用	
本规定实施之日后，国家或地方再行发布的适用的空气和废气有机污染物分析方法同等选用			

附录 2

固定污染源废气挥发性有机物的监测流程图

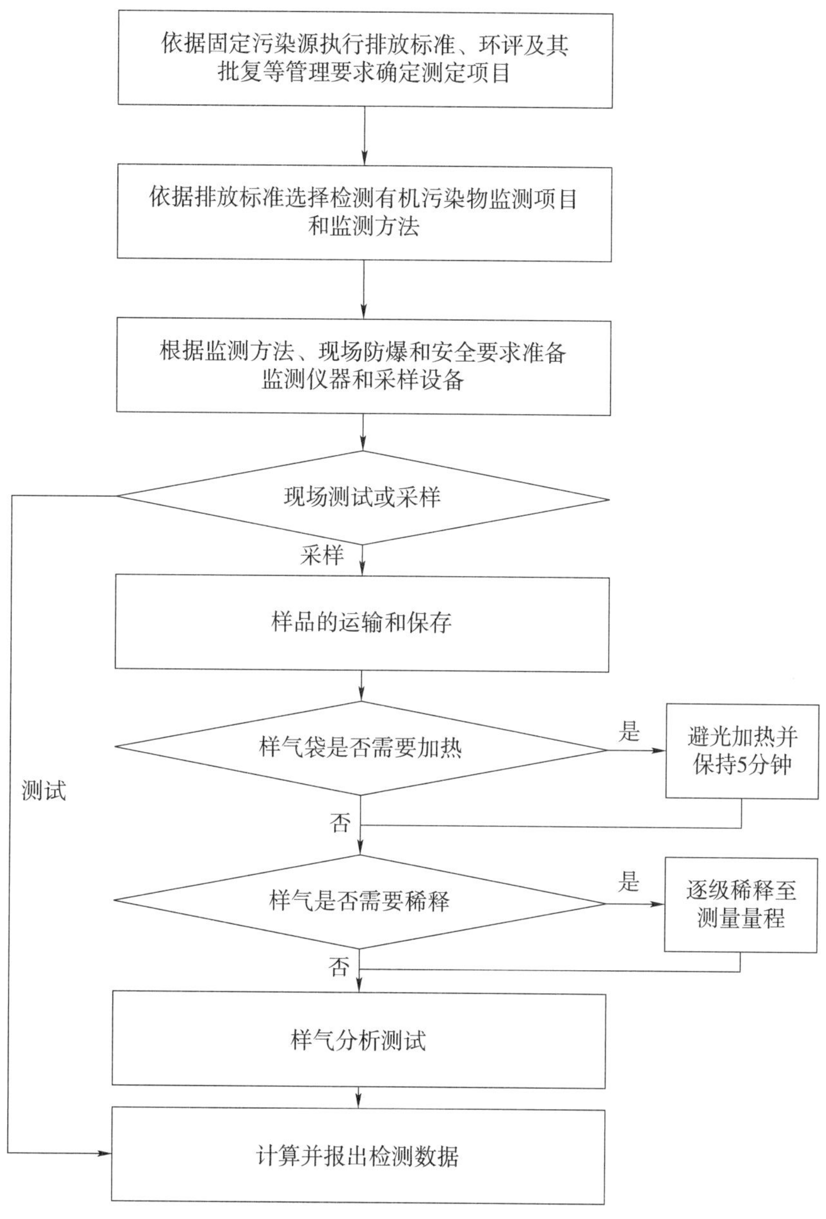

固定污染源废气挥发性有机物的监测流程图

突发环境事件应急监测技术规范

（HJ 589—2021）

前　言

为贯彻《中华人民共和国环境保护法》《中华人民共和国水污染防治法》《中华人民共和国大气污染防治法》《中华人民共和国土壤污染防治法》《中华人民共和国固体废物污染环境防治法》和《突发环境事件应急管理办法》，防治生态环境污染，改善生态环境质量，规范突发环境事件应急监测，制定本标准。

本标准规定了突发环境事件应急监测启动及工作原则、污染态势初步判别、应急监测方案、跟踪监测、应急监测报告、质量保证和质量控制、应急监测终止等技术要求。

《突发环境事件应急监测技术规范》（HJ 589—2010）首次发布于 2010 年，起草单位为中国环境监测总站、浙江省杭州市环境监测中心（原杭州市环境监测中心站）。本次为第一次修订，修订的主要内容有：

——修订了突发环境事件、应急监测、跟踪监测的定义；增加了应急监测启动、污染态势初步判别、应急监测终止的定义；

——增加了突发环境事件应急监测启动及工作原则、污染态势初步判别、应急监测方案、跟踪监测、应急监测终止相关内容；

——调整了应急监测报告、质量保证和质量控制的内容；

——删除了原标准附录 A 相关内容；新增附录 A、附录 B。

本标准的附录 A 和附录 B 为资料性附录。

本标准自实施之日起，《突发环境事件应急监测技术规范》（HJ 589-2010）废止。

本标准由生态环境部生态环境监测司、法规与标准司组织制订。

本标准主要起草单位：中国环境监测总站、江苏省环境监测中心、吉林省吉林生态环境监测中心。

本标准生态环境部 2021 年 12 月 16 日批准。

本标准自 2022 年 3 月 1 日起实施。

本标准由生态环境部解释。

1　适用范围

本标准规定了突发环境事件应急监测启动及工作原则、污染态势初步判别、应急监测方案、跟踪监测、应急监测报告、质量保证和质量控制、应急监测终止等技术要求。

本标准适用于因生产、经营、储存、运输、使用和处置危险化学品或危险废物以及意外因素或不可抗拒的自然灾害等原因而引发的突发环境事件的应急监测，包括大气、地表水、地下水和土壤环境等的应急监测。

注：本标准不适用于辐射事故、海洋污染事件、涉及军事设施污染事件、生物及微生物污染事件、重污染天气等应对工作的应急监测，相关应急监测工作可参照相关技术规范和标准执行。核技术利用、放射性物品运输以及放射性废物处理、贮存和处置设施或活动等原因引发的辐射事故的应急监测执行 HJ 1155 相关要求。核设施及有关核活动发生的核事故所造成的辐射污染事件、海上溢油事件、船舶污染事件的应对工作按照相关应急预案规定执行。重污染天气应对工作按照国务院《大气污染防治行动计划》等有关规定执行。

应急监测包括污染态势初步判别和跟踪监测两个阶段。应急监测终止后进行的后续监测不适用本标准，可参照相关技术规范和标准进行。

2　规范性引用文件

本标准引用了下列文件或其中的条款。凡是注明日期的引用文件，仅注日期的版本适用于本标准。凡是未注日期的引用文件，其最新版本（包括所有的修改单）适用于本标准。

GB/T 8170　数值修约规则与极限数值的表示和判定

HJ/T 20　工业固体废物采样制样技术规范

HJ/T 55　大气污染物无组织排放监测技术导则

HJ/T 91　地表水和污水监测技术规范

HJ 91.1　污水监测技术规范

HJ 164　地下水环境监测技术规范

HJ/T 166　土壤环境监测技术规范

HJ 193　环境空气质量自动监测技术规范

HJ 194　环境空气质量手工监测技术规范

HJ 493　水质采样　样品的保存和管理技术规定

HJ 494　水质　采样技术指导

HJ 630　环境监测质量管理技术导则

HJ 1155　辐射事故应急监测技术规范

《国家突发环境事件应急预案》（国办函〔2014〕119 号）

3　术语和定义

下列术语和定义适用于本标准。

3.1

突发环境事件　environmental accidents

由于污染物排放或自然灾害、生产安全事故等因素，导致污染物或放射性物质等有毒有害物质进入大气、水体、土壤等环境介质，突然造成或可能造成环境质量下降，危及公众身体健康和财产安全，或者造成生态环境破坏，或者造成重大社会影响，需要采取紧急措施予以应对的事件。

3.2

应急监测　emergency monitoring

突发环境事件发生后至应急响应终止前，对污染物、污染物浓度、污染范围及其动态变化进行的监测。应急监测包括污染态势初步判别和跟踪监测两个阶段。

3.3

应急监测启动　emergency monitoring start

突发环境事件发生后，根据应急组织指挥机构应急响应指令，启动应急监测预案，开展应急监测工作。

3.4

污染态势初步判别　preliminary discrimination of pollution situation

突发环境事件应急监测的第一阶段，突发环境事件发生后，确定污染物种类、监测项目及大致污染范围和污染程度的过程。

3.5

跟踪监测　track monitoring

突发环境事件应急监测的第二阶段，指污染态势初步判别阶段后至应急响应终止前，开展的确定污染物浓度、污染范围及其动态变化的环境监测活动。

3.6

突发环境事件固定污染源　stationary pollution source in environmental accidents

固定场所如工业企业或其他单位由于突发事件，在瞬时或短时间内排放有毒、有害污染物，造成对环境污染的源。

3.7

突发环境事件移动污染源　mobile pollution source in environmental accidents

在运输过程中由于突发事件，在瞬时或短时间内排放有毒、有害污染物，造成对环境污染的源。

3.8

采样断面（点）　sampling section (point)

突发环境事件发生后，对地表水、大气、土壤和地下水等样品进行采集的整个剖面（点）。

3.9

瞬时样品　grab sample

从大气、地表水、地下水和土壤中不连续地随机采集的单一样品，一般在一定的时间和地点随机采取。

3.10

应急监测终止　emergency monitoring termination

当突发环境事件条件已经排除、污染物质已降至规定限值以内、所造成的危害基本消除时，由启动响应的应急组织指挥机构终止应急响应，同时终止应急监测。

4　应急监测启动及工作原则

4.1　及时性

接到应急响应指令时，应做好相应记录并立即启动应急监测预案，开展应急监测工作。

4.2　可行性

突发环境事件发生后，应急监测队伍应立即按照相关预案，在确保安全的前提下，开展应急监测工作。突发环境事件应急监测预案内容包括但不限于总则、组织体系、应急程序、保障措施、附则、附件等部分，具体内容由各生态环境监测机构根据自身组织管理方式细化。

4.3　代表性

开展应急监测工作，应尽可能以足够的时空代表性的监测结果，尽快为突发环境事件应急决策提供可靠依据。在污染态势初步判别阶段，应以第一时间确定污染物种类、监测项目、大致污染范围及程度为工作原则；在跟踪监测阶段，应以快速获取污染物浓度及其动态变化信息为工作原则。

5　污染态势初步判别

5.1　现场调查

5.1.1　现场调查原则

迅速通过各种渠道搜集突发环境事件相关信息，初步了解污染物种类、污染状况及可能污染范围及程度。

5.1.2　现场调查内容

现场调查可包括如下内容：

事件发生的时间和地点，必要的水文气象及地质等参数，可能存在的污染物名称及排放量，污染物影响范围，周围是否有敏感点，可能受影响的环境要素及其功能区划等；污染物特性的简要说明；其他相关信息（如盛放有毒有害污染物的容器、标签等信息）。

《突发环境事件应急监测现场调查信息表》参见附录 A。

5.2　污染物和监测项目的确定

5.2.1　污染物和监测项目的确定原则

优先选择特征污染物作为监测项目，根据污染事件的性质和环境污染状况确认在环境中积累较多、对环境危害较大、影响范围广、毒性较强的污染物，或者为污染事件对环境造成严重不良影响的特定项目，并根据污染物性质（自然性、扩散性或活性、毒性、可持续性、生物可降解性或积累性、潜在毒性）及污染趋势，按可行性原则（尽量有监测方法、评价标准或要求）进行确定。

5.2.2　已知污染物监测项目的确定

5.2.2.1　根据已知污染物及其可能存在的伴生物质，以及可能在环境中反应生成的衍生污染物或次生污染物等确定主要监测项目。

5.2.2.2　对固定污染源引发的突发环境事件，了解引发突发环境事件的位置、设备、材料、产品等信息，采集有代表性的污染源样品，确定特征污染物和监测项目。

5.2.2.3　对移动污染源引发的突发环境事件，了解运输危险化学品或危险废物的名称、数量、来源、生产或使用单位，同时采集有代表性的污染源样品，确定特征污染物和监测项目。

5.2.3　未知污染物监测项目的确定

5.2.3.1　可根据现场调查结果，结合突发环境事件现场的一些特征及感官判断，如气味、颜色、挥发性、遇水的反应特性、人员或动植物的中毒反应症状及对周围生态环境的影响，初步判定特征污染物和监测项目。

5.2.3.2　可通过事件现场周围可能产生污染的排放源的生产、运输、安全及环保记录，初步判定特征污染物和监测项目。

5.2.3.3　可利用相关区域或流域的环境自动监测站和污染源在线监测系统等现有的仪器设备的监测结果，初步判定特征污染物和监测项目。

5.2.3.4　可通过现场采样分析，包括采集有代表性的污染源样品，利用检测试纸、快速检测管、便携式监测仪器、流动式监测平台等现场快速监测手段，初步判定特征污染物和监测项目。若现场快速监测方法的定性结果为检出，需进一步采用不同原理的其他方法进行确认。

5.2.3.5　可现场采集样品（包括有代表性的污染源样品）送实验室分析，确定特征污染物和监测项目。

5.2.4　初步判别方法的选用

为迅速查明突发环境事件污染物的种类（或名称）、污染程度和范围以及污染发展趋势，在已有调查资料的基础上，充分利用现场快速监测方法和实验室现有的分析方法进行鉴别、确认。

可采用检测试纸、快速检测管、便携式监测设备、移动监测设备（车载式、无人机、无人船）及遥感等多手段监测技术方法；现有的空气自动监测站、水质自动监测站和污染源在线监测系统等在用的监测方法；现行实验室分析方法。

当上述分析方法不能满足要求时，可根据各地具体情况和仪器设备条件，选用其他适宜的方法。

5.3　污染范围及程度初步判别

根据现场调查收集的基础数据、文献资料以及分析结果，借助遥感、地理信息系统、动力学模型等技术方法，必要时可依靠专家支持系统，初步判别突发环境事件可能影响的时空范围、污染程度。

6　应急监测方案

6.1　应急监测方案内容

本标准中的应急监测方案指跟踪监测阶段的应急监测方案。

根据污染态势初步判别结果，编制应急监测方案。应急监测方案应包括但不限于突发环境事件概况、监测布点及距事发地距离、监测断面（点位）经纬度及示意图、监测频次、监测项目、监测方法、评价标准或要求、质量保证和质量控制、数据报送要求、人员分工及联系方式、安全防护等方面内容。

应急监测方案应根据相关法律、法规、规章、标准及规范性文件等要求进行编写，并在突发环境事件应急监测过程中及时更新调整。

6.2　点位布设

6.2.1　布点原则

采样断面（点）的设置一般以突发环境事件发生地及可能受影响的环境区域为主，同时应注重人群和生活环境、事件发生地周围重要生态环境保护目标及环境敏感点，重点关注对饮用水水源地、人群活动区域的空气、农田土壤、自然保护区、风景名胜区及其他需要特殊保护的区域的影响，合理设置监测断面（点），判断污染团（带）位置、反映污染变化趋势、了解应急处置效果。应根据突发环境事件应急处置情况动态及时更新调整布设点位。

对被突发环境事件所污染的地表水、大气、土壤和地下水应设置对照断面（点）、控制断面（点），对地表水和地下水还应设置削减断面，布点要确保能够获取足够的有代表性的信息，同时应考虑采样的安全性和可行性。

对突发环境事件固定污染源和移动污染源的应急监测，应根据现场的具体情况布设采样点。

6.2.2　采样断面（点）的布设

水和废水、空气和废气、土壤和固体废物等采样断面（点）的布设可参照 HJ/T 91、HJ 91.1、HJ 164、HJ 493、HJ 494、HJ 193、HJ 194、HJ/T 55、HJ/T 166 和 HJ/T 20 等标准执行。

6.2.3　采样断面（点）的编号

采样断面（点）应当设置编号。因应急监测方案调整变更采样断面（点）的，在原断面（点）之间的新设断面（点）应依序以下级编号形式插号。

6.3　监测频次

监测频次主要根据现场污染状况确定。事件刚发生时，监测频次可适当增加，待摸清污染变化规律后，可减少监测频次。依据不同的环境区域功能和现场具体污染状况，力求以最合理的监测频次，取得具有足够时空代表性的监测结果，做到既有代表性、能满足应急工作要求，又切实可行。

6.4　监测项目

监测项目设置参照“5.2 污染物和监测项目的确定”。

6.5　应急监测方法

6.5.1　应急监测方法的选择以支撑环境应急处置需求为目标，根据监测能力、现场条件、方法优缺点等选择适宜的监测方法，保障监测效率和数据质量。

6.5.2 在满足环境应急处置需要的前提下，优先选择国家或行业标准规定的监测方法，同一应急阶段尽量统一监测方法。

6.5.3 样品不易保存或处于污染追踪阶段时，优先选用现场快速测定方法。采用现场快速测定方法测定的结果应在监测报告中注明。对于现场快速测定方法，除了自校准或标准样品测定外，亦可采用与不同原理的其他方法进行对比确认等方式进行质量控制。

6.5.4 可利用相关环境质量自动监测系统和污染源在线监测系统等作为补充监测手段。

6.6 评价标准或要求

突发环境事件应急监测按照相关生态环境质量标准、生态环境风险管控标准或污染物排放标准进行评价。若所监测项目尚无评价标准，可参考国内外及国际组织的相关评价标准或要求，并在方案和报告中注明。

7 跟踪监测

7.1 样品采集

7.1.1 采样准备及记录

7.1.1.1 根据突发环境事件应急监测方案制定有关采样计划，包括采样人员及分工、采样器材、安全防护设备设施、必要的简易快速检测器材等。必要时，根据事件现场具体情况制定更详细的采样计划。

7.1.1.2 采样器材主要包括采样器和样品容器，常见的采样器材材质及洗涤要求可参照相应的大气、水、土壤等监测技术规范，有条件的应专门配备一套用于应急监测的采样设备。此外，还可以利用当地的大气或水质自动在线监测设备、无人机（船）等新型采样设备进行采样。

7.1.1.3 现场采样记录应如实记录并在现场完成，内容全面，可充分利用常规例行监测表格进行规范记录，至少应包括如下信息：

a）采样断面（点）地理信息及点位布设图，如有必要对采样断面（点）及周围情况进行现场录像和拍照，特别注明采样断面（点）所在位置的标识性构筑物如建筑物、桥梁等名称；

b）必要的水文气象及地质等参数、周围环境敏感点信息及样品感官特征；

c）监测项目、采样时间、样品数量、空白及平行样等信息；

d）采样人员及校核人员的签名。

7.1.2 采样方法及采样量的确定

7.1.2.1 应急监测通常采集瞬时样品，对多个监测断面（点）应在同一时间采样。采样量根据分析项目及分析方法确定，采样量还应满足留样要求。

7.1.2.2 具体采样方法及采样量可参照 HJ/T 91、HJ 91.1、HJ 164、HJ 493、HJ 494、HJ 193、HJ 194、HJ/T 55、HJ/T 166 和 HJ/T 20 等标准执行。

7.1.3 样品管理

7.1.3.1　样品管理目的

样品管理的目的是为了保证样品的采集、保存、运输、接收、分析、处置工作有序进行，确保样品在传递过程中始终处于受控状态。

7.1.3.2　样品标识

样品应以一定的方法进行分类，如可按环境要素或其他方法进行分类，并在样品标签和现场采样记录单上记录相应的唯一性标识。样品标识至少应包含样品编号、采样点位、监测项目、采样时间、采样人等信息。有毒有害、易燃易爆样品特别是污染源样品应用特别标识（如图案、文字）加以注明。

7.1.3.3　样品保存

除现场测定项目外，对需送实验室进行分析的样品，根据不同样品的性状和监测项目，应选择合适的存放容器和样品保存方法。尽量避免样品在保存和运输过程中发生变化。对易燃易爆及有毒有害的应急样品，应分类存放，保证安全。

7.1.3.4　样品运送和交接

对需送实验室进行分析的样品，应及时送实验室进行分析，避免样品在保存和运输过程中发生变化。

对含有易挥发性的物质或高温不稳定物质的样品，应低温保存运输。

样品运输前应将样品容器内、外盖（塞）盖（塞）紧。装箱时应安全分隔以防样品破损和倒翻。每个样品箱内应有相应的样品采样记录单或送样清单，应有专门人员运送样品并填写样品交接记录单。

对有毒有害、易燃易爆或性状不明的应急监测样品，特别是污染源样品，送样人员在送实验室时应告知接样人员样品的危险性，接样人员同时向实验室人员说明样品的危险性，实验室分析人员在分析时应注意安全。

7.1.3.5　样品处置

样品应在保存期内留存。

对含有剧毒或大量有毒、有害化合物的样品，特别是污染源样品，应按相关要求妥善处置。

7.2　现场监测

7.2.1　现场监测仪器装备

7.2.1.1　现场监测仪器设备的确定原则

现场监测仪器设备的选用宜以便携式、直读式、多参数的现场监测仪器为主，要求能够通过定性半定量的监测结果，对污染物进行快速鉴别、筛查及监测。

7.2.1.2　现场监测仪器设备的准备

可根据本地实际和全国环境监测站建设标准要求，配置常用的现场监测仪器设备，如检测试纸、快速检测管和便携式监测仪器等快速检测仪器设备。需要时，配置便携式气相色谱仪、便携式红外光谱仪、便携式气相色谱 / 质谱分析仪等应急监测仪器。有条件的可使用整合便携式 / 车载式监测仪器设备的水质和大气应急监测车等装备。

使用后的检测试纸、快速检测管、试剂及废弃物等应按相关要求妥善处置。

7.2.2 现场监测记录

应及时进行现场监测记录，并确保信息完整。可利用日常监测记录表格进行记录，主要包括：监测时间、监测断面（点位）、监测断面（点位）示意图、必要的环境条件、样品类型、监测项目、监测分析方法、仪器名称、仪器型号、仪器编号、仪器校准或核查、监测结果、监测人员及校核人员的签名等，同时记录必要的水文气象及地质等参数。

7.3 实验室分析

7.3.1 样品到达实验室后应及时按照应急监测方案开展实验室分析。在实验室分析过程中应保持样品标识的唯一性。

7.3.2 在实验室分析过程中做好相应原始记录，遇特异情况和有必要说明的问题，应进行备注。

7.4 监测结果及数据处理

突发环境事件应急监测结果可用定性、半定量或定量的监测结果来表示。定性监测结果可用“检出”或“未检出”来表示；半定量监测结果可给出测定结果或测定结果范围；定量监测结果应给出测定结果并注明其检出限，超出相应评价标准或要求的，还应明确超标倍数。

突发环境事件应急监测的数据处理参照相应的分析方法及监测技术规范执行。数据修约规则按照 GB/T 8170 的相关规定执行。

8 应急监测报告

8.1 报告原则

应急监测报告的结论信息应真实、准确、及时，快速报送。

8.2 报告形式及内容

8.2.1 报告形式

突发环境事件应急监测报告按当地突发环境事件应急监测预案或应急监测方案要求的形式进行报送。

8.2.2 报告内容

突发环境事件应急监测报告内容为应急监测工作的开展情况和计划，分析监测数据和相关信息，判断特征污染物种类、污染团分布情况和迁移扩散趋势等，为环境应急事态研判和应对提出科学合理的参考建议。

突发环境事件应急监测报告编制原则：内容准确，重点突出；结论严谨，建议合理；要素全面，格式规范。

按应急监测开展时间，可分为应急监测报告和应急监测总结报告。其中，应急监测报告适用于应急监测期间，应急监测组向环境应急指挥部报送监测工作情况；应急监测总结报告系应急监测结束后，相关应急监测队伍对所参与应急监测工作的总结。

应急监测报告结构和内容总体上分为事件基本情况、监测工作开展情况、监测结论和建议以及监测报告附件等4个部分。事件基本情况概述事发时间、地点、起因、事件性质、截至报告时的事态、已采取的处置措施以及可能受影响的敏感目标等。监测工作开展情况主要包括应急监测的行动过程和监测工作内容。监测结论和建议主要包括截至当期报告编制时特征污染物在各点位的浓度分布，并结合其他信息分析污染团可能的位置和范围预测污染扩散趋势和对敏感目标的影响等，以及根据监测数据和有关信息的综合研判，向环境应急指挥部提出的参考建议，作为编制下一步应急监测方案的依据，符合应急监测终止条件的，可在报告中提出终止建议。监测报告附件主要包括污染趋势图、监测方法表、监测数据表、监测点位图（表）、监测现场照片、特征污染物相关信息（通常只作为首期报告的附件）。

应急监测工作结束后，应编写应急监测总结报告，主要包含事件基本情况、应急监测工作开展情况、经验和不足、报告附件4个部分的内容。

8.3　报送范围

按当地突发环境事件应急监测预案或应急监测方案要求进行报送。

8.4　保密及材料归档

应急监测报告及相关材料应按照相关规定进行保密和归档。

9　质量保证和质量控制

9.1　基本原则

应急监测的质量保证和质量控制，应覆盖突发环境事件应急监测全过程，重点关注方案中点位、项目、频次的设定，采样及现场监测，样品管理，实验室分析，数据处理和报告编制等关键环节，突发环境事件应急监测流程示意图参见附录B。针对不同的突发环境事件类型和应急监测的不同阶段，应有不同的质量管理要求及质量控制措施。污染态势初步判别阶段质量控制重点在于真实与及时，跟踪监测阶段质量控制重点在于准确与全面。力求在短时间内，用有效的方法获取最有用的监测数据和信息，既能满足应急工作的需要，又切实可行。

9.2　采样与现场监测的质量保证及质量控制

9.2.1　采样与现场监测人员应具备相关经验，掌握突发环境事件布点采样技术，熟知采样器具的使用和样品采集、保存、运输条件。若进入危险区域开展采样及现场监测，应经相关部门同意，在保证安全的前提下方可开展工作。

9.2.2　采样和现场监测仪器应进行日常的维护、保养，确保仪器设备保持正常状态，仪器离开实验室前应进行必要的检查。

9.2.3　应急监测时，允许使用便携式仪器和非标准监测分析方法，但应对其得出的结果或结论予以明确表达。可采用自校准或标准样品测定等方式进行质量控制，用试纸、快速检测管和便携式监测仪器进行定性时，若结果为未检出则可基本排除该污染物；若结果为检出则只能暂时判定为“疑是”，需再用不同原理的其他方法进行确认，若两种方法得出的结果较为一致，则结果可信，否则需继续核实或采样后送实验室分析确定。

9.2.4 其他质量保证和质量控制措施可参照相应的监测技术规范执行。

9.3 样品管理的质量保证和质量控制

9.3.1 应保证样品从采集、保存、运输、分析、处置的全过程均有记录，确保样品处在受控状态。

9.3.2 样品在采集和运输过程中应防止样品被污染及样品对环境的污染。运输工具应合适，运输中应采取必要的防震、防雨、防尘、防爆等措施，以保证人员和样品的安全。

9.4 实验室分析的质量保证和质量控制

9.4.1 实验室分析人员应熟练掌握实验室相关分析仪器的操作使用和质量控制措施。

9.4.2 实验室分析仪器应在检定周期或校准有效期内使用，进行日常的维护、保养，确保仪器设备始终保持良好的技术状态。

9.4.3 实验室分析的质量保证措施可参照相关监测技术规范执行。

9.5 应急监测报告的质量保证和质量控制

应急监测报告信息要完整，原则上应审核后报送。

9.6 联合应急监测的质量保证和质量控制

多家单位开展联合应急监测时，应注意监测数据的可比性。

10 应急监测终止

当应急组织指挥机构终止应急响应或批准应急监测终止建议时，方可终止应急监测。

凡符合下列情形之一的，可向应急组织指挥机构提出应急监测终止建议：

a）对于突发水环境事件，最近一次应急监测方案中，全部监测点位特征污染物的 48 h 连续监测结果均达到评价标准或要求；对于其他突发环境事件，最近一次应急监测方案中全部监测断面（点位）特征污染物的连续 3 次以上监测结果均达到评价标准或要求；

b）对于突发水环境事件，最近一次应急监测方案中，全部监测点位特征污染物的 48 h 连续监测结果均恢复到本底值或背景点位水平；对于其他突发环境事件，最近一次应急监测方案中全部监测断面（点位）特征污染物的连续 3 次以上监测结果均恢复到本底值或背景点位水平；

c）应急专家组认为可以终止的情形。

附　录　A
（资料性附录）
突发环境事件应急监测现场调查信息表

表 A.1　突发环境事件应急监测现场调查信息表

<table>
<tr><td>单位名称</td><td colspan="3"></td></tr>
<tr><td rowspan="2">突发环境事件地点（如涉水需明确水体名称）</td><td rowspan="2"></td><td rowspan="2">地理坐标</td><td>东经：</td></tr>
<tr><td>北纬：</td></tr>
<tr><td>到达现场时间</td><td></td><td>气象参数</td><td>风向：　　风速：
温度：　　大气压：
降水：</td></tr>
<tr><td>纳污水体水文情况</td><td>流向：　　流速（量）：</td><td>防护措施</td><td></td></tr>
<tr><td>调查人员</td><td colspan="3">记录人：</td></tr>
<tr><td>突发环境事件发生时间、起因、受影响环境要素及大致范围</td><td colspan="3"></td></tr>
<tr><td>主要污染物、特性及流失量</td><td colspan="3"></td></tr>
<tr><td>环境敏感点情况</td><td colspan="3"></td></tr>
<tr><td>可能的伴生物质、衍生污染物或次生污染物</td><td colspan="3"></td></tr>
<tr><td>现场初步判别结果（特征污染物和监测项目）</td><td colspan="3"></td></tr>
<tr><td>现场环境及敏感点示意图</td><td colspan="3"></td></tr>
<tr><td>其他相关信息</td><td colspan="3"></td></tr>
</table>

附 录 B
（资料性附录）
突发环境事件应急监测流程示意图

突发环境事件应急监测流程示意图见图 B.1。

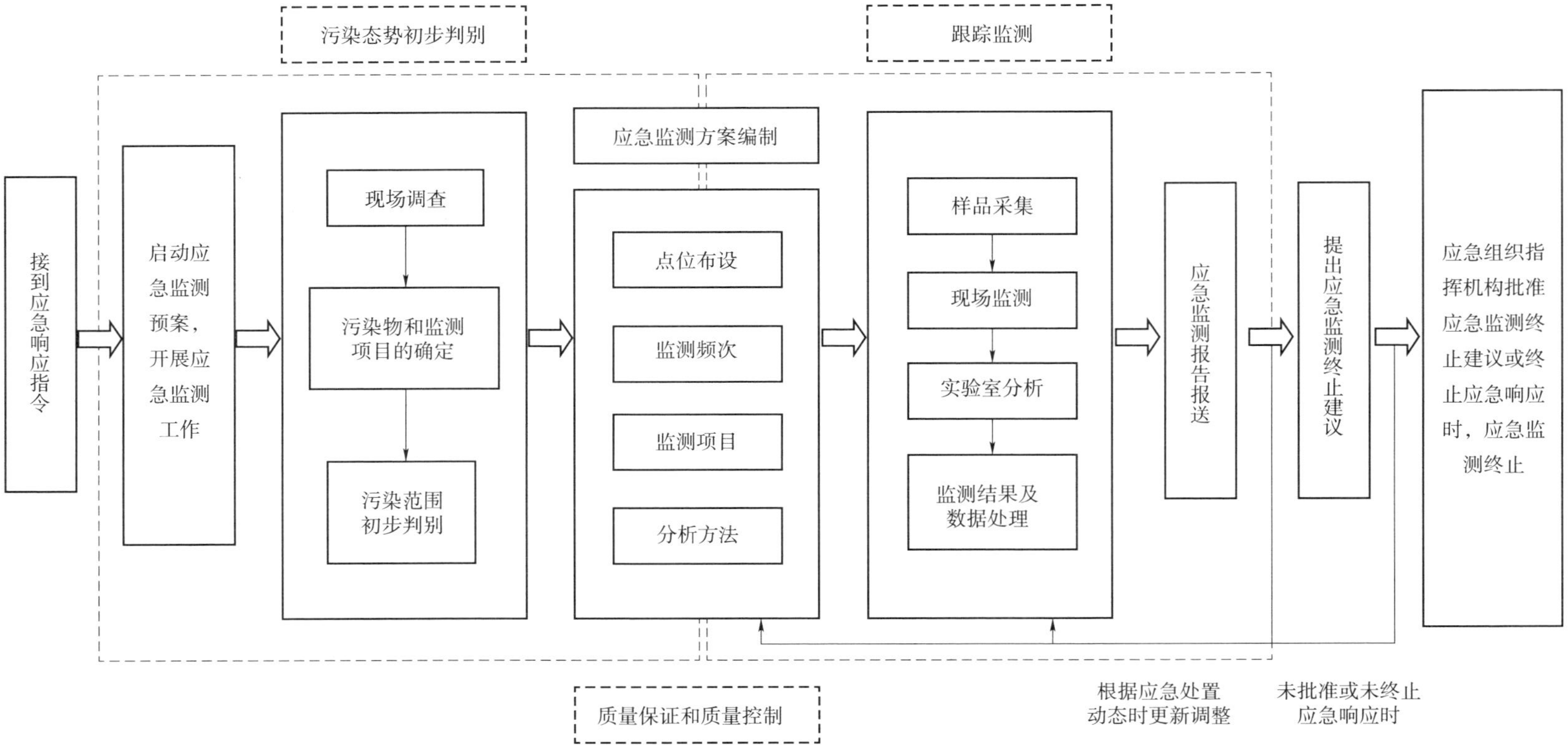

污染态势初步判别

跟踪监测

接到应急响应指令

启动应急监测预案，开展应急监测工作

现场调查

污染物和监测项目的确定

污染范围初步判别

应急监测方案编制

点位布设

监测频次

监测项目

分析方法

样品采集

现场监测

实验室分析

监测结果及数据处理

应急监测报告报送

提出应急监测终止建议

应急组织指挥机构批准应急监测终止建议或终止应急响应时，应急监测终止

质量保证和质量控制

根据应急处置动态时更新调整

未批准或未终止应急响应时

图 B.1　突发环境事件应急监测流程示意图

关于印发《生态环境应急监测能力建设指南》的通知

（环办监测函〔2020〕597 号）

各省、自治区、直辖市生态环境厅（局），新疆生产建设兵团生态环境局：

为加强人员队伍、装备配置等生态环境应急监测能力建设，具备可同时应对两起突发生态环境事件应急监测能力，依据《生态环境监测网络建设方案》（国办发〔2015〕56 号）、《生态环境领域中央与地方财政事权和支出责任划分改革方案》（国办发〔2020〕13 号）、《国家突发环境事件应急预案》（国办函〔2014〕119 号）和《关于加强生态环境应急监测工作的意见》（环办监测〔2018〕40 号），制定本指南，现印发给你们。各级生态环境部门可参考本指南，根据实际情况，因地制宜开展应急监测能力建设。

生态环境部办公厅

2020 年 11 月 9 日

生态环境应急监测能力建设指南

一、适用范围

省级及以下生态环境部门，可参考本指南开展突发生态环境事件应急监测能力建设及应急监测演练。

中央本级、核与辐射应急监测能力建设另行规定。

二、基本原则

国家指导，省级统筹。生态环境部负责区域、流域生态环境应急监测能力建设，根据地方需求，提供相关应急监测支援和技术支持保障；省、自治区、直辖市生态环境部门统筹协调，市、县生态环境部门分级负责，形成属地为主、资源共享、快速反应、保障有力的应急监测能力。

积极兼容，平战结合。各级生态环境监测机构应建立健全常态与非常态相结合的管理体系，将应急监测融入到日常监测工作中，构建专兼配合、资源整合的应急监测工作机制，定期开展应急监测业务培训和演练，做到平时能服务，战时能应战，随时做好应对突发生态环境事件准备。

分级响应，配置保障。国家建立生态环境应急监测支援体系。地方生态环境监测机构应按照突发生态环境事件应急预案要求，建立分级负责、协调联动的应急监测响应机制。针对突发生态环境事件不同级别和生态环境风险特征，科学配置应急监测仪器设备，突出向市、县级基层倾斜，确保应急监测快速有效。

三、应急监测队伍

（一）组织机构

生态环境部在重点流域、区域建立应急监测平台，加强跨省界、国境河流、大气环境以及近岸以外海域应急监测能力建设，建立应急监测技术实验应用与成果转化基地。地方生态环境监测机构应明确承担应急监测的部门和人员，负责应急监测日常管理，牵头统筹应急监测工作。

（二）管理方式

各地应制定切实可行、运转高效的应急监测工作机制，加强应急监测日常管理，切实提高突发生态环境事件应急监测实战能力。鼓励建立社会机构维护保养应急监测仪器，参加应急监测演练及突发生态环境事件应对等工作制度。

（三）人员配备

1. 加强人员队伍建设，重点培养具备突发生态环境事件分析研判和指挥决策能力的综合性人才，建立应急监测专家库。

2. 建立应急监测人员 A、B 岗工作制度，确保同时应对两起突发生态环境事件应急监测能力，保证应急监测工作顺利开展。

3. 制定落实年度培训计划，加强应急监测新技术、新方法的培训，确保监测人员熟悉生态环境应急预案要求及应急监测业务。

四、应急监测装备

（一）配置要求

按照平战结合要求配置应急监测设备，综合应急监测、执法监测和常规监测业务工作，提高设备使用效率。结合产业特点和生态环境风险特征，建设应急监测物资储备库，建立社会应急监测能力清单，优先考虑现场快速监测设备，鼓励将无人机（船）、激光雷达等新技术应用于应急监测领域，保证满足快速、有效、准确的监测要求。应急监测装备配置示例表见附件 1、2。

（二）配置方式

应急监测装备的配置有购买设备、租用设备、购买服务或社会合作等方式，各地可根据实际灵活选择一种或者多种方式的组合。

1. 购买设备

该方式为目前大部分仪器设备的配置方式，采购验收合格后，监测机构负责仪器设备的日常运维保养、定期校准、核查，供货商按服务协议提供售后服务。

2. 租用设备

针对某些单价较高且使用频率低的仪器设备，购买设备使用效益低，可采用租赁方式。供应商提供耗材更新、上门维修、定期校准、核查及其他技术服务。

3. 购买服务

生态环境风险高、应急监测任务重、应急监测能力不足的地区，可通过签订服务协议，由专业的社会机构提供应急监测服务，补充应急监测能力。

4. 部门合作

应急监测过程中，生态环境部门应主动与消防、水利、气象等相关政府部门合作开展监测，充分发挥各部门的业务专长，明确责任分工，实现数据共享。

5. 政企合作

充分发挥事发企业的主体责任，引导企业完善应急监测预案，按照主要特征污染物配置相应的应急监测装备并开展演练，参与应急监测任务。

（三）维护管理

应急监测装备的维护管理可采取自行维护、原厂维保、社会服务等方式，各地可根据实际灵活选用一种或者多种方式的组合。

1. 自行维护

适用于常规小型仪器设备的维护。监测机构需明确专人对仪器设备进行维护保养、定期校准、核查。仪器设备使用和管理人员应具有较高的专业技术能力。

2. 原厂维保

适用于自动监测车、自动监测站等运维复杂的大型设备。监测机构仅需对仪器设备进行简单的日常管理，由厂家定期进行校准、核查、调试。厂家应有足够的售后服务能力。

3. 社会服务

适用于生态环境监测市场发展较为成熟的地区，监测机构仅需对仪器设备进行简单的日常管理，委托社会机构定期校准、核查、调试、更换配件、补充耗材等。社会机构应具有较高的专业水平。

五、应急监测演练

各地应定期针对固定源、流动源、非点源等不同类型的突发生态环境事件开展应急监测演练，重点演练本地易发或已发突发生态环境事件类型。省级演练应以综合性演练为主，重点检验和提升省级生态环境监测机构对各方监测力量的统筹调度能力；省级以下演练应以单项演练为主，重点检验和提升应急监测队伍“招之即来、来之能战、战之能胜”的实战能力；鼓励各地引入社会机构参与应急监测演练及突发生态环境事件监测。

六、经费保障

各地应落实应急监测工作经费，保障应急监测人员学习培训、仪器设备购置保养、定期开展应急演练等。

附件：1. 应急监测装备配置示例表

2. 海洋应急监测装备配置示例表

附件 1

应急监测装备配置示例表

序号	装备类别	设备名称	装备用途
1	水质采样装备	水质采样器	用于地表水采样
2		深井采样器	用于地下水或深井采样
3		便携式抽滤仪	用于现场快速过滤水样
4		水样保存箱	用于水样的保存运输
5		便携式流速测量仪	用于小型溪流、沟渠的流速流量监测
6		手持 GPS	用于记录位置信息
7		摄像机	用于记录音视频信息
8	水质常规项目	便携式水质多参数测定仪	用于现场测定水温、pH、溶解氧、电导率等常规参数
9		水质试纸	主要用于水质参数的现场定性
10		水质试剂盒	主要用于水质参数的现场定性和半定量检测
11		水质多参数分光光度仪	用于现场检测 COD、高锰酸盐指数、氨氮、氰化物、总磷、六价铬、余氯等
12		便携式测油仪	用于现场快速检测水质中的油类含量
13		便携式气相分子吸收光谱仪	用于快速测定水中硫化物、氨氮、硝酸盐氮等
14		便携水质自动分析仪	用于现场检测 COD、氨氮、氰化物、总磷、六价铬、余氯等常规监测项目检测
15	水质重金属	便携式测汞仪	用于现场快速测定水体中的汞含量
16		便携式重金属测定仪	用于现场快速测定水体中的重金属含量
17		车载 ICP-MS	用于水中重金属的快速筛查和现场测定
18	水质有机项目	便携式 GC-MS（含便携式顶空进样器、固相微萃取装置、吹扫捕集装置）	主要用于现场定性、定量检测水中挥发性和半挥发性有机组分（VOCs、SVOCs）
19	水质生物指标	生物毒性检测仪	用于快速检测水质的生物急性毒性
20		手持式叶绿素（蓝绿藻）测定仪	用于快速检测水中的叶绿素浓度等
21		细菌快速检测仪	用于快速检测水中的大肠杆菌浓度
22	空气采样装备	便携式大气采样器	用于现场采集颗粒物及气态样品
23		苏玛罐	用于气体样品的采集
24		气象参数测定仪	用于测量风速、风向、气温、气压等

续表

序号	装备类别	设备名称	装备用途
25	空气常规项目	便携式多种气体检测仪（电化学传感器法）	满足《环境空气　氯气等有毒有害气体的应急监测　电化学传感器法》（HJ 872—2017）要求，可现场对 Cl_2、H_2S、HCl、CO、HCN、$COCl_2$、HF、NH_3 等有毒有害气体进行定性和半定量监测
26		便携式傅里叶红外分析仪（无机气体监测）	满足《环境空气　无机有害气体的应急监测　便携式傅里叶红外仪法》（HJ 920—2017）要求，可现场对 CO、CO_2、SO_2、NO、NO_2、HCl、HCN、HF、N_2O、NH_3 等无机气体进行定性和半定量监测
27		气体检测管	满足《环境空气　氯气等有毒有害气体的应急监测　比长式检测管法》（HJ 871—2017）要求，用于有毒有害气体的现场定性和半定量检测
28		便携式颗粒物检测仪	主要用于现场颗粒物的快速监测
29		红外遥测遥感系统	远距离对环境空气监测，爆炸、火灾现场燃烧产物危险性评估，船只烟囱或通风管道的排放监测
30	空气有机项目	便携式 GC-MS	主要用于现场定性、定量检测 VOCs
31		便携式 VOC 检测仪（PID）	主要用于现场检测 TVOCs
32		便携式非甲烷总烃检测仪	用于应急监测及环境空气中非甲烷总烃浓度测定
33		走航式 VOC 质谱监测仪	用于快速获取污染区域 VOCs 排放特征，建立区域污染时空分布图，掌控区域 VOCs 及各组分污染状况
34	土壤采样装备	土壤采样相关装备	用于土壤样品采集
35	土壤监测设备	便携式 X 荧光重金属检测仪	用于土壤中重金属的现场监测
36	移动应急监测平台	水质应急监测车	搭载多种功能和模块，用于水质现场快速检测
37		大气应急监测车	搭载多种功能和模块，用于空气现场快速检测
38		应急监测指挥车	用于应急监测现场的分析、研判、会商、决策
39	新型技术	无人机	用于空气样品采集、监测，突发环境事件航拍勘察，以及污染带追踪
40		无人船	用于水质采样和监测
41		机器人	用于搭载应急监测设备

续表

序号	装备类别	设备名称	装备用途
42	防护装备	防化服、防化靴、防化手套、棉纱手套、防毒面罩、安全帽、安全绳等安全防护装备	用于应对各种环境的现场作业
43	后勤保障	便携式移动通信基站、应急监测服装、急救箱、橡皮舟、帐篷、雨棚、应急供电设备、强光手电、激光测距仪、头灯、户外饮食等辅助设备	用于应急监测工作的后勤保障
44	软件系统	应急监测信息系统：	配备、建设集成全省应急监测资源的信息化平台，用于应急监测人员、装备及突发环境事件应急监测相关信息的管理
45		应急监测指挥系统： （1）应急监测环境分析系统； （2）应急监测预警调度辅助决策系统	用于应急监测现场环境分析研判、应急监测预警、调度及演练指挥
备注：以上应急监测装备为不同应急监测场景的应用示例，各级生态环境部门可根据实际情况选择是否配置和配置数量。			

附件 2

海洋应急监测装备配置示例表

序号	装备类别	设备名称	装备用途
1	水质采样设备	CTD 采样器	用于海水温度、盐度、深度测定及分层样品采集
2		海水分层采样器	用于分层海水样品采集
3		石油类采样器	用于采集石油类样品
4		便携式抽滤仪	用于现场快速过滤水样
5		水样保存箱	用于水样的保存运输
6		手持 GPS	用于记录位置信息
7		摄像机	用于记录音频信息
8	水质监测设备	流量流速仪	用于现场测定海水流速与流向
9		便携式水质检测仪	用于现场测定水温、pH、溶解氧、电导率等常规参数
10		超净工作台	用于水样的前处理
11		水质多参数分光光度仪	用于现场检测 COD、高锰酸盐指数、氨氮、氰化物、总磷、六价铬、余氯等
12		便携式测油仪	用于现场快速检测水质中的油类含量
13		便携式 GC-MS（含便携式顶空进样器、固相微萃取装置、吹扫捕集装置）	主要用于现场定性、定量检测水中 VOCs
14		气相 / 液相色谱飞行时间质谱联用仪	主要用于化工园区泄漏入海未知物、痕量有机物定性定量分析
15	空气监测设备	气象参数测定仪	用于测量风速、风向、气温、气压等
16		VOCs 检测仪	用于油品和挥发性化学品的扩散情况监测
17	沉积物采样设备	抓斗式沉积物采样器或相当装备	用于沉积物样品采集
18	沉积物监测设备	便携式 X 荧光重金属检测仪	用于沉积物中重金属的现场监测
19	生物采样设备	浮游生物网	用于赤潮生物样品的采集
20		无菌采水器	用于水质样品的采集
21		显微镜	用于快速分析赤潮种类和密度

续表

序号	装备类别	设备名称	装备用途
22	生物监测设备	生物毒性检测仪	用于快速检测生物急性毒性
23		手持式叶绿素（蓝绿藻）测定仪	用于快速检测叶绿素浓度等
24		细菌快速检测仪	用于快速检测大肠杆菌浓度
25		藻毒素检测试剂盒	用于赤潮藻毒素快速检测
26	移动应急监测平台	应急监测船舶	用于海上应急响应力量投送及作为海上应急监测平台
27		无人船	用于海水采样和监测
28		无人机	用于溢油、赤潮等灾害事件的持续跟踪拍摄
29		水质在线监测浮标	由监测船舶载运并投放于事发海域，以实现对水质变化情况的连续跟踪，也可兼顾对重点海域的水质监视监控
30		漂浮定位浮球	用于跟踪赤潮、溢油等的扩散和迁移路径
31	指挥决策系统	海上应急响应决策系统	用于海上风险研判、应急资源查询及调度等
32		通信指挥平台	应急监测船舶指挥、视频会商等
33		油指纹数据库	用于海上溢油种类、溯源等信息的分析
备注：以上应急监测装备为不同应急监测场景的应用示例，各级生态环境部门可根据实际情况选择是否配置和配置数量。			

第八部分

碳监测及智慧监测

关于印发《碳监测评估试点工作方案》的通知

（环办监测函〔2021〕435 号）

河北省、山西省、内蒙古自治区、辽宁省、上海市、江苏省、浙江省、山东省、河南省、广东省、重庆市、四川省、陕西省生态环境厅（局），中国环境科学研究院，中国环境监测总站，卫星环境应用中心，国家应对气候变化战略研究和国际合作中心，国家海洋环境监测中心，中国航天科工集团有限公司，中国石油天然气集团有限公司，中国石油化工集团有限公司，中国华电集团有限公司，国家能源投资集团有限责任公司，中国宝武钢铁集团有限公司，中国光大环境（集团）有限公司，首钢集团有限公司，北控水务（中国）投资有限公司，上海电力股份有限公司，山东能源集团有限公司：

为贯彻 2021 年全国生态环境保护工作会议精神，落实“减污降碳”总要求，支撑应对气候变化工作成效评估，指导做好碳监测评估试点工作，我部组织编制了《碳监测评估试点工作方案》。现印发给你们，请遵照执行。

生态环境部办公厅

2021 年 9 月 12 日

碳监测评估试点工作方案

2021 年 1 月，生态环境部印发《关于统筹和加强应对气候变化与生态环境保护相关工作的指导意见》（环综合〔2021〕4 号），明确提出“加强温室气体监测，逐步纳入生态环境监测体系统筹实施”的要求。为落实文件精神，做好碳监测评估试点工作，更好地发挥试点的示范引领作用，制定本方案。

一、总体要求

（一）指导思想

以习近平新时代中国特色社会主义思想为指导，全面贯彻党的十九大和十九届二中、三中、四中、五中全会精神，深入贯彻习近平生态文明思想和习近平总书记关于应对气候变化的系列讲话精神，认真落实党中央、国务院决策部署，以碳达峰目标与碳中和愿景为引领，以服务应对气候变化国家战略为着力点，落实减污降碳总要求，聚焦重点行业、重点城市和重点区域，系统提升业务化监测能力，兼顾基础研究和技术创新，通过试点工作先行示范，稳步推进碳监测评估体系建设，为建设美丽中国、构建人与自然生命共同体作出积极贡献。

（二）基本原则

面向管理、辅助核算。根据落实应对气候变化国家自主贡献目标，建设性参与和引领国际履约，适应气候变化管理支撑需要开展监测试点。将监测作为排放量核算的重要支撑、校核和辅助手段。

因地制宜、分类施策。试点企业和城市根据经济社会等客观因素，结合自身基础，重点识别本行业温室气体排放规律和城市温室气体源汇特征。明确目标，细化内容，提出符合基本要求且有针对性的监测方案。

立足业务、兼顾科研。初步建立业务化运行的碳监测评估试点网络。注重碳达峰、碳中和监测关键科技问题研究，先行先试，积累经验。

统筹融合、协同联动。将碳监测纳入常规生态环境监测网络统筹设计，发挥对减污降碳协同增效的支撑服务作用。充分发挥政府、企业、科研院所等监测资源优势，加强合作共享。

（三）试点目标

1. 总体目标

到 2022 年底，通过开展重点行业、城市、区域三个层面的碳监测评估试点工作，探索建立碳监测评估技术方法体系，形成业务化运行模式，总结经验做法，发挥示范效应，为应对气候变化工作成效评估提供数据支撑。

2. 具体目标

（1）重点行业温室气体排放监测试点

通过试点研究，明确监测点位、监测方法、质控要求等，构建重点行业温室气体监测技术体系；探索使用监测方法获取本地化排放因子，支撑、检验排放量核算；比较监测与核算数据的系统差异，评估使用直接监测法作为辅助手段，支撑企业层面温室气体排放量计算的科学性和可行性。

（2）城市大气温室气体及海洋碳汇监测试点

试点开展地面大气主要温室气体浓度监测，探索自上而下的碳排放量反演方法，初步形成技术指南，做好可推广、可应用、可示范的技术储备，为城市碳排放量核算结果提供校验参考。试点开展盐沼、红树林、海草床和海藻养殖海洋碳汇监测，构建典型海岸带生态系统和海藻养殖碳汇监测技术体系。

（3）区域大气温室气体及生态系统碳汇监测试点

基于现有国家环境空气质量监测网背景站及地基遥感站，结合卫星遥感手段，进一步完善监测网络，开展区域大气温室气体浓度天地一体监测、典型区域土地利用年度变化监测和生态系统固碳监测。

二、主要内容

本方案主要监测对象为《京都议定书》和《多哈修正案》中规定控制的7种人为活动温室气体，包括二氧化碳（CO_2）、甲烷（CH_4）、氧化亚氮（N_2O）、氢氟碳化物（HFCs）、全氟化碳（PFCs）、六氟化硫（SF_6）和三氟化氮（NF_3）。试点单位包括：中国环境监测总站、卫星环境应用中心、国家海洋环境监测中心、中国环境科学研究院、国家应对气候变化战略研究和国际合作中心5家单位；河北、山西、内蒙古、辽宁、上海、江苏、浙江、山东、河南、广东、重庆、四川、陕西等省级生态环境主管部门及试点城市相关部门；11个集团公司及其所属49家企业。

（一）重点行业温室气体排放监测试点

选择火电、钢铁、石油天然气开采、煤炭开采和废弃物处理五类重点行业，开展温室气体试点监测。火电、钢铁行业以CO_2为主，石油天然气、煤炭开采行业以CH_4为主，废弃物处理行业综合考虑CO_2、CH_4和N_2O。重点行业温室气体排放监测试点技术指南详见附件1。

1. 火电行业

火电行业试点以国家能源投资集团有限责任公司（以下简称国家能源集团）、中国华电集团有限公司（以下简称中国华电）、上海电力股份有限公司（以下简称上海电力）3个集团公司为主。共选取18家企业22台机组开展试点，包括国家能源集团7家火电企业的9台机组、中国华电10家火电企业的12台机组、上海电力1家火电企业的1台机组。

2. 钢铁行业

钢铁行业以中国宝武钢铁集团有限公司（以下简称中国宝武）和首钢集团有限公司（以下简称首钢集团）2个集团公司为主。共选取3家企业29个点位开展试点，包括中国宝武2家企业的19个点位，首钢集团1家企业的10个点位。

3. 石油天然气开采行业

石油天然气开采行业以中国石油天然气集团有限公司（以下简称中国石油）和中国石油化工集团有限公司（以下简称中国石化）2个集团公司为主。共选取9块油气田开展试点，包括中国石油的5块油气田、中国石化的4块油气田。

4. 煤炭开采行业

煤炭开采行业以国家能源集团、中国华电、山东能源集团有限公司（以下简称山东能源）和中国航天科工集团有限公司（以下简称中国航天科工）4个集团公司为主。共选取11家企业开展试点，包括国家能源集团的2家煤矿和2家选煤厂、中国华电的2家煤矿、山东能源的2家煤矿、山西省晋城市阳城县的3家煤矿（中国航天科工部署实施）。

5. 废弃物处理行业

废弃物处理行业以中国光大环境（集团）有限公司（以下简称光大环境）和北控水务

（中国）投资有限公司（以下简称北控水务）2 个集团公司为主。共选取 8 家企业开展试点，包括光大环境的 6 家企业，北控水务的 2 家污水处理厂。

（二）城市大气温室气体及海洋碳汇监测试点

综合考虑城市的能源结构、产业结构、城市化水平、人口规模、区域分布等因素，选取 16 个城市开展大气温室气体及海洋碳汇监测试点。试点类型包括基础试点城市、综合试点城市和海洋试点城市三类。城市大气温室气体及海洋碳汇监测试点技术指南详见附件 2。

1. 基础试点城市

选取唐山、太原、鄂尔多斯、丽水和铜川作为基础试点城市，

重点开展高精度 CO_2 和高精度 CH_4 的监测评估。

2. 综合试点城市

选取上海、杭州、宁波、济南、郑州、深圳、重庆和成都作为综合试点城市，结合城市自身特点，重点开展高精度 CO_2、高精度 CH_4 以及其他温室气体的监测评估。

3. 海洋试点城市

选取盘锦、南通、深圳和湛江作为海洋试点城市，在盐沼、红树林、海草床、海藻养殖等试点内容中选取一种或多种类型开展监测评估。

（三）区域大气温室气体及生态系统碳汇监测试点

加强区域大气主要温室气体浓度天地一体监测，开展典型区域生态系统固碳试点监测以及土地利用年度变化监测，服务支撑国家温室气体清单校核。区域大气温室气体及生态系统碳汇监测试点技术指南详见附件 3。

1. 区域本底（背景）站温室气体监测

选择福建武夷山、内蒙古呼伦贝尔、湖北神农架、云南丽江、四川海螺沟、青海门源、山东长岛、山西庞泉沟、广东南岭等 9 个国家背景站点开展区域温室气体监测评估。

2. 重点区域温室气体卫星遥感监测

在全国范围内，开展 2021 年 CO_2、CH_4 遥感柱浓度监测。对全国重点省份 CO_2 排放量进行评估核算。

3. 重点区域温室气体地基遥感监测

在长三角及京津冀区域开展地基遥感监测。

4. 生态试点监测

（1）生物量地面试点监测

选择森林、草原典型生态系统开展生物量地面监测，其中森林生态系统选择吉林长白山、海南中部山区、云南白马雪山，草原生态系统选择内蒙古草甸草原和典型草原区、青海三江源高寒草原区，共 5 个区域开展试点监测。

（2）温室气体通量监测

选取亚热带常绿阔叶林开展 H_2O/CO_2 通量试点监测。

（3）土地利用及其变化监测

对我国 2021 年陆域各类土地利用类型及面积进行监测。

（4）承受力脆弱区生态影响监测

选取青海省承受力脆弱区为试点监测范围。开展生态承受力脆弱区生态系统格局监测；开展植被和水体重要生态参数监测；开展湿地和冰川两种典型生态系统监测；开展典型区域碳储量监测；开展气候变化对生态影响程度的监测。

三、任务分工

生态环境部监测司负责试点工作的统一组织、协调工作；组织编制并印发试点工作方案；指导、协助各单位开展试点工作；组织做好试点工作经验交流、成果应用等工作。

中国环境监测总站负责试点工作的具体组织实施，组建技术委员会，组织开展区域试点工作，指导做好城市、重点行业试点工作，组织编制试点监测评估报告；卫星环境应用中心负责开展区域立体遥感监测及评估，对重点行业和城市立体遥感（卫星、无人机及走航）监测试点工作进行技术指导；国家海洋环境监测中心负责组织开展海洋碳汇试点监测评估工作，负责监测方案总体设计和技术指导；中国环境科学研究院负责废弃物处理行业的监测试点跟踪，参与煤炭开采试点跟踪与核算评估；国家应对气候变化战略研究和国际合作中心负责协助开展重点行业监测评估试点工作，将监测数据与核算数据进行比对，评估监测数据的应用潜力。

省级生态环境主管部门负责组织开展行政区域内城市试点工作，协助开展区域试点工作，统筹做好城市和行业试点工作；组织编制、实施城市试点方案，报送城市试点监测评估报告及监测数据等相关资料。

各集团公司负责组织开展本行业试点工作，协助开展区域、城市试点工作；组织编制、实施行业试点方案，报送行业试点监测评估报告及监测数据等相关资料。

四、时间安排

2021 年 4—7 月，按照黄润秋部长在《碳监测评估体系构建思路》专题汇报会上的指示要求，启动碳监测评估试点方案编制工作，确定试点城市、试点企业、试点技术路线及内容，编制形成试点方案。

2021 年 8—9 月，印发《碳监测评估试点工作方案》，各试点单位编制并报送具体实施方案，经技术委员会审核后正式启动试点工作。

2021 年 10 月—2022 年 12 月，各试点单位按照实施方案组织开展试点。其中，2021 年 12 月和 2022 年 6 月，各试点单位报送阶段性试点监测评估报告。

2023 年 1—3 月，完成试点工作，整理、总结试点成果及经验，组织编制试点工作报告、技术报告，召开试点工作总结会议。

五、保障措施

（一）加强组织领导

各试点单位要提高政治站位，充分认识开展碳监测评估试点工作的重大意义，发挥主体作用，制定具体实施方案，明确工作任务和责任，指派专人负责试点工作，并确定一名联络员，具体负责试点工作的联系沟通。请各单位于 2021 年 9 月 24 日前，将联络员信息报送生态环境部监测司（wangluochu@meegov.cn）。

（二）明确资金保障

按照统一组织，分类负责的原则，做好试点工作的资金保障。区域层面的试点工作经费，由生态环境部负责统筹解决；城市层面的试点工作经费，由试点城市自行解决，或由所在省份统筹解决；重点行业层面的试点工作经费，由各集团公司自行解决，国家适当予以支持。

（三）强化合作交流

组建技术委员会及其分委会，邀请相关领域专家参与试点工作。加强技术业务培训，及时发现和解决试点工作中重点、难点技术问题。建立碳监测评估交流与合作机制，定期组织召开技术交流和咨询会。充分发挥监测机构、高等学校、科研院所、企业等各方资源和技术能力优势，推进碳监测评估试点工作高质量实施。

（四）规范数据使用

各试点单位应建立监测数据生产、使用管理制度，按要求定期报送监测结果。本试点监测数据由生态环境部统一管理、使用和发布。未经生态环境部授权，各试点单位及个人不得随意公布监测试点相关数据或分析成果。

附件 1

重点行业温室气体排放监测试点技术指南

一、监测目标

通过试点工作，明确监测点位、监测方法、质控要求等，掌握温室气体典型源的排放情况，支撑构建重点行业温室气体排放监测技术体系；探索使用监测方法获取本地化排放因子，支撑、检验排放量核算；比较分析监测与核算数据的系统差异，评估使用直接监测法支撑企业层面温室气体排放量计算的科学性和可行性。

二、试点企业情况

根据温室气体排放现状，选取火电、钢铁、石油天然气开采、煤炭开采、废弃物处理等五个行业开展试点，火电、钢铁行业重点关注 CO_2 排放监测；石油天然气开采、煤炭开采行业重点关注 CH_4 排放监测；废弃物处理行业重点关注 CH_4 和 N_2O 排放监测，其中，废弃物焚烧行业还涉及 CO_2 排放监测。

试点企业清单详见附表 1。

三、主要内容

（一）火电行业

1. 监测项目

废气总排口的 CO_2 排放浓度、烟气流量等相关烟气参数，核算法所需的低位发热量、单位热值含碳量和碳氧化率等。

2. 点位布设要求

监测点位布设应满足《固定污染源排气中颗粒物测定与气态污染物采样方法》（GB/T 16157—1996）、《固定源废气监测技术规范》（HJ/T 397—2007）、《固定污染源烟气（SO_2、NO_x、颗粒物）排放连续监测技术规范》（HJ 75—2017）要求，监测断面流速应相对均匀，监测平台应安全、稳定、易于到达，且便于监测和运维人员开展工作。

3. 监测方法

自动监测设备的运行管理参照《固定污染源烟气（SO_2、NO_x、颗粒物）排放连续监测技术规范》（HJ 75—2017）执行。

CO_2 浓度手工监测可使用非分散红外吸收法［按照《固定污染源废气二氧化碳的测定　非分散红外吸收法》（HJ 870—2017）］、傅里叶变换红外光谱法［参照《固定污染源废气气态污染物（SO_2、NO、NO_2、CO、CO_2）的测定　便携式傅里叶变换红外光谱法》（征求意见稿）］、可调谐激光法等。

流量手工监测使用皮托管压差法［按照《固定污染源排气中颗粒物测定与气态污染物采样方法》（GB/T 16157—1996）］、三维皮托管法［参照 *Flow Rate Measurement with* 3-D *Probe*（EPA Method 2F）］、超声波法、热平衡法、光闪烁法等。

排放量核算相关参数测定按照《中国发电企业温室气体排放核算方法与报告指南（试行）》（发改办气候〔2013〕2526 号）执行。其中，化石燃料低位发热量（GJ/t，GJ/ 万 Nm^2）、单位热值含碳量（tC/TJ）和碳氧化率（%）的测定应按照《煤的发热量测定方法》（GB/T 213—2008）、《石油产品热值测定法》（GB/T 384—81）（1988 年确认）、《天然气能量的测定》（GB/T 22723—2008）等相关标准执行。

4. 监测频次

自动监测频次应满足《固定污染源烟气（SO_2、NO_x、颗粒物）排放连续监测技术规范》（HJ 75—2017）要求，试点期间总运行时间不少于 180 天；手工监测频次不低于 1 次 / 月，用于与自动监测设备的比对校验；核算过程所需相关参数测定频次按照指南执行。

5. 质量控制和量值溯源

监测全过程按照相关标准要求做好质量控制。自动监测设备参照《固定污染源烟气（SO_2、NO_x、颗粒物）排放连续监测系统技术要求及检测方法》（HJ 76—2017）和《固定污染源烟气（SO_2、NO_x、颗粒物）排放连续监测技术规范》（HJ 75—2017）要求，做好选型、调试、验收和日常维护工作，确保设备正常运行；自行开展手工监测应事前做好培训等工作，确保监测人员熟练操作，设备正常使用；委托监测应选择有资质信誉好的社会化检测机构。

为保证全国试点结果的可比性，试点监测所用标准气体由中国环境监测总站联合中国计量科学研究院统一研制。此外，烟气流量 / 流速监测仪宜优先量值溯源至我国国家计量基 / 标准，其他相关温湿度、压力等监测仪应溯源至我国计量基 / 标准。

6. 其他注意事项

监测过程中同步记录生产负荷和治理设施运行情况，包括机组负荷变化、供电煤耗、脱硫脱硝剂投加量等。

（二）钢铁行业

1. 监测项目

CO_2 排放浓度、烟气流量等相关烟气参数（烧结、球团机头，焦炉烟囱，高炉热风炉，转炉，电炉，轧钢加热炉，热处理炉，自备电厂，石灰窑等排放口）、核算法所需的低位发热量、单位热值含碳量、碳氧化率、熔剂和电极消耗量、外购含碳原料、固碳产品产量等。

2. 点位布设要求

同火电行业。

3. 监测方法

自动监测设备运行管理、CO_2 排放浓度、流量手工监测同火电行业。

排放量核算相关参数测定按照《中国钢铁生产企业温室气体排放核算方法与报告指南（试行）》（发改办气候〔2013〕2526 号）执行。其中，化石燃料低位发热量（GJ/t，GJ/ 万 Nm^2）、单位热值含碳量（tC/TJ）和碳氧化率（%）的测定应按照《煤的发热量测定方法》（GB/T 213—2008）、《石油产品热值测定法》（GB/T 384—81）（1988 年确认）、《天然气能量的测定》（GB/T 22723—2008）等相关标准执行；含碳原料中的生铁、铁合金、直接还原铁等含铁物质排放因子可由相对应的含碳量换算而得，含铁物质含碳量监测按照《钢铁及合金碳含量的测定　管式炉内燃烧后气体容量法》（GB/T 223.69—2008）、《钢铁及合金总碳含量的测定　感应炉内燃烧后红外吸收法》（GB/T 223.86—2009）、《铬铁和硅铬合金碳含量的测定　红外线吸收法和重量法》（GB/T 4699.4—2008）、《硅铁碳含量的测定　红外线吸收法》（GB/T 4333.10—2019）、《钨铁化学分析方法　红外线吸收法测定碳量》（GB/T 7731.10—1988）、《钒铁碳含量的测定　红外线吸收法及气体容量法》（GB/T 8704.1—2009）、《磷铁碳含量的测定　红外线吸收法》（YB/T 5339—2015）、《磷铁碳含量的测定　气体容量法》（YB/T 5340—2015）等相关标准执行；含碳原料中的熔剂包括石灰石和白云石两种，排放因子监测按照《石灰石及白云石化学分析方法　第 9 部分：二氧化碳含量的测定　烧碱石棉吸收重量法》（GB/T 3286.9—2014）执行。

4. 监测频次

自动监测频次应满足《固定污染源烟气（SO_2、NO_x、颗粒物）排放连续监测技术规范》（HJ 75—2017）要求，试点期间总运行时间不少于 180 天；手工监测频次不低于 1 次 / 月，用于与自动监测设备的比对校验；核算过程所需相关参数测定频次按照指南执行。

5. 质量控制和量值溯源

同火电行业。

6. 其他注意事项

监测过程中同步记录生产负荷和治理设施运行情况，如各工序原料消耗量、主要产品产量、污染治理设施投料量等。

（三）石油天然气开采行业

1. 监测项目

逃逸、工艺放空以及火炬燃烧排放的 CH_4 浓度，其中逃逸排放的 CH_4 浓度通过地面手工监测形式开展，工艺放空和火炬燃烧排放使用核算方法计算，并与卫星遥感、走航、无人机等手段测得的场站整体 CH_4 排放情况进行比对验证。同步对核算法所需的火炬气 CH_4 浓度、流量和碳氧化率，天然气井的无阻流量和排放气中的 CH_4 浓度等开展监测。

2. 点位布设要求

监测范围覆盖油气田生产全流程，包括油气勘探、开采、储运、处理等，监测点位布设应满足《固定污染源排气中颗粒物测定与气态污染物采样方法》（GB/T 16157—1996）、《固定源废气监测技术规范》（HJ/T 397—2007）、《大气污染物无组织排放监测技术导则》（HJ/T 55—2000）等相关标准要求。

3. **监测方法**

（1）地面监测

CH_4 浓度手工监测可使用气相色谱法［参照《环境空气总烃、甲烷和非甲烷总烃的测定 直接进样 - 气相色谱法》（HJ 604—2017）］、傅里叶变换红外光谱法［参照 *Vapor Phase Organicand Inorganic Emissionsby Extractive FTIR*（EPA Method 320）］、非分散红外吸收法等；泄漏和敞开液面甲烷排放检测方法可参照《泄漏和敞开液面排放的挥发性有机物检测技术导则》（HJ 733—2014）执行；环境空气 CH_4 浓度手工监测可使用光腔衰荡光谱法［参照《大气甲烷光腔衰荡光谱观测系统》（GB/T 33672—2017）］、离轴积分腔输出光谱法［参照《温室气体二氧化碳和甲烷观测规范离轴积分腔输出光谱法》（QX/T 429—2018）］等；流量手工监测可使用皮托管压差法［参照《固定污染源排气中颗粒物测定与气态污染物采样方法》（GB/T 16157—1996）］、三维皮托管法［参照 *Flow Rate Measurement with* 3-D *Probe*（EPA Method 2F）］、超声波法、热平衡法、光闪烁法等。

（2）遥感监测

针对油田井场及联合站的单一典型排放源（泄漏点 / 火炬 / 异常工况）的源强估算方法主要有基于大流量采样器（Hi-flow Sampler）的等效 CH_4 排放量监测方法；基于高斯模型反演的排放源强估算方法［参照 *Geospatial Measurement of Air Pollution*，*Remote Emissions Quantification*（EPA OTM 33A）］；基于物料平衡的排放强度估算方法。

针对油气生产过程中火炬这一重点排放源，使用可见光红外热成像辐射检测（VIIRS）遥感数据和高空间分辨率卫星影像，对试点企业作业区火炬位置、数量及强度进行识别。

利用卫星遥感数据对 2020 年试点企业生产区域高排放数据点（＞100 kg/h）进行筛查，记录高 CH_4 排放源异常排放发生的频率及持续时间，对比分析异常值对 CH_4 核算数据的影响。

（3）排放量核算相关参数监测

排放量核算相关参数监测按照《中国石油天然气生产企业温室气体排放核算方法与报告指南（试行）》（发改办气候〔2014〕2920 号）执行。其中，碳氧化率（%）的测定按照《石油产品热值测定法》（GB/T 384—81）（1988 年确认）、《天然气能量的测定》（GB/T 22723—2008）等相关标准执行。

4. **监测频次**

手工监测频次不低于 1 次 / 季度；其他监测方法，如车载、无人机、遥感等监测频次根据现场实际条件确定，一般同一设施的监测

频次在试点期间应高于 3 次，每次监测时长 1 天以上。

5. **质量控制和量值溯源**

同火电行业。

6. **其他注意事项**

监测过程中同步记录生产负荷和治理设施运行情况。

（四）煤炭开采行业

1. 监测项目

井工开采、露天开采等矿后活动及废弃矿井的 CH_4 排放浓度，井工开采的通风流量等相关参数，测算结果与卫星遥感、走航、无人机等手段测得的矿区整体 CH_4 排放情况进行比对印证。

2. 点位布设要求

井工开采 CH_4 浓度、流量等传感器布设应满足《煤矿安全监控系统及检测仪器使用管理规范》（AQ 1029—2019）要求，手工监测与其在同一点位。

露天开采点位布设应满足《大气污染物无组织排放监测技术导则》（HJ/T 55—2000）要求。

矿后活动煤样采集可参照《商品煤样人工采取方法》（GB/T 475—2008）、《煤炭机械化采样　第 1 部分：采样方法》（GB/T 19494.1—2004）等相关标准执行，确保煤样的代表性。

3. 监测方法

（1）地面监测

井工开采 CH_4 浓度和流量传感器的性能、使用和管理应满足《煤矿安全监控系统及检测仪器使用管理规范》（AQ 1029—2019）要求。其他同石油天然气开采行业。

采集洗选前后、入库时和出厂前的煤种，监测其中的 CH_4 吸附量，计算矿后活动 CH_4 排放量。CH_4 吸附量测定方法可参照《煤层瓦斯含量井下直接测定方法》（GB/T 23250—2009）和《煤的甲烷吸附量测定方法（高压容量法）》（MT/T 752—1997）等相关标准执行。

（2）遥感监测

遥感监测采用卫星遥感与走航协同监测的方法，实现煤矿排放源的源强估算。

卫星遥感监测：使用国内外甲烷监测卫星遥感数据（精度优于 20 ppb）和高分辨率卫星影像（分辨率优于 2 m），监测矿区及周边 CH_4 柱浓度空间分布，结合三维风场信息，利用高斯扩散模型法估算煤矿区域排放源强。

走航监测：走航监测所使用的甲烷监测仪应满足《环境空气和废气总烃、甲烷和非甲烷总烃便携式监测仪技术要求及检测方法》（HJ 1012—2018）要求；走航监测所使用的卫星定位系统应满足《道路运输车辆卫星定位系统车载终端技术要求》（JT/T 794—2019）和《道路运输车辆卫星定位系统平台技术要求》（GB/T 35658—2017）要求；走航监测所使用的风速风向仪应满足风速分辨率≤0.1 m/s，风向分辨率≤0.1°，输出频率≥1 Hz 的要求。走航监测适宜在风力 4 级以下，无降雨、无扬尘天气开展，每天观测时间宜选在大气边界层发展比较好的时段，即每天上午 10 点到下午 4 点。在对目标区域开展 CH_4 走航监测前，应先通过地面监测和卫星遥感监测，掌握矿区内主要 CH_4 排放源的排放量及分布情况，根据矿区地形、设施、道路情况，规划走航监测路线，一般应沿矿区内部、矿坑边界或矿区道路进行监测，按照《大气污染物无组织排放监测技术导则》（HJ/T 55—2000）要求，尽量接近监测目标，在目标 CH_4 排放源周边及其下风向处进行监测。

CH_4 排放速率的反演计算采用《环境影响评价技术导则　大气环境》（HJ 2.2—2018）推荐的 AERMOD 预测模型。

4. **监测频次**

自动监测频次应满足《固定污染源烟气（SO_2、NO_x、颗粒物）排放连续监测技术规范》（HJ 75—2017）要求，试点期间总运行时间不少于 180 天；手工监测频次不低于 1 次/月；其他监测方法，如车载、无人机、遥感等监测频次根据现场实际条件确定，一般同一设施的监测频次在试点期间应高于 3 次，每次监测时长 1 天以上。

5. **质量控制和量值溯源**

井工开采 CH_4 排放量监测使用的传感器、标准气体等在满足安全要求的前提下，优先溯源至国家标准，其他同火电行业。

6. **其他注意事项**

监测过程中同步记录生产负荷和治理设施运行情况。

（五）废弃物处理行业

1. **监测项目**

废弃物填埋和污水处理过程中的 CH_4、N_2O 排放量，废弃物焚烧处理过程中的 CO_2、CH_4 和 N_2O 排放量。

2. **点位布设要求**

监测范围覆盖废弃物处理全流程，重点关注温室气体产生过程和关键节点，监测点位布设应满足《固定污染源排气中颗粒物测定与气态污染物采样方法》（GB/T 16157—1996）、《固定源废气监测技术规范》（HJ/T 397—2007）、《大气污染物无组织排放监测技术导则》（HJ/T 55—2000）等相关标准要求。

3. **监测方法**

（1）自动监测同火电行业。

（2）手工监测采用静态箱法、气相色谱法［参照《固定污染源废气总烃、甲烷和非甲烷总烃的测定　气相色谱法》（HJ 38—2017）］、傅里叶变换红外光谱法［参照 *Vapor Phase Organicand Inorganic Emissions by Extractive FTIR*（EPA Method 320）］、非分散红外吸收法等。

无组织逸散排放手工监测可使用光腔衰荡光谱法［参照《大气甲烷光腔衰荡光谱观测系统》（GB/T 33672—2017）］、离轴积分腔输出光谱法［参照《温室气体二氧化碳和甲烷观测规范离轴积分腔输出光谱法》（QX/T 429—2018）］等。

4. **监测频次**

自动监测频次应满足《固定污染源烟气（SO_2、NO_x、颗粒物）排放连续监测技术规范》（HJ 75—2017）要求，试点期间总运行时间不少于 180 天；手工和静态箱法监测频次不低于 1 次/月。

5. **质量控制和量值溯源**

（1）设备检定校准、核查及维护保养

用于碳监测相关的监测设备直接影响监测数据的准确性，在正式使用前，需首先在专业计量机构进行检定校准。在日常使用时，为确保设备状态始终良好、稳定、可靠，须在使用前对其进行核查（如采样流量、标准气体核查等），并定期维护和保养（如清洗管路、更换过滤装置等）。

（2）采样布点及方法

根据废弃物处理工艺不同，处理单元的差异，设置了不同的采样方法，如手工监测、静态箱法、气袋法；对于布点可以分三个阶段进行，第一阶段通过密集布点预监测浓度，判断排放规律；第二阶段根据规律适当减少布点数量，保障采集样品的代表性，提高监测效率；第三阶段根据现场实际情况，从代表性布点中选取一定比例的点位（如 10%），进行平行样品的采集，进一步确保分析准确有效。

（3）样品保存

需要盛装气体样品时，盛装的铝箔气袋在使用前需经过 3 次高纯氮气清洗，避免污染干扰，并且注意密封避光保存，尽快分析测定。

（4）人员要求

涉及采样及检测分析的相关人员应经过充分的岗前专业知识培训。

（5）便携式监测与实验室监测比对

在正式开展监测前，应进行一次便携设备监测与实验室监测比对测试，以验证便携式监测的准确性，监测方法可参照《固定污染源烟气（SO_2、NO、颗粒物）排放连续监测技术规范》（HJ 75—2017）和《固定污染源烟气（SO_2、NO、颗粒物）排放连续监测系统技术要求及检测方法》（HJ 76—2017）等有关要求执行。

6. **其他注意事项**

监测过程中应同步记录废弃物处理量和处理设施运行情况。

四、信息报送

监测数据和相关报告每月月底通过邮箱报送至中国环境监测总站，邮箱地址：wry@cnemc.cn。其中，自动监测数据打包以日报表形式报送，其他监测数据以报告形式报送。

附表 1

试点企业清单

行业	集团公司	试点企业	点位数/个	省份	城市/区县
火电	国家能源集团	国家能源集团乐东发电有限公司	2	海南省	乐东县
		国家能源集团泰州发电有限公司	1	江苏省	泰州市
		国家能源集团谏壁发电厂	1	江苏省	镇江市
		华电宁夏灵武发电有限公司	2	宁夏回族自治区	灵武市
		四川白马循环流化床示范电站有限责任公司	1	四川省	内江市
		国能国华（北京）燃气热电有限公司	1	北京市	朝阳区
		国能宁夏大坝发电有限责任公司	1	宁夏回族自治区	青铜峡市
	中国华电	华电邹县发电有限公司	1	山东省	济宁市
		华电国际电力股份有限公司邹县发电厂	1	山东省	济宁市
		华电淄博热电有限公司	2	山东省	淄博市
		福建华电可门发电有限公司	1	福建省	福州市
		福建华电邵武能源有限公司	2	福建省	南平市
		江苏华电句容发电有限公司	1	江苏省	镇江市
		湖北华电襄阳发电有限公司	1	湖北省	襄阳市
		华电国际电力股份有限公司奉节发电厂	1	重庆市	奉节县
		杭州华电江东热电有限公司	1	浙江省	杭州市
		华电浙江龙游热电有限公司	1	浙江省	衢州市
	上海电力	上海外高桥发电有限责任公司	1	上海市	浦东新区
钢铁	中国宝武	宝山钢铁股份有限公司	9	上海市	宝山区
		山西太钢不锈钢股份有限公司	10	山西省	太原市
	首钢集团	首钢京唐钢铁联合有限责任公司	10	河北省	唐山市
石油天然气开采	中国石油	大庆油田有限责任公司		黑龙江省	大庆市
		中国石油天然气股份有限公司塔里木油田分公司		新疆维吾尔自治区	库尔勒市
		中国石油天然气股份有限公司西南油气田分公司		四川省	成都市
		大港油田集团有限责任公司		天津市	滨海新区
		南方石油勘探开发有限责任公司		海南省	海口市

续表

行业	集团公司	试点企业	点位数 / 个	省份	城市 / 区县
石油天然气开采	中国石化	中国石油化工股份有限公司胜利油田分公司		山东省	东营市
		中国石油化工股份有限公司中原油田分公司		河南省	濮阳市
		中国石油化工股份有限公司中原油田普光分公司		四川省	达州市
		中国石油化工股份有限公司西南油气分公司		四川省	成都市
煤炭开采	国家能源集团	国能神东煤炭集团上湾煤矿		内蒙古自治区	鄂尔多斯市
		国能神东洗选中心上湾选煤厂		内蒙古自治区	鄂尔多斯市
		国能神东煤炭集团布尔台煤矿		内蒙古自治区	鄂尔多斯市
		国能神东洗选中心布尔台选煤厂		内蒙古自治区	鄂尔多斯市
	中国华电	神木县隆德矿业有限责任公司		陕西省	榆林市
		山西石泉煤业有限责任公司		山西省	长治市
	山东能源	山东唐口煤业有限公司		山东省	济宁市
		原许厂煤矿（兖州煤业股份有限公司济南煤炭科技研究院分公司）		山东省	济宁市
	中国航天科工	山西阳城阳泰集团晶鑫煤业股份有限公司武甲分公司		山西省	晋城市
		山西阳城阳泰集团伏岩煤业有限公司		山西省	晋城市
		山西阳城阳泰集团小西煤业有限公司		山西省	晋城市
垃圾焚烧	光大环境	光大环保能源（天津）有限公司		天津市	西青区
		光大现代环保能源（湘阴）有限公司		湖南省	岳阳市
垃圾填埋		光大环保能源（九江）有限公司（填埋场）		江西省	九江市
		哈尔滨市城市管理局（哈尔滨市玉泉固体废物综合处理园区垃圾填埋场工程）		黑龙江省	哈尔滨市
污水处理		光大水务（济南）有限公司三厂		山东省	济南市
		光大水务（江阴）有限公司澄西污水处理厂		江苏省	无锡市
	北控水务	北京清河北苑水务有限公司		北京市	朝阳区
		北京稻香水质净化有限公司		北京市	海淀区

附件 2

城市大气温室气体及海洋碳汇监测试点技术指南

一、监测目标

试点开展地面大气中主要温室气体浓度监测，探索自上而下的碳排放量反演方法，初步形成技术指南，做好可推广、可应用、可示范的技术准备，服务支撑城市碳排放量核算结果的校验。试点开展盐沼、红树林、海草床和海藻养殖海洋碳汇监测，构建典型海岸带生态系统和海藻养殖碳汇监测技术体系。

二、技术路线

考虑到各地监测需求、基础条件、技术能力等差异，将试点城市划分为综合试点城市、基础试点城市、海洋试点城市三类，技术路线分别如下。

（一）综合试点城市

综合试点城市的技术要求较为复杂，所应用的估算方法适用于大气流场多变、CO_2 大气浓度空间分布有明显差异的大型城市 CO_2 通量估算，以及可比条件下的城市排放强度变化评价。

有条件的试点城市，可根据实际需要，选择开展城市生态系统碳通量、非 CO_2 温室气体、高密度低成本 CO_2 传感器等试验监测先行探索研究，为更加全面地提升城市碳源汇监测水平和碳排放管理支撑能力做好前期准备。

（二）基础试点城市

基础试点城市所采用的估算方法，适用于地面大气水平流动占主导、主导风向比较稳定、大气混合度相对较好的中等城市 CO_2 通量估算，从而评价可比条件下的城市排放强度和变化。不适用于大气混合度相对复杂、没有明显主导风向的城市，以及对流相对较强或水平流动相对较弱（静稳）的情况。

（三）海洋试点城市

海洋试点城市可在盐沼、红树林、海草床、海藻养殖等试点内容中选取一种或多种类型开展试点监测。

三、主要内容

（一）综合试点城市

1. 监测项目

必测项目：高精度 CO_2、高精度 CH_4、高精度 CO、高精度气象参数（风向和风速、温度、湿度、气压、降水量）、至少 1 个点位监测碳同位素（$^{14}CO_2$）、无人机遥感监测 CO_2 浓度、无人机遥感监测 CH_4 浓度、走航车移动监测 CO_2 浓度、走航车移动监测 CH_4（柱）浓度。

选测项目：边界层高度、风速的垂直廓线、生态系统 CO_2/CH_4 通量、地基遥感 CO_2/CH_4 柱浓度、N_2O、HFCs、PFCs、SF_6、NF_3、碳同位素（$^{13}CO_2$）、低成本 CO_2 传感器。

其中，碳同位素（$^{14}CO_2$）采用手工监测，HFCs、PFCs、SF_6、NF_3 采用手工或在线监测，其他项目采用在线监测。

如因站房建设、仪器设备采购等问题无法按工作进度开展自动监测，应及时开展适当频次的 CO_2 手工监测和现场气象观测作为过渡。

2. 点位布设要求

以区分本地 CO_2 排放和区域传输为目标，兼顾区分 CO_2 人为源和自然源需要，综合考虑城市海陆地形特征、气候条件、大气中 CO_2 浓度空间分布等因素，开展温室气体监测点位布设。设计无人机及走航观测路线，为选点提供数据支撑和对照监测，支撑卫星遥感监测结果校验。

点位分为城区点位和背景点位。城区点位用于监测本地 CO_2 排放影响，应基于移动监测、无人机遥感监测、卫星遥感监测和模型分析获得城市 CO_2 大气浓度空间分布，视情况在高值带、中值带和低值带分别布设至少 2 个点位。点位应代表所在梯度带的平均浓度水平，并在当地具有一定相对高度，尽可能反映整体的 CO_2 空间分布。

背景点位用于区分本地 CO_2 排放和区域背景水平，应布设在城区外围并考虑主导风向，并在当地具有一定相对高度。其中，沿海城市应考虑海陆风影响，布设海洋背景点和内陆背景点；山地城市考虑山谷风影响，布设山地背景点。

3. 采样要求

（1）周边环境

站点周边环境尽可能开阔，避免靠近人为和自然温室气体排放源以及受局地环流影响的区域。采样口周围水平面应保证 360° 的开阔捕集空间。

（2）采样平台

优先在新建铁塔或在已有的通信塔等塔基平台上采样。

（3）采样高度

采样口距塔基的相对高度应在 50～100 m，以保证采集到混合充分的样气。下垫面情况简单的，可适度将采样高度调整到 30～50 m。

（4）采样系统

采样系统应具有除水功能，使用惰性材料，配备稳压罐和多口阀。应适当预留采样口和仪器进样口，以备分别支持垂直梯度采样和方法比对。

4. 监测方法

视情况选择以下方法开展监测。鼓励有条件的试点城市开展不同原理的监测方法比对研究。

（1）CO_2

①光腔衰荡光谱法，参照《大气二氧化碳（CO_2）光腔衰荡光谱观测系统》（GB/T 34415—2017）。

②离轴积分腔输出光谱法，参照《温室气体二氧化碳测量　离轴积分腔输出光谱法》（GB/T 34286—2017）。

③气相色谱法，参照《气相色谱法　本底大气二氧化碳和甲烷浓度在线观测方法》（GB/T 31705—2015）。

④高精度非分散红外吸收法（NDIR）。

⑤高精度傅里叶变换红外光谱法（FTIR）。

（2）CH_4

①光腔衰荡光谱法，参照《大气甲烷光腔衰荡光谱观测系统》（GB/T 33672—2017）。

②离轴积分腔输出光谱法，参照《温室气体甲烷测量　离轴积分腔输出光谱法》（GB/T 34287—2017）。

③气相色谱法，参照《气相色谱法　本底大气二氧化碳和甲烷浓度在线观测方法》（GB/T 31705—2015）。

④高精度非分散红外吸收法（NDIR）。

⑤高精度傅里叶变换红外光谱法（FTIR）。

（3）N_2O

①光腔衰荡光谱法。

②离轴积分腔输出光谱法。

③气相色谱法，参照 *Analytical Methods for Atmospheric SF_6 Using GC-μECD*（WMO/GAW Report No.222），与 SF_6 同时分析。

④高精度傅里叶变换红外光谱法（FTIR）。

（4）HFCs 和 PFCs

自动采样（或手工罐采样）-低温预浓缩-气相色谱质谱法，参照 *Medusa：A Sample Preconcentration and GC/MS Detector System for in Situ Measurements of Atmospheric Trace Halocarbons，Hydrocarbons，and Sulfur Compounds*（Milleretal.，2008）建立分析方法。HFCs 至少包括二氟甲烷、三氟甲烷、五氟乙烷、1,1,1,2- 四氟乙烷、1,1,1- 三氟乙烷、1,1- 二氟乙烷等氢氟烃。PFCs 至少包括四氟化碳、六氟乙烷、八氟丙烷、八氟环丁烷等全氟碳化物。

（5）SF_6

①自动采样（或手工罐采样）-低温预浓缩-气相色谱质谱法，参照 *Medusa：A Sample Preconcentration and GC/MS Detector System for in Situ Measurements of Atmospheric Trace Halocarbons，Hydrocarbons，and Sulfur Compounds*（Milleretal.，2008）建立分析方法，可与 HFCs、PFCs 和 NF_3 同时测定。

②气相色谱法，参照 *Analytical Methods for Atmospheric SF_6 Using GC-μECD*（WMO/

GAW Report No.222）。

（6）碳同位素（$^{14}CO_2$）

手工采样－加速器质谱法。据调查，在国内中国科学院广州地球化学研究所、地球环境研究所、地质与地球物理研究所和北京大学、南京大学、北京师范大学、天津大学、中国海洋大学、河南大学、中国原子能科学研究院、中国辐射防护研究院、上海原子核研究所、中国核工业集团等高校、科研院所和企业拥有加速器质谱仪。

采样方法可参考中国科学院地球环境研究所等高校院所相关研究，试点城市可与委托测试单位研究其他方法。

（7）地基遥感 CO_2/CH_4 柱浓度

傅里叶变换红外光谱法。

（8）CO

①光腔衰荡光谱法。

②离轴积分腔输出光谱法。

③气相色谱法。

④高精度非分散红外吸收法（NDIR）。

⑤高精度傅里叶变换红外光谱法（FTIR）。

（9）碳同位素（$^{13}CO_2$）

同位素光谱法，可选择光腔衰荡光谱法、离轴积分腔输出光谱法或高精度傅里叶变换红外光谱法（FTIR）进行在线分析。

同位素质谱法，手工采样，采用同位素质谱仪进行实验室分析。

（10）走航 CO_2/CH_4（柱）浓度

非分散红外吸收法（NDIR）、光腔衰荡光谱法、傅里叶变换红外光谱法，可采用高密度网格化固定点位监测和连续移动监测。

（11）无人机 CO_2/CH_4 浓度

利用无人机搭载温室气体专用载荷，采用非分散红外吸收法（NDIR）实时监测。

（12）其他

气象、生态系统 CO_2/CH_4 通量等监测方法自行研究选定。

5. 监测频次

自动监测项目每日 24 小时连续监测；手工监测每周采样一次。在监测点位布设前，可开展无人机及走航加密观测试验，监测点位确定后每季度开展一次对照监测。

6. 质量控制和量值溯源

（1）质量控制要求

高精度 CO_2、CH_4、CO 和 N_2O 监测对监测系统精密度要求较高，一般可采用在线高频校准的方式通过高频修正系统漂移提升测量系统整体精密度。CO_2、CH_4、CO 和 N_2O 两次校准间漂移不超过 0.2 ppm、5 ppb、5 ppb 和 0.3 ppb，有条件的站点可将系统精密度进一步提升至两次校准间漂移不超过 0.1 ppm、2 ppb、2 ppb 和 0.1 ppb。其他监测方法和监测项目的数据质量目标根据试点经验确定。

试点城市应根据质量目标要求分别制定相应的质量控制计划，包含仪器性能要求、安装验收要求、运行维护与质量控制要求（校准频次、方法、合格标准等）。

（2）量值溯源要求

做好 CO_2、CH_4 等主要温室气体试点监测项目量值溯源工作，由中国环境监测总站联合中国计量科学研究院共同开展我国主要温室气体国家基准 / 标尺的研制、维持与国际比对，逐步构建量值准确、统一的环境温室气体监测量值溯源体系，保障监测数据与国际权威机构等效可比。其他配套气象监测仪器等应溯源至相关计量基 / 标准。

（3）准确度审核

中国环境监测总站开展试点城市监测点位准确度审核，采用标气审核或现场比对核查形式进行，并试点建立环境空气温室气体监测准确度审核技术规范，评价各类点位的数据质量。

7. 监测数据应用

试点城市利用高精度主要温室气体和气象要素协同监测，参考前期国内外可供利用城市评估研究方法，估算城市 CO_2 等温室气体通量，支撑国内外 CO_2 和 CH_4 等卫星遥感产品精度验证、排放源溯源及源强核算研究分析等。

试点城市可联合高校及科研院所，研究建立高分辨率温室气体清单，利用长时序、多点位的 CO_2 浓度观测数据和嵌套式高分辨率碳同化反演模式系统，开展 CO_2 排放水平和变化趋势的反演研究，有条件的城市可以开展其他温室气体排放的反演研究。以下 CO_2 排放反演方案供参考，试点城市可自主选择其他可行方法。

（1）反演区域设置

反演目标区域为试点城市，其反演的水平分辨率为 1～10 km 网格，时间分辨率为日或周。

在试点城市区域外，可采用多重嵌套区域设置，全球区域的水平分辨率为 $2° \times 3°$，中国陆地及近海分辨率为 $1° \times 1°$。有条件的城市可提高分辨率到 25～100 km，中国陆地及近海范围的水平分辨率为 10～25 km，垂直分辨率为 25 层及以上。

（2）反演输入数据温室气体排放清单

采用国内外认可的全球和区域温室气体排放清单，融合试点城市已有的局地温室气体排放清单，作为反演的初始碳排放量。温室气体网格排放清单分辨率为 1～10 km。

（3）反演方法数值模式

具备全球—区域—城市多尺度嵌套的碳模拟能力，全球和区域模拟为城市尺度模拟提供动态的温室气体浓度和气象要素信息。

（4）同化系统

具备 CO_2 浓度和通量的同步反演功能，具备高频近地面观测数据的同化融合能力，采用集合卡尔曼滤波或四维变分等同化算法，实现 CO_2 浓度和通量的同步反演优化。

（5）CO_2 观测数据和其他先验资料

连续 1 年以上、至少 4 个点位的城市 CO_2 浓度观测资料。

陆表碳通量数据。

（二）基础试点城市

1. 监测项目

高精度 CO_2、高精度 CH_4、高精度 CO、高精度气象参数（风向和风速、温度、湿度、气压、降水量）、至少 1 个碳同位素（$^{14}CO_2$）监测点位、无人机遥感监测 CO_2 浓度、无人机遥感监测 CH_4 浓度、走航车移动监测 CO_2 浓度、走航车移动监测 CH_4 浓度。

其中，碳同位素（$^{14}CO_2$）采用手工监测，其他项目采用在线监测。

如因站房建设、仪器设备采购等问题无法按工作进度开展自动监测，应及时开展适当频次的 CO_2 手工监测和现场气象观测作为过渡。

2. 点位布设要求

基于城市主导风向，结合走航及无人机遥感监测分析，在城市主导风向和次主导风向的上、下风向各布设 1 个点位，形成环绕城市的、沿主导风向上下游对称的监测点位，点位数量不少于 4 个。点位应在当地具有一定相对高度。有条件的城市根据地理和常年的气象风场分布情况，可研究适当增加其他方位的上、下风向点位，尽可能全面地估算城市 CO_2 排放通量。设计无人机及走航观测路线，为选点提供数据支撑和对照监测，支撑卫星遥感校验。

3. 采样要求、监测方法、监测频次、质量控制和量值溯源

同综合试点城市。

4. 监测数据应用

试点城市利用上、下风向浓度差值，估算城市的碳排放通量，并结合碳同位素（$^{14}CO_2$）监测，区分估算城市主要人为源（化石源）和自然源排放量。有条件的城市可联合当地气象部门、高校及科研院所，利用精细化三维流场资料，开展更加精细化的 CO_2 通量模型分析，开展可用于国内外 CO_2 和 CH_4 等卫星遥感产品的精度验证、排放源溯源及源强核算研究分析等。

（三）海洋试点城市

1. 监测项目

海岸带生态系统碳储量：植物各部分含碳率、土壤有机碳含量、土壤容重及厚度等。

海岸带生态系统碳通量：CO_2 通量、CH_4 通量（选测）。

海岸带生态系统植被状况：种类、范围、面积、地上生物量、地下生物量、凋落物生物量、附生生物量、密度、覆盖度、高度、胸径等。

海岸带生态系统气象及水文状况：光合有效辐射、气温、降雨、土壤温度、土壤含水量、浑浊度、潮汐等。

海藻养殖固（储）碳参数：海藻日净固碳速率、海藻含碳率、有机碳日释放速率等。

海藻养殖状况：海藻养殖种类、养殖面积、养殖方式、养殖周期、养殖产量等。

监测项目及指标依据生态系统植被类型和养殖类型具体情况设置。

2. 点位布设要求

海岸带生态系统点位布设及仪器方法：原则上每个生态系统试点项目区布设 3～6 条固定样线，每条样线不少于 3 个点位；通量塔布设的下垫面尽量均质，且有充足的风浪区。植被状况监测采用卫星遥感、无人机遥感和现场调查相结合的方式；碳储量监测采用实测法和模型拟合；碳通量监测主要采用涡度相关法。

海藻养殖区点位布设及仪器方法：根据海藻的养殖方式和养殖区域布设监测点位，原则上每个养殖区域监测点位不少于 3 个。海藻养殖面积以及藻种识别采用卫星遥感、无人机遥感和现场调查相结合的方式；固碳量测算相关参数采用室内模拟结合现场调查的方式；碳储量监测采用现场采样和实验室分析的方式。

3. 采样要求

（1）周边环境

站点避免靠近受人类活动影响区域。

（2）采样深度 / 高度

碳储量采样深度原则为 1 m，根据需求确定实际采样深度。碳通量塔高度不低于下垫面植被高度的 2～3 倍。

（3）采样平台

优先在已开展过碳储量及碳通量监测的平台上开展监测。

（4）采样系统

采样系统应按时维护和校准。

4. 监测频次

海岸带生态系统监测频次：碳通量及影响因子指标为全年连续监测，其余指标选择生物量最大季节（7—10 月）每年开展 1 次监测。

海藻养殖监测频次：根据海藻养殖种类和养殖周期，安排监测频次，原则上每个周期监测 2～3 次。

5. 质量控制和量值溯源

（1）质量控制要求

依据《全国林业碳汇计量与监测技术指南（试行）》开展监测数据质量控制。各类湿地植被的总体分类精度不低于 80%，各类参数的遥感反演精度不低于 70%，碳通量半小时缺失数据小于 10%。

试点监测单位应根据精度要求分别制定相应的质量控制计划，包含仪器设备性能要求、安装验收要求、运行维护与质量控制要求（校准频次、方法、合格标准等）。有条件的地区可通过运用在线高频校准，及时修正仪器漂移，提升监测系统整体的准确度。

（2）准确度核查

国家海洋环境监测中心开展试点区域监测点位准确度核查，拟采用比对核查形式进行，试点建立典型海岸带生态系统和海藻养殖碳汇监测准确度核查技术规范，评价各类点位的数据质量。

6. **监测数据应用**

研究建立典型海岸带生态系统和海藻养殖碳汇监测评估方法并开展应用示范，核定碳汇影响因子，对区域海岸带生态系统和海藻养殖碳源汇进行评估。

四、信息报送

城市大气温室气体监测数据通过国家环境质量监测网络平台系统，推送中国环境监测总站。海洋碳汇监测数据通过海洋生态环境监测数据传输系统，推送国家海洋环境监测中心。

附件 3

区域大气温室气体及生态系统碳汇监测试点技术指南

一、监测目标

加强区域大气主要温室气体浓度天地一体监测，开展典型区域生态系统固碳试点监测以及土地利用年度变化监测，服务支撑国家温室气体清单校核。

二、主要内容

（一）国家背景站地面大气温室气体监测

1. 监测范围

先期选择福建武夷山、内蒙古呼伦贝尔、湖北神农架、云南丽江、四川海螺沟、青海门源、山东长岛、山西庞泉沟、广东南岭等 9 个国家背景站开展区域大气温室气体监测试点，监测试点可视工作进展情况适当调整。

2. 监测项目

高精度 CO_2、高精度 CH_4。长岛站开展 HFCs 监测，探索开展 PFCs、SF_6 等含氟温室气体监测。武夷山站视情况开展 HFCs、PFCs、SF_6 等含氟温室气体试运行监测。

3. 采样要求

（1）周边环境

采样点周边环境尽可能开阔，避免靠近人为和自然温室气体排放源以及受局地环流影响的区域。采样口周围水平面应保证 360° 的开阔捕集空间。

（2）采样平台

优先在新建铁塔平台上实现梯度采样，也可在站点附近通信塔或电力塔等现有塔基平台采样。塔基平台应具有一定相对高度。

（3）采样高度

应设置合理的采样高度，以保证采集到混合充分的样气，避免近地面人为和自然温室气体排放源影响以及局地环流的影响。最低采样高度应在下垫面 10 m 以上，具体高度视采样点所处地形位置和周边环境而定。建议开展垂直梯度采样，在塔基平台不同高度设置采样口。

（4）采样系统

采样系统应具有除水功能，使用惰性材料，配备阀箱和多口阀。

应适当预留采样口和仪器进样口，以备分别支持垂直梯度采样和方法比对。

4. 监测方法

视情况选择以下方法开展监测。

（1）CO_2

①光腔衰荡光谱法，按照《大气二氧化碳（CO_2）光腔衰荡光谱观测系统》（GB/T 34415—2017）执行。

②离轴积分腔输出光谱法，按照《温室气体二氧化碳测量　离轴积分腔输出光谱法》（GB/T 34286—2017）执行。

（2）CH_4

①光腔衰荡光谱法，按照《大气甲烷光腔衰荡光谱观测系统》（GB/T 33672—2017）执行。

②离轴积分腔输出光谱法，按照《温室气体甲烷测量　离轴积分腔输出光谱法》（GB/T 34287—2017）执行。

（3）HFCs 和 PFCs

自动采样 - 低温预浓缩 - 气相色谱质谱法，按照 *Medusa：A Sample Precon-centration and GC/MS Detector System for in Situ Measurements of Atmospheric Trace Halocarbons，Hydrocarbons，and Sulfur Compounds*（Milleretal.，2008）建立分析方法。HFCs 至少包括二氟甲烷、三氟甲烷、五氟乙烷、1,1,1,2- 四氟乙烷、1,1,1- 三氟乙烷、1,1- 二氟乙烷等氢氟烃。PFCs 至少包括六氟乙烷和八氟丙烷等全氟碳化物。

（4）SF_6

①自动采样 - 低温预浓缩 - 气相色谱质谱法，按照 *Medusa：A Sample Preconcentration and GC/MS Detector System for in Situ Measurements of Atmospheric Trace Halocarbons，Hydrocarbons，and Sulfur Compounds*（Milleretal.，2008）建立分析方法，可与 HFCs 和 PFCs 同时测定。

②气相色谱法，参考 *Analytical Methods for Atmospheric SF_6 Using GC-μECD*（WMO/GAW Report No.222）。

5. 监测频次

每日 24 小时连续监测。

6. 质量控制和量值溯源

（1）质量控制要求

按照《关于报送国家区域 / 背景环境空气质量监测站运行维护记录的通知》（总站气字〔2017〕333 号）和《国家背景环境空气质量监测站运行维护手册》开展质控工作。高精度 CO_2、CH_4 监测对监测系统精密度要求较高，一般可采用在线高频校准的方式通过高频修正系统漂移提升测量系统整体精密度。高精度 CO_2 和 CH_4 两次校准间漂移分别不超过 0.1 ppm 和 2 ppb。

（2）量值溯源要求

做好 CO_2、CH_4 等主要温室气体试点监测项目量值溯源工作，联合中国计量科学研究院共同开展我国主要温室气体国家基准 / 标尺的研制、维持与国际比对，逐步构建量值准确、统一的区域温室气体监测量值溯源体系，保障监测数据与国际基准 / 标尺等效可比。其他配套气象监测仪器等应溯源至相关计量基 / 标准。

（二）全国及重点区域温室气体立体遥感监测

1. 监测范围

开展全国尺度及重点区域（京津冀、汾渭平原、长三角和珠三角）温室气体卫星遥感监测，在河北香河、安徽合肥等地开展地基遥感监测。

2. 监测项目

CO_2 和 CH_4 柱浓度。

3. 监测方法

（1）卫星遥感监测

多源数据融合法。

（2）地基遥感监测

傅里叶变换红外光谱法。

4. 监测频次

1—12 月持续监测，按年度汇总。

5. 精度要求

卫星遥感反演精度：CO_2 反演精度 1～3 ppm；CH_4 反演精度优于 20 ppb。

地基遥感反演精度：CO_2 反演精度优于 1 ppm；CH_4 反演精度优于 10 ppb。

（三）重点省份碳排放核算遥感监测

1. 监测范围

河北、河南、山东、山西、陕西、内蒙古等重点省份。

2. 监测项目

CO_2 排放量。

3. 监测方法

基于污染物及温室气体卫星遥感协同监测数据，结合排放反演模型获取的碳排放量，与相关统计数据进行对比校验。

4. 监测频次

1—12 月监测，按年度汇总。

（四）生态试点监测

1. 生物量地面试点监测

（1）监测范围

选择森林、草原典型生态系统开展生物量地面监测，其中森林生态系统选择吉林长白山、海南中部山区、云南白马雪山，草原生态系统选择内蒙古草甸草原和典型草原区、青海三江源高寒草原区共 5 个区域开展试点监测。

（2）监测项目

乔木层调查物种名录、样地内每木胸径、树高、冠幅；灌木层调查物种名录、株数/多度、盖度、丛幅、高度、基径（地表高度 5 cm、10 cm 处的树干直径）；草本层调查物种名录、群落盖度、株数/多度、高度、生物量（干重、鲜重）；地表凋落物干重；土壤有机碳含量、土壤容重和土壤层厚度。

（3）监测频次

2022 年植物生长季开展监测。

（4）技术要求

采用布设植被样方和样线法调查。森林生态系统调查样方为 20 m×20 m，灌木样方为 10 m×10 m 或 5 m×5 m，草本样方为 1 m×1 m。每类样方至少 3 个重复。参考《陆地生态系统生物观测规范》（中国生态系统研究网络科学委员会，北京：中国环境科学出版社，2007）。

2. 温室气体生态系统通量监测

（1）监测范围

深圳市亚热带常绿阔叶林，赤坳水库、杨梅坑两个通量观测站点。

（2）监测项目

H_2O/CO_2 通量、三维风速、空气温度、气压。

（3）监测频次

全天候自动观测。

3. 土地利用及其变化监测

（1）监测范围

2021 年我国陆域范围各类土地利用类型面积。

（2）监测项目

林地、草地、耕地、水域湿地、建设用地、未利用地等六大类 26 亚类。

（3）监测频次

2021 年度土地利用类型及 2020—2021 年动态变化监测。

（4）技术要求

采用卫星遥感与地面校验相结合的技术手段。具体技术要求按照《全国生态环境监测与评价技术方案》和《生态遥感监测数据质量保证与质量控制技术要求》（总站生字〔2015〕163 号）有关技术要求执行。

4. 承受力脆弱区生态影响监测

（1）监测范围

选取青海省承受力脆弱区为试点监测范围。

（2）监测项目

开展青海省生态承受力脆弱区生态系统格局监测；开展植被和水体重要生态参数监测；开展湿地和冰川两种典型生态系统监测；

开展典型区域碳储量监测；开展气候变化对生态影响的监测。

（3）监测频次

每年 1 次。

（4）技术要求

生态系统格局监测：利用多源卫星遥感影像，运用遥感技术提取生态系统信息，开展森林、灌丛、草地、湿地、农田、城镇等生态系统格局监测，分析各类生态系统的空间分布、面积比例等。

植被状况监测：利用卫星遥感手段，获取植被覆盖度、总初级生产力（GPP）等数据，运用综合分析方法，从宏观层面上开展植被状况及变化监测。

水体监测：以多源卫星遥感数据为基础，运用遥感技术提取水体信息，开展水体空间分布、面积及变化的监测和分析。

典型生态系统监测：针对冰川和湿地两类典型生态系统，综合利用多源卫星遥感数据，开展典型湿地的空间分布、面积及变化的监测；选取阿尼玛卿冰川，开展冰川面积和冰量等监测。

典型区域碳储量监测：主要对典型区域植被和土壤碳储量进行监测。综合利用卫星遥感反演、地面样方调查和资料收集等方法，开展区域植被和土壤碳储量核算关键参数率定，实现区域碳储量综合测算与分析。

气候变化对生态的影响监测：结合气候变化数据，采用综合分析方法，分析气候变化对植被、水体和各类生态系统的影响，进而分析生态系统变化对碳储量的影响。

三、数据报送

国家背景站以 VPN 方式实时报送数据。地方生态环境监测机构于每日 12 时前通过中国环境监测总站数据平台——国家环境空气监测网业务应用系统审核并报送前一日的小时数据。数据审核工作依据《国家背景环境空气质量监测数据审核及修约规则（试行）》（总站气字〔2016〕279 号）开展。含氟温室气体数据与 ODS 数据平台共享。

四、工作进度和预期成果

到 2021 年底，完善运维质控措施，搭建运维管理系统，提高国家背景站质控水平。研究构建区域温室气体监测量值溯源体系。

到 2022 年 6 月，编制形成主要温室气体及其示踪物（CO_2、CH_4、N_2O、CO）连续自动监测系统运行和质控技术指导文件，编制形成含氟温室气体自动监测技术规范。编制形成《生态系统碳通量观测技术导则》《典型生态系统碳通量试点监测报告》，获取全国及分省土地利用类型数据表和 2020—2021 年全国及分省土地利用变化数据表。

到 2022 年底，编制形成《森林生态系统生物量调查技术导则》《典型草原生态系统碳储量监测评估试点报告》和承受力脆弱区生态影响监测报告。完成重点区域大气温室气体监测试点工作报告。

生态环境智慧监测创新应用试点工作方案

（环办监测函〔2022〕63号）

为进一步做好生态环境监测大数据平台建设工作，有序推进生态环境智慧监测创新应用试点工作（以下简称试点工作），更好发挥试点的示范引领作用，制定本方案。

一、总体要求

（一）指导思想

坚持以习近平新时代中国特色社会主义思想为指导，全面贯彻党的十九大和十九届历次全会精神，深入贯彻习近平生态文明思想，认真落实党中央、国务院决策部署，以支撑深入打好污染防治攻坚战为引领，以推动生态环境监测现代化发展为着力点，按照信息化建设“四统一、五集中”要求，加大现代化信息技术在生态环境监测领域应用，在重点省市推进智慧监测率先突破，实现监测感知高效化、数据集成化、分析关联化、应用智能化、测管一体化、服务社会化，支撑智慧高效的生态环境管理信息化体系构建。

（二）基本原则

强化顶层设计。立足生态环境监测大数据平台作为生态环境综合管理信息化平台重要组成部分定位，按照“国家统一架构、地方负责建设”的原则和思路，突出建设标准的规范统一、数据资源的互联互通、应用场景的开放共享，优先开展环境空气、地表水、污染源的智慧监测试点，逐步覆盖地下水、海洋、生态等各类监测要素，提前谋划央地之间、省份之间监测数据互联共享办法，细分监测数据使用权限与职责，为构建全国智慧监测“一张网”奠定基础。

试点先行先试。根据地方参与意愿、资金筹措能力以及区域典型环境问题，选取13个省份、16个地级市（含雄安新区）率先开展试点，各试点单位使用统一的数据仓库建设、信息通讯传输、界面设计等标准规范，紧扣“监测先行、监测灵敏、监测准确”发展要求，瞄准行政区域内突出环境问题，推动智慧监测应用场景落地，探索一批可推广、可复制的智慧监测技术、方法、产品和体制机制成果，引领带动全国生态环境监测事业高质量发展。

鼓励探索创新。鼓励各试点单位结合自身需求、资金和基础条件，创新运用物联网、传感器、区块链、人工智能等新技术在监测监控业务中的应用，唤醒海量数据价值，增强监测与环评、执法、应急等业务协同联动，全面提升生态环境灵活感知、提前预警、综合研判、智慧决策的能力。

（三）试点目标

到 2023 年底，国家层面对监测数据汇集、融合使用等监测业务进一步规范，建设环境质量联合会商国家平台，建立国家、省、市三级监测数据联通共享机制，打造一批高质量服务应用，基本实现环境空气和地表水智慧监测。

试点省份和地市均重点提升支撑服务保障、智慧监测基础、服务群众等三方面能力，其中，试点省份突出宏观、中观环境管理决策支撑，实现省域范围内会商数据汇交、业务集成，具备智能化调度、会商能力，提升生态环境协同管理效率；试点地市突出小尺度精细化预警管控技术支撑，实现监测与管理之间的数据关联和业务协同，做到测管一体，各地可结合实际情况进一步提升监测基础能力，增强生态环境管理支撑和公众服务效能。

二、具体任务

国家层面。开展智慧监测顶层设计，编制《生态环境智慧监测创新应用技术指南》（以下简称技术指南，附件 1）等指导性规范文件，根据生态环境综合管理信息化平台设计要求，统筹建设监测领域国家平台，做好与地方平台系统对接工作。

省级层面。主要开展三个方面的试点任务，一是支撑服务保障方面，山西、内蒙古、吉林、江苏、浙江、山东、湖南、广东、海南、重庆、四川、贵州、甘肃等省级生态环境部门重点开展环境质量形势分析、关联分析和影响预测分析等试点内容，加强业务集成应用，提高协同管理水平；二是规范基础能力方面，江苏、山东、海南、重庆、四川、贵州等省级生态环境部门重点开展新型监测技术、仪器、装备探索应用，开展数据治理、高效存储实践应用，增强监测基础能力，提升数据汇交和管理效率；三是服务群众方面，吉林、江苏等省级生态环境部门重点开展信息公开试点，增强公众服务效能，提升公众获得感。

地市层面。主要开展三个方面的试点任务，一是支撑服务保障方面，雄安新区、无锡、常州、嘉兴、金华、济南、鹤壁、长沙、株洲、东莞、惠州、两江新区、璧山、成都、石嘴山等市级生态环境部门重点开展环境质量形势分析、热点网格管理和水环境精准溯源等试点应用，发挥环境质量管控技术支撑作用；二是规范监测基础能力方面，常州、杭州、金华、株洲、东莞、惠州、成都、石嘴山等市级生态环境部门重点开展新型监测技术、仪器、装备探索应用和数据治理、高效存储实践试点应用，丰富数据获取渠道，提升数据融合和应用效率；三是服务群众方面，嘉兴、济南、鹤壁、石嘴山等市级生态环境部门着重优化环境问题公众互动方式，创新问题发现处置机制，保障公众监督权。

各省级、地市级生态环境部门试点任务见附件 2。

三、时间安排

2022 年 2 月—6 月，监测司组织中国环境监测总站、卫星环境应用中心、信息中心、国家海洋环境监测中心成立技术指导委员会，各试点单位编制试点工作实施方案并报送技术指导委员会审核，通过后，正式启动试点实施工作。

2022 年 7 月—2023 年 6 月，试点单位开展实施工作，定期报送阶段性建设成果报告，由技术指导委员会审议后提出优化意见，试点单位及时进行平台功能、性能调优。

2023 年 7 月—12 月，试点单位完成建设任务，报送相关报告，技术指导委员会提炼总结试点成果，监测司组织召开试点工作总结会。

四、任务分工

监测司负责试点工作的组织与协调，组织编制并印发试点工作方案，组织做好试点工作经验交流、成果应用等工作。

技术指导委员会负责试点工作的技术审核和指导，编制数据传输和存储标准规范、数据共享管理办法、三级环境质量会商平台建设指南等技术指导文件，审议试点单位实施方案，建立试点成效评估机制，评选先进示范。其中，中国环境监测总站主要负责智慧监测业务应用总体设计、印发相关技术指导文件；卫星环境应用中心主要负责生态环境遥感监测业务应用设计；信息中心主要负责网络安全和信息化技术指导；国家海洋环境监测中心主要负责海洋生态环境监测业务应用设计。

试点省份和地市生态环境部门负责组织开展本行政区域的试点工作，编制实施方案、报送阶段性成果以及试点总结报告等。

五、保障措施

（一）加强组织领导

试点工作由监测司统筹组织，技术指导委员会负责具体落实。各试点单位要明确责任与分工，指派专人负责试点工作，确定一名联络员具体负责试点工作的联系、沟通，积极主动做好有关工作。

（二）明确资金保障

省级、地市层面的试点工作经费，由试点单位自行解决，试点单位要积极筹措资金，确保试点工作顺利开展，要充分依托已有工作基础开展试点工作，避免重复建设、重复投资。

（三）做好交流总结

试点实施过程中，技术指导委员会定期组织召开技术交流会，促进各试点单位加强技术交流，及时发现和解决试点工作中重点、难点技术问题；组织先进示范项目推介会，在试点单位间推广先进技术实践经验和成果，推进智慧监测高质量建设。试点完成后，技术指导委员会组织各试点单位总结试点工作经验，提炼形成可供复制借鉴的成果。

附件：1. 生态环境智慧监测创新应用技术指南
　　　2. 试点单位任务清单

扫一扫，获取相关文件

第九部分

监测质量管理

关于深入贯彻落实《关于深化环境监测改革提高环境监测数据质量的意见》的通知

（环办监测函〔2017〕1602号）

各省、自治区、直辖市环境保护厅（局），副省级城市环境保护局，解放军环境保护局，新疆生产建设兵团环境保护局：

近日，中共中央办公厅、国务院办公厅印发《关于深化环境监测改革提高环境监测数据质量的意见》（厅字〔2017〕35号，以下简称《意见》），对坚持依法监测、科学监测、诚信监测，切实保障环境监测数据质量作出全面部署。各级环境保护部门要认真学习领会，深入贯彻落实，不断提高环境监测数据的公信力和权威性。现将有关要求通知如下：

一、充分认识《意见》的重大意义，增强抓好贯彻落实的使命感和责任感

《意见》是继《生态环境监测网络建设方案》《关于省以下环保机构监测监察执法垂直管理制度改革试点工作的指导意见》之后，中央关于深化环境监测改革的又一重大部署，充分体现了以习近平同志为核心的党中央对生态环境监测工作的高度重视。《意见》以习近平新时代中国特色社会主义思想为指导，紧紧围绕统筹推进“五位一体”总体布局和协调推进“四个全面”战略布局，牢固树立和贯彻落实新发展理念，立足我国生态环境保护需要，坚持问题导向、综合施策、标本兼治，从建立责任体系、完善法规制度、加强监督管理等方面提出了保障环境监测数据质量的一系列重大改革举措和任务要求，是当前和今后一段时期全国环境监测工作的行动纲领，对于提高环境监测数据质量，提升环境监测工作整体水平具有重大意义。

深入贯彻落实《意见》，既是推进生态文明建设和环境保护工作的必然要求，也是推动环境监测事业发展的难得机遇和强大动力。各级环境保护部门要深刻领会《意见》的重大意义，自觉把思想和行动统一到党中央、国务院决策部署上来，增强抓好贯彻落实的使命感和责任感，确保《意见》各项改革措施和工作任务落地生效，为加快推进环境治理体系和治理能力现代化提供坚强支撑。

二、加大宣传力度，形成良好氛围

各级环境保护部门要高度重视《意见》的学习宣传和贯彻落实工作，通过举办培训班、研讨班、专家解读等多种方式，组织地方各级政府相关部门、环境保护部门、排污单位、社会监测机构和运维机构工作人员深入系统学习，学深学透，掌握核心内容和重点任务，与《中华人民共和国环境保护法》《最高人民法院 最高人民检察院关于办理环境污染刑事案件适用法律若干问题的解释》等文件融会贯通，切实提高相关工作人员对保障环境

监测数据质量重要性的思想认识和业务水平。

要综合运用报刊、电视、互联网等各类媒体和信息传播渠道，广泛开展对《意见》内容和相关政策法规的宣传，适时曝光查处环境监测数据弄虚作假典型案件，充分发挥典型案件的警示教育作用，形成强大震慑力，在全社会形成促进环境监测数据质量提高的良好氛围。

三、强化统筹协调，建立健全保障数据质量的责任体系和部门协作机制

地方各级环境保护部门要按照《意见》要求，积极配合党委和政府围绕环境监测数据真实性由谁负责、负什么责、何种情形追究什么责任等建立健全责任体系，对已发布的与《意见》要求不一致的文件要及时修订或废止。各级环境保护部门要与质量技术监督部门探索建立联合监管和检查通报机制，依法对环境监测机构进行监管。环境监测机构及其负责人对其监测数据的真实性和准确性负责。排污单位按照有关规定开展自行监测，并对数据的真实性负责。

地方各级环境保护部门要加强与相关部门沟通协调，积极推动建立部门间环境监测协作机制。要统一规划布局行政区域内环境质量监测网络，按照国家统一的环境监测标准规范开展监测活动，并加强在环境质量信息和其他重大环境信息发布方面的沟通协调，解决部门间数据不一致、不可比的问题。各级环境保护部门与公检法部门要加强行政执法与刑事司法衔接，在环境监测数据弄虚作假案件的查实、移送、立案等环节，以及信息共享方面建立运转流畅、务实高效的合作机制。

四、开展专项行动，严厉惩处环境监测数据弄虚作假行为

地方各级环境保护部门要围绕环境质量监测、机动车尾气检测、社会化服务监测、排污单位自行监测等直接关系人民群众切身利益、影响环境管理决策的监测领域，从 2018 年起，连续三年组织开展打击环境监测数据弄虚作假行为专项行动，加大弄虚作假行为查处力度，严格执法、严肃问责，形成高压震慑态势。

地方党政领导干部和相关部门工作人员利用职务影响，指使篡改、伪造环境监测数据以及存在其他环境监测弄虚作假行为的，一经查实，省级环境保护部门应责成地市级政府查处和整改，涉嫌犯罪的，移交司法机关依法处理；环境监测机构和人员、排污单位弄虚作假或参与弄虚作假的，环境保护等部门依法予以处罚，涉嫌犯罪的，移交司法机关依法处理。各级环境保护部门应与相关部门大力实施联合惩戒，将依法处罚的环境监测数据弄虚作假企业、机构和个人信息向社会公开，并纳入全国信用信息共享平台。环境监测数据弄虚作假典型案件办结后应及时报送我部。

五、加强能力建设，不断提高环境监测质量监管水平

地方各级环境保护部门要进一步健全环境监测质量管理体系，加强质量管理能力建设，保障质量管理所需人员、工作经费和工作条件。省级环境保护部门应确保环境监测仪

器设备和标准物质能够溯源到国家计量基准。承担国家区域质控任务的省级环境监测机构应切实发挥作用，加强对本行政区域内环境监测活动全过程监督，协助国家质控平台开展区域内的质量检查和区域间的交叉检查。

各地要按照国家有关规定建立环境监测数据直传平台，完善相关制度，保证环境质量监测、污染源在线监测等有关信息直传到国家平台。加快推进重点排污单位视频监控设施建设和自动监测数据与环境保护部门联网。加强高新技术在环境监测质量管理领域的应用。充分发挥环境监测行业协会的作用，规范社会环境监测机构的监测行为。

六、加强组织领导，确保《意见》落到实处

（一）强化组织领导。地方各级环境保护部门要坚决贯彻党中央、国务院关于环境监测工作的决策部署，积极争取党委和政府的重视和支持，推动形成党委政府统一领导、环境保护部门统筹协调、相关部门有效联动、社会积极参与的工作格局，切实保障环境监测数据质量。

（二）细化分解任务。各地要结合实际制定具体的实施方案，把《意见》确定的目标任务分解落实到地方各级人民政府、各有关部门和企业，制定责任清单，明确责任人和完成时限。

（三）强化督促检查。要加强对《意见》贯彻落实的监督检查，把贯彻落实《意见》情况作为各级党委和政府的督办事项，建立督查通报机制，按照责任清单和时间表，定期检查、全程跟踪。

各地应于 2018 年 3 月底前向我部报送实施方案，并于每年 12 月底前报送全年工作进展情况。

环境保护部办公厅

2017 年 10 月 16 日

关于加强生态环境监测机构监督管理工作的通知

（环监测〔2018〕45 号）

各省、自治区、直辖市环境保护厅（局）、质量技术监督局（市场监督管理部门），新疆生产建设兵团环境保护局、质量技术监督局：

为贯彻落实中共中央办公厅、国务院办公厅《关于深化环境监测改革　提高环境监测数据质量的意见》（厅字〔2017〕35 号）、《生态环境监测网络建设方案》（国办发〔2015〕56 号）、《国务院关于加强质量认证体系建设　促进全面质量管理的意见》（国发〔2018〕3 号）精神，创新管理方式，规范监测行为，促进我国生态环境监测工作健康发展，现将有关事项通知如下：

一、加强制度建设

（一）完善资质认定制度。凡向社会出具具有证明作用的数据和结果的生态环境监测机构均应依法取得检验检测机构资质认定。国家认证认可监督管理委员会（以下简称国家认监委）和生态环境部联合制定《检验检测机构资质认定生态环境监测机构评审补充要求》。国家认监委和各省级市场监督管理部门（以下统称资质认定部门）依法实施生态环境监测机构资质认定工作，建立生态环境监测机构资质认定评审员数据库，加强评审员队伍建设，发挥生态环境行业评审组作用，规范资质认定评审行为。

（二）加快完善监管制度。资质认定部门依据《检验检测机构资质认定管理办法》（原质检总局令　第 163 号）对获得检验检测机构资质认定的生态环境监测机构实施分类监管。生态环境部修订《环境监测质量管理技术导则》（HJ 630—2011），完善生态环境监测机构质量体系建设，强化对人员、仪器设备、监测方法、手工和自动监测等重要环节的质量管理。各类生态环境监测机构应按照国家有关规定不断健全完善内部管理的规章制度，提高管理水平。

（三）建立责任追溯制度。生态环境监测机构要严格执行国家和地方的法律法规、标准和技术规范。建立覆盖方案制定、布点与采样、现场测试、样品流转、分析测试、数据审核与传输、综合评价、报告编制与审核签发等全过程的质量管理体系。采样人员、分析人员、审核与授权签字人对监测原始数据、监测报告的真实性终身负责。生态环境监测机构负责人对监测数据的真实性和准确性负责。生态环境监测机构应对监测原始记录和报告归档留存，保证其具有可追溯性。

二、加强事中事后监管

（四）综合运用多种监管手段。生态环境部门和资质认定部门重点对管理体系不健全、监测活动不规范、存在违规违法行为的生态环境监测机构进行监管。健全对生态环境监测机构的“双随机”抽查机制，建立生态环境监测机构名录库、检查人员名录库。联合或根据各自职责定期组织开展监督检查，通过统计调查、监督检查、能力验证、比对核查、投诉处理、审核年度报告、核查资质认定信息、评价管理体系运行、审核原始记录和监测报告等方式加强监管。

（五）严肃处理违法违规行为。生态环境部门和资质认定部门应根据法律法规，对生态环境监测机构和人员监测行为存在不规范或违法违规情况的，视情形给予告诫、责令改正、责令整改、罚款或撤销资质认定证书等处理，并公开通报。

涉嫌犯罪的移交公安机关予以处理。生态环境监测机构申请资质认定提供虚假材料或者隐瞒有关情况的，资质认定部门依法不予受理或者不予许可，一年内不得再次申请资质认定；撤销资质认定证书的生态环境监测机构，三年内不得再次申请资质认定。

（六）建立联合惩戒和信息共享机制。生态环境部门和资质认定部门应建立信息共享机制，加强部门合作和信息沟通，及时将生态环境监测机构资质认定和违法违规行为及处罚结果等监管信息在各自门户网站向社会公开。根据《国务院办公厅关于加强个人诚信体系建设的指导意见》相关要求，对信用优良的生态环境监测机构和人员提供更多服务便利，对严重失信的生态环境监测机构和人员，将违规违法等信息纳入“全国信用信息共享平台”。

（七）加强社会监督。创新社会监督方式，畅通社会监督渠道，积极鼓励公众广泛参与。生态环境部门举报电话“12369”和市场监督管理部门举报电话“12365”受理生态环境监测数据弄虚作假行为的举报。行业协会应制定行业自律公约、团体标准等自律规范，组织开展行业信用等级评价，建立健全信用档案，推动行业自律结果的采信，努力形成良好的环境和氛围。

三、提高监管能力和水平

（八）加强队伍建设，创新监管手段。生态环境部门和资质认定部门应加强监管人员队伍建设，强化监管人员培训，不断提高监管人员综合素质和能力水平。相关人员在工作中滥用职权、玩忽职守、徇私舞弊的，依规依法予以处理；构成犯罪的，依法追究刑事责任。充分发挥大数据、信息化等技术在监督管理中的作用，不断提高监管效能。

（九）强化部门联动，形成工作合力。生态环境部门和资质认定部门应切实统一思想，提高认识，加强组织领导和工作协调，按照本通知要求制定联合监管和信息共享的实施方案，建立畅通、高效、科学的联合监管机制，有效保障生态环境监测数据质量，提高监测数据公信力和权威性，促进生态环境管理水平全面提升。

生态环境部

市场监管总局

2018 年 5 月 28 日

检验检测机构监督管理办法

（国家市场监督管理总局令　第 39 号）

第一条　为了加强检验检测机构监督管理工作，规范检验检测机构从业行为，营造公平有序的检验检测市场环境，依照《中华人民共和国计量法》及其实施细则、《中华人民共和国认证认可条例》等法律、行政法规，制定本办法。

第二条　在中华人民共和国境内检验检测机构从事向社会出具具有证明作用的检验检测数据、结果、报告（以下统称检验检测报告）的活动及其监督管理，适用本办法。

法律、行政法规对检验检测机构的监督管理另有规定的，依照其规定。

第三条　本办法所称检验检测机构，是指依法成立，依据相关标准等规定利用仪器设备、环境设施等技术条件和专业技能，对产品或者其他特定对象进行检验检测的专业技术组织。

第四条　国家市场监督管理总局统一负责、综合协调检验检测机构监督管理工作。

省级市场监督管理部门负责本行政区域内检验检测机构监督管理工作。

地（市）、县级市场监督管理部门负责本行政区域内检验检测机构监督检查工作。

第五条　检验检测机构及其人员应当对其出具的检验检测报告负责，依法承担民事、行政和刑事法律责任。

第六条　检验检测机构及其人员从事检验检测活动应当遵守法律、行政法规、部门规章的规定，遵循客观独立、公平公正、诚实信用原则，恪守职业道德，承担社会责任。

检验检测机构及其人员应当独立于其出具的检验检测报告所涉及的利益相关方，不受任何可能干扰其技术判断的因素影响，保证其出具的检验检测报告真实、客观、准确、完整。

第七条　从事检验检测活动的人员，不得同时在两个以上检验检测机构从业。检验检测授权签字人应当符合相关技术能力要求。

法律、行政法规对检验检测人员或者授权签字人的执业资格或者禁止从业另有规定的，依照其规定。

第八条　检验检测机构应当按照国家有关强制性规定的样品管理、仪器设备管理与使用、检验检测规程或者方法、数据传输与保存等要求进行检验检测。

检验检测机构与委托人可以对不涉及国家有关强制性规定的检验检测规程或者方法等作出约定。

第九条　检验检测机构对委托人送检的样品进行检验的，检验检测报告对样品所检项目的符合性情况负责，送检样品的代表性和真实性由委托人负责。

第十条　需要分包检验检测项目的，检验检测机构应当分包给具备相应条件和能力的检验检测机构，并事先取得委托人对分包的检验检测项目以及拟承担分包项目的检验检测机构的同意。

检验检测机构应当在检验检测报告中注明分包的检验检测项目以及承担分包项目的检验检测机构。

第十一条　检验检测机构应当在其检验检测报告上加盖检验检测机构公章或者检验检测专用章，由授权签字人在其技术能力范围内签发。检验检测报告用语应当符合相关要求，列明标准等技术依据。检验检测报告存在文字错误，确需更正的，检验检测机构应当按照标准等规定进行更正，并予以标注或者说明。

第十二条　检验检测机构应当对检验检测原始记录和报告进行归档留存。保存期限不少于 6 年。

第十三条　检验检测机构不得出具不实检验检测报告。

检验检测机构出具的检验检测报告存在下列情形之一，并且数据、结果存在错误或者无法复核的，属于不实检验检测报告：

（一）样品的采集、标识、分发、流转、制备、保存、处置不符合标准等规定，存在样品污染、混淆、损毁、性状异常改变等情形的；

（二）使用未经检定或者校准的仪器、设备、设施的；

（三）违反国家有关强制性规定的检验检测规程或者方法的；

（四）未按照标准等规定传输、保存原始数据和报告的。

第十四条　检验检测机构不得出具虚假检验检测报告。

检验检测机构出具的检验检测报告存在下列情形之一的，属于虚假检验检测报告：

（一）未经检验检测的；

（二）伪造、变造原始数据、记录，或者未按照标准等规定采用原始数据、记录的；

（三）减少、遗漏或者变更标准等规定的应当检验检测的项目，或者改变关键检验检测条件的；

（四）调换检验检测样品或者改变其原有状态进行检验检测的；

（五）伪造检验检测机构公章或者检验检测专用章，或者伪造授权签字人签名或者签发时间的。

第十五条　检验检测机构及其人员应当对其在检验检测工作中所知悉的国家秘密、商业秘密予以保密。

第十六条　检验检测机构应当在其官方网站或者以其他公开方式对其遵守法定要求、独立公正从业、履行社会责任、严守诚实信用等情况进行自我声明，并对声明内容的真实性、全面性、准确性负责。

检验检测机构应当向所在地省级市场监督管理部门报告持续符合相应条件和要求、遵守从业规范、开展检验检测活动以及统计数据等信息。

检验检测机构在检验检测活动中发现普遍存在的产品质量问题的，应当及时向市场监督管理部门报告。

第十七条 县级以上市场监督管理部门应当依据检验检测机构年度监督检查计划，随机抽取检查对象、随机选派执法检查人员开展监督检查工作。

因应对突发事件等需要，县级以上市场监督管理部门可以应急开展相关监督检查工作。

国家市场监督管理总局可以根据工作需要，委托省级市场监督管理部门开展监督检查。

第十八条 省级以上市场监督管理部门可以根据工作需要，定期组织检验检测机构能力验证工作，并公布能力验证结果。

检验检测机构应当按照要求参加前款规定的能力验证工作。

第十九条 省级市场监督管理部门可以结合风险程度、能力验证及监督检查结果、投诉举报情况等，对本行政区域内检验检测机构进行分类监管。

第二十条 市场监督管理部门可以依法行使下列职权：

（一）进入检验检测机构进行现场检查；

（二）向检验检测机构、委托人等有关单位及人员询问、调查有关情况或者验证相关检验检测活动；

（三）查阅、复制有关检验检测原始记录、报告、发票、账簿及其他相关资料；

（四）法律、行政法规规定的其他职权。

检验检测机构应当采取自查自改措施，依法从事检验检测活动，并积极配合市场监督管理部门开展的监督检查工作。

第二十一条 县级以上地方市场监督管理部门应当定期逐级上报年度检验检测机构监督检查结果等信息，并将检验检测机构违法行为查处情况通报实施资质认定的市场监督管理部门和同级有关行业主管部门。

第二十二条 县级以上市场监督管理部门应当依法公开监督检查结果，并将检验检测机构受到的行政处罚等信息纳入国家企业信用信息公示系统等平台。

第二十三条 任何单位和个人有权向县级以上市场监督管理部门举报检验检测机构违反本办法规定的行为。

第二十四条 县级以上市场监督管理部门发现检验检测机构存在不符合本办法规定，但无需追究行政和刑事法律责任的情形的，可以采用说服教育、提醒纠正等非强制性手段予以处理。

第二十五条 检验检测机构有下列情形之一的，由县级以上市场监督管理部门责令限期改正；逾期未改正或者改正后仍不符合要求的，处 3 万元以下罚款：

（一）违反本办法第八条第一款规定，进行检验检测的；

（二）违反本办法第十条规定分包检验检测项目，或者应当注明而未注明的；

（三）违反本办法第十一条第一款规定，未在检验检测报告上加盖检验检测机构公章或者检验检测专用章，或者未经授权签字人签发或者授权签字人超出其技术能力范围签发的。

第二十六条　检验检测机构有下列情形之一的，法律、法规对撤销、吊销、取消检验检测资质或者证书等有行政处罚规定的，依照法律、法规的规定执行；法律、法规未作规定的，由县级以上市场监督管理部门责令限期改正，处3万元罚款：

（一）违反本办法第十三条规定，出具不实检验检测报告的；

（二）违反本办法第十四条规定，出具虚假检验检测报告的。

第二十七条　市场监督管理部门工作人员玩忽职守、滥用职权、徇私舞弊的，依法予以处理；涉嫌构成犯罪，依法需要追究刑事责任的，按照有关规定移送公安机关。

第二十八条　本办法自2021年6月1日起施行。

检验检测机构资质认定管理办法

（2015 年 4 月 9 日国家质量监督检验检疫总局令第 163 号公布，根据 2021 年 4 月 2 日《国家市场监督管理总局关于废止和修改部分规章的决定》修改）

第一章 总 则

第一条 为了规范检验检测机构资质认定工作，优化准入程序，根据《中华人民共和国计量法》及其实施细则、《中华人民共和国认证认可条例》等法律、行政法规的规定，制定本办法。

第二条 本办法所称检验检测机构，是指依法成立，依据相关标准或者技术规范，利用仪器设备、环境设施等技术条件和专业技能，对产品或者法律法规规定的特定对象进行检验检测的专业技术组织。

本办法所称资质认定，是指市场监督管理部门依照法律、行政法规规定，对向社会出具具有证明作用的数据、结果的检验检测机构的基本条件和技术能力是否符合法定要求实施的评价许可。

第三条 在中华人民共和国境内对检验检测机构实施资质认定，应当遵守本办法。

法律、行政法规对检验检测机构资质认定另有规定的，依照其规定。

第四条 国家市场监督管理总局（以下简称市场监管总局）主管全国检验检测机构资质认定工作，并负责检验检测机构资质认定的统一管理、组织实施、综合协调工作。

省级市场监督管理部门负责本行政区域内检验检测机构的资质认定工作。

第五条 法律、行政法规规定应当取得资质认定的事项清单，由市场监管总局制定并公布，并根据法律、行政法规的调整实行动态管理。

第六条 市场监管总局依据国家有关法律法规和标准、技术规范的规定，制定检验检测机构资质认定基本规范、评审准则以及资质认定证书和标志的式样，并予以公布。

第七条 检验检测机构资质认定工作应当遵循统一规范、客观公正、科学准确、公平公开、便利高效的原则。

第二章 资质认定条件和程序

第八条 国务院有关部门以及相关行业主管部门依法成立的检验检测机构，其资质认定由市场监管总局负责组织实施；其他检验检测机构的资质认定，由其所在行政区域的省级市场监督管理部门负责组织实施。

第九条 申请资质认定的检验检测机构应当符合以下条件：

（一）依法成立并能够承担相应法律责任的法人或者其他组织；

（二）具有与其从事检验检测活动相适应的检验检测技术人员和管理人员；

（三）具有固定的工作场所，工作环境满足检验检测要求；

（四）具备从事检验检测活动所必需的检验检测设备设施；

（五）具有并有效运行保证其检验检测活动独立、公正、科学、诚信的管理体系；

（六）符合有关法律法规或者标准、技术规范规定的特殊要求。

第十条　检验检测机构资质认定程序分为一般程序和告知承诺程序。除法律、行政法规或者国务院规定必须采用一般程序或者告知承诺程序的外，检验检测机构可以自主选择资质认定程序。

检验检测机构资质认定推行网上审批，有条件的市场监督管理部门可以颁发资质认定电子证书。

第十一条　检验检测机构资质认定一般程序：

（一）申请资质认定的检验检测机构（以下简称申请人），应当向市场监管总局或者省级市场监督管理部门（以下统称资质认定部门）提交书面申请和相关材料，并对其真实性负责；

（二）资质认定部门应当对申请人提交的申请和相关材料进行初审，自收到申请之日起 5 个工作日内作出受理或者不予受理的决定，并书面告知申请人；

（三）资质认定部门自受理申请之日起，应当在 30 个工作日内，依据检验检测机构资质认定基本规范、评审准则的要求，完成对申请人的技术评审。技术评审包括书面审查和现场评审（或者远程评审）。技术评审时间不计算在资质认定期限内，资质认定部门应当将技术评审时间告知申请人。由于申请人整改或者其他自身原因导致无法在规定时间内完成的情况除外；

（四）资质认定部门自收到技术评审结论之日起，应当在 10 个工作日内，作出是否准予许可的决定。准予许可的，自作出决定之日起 7 个工作日内，向申请人颁发资质认定证书。不予许可的，应当书面通知申请人，并说明理由。

第十二条　采用告知承诺程序实施资质认定的，按照市场监管总局有关规定执行。

资质认定部门作出许可决定前，申请人有合理理由的，可以撤回告知承诺申请。告知承诺申请撤回后，申请人再次提出申请的，应当按照一般程序办理。

第十三条　资质认定证书有效期为 6 年。

需要延续资质认定证书有效期的，应当在其有效期届满 3 个月前提出申请。

资质认定部门根据检验检测机构的申请事项、信用信息、分类监管等情况，采取书面审查、现场评审（或者远程评审）的方式进行技术评审，并作出是否准予延续的决定。

对上一许可周期内无违反市场监管法律、法规、规章行为的检验检测机构，资质认定部门可以采取书面审查方式，对于符合要求的，予以延续资质认定证书有效期。

第十四条　有下列情形之一的，检验检测机构应当向资质认定部门申请办理变更手续：

（一）机构名称、地址、法人性质发生变更的；

（二）法定代表人、最高管理者、技术负责人、检验检测报告授权签字人发生变更的；

（三）资质认定检验检测项目取消的；

（四）检验检测标准或者检验检测方法发生变更的；

（五）依法需要办理变更的其他事项。

检验检测机构申请增加资质认定检验检测项目或者发生变更的事项影响其符合资质认定条件和要求的，依照本办法第十条规定的程序实施。

第十五条　资质认定证书内容包括：发证机关、获证机构名称和地址、检验检测能力范围、有效期限、证书编号、资质认定标志。

检验检测机构资质认定标志，由 China Inspection Body and Laboratory Mandatory Approval 的英文缩写 CMA 形成的图案和资质认定证书编号组成。式样如下：

第十六条　外方投资者在中国境内依法成立的检验检测机构，申请资质认定时，除应当符合本办法第九条规定的资质认定条件外，还应当符合我国外商投资法律法规的有关规定。

第十七条　检验检测机构依法设立的从事检验检测活动的分支机构，应当依法取得资质认定后，方可从事相关检验检测活动。

资质认定部门可以根据具体情况简化技术评审程序、缩短技术评审时间。

第十八条　检验检测机构应当定期审查和完善管理体系，保证其基本条件和技术能力能够持续符合资质认定条件和要求，并确保质量管理措施有效实施。

检验检测机构不再符合资质认定条件和要求的，不得向社会出具具有证明作用的检验检测数据和结果。

第十九条　检验检测机构应当在资质认定证书规定的检验检测能力范围内，依据相关标准或者技术规范规定的程序和要求，出具检验检测数据、结果。

第二十条　检验检测机构不得转让、出租、出借资质认定证书或者标志；不得伪造、变造、冒用资质认定证书或者标志；不得使用已经过期或者被撤销、注销的资质认定证书或者标志。

第二十一条　检验检测机构向社会出具具有证明作用的检验检测数据、结果的，应当在其检验检测报告上标注资质认定标志。

第二十二条　资质认定部门应当在其官方网站上公布取得资质认定的检验检测机构信息，并注明资质认定证书状态。

第二十三条　因应对突发事件等需要，资质认定部门可以公布符合应急工作要求的检验检测机构名录及相关信息，允许相关检验检测机构临时承担应急工作。

第三章　技术评审管理

第二十四条　资质认定部门根据技术评审需要和专业要求，可以自行或者委托专业技术评价机构组织实施技术评审。

资质认定部门或者其委托的专业技术评价机构组织现场评审（或者远程评审）时，应当指派两名以上与技术评审内容相适应的评审人员组成评审组，并确定评审组组长。必要时，可以聘请相关技术专家参加技术评审。

第二十五条　评审组应当严格按照资质认定基本规范、评审准则开展技术评审活动，在规定时间内出具技术评审结论。

专业技术评价机构、评审组应当对其承担的技术评审活动和技术评审结论的真实性、符合性负责，并承担相应法律责任。

第二十六条　评审组在技术评审中发现有不符合要求的，应当书面通知申请人限期整改，整改期限不得超过30个工作日。逾期未完成整改或者整改后仍不符合要求的，相应评审项目应当判定为不合格。

评审组在技术评审中发现申请人存在违法行为的，应当及时向资质认定部门报告。

第二十七条　资质认定部门应当建立并完善评审人员专业技能培训、考核、使用和监督制度。

第二十八条　资质认定部门应当对技术评审活动进行监督，建立责任追究机制。

资质认定部门委托专业技术评价机构组织技术评审的，应当对专业技术评价机构及其组织的技术评审活动进行监督。

第二十九条　专业技术评价机构、评审人员在评审活动中有下列情形之一的，资质认定部门可以根据情节轻重，对其进行约谈、暂停直至取消委托其从事技术评审活动：

（一）未按照资质认定基本规范、评审准则规定的要求和时间实施技术评审的；

（二）对同一检验检测机构既从事咨询又从事技术评审的；

（三）与所评审的检验检测机构有利害关系或者其评审可能对公正性产生影响，未进行回避的；

（四）透露工作中所知悉的国家秘密、商业秘密或者技术秘密的；

（五）向所评审的检验检测机构谋取不正当利益的；

（六）出具虚假或者不实的技术评审结论的。

第四章　监督检查

第三十条　市场监管总局对省级市场监督管理部门实施的检验检测机构资质认定工作进行监督和指导。

第三十一条　检验检测机构有下列情形之一的，资质认定部门应当依法办理注销手续：

（一）资质认定证书有效期届满，未申请延续或者依法不予延续批准的；

（二）检验检测机构依法终止的；

（三）检验检测机构申请注销资质认定证书的；

（四）法律、法规规定应当注销的其他情形。

第三十二条 以欺骗、贿赂等不正当手段取得资质认定的，资质认定部门应当依法撤销资质认定。

被撤销资质认定的检验检测机构，三年内不得再次申请资质认定。

第三十三条 检验检测机构申请资质认定时提供虚假材料或者隐瞒有关情况的，资质认定部门应当不予受理或者不予许可。检验检测机构在一年内不得再次申请资质认定。

第三十四条 检验检测机构未依法取得资质认定，擅自向社会出具具有证明作用的数据、结果的，依照法律、法规的规定执行；法律、法规未作规定的，由县级以上市场监督管理部门责令限期改正，处 3 万元罚款。

第三十五条 检验检测机构有下列情形之一的，由县级以上市场监督管理部门责令限期改正；逾期未改正或者改正后仍不符合要求的，处 1 万元以下罚款。

（一）未按照本办法第十四条规定办理变更手续的；

（二）未按照本办法第二十一条规定标注资质认定标志的。

第三十六条 检验检测机构有下列情形之一的，法律、法规对撤销、吊销、取消检验检测资质或者证书等有行政处罚规定的，依照法律、法规的规定执行；法律、法规未作规定的，由县级以上市场监督管理部门责令限期改正，处 3 万元罚款：

（一）基本条件和技术能力不能持续符合资质认定条件和要求，擅自向社会出具具有证明作用的检验检测数据、结果的；

（二）超出资质认定证书规定的检验检测能力范围，擅自向社会出具具有证明作用的数据、结果的。

第三十七条 检验检测机构违反本办法规定，转让、出租、出借资质认定证书或者标志，伪造、变造、冒用资质认定证书或者标志，使用已经过期或者被撤销、注销的资质认定证书或者标志的，由县级以上市场监督管理部门责令改正，处 3 万元以下罚款。

第三十八条 对资质认定部门、专业技术评价机构以及相关评审人员的违法违规行为，任何单位和个人有权举报。相关部门应当依据各自职责及时处理，并为举报人保密。

第三十九条 从事资质认定的工作人员，在工作中滥用职权、玩忽职守、徇私舞弊的，依法予以处理；构成犯罪的，依法追究刑事责任。

第五章 附 则

第四十条 本办法自 2015 年 8 月 1 日起施行。国家质量监督检验检疫总局于 2006 年 2 月 21 日发布的《实验室和检查机构资质认定管理办法》同时废止。

检验检测机构资质认定能力评价
检验检测机构通用要求

（RB/T 214—2017）

引　言

检验检测机构在中华人民共和国境内从事向社会出具具有证明作用数据、结果的检验检测活动应取得资质认定。

检验检测机构资质认定是一项确保检验检测数据、结果的真实、客观、准确的行政许可制度。

本标准是检验检测机构资质认定对检验检测机构能力评价的通用要求，针对各个不同领域的检验检测机构，应参考依据本标准发布的相应领域的补充要求。

1　范围

本标准规定了对检验检测机构进行资质认定能力评价时，在机构、人员、场所环境、设备设施、管理体系等方面的通用要求。

本标准适用于向社会出具具有证明作用的数据、结果的检验检测机构的资质认定能力评价，也适用于检验检测机构的自我评价。

2　规范性引用文件

下列文件对于本文件的应用是必不可少的。凡是注日期的引用文件，仅注日期的版本适用于本文件。凡是不注日期的引用文件，其最新版本（包括所有的修改单）适用于本文件。

GB/T 19000　质量管理体系　基础和术语

GB/T 27000　合格评定　词汇和通用原则

GB/T 27020　合格评定　各类检验机构的运作要求

GB/T 27025　检测和校准实验室能力的通用要求

JJF 1001　通用计量术语及定义

3　术语和定义

GB/T 19000、GB/T 27000、GB/T 27020、GB/T 27025、JJF 1001 界定的以及下列术语和定义适用于本文件。

3.1

检验检测机构　inspection body and laboratory

依法成立，依据相关标准或者技术规范，利用仪器设备、环境设施等技术条件和专业技能，对产品或者法律法规规定的特定对象进行检验检测的专业技术组织。

3.2

资质认定　mandatory approval

国家认证认可监督管理委员会和省级质量技术监督部门依据有关法律法规和标准、技术规范的规定，对检验检测机构的基本条件和技术能力是否符合法定要求实施的评价许可。

3.3

资质认定评审　assessment of mandatory approval

国家认证认可监督管理委员会和省级质量技术监督部门依据《中华人民共和国行政许可法》的有关规定，自行或者委托专业技术评价机构，组织评审人员，对检验检测机构的基本条件和技术能力是否符合《检验检测机构资质认定评审准则》和评审补充要求所进行的审查和考核。

3.4

公正性　impartiality

检验检测活动不存在利益冲突。

3.5

投诉　complaint

任何人员或组织向检验检测机构就其活动或结果表达不满意，并期望得到回复的行为。

3.6

能力验证　proficiency testing

依据预先制定的准则，采用检验检测机构间比对的方式，评价参加者的能力。

3.7

判定规则　decision rule

当检验检测机构需要做出与规范或标准符合性的声明时，描述如何考虑测量不确定度的规则。

3.8

验证　verification

提供客观的证据，证明给定项目是否满足规定要求。

3.9

确认　validation

对规定要求是否满足预期用途的验证。

4　要求

4.1　机构

4.1.1　检验检测机构应是依法成立并能够承担相应法律责任的法人或者其他组织。检验检测机构或者其所在的组织应有明确的法律地位，对其出具的检验检测数据、结果负责，并承担相应法律责任。不具备独立法人资格的检验检测机构应经所在法人单位授权。

4.1.2　检验检测机构应明确其组织结构及管理、技术运作和支持服务之间的关系。检验检测机构应配备检验检测活动所需的人员、设施、设备、系统及支持服务。

4.1.3　检验检测机构及其人员从事检验检测活动，应遵守国家相关法律法规的规定，遵循客观独立、公平公正、诚实信用原则，恪守职业道德，承担社会责任。

4.1.4　检验检测机构应建立和保持维护其公正和诚信的程序。检验检测机构及其人员应不受来自内外部的、不正当的商业、财务和其他方面的压力和影响，确保检验检测数据、结果的真实、客观、准确和可追溯。检验检测机构应建立识别出现公正性风险的长效机制。如识别出公正性风险，检验检测机构应能证明消除或减少该风险。若检验检测机构所在的组织还从事检验检测以外的活动，应识别并采取措施避免潜在的利益冲突。检验检测机构不得使用同时在两个及以上检验检测机构从业的人员。

4.1.5　检验检测机构应建立和保持保护客户秘密和所有权的程序，该程序应包括保护电子存储和传输结果信息的要求。检验检测机构及其人员应对其在检验检测活动中所知悉的国家秘密、商业秘密和技术秘密负有保密义务，并制定和实施相应的保密措施。

4.2　人员

4.2.1　检验检测机构应建立和保持人员管理程序，对人员资格确认、任用、授权和能力保持等进行规范管理。检验检测机构应与其人员建立劳动、聘用或录用关系，明确技术人员和管理人员的岗位职责、任职要求和工作关系，使其满足岗位要求并具有所需的权力和资源，履行建立、实施、保持和持续改进管理体系的职责。检验检测机构中所有可能影响检验检测活动的人员，无论是内部还是外部人员，均应行为公正，受到监督，胜任工作，并按照管理体系要求履行职责。

4.2.2　检验检测机构应确定全权负责的管理层，管理层应履行其对管理体系的领导作用和承诺：

a）对公正性做出承诺；

b）负责管理体系的建立和有效运行；

c）确保管理体系所需的资源；

d）确保制定质量方针和质量目标；

e）确保管理体系要求融入检验检测的全过程；

f）组织管理体系的管理评审；

g）确保管理体系实现其预期结果；

h）满足相关法律法规要求和客户要求；

i）提升客户满意度；

j）运用过程方法建立管理体系和分析风险、机遇。

4.2.3　检验检测机构的技术负责人应具有中级及以上专业技术职称或同等能力，全面负责技术运作；质量负责人应确保管理体系得到实施和保持；应指定关键管理人员的代理人。

4.2.4　检验检测机构的授权签字人应具有中级及以上专业技术职称或同等能力，并经资质认定部门批准，非授权签字人不得签发检验检测报告或证书。

4.2.5　检验检测机构应对抽样、操作设备、检验检测、签发检验检测报告或证书以及提出意见和解释的人员，依据相应的教育、培训、技能和经验进行能力确认。应由熟悉检验检测目的、程序、方法和结果评价的人员，对检验检测人员包括实习员工进行监督。

4.2.6　检验检测机构应建立和保持人员培训程序，确定人员的教育和培训目标，明确培训需求和实施人员培训。培训计划应与检验检测机构当前和预期的任务相适应。

4.2.7　检验检测机构应保留人员的相关资格、能力确认、授权、教育、培训和监督的记录，记录包含能力要求的确定、人员选择、人员培训、人员监督、人员授权和人员能力监控。

4.3　场所环境

4.3.1　检验检测机构应有固定的、临时的、可移动的或多个地点的场所，上述场所应满足相关法律法规、标准或技术规范的要求。检验检测机构应将其从事检验检测活动所必需的场所、环境要求制定成文件。

4.3.2　检验检测机构应确保其工作环境满足检验检测的要求。检验检测机构在固定场所以外进行检验检测或抽样时，应提出相应的控制要求，以确保环境条件满足检验检测标准或者技术规范的要求。

4.3.3　检验检测标准或者技术规范对环境条件有要求时或环境条件影响检验检测结果时，应监测、控制和记录环境条件。当环境条件不利于检验检测的开展时，应停止检验检测活动。

4.3.4　检验检测机构应建立和保持检验检测场所良好的内务管理程序，该程序应考虑安全和环境的因素。检验检测机构应将不相容活动的相邻区域进行有效隔离，应采取措施以防止干扰或者交叉污染。检验检测机构应对使用和进入影响检验检测质量的区域加以控制，并根据特定情况确定控制的范围。

4.4　设备设施

4.4.1　设备设施的配备

检验检测机构应配备满足检验检测（包括抽样、物品制备、数据处理与分析）要求的设备和设施。用于检验检测的设施，应有利于检验检测工作的正常开展。设备包括检验检测活动所必需并影响结果的仪器、软件、测量标准、标准物质、参考数据、试剂、消耗品、辅助设备或相应组合装置。检验检测机构使用非本机构的设施和设备时，应确保满足本标准要求。

检验检测机构租用仪器设备开展检验检测时，应确保：

a）租用仪器设备的管理应纳入本检验检测机构的管理体系；

b）本检验检测机构可全权支配使用，即：租用的仪器设备由本检验检测机构的人员操作、维护、检定或校准，并对使用环境和贮存条件进行控制；

c）在租赁合同中明确规定租用设备的使用权；

d）同一台设备不允许在同一时期被不同检验检测机构共同租赁和资质认定。

4.4.2　设备设施的维护

检验检测机构应建立和保持检验检测设备和设施管理程序，以确保设备和设施的配置、使用和维护满足检验检测工作要求。

4.4.3　设备管理

检验检测机构应对检验检测结果、抽样结果的准确性或有效性有影响或计量溯源性有要求的设备，包括用于测量环境条件等辅助测量设备有计划地实施检定或校准。设备在投入使用前，应采用核查、检定或校准等方式，以确认其是否满足检验检测的要求。所有需要检定、校准或有有效期的设备应使用标签、编码或以其他方式标识，以便使用人员易于识别检定、校准的状态或有效期。

检验检测设备，包括硬件和软件设备应得到保护，以避免出现致使检验检测结果失效的调整。检验检测机构的参考标准应满足溯源要求。无法溯源到国家或国际测量标准时，检验检测机构应保留检验检测结果相关性或准确性的证据。

当需要利用期间核查以保持设备的可信度时，应建立和保持相关的程序。针对校准结果包含的修正信息或标准物质包含的参考值，检验检测机构应确保在其检测数据及相关记录中加以利用并备份和更新。

4.4.4　设备控制

检验检测机构应保存对检验检测具有影响的设备及其软件的记录。用于检验检测并对结果有影响的设备及其软件，如可能，应加以唯一性标识。检验检测设备应由经过授权的人员操作并对其进行正常维护。若设备脱离了检验检测机构的直接控制，应确保该设备返回后，在使用前对其功能和检定、校准状态进行核查，并得到满意结果。

4.4.5　故障处理

设备出现故障或者异常时，检验检测机构应采取相应措施，如停止使用、隔离或加贴停用标签、标记，直至修复并通过检定、校准或核查表明能正常工作为止。应核查这些缺陷或偏离对以前检验检测结果的影响。

4.4.6　标准物质

检验检测机构应建立和保持标准物质管理程序。标准物质应尽可能溯源到国际单位制（SI）单位或有证标准物质。检验检测机构应根据程序对标准物质进行期间核查。

4.5　管理体系

4.5.1　总则

检验检测机构应建立、实施和保持与其活动范围相适应的管理体系，应将其政策、制度、计划、程序和指导书制定成文件，管理体系文件应传达至有关人员，并被其获取、理解、执行。检验检测机构管理体系至少应包括：管理体系文件、管理体系文件的控制、记录控制、应对风险和机遇的措施、改进、纠正措施、内部审核和管理评审。

4.5.2　方针目标

检验检测机构应阐明质量方针，制定质量目标，并在管理评审时予以评审。

4.5.3　文件控制

检验检测机构应建立和保持控制其管理体系的内部和外部文件的程序，明确文件的标识、批准、发布、变更和废止，防止使用无效、作废的文件。

4.5.4　合同评审

检验检测机构应建立和保持评审客户要求、标书、合同的程序。对要求、标书、合同的偏离、变更应征得客户同意并通知相关人员。当客户要求出具的检验检测报告或证书中包含对标准或规范的符合性声明（如合格或不合格）时，检验检测机构应有相应的判定规则。若标准或规范不包含判定规则内容，检验检测机构选择的判定规则应与客户沟通并得到同意。

4.5.5　分包

检验检测机构需分包检验检测项目时，应分包给已取得检验检测机构资质认定并有能力完成分包项目的检验检测机构，具体分包的检验检测项目和承担分包项目的检验检测机构应事先取得委托人的同意。出具检验检测报告或证书时，应将分包项目予以区分。

检验检测机构实施分包前，应建立和保持分包的管理程序，并在检验检测业务洽谈、合同评审和合同签署过程中予以实施。

检验检测机构不得将法律法规、技术标准等文件禁止分包的项目实施分包。

4.5.6　采购

检验检测机构应建立和保持选择和购买对检验检测质量有影响的服务和供应品的程序。明确服务、供应品、试剂、消耗材料等的购买、验收、存储的要求，并保存对供应商的评价记录。

4.5.7　服务客户

检验检测机构应建立和保持服务客户的程序，包括：保持与客户沟通，对客户进行服务满意度调查、跟踪客户的需求，以及允许客户或其代表合理进入为其检验检测的相关区域观察。

4.5.8　投诉

检验检测机构应建立和保持处理投诉的程序。明确对投诉的接收、确认、调查和处理职责，跟踪和记录投诉，确保采取适宜的措施，并注重人员的回避。

4.5.9　不符合工作控制

检验检测机构应建立和保持出现不符合工作的处理程序，当检验检测机构活动或结果不符合其自身程序或与客户达成一致的要求时，检验检测机构应实施该程序。该程序应确保：

a）明确对不符合工作进行管理的责任和权力；

b）针对风险等级采取措施；

c）对不符合工作的严重性进行评价，包括对以前结果的影响分析；

d）对不符合工作的可接受性做出决定；

e）必要时，通知客户并取消工作；

f）规定批准恢复工作的职责；

g）记录所描述的不符合工作和措施。

4.5.10 纠正措施、应对风险和机遇的措施和改进

检验检测机构应建立和保持在识别出不符合时，采取纠正措施的程序。检验检测机构应通过实施质量方针、质量目标，应用审核结果、数据分析、纠正措施、管理评审、人员建议、风险评估、能力验证和客户反馈等信息来持续改进管理体系的适宜性、充分性和有效性。

检验检测机构应考虑与检验检测活动有关的风险和机遇，以利于：确保管理体系能够实现其预期结果；把握实现目标的机遇；预防或减少检验检测活动中的不利影响和潜在的失败；实现管理体系改进。检验检测机构应策划：应对这些风险和机遇的措施；如何在管理体系中整合并实施这些措施；如何评价这些措施的有效性。

4.5.11 记录控制

检验检测机构应建立和保持记录管理程序，确保每一项检验检测活动技术记录的信息充分，确保记录的标识、贮存、保护、检索、保留和处置符合要求。

4.5.12 内部审核

检验检测机构应建立和保持管理体系内部审核的程序，以便验证其运作是否符合管理体系和本标准的要求，管理体系是否得到有效的实施和保持。内部审核通常每年一次，由质量负责人策划内审并制定审核方案。内审员须经过培训，具备相应资格。若资源允许，内审员应独立于被审核的活动。检验检测机构应：

a）依据有关过程的重要性、对检验检测机构产生影响的变化和以往的审核结果，策划、制定、实施和保持审核方案，审核方案包括频次、方法、职责、策划要求和报告；

b）规定每次审核的审核要求和范围；

c）选择审核员并实施审核；

d）确保将审核结果报告给相关管理者；

e）及时采取适当的纠正和纠正措施；

f）保留形成文件的信息，作为实施审核方案以及审核结果的证据。

4.5.13 管理评审

检验检测机构应建立和保持管理评审的程序。管理评审通常 12 个月一次，由管理层负责。管理层应确保管理评审后，得出的相应变更或改进措施予以实施，确保管理体系的适宜性、充分性和有效性。应保留管理评审的记录。管理评审输入应包括以下信息：

a）检验检测机构相关的内外部因素的变化；

b）目标的可行性；

c）政策和程序的适用性；

d）以往管理评审所采取措施的情况；

e）近期内部审核的结果；
f）纠正措施；
g）由外部机构进行的评审；
h）工作量和工作类型的变化或检验检测机构活动范围的变化；
i）客户和员工的反馈；
j）投诉；
k）实施改进的有效性；
l）资源配备的合理性；
m）风险识别的可控性；
n）结果质量的保障性；
o）其他相关因素，如监督活动和培训。

管理评审输出应包括以下内容：
a）管理体系及其过程的有效性；
b）符合本标准要求的改进；
c）提供所需的资源；
d）变更的需求。

4.5.14 方法的选择、验证和确认

检验检测机构应建立和保持检验检测方法控制程序。检验检测方法包括标准方法、非标准方法（含自制方法）。应优先使用标准方法，并确保使用标准的有效版本。在使用标准方法前，应进行验证。在使用非标准方法（含自制方法）前，应进行确认。检验检测机构应跟踪方法的变化，并重新进行验证或确认。必要时，检验检测机构应制定作业指导书。如确需方法偏离，应有文件规定，经技术判断和批准，并征得客户同意。当客户建议的方法不适合或已过期时，应通知客户。

非标准方法（含自制方法）的使用，应事先征得客户同意，并告知客户相关方法可能存在的风险。需要时，检验检测机构应建立和保持开发自制方法控制程序，自制方法应经确认。检验检测机构应记录作为确认证据的信息：使用的确认程序、规定的要求、方法性能特征的确定、获得的结果和描述该方法满足预期用途的有效性声明。

4.5.15 测量不确定度

检验检测机构应根据需要建立和保持应用评定测量不确定度的程序。

检验检测项目中有测量不确定度的要求时，检验检测机构应建立和保持应用评定测量不确定度的程序，检验检测机构应建立相应数学模型，给出相应检验检测能力的评定测量不确定度案例。检验检测机构可在检验检测出现临界值、内部质量控制或客户有要求时，需要报告测量不确定度。

4.5.16 数据信息管理

检验检测机构应获得检验检测活动所需的数据和信息，并对其信息管理系统进行有效管理。

检验检测机构应对计算和数据转移进行系统和适当地检查。当利用计算机或自动化设备对检验检测数据进行采集、处理、记录、报告、存储或检索时，检验检测机构应：

a）将自行开发的计算机软件形成文件，使用前确认其适用性，并进行定期确认、改变或升级后再次确认，应保留确认记录；

b）建立和保持数据完整性、正确性和保密性的保护程序；

c）定期维护计算机和自动设备，保持其功能正常。

4.5.17　抽样

检验检测机构为后续的检验检测，需要对物质、材料或产品进行抽样时，应建立和保持抽样控制程序。抽样计划应根据适当的统计方法制定，抽样应确保检验检测结果的有效性。当客户对抽样程序有偏离的要求时，应予以详细记录，同时告知相关人员。如果客户要求的偏离影响到检验检测结果，应在报告、证书中做出声明。

4.5.18　样品处置

检验检测机构应建立和保持样品管理程序，以保护样品的完整性并为客户保密。检验检测机构应有样品的标识系统，并在检验检测整个期间保留该标识。在接收样品时，应记录样品的异常情况或记录对检验检测方法的偏离。样品在运输、接收、处置、保护、存储、保留、清理或返回过程中应予以控制和记录。当样品需要存放或养护时，应维护、监控和记录环境条件。

4.5.19　结果有效性

检验检测机构应建立和保持监控结果有效性的程序。检验检测机构可采用定期使用标准物质、定期使用经过检定或校准的具有溯源性的替代仪器、对设备的功能进行检查、运用工作标准与控制图、使用相同或不同方法进行重复检验检测、保存样品的再次检验检测、分析样品不同结果的相关性、对报告数据进行审核、参加能力验证或机构之间比对、机构内部比对、盲样检验检测等进行监控。检验检测机构所有数据的记录方式应便于发现其发展趋势，若发现偏离预先判据，应采取有效的措施纠正出现的问题，防止出现错误的结果。质量控制应有适当的方法和计划并加以评价。

4.5.20　结果报告

检验检测机构应准确、清晰、明确、客观地出具检验检测结果，符合检验检测方法的规定，并确保检验检测结果的有效性。结果通常应以检验检测报告或证书的形式发出。检验检测报告或证书应至少包括下列信息：

a）标题；

b）标注资质认定标志，加盖检验检测专用章（适用时）；

c）检验检测机构的名称和地址，检验检测的地点（如果与检验检测机构的地址不同）；

d）检验检测报告或证书的唯一性标识（如系列号）和每一页上的标识，以确保能够识别该页是属于检验检测报告或证书的一部分，以及表明检验检测报告或证书结束的清晰标识；

e）客户的名称和联系信息；

f）所用检验检测方法的识别；

g）检验检测样品的描述、状态和标识；

h）检验检测的日期；对检验检测结果的有效性和应用有重大影响时，注明样品的接收日期或抽样日期；

i）对检验检测结果的有效性或应用有影响时，提供检验检测机构或其他机构所用的抽样计划和程序的说明；

j）检验检测报告或证书签发人的姓名、签字或等效的标识和签发日期；

k）检验检测结果的测量单位（适用时）；

l）检验检测机构不负责抽样（如样品是由客户提供）时，应在报告或证书中声明结果仅适用于客户提供的样品；

m）检验检测结果来自于外部提供者时的清晰标注；

n）检验检测机构应做出未经本机构批准，不得复制（全文复制除外）报告或证书的声明。

4.5.21　结果说明

当需对检验检测结果进行说明时，检验检测报告或证书中还应包括下列内容：

a）对检验检测方法的偏离、增加或删减，以及特定检验检测条件的信息，如环境条件；

b）适用时，给出符合（或不符合）要求或规范的声明；

c）当测量不确定度与检验检测结果的有效性或应用有关，或客户有要求，或当测量不确定度影响到对规范限度的符合性时，检验检测报告或证书中还需要包括测量不确定度的信息；

d）适用且需要时，提出意见和解释；

e）特定检验检测方法或客户所要求的附加信息。报告或证书涉及使用客户提供的数据时，应有明确的标识。当客户提供的信息可能影响结果的有效性时，报告或证书中应有免责声明。

4.5.22　抽样结果

检验检测机构从事抽样时，应有完整、充分的信息支撑其检验检测报告或证书。

4.5.23　意见和解释

当需要对报告或证书做出意见和解释时，检验检测机构应将意见和解释的依据形成文件。意见和解释应在检验检测报告或证书中清晰标注。

4.5.24　分包结果

当检验检测报告或证书包含了由分包方所出具的检验检测结果时，这些结果应予清晰标明。

4.5.25　结果传送和格式

当用电话、传真或其他电子或电磁方式传送检验检测结果时，应满足本标准对数据控制的要求。检验检测报告或证书的格式应设计为适用于所进行的各种检验检测类型，并尽量减小产生误解或误用的可能性。

4.5.26　修改

检验检测报告或证书签发后，若有更正或增补应予以记录。修订的检验检测报告或证书应标明所代替的报告或证书，并注以唯一性标识。

4.5.27　记录和保存

检验检测机构应对检验检测原始记录、报告、证书归档留存，保证其具有可追溯性。检验检测原始记录、报告、证书的保存期限通常不少于 6 年。

参考文献

[1] 检验检测机构资质认定管理办法（2015 年 4 月 9 日国家质量监督检验检疫总局令第 163 号）

[2] GB/T 19001　质量管理体系　要求

[3] GB 19489　实验室　生物安全通用要求

[4] GB/T 22576　医学实验室　质量和能力的专用要求

[5] GB/T 31880　检验检测机构诚信基本要求

市场监管总局　生态环境部关于印发《检验检测机构资质认定生态环境监测机构评审补充要求》的通知

（国市监检测〔2018〕245 号）

各省、自治区、直辖市市场监管局（厅、委）、生态环境厅（局），新疆生产建设兵团市场监管局、环境保护局：

为进一步规范生态环境监测机构资质管理，提高生态环境监测机构监测（检测）水平，市场监管总局、生态环境部组织制定了《检验检测机构资质认定生态环境监测机构评审补充要求》，现予以发布。

本评审补充要求自 2019 年 5 月 1 日起实施。

市场监管总局
生态环境部
2018 年 12 月 11 日

检验检测机构资质认定生态环境监测机构评审补充要求

第一条　本补充要求是在检验检测机构资质认定评审通用要求的基础上，针对生态环境监测机构特殊性而制定，在生态环境监测机构资质认定评审时应与评审通用要求一并执行。

第二条　本补充要求所称生态环境监测，是指运用化学、物理、生物等技术手段，针对水和废水、环境空气和废气、海水、土壤、沉积物、固体废物、生物、噪声、振动、辐射等要素开展环境质量和污染排放的监测（检测）活动。

第三条　本补充要求所称生态环境监测机构，指依法成立，依据相关标准或规范开展生态环境监测，向社会出具具有证明作用的数据、结果，并能够承担相应法律责任的专业技术机构。

第四条　生态环境监测机构及其监测人员应当遵守《中华人民共和国环境保护法》和《中华人民共和国计量法》等相关法律法规。

第五条　生态环境监测机构应建立防范和惩治弄虚作假行为的制度和措施，确保其出具的监测数据准确、客观、真实、可追溯。生态环境监测机构及其负责人对其监测数据的真实性和准确性负责，采样与分析人员、审核与授权签字人分别对原始监测数据、监测报告的真实性终身负责。

第六条　生态环境监测机构应保证人员数量及其专业技术背景、工作经历、监测能力等与所开展的监测活动相匹配，中级及以上专业技术职称或同等能力的人员数量应不少于生态环境监测人员总数的 15%。

第七条　生态环境监测机构技术负责人应掌握机构所开展的生态环境监测工作范围内的相关专业知识，具有生态环境监测领域相关专业背景或教育培训经历，具备中级及以上专业技术职称或同等能力，且具有从事生态环境监测相关工作 5 年以上的经历。

第八条　生态环境监测机构授权签字人应掌握较丰富的授权范围内的相关专业知识，并且具有与授权签字范围相适应的相关专业背景或教育培训经历，具备中级及以上专业技术职称或同等能力，且具有从事生态环境监测相关工作 3 年以上经历。

第九条　生态环境监测机构质量负责人应了解机构所开展的生态环境监测工作范围内的相关专业知识，熟悉生态环境监测领域的质量管理要求。

第十条　生态环境监测人员应符合下列要求：

（一）掌握与所处岗位相适应的环境保护基础知识、法律法规、评价标准、监测标准或技术规范、质量控制要求，以及有关化学、生物、辐射等安全防护知识；

（二）承担生态环境监测工作前应经过必要的培训和能力确认，能力确认方式应包括基础理论、基本技能、样品分析的培训与考核等。

第十一条　生态环境监测机构应按照监测标准或技术规范对现场测试或采样的场所环境提出相应的控制要求并记录，包括但不限于电力供应、安全防护设施、场地条件和环境条件等。应对实验区域进行合理分区，并明示其具体功能，应按监测标准或技术规范设置独立的样品制备、存贮与检测分析场所。根据区域功能和相关控制要求，配置排风、防尘、避震和温湿度控制设备或设施；避免环境或交叉污染对监测结果产生影响。环境测试场所应根据需要配备安全防护装备或设施，并定期检查其有效性。现场测试或采样场所应有安全警示标识。

第十二条　生态环境监测机构应配齐包括现场测试和采样、样品保存运输和制备、实验室分析及数据处理等监测工作各环节所需的仪器设备。现场测试和采样仪器设备在数量配备方面需满足相关监测标准或技术规范对现场布点和同步测试采样要求。应明确现场测试和采样设备使用和管理要求，以确保其正常规范使用与维护保养，防止其污染和功能退化。现场测试设备在使用前后，应按相关监测标准或技术规范的要求，对关键性能指标进行核查并记录，以确认设备状态能够满足监测工作要求。

第十三条　生态环境监测机构应建立与所开展的监测业务相适应的管理体系。管理体系应覆盖生态环境监测机构全部场所进行的监测活动，包括但不限于点位布设、样品采集、现场测试、样品运输和保存、样品制备、分析测试、数据传输、记录、报告编制和档案管理等过程。

第十四条　生态环境监测机构可采取纸质或电子介质的方式对文件进行有效控制。采用电子介质方式时，电子文件管理应纳入管理体系，电子文件亦需明确授权、发布、标识、加密、修改、变更、废止、备份和归档等要求。与生态环境监测机构的监测活动相关的外来文件，包括环境质量标准、污染排放或控制标准、监测技术规范、监测标准（包括修改单）等，均应受控。

第十五条　有分包事项时，生态环境监测机构应事先征得客户同意，对分包方资质和能力进行确认，并规定不得进行二次分包。生态环境监测机构应就分包结果向客户负责（客户或法律法规指定的分包除外），应对分包方监测质量进行监督或验证。

第十六条　生态环境监测机构应及时记录样品采集、现场测试、样品运输和保存、样品制备、分析测试等监测全过程的技术活动，保证记录信息的充分性、原始性和规范性，能够再现监测全过程。所有对记录的更改（包括电子记录）实现全程留痕。监测活动中由仪器设备直接输出的数据和谱图，应以纸质或电子介质的形式完整保存，电子介质存储的记录应采取适当措施备份保存，保证可追溯和可读取，以防止记录丢失、失效或篡改。当输出数据打印在热敏纸或光敏纸等保存时间较短的介质上时，应同时保存记录的复印件或扫描件。

第十七条　生态环境监测机构对于方法验证或方法确认应做到：

（一）初次使用标准方法前，应进行方法验证。包括对方法涉及的人员培训和技术能力、设施和环境条件、采样及分析仪器设备、试剂材料、标准物质、原始记录和监测报告格式、方法性能指标（如校准曲线、检出限、测定下限、准确度、精密度）等内容进行验证，并根据标准的适用范围，选取不少于一种实际样品进行测定。

（二）使用非标准方法前，应进行方法确认。包括对方法的适用范围、干扰和消除、试剂和材料、仪器设备、方法性能指标（如：校准曲线、检出限、测定下限、准确度、精密度）等要素进行确认，并根据方法的适用范围，选取不少于一种实际样品进行测定。非标准方法应由不少于 3 名本领域高级职称及以上专家进行审定。生态环境监测机构应确保其人员培训和技术能力、设施和环境条件、采样及分析仪器设备、试剂材料、标准物质、原始记录和监测报告格式等符合非标准方法的要求。

（三）方法验证或方法确认的过程及结果应形成报告，并附验证或确认全过程的原始记录，保证方法验证或确认过程可追溯。

第十八条　使用实验室信息管理系统（LIMS）时，对于系统无法直接采集的数据，应以纸质或电子介质的形式予以完整保存，并能实现系统对这类记录的追溯。对系统的任何变更在实施前应得到批准。有条件时，系统需采取异地备份的保护措施。

第十九条　开展现场测试或采样时，应根据任务要求制定监测方案或采样计划，明确监测点位、监测项目、监测方法、监测频次等内容。可使用地理信息定位、照相或录音录像等辅助手段，保证现场测试或采样过程客观、真实和可追溯。现场测试和采样应至少有 2 名监测人员在场。

第二十条　应根据相关监测标准或技术规范的要求，采取加保存剂、冷藏、避光、防震等保护措施，保证样品在保存、运输和制备等过程中性状稳定，避免玷污、损坏或丢失。环境样品应分区存放，并有明显标识，以免混淆和交叉污染。实验室接受样品时，应对样品的时效性、完整性和保存条件进行检查和记录，对不符合要求的样品可以拒收，或明确告知客户有关样品偏离情况，并在报告中注明。环境样品在制备、前处理和分析过程中注意保持样品标识的可追溯性。

第二十一条　生态环境监测机构的质量控制活动应覆盖生态环境监测活动全过程，所采取的质量控制措施应满足相关监测标准和技术规范的要求，保证监测结果的准确性。应根据监测标准或技术规范，或基于对质控数据的统计分析制定各项措施的控制限要求。

第二十二条　当在生态环境监测报告中给出符合（或不符合）要求或规范的声明时，报告审核人员和授权签字人应充分了解相关环境质量标准和污染排放/控制标准的适用范围，并具备对监测结果进行符合性判定的能力。

第二十三条　生态环境监测档案的保存期限应满足生态环境监测领域相关法律法规和技术文件的规定，生态环境监测档案应做到：

（一）监测任务合同（委托书/任务单）、原始记录及报告审核记录等应与监测报告一起归档。如果有与监测任务相关的其他资料，如监测方案/采样计划、委托方（被测方）提供的项目工程建设、企业生产工艺和工况、原辅材料、排污状况（在线监测或企业自行监测数据）、合同评审记录、分包等资料，也应同时归档。

（二）在保证安全性、完整性和可追溯的前提下，可使用电子介质存储的报告和记录代替纸质文本存档。

关于印发《生态环境监测技术人员持证上岗考核规定》的通知

（环监测〔2021〕80 号）

各省、自治区、直辖市生态环境厅（局），新疆生产建设兵团生态环境局，各流域生态环境监督管理局，部有关直属单位：

为进一步加强生态环境监测质量管理，提升生态环境监测技术人员持证上岗考核的科学性和规范性，我部对《环境监测人员持证上岗考核制度》进行了修订。现将修订后的《生态环境监测技术人员持证上岗考核规定》印发给你们，请遵照执行。

生态环境部

2021 年 9 月 7 日

生态环境监测技术人员持证上岗考核规定

第一章 总 则

第一条 为加强生态环境监测质量管理，规范生态环境监测技术人员持证上岗考核工作（以下简称持证上岗考核），依据生态环境监测质量管理有关要求，制定本规定。

第二条 本规定适用对象为各级生态环境主管部门所属机构中从事生态环境监测工作的技术人员，适用范围包括样品采集、现场测试、实验室分析、自动监测运维、生态遥感监测、综合分析与评价、质量管理等生态环境监测相关活动。

通过持证上岗考核的人员（以下简称持证人员）方能开展相应的监测活动；未参加或未通过考核的人员，应当在持证人员的指导下开展相应的监测活动，监测质量由持证人员负责。

各级生态环境执法机构人员开展的与执法工作相关的样品采集或现场测试活动，其持证上岗考核参照本规定执行。

专项工作需要开展持证上岗考核的，可参照本规定执行。

第二章 管理模式与职责

第三条 持证上岗考核实行分级管理与组织实施。

第四条 生态环境部负责下列技术人员持证上岗考核的管理工作，并对实施过程进行监督和指导：

（一）部属单位中从事生态环境监测工作的技术人员；

（二）部属单位归口管理单位中从事生态环境监测工作的技术人员；

（三）各省级生态环境主管部门所属生态环境监测机构（不含驻市生态环境监测机构）中从事生态环境监测工作的技术人员。

组织实施方式如下：

（一）生态环境部组织实施中国环境监测总站、生态环境部辐射环境监测技术中心监测技术人员的持证上岗考核；

（二）生态环境部委托中国环境监测总站组织实施其他部属单位及其归口管理单位、各省级生态环境主管部门所属生态环境监测机构（不含驻市生态环境监测机构）监测技术人员的持证上岗考核（涉及生态环境遥感监测、海洋环境监测的，由生态环境部卫星环境应用中心、国家海洋环境监测中心等单位予以协助支持）；

（三）生态环境部委托辐射环境监测技术中心组织实施生态环境部各地区核与辐射安全监督站、核与辐射安全中心、各省级生态环境主管部门所属辐射环境监测机构辐射环境监测技术人员的持证上岗考核（各省级生态环境主管部门所属生态环境监测机构、辐射环境监测机构合并为同一机构的，由中国环境监测总站、辐射环境监测技术中心分别组织实施相关监测技术人员持证上岗考核）。

第五条　各省级生态环境主管部门负责本行政区域内下列技术人员持证上岗考核的管理工作，并对实施过程进行监督和指导：

（一）省级生态环境主管部门所属驻市生态环境监测机构中从事生态环境监测工作的技术人员；

（二）省级生态环境主管部门所属机构（不含生态环境监测机构）中从事生态环境监测工作的技术人员；

（三）市级及以下生态环境主管部门所属机构中从事生态环境监测工作的技术人员。

各省级生态环境主管部门组织实施或指导、委托所属生态环境监测机构（非驻市生态环境监测机构）组织实施持证上岗考核。

第六条　组织实施持证上岗考核的单位（以下简称主考单位）负责制定年度考核计划；负责组建持证上岗考核组（以下简称考核组）；指导和监督考核组按计划实施考核；负责审核考核申请材料及考核结果，并将考核结果报送上岗合格证（以下简称合格证）核发部门（单位）审批。

第七条　考核组受主考单位委派，负责具体实施考核，包括制定考核方案、命制理论试题、确定考核项目与考核方式、实施现场考核、评价考核结果、编制考核报告等。考核组组长负责组织开展考核组工作。

第八条　申请持证上岗考核的单位（以下简称被考核单位）负责在规定时间内向主考单位报送考核计划、填报考核申请材料；负责组织被考核单位监测技术人员的岗前技术培训，按要求开展自行考核认定（以下简称自认定）；配合考核组完成现场考核工作。

第三章　考核程序

第九条　主考单位一般在每年第一季度，依据被考核单位报送的考核计划制定并印发年度考核计划。持证上岗考核按年度考核计划组织实施。因特殊情况需进行计划外考核的，被考核单位须提前 30 个工作日向主考单位提出书面申请。

第十条　被考核单位应对被考核人员申请的全部项目（方法）进行自认定，自认定合格人员方可申请参加持证上岗考核。

第十一条　被考核单位在计划考核前，应至少提前 30 个工作日按要求完成申请材料填报。被考核单位按要求做好考核准备工作，提供现场考核所需的工作条件。

第十二条　主考单位审核并通过申请材料后，组建考核组。考核组成员原则上应具有副高级及以上专业技术职称，具备生态环境监测相关领域的扎实理论知识和丰富实践经验；严格遵守工作纪律，不受利益干扰，接受考核组其他成员、被考核单位和主考单位的监督。考核组成员的派出应经其所在单位同意。

第十三条　考核流程主要包括首次会议、理论考核、实验室考察、基本技能与样品分析考核、自认定材料抽查及末次会议等环节。

第十四条　考核组于考核结束后 5 个工作日内向主考单位提交考核结果。主考单位审核无误后，于 5 个工作日内将考核结果报送合格证核发部门（单位）。合格证核发部门（单位）收到考核结果并审核无误后，于 10 个工作日内向被考核单位发放合格证。

第四章　考核内容与考核方式

第十五条　考核内容包括基本理论、基本技能与样品分析，根据被考核人员申请考核的项目（方法）要求确定。

（一）基本理论考核内容主要包括：生态环境保护基本知识、生态环境监测法律法规、生态环境监测基础理论知识、标准规范、质量保证与质量控制知识、常用数理统计知识、布点和采样方法、样品保存和样品预处理方法、分析测试方法、自动监测系统运行维护、生态环境遥感监测与评价、数据处理、数据审核和结果评价等。

（二）基本技能考核分为手工监测和自动监测。手工监测考核内容主要包括：布点和采样、样品保存和样品预处理、试剂配制、仪器操作、仪器校准、校准曲线制作、记录和结果计算等；自动监测考核内容主要包括：自动监测系统的运行维护、仪器设备校准、数据传输和数据审核等。

（三）样品分析考核内容主要包括：按照规定的操作程序对考核样品或实际样品进行分析测试。

第十六条　基本理论的考核方式为笔试或计算机考核，原则上采取闭卷形式，考核内容应覆盖被考核人员申报的所有理论科目类别。

第十七条　基本技能和样品分析考核采取抽考形式。考核项目应具有代表性，覆盖被考核人员申报项目（方法）的所有项目类别、方法类别和仪器设备类别。考核项目（方法）数量一般不少于被考核人员申请项目（方法）数量的 30%。

（一）针对有考核样品的项目，原则上采用考核样品测试的考核方式。考核组根据样品测试结果的准确性评定考核结果。

（二）针对没有考核样品的项目，可采用其他考核方式，包括：加标回收实验、实际样品测试、留样复测、现场操作演示等。考核组根据样品测试结果、现场操作演示情况、回答问题的正确程度评定考核结果。

第十八条　被考核人员在最近三个自然年内（包含本自然年）参加国家级、省级机构或其他权威机构组织的能力验证（比对、考核）取得满意结果的；参加标准样品协作定值被采纳的；参加检验检测机构资质认定或实验室认可评审现场考核合格的；承担标准制修订项目研究或参加标准方法验证的；在国家或省级技能技术比赛中获得个人奖项的，可免除相应项目（方法）的基本技能和样品分析考核。

第五章　合格证管理

第十九条　考核合格人员，由相关部门（单位）核发合格证：

（一）生态环境部核发部属单位及其归口管理单位监测技术人员的合格证；

（二）生态环境部分别委托中国环境监测总站、生态环境部辐射环境监测技术中心核发各省级生态环境主管部门所属生态环境监测机构（不含驻市生态环境监测机构）、辐射环境监测机构监测技术人员的合格证；

（三）各省级生态环境主管部门核发本行政区域内其他机构（含驻市生态环境监测机构）监测技术人员的合格证。

第二十条　合格证有效期一般为 6 年（另有规定的除外）。

第二十一条　合格证到期申请换证的人员，若其持证期间持续从事所持证项目（方法）的监测工作，按主考单位要求提供相应证明材料并审核通过的，可直接换发已持证项目（方法）的合格证。

第二十二条　新标准方法发布代替原标准方法，若不涉及方法原理、仪器设备等关键内容变化，可由被考核单位对相应持证人员进行自认定，并将材料报送主考单位备案，由主考单位发文确认其持证资格。

第二十三条　取得合格证的监测技术人员，有下列情况之一的，应取消其持证资格，撤销或收回合格证：

（一）违反相关规定，造成重大安全和质量事故的，由合格证核发部门（单位）撤销合格证；

（二）存在监测数据弄虚作假行为的，由合格证核发部门（单位）撤销合格证；

（三）调离生态环境系统或不再从事生态环境监测工作的，由其所在单位收回合格证。

被撤销合格证人员 3 年内不得申请持证上岗考核。

第二十四条　在生态环境系统内调动且继续从事生态环境监测工作的技术人员，其合格证在有效期内可继续使用，视为相应项目（方法）已持证。所在单位后续持证上岗考核时，调动人员按程序申请换发合格证。

第六章　经费保障

第二十五条　持证上岗考核管理与实施等所需工作经费，由生态环境主管部门或组织实施考核的单位承担。相关生态环境主管部门应将持证上岗考核有关经费按支出标准列入本级财政预算予以保障。

第七章　附　则

第二十六条　本规定由生态环境部负责解释。

第二十七条　各省、自治区、直辖市及新疆生产建设兵团生态环境主管部门可根据本规定制定行政区域内相关规定或办法。

第二十八条　本规定自印发之日起施行。原《环境监测人员持证上岗考核制度》（环发〔2006〕114 号附件 2）同时废止。

生态环境标准管理办法

（生态环境部令　第 17 号）

《生态环境标准管理办法》已于 2020 年 11 月 5 日由生态环境部部务会议审议通过，现予公布，自 2021 年 2 月 1 日起施行。

部长　黄润秋

2020 年 12 月 15 日

生态环境标准管理办法

第一章　总　则

第一条　为加强生态环境标准管理工作，依据《中华人民共和国环境保护法》《中华人民共和国标准化法》等法律法规，制定本办法。

第二条　本办法适用于生态环境标准的制定、实施、备案和评估。

第三条　本办法所称生态环境标准，是指由国务院生态环境主管部门和省级人民政府依法制定的生态环境保护工作中需要统一的各项技术要求。

第四条　生态环境标准分为国家生态环境标准和地方生态环境标准。

国家生态环境标准包括国家生态环境质量标准、国家生态环境风险管控标准、国家污染物排放标准、国家生态环境监测标准、国家生态环境基础标准和国家生态环境管理技术规范。国家生态环境标准在全国范围或者标准指定区域范围执行。

地方生态环境标准包括地方生态环境质量标准、地方生态环境风险管控标准、地方污染物排放标准和地方其他生态环境标准。地方生态环境标准在发布该标准的省、自治区、直辖市行政区域范围或者标准指定区域范围执行。

有地方生态环境质量标准、地方生态环境风险管控标准和地方污染物排放标准的地区，应当依法优先执行地方标准。

第五条　国家和地方生态环境质量标准、生态环境风险管控标准、污染物排放标准和法律法规规定强制执行的其他生态环境标准，以强制性标准的形式发布。法律法规未规定强制执行的国家和地方生态环境标准，以推荐性标准的形式发布。

强制性生态环境标准必须执行。

推荐性生态环境标准被强制性生态环境标准或者规章、行政规范性文件引用并赋予其强制执行效力的，被引用的内容必须执行，推荐性生态环境标准本身的法律效力不变。

第六条　国务院生态环境主管部门依法制定并组织实施国家生态环境标准，评估国家生态环境标准实施情况，开展地方生态环境标准备案，指导地方生态环境标准管理工作。

省级人民政府依法制定地方生态环境质量标准、地方生态环境风险管控标准和地方污染物排放标准，并报国务院生态环境主管部门备案。机动车等移动源大气污染物排放标准由国务院生态环境主管部门统一制定。

地方各级生态环境主管部门在各自职责范围内组织实施生态环境标准。

第七条 制定生态环境标准，应当遵循合法合规、体系协调、科学可行、程序规范等原则。

制定国家生态环境标准，应当根据生态环境保护需求编制标准项目计划，组织相关事业单位、行业协会、科研机构或者高等院校等开展标准起草工作，广泛征求国家有关部门、地方政府及相关部门、行业协会、企业事业单位和公众等方面的意见，并组织专家进行审查和论证。具体工作程序与要求由国务院生态环境主管部门另行制定。

第八条 制定生态环境标准，不得增加法律法规规定之外的行政权力事项或者减少法定职责；不得设定行政许可、行政处罚、行政强制等事项，增加办理行政许可事项的条件，规定出具循环证明、重复证明、无谓证明的内容；不得违法减损公民、法人和其他组织的合法权益或者增加其义务；不得超越职权规定应由市场调节、企业和社会自律、公民自我管理的事项；不得违法制定含有排除或者限制公平竞争内容的措施，违法干预或者影响市场主体正常生产经营活动，违法设置市场准入和退出条件等。

生态环境标准中不得规定采用特定企业的技术、产品和服务，不得出现特定企业的商标名称，不得规定采用尚在保护期内的专利技术和配方不公开的试剂，不得规定使用国家明令禁止或者淘汰使用的试剂。

第九条 生态环境标准发布时，应当留出适当的实施过渡期。

生态环境质量标准、生态环境风险管控标准、污染物排放标准等标准发布前，应当明确配套的污染防治、监测、执法等方面的指南、标准、规范及相关制定或者修改计划，以及标准宣传培训方案，确保标准有效实施。

第二章　生态环境质量标准

第十条 为保护生态环境，保障公众健康，增进民生福祉，促进经济社会可持续发展，限制环境中有害物质和因素，制定生态环境质量标准。

第十一条 生态环境质量标准包括大气环境质量标准、水环境质量标准、海洋环境质量标准、声环境质量标准、核与辐射安全基本标准。

第十二条 制定生态环境质量标准，应当反映生态环境质量特征，以生态环境基准研究成果为依据，与经济社会发展和公众生态环境质量需求相适应，科学合理确定生态环境保护目标。

第十三条 生态环境质量标准应当包括下列内容：

（一）功能分类；

（二）控制项目及限值规定；

（三）监测要求；

（四）生态环境质量评价方法；

（五）标准实施与监督等。

第十四条　生态环境质量标准是开展生态环境质量目标管理的技术依据，由生态环境主管部门统一组织实施。

实施大气、水、海洋、声环境质量标准，应当按照标准规定的生态环境功能类型划分功能区，明确适用的控制项目指标和控制要求，并采取措施达到生态环境质量标准的要求。

实施核与辐射安全基本标准，应当确保核与辐射的公众暴露风险可控。

第三章　生态环境风险管控标准

第十五条　为保护生态环境，保障公众健康，推进生态环境风险筛查与分类管理，维护生态环境安全，控制生态环境中的有害物质和因素，制定生态环境风险管控标准。

第十六条　生态环境风险管控标准包括土壤污染风险管控标准以及法律法规规定的其他环境风险管控标准。

第十七条　制定生态环境风险管控标准，应当根据环境污染状况、公众健康风险、生态环境风险、环境背景值和生态环境基准研究成果等因素，区分不同保护对象和用途功能，科学合理确定风险管控要求。

第十八条　生态环境风险管控标准应当包括下列内容：

（一）功能分类；

（二）控制项目及风险管控值规定；

（三）监测要求；

（四）风险管控值使用规则；

（五）标准实施与监督等。

第十九条　生态环境风险管控标准是开展生态环境风险管理的技术依据。

实施土壤污染风险管控标准，应当按照土地用途分类管理，管控风险，实现安全利用。

第四章　污染物排放标准

第二十条　为改善生态环境质量，控制排入环境中的污染物或者其他有害因素，根据生态环境质量标准和经济、技术条件，制定污染物排放标准。

国家污染物排放标准是对全国范围内污染物排放控制的基本要求。地方污染物排放标准是地方为进一步改善生态环境质量和优化经济社会发展，对本行政区域提出的国家污染物排放标准补充规定或者更加严格的规定。

第二十一条　污染物排放标准包括大气污染物排放标准、水污染物排放标准、固体废物污染控制标准、环境噪声排放控制标准和放射性污染防治标准等。

水和大气污染物排放标准，根据适用对象分为行业型、综合型、通用型、流域（海域）或者区域型污染物排放标准。

行业型污染物排放标准适用于特定行业或者产品污染源的排放控制；综合型污染物排放标准适用于行业型污染物排放标准适用范围以外的其他行业污染源的排放控制；通用型污染物排放标准适用于跨行业通用生产工艺、设备、操作过程或者特定污染物、特定排放方式的排放控制；流域（海域）或者区域型污染物排放标准适用于特定流域（海域）或者区域范围内的污染源排放控制。

第二十二条 制定行业型或者综合型污染物排放标准，应当反映所管控行业的污染物排放特征，以行业污染防治可行技术和可接受生态环境风险为主要依据，科学合理确定污染物排放控制要求。

制定通用型污染物排放标准，应当针对所管控的通用生产工艺、设备、操作过程的污染物排放特征，或者特定污染物、特定排放方式的排放特征，以污染防治可行技术、可接受生态环境风险、感官阈值等为主要依据，科学合理确定污染物排放控制要求。

制定流域（海域）或者区域型污染物排放标准，应当围绕改善生态环境质量、防范生态环境风险、促进转型发展，在国家污染物排放标准基础上作出补充规定或者更加严格的规定。

第二十三条 污染物排放标准应当包括下列内容：

（一）适用的排放控制对象、排放方式、排放去向等情形；

（二）排放控制项目、指标、限值和监测位置等要求，以及必要的技术和管理措施要求；

（三）适用的监测技术规范、监测分析方法、核算方法及其记录要求；

（四）达标判定要求；

（五）标准实施与监督等。

第二十四条 污染物排放标准按照下列顺序执行：

（一）地方污染物排放标准优先于国家污染物排放标准；地方污染物排放标准未规定的项目，应当执行国家污染物排放标准的相关规定。

（二）同属国家污染物排放标准的，行业型污染物排放标准优先于综合型和通用型污染物排放标准；行业型或者综合型污染物排放标准未规定的项目，应当执行通用型污染物排放标准的相关规定。

（三）同属地方污染物排放标准的，流域（海域）或者区域型污染物排放标准优先于行业型污染物排放标准，行业型污染物排放标准优先于综合型和通用型污染物排放标准。流域（海域）或者区域型污染物排放标准未规定的项目，应当执行行业型或者综合型污染物排放标准的相关规定；流域（海域）或者区域型、行业型或者综合型污染物排放标准均未规定的项目，应当执行通用型污染物排放标准的相关规定。

第二十五条 污染物排放标准规定的污染物排放方式、排放限值等是判定污染物排放是否超标的技术依据。排放污染物或者其他有害因素，应当符合污染物排放标准规定的各项控制要求。

第五章　生态环境监测标准

第二十六条　为监测生态环境质量和污染物排放情况，开展达标评定和风险筛查与管控，规范布点采样、分析测试、监测仪器、卫星遥感影像质量、量值传递、质量控制、数据处理等监测技术要求，制定生态环境监测标准。

第二十七条　生态环境监测标准包括生态环境监测技术规范、生态环境监测分析方法标准、生态环境监测仪器及系统技术要求、生态环境标准样品等。

第二十八条　制定生态环境监测标准应当配套支持生态环境质量标准、生态环境风险管控标准、污染物排放标准的制定和实施，以及优先控制化学品环境管理、国际履约等生态环境管理及监督执法需求，采用稳定可靠且经过验证的方法，在保证标准的科学性、合理性、普遍适用性的前提下提高便捷性，易于推广使用。

第二十九条　生态环境监测技术规范应当包括监测方案制定、布点采样、监测项目与分析方法、数据分析与报告、监测质量保证与质量控制等内容。

生态环境监测分析方法标准应当包括试剂材料、仪器与设备、样品、测定操作步骤、结果表示等内容。

生态环境监测仪器及系统技术要求应当包括测定范围、性能要求、检验方法、操作说明及校验等内容。

第三十条　制定生态环境质量标准、生态环境风险管控标准和污染物排放标准时，应当采用国务院生态环境主管部门制定的生态环境监测分析方法标准；国务院生态环境主管部门尚未制定适用的生态环境监测分析方法标准的，可以采用其他部门制定的监测分析方法标准。

对生态环境质量标准、生态环境风险管控标准和污染物排放标准实施后发布的生态环境监测分析方法标准，未明确是否适用于相关标准的，国务院生态环境主管部门可以组织开展适用性、等效性比对；通过比对的，可以用于生态环境质量标准、生态环境风险管控标准和污染物排放标准中控制项目的测定。

第三十一条　对地方生态环境质量标准、地方生态环境风险管控标准或者地方污染物排放标准中规定的控制项目，国务院生态环境主管部门尚未制定适用的国家生态环境监测分析方法标准的，可以在地方生态环境质量标准、地方生态环境风险管控标准或者地方污染物排放标准中规定相应的监测分析方法，或者采用地方生态环境监测分析方法标准。适用于该控制项目监测的国家生态环境监测分析方法标准实施后，地方生态环境监测分析方法不再执行。

第六章　生态环境基础标准

第三十二条　为统一规范生态环境标准的制订技术工作和生态环境管理工作中具有通用指导意义的技术要求，制定生态环境基础标准，包括生态环境标准制订技术导则，生态环境通用术语、图形符号、编码和代号（代码）及其相应的编制规则等。

第三十三条 制定生态环境标准制订技术导则，应当明确标准的定位、基本原则、技术路线、技术方法和要求，以及对标准文本及编制说明等材料的内容和格式要求。

第三十四条 制定生态环境通用术语、图形符号、编码和代号（代码）编制规则等，应当借鉴国际标准和国内标准的相关规定，做到准确、通用、可辨识，力求简洁易懂。

第三十五条 制定生态环境标准，应当符合相应类别生态环境标准制订技术导则的要求，采用生态环境基础标准规定的通用术语、图形符号、编码和代号（代码）编制规则等，做到标准内容衔接、体系协调、格式规范。

在生态环境保护工作中使用专业用语和名词术语，设置图形标志，对档案信息进行分类、编码等，应当采用相应的术语、图形、编码技术标准。

第七章 生态环境管理技术规范

第三十六条 为规范各类生态环境保护管理工作的技术要求，制定生态环境管理技术规范，包括大气、水、海洋、土壤、固体废物、化学品、核与辐射安全、声与振动、自然生态、应对气候变化等领域的管理技术指南、导则、规程、规范等。

第三十七条 制定生态环境管理技术规范应当有明确的生态环境管理需求，内容科学合理，针对性和可操作性强，有利于规范生态环境管理工作。

第三十八条 生态环境管理技术规范为推荐性标准，在相关领域环境管理中实施。

第八章 地方生态环境标准

第三十九条 地方生态环境质量标准、地方生态环境风险管控标准和地方污染物排放标准可以对国家相应标准中未规定的项目作出补充规定，也可以对国家相应标准中已规定的项目作出更加严格的规定。

第四十条 对本行政区域内没有国家污染物排放标准的特色产业、特有污染物，或者国家有明确要求的特定污染源或者污染物，应当补充制定地方污染物排放标准。

有下列情形之一的，应当制定比国家污染物排放标准更严格的地方污染物排放标准：

（一）产业密集、环境问题突出的；

（二）现有污染物排放标准不能满足行政区域内环境质量要求的；

（三）行政区域环境形势复杂，无法适用统一的污染物排放标准的。

国务院生态环境主管部门应当加强对地方污染物排放标准制定工作的指导。

第四十一条 制定地方流域（海域）或者区域型污染物排放标准，应当按照生态环境质量改善要求，进行合理分区，确定污染物排放控制要求，促进流域（海域）或者区域内行业优化布局、调整结构、转型升级。

第四十二条 制定地方生态环境标准，或者提前执行国家污染物排放标准中相应排放控制要求的，应当根据本行政区域生态环境质量改善需求和经济、技术条件，进行全面评估论证，并充分听取各方意见。

第四十三条　地方生态环境质量标准、地方生态环境风险管控标准和地方污染物排放标准发布后，省级人民政府或者其委托的省级生态环境主管部门应当依法报国务院生态环境主管部门备案。

第四十四条　地方生态环境质量标准、地方生态环境风险管控标准和地方污染物排放标准报国务院生态环境主管部门备案时，应当提交标准文本、编制说明、发布文件等材料。

标准编制说明应当设立专章，说明与该标准适用范围相同或者交叉的国家生态环境标准中控制要求的对比分析情况。

第四十五条　国务院生态环境主管部门收到地方生态环境标准备案材料后，予以备案，并公开相关备案信息；发现问题的，可以告知相关省级生态环境主管部门，建议按照法定程序修改。

第四十六条　依法提前实施国家机动车大气污染物排放标准中相应阶段排放限值的，应当报国务院生态环境主管部门备案。

第四十七条　新发布实施的国家生态环境质量标准、生态环境风险管控标准或者污染物排放标准规定的控制要求严于现行的地方生态环境质量标准、生态环境风险管控标准或者污染物排放标准的，地方生态环境质量标准、生态环境风险管控标准或者污染物排放标准，应当依法修订或者废止。

第九章　标准实施评估及其他规定

第四十八条　为掌握生态环境标准实际执行情况及存在的问题，提升生态环境标准科学性、系统性、适用性，标准制定机关应当根据生态环境和经济社会发展形势，结合相关科学技术进展和实际工作需要，组织评估生态环境标准实施情况，并根据评估结果对标准适时进行修订。

第四十九条　强制性生态环境标准应当定期开展实施情况评估，与其配套的推荐性生态环境标准实施情况可以同步开展评估。

第五十条　生态环境质量标准实施评估，应当依据生态环境基准研究进展，针对生态环境质量特征的演变，评估标准技术内容的科学合理性。

生态环境风险管控标准实施评估，应当依据环境背景值、生态环境基准和环境风险评估研究进展，针对环境风险特征的演变，评估标准风险管控要求的科学合理性。

污染物排放标准实施评估，应当关注标准实施中普遍反映的问题，重点评估标准规定内容的执行情况，论证污染控制项目、排放限值等设置的合理性，分析标准实施的生态环境效益、经济成本、达标技术和达标率，开展影响标准实施的制约因素分析并提出解决建议。

生态环境监测标准和生态环境管理技术规范的实施评估，应当结合标准使用过程中反馈的问题、建议和相关技术手段的发展，重点评估标准规定内容的适用性和科学性，以及与生态环境质量标准、生态环境风险管控标准和污染物排放标准的协调性。

第五十一条 生态环境标准由其制定机关委托的出版机构出版、发行，依法公开。省级以上人民政府生态环境主管部门应当在其网站上公布相关的生态环境标准，供公众免费查阅、下载。

第五十二条 生态环境标准由其制定机关负责解释，标准解释与标准正文具有同等效力。相关技术单位可以受标准制定机关委托，对标准内容提供技术咨询。

第十章 附 则

第五十三条 本办法由国务院生态环境主管部门负责解释。

第五十四条 本办法自 2021 年 2 月 1 日起施行。《环境标准管理办法》（国家环境保护总局令第 3 号）和《地方环境质量标准和污染物排放标准备案管理办法》（环境保护部令第 9 号）同时废止。

国家生态环境标准制修订工作规则

（国环规法规〔2020〕4号）

第一章　总　则

第一条　为加强对国家生态环境标准制修订工作的管理，根据《中华人民共和国环境保护法》《中华人民共和国标准化法》等有关法律法规及《生态环境标准管理办法》规定，制定本规则。

第二条　本规则所称国家生态环境标准，是指国务院生态环境主管部门制定的国家生态环境质量标准、国家生态环境风险管控标准、国家污染物排放标准、国家生态环境监测标准、国家生态环境基础标准和国家生态环境管理技术规范。

国家生态环境质量标准（以下简称质量标准）包括国家大气环境质量标准、水环境质量标准、海洋环境质量标准、声环境质量标准、核与辐射安全基本标准。

国家生态环境风险管控标准（以下简称风险管控标准）包括国家土壤污染风险管控标准以及法律法规规定的其他环境风险管控标准。

国家污染物排放标准（以下简称排放标准）包括国家大气污染物排放标准、水污染物排放标准、固体废物污染控制标准、环境噪声排放控制标准、放射性污染防治标准等。

国家生态环境监测标准包括生态环境监测技术规范、生态环境监测分析方法标准、生态环境监测仪器及系统技术要求、生态环境标准样品等。

国家生态环境基础标准包括生态环境标准制订技术导则，生态环境通用术语、图形符号、编码、代号（代码）及其相应的编制规则等。

国家生态环境管理技术规范包括大气、水、海洋、土壤、固体废物、化学品、核与辐射安全、声与振动、自然生态、应对气候变化等领域的管理技术指南、导则、规程、规范等。

第三条　本规则规定了国家生态环境标准（以下简称标准）制修订工作的基本原则、程序、内容、时限和其他要求，适用于标准制修订工作全过程的管理。

国家生态环境标准样品研复制工作按照《环境标准样品研复制技术规范》（HJ 173）的规定执行。

国家核与辐射安全相关标准以及地方生态环境标准制修订工作可参照本规则执行。

第四条　本规则规定了生态环境部法规与标准司、标准制修订项目（以下简称项目）归口业务司局、标准管理技术支持单位、项目承担单位、项目负责人、标准出版单位在标准制修订工作中的主要责任。

第五条　标准制修订工作以合法合规、体系协调、质量优先、分工协作为基本原则。

第二章 标准制修订工作程序和各方主要责任

第六条 标准制修订工作按下列程序进行：

（一）编制项目计划的初步方案。

（二）确定项目承担单位和项目经费，形成项目计划。

（三）下达项目计划任务。

（四）项目承担单位成立编制组，编制开题论证报告。

（五）项目开题论证，确定技术路线和工作方案。

（六）编制标准征求意见稿及编制说明。

（七）对标准征求意见稿及编制说明进行技术审查。

（八）公布标准公开征求意见稿，向有关单位及社会公众征求意见。

（九）汇总处理意见，编制标准送审稿及编制说明。

（十）对标准送审稿及编制说明进行技术审查。

（十一）编制标准报批稿及编制说明。

（十二）对标准进行行政审查；质量标准、风险管控标准和排放标准的行政审查包括司务会、部长专题会和部常务会审议；其他标准行政审查主要为司务会审议，必要时应经部长专题会、部常务会审议。

（十三）标准批准（编号）、发布。

（十四）标准正式文本出版。

（十五）项目文件材料归档。

（十六）国家生态环境标准制修订工作证书（以下简称标准工作证书）发放。

（十七）标准宣传、培训。

标准制修订工作流程图见附 1。

第七条 在生态环境管理急需的情况下，标准修改单以及除质量标准、风险管控标准、排放标准以外的其他标准（以下简称其他标准），由归口业务司局对项目立项的必要性和可行性进行审查，在材料齐备、体例格式及表述规范、与现有标准体系协调一致的基础上，可通过绿色通道方式立项。归口业务司以签报方式提出绿色通道项目立项建议，并附标准制修订项目建议表（见附 2）、标准草案及编制说明，会签法规与标准司，报主管归口业务司局的部领导和主管标准工作的部领导批准后，开展相关标准制修订工作。绿色通道项目可直接从征求意见稿技术审查环节开始。

第八条 法规与标准司为标准综合管理部门，组织开展标准制修订基础性、综合性、协调性工作，以及标准实施评估工作，其主要责任为：

（一）制订生态环境标准相关管理办法。

（二）组织开展生态环境标准基础理论研究，组织制订生态环境基础标准。

（三）组织开展质量标准、风险管控标准和排放标准的体系设计与维护工作。

（四）负责与国家市场监督管理总局的协调事宜，办理世界贸易组织技术壁垒协议

（WTO/TBT）通报事宜，负责与国际技术法规或标准相关机构进行标准的协调和沟通等。

（五）会同归口业务司局制定标准制修订项目年度计划，下达项目计划任务，负责项目计划调整及重大事项协调。

（六）对质量标准、风险管控标准和排放标准项目，负责审查其合法合规性、体系协调性和规范完整性；对其他标准项目，负责审查其合法合规性。

（七）对质量标准、风险管控标准和排放标准项目，与归口业务司局共同组织送审稿技术审查会，负责提请部常务会审议。

（八）跟踪、汇总、调度和通报归口业务司局项目进展及完成情况；会同归口业务司局对其提出的项目撤销或终止申请，组织论证与报批。

（九）按照责任分工组织收集提交相关项目文件归档材料；办理标准批准（编号）、发布、工作证书发放事宜，择优确定标准出版单位。

（十）会同归口业务司局组织开展生态环境标准实施评估工作。

（十一）会同归口业务司局组织建立和维护国家生态环境标准专家库。

（十二）会同归口业务司局组织开展国家生态环境标准培训。

（十三）指导地方生态环境标准的制修订工作，开展地方生态环境标准备案。

第九条 归口业务司局作为项目管理部门，组织开展标准制修订项目实施，指导和督促项目承担单位开展工作，其主要责任为：

（一）组织提出标准制修订项目立项建议和绿色通道项目立项建议。

（二）确定项目承担单位；与项目承担单位签订计划任务书、任务合同书。

（三）负责审查项目材料的完整性和规范性、开题论证报告或标准内容的科学性、合理性和可行性，对标准工作程序的合规性、标准体系的协调性负责。

（四）按计划任务书进度要求，组织归口管理项目的技术审查和司务会审议；对于质量标准、风险管控标准和排放标准，会同法规与标准司组织送审稿技术审查会，负责提请部长专题会审议；对于其他标准，必要时负责提请部长专题会、部常务会审议；检查督促项目承担单位工作进展及完成情况；确有必要时，提出项目撤销或终止申请，经论证批准后，负责组织结题。

（五）会同宣传教育司开展标准的宣传解读。

（六）负责标准交付出版及标准文本电子版的网络发布事宜。

（七）按照责任分工组织收集提交相关项目文件归档材料。

（八）负责标准咨询、解释工作。

（九）与法规与标准司共同组织开展国家生态环境标准实施评估与培训工作。

（十）与法规与标准司共同组织建立和维护国家生态环境标准专家库。

（十一）负责对征求意见的地方生态环境标准回复意见。

归口业务司局委托全国专业标准化技术委员会管理的标准，立项和发布前需经归口业务司局审查同意，必要时发布前需提请部长专题会审议。

第十条 生态环境部环境标准研究所（以下简称标准所）为主要的标准管理技术支持单

位（以下简称技术支持单位），组织开展标准研究性、协助性、服务性工作，其主要责任为：

（一）协助制订标准相关管理办法。

（二）开展标准基础理论研究，承担生态环境基础标准制修订工作。

（三）开展生态环境标准实施评估方法研究和标准实施评估工作。

（四）承担质量标准、风险管控标准和排放标准体系设计和维护工作；受归口业务司局委托开展其他标准体系设计和维护工作。

（五）协助办理世界贸易组织技术壁垒协议（WTO/TBT）通报事宜，协助与国际技术法规或标准相关机构进行标准的协调和沟通等。

（六）协助提出标准项目立项建议、编制标准制修订项目年度计划。

（七）受归口业务司局委托协助开展项目承担单位评审工作；协助签订项目计划任务书、任务合同书。

（八）协助组织标准开题论证会、征求意见稿技术审查会、送审稿技术审查会。

（九）协助审查标准项目材料的完整性和规范性、标准工作程序的合规性。其中，对质量标准、风险管控标准和排放标准，协助审查标准的体系协调性和标准内容的科学性、合理性和可行性；对其他标准，受归口业务司局委托协助开展相关工作。

（十）负责维护、更新项目信息管理系统，协助跟踪、检查和督促项目进展及完成情况。

（十一）协助对申请撤销或终止的项目组织专家论证；对经批准同意撤销或终止的项目，协助组织结题。

（十二）协助办理项目文件材料归档事宜。

（十三）协助建立和维护国家生态环境标准专家库。

（十四）协助开展标准的宣传解读、培训、咨询、解释工作。

（十五）面向社会开展标准培训工作，提供标准相关技术咨询服务。

（十六）协助指导地方生态环境标准的制修订工作及开展地方生态环境标准备案。

其他技术支持单位可参照执行。

第十一条 标准制修订项目实行法人责任制。项目承担单位是项目申请和实施的责任主体，其主要责任为：

（一）根据项目需要，按计划任务书和任务合同书的要求，为项目开展创造有利条件，督促项目负责人按期完成任务。

（二）对标准编制组拟提交的开题论证报告、征求意见稿、公开征求意见稿、送审稿、报批稿及相应编制说明等相关材料进行审核，并正式行文报送归口业务司局，抄送技术支持单位。

（三）严格按照相关财务管理规定管理项目经费，并配合相关审计及经费检查等工作。

（四）项目执行过程中，如因项目负责人工作变动或其他不可抗力造成不能继续承担项目任务，需调整项目负责人或计划任务时，应及时向归口业务司局报告，确保项目按期完成。

（五）项目执行过程中，如项目法人变更，应及时向归口业务司局报告，并按《中华人民共和国合同法》规定，由更改后的法人或者其他组织行使合同权利，履行合同义务。

第十二条　项目负责人是项目计划的实施主体，其主要责任为：

（一）根据项目要求，组建编制组，组织开展标准编制工作。

（二）编制标准开题论证报告、征求意见稿、公开征求意见稿、送审稿、报批稿及相应编制说明和研究报告等相关材料。

（三）汇总、处理各有关方对标准提出的意见。

（四）协助标准出版单位解决出版过程中的技术问题。

（五）配合开展标准的归档、宣传解读、培训、咨询、解释工作，以及相关标准的实施评估工作。

（六）参加生态环境部组织的有关标准的工作会、培训会和研讨会，并按要求提交相关技术材料。

第十三条　标准出版单位的主要责任为：

（一）按标准格式、形式和时限要求，出版生态环境部发布的各类标准。

（二）承担标准发布稿的排版、校对、印刷、发行，以及正式出版标准文本电子版的编辑、制作工作。

（三）在项目承担单位的协助下，解决标准出版过程中的技术问题。

第三章　标准制修订项目计划

第十四条　项目计划是标准制修订工作的依据，标准制修订工作应严格按照计划规范、有序地进行。属于下列情形之一的项目，在基础成熟、条件具备并且已有标准草案和编制说明的情况下，可列入项目计划：

（一）贯彻落实国家有关法律、法规、政策、规划等需要的；

（二）健全和完善标准体系，适应社会、经济、科学技术发展需要的；

（三）生态环境执法和管理工作需要的；

（四）标准实施评估提出明确建议的。

第十五条　归口业务司局提出项目立项建议（见附 2），并对质量标准、风险管控标准和排放标准项目立项建议的必要性和条件成熟性负责，对其他标准项目立项建议的必要性、体系协调性和条件成熟性负责。

法规与标准司确定项目计划的初步方案。对拟立项的质量标准、风险管控标准和排放标准项目的体系协调性负责。若归口业务司局对该立项计划的初步方案存有重大异议，法规与标准司应报请部长专题会协调确定。

标准所协助对质量标准、风险管控标准和排放标准项目的立项建议开展查重、筛选工作，协助审查立项建议的必要性、体系协调性和条件成熟性；对其他标准项目的立项建议，受归口业务司局委托协助开展相关工作。

第十六条　归口业务司局负责以申报（申报表见附 3）、评审等方式，组织确定项目承担单位。需要政府采购的项目，应按照有关规定实行政府采购。

第十七条　项目承担单位应当能够独立承担法律责任，具有与项目相关的科研、管理工作背景和技术能力，熟悉国家生态环境政策、法律、法规和标准，具备独立的银行账户和健全的财务制度。

同一法人单位不得有 2 个及以上团队申报同一项目。

第十八条 项目承担单位原则上为相关事业单位、行业协会、科研机构或者高等院校等。生态环境监测分析方法标准的项目承担单位应通过检验检测机构资质认定或获得国家实验室认可，具备开展标准研究工作所需的条件。

第十九条 项目承担单位须在申报前确定协作事宜，明确协作单位的名称、分工和协作经费比例等事项。

协作单位数量原则上不得超过 5 家，且协作单位不得与项目存在直接利益关系。协作经费分配应符合相关经费管理规定。一经申报，项目承担单位、协作单位、项目承担单位的项目负责人及协作单位的任务负责人原则上不得更改。生态环境监测分析方法标准项目的协作单位不能作为方法验证单位。

同一单位（生态环境部所属正司级单位以二级单位计）不得既作为项目承担单位，又作为其他单位的协作单位申报同一项目；也不能同时作为 2 家及以上单位的协作单位申报同一项目。

第二十条 项目负责人应为项目承担单位的在职工作人员，具有高级专业技术职称，并具有较高的学术水平、开拓创新能力和较强的组织协调能力。项目负责人过去三年没有标准工作不良记录。

申报书中列出的申报人员不得同时申报 3 项及以上的项目。承担 2 项及以上在研项目（含标准实施评估项目，已通过司务会审议项目不计在内）的负责人，原则上不得牵头申报新项目。承担或参与 5 项及以上在研项目（含标准实施评估项目，已通过司务会审议项目不计在内）的人员，原则上不得申报新项目。行政审查有明确暂缓或暂停等工作要求的项目除外。

确定项目负责人时，应综合考虑其正在开展的标准制修订工作进展情况和以往标准制修订任务完成情况。

第二十一条 归口业务司局以评审方式确定项目承担单位时，应成立专家组，评审内容包括：

（一）申报单位能否独立承担法律责任。

（二）拟任项目负责人情况。

（三）开展标准工作的能力（人员、资质、仪器设备、管理水平等）。

（四）从事标准工作的经历与业绩。

（五）对项目的理解及国内外相关情况了解程度。

（六）提出的标准制修订技术路线可行性。

（七）完成项目工作的基础。

（八）申报经费总额和分配方案的合理性。

（九）其他影响标准项目工作的因素。

以其他方式确定项目承担单位的，可参照执行。

第二十二条　法规与标准司依据归口业务司局年度项目计划任务完成情况和经费执行情况，确定归口业务司局下一年度的标准制修订经费额度。

第二十三条　项目经费额度根据项目工作范围、工作量、已有工作基础、预算控制规模及财务管理规定等因素确定。

第二十四条　项目工作周期为从下达项目计划起至提交标准报批稿止。质量标准、风险管控标准和排放标准的工作周期原则上为 3 年；其他标准为 2 年，个别重大项目可适当延长，但原则上不得超过 3 年。

第二十五条　部门预算确定后，法规与标准司形成年度项目计划，并正式下达开展项目实施工作的通知。项目承担单位接到通知后，在 15 个工作日内填写完成计划任务书（含承诺函，见附 4）和任务合同书，细化项目经费支出预算。归口业务司局在 30 个工作日内完成核准后，与项目承担单位签订计划任务书和任务合同书。需要申报国家标准制修订计划的项目，由法规与标准司适时向国家市场监督管理总局提出计划。

第二十六条　标准编制过程中由于客观因素需要变更（含增加或减少）项目承担单位或协作单位、项目承担单位的项目负责人或协作单位的任务负责人以及调整编制进度时，应由项目承担单位、协作单位向归口业务司局提出书面申请，经同意后方可变更。

归口业务司局应出具同意变更的函，明确调整后的编制进度、相关单位协商同意后的经费变更情况等。

第二十七条　标准制修订工作应严格按项目计划进行，原则上不能撤销或终止。有下列情形之一的，可申请项目撤销或终止：

（一）标准内容适合以技术政策、管理文件形式发布，或已经以技术政策、管理文件形式发布；

（二）标准内容已纳入发布或拟发布的其他标准；

（三）标准内容与有关法律法规、政策、国际履约产生冲突，或者缺乏上位法依据；

（四）标准适用对象发生重大变化，标准实施作用不大；

（五）存在重大技术问题，现有条件无法支撑标准继续制订；

（六）管理职能发生变化，不再需要制订生态环境标准；

（七）其他不应或不宜制订发布生态环境标准的情形。

归口业务司局经报分管部领导同意后，向法规与标准司提出撤销或终止计划申请，法规与标准司会同归口业务司局组织专家论证，论证结果报分管标准的部领导批准后方可实施。项目经费尚未发生实际支出的方可申请撤销，否则仅可申请终止。

第二十八条　申请撤销或终止的项目，原则上 5 年内不再立项。归口业务司局应在分管标准的部领导批准同意撤销或终止项目计划后 60 个工作日内，完成终止项目结题验收工作，结题验收工作应按照《环境保护部部门预算项目验收管理细则（试行）》（环办〔2013〕25 号）的要求进行。对首次未通过结题验收的项目，承担单位应进行整改，归口业务司局在首次结题验收会后 30 个工作日内再次组织结题验收，仍未通过的，项目承担单位在 2 年内、项目负责人在 3 年内不得承担或参与标准制修订项目。

撤销项目的承担单位应在接到通知后 60 个工作日内退回项目全部经费；终止项目通过结题验收且经费尚有结余的，退回结余经费，2 次未通过结题验收的，退回项目全部经费。生态环境部直属单位应按要求将退回经费直接上交国库，其他单位应退至标准项目主承担单位后上交国库。

第四章　成立标准编制组和开题论证

第二十九条　项目承担单位接到项目计划任务后应成立标准编制组，项目负责人应担任编制组组长。承担单位应在 4 个月内编制完成开题论证报告和标准草案（见附 5），报送归口业务司局并抄送技术支持单位。

第三十条　技术支持单位应在收到材料后的 15 个工作日内将审查意见报归口业务司局，同时返回项目承担单位。审查中遇有重大问题的，须将审查意见报归口业务司局审核同意后，返回项目承担单位。

项目承担单位按照审查意见修改完善标准开题论证相关材料，并在 20 个工作日内再次报送归口业务司局并抄送技术支持单位。

第三十一条　归口业务司局组织召开项目开题论证会，对开题论证报告进行审查（审查内容见附 6）。论证会专家组由与标准内容相关的生态环境管理、所属行业、污染治理、生态环境监测、法律与经济等方面的 9 名及以上专家组成，原则上应有三分之一及以上为标准专家库专家。

论证结果由专家组记名投票表决，表决结果记作“通过”“不通过”和“弃权”，需 85% 以上的专家表决“通过”方为通过论证。专家组形成论证意见（见附 7），专家组组长签字确认。未通过审查的标准，项目承担单位须在 20 个工作日内再次提请开题论证。

第五章　编制征求意见稿和征求意见

第三十二条　标准编制组应按规定的格式和内容要求，编写标准征求意见稿和编制说明（见附 8）。制订的标准将取代现行标准或现行标准中部分规定的，应在标准中明确标准之间的替代关系。

第三十三条　在质量标准制修订工作中，应对国内生态环境质量状况进行充分的调查研究，收集有关监测数据和生态环境基准研究成果，对比分析其他国家的质量标准，并对编制的质量标准的科学性、合理性、合法合规性和可行性进行论证和说明。风险管控标准的编制要求可参照质量标准。

第三十四条　固定污染源大气、水污染物排放标准应分别按照《国家大气污染物排放标准制订技术导则》（HJ 945.1）和《国家水污染物排放标准制订技术导则》（HJ 945.2）的规定开展制修订工作。

生态环境监测分析方法标准应按照《环境监测分析方法标准制订技术导则》（HJ 168）的规定开展制修订工作。

其他有相应标准制订技术导则的，应按照技术导则的规定开展制修订工作。

第三十五条 标准的技术内容应具有普遍适用性和通用性。标准涉及的技术原则上应是通用技术，涉及的产品应已商品化并有 2 家及以上非利益共同体的供应商。不得利用标准为企业做宣传或推销。标准中不得规定采用特定企业的技术、产品和服务，不得出现特定企业的商标名称，原则上不得采用专利技术和配方不公开的试剂。

第三十六条 工作周期为 2 年或 3 年的标准，项目承担单位应分别在接到项目计划任务后 14 个月或 18 个月内编制完成标准征求意见稿和编制说明，报送归口业务司局并抄送技术支持单位。

第三十七条 技术支持单位应在收到材料后的 15 个工作日内将审查意见报归口业务司局，同时返回项目承担单位。审查中遇有重大问题的，须将审查意见报归口业务司局审核同意后，返回项目承担单位。

对质量标准、风险管控标准和排放标准项目，归口业务司局除审查项目材料的完整性和规范性外，应重点审查标准的体系协调性、控制项目的全面性、排放限值对公众健康和生态环境安全的保障性，以及与产业发展的协调性和技术经济可行性等。技术支持单位应协助归口业务司局做好审查工作。

对其他标准项目，技术支持单位应协助归口业务司局审查项目材料的完整性和规范性。受归口业务司局委托，还应协助审查标准的体系协调性、作用定位准确性、技术方法水平和可靠性，以及实施条件可行性等。

有标准制订技术导则的，应按其规定进行审查。

项目承担单位按照审查意见修改完善标准征求意见材料，并在 30 个工作日内再次报送。

第三十八条 归口业务司局主持召开标准征求意见稿技术审查会（审查内容见附 6）。审查会专家组由与标准内容相关的生态环境管理、所属行业、污染治理、生态环境监测、法律与经济等方面的专家组成，质量标准、风险管控标准、排放标准和生态环境基础标准的审查会专家数量不少于 11 人，其他标准的审查会专家数量不少于 9 人，原则上应有三分之一及以上为标准专家库专家。

质量标准、风险管控标准、排放标准和生态环境基础标准征求意见稿技术审查结果由专家组组长综合各专家的意见确定，明确是否同意公开征求意见。其他标准审查结果由专家组成员记名投票表决（表决方式及结果统计与开题论证阶段相同，见第三十一条）。专家组就标准征求意见稿技术审查形成审查意见（见附 7），并由专家组组长签字确认。未通过审查的标准，项目承担单位须在 45 个工作日内再次提请审查。

第三十九条 项目承担单位按照审查意见修改形成公开征求意见稿和编制说明，报送归口业务司局并抄送技术支持单位。技术支持单位应在收到材料后的 10 个工作日内将审查意见报归口业务司局，同时返回项目承担单位。归口业务司局对符合要求的标准办理公开征求意见事宜。

标准公开征求意见采取生态环境部办公厅函（须写明项目编号）形式，面向社会公众、企业、行业协会、科研院所、高等院校、地方生态环境厅（局）等有关单位及生态环境部各有关司局征求意见。必要时召开企业、行业协会、地方生态环境厅（局）等代表座谈会。未经立项审批的标准不得公开征求意见。

公开征求意见时间为 1 至 2 个月，重大标准可以多次征求意见，必要时可召开听证会或座谈会。若征求意见结束后 1 年内未进行送审稿技术审查或 2 年内未发布的，应重新公开征求意见。

归口业务司局负责收集公开征求意见复函并归档。

内容涉及对进口产品、货物或服务实行管制的标准，应按世界贸易组织贸易技术壁垒协议（WTO/TBT）和国家出版的《中国对外经济贸易文告》有关规定，办理向 WTO 成员国通报和相关事宜。归口业务司局组织填写 WTO 技术性贸易措施通报表（见附 9），送法规与标准司办理。

第六章　编制送审稿和技术审查

第四十条　项目承担单位应在征求意见工作结束后的 30 个工作日内汇总处理各类反馈意见（见附 10），编制完成标准送审稿和编制说明，报送归口业务司局并抄送技术支持单位。

第四十一条　技术支持单位应在收到材料后的 15 个工作日内将审查意见报归口业务司局，同时返回项目承担单位。审查中遇有重大问题的，须将审查意见报归口业务司局审核同意后，返回项目承担单位。

审查要求参照对标准征求意见稿的审查。此外，还应审查公开征求意见汇总与回复处理是否全面、合理。

项目承担单位按照审查意见修改完善标准送审稿材料，并在 30 个工作日内再次报送。

第四十二条　对质量标准、风险管控标准、排放标准项目，由归口业务司局会同法规与标准司组织召开送审稿技术审查会；对其他标准项目，由归口业务司局组织召开送审稿技术审查会（审查内容见附 6）。审查会专家组由与标准内容相关的生态环境管理、所属行业、污染治理、生态环境监测、法律与经济等方面的专家组成，质量标准、风险管控标准、排放标准和生态环境基础标准的审查会专家数量不少于 11 人，其他标准的审查会专家数量不少于 9 人，原则上应有三分之一及以上为标准专家库专家。

质量标准、风险管控标准、排放标准和生态环境基础标准送审稿技术审查结果由专家组组长综合各专家的意见确定，明确是否通过技术审查，并就标准对生态环境管理的适用性、标准的技术经济可行性和标准实施所具备的条件和存在的问题给出明确意见。其他标准审查结果由专家组成员记名投票表决（表决方式及结果统计与开题论证阶段相同，见第三十一条）。专家组形成技术审查意见（见附 7），专家组组长签字确认。未通过审查的标准，项目承担单位须在 45 个工作日内再次提请审查。

第七章　编制报批稿和报批

第四十三条　项目承担单位应在送审稿技术审查会后的 30 个工作日内编制完成标准报批稿、编制说明、报批说明，报送归口业务司局并抄送技术支持单位。标准报批说明应简要叙述标准制修订工作过程、确定标准主要技术内容的依据、方法和程序，以及公开征求意见和送审稿技术审查意见情况，质量标准、风险管控标准和排放标准还应包括标准实施成本和效益分析、达标可行性分析、国内外相关标准对比分析等内容。

归口业务司局应制定配套的标准实施工作方案（见附 11），明确质量标准、风险管控标准和排放标准实施需要配套的污染防治、监测、执法等方面的指南、标准、规范及相关制修订计划，以及标准宣传培训方案，确保标准有效实施。

第四十四条 技术支持单位应在收到材料后的 15 个工作日内将审查意见报归口业务司局，同时返回项目承担单位。审查中遇有重大问题的，须将审查意见报归口业务司局审核同意后，返回项目承担单位。

审查要求参照对标准送审稿的审查。此外，还应审查送审稿技术审查意见落实情况。

项目承担单位按照审查意见修改完善标准报批材料，并在 20 个工作日内再次报送。归口业务司局对符合要求的标准，办理行政审查事宜。

第八章 标准的行政审查和批准、发布

第四十五条 归口业务司局组织对质量标准、风险管控标准、排放标准的司务会审议。若有重大调整意见，应重新公开征求意见并召开标准送审稿技术审查会。

通过司务会审议后，由归口业务司局提请部长专题会审议，并将拟提请部常务会审议的报批材料转法规与标准司。法规与标准司审核报批材料的完整性、规范性、合法合规性和体系协调性，以及标准实施工作方案的全面性和可行性，并将审核合格的材料提请部常务会审议。

归口业务司局向部常务会汇报标准编制过程、技术内容、公开征求意见处理情况、标准送审稿技术审查意见和部长专题会审议意见等落实情况，法规与标准司汇报材料完整性与规范性、标准内容合法合规性、体系协调性，以及标准实施工作方案的全面性和可行性意见。

通过部常务会审议的质量标准、风险管控标准、排放标准，归口业务司局须向法规与标准司提交按照部常务会审议意见修改完善的标准发布稿，由法规与标准司起草发布公告，办理标准发布事宜。

第四十六条 归口业务司局组织对其他标准的司务会审议。若有重大调整意见，应重新公开征求意见并召开标准送审稿技术审查会。

通过司务会审议后，由归口业务司局起草发布公告，会签法规与标准司，办理标准发布事宜。影响重大的标准，归口业务司局应提请部长专题会审议；必要时提请部常务会审议。

第四十七条 质量标准、风险管控标准、排放标准的发布公告，由生态环境部批准后，送国家市场监督管理总局会签、编号后公布。其他标准的发布公告，经部领导批准后，法规与标准司予以编号，由办公厅发布。

各类标准中，均不署起草人员姓名。

标准发布公告及标准文本在生态环境部政府网站上公布，供公众免费查阅、下载、打印。

第四十八条 标准发布后，归口业务司局应在 5 个工作日内将标准发布稿交付标准出版单位。

标准出版单位应在收到标准发布稿后 20 个工作日内排版完成校印稿，并联系项目负责人进行校对。项目负责人应在收到校印稿后 5 个工作日内完成校对工作，并将校对稿反馈给标准出版单位。标准出版单位应在收到校对稿后 20 个工作日内完成标准出版工作，并在完成标准出版工作后的 5 个工作日内向归口业务司局提交正式出版的标准文本电子版。

归口业务司局应在收到正式出版的标准文本电子版后的 10 个工作日内，以其替换生态环境部政府网站上的标准发布稿。

第九章　标准归档、工作证书发放

第四十九条　标准项目负责人应在标准制修订各环节（开题论证、征求意见稿技术审查、公开征求意见、送审稿技术审查和司务会、部长专题会、部常务会审议）工作完成后 5 个工作日内，将相应项目归档文件材料（见附 12）一式 2 份，分别提交归口业务司局和标准所归档（只有 1 份原件时，应提交归口业务司局归档）。

归口业务司局、法规与标准司应按归档要求，根据责任分工组织收集整理项目归档文件材料（见附 12），送交标准所汇总成档；待移交档案经归口业务司局审核确认无误后，移交办公厅办理相关手续。

第五十条　标准工作成果是职称评定、人才评选、科技奖励等评审工作的重要评价指标，标准工作证书是完成标准工作成果的证明文件。

标准正式发布后，在标准归档材料齐全的前提下，项目承担单位和技术支持单位应联合向法规与标准司申请办理标准工作证书。申请应写明标准编制单位和技术支持单位及相关人员姓名，并明确每人实际承担的工作内容。原则上标准编制人员名单应与项目计划任务书中相关内容一致，标准技术管理人员名单应与标准编制说明中相关内容一致。质量标准、风险管控标准、排放标准、生态环境基础标准申请工作证书的标准编制人员原则上不超过 15 人，其他标准原则上不超过 10 人；技术管理人员原则上不超过 2 人。

法规与标准司向归口业务司局核准单位及人员名单后，在核实标准归档文件材料齐全的基础上，受理标准工作证书办理申请，并自收到办理工作证书申请的 3 个月内予以发放。

第十章　标准的宣传、培训和解释

第五十一条　宣传教育司是标准宣传工作的主管部门，归口业务司局应会同宣传教育司充分利用报纸、电视、网络等多种渠道开展标准的日常宣传，加强社会各界对标准的理解，促进标准的有效执行。

加大各类标准信息公开力度，在报纸或网络上刊发标准公开征求意见稿及编制说明，加强公众参与，广泛听取社会各界的意见和建议。

第五十二条　法规与标准司会同归口业务司局组织标准培训，主要培训内容为标准相关管理办法、新发布实施的质量标准、风险管控标准、排放标准和相关配套标准。归口业务司局可根据需要单独组织标准培训。

参加培训人员主要包括各地方生态环境部门标准工作相关人员、项目负责人和编制组其他人员。

标准培训内容及教材由技术支持单位会同标准编制单位组织编写，并由技术支持单位和标准编制组主要成员进行授课讲解。

第五十三条　归口业务司局负责标准内容的法定解释和咨询解答。技术支持单位协助归口业务司局进行标准解释和咨询工作。

第十一章　附　则

第五十四条　法规与标准司对标准制修订项目计划任务完成情况进行调度，对未按任务书进度要求完成项目的归口业务司局，报部领导同意后予以通报。对未按任务书进度要求完成项目的承担单位和项目负责人，由归口业务司局报司领导同意后予以通报。

第五十五条　归口业务司局对有下列情形之一的项目承担单位，终止其项目计划任务，并予以通报，列入标准工作不良记录名单；项目承担单位在 2 年内、项目负责人在 3 年内不得再次承担标准项目，并退回项目全部经费，生态环境部直属单位应按要求将退回经费直接上交国库，其他单位应退至标准项目主承担单位后上交国库：

（一）未按任务书进度要求开展工作又未及时向归口业务司局书面说明情况的；

（二）在开题论证会、征求意见稿技术审查会、送审稿技术审查会等环节未通过再次审查的。

第五十六条　对于技术支持单位在同一审查环节提出三次审核意见后，仍达不到审核要求的项目承担单位，归口业务司局应当对项目承担单位予以通报。

第五十七条　参加标准技术审查的专家应当依法保守国家秘密、技术秘密和商业秘密，科学、严谨、客观、公正地开展评审工作。弄虚作假，提供与事实不符的评审意见的专家，不得再次参与标准技术审查或参与标准制修订及相关工作。

第五十八条　标准项目经费应专款专用，标准发布后结余经费应按照财政结转结余经费管理和其他预算管理有关规定处理。

第五十九条　相关业务司局、技术支持单位、项目承担单位、项目负责人、标准出版单位、相关审查专家等均应根据《中华人民共和国保守国家秘密法》，遵守生态环境部对项目技术内容保密的有关要求。

第六十条　本规则由生态环境部解释。

第六十一条　本规则自 2021 年 2 月 1 日起实施，《国家环境保护标准制修订工作管理办法》（国环规科技〔2017〕1 号）同时废止。

扫一扫，获取相关文件

关于印发《国家生态环境监测标准制修订工作细则（试行）》的通知

（监测函〔2021〕25 号）

中国环境科学研究院，中国环境监测总站：

为强化国家生态环境监测标准制修订管理，依据《生态环境标准管理办法》《国家生态环境标准制修订工作规则》等相关规定，我司制定了《国家生态环境监测标准制修订工作细则（试行）》，业经部领导审批同意。现予印发，请遵照执行。

生态环境部生态环境监测司

2021 年 4 月 29 日

国家生态环境监测标准制修订工作细则（试行）

第一章 总 则

第一条 为加强国家生态环境监测标准制修订工作，细化国家生态环境监测标准制修订管理，进一步规范国家生态环境监测标准制修订工作程序，根据《国家生态环境标准制修订工作规则》（国环规法规〔2020〕4 号，以下简称《工作规则》），结合国家生态环境监测标准制修订工作特点，制定本细则。

第二条 本细则适用于生态环境部组织的生态环境监测技术规范、生态环境监测分析方法标准、生态环境监测仪器及系统技术要求、生态环境标准样品等国家生态环境监测标准的制修订工作。

第三条 本细则规定了国家生态环境监测标准（以下简称标准）制修订工作的程序、内容等要求。本细则是对《工作规则》应用于国家生态环境监测标准时的细化补充，适用于标准制修订工作全过程的管理，对《工作规则》中已规定的内容，不再重复叙述，按其规定执行。

生态环境标准样品研复制工作按照《环境标准样品研复制技术规范》（HJ 173）的规定执行。

第二章 职责分工和工作程序

第四条 监测司是国家生态环境监测标准制修订的项目管理部门，组织开展标准制修订项目实施，主要职责为：

（一）审查和维护标准制修订工作程序的合规性、标准体系的协调性。

（二）组织提出年度标准项目计划立项建议。

（三）组织开展项目承担单位评审工作，组织与项目承担单位签订计划任务书等。

（四）审查项目材料的完整性和规范性，技术内容的科学性、合理性和可行性。

（五）调度并检查督促项目承担单位工作进展及完成情况；必要时，提出项目撤销或终止申请，组织结题。

（六）开展标准的宣传解读、咨询、解释与实施评估工作。

（七）组织建立和维护标准专家库。

（八）开展《工作规则》中规定的其他工作。

第五条 标准制修订的技术支持单位包括生态环境部环境标准研究所（以下简称标准所）、中国环境监测总站（以下简称监测总站）等，协助监测司开展标准制修订研究性、协助性、服务性工作。

标准所的职责为：

（一）跟踪国内外标准工作进展，开展标准体系维护工作。

（二）开展标准制修订项目承担单位评审工作，协助签订计划任务书、任务合同书。

（三）审查开题论证报告、征求意见稿、送审稿、报批稿及编制说明等所有项目材料的完整性和规范性，协助组织标准开题论证会、征求意见稿技术审查会、送审稿技术审查会等技术论证会议。

（四）收集各阶段意见并反馈给编制单位，组织编制单位修改完善项目材料，并对修改完善后的材料进行复核。

（五）检查和督促项目承担单位的工作进展，对经批准同意撤销或终止的项目，协助组织结题。

（六）协助建立和维护标准审查专家库，评估项目审查机制、专家审查情况以及标准承担单位工作情况，提出项目管理建议。

（七）协助开展标准的归档、宣传、培训、实施评估工作。

（八）协助开展标准制修订相关的其他工作。

监测总站的职责为：

（一）开展标准体系顶层设计。

（二）开展项目征集立项工作，提出项目年度计划建议。

（三）制定标准验证实验室工作规则并组织实施。

（四）组织开展标准报批稿及编制说明技术审查。

（五）协助开展标准的宣传、咨询、解释、实施评估工作。

（六）协助开展标准制修订相关的其他工作。

其他技术支持单位的职责，由监测司根据标准制修订工作的实际需求确定。

第六条 项目承担单位按照《工作规则》等相关规定开展标准制修订工作，做好标准项目的保障支撑、审核把关、进度督促等，按时完成标准制修订工作。

第七条 标准制修订项目实行专家审查制，在项目立项、开题论证、征求意见稿技术审查、送审稿技术审查等环节，专家对立项建议、开题报告、标准文本和编制说明等进行论证、审查，提出科学、合理、可行的建议，给出论证、审查的专家意见，对论证、审查的标准质量负责。

第八条 标准制修订工作按下列程序进行：

（一）监测司发布标准制修订项目立项指南，征集项目立项建议和承担单位，确定标准制修订立项项目，并组织实施。

（二）项目承担单位成立编制组，编制开题论证报告和标准草案，分析方法标准还应编制验证方案。

（三）标准所组织召开项目开题论证会。

（四）编制组根据开题论证意见，编制标准征求意见稿及编制说明。

（五）标准所组织对标准征求意见稿及编制说明进行技术审查。

（六）编制组根据技术审查会意见，修改完善标准征求意见稿，由监测司公布标准征求意见稿，向有关单位及社会公众征求意见。

（七）编制组汇总处理意见，编制标准送审稿及编制说明。

（八）标准所组织对标准送审稿及编制说明进行技术审查。

（九）编制组根据技术审查会意见，编制标准报批稿及编制说明、报批说明、解读材料等。

（十）监测总站组织对标准报批稿及编制说明进行技术审查。

（十一）监测司对标准进行行政审查。

（十二）监测司起草标准发布公告、宣传解读材料。

（十三）监测司组织开展标准的咨询、解释、实施评估。

标准制修订工作流程见附件 1。

第三章　项目的立项

第九条 列入计划的项目须符合《工作规则》规定的计划列入情形，主要支撑现行质量标准、排放标准和风险管控标准实施，配套质量标准、排放标准和风险管控标准制修订计划，服务生态环境保护工作规划、重点任务需求，已有较好的前期研究基础，一般能够在 2 年内完成。

第十条 监测司综合考虑项目的必要性、体系协调性和条件成熟性，提出标准项目立项建议，标准所和监测总站配合开展工作。

（一）监测司征集相关司局意见，起草项目立项指南。

（二）监测司组织专家论证，确定项目立项指南。

（三）监测总站面向各级生态环境主管部门、生态环境监测机构、高校和科研院所等发布立项指南，各有关单位围绕指南提出立项建议（建议表格式见《工作规则》附 2），监测总站收集、汇总立项建议。

（四）监测总站组织项目立项建议的专家论证，审查立项建议的必要性和条件成熟性，筛选并提出拟纳入项目计划的立项建议，报监测司。

（五）监测司将拟纳入项目计划的立项建议报法规司，由法规司下达实施通知。

第十一条 原则上通过公开征集、专家评审、部领导审批的程序确定项目承担单位。特殊项目可定向征集，经专家评审、部领导审批后确定项目承担单位。达到政府采购限额标准的项目，按照有关规定实行政府采购。

项目承担单位原则上为相关事业单位、行业协会、科研机构或者高等院校等，若承担单位从事经营性业务，应提供与相关行业无直接利益关系的说明，并承诺不利用标准做宣传或推销。

分析方法标准的承担单位（包括协作单位）应通过检验检测机构资质认定（CMA）或实验室认可（CNAS）。

第十二条 监测司发布承担单位征集通知，各单位自愿申报（申报表格式见《工作规则》附 3），标准所进行申报材料汇总和申报单位初审。初审内容包括申报单位独立法人资格、分析方法标准申报单位的 CMA/CNAS 资质、申报单位和申报人的条件符合情况等。

第十三条 监测司负责项目承担单位的评审和确定，标准所协助组织评审。评审时应成立专家组，评审内容包括：

（一）拟任项目负责人情况。

（二）开展标准工作的能力（人员、资质、仪器设备、管理水平等）。

（三）从事标准工作的经历与业绩（已发布标准、在研标准进展、参与标准验证、回复征求意见等情况）。

（四）对项目的理解及对国内外相关情况的了解程度。

（五）标准制修订技术路线的可行性。

（六）方法验证及方法比对方案的可行性（适用于分析方法标准）。

（七）已有工作基础和已开展的相关科研工作情况。

（八）申报经费总额和分配方案的合理性。

（九）其他影响标准项目工作的因素。

若申报单位均不具备前期工作基础或科研积累，相关项目予以撤销。

第十四条 参与立项建议论证和承担单位评审的专家应对本单位提出的建议和申报的项目回避。

第四章 项目的开题论证

第十五条 监测司组织召开项目开题论证会，对开题论证材料进行审查，标准所协助组织论证会。论证会专家组主要选取生态环境监测方面技术专家，根据需要增加质量管理、其他相关标准、环境执法、排污许可、环境影响评价、计量等方面专家，原则上应有三分之一及以上为标准专家库专家，参会专家数量一般不少于 9 人。会议议程见附件 2。

标准所至少在会议召开前 3 天将有关材料电子版发送给专家，并就会议时间和会议日程等事项与专家进行确认。项目承担单位应安排项目负责人和主要参与人员到会，并安排专人进行会议记录。

第十六条　开题论证内容主要包括：

（一）标准制修订必要性分析（包括支撑环境质量标准、排放标准和风险管控标准、服务环境监管和引领技术发展的情况）。

（二）国内外相关技术发展和仪器设备情况。

（三）国内外相关标准情况及与本标准的关系。

（四）标准的定位、适用范围。

（五）拟采用的标准制修订原则、方法和技术路线。

（六）已开展的主要工作。

（七）拟开展的主要工作。

（八）标准验证方案（适用于分析方法标准，包括验证单位、验证样品和组织实施等）。

（九）拟提交的工作成果。

（十）协作单位与任务分工。

（十一）经费使用方案。

（十二）标准草案的基本框架。

第十七条　论证结果由专家组记名评分，评分表见附件 3。得分 90 分以上，记作“通过”，否则记作“不通过”，需 85% 以上的专家评分记作“通过”方为通过论证。专家组形成论证意见（格式见《工作规则》附 7），专家组长签字确认。未通过论证的标准，项目承担单位须在 20 个工作日内再次提请开题论证。

第十八条　专家应为相关标准内容所涉领域经验丰富的技术人员。

（一）专家在论证会议前应认真研读标准有关材料，会议时提出建设性、可行性意见和建议。

（二）专家在论证、审查过程中应严格把关，客观公正开展论证、审查，在专家意见上签字，对论证、审查结论负责。

（三）专家应保证参与会议的出席、研讨时间，不得无故迟到、早退。

（四）专家在论证、审查中独立评分，不发表倾向性意见，不影响他人评分。

第十九条　分析方法标准应按照《环境监测分析方法标准制订技术导则》（HJ 168）的规定开展验证，并开展与现行标准的比对，方法验证报告、方法比对报告应作为编制说明的附件。项目承担单位根据标准制修订工作需求，提出分析方法标准验证方案，综合考虑技术能力、仪器设备品牌、地域特点等因素，选择验证实验室，并在标准验证过程中向验证实验室提供必要的技术支持。

第二十条　分析方法标准验证实验室应获得检验检测机构资质认定或实验室认可，具备方法验证所必需的人员、仪器设备、设施环境和相关的监测经验，按照验证方案开展相关工作，保证验证数据的真实性和有效性。验证实验室按照规定进行数据处理，不得人为挑选数据，应真实反映方法标准的各项特性指标，及时向项目承担单位反馈标准验证情况。

分析方法标准项目的协作单位不得作为方法验证单位。

分析方法标准制修订的验证与管理有关规定，另行制定。

第五章　标准征求意见稿审查和送审稿审查

第二十一条　征求意见稿技术审查和送审稿技术审查的会议组织、专家组成、专家要求和结果认定，与开题论证要求相同，审查内容见《工作规则》附 6。

第二十二条　征求意见稿技术审查会专家评分表见附件 4，送审稿技术审查会专家评分表见附件 5，专家论证意见格式见《工作规则》附 7。

第六章　标准报批审查

第二十三条　监测司组织相关单位按照《工作规则》开展标准报批审查，程序如下：

（一）承担单位提交标准报批材料后，标准所按照《工作规则》开展审查，在规定的时间内将通过审查的报批材料报监测司。

（二）监测司组织征求司内各处和相关司局意见，监测总站协助开展司务会前审查，在 10 个工作日内将意见报监测司。

（三）监测司汇总司内各处、相关司局和监测总站意见。如有确需会前修改的意见，按程序审定后发标准所；如无需会前修改的意见，提请司务会审查。

（四）收到意见后，标准所组织承担单位，针对会前审查意见进行修改完善，并对修改完善后报批材料的完整性、规范性进行复核。

第二十四条　通过会前审查的报批材料，由监测司提交司务会进行行政审查。

针对司务会审查意见，标准所组织承担单位进行修改完善，并对修改完善后材料的完整性、规范性进行复核。

第七章　标准的发布

第二十五条　通过司务会审查的标准，由监测司起草发布公告，会签相关司局办理标准发布事宜。

标准所组织承担单位针对相关司局的会签意见进行修改完善，并对修改完善后发布稿的完整性、规范性进行复核。

第二十六条　国家生态环境监测标准一般自发布之日起 3 个月后实施。当配套质量标准、排放标准和风险管控标准使用时，若替代旧标准，或作为相关项目的唯一方法标准，应自发布之日起 6 个月后实施。

第八章　标准的归档

第二十七条　标准项目负责人和各相关单位按《工作规则》附 12 清单要求准备项目

归档文件材料。

第二十八条 标准项目负责人应在标准制修订的各阶段会议当日，将相关归档文件材料准备一式两份，提交标准所。标准所收集整理标准的计划任务书、任务合同书，以及开题论证、征求意见稿技术审查、公开征求意见、送审稿技术审查和报批稿技术审查等阶段的归档材料。监测司收集整理标准的司内征求意见和司务会审查等阶段的归档材料。

第二十九条 分析方法标准的验证报告应由验证单位盖章，由标准项目负责人提交标准所归档。

第三十条 标准所汇总所有项目归档文件材料，经监测司确认后，移交办公厅办理相关手续。

第九章 标准的宣传、解释和实施评估

第三十一条 标准承担单位、标准所、监测总站配合监测司充分利用各种渠道开展标准的日常宣传，增进社会各界对标准的理解，促进标准的有效执行。标准解读材料与标准同时审查、同时发布，加大标准信息公开力度，鼓励公众参与。

第三十二条 监测司负责组织标准内容的解释和咨询解答工作，标准所、监测总站提供技术支持，标准承担单位、标准项目负责人予以配合。

第三十三条 法规司、监测司共同组织开展标准实施评估工作，标准所、监测总站提供协助支持。

第十章 预算外标准项目管理程序

第三十四条 不需要纳入“国家生态环境标准管理”项目预算管理的标准项目建议，按程序立项后，称为预算外标准项目。

第三十五条 预算外标准项目应满足生态环境管理急需，或为支撑生态环境管理重点工作的新项目、新技术、新方法。在材料齐备、体例格式及表述规范、与现有标准体系协调一致的基础上，经论证评估后，方可立项。预算外标准项目应具备较好的研究基础，且经过实践应用，具有良好的适用性。

第三十六条 监测司一般每年 5 月和 11 月分两次组织征集预算外标准项目立项建议，各单位可向监测司提出立项建议，填写标准制修订项目建议表（格式见附件 6），提交标准草案和编制说明（格式和内容要求参照《工作规则》相关规定）。分析方法标准还应提交符合 HJ 168 要求的方法验证报告（包括原始记录）。

第三十七条 预算外标准项目由提出建议的单位承担，并提供经费等条件支持，在立项建议论证时同步评审确定承担单位，不另行征集、评审承担单位。

第三十八条 预算外标准项目应严格按照《工作规则》和本细则进行管理，按规定期限完成，未如期完成的预算外标准项目可由其他单位申请承担。

关于印发《环境监测数据弄虚作假行为判定及处理办法》的通知

（环发〔2015〕175号）

各省、自治区、直辖市环境保护厅（局），新疆生产建设兵团环境保护局，解放军环境保护局，辽河凌河保护区管理局，机关各部门，各派出机构、直属单位：

为保障环境监测数据真实准确，依法查处环境监测数据弄虚作假行为，依据《中华人民共和国环境保护法》和《生态监测网络建设方案》（国办发〔2015〕56号）等有关法律法规和文件，我部组织制定了《环境监测数据弄虚作假行为判定及处理办法》，现予以印发，请遵照执行。

环境保护部

2015年12月28日

环境监测数据弄虚作假行为判定及处理办法

第一条　为保障环境监测数据真实准确，依法查处环境监测数据弄虚作假行为，依据《环境保护法》和《生态监测网络建设方案》（国办发〔2015〕56号）等有关法律法规和文件，结合工作实际，制定本办法。

第二条　本办法所称环境监测数据弄虚作假行为，系指故意违反国家法律法规、规章等以及环境监测技术规范，篡改、伪造或者指使篡改、伪造环境监测数据等行为。

本办法所称环境监测数据，系指按照相关技术规范和规定，通过手工或者自动监测方式取得的环境监测原始记录、分析数据、监测报告等信息。

本办法所称环境监测机构，系指县级以上环境保护主管部门所属环境监测机构、其他负有环境保护监督管理职责的部门所属环境监测机构以及承担环境监测工作的实验室与从事环境监测业务的企事业单位等其他社会环境监测机构。

第三条　本办法适用于以下活动中涉及的环境监测数据弄虚作假行为：

（一）依法开展的环境质量监测、污染源监测、应急监测；

（二）监管执法涉及的环境监测；

（三）政府购买的环境监测服务或者委托开展的环境监测；

（四）企事业单位依法开展或者委托开展的自行监测；

（五）依照法律、法规开展的其他环境监测行为。

第四条 篡改监测数据，系指利用某种职务或者工作上的便利条件，故意干预环境监测活动的正常开展，导致监测数据失真的行为，包括以下情形：

（一）未经批准部门同意，擅自停运、变更、增减环境监测点位或者故意改变环境监测点位属性的；

（二）采取人工遮挡、堵塞和喷淋等方式，干扰采样口或周围局部环境的；

（三）人为操纵、干预或者破坏排污单位生产工况、污染源净化设施，使生产或污染状况不符合实际情况的；

（四）稀释排放或者旁路排放，或者将部分或全部污染物不经规范的排污口排放，逃避自动监控设施监控的；

（五）破坏、损毁监测设备站房、通讯线路、信息采集传输设备、视频设备、电力设备、空调、风机、采样泵、采样管线、监控仪器或仪表以及其他监测监控或辅助设施的；

（六）故意更换、隐匿、遗弃监测样品或者通过稀释、吸附、吸收、过滤、改变样品保存条件等方式改变监测样品性质的；

（七）故意漏检关键项目或者无正当理由故意改动关键项目的监测方法的；

（八）故意改动、干扰仪器设备的环境条件或运行状态或者删除、修改、增加、干扰监测设备中存储、处理、传输的数据和应用程序，或者人为使用试剂、标样干扰仪器的；

（九）未向环境保护主管部门备案，自动监测设备暗藏可通过特殊代码、组合按键、远程登录、遥控、模拟等方式进入不公开的操作界面对自动监测设备的参数和监测数据进行秘密修改的；

（十）故意不真实记录或者选择性记录原始数据的；

（十一）篡改、销毁原始记录，或者不按规范传输原始数据的；

（十二）对原始数据进行不合理修约、取舍，或者有选择性评价监测数据、出具监测报告或者发布结果，以至评价结论失真的；

（十三）擅自修改数据的；

（十四）其他涉嫌篡改监测数据的情形。

第五条 伪造监测数据，系指没有实施实质性的环境监测活动，凭空编造虚假监测数据的行为，包括以下情形：

（一）纸质原始记录与电子存储记录不一致，或者谱图与分析结果不对应，或者用其他样品的分析结果和图谱替代的；

（二）监测报告与原始记录信息不一致，或者没有相应原始数据的；

（三）监测报告的副本与正本不一致的；

（四）伪造监测时间或者签名的；

（五）通过仪器数据模拟功能，或者植入模拟软件，凭空生成监测数据的；

（六）未开展采样、分析，直接出具监测数据或者到现场采样、但未开设烟道采样口，出具监测报告的；

（七）未按规定对样品留样或保存，导致无法对监测结果进行复核的；

（八）其他涉嫌伪造监测数据的情形。

第六条　涉嫌指使篡改、伪造监测数据的行为，包括以下情形：

（一）强令、授意有关人员篡改、伪造监测数据的；

（二）将考核达标或者评比排名情况列为下属监测机构、监测人员的工作考核要求，意图干预监测数据的；

（三）无正当理由，强制要求监测机构多次监测并从中挑选数据，或者无正当理由拒签上报监测数据的；

（四）委托方人员授意监测机构工作人员篡改、伪造监测数据或者在未作整改的前提下，进行多家或多次监测委托，挑选其中"合格"监测报告的；

（五）其他涉嫌指使篡改、伪造监测数据的情形。

第七条　环境监测机构及其负责人对监测数据的真实性和准确性负责。

负责环境自动监测设备日常运行维护的机构及其负责人按照运行维护合同对监测数据承担责任。

第八条　地市级以上人民政府环境保护主管部门负责调查环境监测数据弄虚作假行为。地市级以上人民政府环境保护主管部门应定期或者不定期组织开展环境监测质量监督检查，发现环境监测数据弄虚作假行为的，应当依法查处，并向上级环境保护主管部门报告。

第九条　对干预环境监测活动，指使篡改、伪造监测数据的行为，相关人员应如实记录。任何单位和个人有权举报环境监测数据弄虚作假行为，接受举报的环境保护主管部门应当为举报人保密，对能提供基本事实线索或相关证明材料的举报，应当予以受理。

第十条　负责调查的环境保护主管部门应当通报环境监测数据弄虚作假行为及相关责任人，记入社会诚信档案，及时向社会公布。

第十一条　环境保护主管部门发现篡改、伪造监测数据，涉及目标考核的，视情节严重程度将考核结果降低等级或者确定为不合格，情节严重的，取消授予的环境保护荣誉称号；涉及县域生态考核的，视情节严重程度，建议国务院财政主管部门减少或者取消当年中央财政资金转移支付；涉及《大气污染防治行动计划》《水污染防治行动计划》排名的，分别以当日或当月监测数据的历史最高浓度值计算排名。

第十二条　社会环境监测机构以及从事环境监测设备维护、运营的机构篡改、伪造监测数据或出具虚假监测报告的，由负责调查的环境保护主管部门将该机构和涉及弄虚作假行为的人员列入不良记录名单，并报上级环境保护主管部门，禁止其参与政府购买环境监测服务或政府委托项目。

第十三条　监测仪器设备应当具备防止修改、伪造监测数据的功能，监测仪器设备生产及销售单位配合环境监测数据造假的，由负责调查的环境保护部主管部门通报公示生产厂家、销售单位及其产品名录，并上报环境保护部，将涉嫌弄虚作假的单位列入不良记录名单，禁止其参与政府购买环境监测服务或政府委托项目，对安装在企业的设备不予验收、联网。

第十四条 国家机关工作人员篡改、伪造或指使篡改、伪造监测数据的，由负责调查的环境保护主管部门提出建议，移送有关任免机关或监察机关依据《行政机关公务员处分条例》和《事业单位工作人员处分暂行规定》的有关规定予以处理。

第十五条 党政领导干部指使篡改、伪造监测数据的，由负责调查的环境保护主管部门提出建议，移送有关任免机关或监察机关依据《党政领导干部生态环境损害责任追究办法（试行）》的有关规定予以处理。

第十六条 环境监测数据弄虚作假行为构成违法的，按照有关法律法规的规定处理。

第十七条 本办法由国务院环境保护主管部门负责解释。

第十八条 本办法自 2016 年 1 月 1 日起实施。

附　录

法律法规（摘录）

中华人民共和国环境保护法

（1989 年 12 月 26 日第七届全国人民代表大会常务委员会第十一次会议通过 2014 年 4 月 24 日第十二届全国人民代表大会常务委员会第八次会议修订）

第十七条　国家建立、健全环境监测制度。国务院环境保护主管部门制定监测规范，会同有关部门组织监测网络，统一规划国家环境质量监测站（点）的设置，建立监测数据共享机制，加强对环境监测的管理。

有关行业、专业等各类环境质量监测站（点）的设置应当符合法律法规规定和监测规范的要求。

监测机构应当使用符合国家标准的监测设备，遵守监测规范。监测机构及其负责人对监测数据的真实性和准确性负责。

第十八条　省级以上人民政府应当组织有关部门或者委托专业机构，对环境状况进行调查、评价，建立环境资源承载能力监测预警机制。

第二十条　国家建立跨行政区域的重点区域、流域环境污染和生态破坏联合防治协调机制，实行统一规划、统一标准、统一监测、统一的防治措施。

前款规定以外的跨行政区域的环境污染和生态破坏的防治，由上级人民政府协调解决，或者由有关地方人民政府协商解决。

第三十二条　国家加强对大气、水、土壤等的保护，建立和完善相应的调查、监测、评估和修复制度。

第三十三条　各级人民政府应当加强对农业环境的保护，促进农业环境保护新技术的使用，加强对农业污染源的监测预警，统筹有关部门采取措施，防治土壤污染和土地沙化、盐渍化、贫瘠化、石漠化、地面沉降以及防治植被破坏、水土流失、水体富营养化、水源枯竭、种源灭绝等生态失调现象，推广植物病虫害的综合防治。

县级、乡级人民政府应当提高农村环境保护公共服务水平，推动农村环境综合整治。

第三十九条　国家建立、健全环境与健康监测、调查和风险评估制度；鼓励和组织开展环境质量对公众健康影响的研究，采取措施预防和控制与环境污染有关的疾病。

第四十二条　排放污染物的企业事业单位和其他生产经营者，应当采取措施，防治在生产建设或者其他活动中产生的废气、废水、废渣、医疗废物、粉尘、恶臭气体、放射性物质以及噪声、振动、光辐射、电磁辐射等对环境的污染和危害。

排放污染物的企业事业单位，应当建立环境保护责任制度，明确单位负责人和相关人员的责任。

重点排污单位应当按照国家有关规定和监测规范安装使用监测设备，保证监测设备正常运行，保存原始监测记录。

严禁通过暗管、渗井、渗坑、灌注或者篡改、伪造监测数据，或者不正常运行防治污染设施等逃避监管的方式违法排放污染物。

第四十七条 各级人民政府及其有关部门和企业事业单位，应当依照《中华人民共和国突发事件应对法》的规定，做好突发环境事件的风险控制、应急准备、应急处置和事后恢复等工作。

县级以上人民政府应当建立环境污染公共监测预警机制，组织制定预警方案；环境受到污染，可能影响公众健康和环境安全时，依法及时公布预警信息，启动应急措施。

第五十四条 国务院环境保护主管部门统一发布国家环境质量、重点污染源监测信息及其他重大环境信息。省级以上人民政府环境保护主管部门定期发布环境状况公报。

县级以上人民政府环境保护主管部门和其他负有环境保护监督管理职责的部门，应当依法公开环境质量、环境监测、突发环境事件以及环境行政许可、行政处罚、排污费的征收和使用情况等信息。

县级以上地方人民政府环境保护主管部门和其他负有环境保护监督管理职责的部门，应当将企业事业单位和其他生产经营者的环境违法信息记入社会诚信档案，及时向社会公布违法者名单。

第五十五条 重点排污单位应当如实向社会公开其主要污染物的名称、排放方式、排放浓度和总量、超标排放情况，以及防治污染设施的建设和运行情况，接受社会监督。

第五十七条 公民、法人和其他组织发现任何单位和个人有污染环境和破坏生态行为的，有权向环境保护主管部门或者其他负有环境保护监督管理职责的部门举报。

第六十三条 企业事业单位和其他生产经营者有下列行为之一，尚不构成犯罪的，除依照有关法律法规规定予以处罚外，由县级以上人民政府环境保护主管部门或者其他有关部门将案件移送公安机关，对其直接负责的主管人员和其他直接责任人员，处十日以上十五日以下拘留；情节较轻的，处五日以上十日以下拘留：

……

（三）通过暗管、渗井、渗坑、灌注或者篡改、伪造监测数据，或者不正常运行防治污染设施等逃避监管的方式违法排放污染物的；

……

第六十四条 因污染环境和破坏生态造成损害的，应当依照《中华人民共和国侵权责任法》的有关规定承担侵权责任。

第六十五条 环境影响评价机构、环境监测机构以及从事环境监测设备和防治污染设施维护、运营的机构，在有关环境服务活动中弄虚作假，对造成的环境污染和生态破坏负有责任的，除依照有关法律法规规定予以处罚外，还应当与造成环境污染和生态破坏的其他责任者承担连带责任。

第六十八条 地方各级人民政府、县级以上人民政府环境保护主管部门和其他负有环境保护监督管理职责的部门有下列行为之一的，对直接负责的主管人员和其他直接责任人员给予记过、记大过或者降级处分；造成严重后果的，给予撤职或者开除处分，其主要负责人应当引咎辞职：

……

（六）篡改、伪造或者指使篡改、伪造监测数据的；

……

中华人民共和国刑法修正案（十一）生态环境保护条款摘录

（2020-12-26）

二十五、将刑法第二百二十九条修改为：“承担资产评估、验资、验证、会计、审计、法律服务、保荐、安全评价、环境影响评价、环境监测等职责的中介组织的人员故意提供虚假证明文件，情节严重的，处五年以下有期徒刑或者拘役，并处罚金；有下列情形之一的，处五年以上十年以下有期徒刑，并处罚金：

（一）提供与证券发行相关的虚假的资产评估、会计、审计、法律服务、保荐等证明文件，情节特别严重的；

（二）提供与重大资产交易相关的虚假的资产评估、会计、审计等证明文件，情节特别严重的；

（三）在涉及公共安全的重大工程、项目中提供虚假的安全评价、环境影响评价等证明文件，致使公共财产、国家和人民利益遭受特别重大损失的。

有前款行为，同时索取他人财物或者非法收受他人财物构成犯罪的，依照处罚较重的规定定罪处罚。

“第一款规定的人员，严重不负责任，出具的证明文件有重大失实，造成严重后果的，处三年以下有期徒刑或者拘役，并处或者单处罚金。”

四十、将刑法第三百三十八条修改为：“违反国家规定，排放、倾倒或者处置有放射性的废物、含传染病病原体的废物、有毒物质或者其他有害物质，严重污染环境的，处三年以下有期徒刑或者拘役，并处或者单处罚金；情节严重的，处三年以上七年以下有期徒刑，并处罚金；有下列情形之一的，处七年以上有期徒刑，并处罚金：

（一）在饮用水水源保护区、自然保护地核心保护区等依法确定的重点保护区域排放、倾倒、处置有放射性的废物、含传染病病原体的废物、有毒物质，情节特别严重的；

（二）向国家确定的重要江河、湖泊水域排放、倾倒、处置有放射性的废物、含传染病病原体的废物、有毒物质，情节特别严重的；

（三）致使大量永久基本农田基本功能丧失或者遭受永久性破坏的；

（四）致使多人重伤、严重疾病，或者致人严重残疾、死亡的。

“有前款行为，同时构成其他犯罪的，依照处罚较重的规定定罪处罚。”

四十二、在刑法第三百四十二条后增加一条，作为第三百四十二条之一：“违反自然保护地管理法规，在国家公园、国家级自然保护区进行开垦、开发活动或者修建建筑物，造成严重后果或者有其他恶劣情节的，处五年以下有期徒刑或者拘役，并处或者单处罚金。

有前款行为，同时构成其他犯罪的，依照处罚较重的规定定罪处罚。”

四十三、在刑法第三百四十四条后增加一条，作为第三百四十四条之一："违反国家规定，非法引进、释放或者丢弃外来入侵物种，情节严重的，处三年以下有期徒刑或者拘役，并处或者单处罚金。"

中华人民共和国水污染防治法

（1984年5月11日第六届全国人民代表大会常务委员会第五次会议通过　根据1996年5月15日第八届全国人民代表大会常务委员会第十九次会议《关于修改〈中华人民共和国水污染防治法〉的决定》第一次修正　2008年2月28日第十届全国人民代表大会常务委员会第三十二次会议修订　根据2017年6月27日第十二届全国人民代表大会常务委员会第二十八次会议《关于修改〈中华人民共和国水污染防治法〉的决定》第二次修正）

第二十三条　实行排污许可管理的企业事业单位和其他生产经营者应当按照国家有关规定和监测规范，对所排放的水污染物自行监测，并保存原始监测记录。重点排污单位还应当安装水污染物排放自动监测设备，与环境保护主管部门的监控设备联网，并保证监测设备正常运行。具体办法由国务院环境保护主管部门规定。

应当安装水污染物排放自动监测设备的重点排污单位名录，由设区的市级以上地方人民政府环境保护主管部门根据本行政区域的环境容量、重点水污染物排放总量控制指标的要求以及排污单位排放水污染物的种类、数量和浓度等因素，商同级有关部门确定。

第二十四条　实行排污许可管理的企业事业单位和其他生产经营者应当对监测数据的真实性和准确性负责。

环境保护主管部门发现重点排污单位的水污染物排放自动监测设备传输数据异常，应当及时进行调查。

第二十五条　国家建立水环境质量监测和水污染物排放监测制度。国务院环境保护主管部门负责制定水环境监测规范，统一发布国家水环境状况信息，会同国务院水行政等部门组织监测网络，统一规划国家水环境质量监测站（点）的设置，建立监测数据共享机制，加强对水环境监测的管理。

第二十六条　国家确定的重要江河、湖泊流域的水资源保护工作机构负责监测其所在流域的省界水体的水环境质量状况，并将监测结果及时报国务院环境保护主管部门和国务院水行政主管部门；有经国务院批准成立的流域水资源保护领导机构的，应当将监测结果及时报告流域水资源保护领导机构。

第二十八条　国务院环境保护主管部门应当会同国务院水行政等部门和有关省、自治区、直辖市人民政府，建立重要江河、湖泊的流域水环境保护联合协调机制，实行统一规划、统一标准、统一监测、统一的防治措施。

第三十二条　国务院环境保护主管部门应当会同国务院卫生主管部门，根据对公众健康和生态环境的危害和影响程度，公布有毒有害水污染物名录，实行风险管理。

排放前款规定名录中所列有毒有害水污染物的企业事业单位和其他生产经营者，应当对排污口和周边环境进行监测，评估环境风险，排查环境安全隐患，并公开有毒有害水污染物信息，采取有效措施防范环境风险。

第三十九条　禁止利用渗井、渗坑、裂隙、溶洞，私设暗管，篡改、伪造监测数据，或者不正常运行水污染防治设施等逃避监管的方式排放水污染物。

第四十条　化学品生产企业以及工业集聚区、矿山开采区、尾矿库、危险废物处置场、垃圾填埋场等的运营、管理单位，应当采取防渗漏等措施，并建设地下水水质监测井进行监测，防止地下水污染。

加油站等的地下油罐应当使用双层罐或者采取建造防渗池等其他有效措施，并进行防渗漏监测，防止地下水污染。

禁止利用无防渗漏措施的沟渠、坑塘等输送或者存贮含有毒污染物的废水、含病原体的污水和其他废弃物。

第四十五条　排放工业废水的企业应当采取有效措施，收集和处理产生的全部废水，防止污染环境。含有毒有害水污染物的工业废水应当分类收集和处理，不得稀释排放。

工业集聚区应当配套建设相应的污水集中处理设施，安装自动监测设备，与环境保护主管部门的监控设备联网，并保证监测设备正常运行。

向污水集中处理设施排放工业废水的，应当按照国家有关规定进行预处理，达到集中处理设施处理工艺要求后方可排放。

第七十二条　县级以上地方人民政府应当组织有关部门监测、评估本行政区域内饮用水水源、供水单位供水和用户水龙头出水的水质等饮用水安全状况。

县级以上地方人民政府有关部门应当至少每季度向社会公开一次饮用水安全状况信息。

第八十二条　违反本法规定，有下列行为之一的，由县级以上人民政府环境保护主管部门责令限期改正，处二万元以上二十万元以下的罚款；逾期不改正的，责令停产整治：

（一）未按照规定对所排放的水污染物自行监测，或者未保存原始监测记录的；

（二）未按照规定安装水污染物排放自动监测设备，未按照规定与环境保护主管部门的监控设备联网，或者未保证监测设备正常运行的；

（三）未按照规定对有毒有害水污染物的排污口和周边环境进行监测，或者未公开有毒有害水污染物信息的。

第八十三条　违反本法规定，有下列行为之一的，由县级以上人民政府环境保护主管部门责令改正或者责令限制生产、停产整治，并处十万元以上一百万元以下的罚款；情节严重的，报经有批准权的人民政府批准，责令停业、关闭：

（一）未依法取得排污许可证排放水污染物的；

（二）超过水污染物排放标准或者超过重点水污染物排放总量控制指标排放水污染物的；

（三）利用渗井、渗坑、裂隙、溶洞，私设暗管，篡改、伪造监测数据，或者不正常运行水污染防治设施等逃避监管的方式排放水污染物的；

（四）未按照规定进行预处理，向污水集中处理设施排放不符合处理工艺要求的工业废水的。

第八十五条 有下列行为之一的，由县级以上地方人民政府环境保护主管部门责令停止违法行为，限期采取治理措施，消除污染，处以罚款；逾期不采取治理措施的，环境保护主管部门可以指定有治理能力的单位代为治理，所需费用由违法者承担：

……

（七）未采取防渗漏等措施，或者未建设地下水水质监测井进行监测的；

（八）加油站等的地下油罐未使用双层罐或者采取建造防渗池等其他有效措施，或者未进行防渗漏监测的；

……

有前款第三项、第四项、第六项、第七项、第八项行为之一的，处二万元以上二十万元以下的罚款。

第一百条 因水污染引起的损害赔偿责任和赔偿金额的纠纷，当事人可以委托环境监测机构提供监测数据。环境监测机构应当接受委托，如实提供有关监测数据。

中华人民共和国大气污染防治法

（1987年9月5日第六届全国人民代表大会常务委员会第二十二次会议通过　根据1995年8月29日第八届全国人民代表大会常务委员会第十五次会议《关于修改〈中华人民共和国大气污染防治法〉的决定》第一次修正　2000年4月29日第九届全国人民代表大会常务委员会第十五次会议第一次修订　2015年8月29日第十二届全国人民代表大会常务委员会第十六次会议第二次修订　根据2018年10月26日第十三届全国人民代表大会常务委员会第六次会议《关于修改〈中华人民共和国野生动物保护法〉等十五部法律的决定》第二次修正）

第二十条　企业事业单位和其他生产经营者向大气排放污染物的，应当依照法律法规和国务院生态环境主管部门的规定设置大气污染物排放口。

禁止通过偷排、篡改或者伪造监测数据、以逃避现场检查为目的的临时停产、非紧急情况下开启应急排放通道、不正常运行大气污染防治设施等逃避监管的方式排放大气污染物。

第二十三条　国务院生态环境主管部门负责制定大气环境质量和大气污染源的监测和评价规范，组织建设与管理全国大气环境质量和大气污染源监测网，组织开展大气环境质量和大气污染源监测，统一发布全国大气环境质量状况信息。

县级以上地方人民政府生态环境主管部门负责组织建设与管理本行政区域大气环境质量和大气污染源监测网，开展大气环境质量和大气污染源监测，统一发布本行政区域大气环境质量状况信息。

第二十四条　企业事业单位和其他生产经营者应当按照国家有关规定和监测规范，对其排放的工业废气和本法第七十八条规定名录中所列有毒有害大气污染物进行监测，并保存原始监测记录。其中，重点排污单位应当安装、使用大气污染物排放自动监测设备，与生态环境主管部门的监控设备联网，保证监测设备正常运行并依法公开排放信息。监测的具体办法和重点排污单位的条件由国务院生态环境主管部门规定。

重点排污单位名录由设区的市级以上地方人民政府生态环境主管部门按照国务院生态环境主管部门的规定，根据本行政区域的大气环境承载力、重点大气污染物排放总量控制指标的要求以及排污单位排放大气污染物的种类、数量和浓度等因素，商有关部门确定，并向社会公布。

第二十五条　重点排污单位应当对自动监测数据的真实性和准确性负责。生态环境主管部门发现重点排污单位的大气污染物排放自动监测设备传输数据异常，应当及时进行调查。

第二十六条　禁止侵占、损毁或者擅自移动、改变大气环境质量监测设施和大气污染物排放自动监测设备。

第二十九条 生态环境主管部门及其环境执法机构和其他负有大气环境保护监督管理职责的部门，有权通过现场检查监测、自动监测、遥感监测、远红外摄像等方式，对排放大气污染物的企业事业单位和其他生产经营者进行监督检查。被检查者应当如实反映情况，提供必要的资料。实施检查的部门、机构及其工作人员应当为被检查者保守商业秘密。

第五十三条 在用机动车应当按照国家或者地方的有关规定，由机动车排放检验机构定期对其进行排放检验。经检验合格的，方可上道路行驶。未经检验合格的，公安机关交通管理部门不得核发安全技术检验合格标志。

县级以上地方人民政府生态环境主管部门可以在机动车集中停放地、维修地对在用机动车的大气污染物排放状况进行监督抽测；在不影响正常通行的情况下，可以通过遥感监测等技术手段对在道路上行驶的机动车的大气污染物排放状况进行监督抽测，公安机关交通管理部门予以配合。

第七十八条 国务院生态环境主管部门应当会同国务院卫生行政部门，根据大气污染物对公众健康和生态环境的危害和影响程度，公布有毒有害大气污染物名录，实行风险管理。

排放前款规定名录中所列有毒有害大气污染物的企业事业单位，应当按照国家有关规定建设环境风险预警体系，对排放口和周边环境进行定期监测，评估环境风险，排查环境安全隐患，并采取有效措施防范环境风险。

第八十六条 国家建立重点区域大气污染联防联控机制，统筹协调重点区域内大气污染防治工作。国务院生态环境主管部门根据主体功能区划、区域大气环境质量状况和大气污染传输扩散规律，划定国家大气污染防治重点区域，报国务院批准。

重点区域内有关省、自治区、直辖市人民政府应当确定牵头的地方人民政府，定期召开联席会议，按照统一规划、统一标准、统一监测、统一的防治措施的要求，开展大气污染联合防治，落实大气污染防治目标责任。国务院生态环境主管部门应当加强指导、督促。

省、自治区、直辖市可以参照第一款规定划定本行政区域的大气污染防治重点区域。

第九十一条 国务院生态环境主管部门应当组织建立国家大气污染防治重点区域的大气环境质量监测、大气污染源监测等相关信息共享机制，利用监测、模拟以及卫星、航测、遥感等新技术分析重点区域内大气污染来源及其变化趋势，并向社会公开。

第九十三条 国家建立重污染天气监测预警体系。

国务院生态环境主管部门会同国务院气象主管机构等有关部门、国家大气污染防治重点区域内有关省、自治区、直辖市人民政府，建立重点区域重污染天气监测预警机制，统一预警分级标准。可能发生区域重污染天气的，应当及时向重点区域内有关省、自治区、直辖市人民政府通报。

省、自治区、直辖市、设区的市人民政府生态环境主管部门会同气象主管机构等有关部门建立本行政区域重污染天气监测预警机制。

第九十七条　发生造成大气污染的突发环境事件，人民政府及其有关部门和相关企业事业单位，应当依照《中华人民共和国突发事件应对法》、《中华人民共和国环境保护法》的规定，做好应急处置工作。生态环境主管部门应当及时对突发环境事件产生的大气污染物进行监测，并向社会公布监测信息。

第一百条　违反本法规定，有下列行为之一的，由县级以上人民政府生态环境主管部门责令改正，处二万元以上二十万元以下的罚款；拒不改正的，责令停产整治：

（一）侵占、损毁或者擅自移动、改变大气环境质量监测设施或者大气污染物排放自动监测设备的；

（二）未按照规定对所排放的工业废气和有毒有害大气污染物进行监测并保存原始监测记录的；

（三）未按照规定安装、使用大气污染物排放自动监测设备或者未按照规定与生态环境主管部门的监控设备联网，并保证监测设备正常运行的；

（四）重点排污单位不公开或者不如实公开自动监测数据的；

（五）未按照规定设置大气污染物排放口的。

第一百一十七条　违反本法规定，有下列行为之一的，由县级以上人民政府生态环境等主管部门按照职责责令改正，处一万元以上十万元以下的罚款；拒不改正的，责令停工整治或者停业整治：

……

（六）排放有毒有害大气污染物名录中所列有毒有害大气污染物的企业事业单位，未按照规定建设环境风险预警体系或者对排放口和周边环境进行定期监测、排查环境安全隐患并采取有效措施防范环境风险的；

……

中华人民共和国土壤污染防治法

（2018 年 8 月 31 日第十三届全国人民代表大会常务委员会第五次会议通过）

第八条 国家建立土壤环境信息共享机制。

国务院生态环境主管部门应当会同国务院农业农村、自然资源、住房城乡建设、水利、卫生健康、林业草原等主管部门建立土壤环境基础数据库，构建全国土壤环境信息平台，实行数据动态更新和信息共享。

第九条 国家支持土壤污染风险管控和修复、监测等污染防治科学技术研究开发、成果转化和推广应用，鼓励土壤污染防治产业发展，加强土壤污染防治专业技术人才培养，促进土壤污染防治科学技术进步。

国家支持土壤污染防治国际交流与合作。

第十一条 县级以上人民政府应当将土壤污染防治工作纳入国民经济和社会发展规划、环境保护规划。

设区的市级以上地方人民政府生态环境主管部门应当会同发展改革、农业农村、自然资源、住房城乡建设、林业草原等主管部门，根据环境保护规划要求、土地用途、土壤污染状况普查和监测结果等，编制土壤污染防治规划，报本级人民政府批准后公布实施。

第十二条 国务院生态环境主管部门根据土壤污染状况、公众健康风险、生态风险和科学技术水平，并按照土地用途，制定国家土壤污染风险管控标准，加强土壤污染防治标准体系建设。

省级人民政府对国家土壤污染风险管控标准中未作规定的项目，可以制定地方土壤污染风险管控标准；对国家土壤污染风险管控标准中已作规定的项目，可以制定严于国家土壤污染风险管控标准的地方土壤污染风险管控标准。地方土壤污染风险管控标准应当报国务院生态环境主管部门备案。

土壤污染风险管控标准是强制性标准。

国家支持对土壤环境背景值和环境基准的研究。

第十五条 国家实行土壤环境监测制度。

国务院生态环境主管部门制定土壤环境监测规范，会同国务院农业农村、自然资源、住房城乡建设、水利、卫生健康、林业草原等主管部门组织监测网络，统一规划国家土壤环境监测站（点）的设置。

第十六条 地方人民政府农业农村、林业草原主管部门应当会同生态环境、自然资源主管部门对下列农用地地块进行重点监测：

（一）产出的农产品污染物含量超标的；

（二）作为或者曾作为污水灌溉区的；

（三）用于或者曾用于规模化养殖，固体废物堆放、填埋的；

（四）曾作为工矿用地或者发生过重大、特大污染事故的；

（五）有毒有害物质生产、贮存、利用、处置设施周边的；

（六）国务院农业农村、林业草原、生态环境、自然资源主管部门规定的其他情形。

第十七条　地方人民政府生态环境主管部门应当会同自然资源主管部门对下列建设用地地块进行重点监测：

（一）曾用于生产、使用、贮存、回收、处置有毒有害物质的；

（二）曾用于固体废物堆放、填埋的；

（三）曾发生过重大、特大污染事故的；

（四）国务院生态环境、自然资源主管部门规定的其他情形。

第二十一条　设区的市级以上地方人民政府生态环境主管部门应当按照国务院生态环境主管部门的规定，根据有毒有害物质排放等情况，制定本行政区域土壤污染重点监管单位名录，向社会公开并适时更新。

土壤污染重点监管单位应当履行下列义务：

（一）严格控制有毒有害物质排放，并按年度向生态环境主管部门报告排放情况；

（二）建立土壤污染隐患排查制度，保证持续有效防止有毒有害物质渗漏、流失、扬散；

（三）制定、实施自行监测方案，并将监测数据报生态环境主管部门。

前款规定的义务应当在排污许可证中载明。

土壤污染重点监管单位应当对监测数据的真实性和准确性负责。生态环境主管部门发现土壤污染重点监管单位监测数据异常，应当及时进行调查。

设区的市级以上地方人民政府生态环境主管部门应当定期对土壤污染重点监管单位周边土壤进行监测。

第二十三条　各级人民政府生态环境、自然资源主管部门应当依法加强对矿产资源开发区域土壤污染防治的监督管理，按照相关标准和总量控制的要求，严格控制可能造成土壤污染的重点污染物排放。

尾矿库运营、管理单位应当按照规定，加强尾矿库的安全管理，采取措施防止土壤污染。危库、险库、病库以及其他需要重点监管的尾矿库的运营、管理单位应当按照规定，进行土壤污染状况监测和定期评估。

第二十五条　建设和运行污水集中处理设施、固体废物处置设施，应当依照法律法规和相关标准的要求，采取措施防止土壤污染。

地方人民政府生态环境主管部门应当定期对污水集中处理设施、固体废物处置设施周边土壤进行监测；对不符合法律法规和相关标准要求的，应当根据监测结果，要求污水集中处理设施、固体废物处置设施运营单位采取相应改进措施。

第二十八条　禁止向农用地排放重金属或者其他有毒有害物质含量超标的污水、污泥，以及可能造成土壤污染的清淤底泥、尾矿、矿渣等。

县级以上人民政府有关部门应当加强对畜禽粪便、沼渣、沼液等收集、贮存、利用、处置的监督管理，防止土壤污染。

农田灌溉用水应当符合相应的水质标准，防止土壤、地下水和农产品污染。地方人民政府生态环境主管部门应当会同农业农村、水利主管部门加强对农田灌溉用水水质的管理，对农田灌溉用水水质进行监测和监督检查。

第四十四条 发生突发事件可能造成土壤污染的，地方人民政府及其有关部门和相关企业事业单位以及其他生产经营者应当立即采取应急措施，防止土壤污染，并依照本法规定做好土壤污染状况监测、调查和土壤污染风险评估、风险管控、修复等工作。

第五十二条 对土壤污染状况普查、详查和监测、现场检查表明有土壤污染风险的农用地地块，地方人民政府农业农村、林业草原主管部门应当会同生态环境、自然资源主管部门进行土壤污染状况调查。

第五十三条 对安全利用类农用地地块，地方人民政府农业农村、林业草原主管部门，应当结合主要作物品种和种植习惯等情况，制定并实施安全利用方案。

安全利用方案应当包括下列内容：

（一）农艺调控、替代种植；

（二）定期开展土壤和农产品协同监测与评价；

（三）对农民、农民专业合作社及其他农业生产经营主体进行技术指导和培训；

（四）其他风险管控措施。

第五十四条 对严格管控类农用地地块，地方人民政府农业农村、林业草原主管部门应当采取下列风险管控措施：

（一）提出划定特定农产品禁止生产区域的建议，报本级人民政府批准后实施；

（二）按照规定开展土壤和农产品协同监测与评价；

（三）对农民、农民专业合作社及其他农业生产经营主体进行技术指导和培训；

（四）其他风险管控措施。

各级人民政府及其有关部门应当鼓励对严格管控类农用地采取调整种植结构、退耕还林还草、退耕还湿、轮作休耕、轮牧休牧等风险管控措施，并给予相应的政策支持。

第五十九条 对土壤污染状况普查、详查和监测、现场检查表明有土壤污染风险的建设用地地块，地方人民政府生态环境主管部门应当要求土地使用权人按照规定进行土壤污染状况调查。

用途变更为住宅、公共管理与公共服务用地的，变更前应当按照规定进行土壤污染状况调查。

前两款规定的土壤污染状况调查报告应当报地方人民政府生态环境主管部门，由地方人民政府生态环境主管部门会同自然资源主管部门组织评审。

第六十三条 对建设用地土壤污染风险管控和修复名录中的地块，地方人民政府生态环境主管部门可以根据实际情况采取下列风险管控措施：

（一）提出划定隔离区域的建议，报本级人民政府批准后实施；

（二）进行土壤及地下水污染状况监测；

（三）其他风险管控措施。

第七十条　各级人民政府应当加强对土壤污染的防治，安排必要的资金用于下列事项：

（一）土壤污染防治的科学技术研究开发、示范工程和项目；

（二）各级人民政府及其有关部门组织实施的土壤污染状况普查、监测、调查和土壤污染责任人认定、风险评估、风险管控、修复等活动；

（三）各级人民政府及其有关部门对涉及土壤污染的突发事件的应急处置；

（四）各级人民政府规定的涉及土壤污染防治的其他事项。

使用资金应当加强绩效管理和审计监督，确保资金使用效益。

第八十二条　土壤污染状况普查报告、监测数据、调查报告和土壤污染风险评估报告、风险管控效果评估报告、修复效果评估报告等，应当及时上传全国土壤环境信息平台。

第八十六条　违反本法规定，有下列行为之一的，由地方人民政府生态环境主管部门或者其他负有土壤污染防治监督管理职责的部门责令改正，处以罚款；拒不改正的，责令停产整治：

（一）土壤污染重点监管单位未制定、实施自行监测方案，或者未将监测数据报生态环境主管部门的；

（二）土壤污染重点监管单位篡改、伪造监测数据的；

（三）土壤污染重点监管单位未按年度报告有毒有害物质排放情况，或者未建立土壤污染隐患排查制度的；

（四）拆除设施、设备或者建筑物、构筑物，企业事业单位未采取相应的土壤污染防治措施或者土壤污染重点监管单位未制定、实施土壤污染防治工作方案的；

（五）尾矿库运营、管理单位未按照规定采取措施防止土壤污染的；

（六）尾矿库运营、管理单位未按照规定进行土壤污染状况监测的；

（七）建设和运行污水集中处理设施、固体废物处置设施，未依照法律法规和相关标准的要求采取措施防止土壤污染的。

有前款规定行为之一的，处二万元以上二十万元以下的罚款；有前款第二项、第四项、第五项、第七项规定行为之一，造成严重后果的，处二十万元以上二百万元以下的罚款。

中华人民共和国海洋环境保护法

（1982年8月23日第五届全国人民代表大会常务委员会第二十四次会议通过 1999年12月25日第九届全国人民代表大会常务委员会第十三次会议修订 根据2013年12月28日第十二届全国人民代表大会常务委员会第六次会议《关于修改〈中华人民共和国海洋环境保护法〉等七部法律的决定》第一次修正 根据2016年11月7日第十二届全国人民代表大会常务委员会第二十四次会议《关于修改〈中华人民共和国海洋环境保护法〉的决定》第二次修正 根据2017年11月4日第十二届全国人民代表大会常务委员会第三十次会议《关于修改〈中华人民共和国会计法〉等十一部法律的决定》第三次修正）

第五条 国务院环境保护行政主管部门作为对全国环境保护工作统一监督管理的部门，对全国海洋环境保护工作实施指导、协调和监督，并负责全国防治陆源污染物和海岸工程建设项目对海洋污染损害的环境保护工作。

国家海洋行政主管部门负责海洋环境的监督管理，组织海洋环境的调查、监测、监视、评价和科学研究，负责全国防治海洋工程建设项目和海洋倾倒废弃物对海洋污染损害的环境保护工作。

国家海事行政主管部门负责所辖港区水域内非军事船舶和港区水域外非渔业、非军事船舶污染海洋环境的监督管理，并负责污染事故的调查处理；对在中华人民共和国管辖海域航行、停泊和作业的外国籍船舶造成的污染事故登轮检查处理。船舶污染事故给渔业造成损害的，应当吸收渔业行政主管部门参与调查处理。

国家渔业行政主管部门负责渔港水域内非军事船舶和渔港水域外渔业船舶污染海洋环境的监督管理，负责保护渔业水域生态环境工作，并调查处理前款规定的污染事故以外的渔业污染事故。

军队环境保护部门负责军事船舶污染海洋环境的监督管理及污染事故的调查处理。

沿海县级以上地方人民政府行使海洋环境监督管理权的部门的职责，由省、自治区、直辖市人民政府根据本法及国务院有关规定确定。

第六条 环境保护行政主管部门、海洋行政主管部门和其他行使海洋环境监督管理权的部门，根据职责分工依法公开海洋环境相关信息；相关排污单位应当依法公开排污信息。

第十四条 国家海洋行政主管部门按照国家环境监测、监视规范和标准，管理全国海洋环境的调查、监测、监视，制定具体的实施办法，会同有关部门组织全国海洋环境监测、监视网络，定期评价海洋环境质量，发布海洋巡航监视通报。

依照本法规定行使海洋环境监督管理权的部门分别负责各自所辖水域的监测、监视。

其他有关部门根据全国海洋环境监测网的分工，分别负责对入海河口、主要排污口的监测。

第十五条　国务院有关部门应当向国务院环境保护行政主管部门提供编制全国环境质量公报所必需的海洋环境监测资料。

环境保护行政主管部门应当向有关部门提供与海洋环境监督管理有关的资料。

第十六条　国家海洋行政主管部门按照国家制定的环境监测、监视信息管理制度，负责管理海洋综合信息系统，为海洋环境保护监督管理提供服务。

第五十八条　国家海洋行政主管部门监督管理倾倒区的使用，组织倾倒区的环境监测。对经确认不宜继续使用的倾倒区，国家海洋行政主管部门应当予以封闭，终止在该倾倒区的一切倾倒活动，并报国务院备案。

中华人民共和国噪声污染防治法

（2021 年 12 月 24 日第十三届全国人民代表大会常务委员会第三十二次会议通过）

第二十三条 国务院生态环境主管部门负责制定噪声监测和评价规范，会同国务院有关部门组织声环境质量监测网络，规划国家声环境质量监测站（点）的设置，组织开展全国声环境质量监测，推进监测自动化，统一发布全国声环境质量状况信息。

地方人民政府生态环境主管部门会同有关部门按照规定设置本行政区域声环境质量监测站（点），组织开展本行政区域声环境质量监测，定期向社会公布声环境质量状况信息。

地方人民政府生态环境等部门应当加强对噪声敏感建筑物周边等重点区域噪声排放情况的调查、监测。

第三十八条 实行排污许可管理的单位应当按照规定，对工业噪声开展自行监测，保存原始监测记录，向社会公开监测结果，对监测数据的真实性和准确性负责。

噪声重点排污单位应当按照国家规定，安装、使用、维护噪声自动监测设备，与生态环境主管部门的监控设备联网。

第四十二条 在噪声敏感建筑物集中区域施工作业，建设单位应当按照国家规定，设置噪声自动监测系统，与监督管理部门联网，保存原始监测记录，对监测数据的真实性和准确性负责。

第五十一条 公路养护管理单位、城市道路养护维修单位应当加强对公路、城市道路的维护和保养，保持减少振动、降低噪声设施正常运行。

城市轨道交通运营单位、铁路运输企业应当加强对城市轨道交通线路和城市轨道交通车辆、铁路线路和铁路机车车辆的维护和保养，保持减少振动、降低噪声设施正常运行，并按照国家规定进行监测，保存原始监测记录，对监测数据的真实性和准确性负责。

第五十二条 民用机场所在地人民政府，应当根据环境影响评价以及监测结果确定的民用航空器噪声对机场周围生活环境产生影响的范围和程度，划定噪声敏感建筑物禁止建设区域和限制建设区域，并实施控制。

第五十四条 民用机场管理机构负责机场起降航空器噪声的管理，会同航空运输企业、通用航空企业、空中交通管理部门等单位，采取低噪声飞行程序、起降跑道优化、运行架次和时段控制、高噪声航空器运行限制或者周围噪声敏感建筑物隔声降噪等措施，防止、减轻民用航空器噪声污染。

民用机场管理机构应当按照国家规定，对机场周围民用航空器噪声进行监测，保存原始监测记录，对监测数据的真实性和准确性负责，监测结果定期向民用航空、生态环境主管部门报送。

第六十四条 禁止在噪声敏感建筑物集中区域使用高音广播喇叭，但紧急情况以及地方人民政府规定的特殊情形除外。

……

公共场所管理者应当合理规定娱乐、健身等活动的区域、时段、音量，可以采取设置噪声自动监测和显示设施等措施加强管理。

第七十六条　违反本法规定，有下列行为之一，由生态环境主管部门责令改正，处二万元以上二十万元以下的罚款；拒不改正的，责令限制生产、停产整治：

（一）实行排污许可管理的单位未按照规定对工业噪声开展自行监测，未保存原始监测记录，或者未向社会公开监测结果的；

（二）噪声重点排污单位未按照国家规定安装、使用、维护噪声自动监测设备，或者未与生态环境主管部门的监控设备联网的。

第七十八条　违反本法规定，有下列行为之一，由工程所在地人民政府指定的部门责令改正，处五千元以上五万元以下的罚款；拒不改正的，处五万元以上二十万元以下的罚款：

……

（三）在噪声敏感建筑物集中区域施工作业的建设单位未按照国家规定设置噪声自动监测系统，未与监督管理部门联网，或者未保存原始监测记录的；

……

第八十条　违反本法规定，有下列行为之一，由交通运输、铁路监督管理、民用航空等部门或者地方人民政府指定的城市道路、城市轨道交通有关部门，按照职责责令改正，处五千元以上五万元以下的罚款；拒不改正的，处五万元以上二十万元以下的罚款：

……

（二）城市轨道交通运营单位、铁路运输企业未按照国家规定进行监测，或者未保存原始监测记录的；

……

（四）民用机场管理机构未按照国家规定对机场周围民用航空器噪声进行监测，未保存原始监测记录，或者监测结果未定期报送的。

中华人民共和国固体废物污染环境防治法

（1995 年 10 月 30 日第八届全国人民代表大会常务委员会第十六次会议通过　2004 年 12 月 29 日第十届全国人民代表大会常务委员会第十三次会议第一次修订　根据 2013 年 6 月 29 日第十二届全国人民代表大会常务委员会第三次会议《关于修改〈中华人民共和国文物保护法〉等十二部法律的决定》第一次修正　根据 2015 年 4 月 24 日第十二届全国人民代表大会常务委员会第十四次会议《关于修改〈中华人民共和国港口法〉等七部法律的决定》第二次修正　根据 2016 年 11 月 7 日第十二届全国人民代表大会常务委员会第二十四次会议《关于修改〈中华人民共和国对外贸易法〉等十二部法律的决定》第三次修正　2020 年 4 月 29 日第十三届全国人民代表大会常务委员会第十七次会议第二次修订）

第二十六条　生态环境主管部门及其环境执法机构和其他负有固体废物污染环境防治监督管理职责的部门，在各自职责范围内有权对从事产生、收集、贮存、运输、利用、处置固体废物等活动的单位和其他生产经营者进行现场检查。被检查者应当如实反映情况，并提供必要的资料。

实施现场检查，可以采取现场监测、采集样品、查阅或者复制与固体废物污染环境防治相关的资料等措施。检查人员进行现场检查，应当出示证件。对现场检查中知悉的商业秘密应当保密。

第五十六条　生活垃圾处理单位应当按照国家有关规定，安装使用监测设备，实时监测污染物的排放情况，将污染排放数据实时公开。监测设备应当与所在地生态环境主管部门的监控设备联网。

第一百零二条　违反本法规定，有下列行为之一，由生态环境主管部门责令改正，处以罚款，没收违法所得；情节严重的，报经有批准权的人民政府批准，可以责令停业或者关闭：

……

（二）生活垃圾处理单位未按照国家有关规定安装使用监测设备、实时监测污染物的排放情况并公开污染排放数据的；

……

有前款第二项、第三项、第四项、第五项、第六项、第九项、第十项、第十一项行为之一，处十万元以上一百万元以下的罚款。

中华人民共和国放射性污染防治法

（2003 年 6 月 28 日第十届全国人民代表大会常务委员会第三次会议通过）

第十条　国家建立放射性污染监测制度。国务院环境保护行政主管部门会同国务院其他有关部门组织环境监测网络，对放射性污染实施监测管理。

第十四条　国家对从事放射性污染防治的专业人员实行资格管理制度；对从事放射性污染监测工作的机构实行资质管理制度。

第二十四条　核设施营运单位应当对核设施周围环境中所含的放射性核素的种类、浓度以及核设施流出物中的放射性核素总量实施监测，并定期向国务院环境保护行政主管部门和所在地省、自治区、直辖市人民政府环境保护行政主管部门报告监测结果。

国务院环境保护行政主管部门负责对核动力厂等重要核设施实施监督性监测，并根据需要对其他核设施的流出物实施监测。监督性监测系统的建设、运行和维护费用由财政预算安排。

第三十六条　铀（钍）矿开发利用单位应当对铀（钍）矿的流出物和周围的环境实施监测，并定期向国务院环境保护行政主管部门和所在地省、自治区、直辖市人民政府环境保护行政主管部门报告监测结果。

第四十九条　违反本法规定，有下列行为之一的，由县级以上人民政府环境保护行政主管部门或者其他有关部门依据职权责令限期改正，可以处二万元以下罚款：

（一）不按照规定报告有关环境监测结果的；

（二）拒绝环境保护行政主管部门和其他有关部门进行现场检查，或者被检查时不如实反映情况和提供必要资料的。

中华人民共和国环境影响评价法

（2002 年 10 月 28 日第九届全国人民代表大会常务委员会第三十次会议通过　根据 2016 年 7 月 2 日第十二届全国人民代表大会常务委员会第二十一次会议《关于修改〈中华人民共和国节约能源法〉等六部法律的决定》第一次修正　根据 2018 年 12 月 29 日第十三届全国人民代表大会常务委员会第七次会议《关于修改〈中华人民共和国劳动法〉等七部法律的决定》第二次修正）

第二条　本法所称环境影响评价，是指对规划和建设项目实施后可能造成的环境影响进行分析、预测和评估，提出预防或者减轻不良环境影响的对策和措施，进行跟踪监测的方法与制度。

第六条　国家加强环境影响评价的基础数据库和评价指标体系建设，鼓励和支持对环境影响评价的方法、技术规范进行科学研究，建立必要的环境影响评价信息共享制度，提高环境影响评价的科学性。

国务院生态环境主管部门应当会同国务院有关部门，组织建立和完善环境影响评价的基础数据库和评价指标体系。

第十七条　建设项目的环境影响报告书应当包括下列内容：

……

（六）对建设项目实施环境监测的建议；

……

第三十三条　负责审核、审批、备案建设项目环境影响评价文件的部门在审批、备案中收取费用的，由其上级机关或者监察机关责令退还；情节严重的，对直接负责的主管人员和其他直接责任人员依法给予行政处分。

第三十四条　生态环境主管部门或者其他部门的工作人员徇私舞弊，滥用职权，玩忽职守，违法批准建设项目环境影响评价文件的，依法给予行政处分；构成犯罪的，依法追究刑事责任。

中华人民共和国环境保护税法

（2016年12月25日第十二届全国人民代表大会常务委员会第二十五次会议通过　根据2018年10月26日第十三届全国人民代表大会常务委员会第六次会议《关于修改〈中华人民共和国野生动物保护法〉等十五部法律的决定》修正）

第十条　应税大气污染物、水污染物、固体废物的排放量和噪声的分贝数，按照下列方法和顺序计算：

（一）纳税人安装使用符合国家规定和监测规范的污染物自动监测设备的，按照污染物自动监测数据计算；

（二）纳税人未安装使用污染物自动监测设备的，按照监测机构出具的符合国家有关规定和监测规范的监测数据计算；

（三）因排放污染物种类多等原因不具备监测条件的，按照国务院生态环境主管部门规定的排污系数、物料衡算方法计算；

（四）不能按照本条第一项至第三项规定的方法计算的，按照省、自治区、直辖市人民政府生态环境主管部门规定的抽样测算的方法核定计算。

第十四条　环境保护税由税务机关依照《中华人民共和国税收征收管理法》和本法的有关规定征收管理。

生态环境主管部门依照本法和有关环境保护法律法规的规定负责对污染物的监测管理。

县级以上地方人民政府应当建立税务机关、生态环境主管部门和其他相关单位分工协作工作机制，加强环境保护税征收管理，保障税款及时足额入库。

第二十四条　各级人民政府应当鼓励纳税人加大环境保护建设投入，对纳税人用于污染物自动监测设备的投资予以资金和政策支持。

中华人民共和国突发事件应对法

（2007 年 8 月 30 日第十届全国人民代表大会常务委员会第二十九次会议通过）

第二条 突发事件的预防与应急准备、监测与预警、应急处置与救援、事后恢复与重建等应对活动，适用本法。

第十五条 中华人民共和国政府在突发事件的预防、监测与预警、应急处置与救援、事后恢复与重建等方面，同外国政府和有关国际组织开展合作与交流。

第三十六条 国家鼓励、扶持具备相应条件的教学科研机构培养应急管理专门人才，鼓励、扶持教学科研机构和有关企业研究开发用于突发事件预防、监测、预警、应急处置与救援的新技术、新设备和新工具。

第三十七条 国务院建立全国统一的突发事件信息系统。

县级以上地方各级人民政府应当建立或者确定本地区统一的突发事件信息系统，汇集、储存、分析、传输有关突发事件的信息，并与上级人民政府及其有关部门、下级人民政府及其有关部门、专业机构和监测网点的突发事件信息系统实现互联互通，加强跨部门、跨地区的信息交流与情报合作。

第三十九条 地方各级人民政府应当按照国家有关规定向上级人民政府报送突发事件信息。县级以上人民政府有关主管部门应当向本级人民政府相关部门通报突发事件信息。专业机构、监测网点和信息报告员应当及时向所在地人民政府及其有关主管部门报告突发事件信息。

有关单位和人员报送、报告突发事件信息，应当做到及时、客观、真实，不得迟报、谎报、瞒报、漏报。

第四十一条 国家建立健全突发事件监测制度。

县级以上人民政府及其有关部门应当根据自然灾害、事故灾难和公共卫生事件的种类和特点，建立健全基础信息数据库，完善监测网络，划分监测区域，确定监测点，明确监测项目，提供必要的设备、设施，配备专职或者兼职人员，对可能发生的突发事件进行监测。

第四十二条 国家建立健全突发事件预警制度。

可以预警的自然灾害、事故灾难和公共卫生事件的预警级别，按照突发事件发生的紧急程度、发展势态和可能造成的危害程度分为一级、二级、三级和四级，分别用红色、橙色、黄色和蓝色标示，一级为最高级别。

预警级别的划分标准由国务院或者国务院确定的部门制定。

第四十三条 可以预警的自然灾害、事故灾难或者公共卫生事件即将发生或者发生的可能性增大时，县级以上地方各级人民政府应当根据有关法律、行政法规和国务院规定的权限和程序，发布相应级别的警报，决定并宣布有关地区进入预警期，同时向上一级人民政府报告，必要时可以越级上报，并向当地驻军和可能受到危害的毗邻或者相关地区的人民政府通报。

第四十四条　发布三级、四级警报，宣布进入预警期后，县级以上地方各级人民政府应当根据即将发生的突发事件的特点和可能造成的危害，采取下列措施：

……

（二）责令有关部门、专业机构、监测网点和负有特定职责的人员及时收集、报告有关信息，向社会公布反映突发事件信息的渠道，加强对突发事件发生、发展情况的监测、预报和预警工作；

……

中华人民共和国水法

（1988 年 1 月 21 日第六届全国人民代表大会常务委员会第二十四次会议通过　2002 年 8 月 29 日第九届全国人民代表大会常务委员会第二十九次会议修订　根据 2009 年 8 月 27 日第十一届全国人民代表大会常务委员会第十次会议《关于修改部分法律的决定》第一次修正　根据 2016 年 7 月 2 日第十二届全国人民代表大会常务委员会第二十一次会议《关于修改〈中华人民共和国节约能源法〉等六部法律的决定》第二次修正）

第十六条　制定规划，必须进行水资源综合科学考察和调查评价。水资源综合科学考察和调查评价，由县级以上人民政府水行政主管部门会同同级有关部门组织进行。

县级以上人民政府应当加强水文、水资源信息系统建设。县级以上人民政府水行政主管部门和流域管理机构应当加强对水资源的动态监测。

基本水文资料应当按照国家有关规定予以公开。

第三十二条　国务院水行政主管部门会同国务院环境保护行政主管部门、有关部门和有关省、自治区、直辖市人民政府，按照流域综合规划、水资源保护规划和经济社会发展要求，拟定国家确定的重要江河、湖泊的水功能区划，报国务院批准。跨省、自治区、直辖市的其他江河、湖泊的水功能区划，由有关流域管理机构会同江河、湖泊所在地的省、自治区、直辖市人民政府水行政主管部门、环境保护行政主管部门和其他有关部门拟定，分别经有关省、自治区、直辖市人民政府审查提出意见后，由国务院水行政主管部门会同国务院环境保护行政主管部门审核，报国务院或者其授权的部门批准。

前款规定以外的其他江河、湖泊的水功能区划，由县级以上地方人民政府水行政主管部门会同同级人民政府环境保护行政主管部门和有关部门拟定，报同级人民政府或者其授权的部门批准，并报上一级水行政主管部门和环境保护行政主管部门备案。

县级以上人民政府水行政主管部门或者流域管理机构应当按照水功能区对水质的要求和水体的自然净化能力，核定该水域的纳污能力，向环境保护行政主管部门提出该水域的限制排污总量意见。

县级以上地方人民政府水行政主管部门和流域管理机构应当对水功能区的水质状况进行监测，发现重点污染物排放总量超过控制指标的，或者水功能区的水质未达到水域使用功能对水质的要求的，应当及时报告有关人民政府采取治理措施，并向环境保护行政主管部门通报。

第四十一条　单位和个人有保护水工程的义务，不得侵占、毁坏堤防、护岸、防汛、水文监测、水文地质监测等工程设施。

第六十七条　在饮用水水源保护区内设置排污口的，由县级以上地方人民政府责令限期拆除、恢复原状；逾期不拆除、不恢复原状的，强行拆除、恢复原状，并处五万元以上十万元以下的罚款。

未经水行政主管部门或者流域管理机构审查同意，擅自在江河、湖泊新建、改建或者扩大排污口的，由县级以上人民政府水行政主管部门或者流域管理机构依据职权，责令停止违法行为，限期恢复原状，处五万元以上十万元以下的罚款。

第七十二条　有下列行为之一，构成犯罪的，依照刑法的有关规定追究刑事责任；尚不够刑事处罚，且防洪法未作规定的，由县级以上地方人民政府水行政主管部门或者流域管理机构依据职权，责令停止违法行为，采取补救措施，处一万元以上五万元以下的罚款；违反治安管理处罚法的，由公安机关依法给予治安管理处罚；给他人造成损失的，依法承担赔偿责任：

（一）侵占、毁坏水工程及堤防、护岸等有关设施，毁坏防汛、水文监测、水文地质监测设施的；

（二）在水工程保护范围内，从事影响水工程运行和危害水工程安全的爆破、打井、采石、取土等活动的。

中华人民共和国长江保护法

（2020年12月26日第十三届全国人民代表大会常务委员会第二十四次会议通过）

第三条 长江流域经济社会发展，应当坚持生态优先、绿色发展，共抓大保护、不搞大开发；长江保护应当坚持统筹协调、科学规划、创新驱动、系统治理。

第四条 国家建立长江流域协调机制，统一指导、统筹协调长江保护工作，审议长江保护重大政策、重大规划，协调跨地区跨部门重大事项，督促检查长江保护重要工作的落实情况。

第五条 国务院有关部门和长江流域省级人民政府负责落实国家长江流域协调机制的决策，按照职责分工负责长江保护相关工作。

长江流域地方各级人民政府应当落实本行政区域的生态环境保护和修复、促进资源合理高效利用、优化产业结构和布局、维护长江流域生态安全的责任。

长江流域各级河湖长负责长江保护相关工作。

第六条 长江流域相关地方根据需要在地方性法规和政府规章制定、规划编制、监督执法等方面建立协作机制，协同推进长江流域生态环境保护和修复。

第九条 国家长江流域协调机制应当统筹协调国务院有关部门在已经建立的台站和监测项目基础上，健全长江流域生态环境、资源、水文、气象、航运、自然灾害等监测网络体系和监测信息共享机制。

第十一条 国家加强长江流域洪涝干旱、森林草原火灾、地质灾害、地震等灾害的监测预报预警、防御、应急处置与恢复重建体系建设，提高防灾、减灾、抗灾、救灾能力。

第三十五条 长江流域县级以上地方人民政府及其有关部门应当合理布局饮用水水源取水口，制定饮用水安全突发事件应急预案，加强饮用水备用应急水源建设，对饮用水水源的水环境质量进行实时监测。

第三十六条 丹江口库区及其上游所在地县级以上地方人民政府应当按照饮用水水源地安全保障区、水质影响控制区、水源涵养生态建设区管理要求，加强山水林田湖草整体保护，增强水源涵养能力，保障水质稳定达标。

第三十七条 国家加强长江流域地下水资源保护。长江流域县级以上地方人民政府及其有关部门应当定期调查评估地下水资源状况，监测地下水水量、水位、水环境质量，并采取相应风险防范措施，保障地下水资源安全。

第三十八条 国务院水行政主管部门会同国务院有关部门确定长江流域农业、工业用水效率目标，加强用水计量和监测设施建设；完善规划和建设项目水资源论证制度；加强对高耗水行业、重点用水单位的用水定额管理，严格控制高耗水项目建设。

第四十三条 国务院生态环境主管部门和长江流域地方各级人民政府应当采取有效措

施，加大对长江流域的水污染防治、监管力度，预防、控制和减少水环境污染。

第四十四条　国务院生态环境主管部门负责制定长江流域水环境质量标准，对国家水环境质量标准中未作规定的项目可以补充规定；对国家水环境质量标准中已经规定的项目，可以作出更加严格的规定。制定长江流域水环境质量标准应当征求国务院有关部门和有关省级人民政府的意见。长江流域省级人民政府可以制定严于长江流域水环境质量标准的地方水环境质量标准，报国务院生态环境主管部门备案。

第四十五条　长江流域省级人民政府应当对没有国家水污染物排放标准的特色产业、特有污染物，或者国家有明确要求的特定水污染源或者水污染物，补充制定地方水污染物排放标准，报国务院生态环境主管部门备案。

有下列情形之一的，长江流域省级人民政府应当制定严于国家水污染物排放标准的地方水污染物排放标准，报国务院生态环境主管部门备案：

（一）产业密集、水环境问题突出的；

（二）现有水污染物排放标准不能满足所辖长江流域水环境质量要求的；

（三）流域或者区域水环境形势复杂，无法适用统一的水污染物排放标准的。

第四十六条　长江流域省级人民政府制定本行政区域的总磷污染控制方案，并组织实施。对磷矿、磷肥生产集中的长江干支流，有关省级人民政府应当制定更加严格的总磷排放管控要求，有效控制总磷排放总量。

磷矿开采加工、磷肥和含磷农药制造等企业，应当按照排污许可要求，采取有效措施控制总磷排放浓度和排放总量；对排污口和周边环境进行总磷监测，依法公开监测信息。

第六十条　国务院水行政主管部门会同国务院有关部门和长江河口所在地人民政府按照陆海统筹、河海联动的要求，制定实施长江河口生态环境修复和其他保护措施方案，加强对水、沙、盐、潮滩、生物种群的综合监测，采取有效措施防止海水入侵和倒灌，维护长江河口良好生态功能。

中华人民共和国清洁生产促进法

（2002 年 6 月 29 日第九届全国人民代表大会常务委员会第二十八次会议通过　根据 2012 年 2 月 29 日第十一届全国人民代表大会常务委员会第二十五次会议《关于修改〈中华人民共和国清洁生产促进法〉的决定》修正）

第五条　国务院清洁生产综合协调部门负责组织、协调全国的清洁生产促进工作。国务院环境保护、工业、科学技术、财政部门和其他有关部门，按照各自的职责，负责有关的清洁生产促进工作。

县级以上地方人民政府负责领导本行政区域内的清洁生产促进工作。县级以上地方人民政府确定的清洁生产综合协调部门负责组织、协调本行政区域内的清洁生产促进工作。县级以上地方人民政府其他有关部门，按照各自的职责，负责有关的清洁生产促进工作。

第二十七条　企业应当对生产和服务过程中的资源消耗以及废物的产生情况进行监测，并根据需要对生产和服务实施清洁生产审核。

第三十一条　对从事清洁生产研究、示范和培训，实施国家清洁生产重点技术改造项目和本法第二十八条规定的自愿节约资源、削减污染物排放量协议中载明的技术改造项目，由县级以上人民政府给予资金支持。

第三十五条　清洁生产综合协调部门或者其他有关部门未依照本法规定履行职责的，对直接负责的主管人员和其他直接责任人员依法给予处分。

中华人民共和国草原法

（1985年6月18日第六届全国人民代表大会常务委员会第十一次会议通过　2002年12月28日第九届全国人民代表大会常务委员会第三十一次会议修订　根据2009年8月27日第十一届全国人民代表大会常务委员会第十次会议《关于修改部分法律的决定》第一次修正　根据2013年6月29日第十二届全国人民代表大会常务委员会第三次会议《关于修改〈中华人民共和国文物保护法〉等十二部法律的决定》第二次修正）

第六条　国家鼓励与支持开展草原保护、建设、利用和监测方面的科学研究，推广先进技术和先进成果，培养科学技术人才。

第十七条　国家对草原保护、建设、利用实行统一规划制度。国务院草原行政主管部门会同国务院有关部门编制全国草原保护、建设、利用规划，报国务院批准后实施。

县级以上地方人民政府草原行政主管部门会同同级有关部门依据上一级草原保护、建设、利用规划编制本行政区域的草原保护、建设、利用规划，报本级人民政府批准后实施。

经批准的草原保护、建设、利用规划确需调整或者修改时，须经原批准机关批准。

第十八条　编制草原保护、建设、利用规划，应当依据国民经济和社会发展规划并遵循下列原则：

（一）改善生态环境，维护生物多样性，促进草原的可持续利用；

（二）以现有草原为基础，因地制宜，统筹规划，分类指导；

（三）保护为主、加强建设、分批改良、合理利用；

（四）生态效益、经济效益、社会效益相结合。

第十九条　草原保护、建设、利用规划应当包括：草原保护、建设、利用的目标和措施，草原功能分区和各项建设的总体部署，各项专业规划等。

第二十条　草原保护、建设、利用规划应当与土地利用总体规划相衔接，与环境保护规划、水土保持规划、防沙治沙规划、水资源规划、林业长远规划、城市总体规划、村庄和集镇规划以及其他有关规划相协调。

第二十五条　国家建立草原生产、生态监测预警系统。

县级以上人民政府草原行政主管部门对草原的面积、等级、植被构成、生产能力、自然灾害、生物灾害等草原基本状况实行动态监测，及时为本级政府和有关部门提供动态监测和预警信息服务。

第四十二条　国家实行基本草原保护制度。下列草原应当划为基本草原，实施严格管理：

（一）重要放牧场；

（二）割草地；

（三）用于畜牧业生产的人工草地、退耕还草地以及改良草地、草种基地；

（四）对调节气候、涵养水源、保持水土、防风固沙具有特殊作用的草原；

（五）作为国家重点保护野生动植物生存环境的草原；

（六）草原科研、教学试验基地；

（七）国务院规定应当划为基本草原的其他草原。

基本草原的保护管理办法，由国务院制定。

第四十三条 国务院草原行政主管部门或者省、自治区、直辖市人民政府可以按照自然保护区管理的有关规定在下列地区建立草原自然保护区：

（一）具有代表性的草原类型；

（二）珍稀濒危野生动植物分布区；

（三）具有重要生态功能和经济科研价值的草原。

中华人民共和国防沙治沙法

（2001 年 8 月 31 日第九届全国人民代表大会常务委员会第二十三次会议通过　根据 2018 年 10 月 26 日第十三届全国人民代表大会常务委员会第六次会议《关于修改〈中华人民共和国野生动物保护法〉等十五部法律的决定》修正）

第十四条　国务院林业草原行政主管部门组织其他有关行政主管部门对全国土地沙化情况进行监测、统计和分析，并定期公布监测结果。

县级以上地方人民政府林业草原或者其他有关行政主管部门，应当按照土地沙化监测技术规程，对沙化土地进行监测，并将监测结果向本级人民政府及上一级林业草原或者其他有关行政主管部门报告。

第十五条　县级以上地方人民政府林业草原或者其他有关行政主管部门，在土地沙化监测过程中，发现土地发生沙化或者沙化程度加重的，应当及时报告本级人民政府。收到报告的人民政府应当责成有关行政主管部门制止导致土地沙化的行为，并采取有效措施进行治理。

各级气象主管机构应当组织对气象干旱和沙尘暴天气进行监测、预报，发现气象干旱或者沙尘暴天气征兆时，应当及时报告当地人民政府。收到报告的人民政府应当采取预防措施，必要时公布灾情预报，并组织林业草原、农（牧）业等有关部门采取应急措施，避免或者减轻风沙危害。

中华人民共和国野生动物保护法

（1988 年 11 月 8 日第七届全国人民代表大会常务委员会第四次会议通过　根据 2004 年 8 月 28 日第十届全国人民代表大会常务委员会第十一次会议《关于修改〈中华人民共和国野生动物保护法〉的决定》第一次修正　根据 2009 年 8 月 27 日第十一届全国人民代表大会常务委员会第十次会议《关于修改部分法律的决定》第二次修正　2016 年 7 月 2 日第十二届全国人民代表大会常务委员会第二十一次会议修订　根据 2018 年 10 月 26 日第十三届全国人民代表大会常务委员会第六次会议《关于修改〈中华人民共和国野生动物保护法〉等十五部法律的决定》第三次修正）

第十一条　县级以上人民政府野生动物保护主管部门，应当定期组织或者委托有关科学研究机构对野生动物及其栖息地状况进行调查、监测和评估，建立健全野生动物及其栖息地档案。

对野生动物及其栖息地状况的调查、监测和评估应当包括下列内容：

（一）野生动物野外分布区域、种群数量及结构；

（二）野生动物栖息地的面积、生态状况；

（三）野生动物及其栖息地的主要威胁因素；

（四）野生动物人工繁育情况等其他需要调查、监测和评估的内容。

第十二条　国务院野生动物保护主管部门应当会同国务院有关部门，根据野生动物及其栖息地状况的调查、监测和评估结果，确定并发布野生动物重要栖息地名录。

省级以上人民政府依法划定相关自然保护区域，保护野生动物及其重要栖息地，保护、恢复和改善野生动物生存环境。对不具备划定相关自然保护区域条件的，县级以上人民政府可以采取划定禁猎（渔）区、规定禁猎（渔）期等其他形式予以保护。

禁止或者限制在相关自然保护区域内引入外来物种、营造单一纯林、过量施洒农药等人为干扰、威胁野生动物生息繁衍的行为。

相关自然保护区域，依照有关法律法规的规定划定和管理。

第十四条　各级野生动物保护主管部门应当监视、监测环境对野生动物的影响。由于环境影响对野生动物造成危害时，野生动物保护主管部门应当会同有关部门进行调查处理。

第十六条　县级以上人民政府野生动物保护主管部门、兽医主管部门，应当按照职责分工对野生动物疫源疫病进行监测，组织开展预测、预报等工作，并按照规定制定野生动物疫情应急预案，报同级人民政府批准或者备案。

第二十一条　禁止猎捕、杀害国家重点保护野生动物。

因科学研究、种群调控、疫源疫病监测或者其他特殊情况，需要猎捕国家一级保护野生动物的，应当向国务院野生动物保护主管部门申请特许猎捕证；需要猎捕国家二级保护野生动物的，应当向省、自治区、直辖市人民政府野生动物保护主管部门申请特许猎捕证。

中华人民共和国水土保持法

（1991 年 6 月 29 日第七届全国人民代表大会常务委员会第二十次会议通过　根据 2009 年 8 月 27 日第十一届全国人民代表大会常务委员会第十次会议《关于修改部分法律的决定》修正　2010 年 12 月 25 日第十一届全国人民代表大会常务委员会第十八次会议修订）

第三条　水土保持工作实行预防为主、保护优先、全面规划、综合治理、因地制宜、突出重点、科学管理、注重效益的方针。

第三十五条　在水力侵蚀地区，地方各级人民政府及其有关部门应当组织单位和个人，以天然沟壑及其两侧山坡地形成的小流域为单元，因地制宜地采取工程措施、植物措施和保护性耕作等措施，进行坡耕地和沟道水土流失综合治理。

在风力侵蚀地区，地方各级人民政府及其有关部门应当组织单位和个人，因地制宜地采取轮封轮牧、植树种草、设置人工沙障和网格林带等措施，建立防风固沙防护体系。

在重力侵蚀地区，地方各级人民政府及其有关部门应当组织单位和个人，采取监测、径流排导、削坡减载、支挡固坡、修建拦挡工程等措施，建立监测、预报、预警体系。

第四十条　县级以上人民政府水行政主管部门应当加强水土保持监测工作，发挥水土保持监测工作在政府决策、经济社会发展和社会公众服务中的作用。县级以上人民政府应当保障水土保持监测工作经费。

国务院水行政主管部门应当完善全国水土保持监测网络，对全国水土流失进行动态监测。

第四十一条　对可能造成严重水土流失的大中型生产建设项目，生产建设单位应当自行或者委托具备水土保持监测资质的机构，对生产建设活动造成的水土流失进行监测，并将监测情况定期上报当地水行政主管部门。

从事水土保持监测活动应当遵守国家有关技术标准、规范和规程，保证监测质量。

第四十二条　国务院水行政主管部门和省、自治区、直辖市人民政府水行政主管部门应当根据水土保持监测情况，定期对下列事项进行公告：

（一）水土流失类型、面积、强度、分布状况和变化趋势；

（二）水土流失造成的危害；

（三）水土流失预防和治理情况。

第四十三条　县级以上人民政府水行政主管部门负责对水土保持情况进行监督检查。流域管理机构在其管辖范围内可以行使国务院水行政主管部门的监督检查职权。

中华人民共和国计量法

（1985 年 9 月 6 日第六届全国人民代表大会常务委员会第十二次会议通过　根据 2009 年 8 月 27 日第十一届全国人民代表大会常务委员会第十次会议《关于修改部分法律的决定》第一次修正　根据 2013 年 12 月 28 日第十二届全国人民代表大会常务委员会第六次会议《关于修改〈中华人民共和国海洋环境保护法〉等七部法律的决定》第二次修正　根据 2015 年 4 月 24 日第十二届全国人民代表大会常务委员会第十四次会议《关于修改〈中华人民共和国计量法〉等五部法律的决定》第三次修正　根据 2017 年 12 月 27 日第十二届全国人民代表大会常务委员会第三十一次会议《关于修改〈中华人民共和国招标投标法〉、〈中华人民共和国计量法〉的决定》第四次修正　根据 2018 年 10 月 26 日第十三届全国人民代表大会常务委员会第六次会议《关于修改〈中华人民共和国野生动物保护法〉等十五部法律的决定》第五次修正）

第九条　县级以上人民政府计量行政部门对社会公用计量标准器具，部门和企业、事业单位使用的最高计量标准器具，以及用于贸易结算、安全防护、医疗卫生、环境监测方面的列入强制检定目录的工作计量器具，实行强制检定。未按照规定申请检定或者检定不合格的，不得使用。实行强制检定的工作计量器具的目录和管理办法，由国务院制定。

对前款规定以外的其他计量标准器具和工作计量器具，使用单位应当自行定期检定或者送其他计量检定机构检定。

排污许可管理条例

（2020 年 12 月 9 日国务院第 117 次常务会议通过　2021 年 1 月 24 日中华人民共和国国务院令第 736 号公布　自 2021 年 3 月 1 日起施行）

第二条　依照法律规定实行排污许可管理的企业事业单位和其他生产经营者（以下称排污单位），应当依照本条例规定申请取得排污许可证；未取得排污许可证的，不得排放污染物。

根据污染物产生量、排放量、对环境的影响程度等因素，对排污单位实行排污许可分类管理：

（一）污染物产生量、排放量或者对环境的影响程度较大的排污单位，实行排污许可重点管理；

（二）污染物产生量、排放量和对环境的影响程度都较小的排污单位，实行排污许可简化管理。

实行排污许可管理的排污单位范围、实施步骤和管理类别名录，由国务院生态环境主管部门拟订并报国务院批准后公布实施。制定实行排污许可管理的排污单位范围、实施步骤和管理类别名录，应当征求有关部门、行业协会、企业事业单位和社会公众等方面的意见。

第三条　国务院生态环境主管部门负责全国排污许可的统一监督管理。

设区的市级以上地方人民政府生态环境主管部门负责本行政区域排污许可的监督管理。

第七条　申请取得排污许可证，可以通过全国排污许可证管理信息平台提交排污许可证申请表，也可以通过信函等方式提交。

排污许可证申请表应当包括下列事项：

（一）排污单位名称、住所、法定代表人或者主要负责人、生产经营场所所在地、统一社会信用代码等信息；

（二）建设项目环境影响报告书（表）批准文件或者环境影响登记表备案材料；

（三）按照污染物排放口、主要生产设施或者车间、厂界申请的污染物排放种类、排放浓度和排放量，执行的污染物排放标准和重点污染物排放总量控制指标；

（四）污染防治设施、污染物排放口位置和数量，污染物排放方式、排放去向、自行监测方案等信息；

（五）主要生产设施、主要产品及产能、主要原辅材料、产生和排放污染物环节等信息，及其是否涉及商业秘密等不宜公开情形的情况说明。

第十一条　对具备下列条件的排污单位，颁发排污许可证：

（一）依法取得建设项目环境影响报告书（表）批准文件，或者已经办理环境影响登记表备案手续。

（二）污染物排放符合污染物排放标准要求，重点污染物排放符合排污许可证申请与核发技术规范、环境影响报告书（表）批准文件、重点污染物排放总量控制要求；其中，排污单位生产经营场所位于未达到国家环境质量标准的重点区域、流域的，还应当符合有关地方人民政府关于改善生态环境质量的特别要求。

（三）采用污染防治设施可以达到许可排放浓度要求或者符合污染防治可行技术。

（四）自行监测方案的监测点位、指标、频次等符合国家自行监测规范。

第十三条　排污许可证应当记载下列信息：

（一）排污单位名称、住所、法定代表人或者主要负责人、生产经营场所所在地等；

（二）排污许可证有效期限、发证机关、发证日期、证书编号和二维码等；

（三）产生和排放污染物环节、污染防治设施等；

（四）污染物排放口位置和数量、污染物排放方式和排放去向等；

（五）污染物排放种类、许可排放浓度、许可排放量等；

（六）污染防治设施运行和维护要求、污染物排放口规范化建设要求等；

（七）特殊时段禁止或者限制污染物排放的要求；

（八）自行监测、环境管理台账记录、排污许可证执行报告的内容和频次等要求；

（九）排污单位环境信息公开要求；

（十）存在大气污染物无组织排放情形时的无组织排放控制要求；

（十一）法律法规规定排污单位应当遵守的其他控制污染物排放的要求。

第十九条　排污单位应当按照排污许可证规定和有关标准规范，依法开展自行监测，并保存原始监测记录。原始监测记录保存期限不得少于5年。

排污单位应当对自行监测数据的真实性、准确性负责，不得篡改、伪造。

第二十条　实行排污许可重点管理的排污单位，应当依法安装、使用、维护污染物排放自动监测设备，并与生态环境主管部门的监控设备联网。

排污单位发现污染物排放自动监测设备传输数据异常的，应当及时报告生态环境主管部门，并进行检查、修复。

第二十三条　排污单位应当按照排污许可证规定，如实在全国排污许可证管理信息平台上公开污染物排放信息。

污染物排放信息应当包括污染物排放种类、排放浓度和排放量，以及污染防治设施的建设运行情况、排污许可证执行报告、自行监测数据等；其中，水污染物排入市政排水管网的，还应当包括污水接入市政排水管网位置、排放方式等信息。

第二十六条　排污单位应当配合生态环境主管部门监督检查，如实反映情况，并按照要求提供排污许可证、环境管理台账记录、排污许可证执行报告、自行监测数据等相关材料。

禁止伪造、变造、转让排污许可证。

第二十七条　生态环境主管部门可以通过全国排污许可证管理信息平台监控排污单位

的污染物排放情况，发现排污单位的污染物排放浓度超过许可排放浓度的，应当要求排污单位提供排污许可证、环境管理台账记录、排污许可证执行报告、自行监测数据等相关材料进行核查，必要时可以组织开展现场监测。

第二十八条 生态环境主管部门根据行政执法过程中收集的监测数据，以及排污单位的排污许可证、环境管理台账记录、排污许可证执行报告、自行监测数据等相关材料，对排污单位在规定周期内的污染物排放量，以及排污单位污染防治设施运行和维护是否符合排污许可证规定进行核查。

第二十九条 生态环境主管部门依法通过现场监测、排污单位污染物排放自动监测设备、全国排污许可证管理信息平台获得的排污单位污染物排放数据，可以作为判定污染物排放浓度是否超过许可排放浓度的证据。

排污单位自行监测数据与生态环境主管部门及其所属监测机构在行政执法过程中收集的监测数据不一致的，以生态环境主管部门及其所属监测机构收集的监测数据作为行政执法依据。

第三十条 国家鼓励排污单位采用污染防治可行技术。国务院生态环境主管部门制定并公布污染防治可行技术指南。

排污单位未采用污染防治可行技术的，生态环境主管部门应当根据排污许可证、环境管理台账记录、排污许可证执行报告、自行监测数据等相关材料，以及生态环境主管部门及其所属监测机构在行政执法过程中收集的监测数据，综合判断排污单位采用的污染防治技术能否稳定达到排污许可证规定；对不能稳定达到排污许可证规定的，应当提出整改要求，并可以增加检查频次。

第三十四条 违反本条例规定，排污单位有下列行为之一的，由生态环境主管部门责令改正或者限制生产、停产整治，处 20 万元以上 100 万元以下的罚款；情节严重的，吊销排污许可证，报经有批准权的人民政府批准，责令停业、关闭：

（一）超过许可排放浓度、许可排放量排放污染物；

（二）通过暗管、渗井、渗坑、灌注或者篡改、伪造监测数据，或者不正常运行污染防治设施等逃避监管的方式违法排放污染物。

第三十六条 违反本条例规定，排污单位有下列行为之一的，由生态环境主管部门责令改正，处 2 万元以上 20 万元以下的罚款；拒不改正的，责令停产整治：

（一）污染物排放口位置或者数量不符合排污许可证规定；

（二）污染物排放方式或者排放去向不符合排污许可证规定；

（三）损毁或者擅自移动、改变污染物排放自动监测设备；

（四）未按照排污许可证规定安装、使用污染物排放自动监测设备并与生态环境主管部门的监控设备联网，或者未保证污染物排放自动监测设备正常运行；

（五）未按照排污许可证规定制定自行监测方案并开展自行监测；

（六）未按照排污许可证规定保存原始监测记录；

（七）未按照排污许可证规定公开或者不如实公开污染物排放信息；

（八）发现污染物排放自动监测设备传输数据异常或者污染物排放超过污染物排放标准等异常情况不报告；

（九）违反法律法规规定的其他控制污染物排放要求的行为。

第四十四条　排污单位有下列行为之一，尚不构成犯罪的，除依照本条例规定予以处罚外，对其直接负责的主管人员和其他直接责任人员，依照《中华人民共和国环境保护法》的规定处以拘留：

（一）未取得排污许可证排放污染物，被责令停止排污，拒不执行；

（二）通过暗管、渗井、渗坑、灌注或者篡改、伪造监测数据，或者不正常运行污染防治设施等逃避监管的方式违法排放污染物。

全国污染源普查条例

（2007 年 10 月 9 日中华人民共和国国务院令第 508 号公布　根据 2019 年 3 月 2 日《国务院关于修改部分行政法规的决定》修订）

第四条　污染源普查按照全国统一领导、部门分工协作、地方分级负责、各方共同参与的原则组织实施。

第五条　污染源普查所需经费，由中央和地方各级人民政府共同负担，并列入相应年度的财政预算，按时拨付，确保足额到位。

污染源普查经费应当统一管理，专款专用，严格控制支出。

第六条　全国污染源普查每 10 年进行 1 次，标准时点为普查年份的 12 月 31 日。

第九条　污染源普查对象有义务接受污染源普查领导小组办公室、普查人员依法进行的调查，并如实反映情况，提供有关资料，按照要求填报污染源普查表。

污染源普查对象不得迟报、虚报、瞒报和拒报普查数据；不得推诿、拒绝和阻挠调查；不得转移、隐匿、篡改、毁弃原材料消耗记录、生产记录、污染物治理设施运行记录、污染物排放监测记录以及其他与污染物产生和排放有关的原始资料。

第二十三条　普查人员依法独立行使调查、报告、监督和检查的职权，有权查阅普查对象的原材料消耗记录、生产记录、污染物治理设施运行记录、污染物排放监测记录以及其他与污染物产生和排放有关的原始资料，并有权要求普查对象改正其填报的污染源普查表中不真实、不完整的内容。

第三十九条　污染源普查对象有下列行为之一的，污染源普查领导小组办公室应当及时向同级人民政府统计机构通报有关情况，提出处理意见，由县级以上人民政府统计机构责令改正，予以通报批评；情节严重的，可以建议对直接负责的主管人员和其他直接责任人员依法给予处分：

（一）迟报、虚报、瞒报或者拒报污染源普查数据的；

（二）推诿、拒绝或者阻挠普查人员依法进行调查的；

（三）转移、隐匿、篡改、毁弃原材料消耗记录、生产记录、污染物治理设施运行记录、污染物排放监测记录以及其他与污染物产生和排放有关的原始资料的。

单位有本条第一款所列行为之一的，由县级以上人民政府统计机构予以警告，可以处 5 万元以下的罚款。

个体经营户有本条第一款所列行为之一的，由县级以上人民政府统计机构予以警告，可以处 1 万元以下的罚款。

建设项目环境保护管理条例

（1998年11月29日中华人民共和国国务院令第253号发布　根据2017年7月16日《国务院关于修改〈建设项目环境保护管理条例〉的决定》修订）

第四条　工业建设项目应当采用能耗物耗小、污染物产生量少的清洁生产工艺，合理利用自然资源，防止环境污染和生态破坏。

第五条　改建、扩建项目和技术改造项目必须采取措施，治理与该项目有关的原有环境污染和生态破坏。

第八条　建设项目环境影响报告书，应当包括下列内容：

……

（六）对建设项目实施环境监测的建议；

……

建设项目环境影响报告表、环境影响登记表的内容和格式，由国务院环境保护行政主管部门规定。

第十七条　编制环境影响报告书、环境影响报告表的建设项目竣工后，建设单位应当按照国务院环境保护行政主管部门规定的标准和程序，对配套建设的环境保护设施进行验收，编制验收报告。

建设单位在环境保护设施验收过程中，应当如实查验、监测、记载建设项目环境保护设施的建设和调试情况，不得弄虚作假。

除按照国家规定需要保密的情形外，建设单位应当依法向社会公开验收报告。

放射性废物安全管理条例

（2011年11月30日国务院第183次常务会议通过　2011年12月20日中华人民共和国国务院令第612号公布　自2012年3月1日起施行）

第十二条　专门从事放射性固体废物贮存活动的单位，应当符合下列条件，并依照本条例的规定申请领取放射性固体废物贮存许可证：

（一）有法人资格；

（二）有能保证贮存设施安全运行的组织机构和3名以上放射性废物管理、辐射防护、环境监测方面的专业技术人员，其中至少有1名注册核安全工程师；

（三）有符合国家有关放射性污染防治标准和国务院环境保护主管部门规定的放射性固体废物接收、贮存设施和场所，以及放射性检测、辐射防护与环境监测设备；

（四）有健全的管理制度以及符合核安全监督管理要求的质量保证体系，包括质量保证大纲、贮存设施运行监测计划、辐射环境监测计划和应急方案等。

核设施营运单位利用与核设施配套建设的贮存设施，贮存本单位产生的放射性固体废物的，不需要申请领取贮存许可证；贮存其他单位产生的放射性固体废物的，应当依照本条例的规定申请领取贮存许可证。

第十八条　放射性固体废物贮存单位应当根据贮存设施运行监测计划和辐射环境监测计划，对贮存设施进行安全性检查，并对贮存设施周围的地下水、地表水、土壤和空气进行放射性监测。

放射性固体废物贮存单位应当如实记录监测数据，发现安全隐患或者周围环境中放射性核素超过国家规定的标准的，应当立即查找原因，采取相应的防范措施，并向所在地省、自治区、直辖市人民政府环境保护主管部门报告。构成辐射事故的，应当立即启动本单位的应急方案，并依照《中华人民共和国放射性污染防治法》、《放射性同位素与射线装置安全和防护条例》的规定进行报告，开展有关事故应急工作。

第二十三条　专门从事放射性固体废物处置活动的单位，应当符合下列条件，并依照本条例的规定申请领取放射性固体废物处置许可证：

（一）有国有或者国有控股的企业法人资格。

（二）有能保证处置设施安全运行的组织机构和专业技术人员。低、中水平放射性固体废物处置单位应当具有10名以上放射性废物管理、辐射防护、环境监测方面的专业技术人员，其中至少有3名注册核安全工程师；高水平放射性固体废物和α放射性固体废物处置单位应当具有20名以上放射性废物管理、辐射防护、环境监测方面的专业技术人员，其中至少有5名注册核安全工程师。

（三）有符合国家有关放射性污染防治标准和国务院环境保护主管部门规定的放射性

固体废物接收、处置设施和场所，以及放射性检测、辐射防护与环境监测设备。低、中水平放射性固体废物处置设施关闭后应满足300年以上的安全隔离要求；高水平放射性固体废物和α放射性固体废物深地质处置设施关闭后应满足1万年以上的安全隔离要求。

（四）有相应数额的注册资金。低、中水平放射性固体废物处置单位的注册资金应不少于3 000万元；高水平放射性固体废物和α放射性固体废物处置单位的注册资金应不少于1亿元。

（五）有能保证其处置活动持续进行直至安全监护期满的财务担保。

（六）有健全的管理制度以及符合核安全监督管理要求的质量保证体系，包括质量保证大纲、处置设施运行监测计划、辐射环境监测计划和应急方案等。

第二十六条　放射性固体废物处置单位应当根据处置设施运行监测计划和辐射环境监测计划，对处置设施进行安全性检查，并对处置设施周围的地下水、地表水、土壤和空气进行放射性监测。

放射性固体废物处置单位应当如实记录监测数据，发现安全隐患或者周围环境中放射性核素超过国家规定的标准的，应当立即查找原因，采取相应的防范措施，并向国务院环境保护主管部门和核工业行业主管部门报告。构成辐射事故的，应当立即启动本单位的应急方案，并依照《中华人民共和国放射性污染防治法》、《放射性同位素与射线装置安全和防护条例》的规定进行报告，开展有关事故应急工作。

第二十九条　县级以上人民政府环境保护主管部门和其他有关部门进行监督检查时，有权采取下列措施：

（一）向被检查单位的法定代表人和其他有关人员调查、了解情况；

（二）进入被检查单位进行现场监测、检查或者核查；

（三）查阅、复制相关文件、记录以及其他有关资料；

（四）要求被检查单位提交有关情况说明或者后续处理报告。

被检查单位应当予以配合，如实反映情况，提供必要的资料，不得拒绝和阻碍。

县级以上人民政府环境保护主管部门和其他有关部门的监督检查人员依法进行监督检查时，应当出示证件，并为被检查单位保守技术秘密和业务秘密。

防治船舶污染海洋环境管理条例

（2009 年 9 月 9 日中华人民共和国国务院令第 561 号公布　根据 2013 年 7 月 18 日《国务院关于废止和修改部分行政法规的决定》第一次修订　根据 2013 年 12 月 7 日《国务院关于修改部分行政法规的决定》第二次修订　根据 2014 年 7 月 29 日《国务院关于修改部分行政法规的决定》第三次修订　根据 2016 年 2 月 6 日《国务院关于修改部分行政法规的决定》第四次修订　根据 2017 年 3 月 1 日《国务院关于修改和废止部分行政法规的决定》第五次修订　根据 2018 年 3 月 19 日《国务院关于修改和废止部分行政法规的决定》第六次修订）

第七条　海事管理机构应当根据防治船舶及其有关作业活动污染海洋环境的需要，会同海洋主管部门建立健全船舶及其有关作业活动污染海洋环境的监测、监视机制，加强对船舶及其有关作业活动污染海洋环境的监测、监视。

畜禽规模养殖污染防治条例

（2013年10月8日国务院第26次常务会议通过　2013年11月11日中华人民共和国国务院令第643号公布　自2014年1月1日起施行）

第二十三条　县级以上人民政府环境保护主管部门应当依据职责对畜禽养殖污染防治情况进行监督检查，并加强对畜禽养殖环境污染的监测。

乡镇人民政府、基层群众自治组织发现畜禽养殖环境污染行为的，应当及时制止和报告。

中华人民共和国环境保护税法实施条例

（2017 年 12 月 25 日中华人民共和国国务院令第 693 号公布　自 2018 年 1 月 1 日起施行）

第七条　应税大气污染物、水污染物的计税依据，按照污染物排放量折合的污染当量数确定。

纳税人有下列情形之一的，以其当期应税大气污染物、水污染物的产生量作为污染物的排放量：

（一）未依法安装使用污染物自动监测设备或者未将污染物自动监测设备与环境保护主管部门的监控设备联网；

（二）损毁或者擅自移动、改变污染物自动监测设备；

（三）篡改、伪造污染物监测数据；

（四）通过暗管、渗井、渗坑、灌注或者稀释排放以及不正常运行防治污染设施等方式违法排放应税污染物；

（五）进行虚假纳税申报。

第九条　属于环境保护税法第十条第二项规定情形的纳税人，自行对污染物进行监测所获取的监测数据，符合国家有关规定和监测规范的，视同环境保护税法第十条第二项规定的监测机构出具的监测数据。

第十条　环境保护税法第十三条所称应税大气污染物或者水污染物的浓度值，是指纳税人安装使用的污染物自动监测设备当月自动监测的应税大气污染物浓度值的小时平均值再平均所得数值或者应税水污染物浓度值的日平均值再平均所得数值，或者监测机构当月监测的应税大气污染物、水污染物浓度值的平均值。

依照环境保护税法第十三条的规定减征环境保护税的，前款规定的应税大气污染物浓度值的小时平均值或者应税水污染物浓度值的日平均值，以及监测机构当月每次监测的应税大气污染物、水污染物的浓度值，均不得超过国家和地方规定的污染物排放标准。

第十二条　税务机关依法履行环境保护税纳税申报受理、涉税信息比对、组织税款入库等职责。

环境保护主管部门依法负责应税污染物监测管理，制定和完善污染物监测规范。

第二十五条　纳税人应当按照税收征收管理的有关规定，妥善保管应税污染物监测和管理的有关资料。

城镇排水与污水处理条例

（2013年9月18日国务院第24次常务会议通过　2013年10月2日中华人民共和国国务院令第641号公布　自2014年1月1日起施行）

第二十四条　城镇排水主管部门委托的排水监测机构，应当对排水户排放污水的水质和水量进行监测，并建立排水监测档案。排水户应当接受监测，如实提供有关资料。

列入重点排污单位名录的排水户安装的水污染物排放自动监测设备，应当与环境保护主管部门的监控设备联网。环境保护主管部门应当将监测数据与城镇排水主管部门共享。

第三十二条　排水单位和个人应当按照国家有关规定缴纳污水处理费。

向城镇污水处理设施排放污水、缴纳污水处理费的，不再缴纳排污费。

排水监测机构接受城镇排水主管部门委托从事有关监测活动，不得向城镇污水处理设施维护运营单位和排水户收取任何费用。

第三十四条　县级以上地方人民政府环境保护主管部门应当依法对城镇污水处理设施的出水水质和水量进行监督检查。

城镇排水主管部门应当对城镇污水处理设施运营情况进行监督和考核，并将监督考核情况向社会公布。有关单位和个人应当予以配合。

城镇污水处理设施维护运营单位应当为进出水在线监测系统的安全运行提供保障条件。

第四十四条　县级以上人民政府城镇排水主管部门应当会同有关部门，加强对城镇排水与污水处理设施运行维护和保护情况的监督检查，并将检查情况及结果向社会公开。实施监督检查时，有权采取下列措施：

（一）进入现场进行检查、监测；

（二）查阅、复制有关文件和资料；

（三）要求被监督检查的单位和个人就有关问题作出说明。

被监督检查的单位和个人应当予以配合，不得妨碍和阻挠依法进行的监督检查活动。

中华人民共和国政府信息公开条例

（2007 年 4 月 5 日中华人民共和国国务院令第 492 号公布　2019 年 4 月 3 日中华人民共和国国务院令第 711 号修订　自 2019 年 5 月 15 日起施行）

第二十条　行政机关应当依照本条例第十九条的规定，主动公开本行政机关的下列政府信息：

（一）行政法规、规章和规范性文件；

（二）机关职能、机构设置、办公地址、办公时间、联系方式、负责人姓名；

（三）国民经济和社会发展规划、专项规划、区域规划及相关政策；

（四）国民经济和社会发展统计信息；

（五）办理行政许可和其他对外管理服务事项的依据、条件、程序以及办理结果；

（六）实施行政处罚、行政强制的依据、条件、程序以及本行政机关认为具有一定社会影响的行政处罚决定；

（七）财政预算、决算信息；

（八）行政事业性收费项目及其依据、标准；

（九）政府集中采购项目的目录、标准及实施情况；

（十）重大建设项目的批准和实施情况；

（十一）扶贫、教育、医疗、社会保障、促进就业等方面的政策、措施及其实施情况；

（十二）突发公共事件的应急预案、预警信息及应对情况；

（十三）环境保护、公共卫生、安全生产、食品药品、产品质量的监督检查情况；

（十四）公务员招考的职位、名额、报考条件等事项以及录用结果；

（十五）法律、法规、规章和国家有关规定规定应当主动公开的其他政府信息。

第五十五条　教育、卫生健康、供水、供电、供气、供热、环境保护、公共交通等与人民群众利益密切相关的公共企事业单位，公开在提供社会公共服务过程中制作、获取的信息，依照相关法律、法规和国务院有关主管部门或者机构的规定执行。全国政府信息公开工作主管部门根据实际需要可以制定专门的规定。

前款规定的公共企事业单位未依照相关法律、法规和国务院有关主管部门或者机构的规定公开在提供社会公共服务过程中制作、获取的信息，公民、法人或者其他组织可以向有关主管部门或者机构申诉，接受申诉的部门或者机构应当及时调查处理并将处理结果告知申诉人。

企业信息公示暂行条例

（2014 年 7 月 23 日国务院第 57 次常务会议通过　2014 年 8 月 7 日中华人民共和国国务院令第 654 号公布　自 2014 年 10 月 1 日起施行）

第五条　国务院工商行政管理部门推进、监督企业信息公示工作，组织企业信用信息公示系统的建设。国务院其他有关部门依照本条例规定做好企业信息公示相关工作。

县级以上地方人民政府有关部门依照本条例规定做好企业信息公示工作。

第七条　工商行政管理部门以外的其他政府部门（以下简称其他政府部门）应当公示其在履行职责过程中产生的下列企业信息：

（一）行政许可准予、变更、延续信息；

（二）行政处罚信息；

（三）其他依法应当公示的信息。

其他政府部门可以通过企业信用信息公示系统，也可以通过其他系统公示前款规定的企业信息。工商行政管理部门和其他政府部门应当按照国家社会信用信息平台建设的总体要求，实现企业信息的互联共享。

第十条　企业应当自下列信息形成之日起 20 个工作日内通过企业信用信息公示系统向社会公示：

……

（五）受到行政处罚的信息；

（六）其他依法应当公示的信息。

工商行政管理部门发现企业未依照前款规定履行公示义务的，应当责令其限期履行。

第十一条　政府部门和企业分别对其公示信息的真实性、及时性负责。

第十七条　有下列情形之一的，由县级以上工商行政管理部门列入经营异常名录，通过企业信用信息公示系统向社会公示，提醒其履行公示义务；情节严重的，由有关主管部门依照有关法律、行政法规规定给予行政处罚；造成他人损失的，依法承担赔偿责任；构成犯罪的，依法追究刑事责任：

……

（二）企业公示信息隐瞒真实情况、弄虚作假的。

……

第十八条　县级以上地方人民政府及其有关部门应当建立健全信用约束机制，在政府采购、工程招投标、国有土地出让、授予荣誉称号等工作中，将企业信息作为重要考量因素，对被列入经营异常名录或者严重违法企业名单的企业依法予以限制或者禁入。

最高人民法院　最高人民检察院关于办理环境污染刑事案件适用法律若干问题的解释

（法释〔2016〕29 号）

第一条　实施刑法第三百三十八条规定的行为，具有下列情形之一的，应当认定为“严重污染环境”：

（一）在饮用水水源一级保护区、自然保护区核心区排放、倾倒、处置有放射性的废物、含传染病病原体的废物、有毒物质的；

（二）非法排放、倾倒、处置危险废物三吨以上的；

（三）排放、倾倒、处置含铅、汞、镉、铬、砷、铊、锑的污染物，超过国家或者地方污染物排放标准三倍以上的；

（四）排放、倾倒、处置含镍、铜、锌、银、钒、锰、钴的污染物，超过国家或者地方污染物排放标准十倍以上的；

（五）通过暗管、渗井、渗坑、裂隙、溶洞、灌注等逃避监管的方式排放、倾倒、处置有放射性的废物、含传染病病原体的废物、有毒物质的；

（六）二年内曾因违反国家规定，排放、倾倒、处置有放射性的废物、含传染病病原体的废物、有毒物质受过两次以上行政处罚，又实施前列行为的；

（七）重点排污单位篡改、伪造自动监测数据或者干扰自动监测设施，排放化学需氧量、氨氮、二氧化硫、氮氧化物等污染物的；

（八）违法减少防治污染设施运行支出一百万元以上的；

（九）违法所得或者致使公私财产损失三十万元以上的；

（十）造成生态环境严重损害的；

（十一）致使乡镇以上集中式饮用水水源取水中断十二小时以上的；

（十二）致使基本农田、防护林地、特种用途林地五亩以上，其他农用地十亩以上，其他土地二十亩以上基本功能丧失或者遭受永久性破坏的；

（十三）致使森林或者其他林木死亡五十立方米以上，或者幼树死亡二千五百株以上的；

（十四）致使疏散、转移群众五千人以上的；

（十五）致使三十人以上中毒的；

（十六）致使三人以上轻伤、轻度残疾或者器官组织损伤导致一般功能障碍的；

（十七）致使一人以上重伤、中度残疾或者器官组织损伤导致严重功能障碍的；

（十八）其他严重污染环境的情形。

第十条　违反国家规定，针对环境质量监测系统实施下列行为，或者强令、指使、授意他人实施下列行为的，应当依照刑法第二百八十六条的规定，以破坏计算机信息系统罪论处：

（一）修改参数或者监测数据的；

（二）干扰采样，致使监测数据严重失真的；

（三）其他破坏环境质量监测系统的行为。

重点排污单位篡改、伪造自动监测数据或者干扰自动监测设施，排放化学需氧量、氨氮、二氧化硫、氮氧化物等污染物，同时构成污染环境罪和破坏计算机信息系统罪的，依照处罚较重的规定定罪处罚。

从事环境监测设施维护、运营的人员实施或者参与实施篡改、伪造自动监测数据、干扰自动监测设施、破坏环境质量监测系统等行为的，应当从重处罚。

第十二条　环境保护主管部门及其所属监测机构在行政执法过程中收集的监测数据，在刑事诉讼中可以作为证据使用。

环境监测管理办法

（国家环境保护总局令　第 39 号）

第一条　为加强环境监测管理，根据《环境保护法》等有关法律法规，制定本办法。

第二条　本办法适用于县级以上环境保护部门下列环境监测活动的管理：

（一）环境质量监测；

（二）污染源监督性监测；

（三）突发环境污染事件应急监测；

（四）为环境状况调查和评价等环境管理活动提供监测数据的其他环境监测活动。

第三条　环境监测工作是县级以上环境保护部门的法定职责。

县级以上环境保护部门应当按照数据准确、代表性强、方法科学、传输及时的要求，建设先进的环境监测体系，为全面反映环境质量状况和变化趋势，及时跟踪污染源变化情况，准确预警各类环境突发事件等环境管理工作提供决策依据。

第四条　县级以上环境保护部门对本行政区域环境监测工作实施统一监督管理，履行下列主要职责：

（一）制定并组织实施环境监测发展规划和年度工作计划；

（二）组建直属环境监测机构，并按照国家环境监测机构建设标准组织实施环境监测能力建设；

（三）建立环境监测工作质量审核和检查制度；

（四）组织编制环境监测报告，发布环境监测信息；

（五）依法组建环境监测网络，建立网络管理制度，组织网络运行管理；

（六）组织开展环境监测科学技术研究、国际合作与技术交流。

国家环境保护总局适时组建直属跨界环境监测机构。

第五条　县级以上环境保护部门所属环境监测机构具体承担下列主要环境监测技术支持工作：

（一）开展环境质量监测、污染源监督性监测和突发环境污染事件应急监测；

（二）承担环境监测网建设和运行，收集、管理环境监测数据，开展环境状况调查和评价，编制环境监测报告；

（三）负责环境监测人员的技术培训；

（四）开展环境监测领域科学研究，承担环境监测技术规范、方法研究以及国际合作和交流；

（五）承担环境保护部门委托的其他环境监测技术支持工作。

第六条　国家环境保护总局负责依法制定统一的国家环境监测技术规范。

省级环境保护部门对国家环境监测技术规范未作规定的项目，可以制定地方环境监测技术规范，并报国家环境保护总局备案。

第七条　县级以上环境保护部门负责统一发布本行政区域的环境污染事故、环境质量状况等环境监测信息。

有关部门间环境监测结果不一致的，由县级以上环境保护部门报经同级人民政府协调后统一发布。

环境监测信息未经依法发布，任何单位和个人不得对外公布或者透露。

属于保密范围的环境监测数据、资料、成果，应当按照国家有关保密的规定进行管理。

第八条　县级以上环境保护部门所属环境监测机构依据本办法取得的环境监测数据，应当作为环境统计、排污申报核定、排污费征收、环境执法、目标责任考核等环境管理的依据。

第九条　县级以上环境保护部门按照环境监测的代表性分别负责组织建设国家级、省级、市级、县级环境监测网，并分别委托所属环境监测机构负责运行。

第十条　环境监测网由各环境监测要素的点位（断面）组成。

环境监测点位（断面）的设置、变更、运行，应当按照国家环境保护总局有关规定执行。

各大水系或者区域的点位（断面），属于国家级环境监测网。

第十一条　环境保护部门所属环境监测机构按照其所属的环境保护部门级别，分为国家级、省级、市级、县级四级。

上级环境监测机构应当加强对下级环境监测机构的业务指导和技术培训。

第十二条　环境保护部门所属环境监测机构应当具备与所从事的环境监测业务相适应的能力和条件，并按照经批准的环境保护规划规定的要求和时限，逐步达到国家环境监测能力建设标准。

环境保护部门所属环境监测机构从事环境监测的专业技术人员，应当进行专业技术培训，并经国家环境保护总局统一组织的环境监测岗位考试考核合格，方可上岗。

第十三条　县级以上环境保护部门应当对本行政区域内的环境监测质量进行审核和检查。

各级环境监测机构应当按照国家环境监测技术规范进行环境监测，并建立环境监测质量管理体系，对环境监测实施全过程质量管理，并对监测信息的准确性和真实性负责。

第十四条　县级以上环境保护部门应当建立环境监测数据库，对环境监测数据实行信息化管理，加强环境监测数据收集、整理、分析、储存，并按照国家环境保护总局的要求定期将监测数据逐级报上一级环境保护部门。

各级环境保护部门应当逐步建立环境监测数据信息共享制度。

第十五条　环境监测工作，应当使用统一标志。

环境监测人员佩戴环境监测标志，环境监测站点设立环境监测标志，环境监测车辆印制环境监测标志，环境监测报告附具环境监测标志。

环境监测统一标志由国家环境保护总局制定。

第十六条 任何单位和个人不得损毁、盗窃环境监测设施。

第十七条 县级以上环境保护部门应当协调有关部门，将环境监测网建设投资、运行经费等环境监测工作所需经费全额纳入同级财政年度经费预算。

第十八条 县级以上环境保护部门及其工作人员、环境监测机构及环境监测人员有下列行为之一的，由任免机关或者监察机关按照管理权限依法给予行政处分；涉嫌犯罪的，移送司法机关依法处理：

（一）未按照国家环境监测技术规范从事环境监测活动的；

（二）拒报或者两次以上不按照规定的时限报送环境监测数据的；

（三）伪造、篡改环境监测数据的；

（四）擅自对外公布环境监测信息的。

第十九条 排污者拒绝、阻挠环境监测工作人员进行环境监测活动或者弄虚作假的，由县级以上环境保护部门依法给予行政处罚；构成违反治安管理行为的，由公安机关依法给予治安处罚；构成犯罪的，依法追究刑事责任。

第二十条 损毁、盗窃环境监测设施的，县级以上环境保护部门移送公安机关，由公安机关依照《治安管理处罚法》的规定处 10 日以上 15 日以下拘留；构成犯罪的，依法追究刑事责任。

第二十一条 排污者必须按照县级以上环境保护部门的要求和国家环境监测技术规范，开展排污状况自我监测。

排污者按照国家环境监测技术规范，并经县级以上环境保护部门所属环境监测机构检查符合国家规定的能力要求和技术条件的，其监测数据作为核定污染物排放种类、数量的依据。

不具备环境监测能力的排污者，应当委托环境保护部门所属环境监测机构或者经省级环境保护部门认定的环境监测机构进行监测；接受委托的环境监测机构所从事的监测活动，所需经费由委托方承担，收费标准按照国家有关规定执行。

经省级环境保护部门认定的环境监测机构，是指非环境保护部门所属的、从事环境监测业务的机构，可以自愿向所在地省级环境保护部门申请证明其具备相适应的环境监测业务能力认定，经认定合格者，即为经省级环境保护部门认定的环境监测机构。

经省级环境保护部门认定的环境监测机构应当接受所在地环境保护部门所属环境监测机构的监督检查。

第二十二条 辐射环境监测的管理，参照本办法执行。

第二十三条 本办法自 2007 年 9 月 1 日起施行。